LEGO®-ROBOTER

Über den Autor

Laurens Valk ist Mitglied der MINDSTORMS Community Partners (MCP), einer Gruppe von MINDSTORMS-Begeisterten, die dabei helfen, neue NXT-Produkte zu testen und zu entwickeln. Er hat MINDSTORMS-Roboter konstruiert, seit das System auf den Markt gekommen ist. Laurens entwickelt besonders gern solche Roboter, die mit nur einem NXT-Kasten gebaut werden können, so dass es MINDSTORMS-Fans auf der ganzen Welt leicht fällt, seine Modelle nachzubauen. Einer seiner Entwürfe, der Roboter Manty, erscheint als Bonus-Roboter auf der Rückseite des NXT 2.0-Kastens. Er ist Co-Autor des Buchs LEGO MINDSTORMS NXT One-Kit Wonders (No Starch Press) und schreibt oft im beliebten NXT STEP-Blog (*http://thenxtstep.blogspot.com/*). Laurens lebt in den Niederlanden, wo er Maschinenbau an der Technischen Universität Delft studiert und seine Website unter *http://www.laurensvalk.com/* pflegt.

Über den Fachlektor

Dr. Damien Kee hat einen Grad in Robotik und einen Bachelor in Elektrotechnik, beide von der Universität von Queensland, Australien. Er hat eine Vielzahl von Robotern entwickelt, von Mausrobotern, die aus einem Labyrinth herausfinden, bis zu humanoiden Robotern, die Straßenmarkierungen aufstellen. Damien war seit 2001 intensiv am RoboCup Junior-Wettbewerb beteiligt und wurde 2009 zum Vorsitzenden der RoboCup Junior Australia und technischen Vorsitzenden des RoboCup Junior International Rescue Committee gewählt. Seit 2003 hat Damien Robotik-Workshops für Lehrkräfte und Studenten weltweit entwickelt und eine Reihe von Büchern für die Weiterbildung geschrieben. Er ist Mitglied der MINDSTORMS Community Partners und schreibt im NXT STEP-Blog. Damien ist außerdem leitender Redakteur von »The NXT Classroom« (*http://theNXTclassroom.com/*), einer Website, die Material und Unterstützung für Lehrer anbietet.

LEGO®-ROBOTER

Bauen und programmieren
mit LEGO® MINDSTORMS® NXT 2.0

Laurens Valk

dpunkt.verlag

Laurens Valk, www.laurensvalk.com

Lektorat: Dr. Michael Barabas
Übersetzung: Julia Neumann, info@textart-translations.com / Volkmar Gronau, www.gundu.com
Copy-Editing: Annette Schwarz, Ditzingen
Satz: G & U, www.gundu.com
Herstellung: Nadine Thiele
Umschlaggestaltung: Helmut Kraus, www.exclam.de
Druck und Bindung: M.P. Media-Print Informationstechnologie GmbH, 33100 Paderborn

Bibliografische Information der Deutschen Nationalbibliothek Die Deutsche Nationalbibliothek verzeichnet diese Publikation in der Deutschen Nationalbibliografie; detaillierte bibliografische Daten sind im Internet über http://dnb.d-nb.de abrufbar.

ISBN 978-3-89864-747-2

1. Auflage 2011
Translation copyright für die deutschsprachige Ausgabe © 2011 dpunkt.verlag GmbH Ringstraße 19 B
69115 Heidelberg

Copyright der amerikanischen Originalausgabe © 2010 by Laurens Valk.
Title of American original: The LEGO Mindstorms NXT 2.0 Dsicovery Book. A beginners Guide to Building and Programming Robots.
No Starch Press, Inc., San Francisco · www.nostarch.com ISBN 978-1-59327-211-1

Die vorliegende Publikation ist urheberrechtlich geschützt. Alle Rechte vorbehalten. Die Verwendung der Texte und Abbildungen, auch auszugsweise, ist ohne die schriftliche Zustimmung des Verlags urheberrechtswidrig und daher strafbar. Dies gilt insbesondere für die Vervielfältigung, Übersetzung oder die Verwendung in elektronischen Systemen.
Es wird darauf hingewiesen, dass die im Buch verwendeten Soft- und Hardware-Bezeichnungen sowie Markennamen und Produktbezeichnungen der jeweiligen Firmen im Allgemeinen warenzeichen-, marken- oder patentrechtlichem Schutz unterliegen.

Alle Angaben und Programme in diesem Buch wurden mit größter Sorgfalt kontrolliert. Weder Autor noch Verlag können jedoch für Schäden haftbar gemacht werden, die in Zusammenhang mit der Verwendung dieses Buches stehen.

LEGO, das LEGO-Logo und der LEGO-Stein sind Warenzeichen der LEGO Gruppe, die dieses Buch weder unterstützt noch autorisiert hat. Die LEGO-Gruppe ist daher nicht haftbar für Schäden, die durch Verwendung des Buchs entstehen.

5 4 3 2 1 0

Inhalt

Danksagungen XV
Einführung XVII

Teil I Die ersten Schritte
Kapitel 1 Was Sie für Ihren Roboter brauchen 3
Kapitel 2 Sie bauen Ihren ersten Roboter 7
Kapitel 3 Programme erstellen und bearbeiten 23
Kapitel 4 Mit Programmierblöcken arbeiten: Bewegung, Ton und Anzeige 31
Kapitel 5 Warten, Wiederholen und weitere Programmiertechniken 43

Teil II Bau und Programmierung von Robotern mit Sensoren
Kapitel 6 Die Funktionsweise von Sensoren verstehen 55
Kapitel 7 Einsatz der Berührungs-, Farb- und Drehsensoren 67
Kapitel 8 Der Shot-Roller: ein Verteidigungsroboter 87
Kapitel 9 Der Krabbler: ein Roboter auf sechs Beinen 121

Teil III Entwickeln fortgeschrittener Programme
Kapitel 10 Einsatz von Daten-Hubs und Datenleitungen 149
Kapitel 11 Datenblöcke und Datenleitungen mit Schleifen und Schaltern einsetzen 171
Kapitel 12 Variablen und Konstanten verwenden und Spiele auf dem NXT spielen 183

Teil IV Roboterprojekte für Fortgeschrittene
Kapitel 13 Grabscher: Ein autonomer Roboterarm 197
Kapitel 14 LEGO-Stein-Sortierer – nach Farbe und Größe sortieren 237
Kapitel 15 KKK: Der kompakte Kaminkletterer 265

Anhang Fehlersuche und Lösen von Verbindungsproblemen 285
Index 291

Inhaltsverzeichnis

Danksagungen .... **XV**

Einführung .... **XVII**
Wozu dieses Buch? XVII
Ist dieses Buch für Sie geeignet? XVII
Wie sollte das Buch gelesen werden? XVII
    Entdeckungsaufgaben XVII
    Was Sie von den einzelnen Kapiteln erwarten können XVIII
Unterstützung: die Webseite zum Buch XVIII
Fazit XVIII

TEIL I   DIE ERSTEN SCHRITTE

1
Was Sie für Ihren Roboter brauchen 3
Was im Baukasten enthalten ist 3
    Der NXT-Baustein 4
    Die Programmiersoftware NXT-G 4
    Testunterlage 5
Einlegen der Batterien 5
Fazit 6

2
Sie bauen Ihren ersten Roboter 7
Bau des Explorers 7
    Bau-Tipp: Lochsteine und Achsen 8
    Bau-Tipp: Fixe und drehbare Verbindungsstifte 8
    Anschließen der Kabel 19
Wie Sie die Tasten auf dem NXT-Baustein zum Navigieren nutzen 19
    Einschalten des NXT-Bausteins 20
    Symbole markieren und auswählen 20
    Ausschalten des NXT-Bausteins 20
    Ausführen eines Programms 21
Fazit 21

3
Programme erstellen und bearbeiten 23
Ein erstes kleines Programm 23
Erstellen eines einfachen Programms 25
    1. Programmierpalette 25
    2. Arbeitsbereich 26

3. Startbereich	26
4. NXT-Controller	26
Mit der NXT-G-Software arbeiten	27
5. Konfigurationsbereich	27
6. Kleines Hilfe-Fenster	28
7. Navigationsleiste	28
8. Werkzeugleiste	28
9. Robo-Center	29
Fernbedienung des Roboters	30
Fazit	30

4
Mit Programmierblöcken arbeiten: Bewegung, Ton und Anzeige ... 31

Wie funktionieren Programmierblöcke?	31
Mit Blöcken Programme entwickeln	31
Mit verschiedenen Programmierblöcken arbeiten	31
Bewegungsblock	32
Der Bewegungsblock in Aktion	32
Die Einstellungen im Konfigurationsbereich	33
Entdeckungsaufgabe 1: Beschleunige!	34
Bedeutung der Konfigurationssymbole	35
Ausführen exakter Drehungen	35
Entdeckungsaufgabe 2: Dreh Dich um!	35
Entdeckungsaufgabe 3: Beweg und dreh Dich!	35
Entdeckungsaufgabe 4: Buchstabiere!	36
Klangblock	36
Konfiguration des Klangblocks	36
Der Klangblock in Aktion	37
Entdeckungsaufgabe 5: In welche Richtung gehst Du?	38
Entdeckungsaufgabe 6: DJ spielen!	38
Anzeigeblock	38
Konfiguration des Klangblocks	38
Der Anzeigeblock in Aktion	40
Entdeckungsaufgabe 7: Untertitel!	41
Entdeckungsaufgabe 8: Navigiere!	41
Zum Erforschen und Ausprobieren	42
Entdeckungsaufgabe 9: Fahr im Kreis!	42
Entdeckungsaufgabe 10: Fahr eine Acht!	42
Entdeckungsaufgabe 11: RoboDancer!	42
Bauaufgabe 1: Der Explorer als Künstler!	42

5
Warten, Wiederholen und weitere Programmiertechniken ... 43

Warteblock	43
Konfiguration des Warteblocks	43
Der Warteblock in Aktion	43
Entdeckungsaufgabe 12: Countdown!	44

Mehr zum Bewegungsblock: die Option »Unbegrenzt«	44
Die Option »Unbegrenzt«	44
Die Einstellung »Unbegrenzt« im praktischen Einsatz	45
Die Einstellung »Unbegrenzt« – und ihre Grenzen	45
Schleifenblock	46
Den Schleifenblock einsetzen	46
Konfiguration des Schleifenblocks	47
Der Schleifenblock in Aktion	47
Entdeckungsaufgabe 13: Wachposten!	48
Entdeckungsaufgabe 14: Dreieck!	48
Verschachtelte Schleifenblöcke	48
Eigene Programmierblöcke	48
Eigene Blöcke erstellen	49
Eigene Blöcke in Programmen einsetzen	49
Entdeckungsaufgabe 15: Eigenes Bewegungsmuster!	50
Entdeckungsaufgabe 16: Eigene Melodie!	50
Eigene Blöcke ändern	50
Parallele Abfolgen von Blöcken	50
Parallele Abfolgen in einem Programm einsetzen	50
Entdeckungsaufgabe 17: Multitasking!	51
Entdeckungsaufgabe 18: Komplexe Bewegungsmuster!	52
Bauaufgabe 2: Mr. Explorer!	52
Zum Erforschen und Ausprobieren	52

TEIL II   ROBOTER MIT SENSOREN ENTWICKELN

6 Die Funktionsweise von Sensoren verstehen 55

Was sind Sensoren?	55
Funktionsweise der Sensoren im NXT-2.0-Baukasten	55
Entdeckungsaufgabe 19: Vorsicht, Decke!	56
Funktionsweise des Ultraschallsensors	56
Einrichten des Ultraschallsensors	56
Abrufen von Sensorinformationen	56
Programmieren mit Sensoren	58
Sensoren und der Warteblock	58
Entdeckungsaufgabe 20: Hallo und Auf Wiedersehen!	59
Sensoren und der Schleifenblock	60
Entdeckungsaufgabe 21: Vermeiden von Hindernissen und schlechter Laune!	61
Entdeckungsaufgabe 22: Folge mir!	61
Entdeckungsaufgabe 23: Fröhliches Trällern!	61
Sensoren und der Schaltblock	62
Entdeckungsaufgabe 24: Erkenne die Entfernung!	63
Entdeckungsaufgabe 25: Anhalten oder umdrehen?	64
Entdeckungsaufgabe 26: Einbruchsalarm!	66
Entdeckungsaufgabe 27: Entfernungsmesser!	66
Bauaufgabe 3: Bahnübergang!	66
Zum Erforschen und Ausprobieren	66

7
Einsatz der Berührungs-, Farb- und Drehsensoren 67

Berührungssensor 68
    Bauen der Stoßfänger mit Berührungssensoren 68
    Programmieren mit dem Berührungssensor 73
    Mit Berührungssensoren ein Anstoßen an Wände verhindern 74
        Entdeckungsaufgabe 28: Es müssen zwei sein! 75
        Entdeckungsaufgabe 29: Clevere Entscheidung! 75
Farbsensor 76
    Bauen des Farbsensor-Moduls 76
    Abrufen der Daten des Farbsensors über das Menü View [Ansicht] 78
    Programmieren mit dem Farbsensor 78
        Bauaufgabe 4: Tabula rasa! 80
        Entdeckungsaufgabe 30: Sag mir, was Du siehst! 80
        Entdeckungsaufgabe 31: Der Linie folgen – für Fortgeschrittene! 82
        Entdeckungsaufgabe 32: Welche Taste wurde gedrückt? 82
        Entdeckungsaufgabe 33: Sound Maker! 82
Einsatz der NXT-Tasten als Sensoren 82
Drehsensoren 83
    Abrufen der Daten des Drehsensors über das Menü View [Ansicht] 83
    Programmieren mit Drehsensoren 83
        Entdeckungsaufgabe 34: Welche Gradzahl ist die richtige? 83
        Entdeckungsaufgabe 35: Musik zur Drehung! 84
Zum Erforschen und Ausprobieren 85
    Entdeckungsaufgabe 36: Welche Farbe hat der Ball? 85
    Entdeckungsaufgabe 37: Der Linie folgen – mit Hindernissen! 85
    Bauaufgabe 5: Ein automatisiertes Haus! 85

8
Der Shot-Roller: ein Verteidigungsroboter 87

Bau des Shot-Rollers 88
    Anschließen der Kabel 105
Programmieren des Shot-Rollers 105
    Die Vollständige Palette 105
    Farblampenblock 105
        Entdeckungsaufgabe 38: Sag mir, welche Farbe leuchtet! 106
    Motorblock 106
        Entdeckungsaufgabe 39: Testen der Motorblöcke 107
    Autonomer Modus 108
    Lichtsensor-Modus 111
        Entdeckungsaufgabe 40: Gefährlicher Einbruchsalarm! 111
    Ferngesteuerter Modus 113
        Entdeckungsaufgabe 41: die Fähigkeiten mehrereR Sensoren Kombinieren ... 113
Zum Erforschen und Ausprobieren 119
    Entdeckungsaufgabe 42: Mit dem NXT Forschung betreiben 119
    Bauaufgabe 6: Erst schauen, dann schiessen! 119
    Bauaufgabe 7: LEGO-Schleuder! 119

9
Der Krabbler: ein Roboter auf sechs Beinen **121**

Bau des Krabblers 122
    Anschließen der Sensorkabel 134
Die Gehtechnik des Krabblers 134
Programmieren des Krabblers 135
    Entwickeln des Eigenen Blocks »Gehe-Geradeaus« 135
    Entwickeln der Eigenen Blöcke »Gehe-Links« und »Gehe-Rechts« 136
    Einsatz der Eigenen Blöcke in einem interaktiven Programm 137
        Entdeckungsaufgabe 43: Dreieck, die Zweite! 137
        Entdeckungsaufgabe 44: In sechs Richtungen gehen 141
    Das Programm des »erschrockenen Krabblers« 142
Zum Erforschen und Ausprobieren 145
    Entdeckungsaufgabe 45: Mit Lichtgeschwindigkeit gehen! 145
    Bauaufgabe 8: Abwechslung gefällig? 146
    Entdeckungsaufgabe 46: Fernsteuerung! 146
    Bauaufgabe 9: Augen im Hinterkopf! 146

TEIL III   ENTWICKELN FORTGESCHRITTENER PROGRAMME

10
Einsatz von Daten-Hubs und Datenleitungen **149**

Bau des SmartBot 150
Ein Einstiegsprogramm für Datenleitungen 156
    Das Musterprogramm verstehen 157
Wie funktionieren Daten-Hubs und Datenleitungen? 158
    Entwickeln eines zweiten Beispielprogramms mit Datenleitungen und Daten-Hubs 158
    Einsatz von Datenknoten: Eingabe und Ausgabe 159
    Konfigurationsänderungen beim Einsatz von Datenleitungen 160
    Löschen von Datenleitungen 160
        Entdeckungsaufgabe 47: Wachsende Kreise 161
        Entdeckungsaufgabe 48: Dynamische Geschwindigkeit 161
        Entdeckungsaufgabe 49: Input für den Motor 162
Sensorblöcke 162
    Konfigurieren eines Sensorblocks 162
    Konfigurieren eines Berührungssensorblocks 162
    Konfigurieren eines Farbsensorblocks 162
    Konfigurieren eines Drehsensorblocks 163
Arten von Datenleitungen 163
    Die numerische Datenleitung 163
    Die logische Datenleitung 163
        Entdeckungsaufgabe 50: Einschalten der Farblampe 164
    Die textliche Datenleitung 164
        Entdeckungsaufgabe 51: Messwerte anzeigen lassen 166
    Die defekte Datenleitung 166

Mehrfache Datenleitungen 166
    Anschließen mehrerer Leitungen an verschiedene Datenknoten 166
    Anschließen mehrerer Leitungen an einen Datenknoten 167
    Einstellungen mit Eingabe- und Ausgabe-Datenknoten 167
        Entdeckungsaufgabe 52: Multifunktionale Leitungen 167
    Hilfe-Funktion für Datenknoten verwenden 168
Tipps für die Verwaltung von Datenleitungen 169
    Ausblenden nicht genutzter Datenknoten 169
    Datenleitungen von einem Ende des Programms zum anderen 169
        Entdeckungsaufgabe 53: Hilfe! 169
        Entdeckungsaufgabe 54: Sprich lauter! 170
        Entdeckungsaufgabe 55: Geschwindigkeit und richtung 170
        Entdeckungsaufgabe 56: SmartBot sieht alles! 170
        Bauaufgabe 10: Höflicher SmartBot! 170
Zum Erforschen und Ausprobieren 170

11
Datenblöcke und Datenleitungen mit Schleifen und Schaltern einsetzen 171
Datenblöcke 171
    Der Matheblock 171
        Entdeckungsaufgabe 57: Rechenübungen! 173
        Entdeckungsaufgabe 58: Zufallstöne! 174
    Der Zufallsblock 174
    Der Vergleichsblock 175
    Der Logikblock 175
Schaltblöcke und Datenleitungen 177
        Entdeckungsaufgabe 59: Und, Oder, eXklusiv-Oder oder Nicht? 177
        Entdeckungsaufgabe 60: ALLES oder NICHTS! 178
    Schaltblöcke mit Datenleitungen konfigurieren 178
    Numerische und textliche Datenleitungen mit Schaltblöcken verwenden 180
    Datenleitungen mit dem Inneren von Schaltblöcken verbinden 180
Schleifenblöcke und Datenleitungen 180
        Entdeckungsaufgabe 61: Drücken Sie eine Taste, damit es weitergeht! 181
        Entdeckungsaufgabe 62: Artihmetische Rotationen! 182
        Bauaufgabe 11: Robotergreifer! 182
Zum Erforschen und Ausprobieren 182

12
Variablen und Konstanten verwenden und Spiele auf dem NXT spielen 183
Variablen verwenden 183
    Eine Variable definieren 183
    Den Variablenblock verwenden 184
    Ein Programm mit einer Variable erstellen 185
        Entdeckungsaufgabe 63: Alt gegen neu! 186
        Entdeckungsaufgabe 64: Ein intelligentes Zählprogramm! 188
Konstanten verwenden 188
    Konstantenblöcke verwenden 188
    Ein Programm mit Konstanten erstellen 188

Spiele auf dem NXT spielen 190
    Die Variablen definieren 190
    Schritt 1: Ein Ziel zufällig anzeigen 191
    Schritt 2: Auf Tastendruck warten 191
    Schritt 3: Abspeichern, welche Taste gedrückt wurde 191
    Schritt 4: Die Variablen Position und Taste vergleichen 192
    Schritt 5: Die Punktzahl aktualisieren 192
    Schritt 6: Den aktuellen Punktestand anzeigen 193
    Schritt 7: Das Programm 30 Sekunden lang laufen lassen 193
        Entdeckungsaufgabe 65: Smart-Game 2.0! 194
        Entdeckungsaufgabe 66: Gedächtnistrainer! 194
        Bauaufgabe 12: Schlag den Maufwurf! 194
    Das Programm erweitern 194
Zum Erforschen und Ausprobieren 194

TEIL IV ROBOTERPROJEKTE FÜR FORTGESCHRITTENE

13
Grabscher: Ein autonomer Roboterarm 197
Wie der Grabscher funktioniert 197
    Der Greifmechanismus 198
    Der Hebemechanismus 198
Den Grabscher bauen 200
Objekte bauen 231
Programmierung des Grabschers 231
    Eigene Blöcke erstellen 231
    Das Programm fertigstellen 234
    Fehlersuche beim Grabscher 235
Zum Erforschen und Ausprobieren 235
    Entdeckungsaufgabe 67: Ich hasse Blau! 235
    Entdeckungsaufgabe 68: Licht in einer Ecke! 235
    Bauaufgabe 13: Ein Tischreiniger! 235

14
LEGO-Stein-Sortierer Steine nach Farbe und Größe sortieren 237
Wie das Sortieren funktioniert 238
    Das Fahr-Modul 238
    Das Scanner-Modul 238
    Die Größe eines Steins ermitteln 238
Den Sortierer aufbauen 239
    Die Kabel anschließen 259
    Steine für den Sortierer auswählen 259
    Behälter auswählen 259
Den Sortierer programmieren 259
    Die Eigene Blöcke erstellen 260
    Das Programm fertigstellen 261

Entdeckungsaufgabe 69: Sortieren in Höchstgeschwindigkeit! 264
Entdeckungsaufgabe 70: Ein Vierfachsortierer! 264
Entdeckungsaufgabe 71: Intelligente Sortierung! 264
Bauaufgabe 14: Ein Steinwerfer! 264
Zum Erforschen und Ausprobieren 264

15
KKK: Der kompakte Kaminkletterer 265

Wie das Klettern funktioniert 266
    Die X-Achse ausbalancieren 266
    Die Y-Achse ausbalancieren 267
Den Kletterer bauen 268
Den Kamin vorbereiten 280
Den Kletterer programmieren 280
    Schritt 1: Die Arme ausfahren 280
    Schritt 2: Klettern und die Balance halten 280
    Schritt 3: Herunterklettern, Balance halten und anhalten 282
    Fehlersuche beim Kletterer 282
Zum Erforschen und Ausprobieren 283
    Entdeckungsaufgabe 72: Höhenmesser! 283
    Bauaufgabe 15: Eine Seilbahn! 283

Anhang
Fehlersuche und Lösen von Verbindungsproblemen 285

Mit dem NXT-Controller Programme auf den NXT herunterladen 285
    Das NXT-Fenster verwenden 286
    Probleme bei der USB-Verbindung mit dem NXT 286
    Probleme beim Herunterladen von Programmen auf den NXT 287
Programme mit Bluetooth auf den NXT herunterladen 288
    Einen Bluetooth-Dongle auswählen 288
    Den NXT mittels Bluetooth verbinden 289
    Probleme bei der NXT-Verbindung mit Bluetooth 289
Fazit 289

Index 291

Danksagungen

Das Buch, das Sie gerade in Händen halten, ist das Ergebnis von mehr als einem Jahr harter Arbeit. Ohne die Hilfe vieler anderer hätte ich es nie fertig gestellt. Zuerst möchte ich Fay Rhodes und Jim Kelly dafür danken, dass Sie mir das Schreiben näher gebracht haben. Hätte ich nicht die Gelegenheit gehabt, 2008 als Co-Autor mit ihnen an *LEGO MINDSTORMS NXT One-Kit Wonders* zu arbeiten, wäre ich nie auf die Idee gekommen, ein eigenes Buch zu schreiben, vor allem nicht in einer Sprache, die nicht meine Muttersprache ist.

Ich danke der LDraw-Community für die Entwicklung der vielen Tools, die notwendig sind, um klare Konstruktionszeichnungen zu erstellen, besonders Philippe Hurbain für die detaillierten 3D-Zeichnungen der Teile im NXT-Kasten, Travis Cobbs für die Entwicklung von LDView, um die Bauschritte darzustellen, und Kevin Clague für die Entwicklung von LPUB4, womit ich meine Bauanleitungen in einer Art aufbereiten konnte, die sie viel verständlicher macht. Danke auch an John Hansen. Er ließ mich sein Tool verwenden, mit dem man Screenshots vom NXT-Display erstellen kann.

Danke auch an alle, die direkt an diesem Buch beteiligt waren: Richard Li und Martijn Boogaarts für das sorgfältige Testen der Roboter und der Bauanleitungen, Jochem de Klerk für das Umschlagfoto, Micah Edelblut für die Fotos in Abbildung 9-4, 10-1 und 10-16, meinen Eltern für Ihren Rat, wie ich meine Zeit am besten für dieses Buch einteilen sollte, und Xander Soldaat für die fachliche Durchsicht. Ein besonderes Dankeschön geht an den technischen Redakteur Damien Kee für das frühzeitige Lesen aller Kapitel, so dass sie klar und verständlich formuliert wurden.

Ein weiteres Dankeschön an die Mitarbeiter von No Starch Press, die im vergangenen Jahr zu geschätzten Kollegen wurden. Besonders danke ich William Pollock dafür, dass er den Text dieses Buchs (d.h. der amerikanischen Originalausgabe) in klares und flüssiges Englisch verwandelt hat, und für seine konstruktive Kritik, um jeden einzelnen Abschnitt nützlich und lesenswert zu gestalten. Ich danke Riley Hoffman für das Projektmanagement und dafür, dass jede einzelne Seite dieses Buchs so gut ist, wie sie aussieht.

Darüberhinaus gilt mein Dank Michael Barabas, dem dpunkt.team sowie den beiden Übersetzern, Julia Neumann und Volkmar Gronau, die es wahr gemacht haben, dass dieses Buch nun auf Deutsch vorliegt. Ich hoffe, dass diese Übersetzung viele weitere Leser dazu inspirieren wird, tolle Roboter zu bauen.

Dank auch an alle anderen, die mich unterstützt haben, während ich an diesem Buch arbeitete. Meine Freunde und die NXT-Fans, die mit großer Vorfreude auf das Erscheinen dieses Buchs warten, haben mich besonders motiviert, es abzuschließen, und waren mir bis zuletzt ein Antrieb.

Schließlich danke ich dem Unternehmen LEGO für LEGO MINDSTORMS NXT, dem wunderbaren Produkt, dem sich dieses Buch widmet. Es macht nicht nur Spaß, mit dem NXT zu spielen, NXT bringt auch Menschen aus aller Welt zusammen, die sich sonst niemals kennengelernt hätten.

Einführung

Sicherlich wissen Sie bereits, dass LEGO MINDSTORMS NXT 2.0 ein Baukasten ist, mit dem Sie Ihre eigenen Roboter bauen und programmieren können. Ich selbst habe mich erstmals im Jahre 2005 mit MINDSTORMS beschäftigt. Zu diesem Zeitpunkt war ich 13 Jahre alt und hatte gerade genügend Geld, um mir die damalige Version – das MINDSTORMS Robotics Invention System – zu kaufen. Mein neues Hobby war geboren, und im Laufe der Zeit wurde ich in der Welt der LEGO MINDSTORMS immer aktiver. Das Ergebnis ist das Buch, das Sie in den Händen halten (im Jahre 2010 in der englischen Originalversion veröffentlicht). Das Buch soll Ihnen dabei helfen, die Möglichkeiten zu nutzen, die MINDSTORMS bietet. Ich hoffe, dass Sie mit diesem Roboter-Baukasten genauso viel Spaß haben werden wie ich!

Wozu dieses Buch?

Der Roboter-Baukasten LEGO MINDSTORMS NXT 2.0 enthält zahlreiche Bauteile und Pläne für vier Roboter, die Sie mithilfe Ihres Computers programmieren. Obwohl ich mir sicher bin, dass Ihnen das Bauen und Programmieren der Roboter sehr viel Spaß machen wird, kann der Einstieg manchmal ein wenig schwierig sein. Der Baukasten stellt Ihnen die notwendigen Werkzeuge zur Verfügung, um die Roboter zum Laufen zu bringen. Das zugehörige Handbuch deckt jedoch nur einen Bruchteil des Wissens ab, das Sie brauchen, um Ihre eigenen Roboter zu bauen und zu programmieren.

Dieses Buch ist ein Leitfaden, der Ihnen dabei helfen soll, das Potenzial des Roboter-Baukastens LEGO MINDSTORMS NXT 2.0 zu entdecken. Sie erwerben die notwendigen Kenntnisse und Fertigkeiten, um Ihre Roboter dazu zu bringen, genau das zu tun, was Sie wollen.

Ist dieses Buch für Sie geeignet?

Dieses Buch setzt keine Vorkenntnisse über das Bauen und Programmieren mit LEGO MINDSTORMS voraus. Sie werden sich vom einfachen hin zu komplexeren Programmen bewegen und mit der Zeit immer anspruchsvollere Modelle realisieren. Anfänger sollten mit dem ersten Kapitel beginnen und danach Schritt für Schritt den Anweisungen in Kapitel 2 zum Bau und der Programmierung eines einfachen Roboters folgen. Falls Sie bereits Erfahrung mit MINDSTORMS haben, können Sie einfach mit einem Kapitel beginnen, das Sie als Herausforderung empfinden, und dies als Ihren Anfangspunkt betrachten. Die fortgeschrittene Programmierung in Teil III sowie die Roboterprojekte in Teil IV werden insbesondere für erfahrenere Anwender von Interesse sein.

Wie sollte das Buch gelesen werden?

Obwohl Sie dieses Buch auch als eine Art Bedienungshandbuch nutzen könnten, ist es in erster Linie als Übungsbuch gedacht. Anstatt Sie mit langen Kapiteln und trockener Theorie zu belasten, habe ich verschiedene Bau-, Programmierungs- und Robotikaufgaben miteinander kombiniert. Wenn Sie lernen, wie Sie Ihren ersten Roboter zum Bewegen bringen, lernen Sie z.B. gleichzeitig auch grundlegende Techniken der Programmierung. Und beim Bau Ihres nächsten Roboters lernen Sie gleichzeitig die Sensoren kennen. Hinter diesem Ansatz steckt meine Überzeugung, dass aktive Mitarbeit die beste Methode ist, um das Bauen und Programmieren von MINDSTORM-Robotern zu erlernen.

Entdeckungsaufgaben

Wenn Sie Schritt für Schritt lernen, Ihre Roboter zu programmieren, und die in diesem Buch vorgestellten Roboter entwickeln, werden Sie in den einzelnen Kapiteln immer wieder auf sogenannte Entdeckungsaufgaben stoßen. Jede neue Programmiertechnik wird durch Beispiele und die Entdeckungsaufgaben untermauert. Ich möchte Sie ermutigen, sich mit diesen Aufgaben zu beschäftigen und das Geschriebene nicht einfach als gegeben hinzunehmen.

Dieses Buch enthält 72 Entdeckungsaufgaben zur Programmierung, die Ihre Programmierfähigkeiten aufbauen und stärken sollen. Darüber hinaus bietet es 15 Bauaufgaben zum Bau von Robotern, in denen Sie lernen, wie Sie die im Buch vorgestellten Baupläne erweitern, und damit beginnen, Ihre eigenen und einzigartigen Roboter zu kreieren. Falls Schwierigkeiten mit den Entdeckungsaufgaben auftauchen sollten, besuchen Sie die Webseite zum Buch (*http://www.roboter.laurensvalk.com/*), um Fragen zu stellen oder Erfahrungen auszutauschen.

Was Sie von den einzelnen Kapiteln erwarten können

Das Buch ist in vier Teile gegliedert. Im Folgenden erhalten Sie einen kurzen Überblick über jeden Teil. Manche der hier verwendeten Begriffe sind Ihnen vielleicht neu, aber Sie werden sie beim Lesen des Buchs nach und nach kennenlernen.

Teil I: Die ersten Schritte

In Teil I werden Ihnen zunächst die einzelnen Bestandteile des NXT-2.0-Baukastens vorgestellt (Kapitel 1). In Kapitel 2 bauen Sie Ihren ersten Roboter und lernen den NXT-Baustein kennen. Kapitel 3 macht Sie mit NXT-G vertraut, der im NXT-2.0-Baukasten mitgelieferten Software. Diese Software werden Sie einsetzen, um Roboter zu programmieren. In Kapitel 4 bringen Sie Ihren Roboter mithilfe von NXT-G zum Bewegen und erstellen dabei anhand einfacher Programmierblöcke Ihre ersten Programme. In Kapitel 5 werden Ihnen schließlich Programmiertechniken wie z.B. die Wiederholung beigebracht, und Sie lernen, wie Sie Ihren Roboter dazu bringen, mehrere Dinge gleichzeitig zu tun.

Teil II: Bau und Programmierung von Robotern mit Sensoren

In diesem Teil erfahren Sie alles über Sensoren, ein wesentlicher Aspekt der MINDSTORMS Roboter. In Kapitel 6 erweitern Sie zunächst den in Teil I gebauten Roboter um einen Sensor, um ihm zusätzliche Fähigkeiten zu verleihen. Gleichzeitig lernen Sie die Programmiertechniken kennen, die für den Einsatz von Sensoren notwendig sind. Kapitel 7 stellt Ihnen die weiteren im NXT-2.0-Baukasten enthaltenen Sensoren vor. In Kapitel 8 entwickeln Sie den »Shot-Roller« – einen kleinen Verteidigungsroboter – und lernen gleichzeitig mehrere neue Programmierblöcke kennen. In Kapitel 9 werden die Sensoren noch eingehender behandelt: Sie bauen und programmieren den Krabbler, ein sechsbeiniges Wesen, das herumläuft und mit seiner Umgebung interagiert.

Teil III: Erstellen fortgeschrittener Programme

Teil II widmet sich fortgeschrittenen Konzepten der Programmierung. In diesem Teil lernen Sie, wie Sie Ihren Roboter dazu bringen, komplexere Handlungen durchzuführen. In Kapitel 10 werden Sie mit Daten-Hubs (einer Art Datenverteiler) und Datenleitungen vertraut gemacht und bauen den »SmartBot«, eine Plattform für das Testen fortgeschrittener Programme. Anschließend setzen Sie in Kapitel 11 Datenleitungen ein, um Programmierblöcke zu steuern. Gleichzeitig lernen Sie ein paar weitere fortgeschrittene Programmiertricks. In Kapitel 12 lernen Sie schließlich, wie Sie Variablen und Konstanten einsetzen und wie Sie alle bisher erlernten Programmiertechniken miteinander kombinieren, um auf dem NXT ein Spiel zu spielen.

Teil IV: Fortgeschrittene Roboterprojekte

Nachdem Sie sich mit dem NXT-2.0-Baukasten, den Motoren und Sensoren vertraut gemacht und gelernt haben, wie man Roboter programmiert, werden in diesem Teil all Ihre neu erworbenen Kenntnisse zusammengeführt und Sie erstellen drei neue Roboter. In Kapitel 13 bauen und programmieren Sie den Grabscher, einen autonomen Roboterarm, der die Fähigkeit hat, Objekte zu finden, zu greifen und hochzuheben. In Kapitel 14 bauen Sie den LEGO-Stein-Sortierer, eine Maschine, die LEGO-Steine nach Farbe und Größe sortiert. Zuletzt (in Kapitel 15) bauen Sie den KKK – den kompakten Kaminkletterer, der zwischen zwei Wänden (wie in einem Kamin) nach oben klettert und dabei die Balance halten muss.

Unterstützung: die Webseite zum Buch

Die Anweisungen und Erläuterungen in diesem Buch sind ausführlich getestet und geprüft worden. Trotzdem kann es natürlich sein, dass Fragen auftauchen. Auf der Webseite zum Buch (*http://www.roboter.laurensvalk.com/*) finden Sie Links zu weiteren hilfreichen Webseiten, herunterladbare Versionen aller in diesem Buch verwendeten Programme sowie Lösungen zu manchen der im Buch gestellten Entdeckungsaufgaben. (Diese Lösungen sind als Starthilfe gedacht. Bei vielen der Entdeckungsaufgaben werden jedoch keine Lösungen bereitgestellt. In diesen Fällen ist Ihre Kreativität gefragt!)

Falls Sie weitere Hilfe brauchen oder auf der Webseite keine Antwort auf Ihre Fragen finden, können Sie Ihre Fragen im Leserforum dieses Buchs stellen. Hier können Sie auch nachlesen, wie andere Leser die Entdeckungsaufgaben gelöst haben, und Ihre eigenen Lösungen vorstellen.

Fazit

MINDSTORMS regt die Fantasie und die Kreativität an – sowohl bei Kindern als auch bei Erwachsenen! Nehmen Sie nun Ihren NXT-2.0-Baukasten zur Hand, fangen Sie bei Kapitel 1 an und betreten Sie die kreative Welt von LEGO MINDSTORMS. Ich hoffe, dass ich Ihrer Fantasie mit meinem Buch noch weiter auf die Sprünge helfen kann!

TEIL I

Die ersten Schritte

1
Was Sie für Ihren Roboter brauchen

In den Kapiteln 2 bis 5 werden Sie einen Roboter entwickeln, der sich selbstständig in einem Raum umherbewegen kann. Bevor Sie jedoch mit dessen Bau beginnen, müssen Sie wissen, welche Ausrüstung Sie benötigen. Es hat in der Vergangenheit bereits verschiedene Versionen von Baukästen für LEGO MINDSTORMS NXT gegeben. Für alle Robotermodelle in diesem Buch brauchen Sie jedoch nur einen LEGO MINDSTORMS NXT 2.0-Baukasten (Nr. 8547). Falls Sie diesen – in Abbildung 1-1 dargestellten – Baukasten bereits haben, sind Sie startbereit.

Sie haben eine andere Version des NXT-Systems und würden trotzdem gerne mit diesem Buch arbeiten? Besuchen Sie die Webseite zum Buch (http://www.roboter.laurensvalk.com/). Hier finden Sie Vorschläge, wie Sie sich die Bauteile besorgen können, die Sie für die Durchführung der im Buch beschriebenen Projekte benötigen.

Was im Baukasten enthalten ist

Der LEGO MINDSTORMS NXT-2.0-Baukasten enthält neben zahlreichen Technikbauteilen auch elektronisches Zubehör (Motoren, Sensoren, den NXT-Baustein und Kabel). Abbildung 1-2 zeigt die verschiedenen Arten von NXT 2.0-Bauteilen. Sie werden nach und nach lernen, wie jedes Bauteil einzusetzen ist.

Abbildung 1-1: LEGO MINDSTORMS NXT 2.0-Baukasten

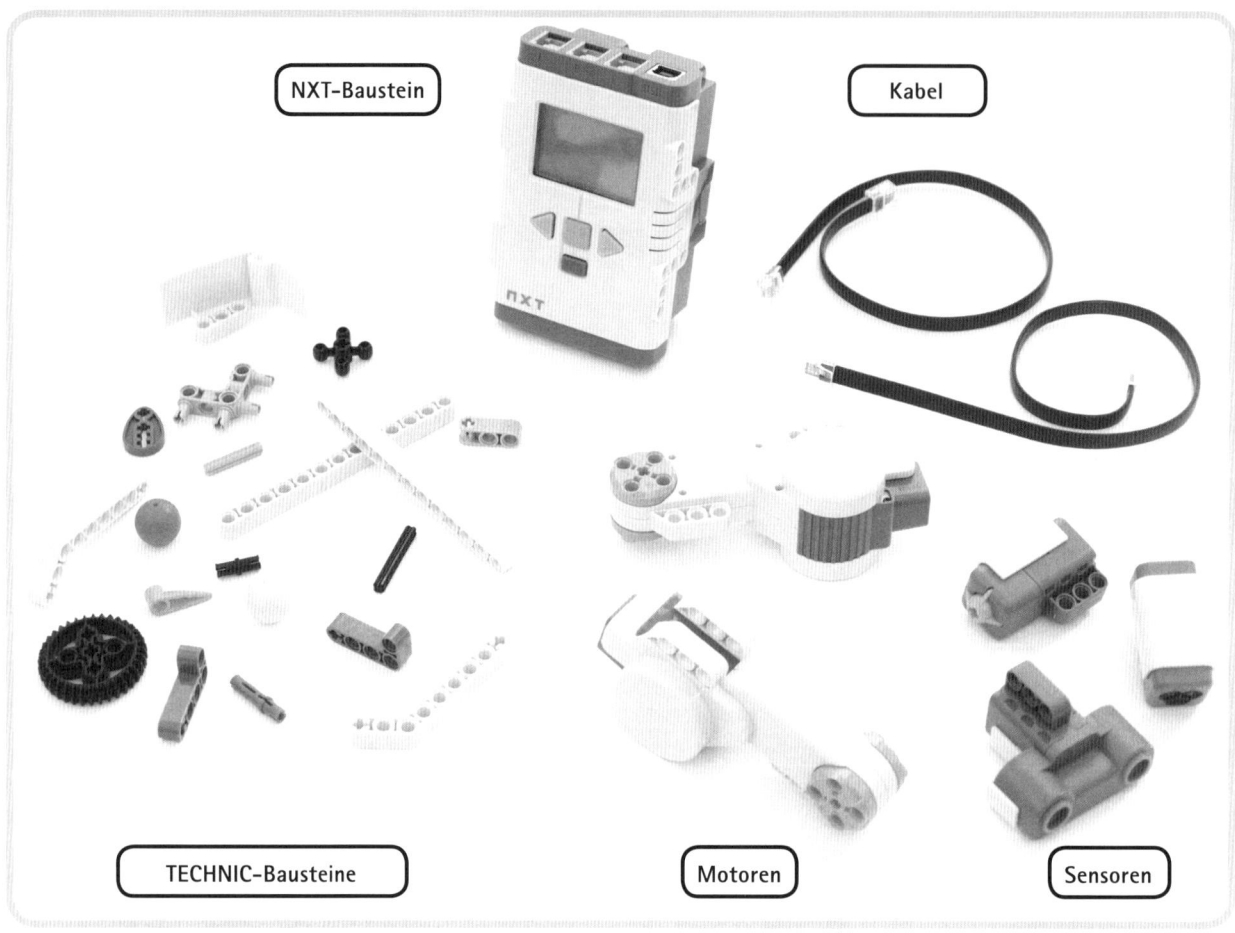

Abbildung 1-2: Der NXT-Baukasten enthält unterschiedliche Arten von Bauteilen.

Motoren werden bei NXT-Robotern für verschiedene Bewegungen eingesetzt, z.B. um ein Objekt zu greifen oder um sich fortzubewegen. Sensoren dienen dazu, bestimmte Gegebenheiten der Umgebung wahrzunehmen, wie z.B. die Intensität einer Lichtquelle, eine Farbe oder die Entfernung zu einem Objekt.

Die Kabel verbinden die Motoren und Sensoren mit dem NXT-Baustein.

Der NXT-Baustein

Der NXT-Baustein – oder einfach nur NXT genannt – ist ein kleiner Rechner zur Steuerung der Motoren und Sensoren. Er erlaubt es Ihrem Roboter, selbstständig zu handeln. Sie könnten z.B. einen Roboter bauen, der automatisch einen Lichtschalter betätigt, wenn es draußen dunkel wird. Ein Sensor, der die Lichtmenge misst, informiert den NXT darüber, dass es dunkel wird. Daraufhin startet der NXT-Stein einen Motor, um das Licht anzuschalten.

Ohne ein Programm wird Ihr Roboter jedoch gar nichts tun.

Die Programmiersoftware NXT-G

Die Programmiersoftware NXT-G ist auf der im LEGO MINDSTORMS NXT 2.0-Baukasten mitgelieferten CD enthalten (Abbildung 1-3). Mithilfe Ihres Computers und der NXT-G-Software werden Sie ein NXT-Programm erstellen. Ein NXT-Programm enthält Anweisungen für alle Handlungen, die Ihr Roboter ausführen soll. Wenn Sie Ihr Programm auf Ihrem Computer erstellt haben, übertragen Sie es mithilfe des im Baukasten enthaltenen USB-Kabels an den NXT. Aus einer Kombination aus Motoren, Sensoren, dem NXT und Ihrem erstellten Programm entsteht Ihr LEGO MINDSTORMS-Roboter.

HINWEIS Falls die Bauteile Ihres LEGO MINDSTORMS NXT 2.0-Baukastens mit anderen LEGO-Teilen durcheinandergeraten sind, können Sie sie mithilfe der Liste aller Bauteile auf der Innenseite des hinteren Buchdeckels wieder sortieren.

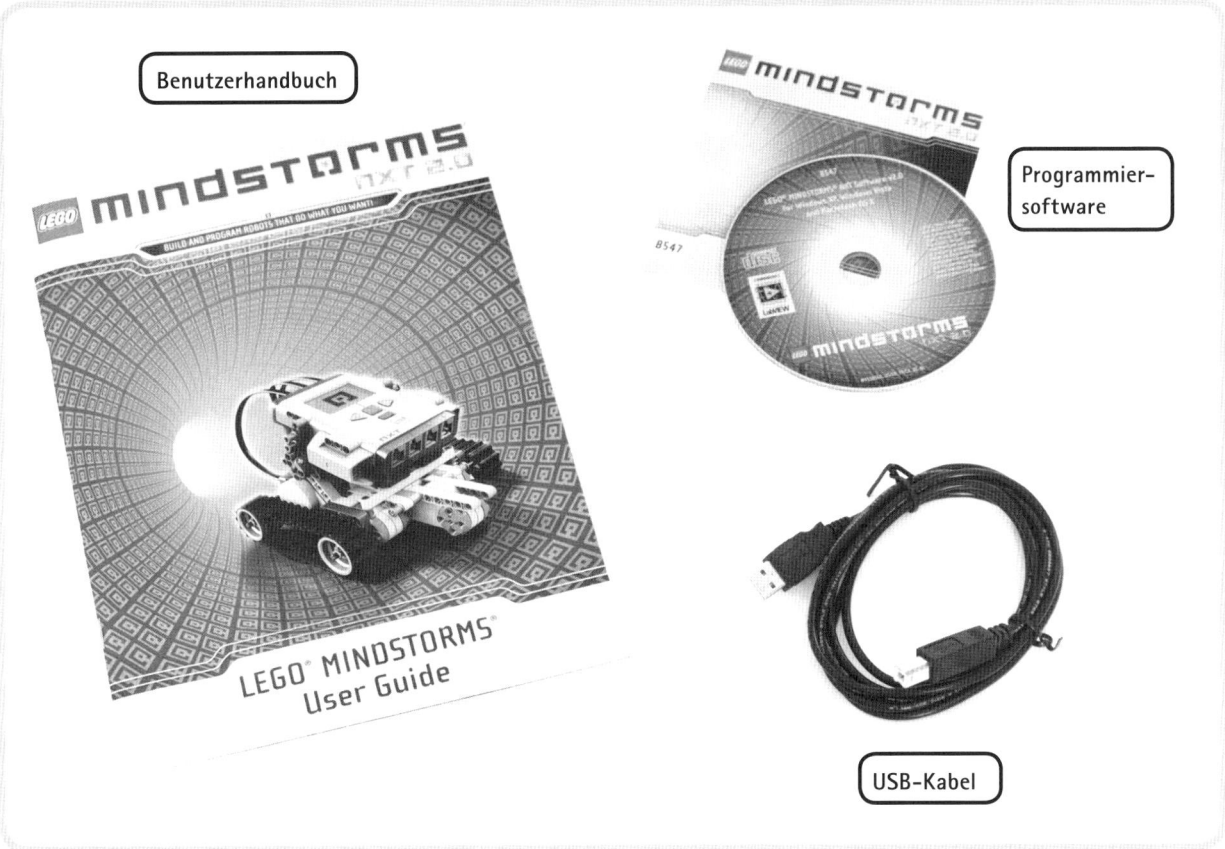

Abbildung 1-3: Handbuch, Programmiersoftware NXT-G und USB-Kabel. Das Handbuch enthält zusätzliche Informationen zum NXT-Baukasten. Viele der Informationen werden jedoch in diesem Buch abgedeckt.

Installieren der Software

Bevor Sie Programme zur Steuerung von Robotern erstellen können, müssen Sie die LEGO MINDSTORMS NXT 2.0-Software installieren. Legen Sie dazu die im Baukasten enthaltene CD in Ihr CD-Laufwerk ein. Es öffnet sich ein Installationsfenster. Folgen Sie nun einfach den Installationsanweisungen. Sie können die Software in jeder beliebigen Sprache installieren. Dieses Buch basiert jedoch auf der deutschsprachigen Version. Wenn Sie in diesem Buch aufgefordert werden, eine Dezimalzahl wie z.B. **2,5** einzugeben, Sie jedoch normalerweise einen Punkt anstelle eines Kommas verwenden, geben Sie einfach **2.5** ein – also so, wie Sie es gewohnt sind.

Testunterlage

Für manche Handlungen Ihres Roboters wird die Testunterlage zum Einsatz kommen (Abbildung 1-4). Zum Beispiel werden Sie zu einem späteren Zeitpunkt einen Roboter bauen, der auf der Testunterlage der dicken schwarzen Linie folgt.

Einlegen der Batterien

Zur Energieversorgung des Roboters legen Sie sechs AA-Batterien in den NXT ein (siehe Abbildung 1-5). Sie können reguläre wiederaufladbare oder nicht wiederaufladbare Batterien oder den wiederaufladbaren LEGO-Akku (Nr. 9798) mit Ladegerät (Nr. 9833) verwenden. Alternativ können Sie den neuen wiederaufladbaren LEGO-Akku (Nr. 9693) mit dem zugehörigen Ladegerät (Nr. 8887) einsetzen.

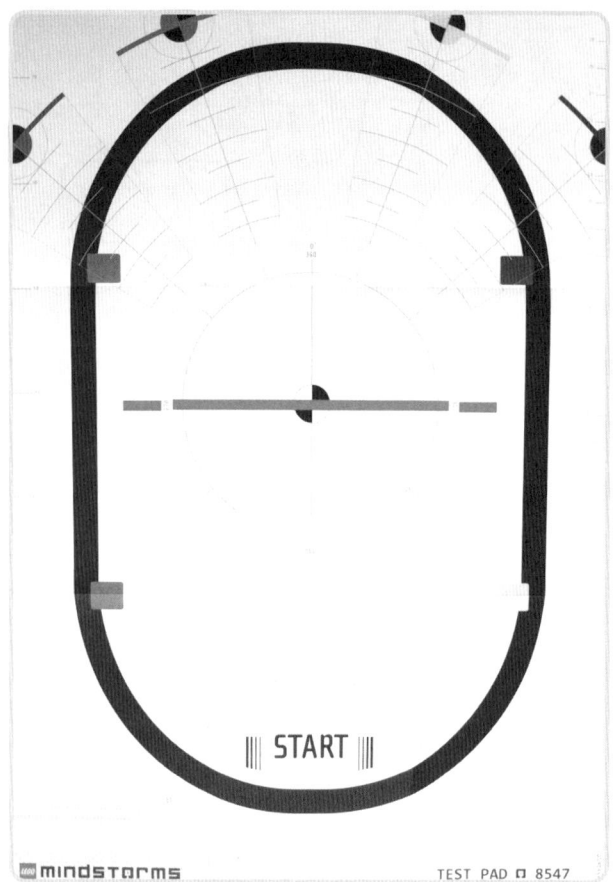

Fazit

Sie haben nun alle Teile beisammen, um einen Roboter zu bauen und zu programmieren. Es kann losgehen! In Kapitel 2 werden Sie Ihr erstes Modell realisieren und dabei mehr über den NXT-Baustein, die Motoren und die Kabel erfahren.

Abbildung 1-4: Testunterlage

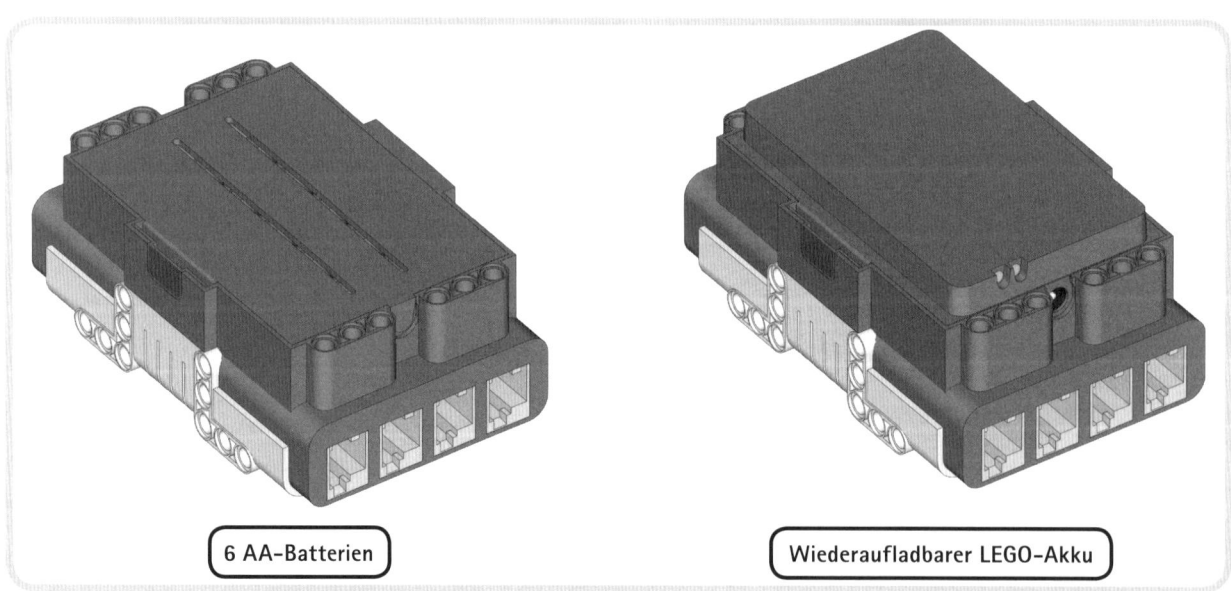

Abbildung 1-5: Zur Energieversorgung des NXT-Bausteins können Sie sechs AA-Batterien oder den wiederaufladbaren LEGO-Akku verwenden.

2
Sie bauen Ihren ersten Roboter

Wie Sie in Kapitel 1 gesehen haben, besteht ein Roboter aus mehreren wichtigen Bestandteilen. Damit Sie die Funktionsweise der einzelnen Teile mühelos und Schritt für Schritt kennenlernen, werden Sie sich anfangs nur mit ein paar wenigen Bestandteilen befassen. Zunächst lernen Sie, mit den NXT-Motoren und dem NXT-Baustein zu arbeiten: Sie bauen ein Fahrzeug auf Rädern, das in Ihrem Zimmer herumfahren kann (den Explorer, siehe Abbildung 2-1). Wenn Sie den Explorer gebaut haben, werden Sie kurz testen, ob Sie alle Teile korrekt zusammengefügt haben und ob er sich bewegt!

Bau des Explorers

Legen Sie anhand der Materialliste (Abbildung 2-2) zunächst alle Teile bereit, die Sie für den Explorer brauchen werden. Setzen Sie dann den Roboter zusammen, indem Sie den Bauanleitungen auf den nächsten Seiten Schritt für Schritt folgen.

Abbildung 2-1: Der Explorer

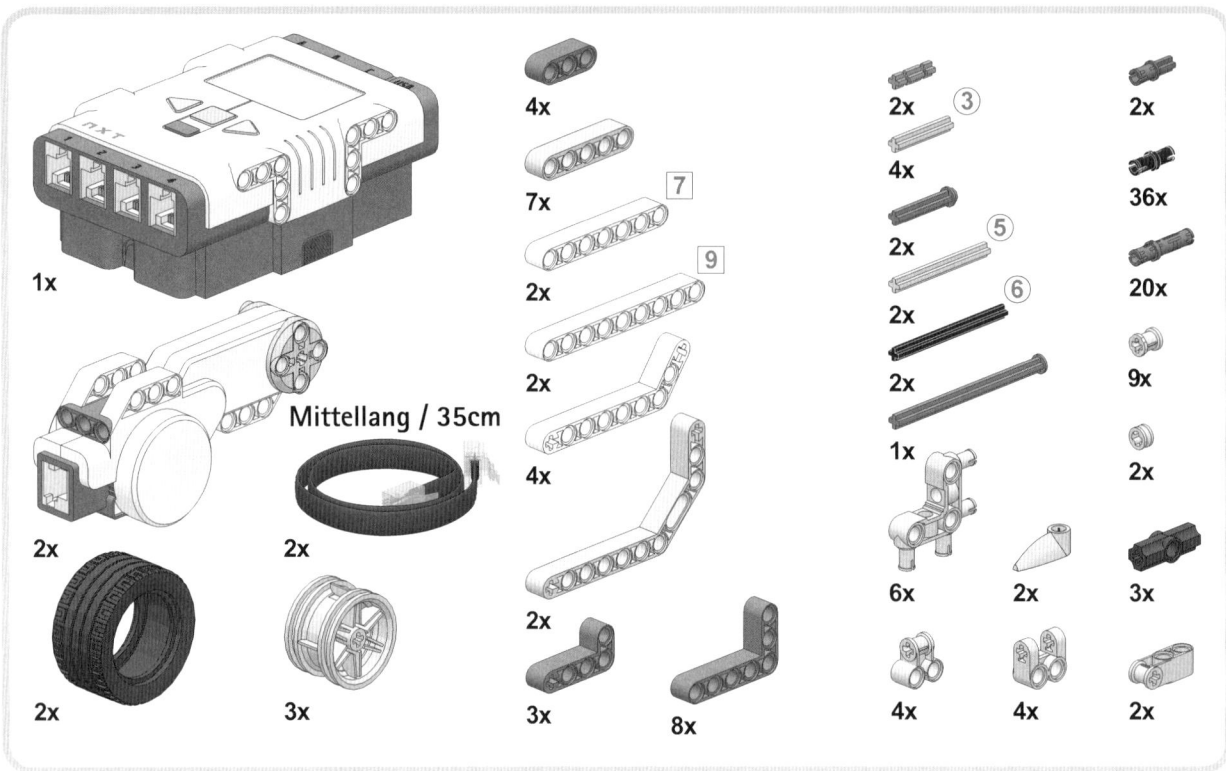

Abbildung 2-2: Materialliste

Bau-Tipp: Lochsteine und Achsen

Der LEGO MINDSTORMS NXT 2.0-Baukasten enthält zahlreiche *Lochsteine* und *Achsen*. Da diese Teile in unterschiedlicher Länge vorhanden sind, ist es manchmal nicht auf Anhieb klar, welche Länge Sie brauchen. Damit Sie eindeutig wissen, welches Bauteil das richtige ist, gebe ich die Länge der einzelnen Teile wie in Abbildung 2-3 dargestellt an. Die Zahlen in Quadraten beziehen sich auf die Lochsteine; die Zahlen in Kreisen beziehen sich auf die Achsen.

Um die Länge eines Lochsteins zu bestimmen, brauchen Sie nur die Anzahl der Löcher zu zählen. Zum Beispiel hat der in Abbildung 2-3 dargestellte Stein neun Löcher, was durch die »9« im nebenstehenden Quadrat angezeigt wird. Die Zahlen in den Kreisen geben Ihnen über die Länge der Achsen Auskunft. Um die Länge einer Achse zu bestimmen, legen Sie sie neben einen Lochstein und zählen, wie viele Löcher sie abdeckt (siehe Abbildung 2-3). Die abgebildete schwarze Achse deckt vier Löcher ab, was durch die im Kreis dargestellte »4« angezeigt wird.

Bau-Tipp: Fixe und drehbare Verbindungsstifte

Der NXT-Baukasten enthält *Verbindungsstifte*, die eingesetzt werden, um zwei oder mehrere Teile miteinander zu verknüpfen. Es gibt *fixe Verbindungsstifte*, die eingesteckt in einen Lochstein beim Drehen Widerstand leisten, und *drehbare Verbindungsstifte*, die sich in einem Lochstein leicht drehen lassen.

Beide Arten von Verbindungsstiften können die gleiche Form haben, jedoch erkennen Sie an der Farbe, ob Sie den richtigen Stift ausgewählt haben (siehe Innenseite des vorderen Buchdeckels). Beim Befolgen der Bauanleitungen sollten Sie sich immer vergewissern, dass Sie den richtigen Verbindungsstift verwenden. Auf der Innenseite des vorderen Buchdeckels sehen Sie auch, wie die Farben der Verbindungsstifte in den Schwarz-Weiß-Abbildungen im Buch dargestellt werden.

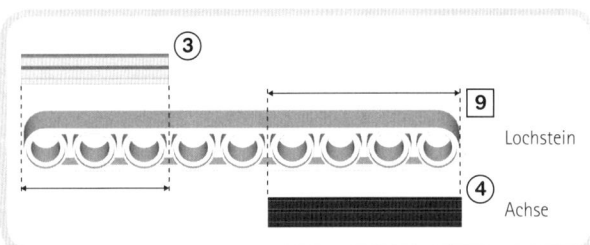

Abbildung 2-3: Lochsteine und Achsen sind in unterschiedlichen Längen vorhanden. Beim Befolgen der Bauanleitungen sollten Sie daher immer darauf achten, dass Sie mit der korrekten Länge arbeiten. Sie können die Länge der Steine und Achsen entweder selbst bestimmen oder die maßstabsgetreue Abbildung auf der Innenseite des vorderen Buchdeckels verwenden.

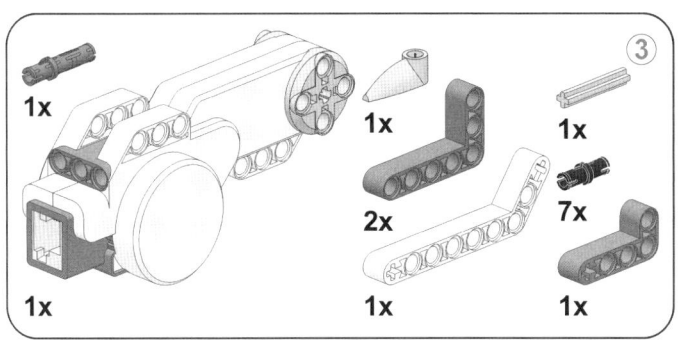

1
2
3
4
5

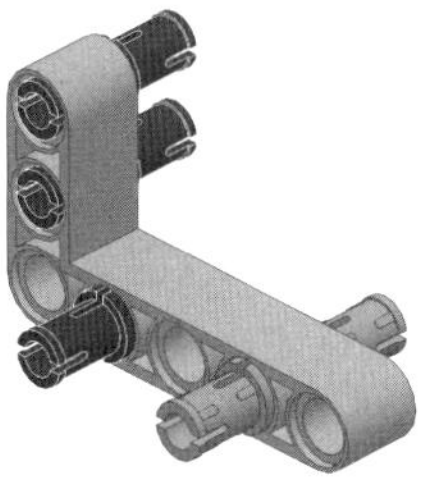

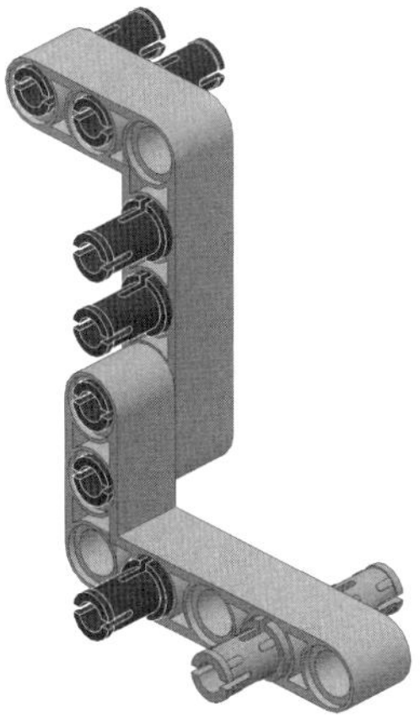

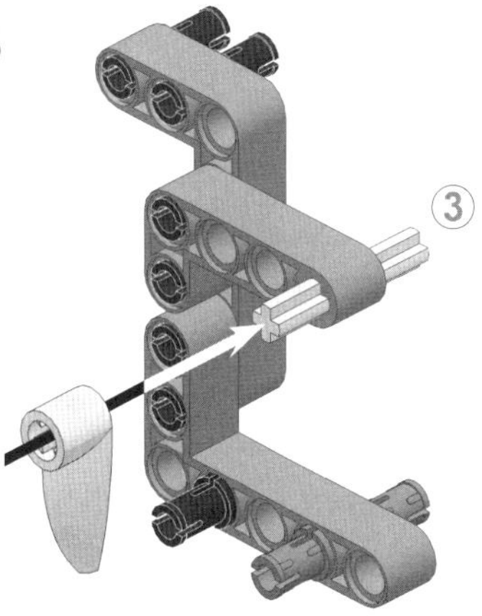

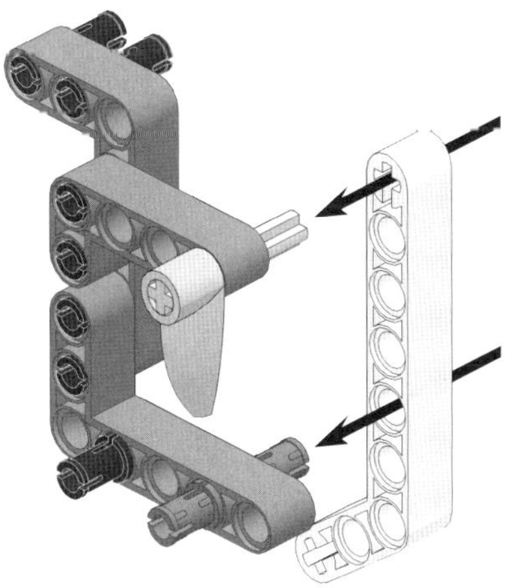

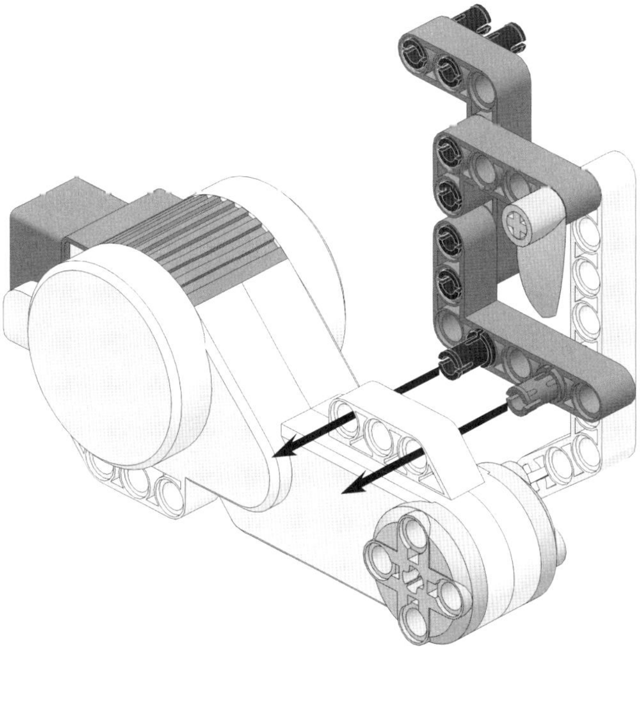

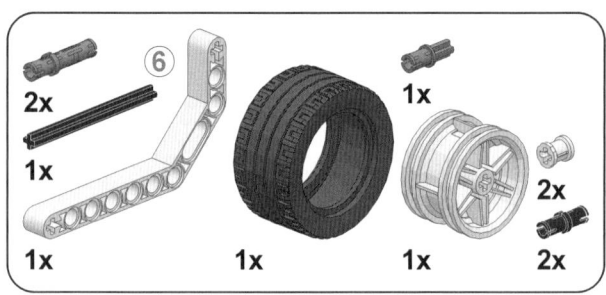

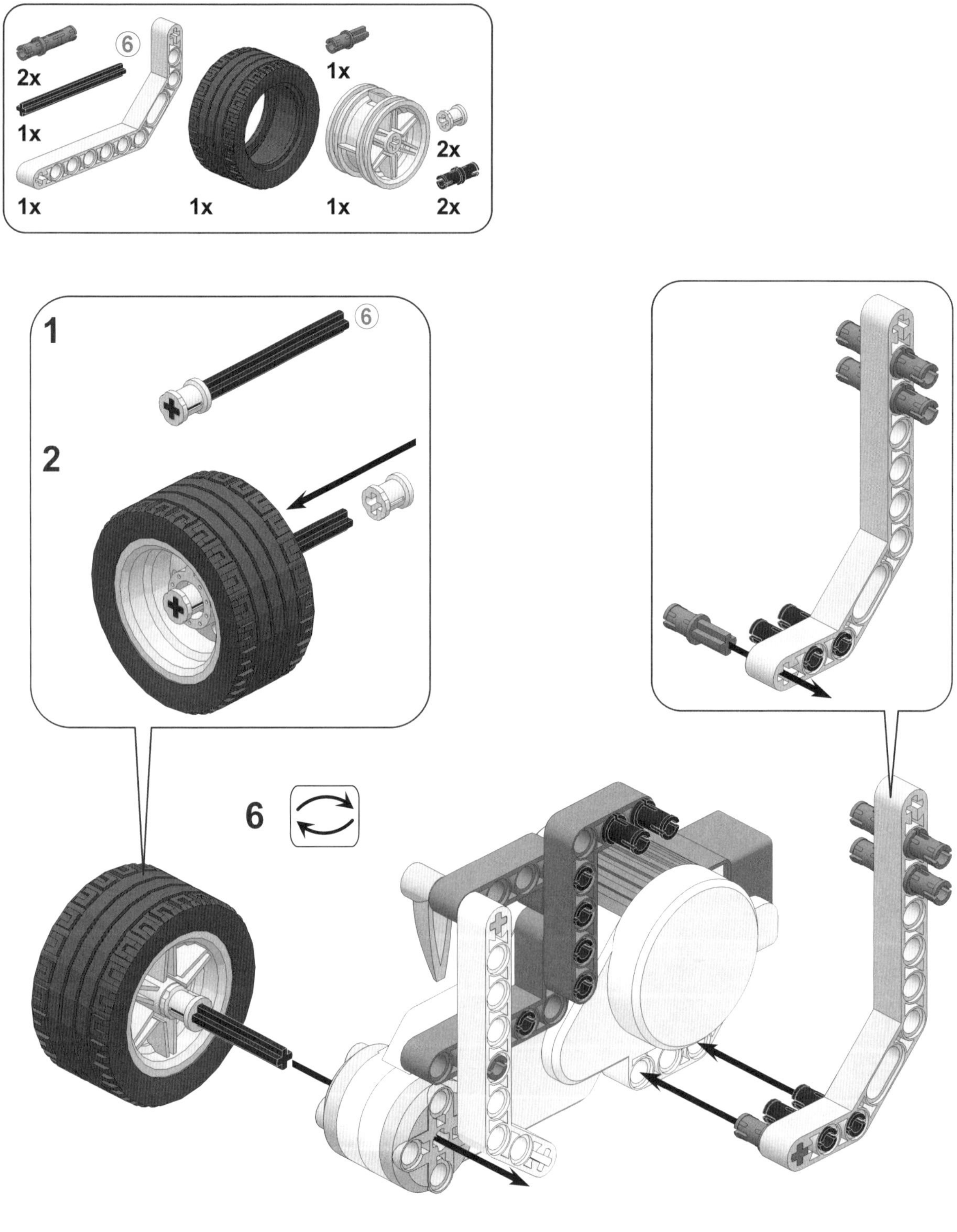

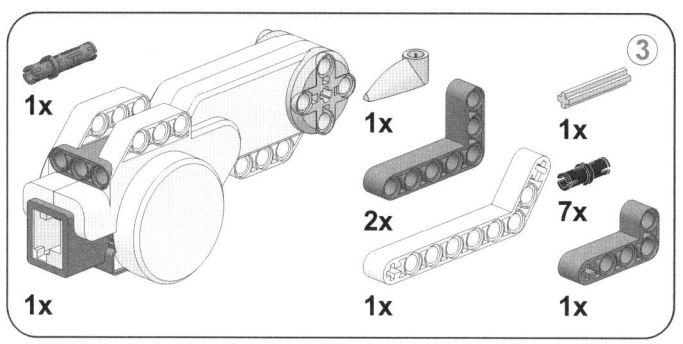

SIE BAUEN IHREN ERSTEN ROBOTER 11

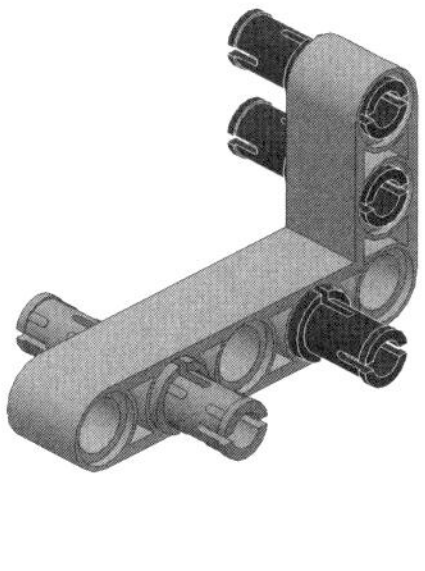

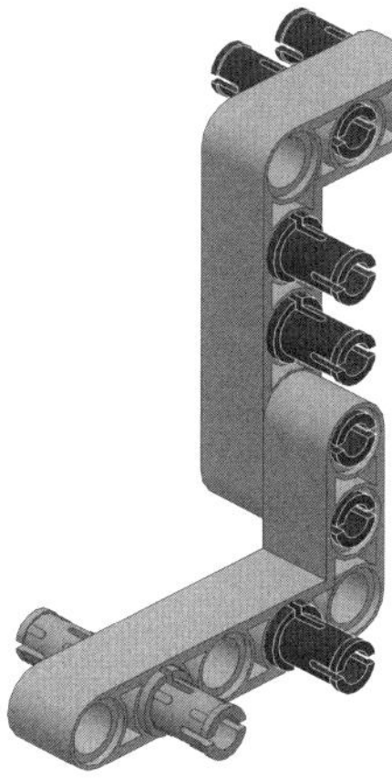

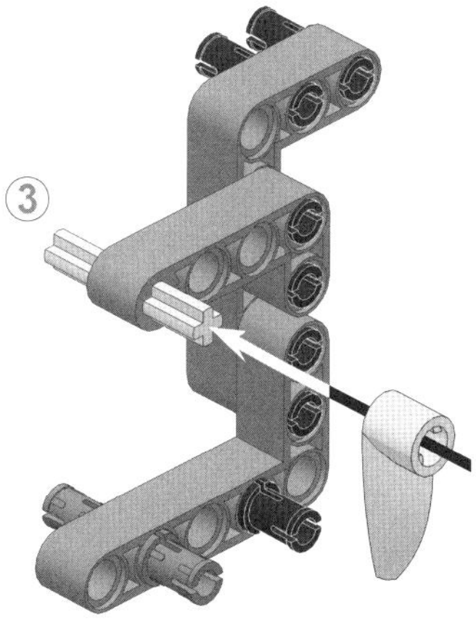

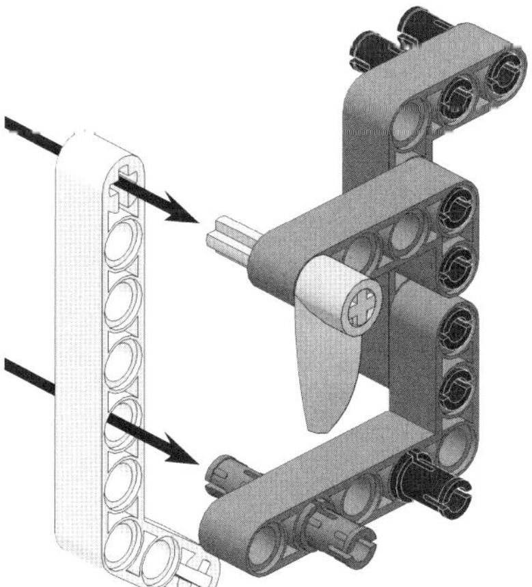

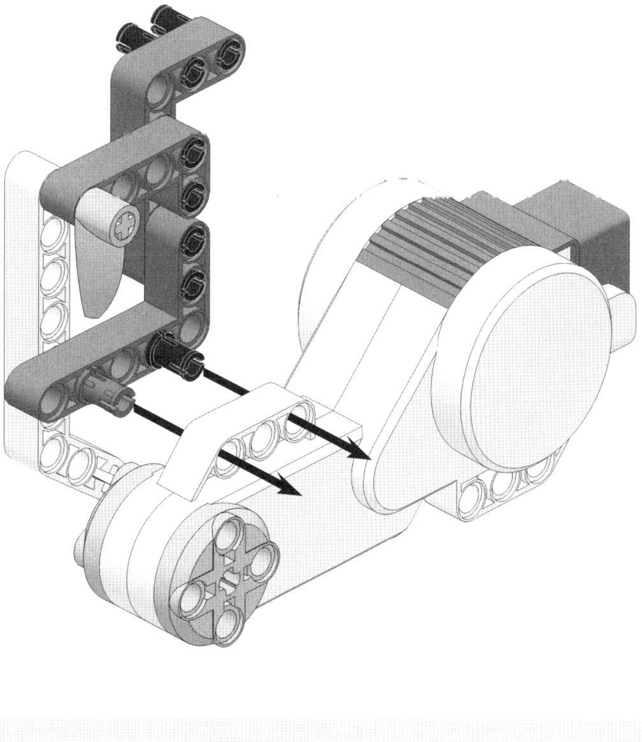

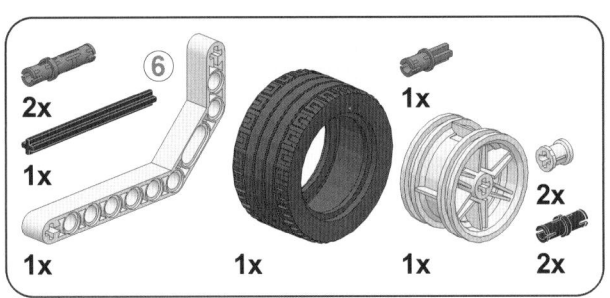

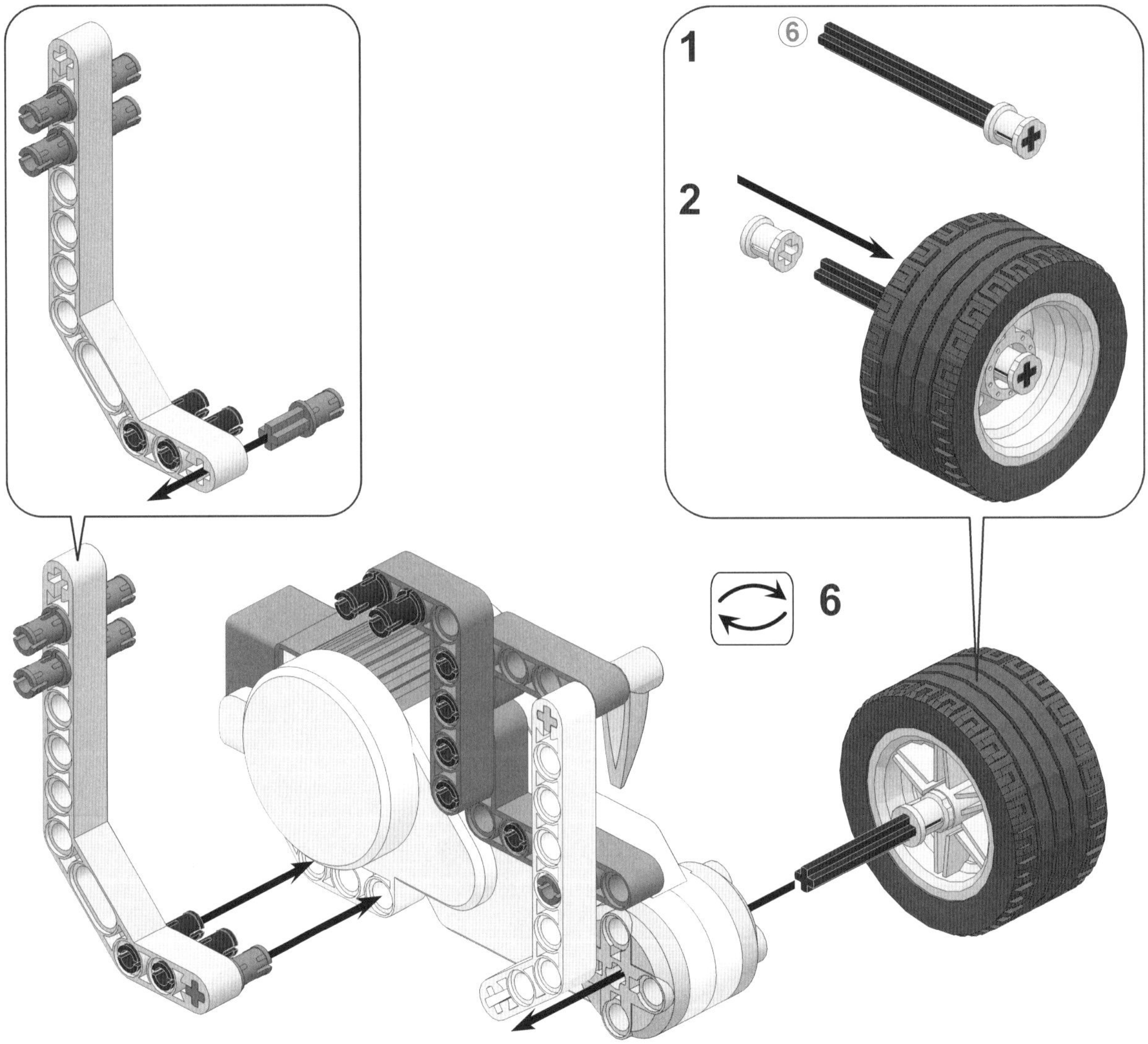

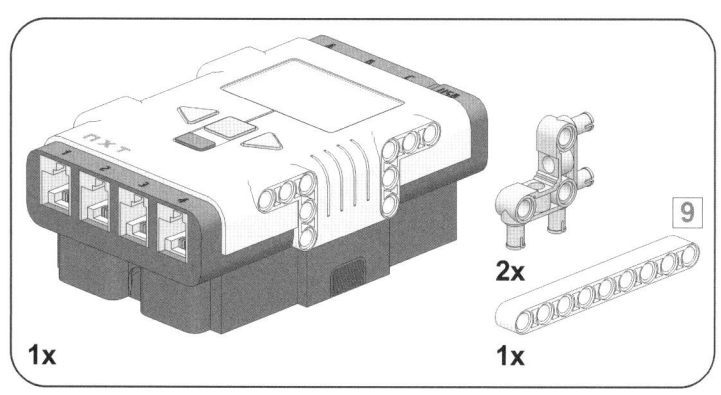

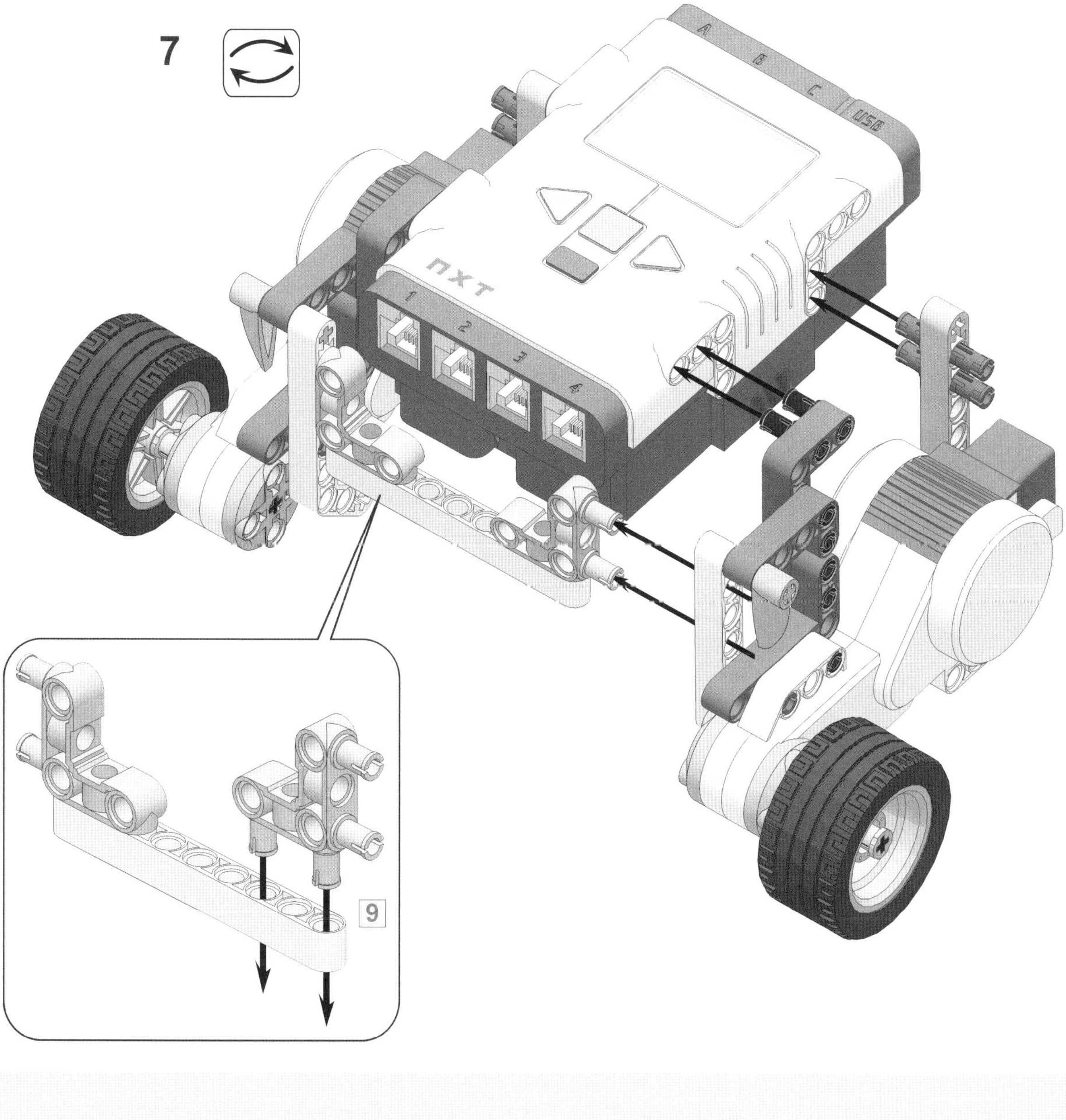

2x
9
10x
7
1x
5
3
2x
8x
2x
1x
2x
1x
2x
2x
2x

1
7
7
2
3
9

4
1
5
2
3
3
3

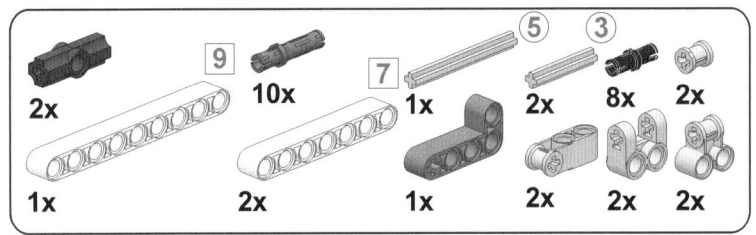

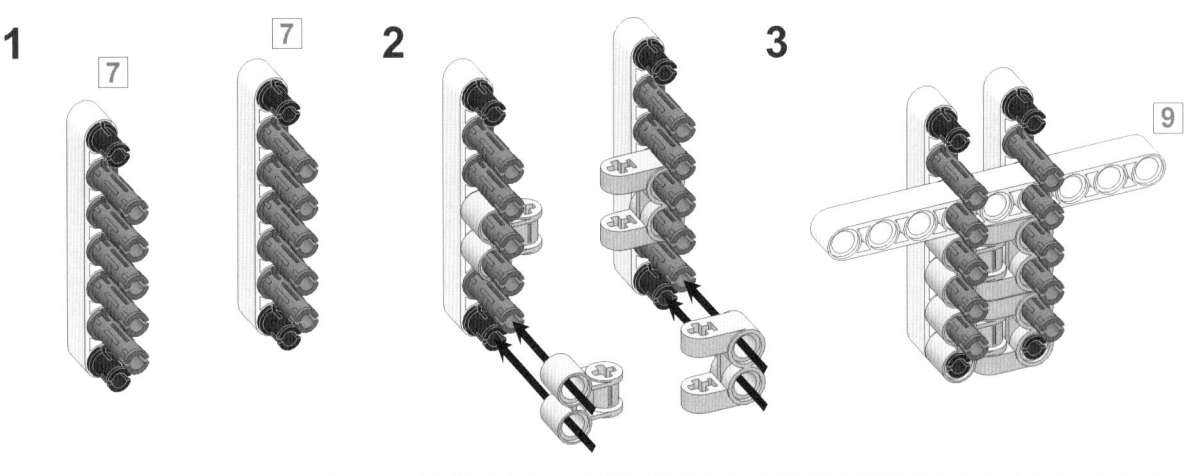

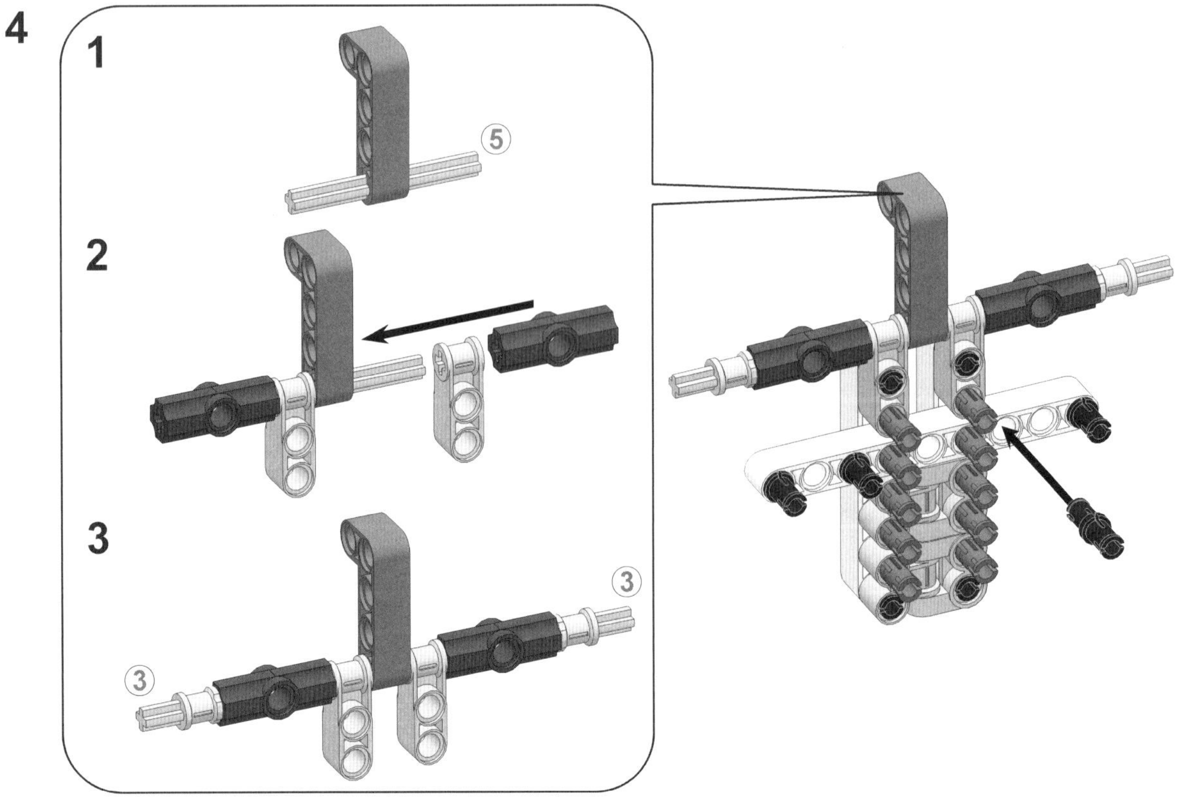

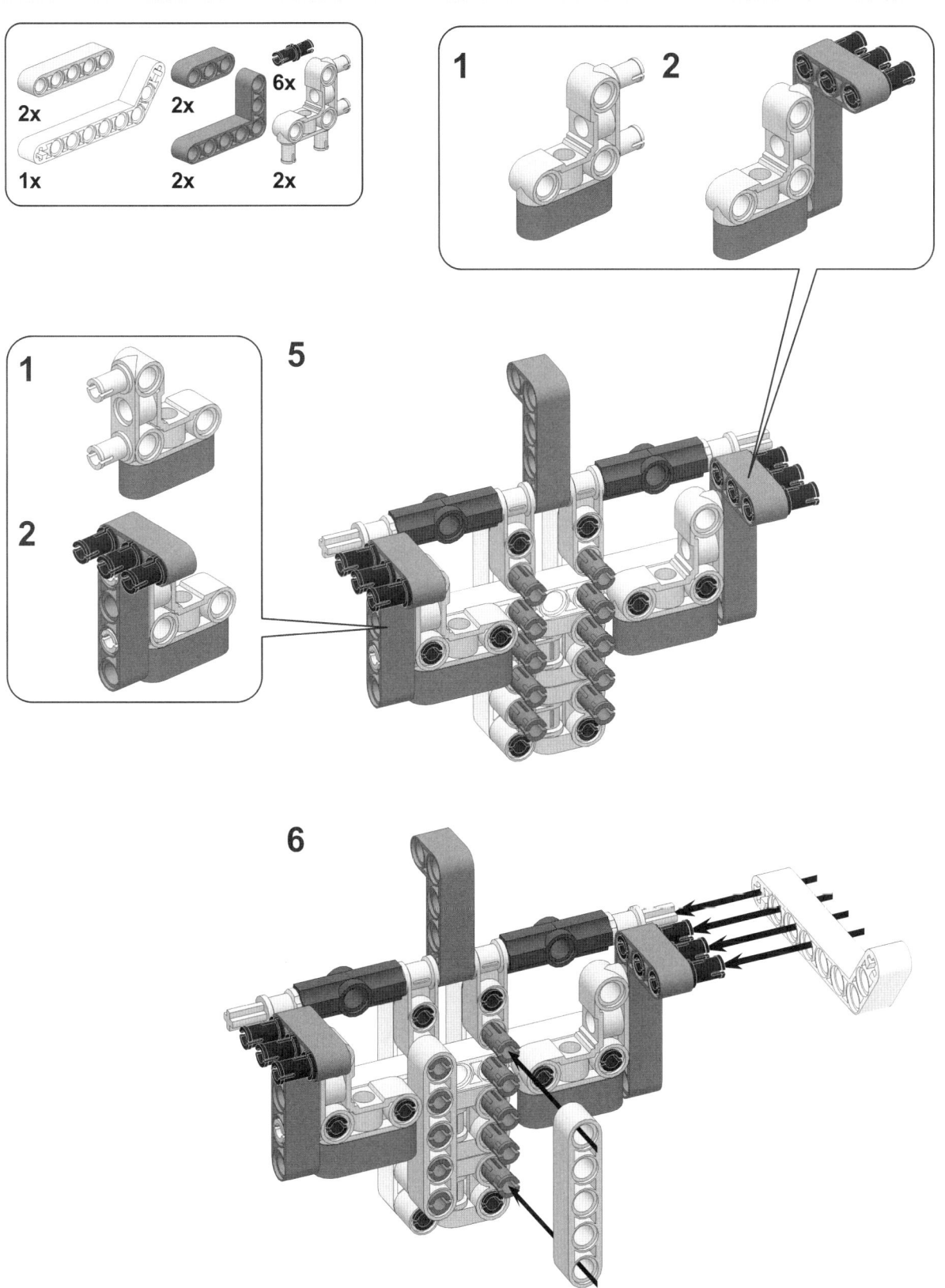

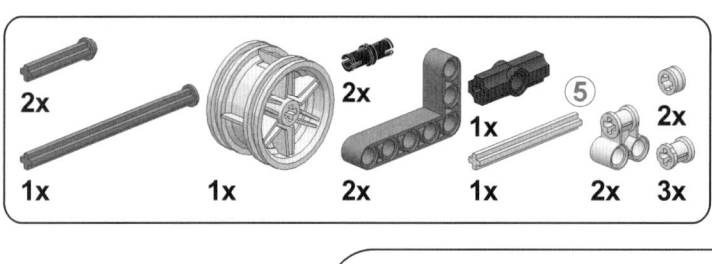
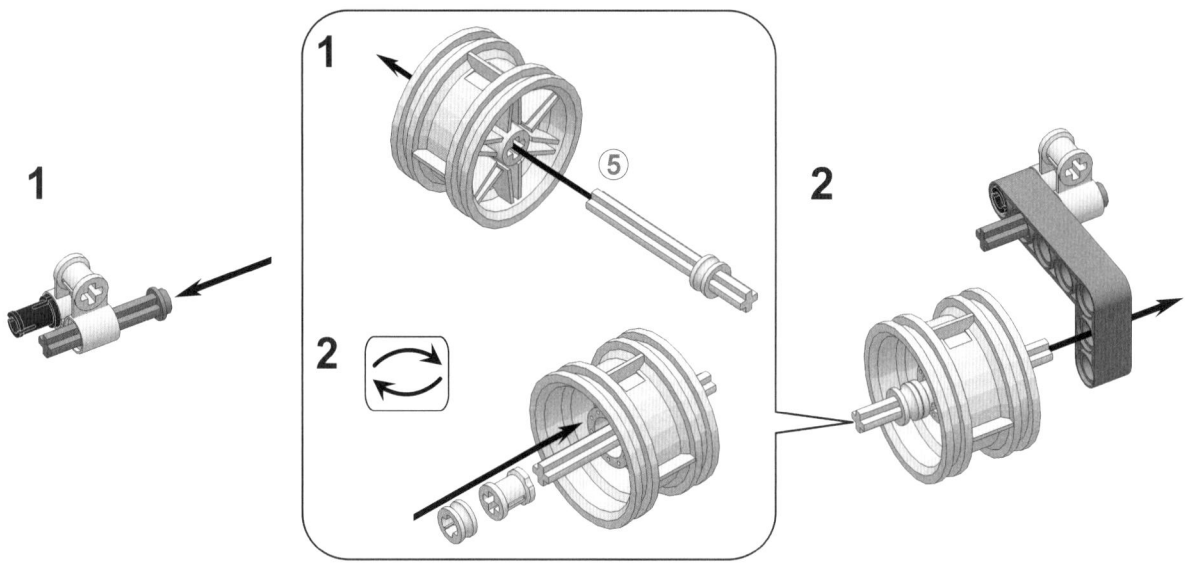
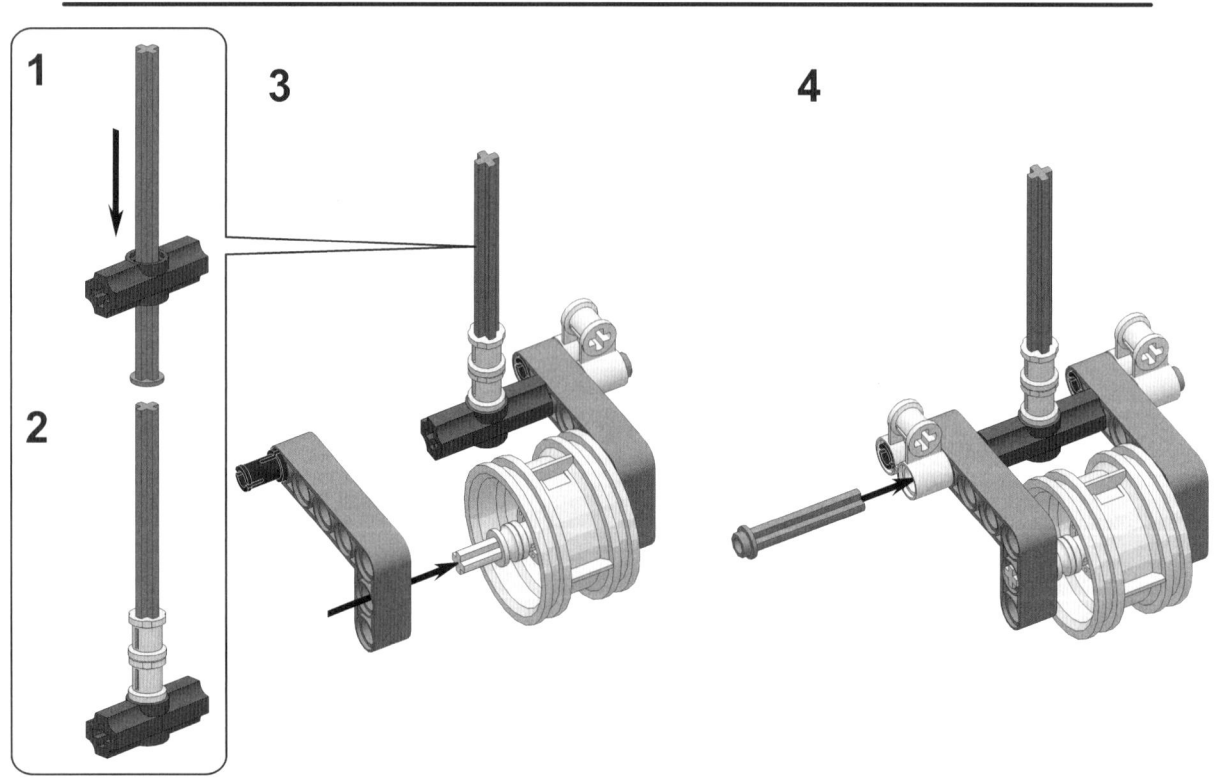

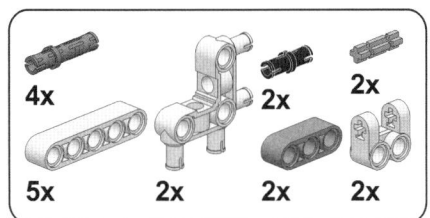

SIE BAUEN IHREN ERSTEN ROBOTER

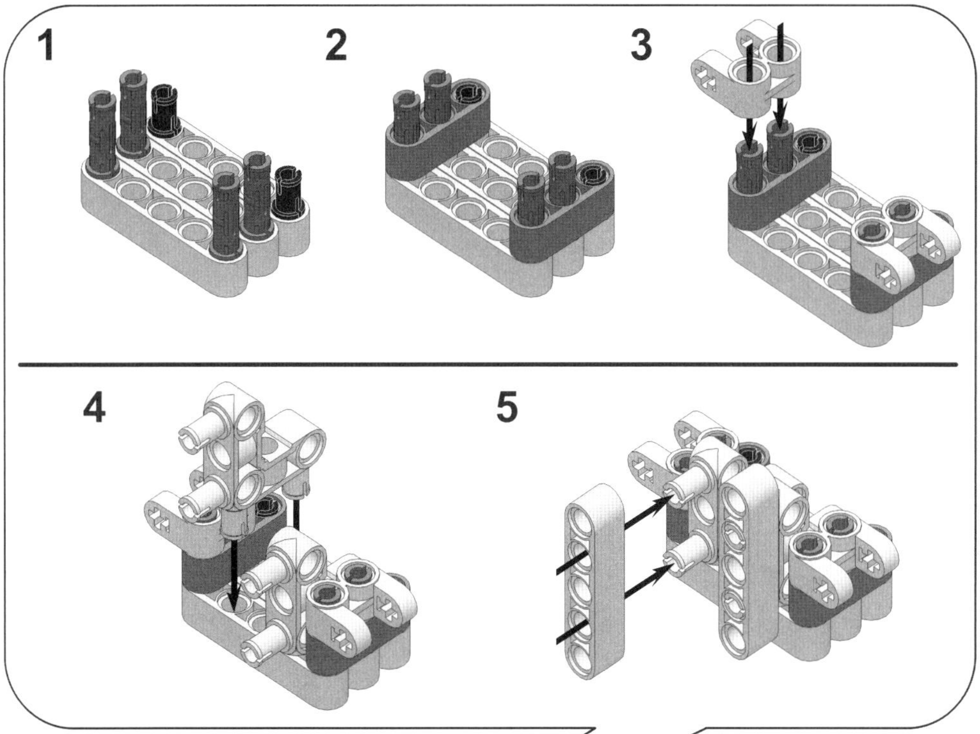

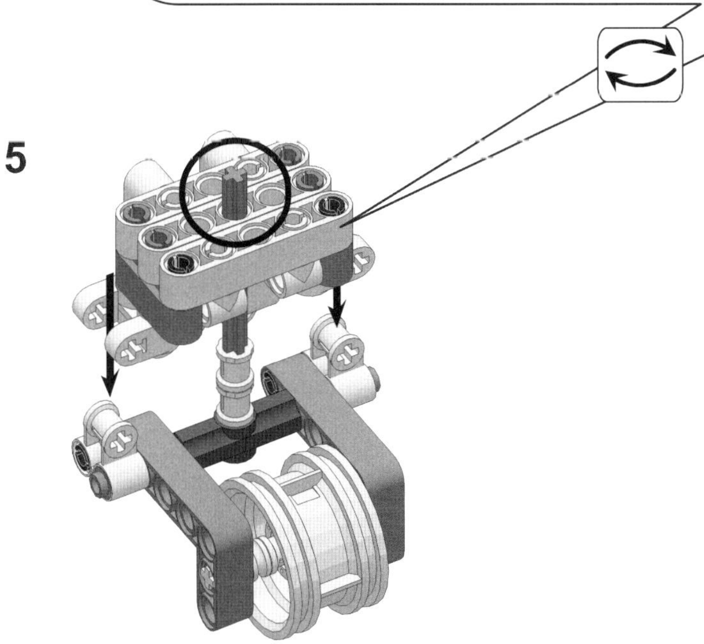

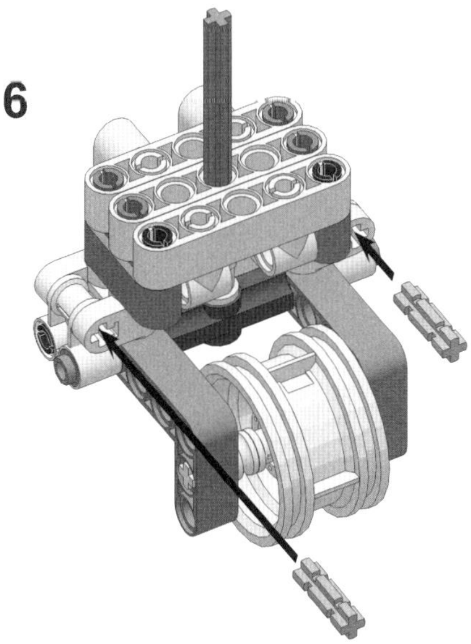

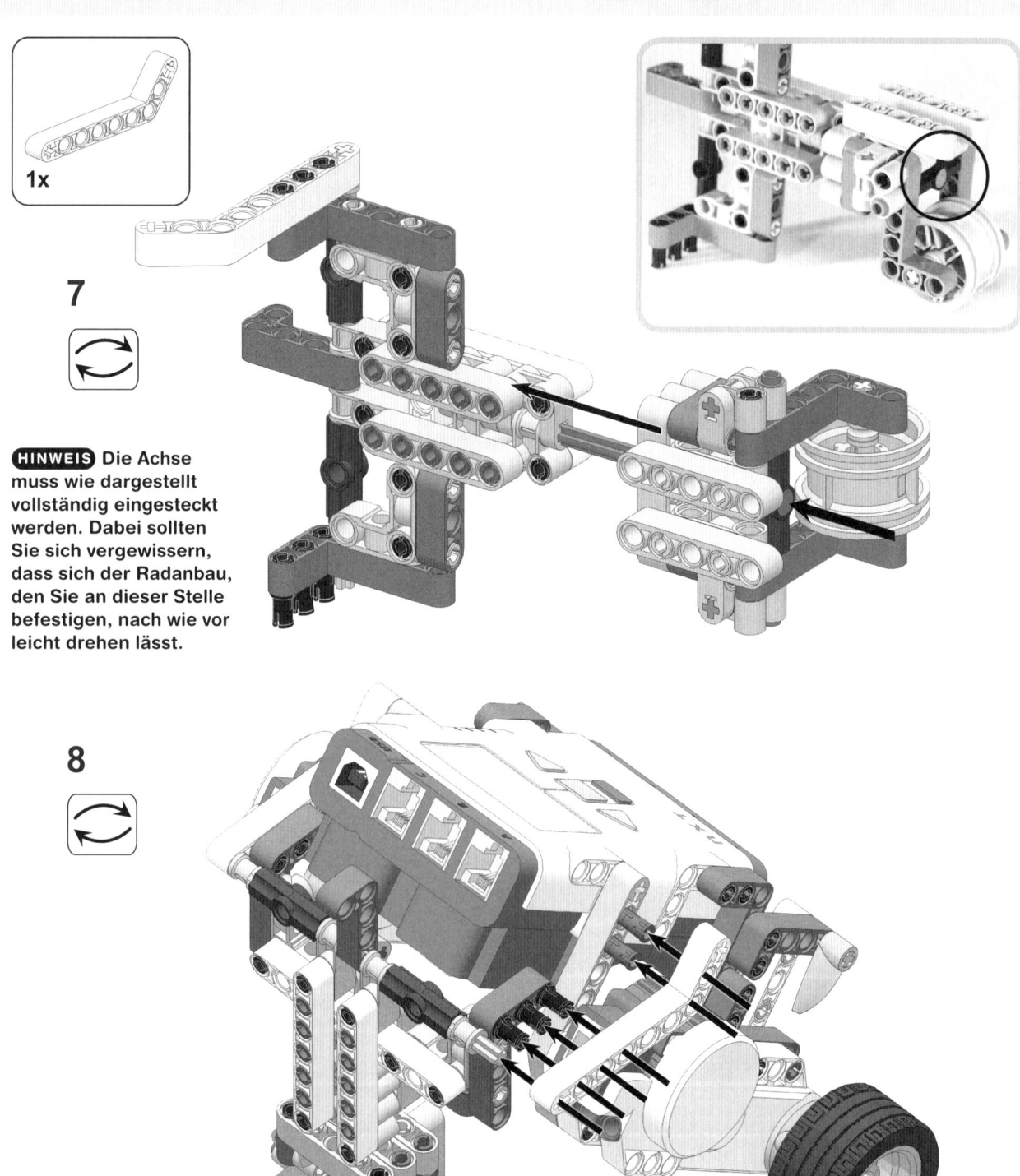

HINWEIS Die Achse muss wie dargestellt vollständig eingesteckt werden. Dabei sollten Sie sich vergewissern, dass sich der Radanbau, den Sie an dieser Stelle befestigen, nach wie vor leicht drehen lässt.

KAPITEL 2

Anschließen der Kabel

Um die NXT-Motoren einzusetzen, müssen Sie sie mit den Kabeln an den NXT-Baustein anschließen. Die Motoren werden an die Ausgabeports A, B und C angeschlossen (siehe Abbildung 2-4).

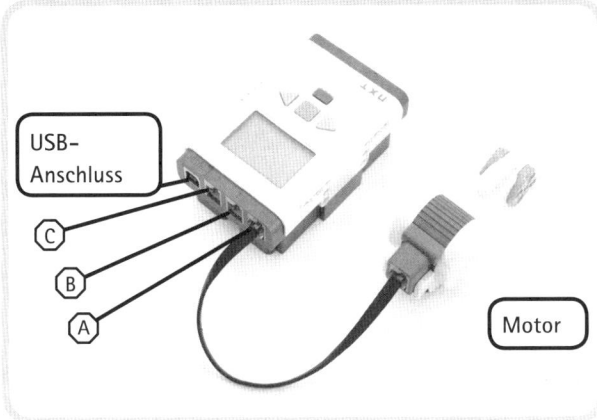

Abbildung 2-4: Die Motoren werden über die Ausgabeports A, B und C mit dem NXT-Baustein verbunden. Im dargestellten Beispiel ist der Motor an die Buchse A angeschlossen.

Ihr LEGO MINDSTORMS NXT 2.0-Baukasten enthält drei verschiedene Arten von Kabeln: ein kurzes Kabel (20 cm), vier Kabel mittlerer Länge (35 cm) und zwei lange Kabel (50 cm). Für den Bau des Explorers verwenden Sie Kabel mittlerer Länge, um die Motoren an die Ports B und C anzuschließen (siehe Abbildung 2-5).

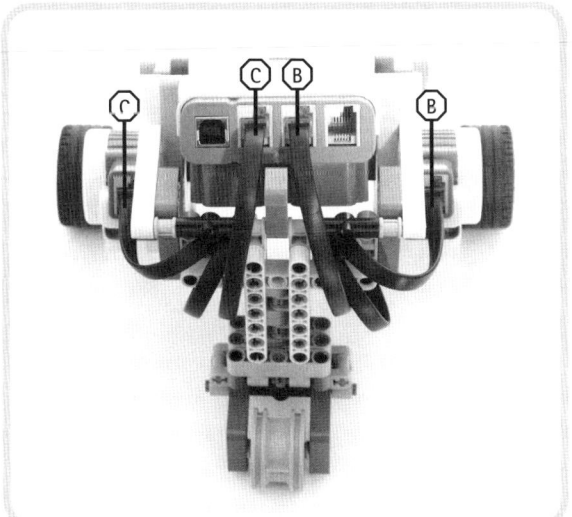

Abbildung 2-5: Beim Einsatz der mittellangen Kabel stecken Sie ein Ende des Kabels in den NXT-Baustein, wickeln das Kabel mehrmals um die LEGO-Steine und schließen es dann am gewünschten Motor an.

Vergewissern Sie sich beim Anschließen der Kabel, dass sie den Bewegungsspielraum der Vorderräder oder des hinteren Stützrads nicht einschränken. Um die Kabel zu verstauen, wickeln Sie sie einfach um LEGO-Teile im Innern des Roboters, so dass sich die Räder und das Stützrad frei drehen können. Sie können die Kabel z.B. wie in Abbildung 2-5 dargestellt verlegen.

Wie Sie die Tasten auf dem NXT-Baustein zum Navigieren nutzen

Ihr erstes Übungsfahrzeug haben Sie bereits gebaut – herzlichen Glückwunsch! Bevor Sie sich in Kapitel 3 mit der Programmierung beschäftigen, lernen Sie nun, wie Sie die Tasten auf dem NXT-Baustein (siehe Abbildung 2-6) benutzen, um durch die Menüs des NXT sowie durch gespeicherte Programme zu navigieren.

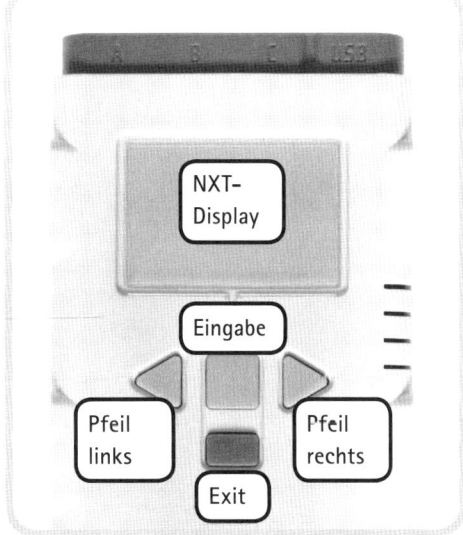

Abbildung 2-6: Das NXT-Display und die NXT-Tasten

Einschalten des NXT-Bausteins

Um den NXT-Baustein einzuschalten, drücken Sie die (orangefarbene) **Eingabetaste** (siehe Abbildung 2-7). Zunächst sollten Sie einen Startton hören und danach das Hauptmenü auf dem Display des NXT-Bausteins sehen. Auf dem Display werden verschiedene Symbole dargestellt (siehe Abbildung 2-7).

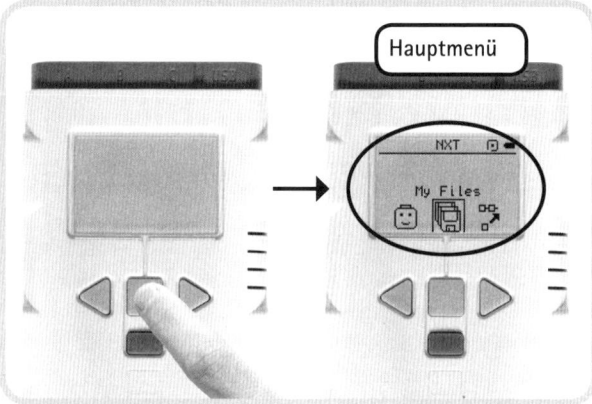

Abbildung 2-7: Nach dem Einschalten des NXT-Bausteins über die Eingabetaste öffnet sich das Hauptmenü.

Symbole markieren und auswählen

Das markierte Symbol befindet sich immer in der Mitte des Displays (siehe Abbildung 2-8). Mit den hellgrauen **Pfeiltasten** gelangen Sie zu den Symbolen auf der linken und rechten Seite. Um ein markiertes Symbol auszuwählen (Abbildung 2-8), drücken Sie die **Eingabetaste**.

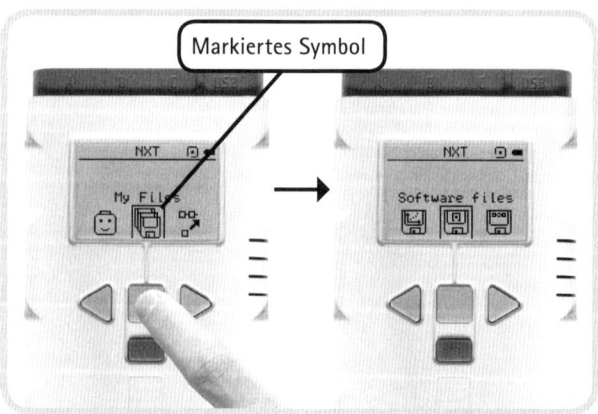

Abbildung 2-8: Durch Drücken der Eingabetaste wählen Sie ein markiertes Symbol aus.

Um zum vorhergehenden Menü zurückzukehren (Abbildung 2-9), drücken Sie die dunkelgraue **Exit**-Taste.

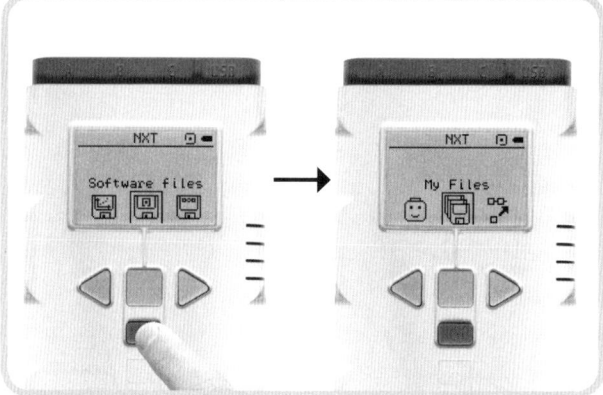

Abbildung 2-9: Durch Drücken der Exit-Taste kehren Sie zum vorhergehenden Menü zurück.

Ausschalten des NXT-Bausteins

Um den NXT-Baustein auszuschalten, kehren Sie zum Hauptmenü zurück und drücken die **Exit**-Taste. Wenn Sie gefragt werden, ob Sie den NXT-Baustein ausschalten möchten, wählen Sie entweder zur Bestätigung das ✓ aus oder gehen auf das ✗, um den Vorgang abzubrechen (Abbildung 2-10).

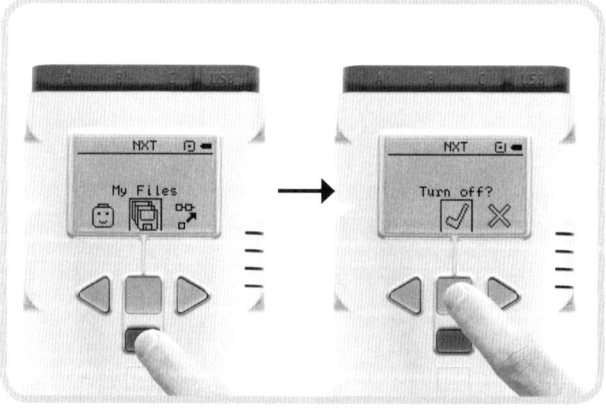

Abbildung 2-10: Ausschalten des NXT-Bausteins

Ausführen eines Programms

Wenn Sie ein auf den NXT-Baustein übertragenes Programm auswählen und ausführen, wird Ihr NXT-Roboter aktiv. Bisher haben Sie noch kein Programm an den NXT-Baustein übertragen. Sie können jedoch ein Musterprogramm namens DemoV2 ausprobieren, das bereits auf dem NXT installiert ist. Um Ihren Explorer zu testen, führen Sie das DemoV2-Programm aus, indem Sie durch das Menü des NXT-Bausteins navigieren (siehe Abbildung 2-11).

HINWEIS Falls Sie das DemoV2-Programm auf Ihrem NXT-Baustein nicht finden können, überspringen Sie diesen Schritt einfach.

Wenn Sie alle Teile richtig zusammengefügt haben, sollte Ihr Roboter nun herumfahren und ein paar Töne von sich geben. Um das laufende Programm abzubrechen, drücken Sie die **Exit**-Taste.

Da Sie nun wissen, wie Sie ein Programm starten und beenden können, sind Sie bereit, Ihre eigenen Programme zu erstellen!

Fazit

Sie haben nun gelernt, mit zwei wesentlichen Bestandteilen eines Roboters zu arbeiten: dem NXT-Baustein und den Motoren. Durch Ausführen des DemoV2-Programms wurden die Motoren bewegt und dadurch der Roboter zum Laufen gebracht. In den Kapiteln 3 und 4 werden Sie lernen, wie diese Programme funktionieren und wie Sie Ihr eigenes Programm erstellen können.

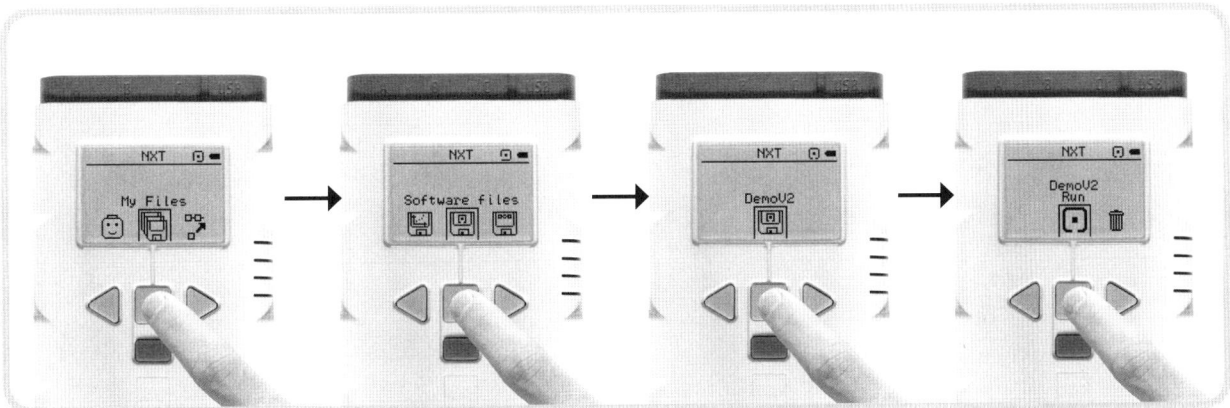

Abbildung 2-11. Führen Sie das DemoV2-Programm aus, indem Sie zu My Files ▸ Software files ▸ DemoV2 ▸ navigieren.

3

Programme erstellen und bearbeiten

Ihren ersten Roboter haben Sie bereits gebaut. Was er nun jedoch braucht, um funktionieren zu können, ist ein *Programm*. Ein Programm sagt Ihrem Roboter, was er tun soll. Zum Beispiel kann es den Explorer dazu bringen, vorwärtszufahren und zu lenken. In diesem Kapitel lernen Sie, wie Sie Programme erstellen und bearbeiten können.

Ein erstes kleines Programm

Zunächst werden Sie sich kurz mit der NXT-G-Programmiersoftware befassen: Sie erstellen ein kleines Programm und laden es auf den Roboter. Befolgen Sie zur Erstellung des Programms die folgenden Schritte:

1. Schließen Sie den Roboter mit dem im Baukasten enthaltenen USB-Kabel (Abbildung 3-1) an Ihren Computer an und schalten Sie dann den NXT-Baustein ein, indem Sie die orangefarbene **Eingabe**taste drücken. (Jedes Mal, wenn Sie ein Programm auf den Roboter laden möchten, müssen Sie diesen an den Computer anschließen.) Sie können Programme auch über Bluetooth an den NXT übertragen (siehe Anhang).

2. Starten Sie die LEGO MINDSTORMS NXT 2.0-Software (auch NXT-G genannt). Wenn das Programm startbereit ist, sollte Ihr Bildschirm wie in Abbildung 3-2 dargestellt aussehen. Dies ist das Hauptmenü der Programmiersoftware. Sie benutzen es, um neue Programme zu erstellen oder bereits erstellte Programme zu öffnen.

Abbildung 3-1: Anschluss des Roboters an den Computer

3. Erstellen Sie ein neues Programm, indem Sie in das Feld **Neues Programm erstellen** den Namen »Explorer-1« eingeben (in der Mitte des Bildschirms) und auf **Go >>** klicken (Abbildung 3-3). Sie können einen beliebigen Namen für Ihr Programm auswählen. Es empfiehlt sich jedoch, einen beschreibenden Namen zu wählen, den Sie auch zu einem späteren Zeitpunkt noch zuordnen können. In diesem Fall bietet sich z.B. der Name »Explorer-1« an, da es sich um das erste Programm handelt, das Sie für den Explorer erstellen.

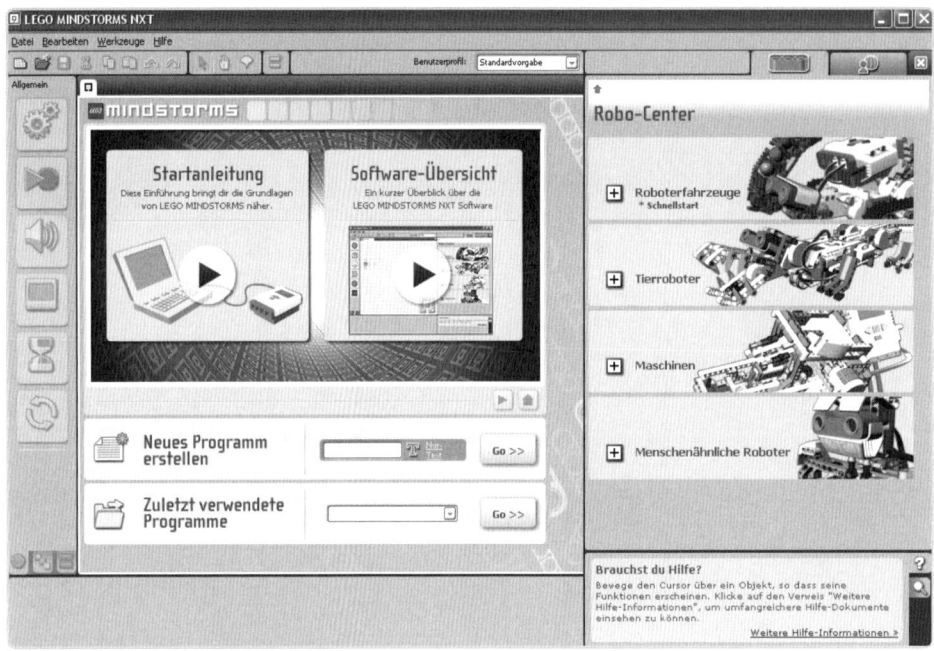

Abbildung 3-2: Der NXT-G-Startbildschirm

Abbildung 3-3: Erstellen eines neuen Programms

4. Wählen Sie einen Programmierblock und legen Sie ihn an der in Abbildung 3-4 angegebenen Stelle ab. Ein Programm ist nichts anderes als eine Reihe von Anweisungen für Handlungen, die der Roboter ausführen soll. Der einzelne Programmierblock, den Sie an dieser Stelle ablegen, ist eine solche Anweisung. Sie bringt den Roboter dazu, sich ein kleines Stück vorwärtszubewegen.

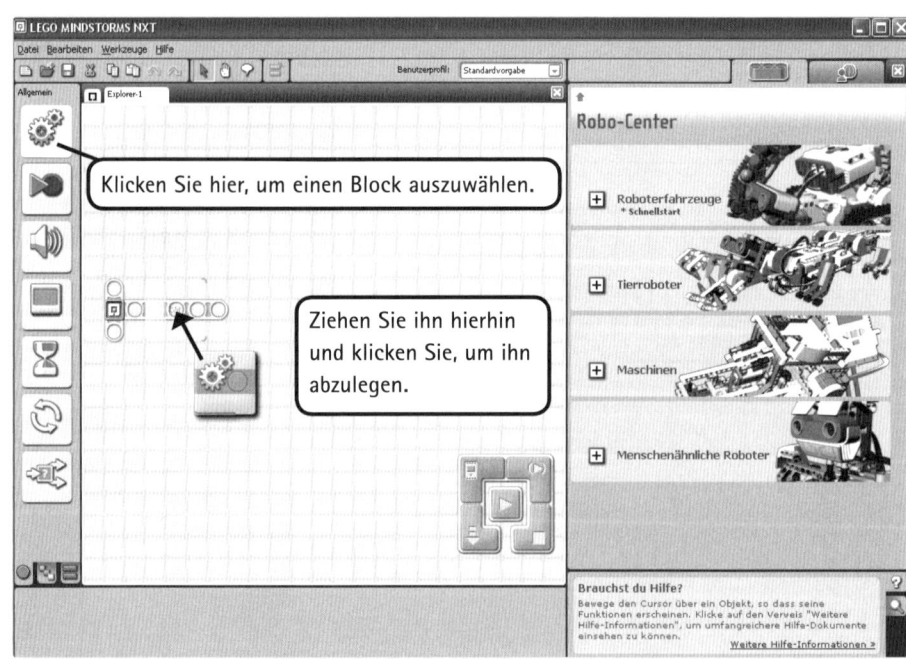

Abbildung 3-4: Auswählen und Platzieren eines Programmierblocks

5. Wenn Sie die Schritte 1 bis 4 ausgeführt haben, klicken Sie auf die Schaltfläche **Herunterladen und starten** und warten darauf, dass sich Ihr Roboter bewegt (siehe Abbildung 3-5). Jedes Mal, wenn Sie das Programm erneut auf den Roboter laden möchten, klicken Sie einfach auf diese Schaltfläche.

Herzlichen Glückwunsch! Falls sich Ihr Roboter ein kleines Stück nach vorne bewegt, haben Sie Ihr erstes Programm erfolgreich erstellt.

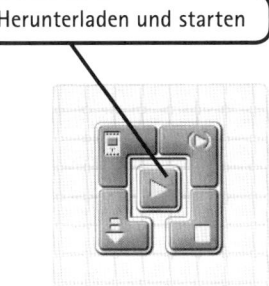

Abbildung 3-5: Herunterladen des Programms auf den Roboter

HINWEIS Falls sich Ihr Computer nicht wie erwartet bewegt oder Sie eine Fehlermeldung erhalten, kann es sein, dass die USB-Verbindung fehlerhaft ist. Schalten Sie den NXT-Baustein aus und wieder ein. Falls sich das Problem dadurch nicht beheben lässt, finden Sie im Anhang weitere Anweisungen.

Erstellen eines einfachen Programms

Sie haben nun gesehen, dass Sie den Roboter tatsächlich dazu bringen können, sich zu bewegen. Was haben Sie jedoch genau getan, um dies zu erreichen? Im Folgenden sehen Sie sich mehrere Bereiche der NXT-G-Software genauer an, um zu verstehen, wie einfache Programme erstellt und bearbeitet werden können. Erst danach werden Sie komplexere Programme anfertigen.

Nachdem Sie mit der Erstellung eines neuen Programms begonnen haben, sollte Ihr Bildschirm wie in Abbildung 3-6 dargestellt aussehen. Ich werde jeden der markierten Bereiche einzeln vorstellen.

1. Programmierpalette

Ein Programm für Ihren Roboter besteht aus einem oder mehreren *Programmierblöcken*. Jeder Programmierblock weist den Roboter an, etwas zu tun, z.B. sich vorwärtszubewegen oder einen Ton von sich zu geben. Sie können einen beliebigen Block aus der *Programmierpalette* (Abbildung 3-7) auswählen. Jeder der einzelnen Blöcke löst eine unterschiedliche Handlung aus.

Es gibt mehrere Programmierpaletten. Zunächst kommt jedoch nur eine davon zum Einsatz. Falls Ihre Programmierpalette nicht wie in Abbildung 3-7 dargestellt aussieht, klicken Sie auf die Registerkarte unterhalb der Palette, um die richtige Palette zu öffnen.

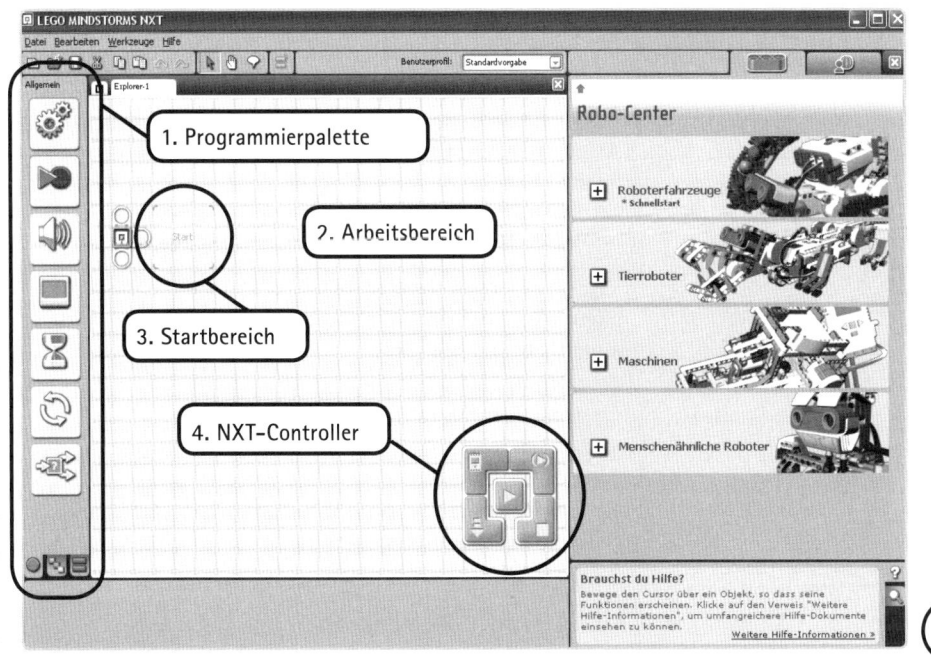

Abbildung 3-6: Die verschiedenen Bereiche der NXT-G-Software. Beim Erstellen Ihres ersten Programms haben Sie mit jedem der markierten Bereiche gearbeitet.

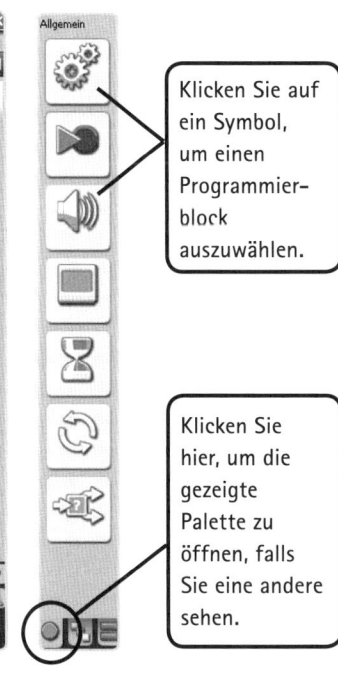

Abbildung 3-7: Die Programmierpalette (Nahansicht des Bereichs 1 aus Abbildung 3-6)

PROGRAMME ERSTELLEN UND BEARBEITEN 25

2. Arbeitsbereich

Wenn Sie einen Programmierblock für Ihr Programm ausgewählt haben, legen Sie ihn im *Arbeitsbereich* ab (siehe Abbildung 3-8). Dies ist der Bereich, in dem Sie Ihr Programm erstellen. Programme bestehen häufig aus mehr als nur einem Block.

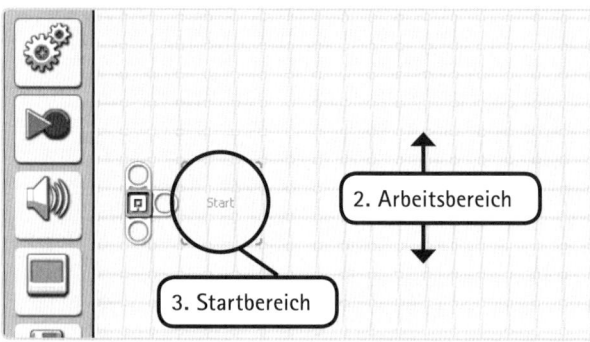

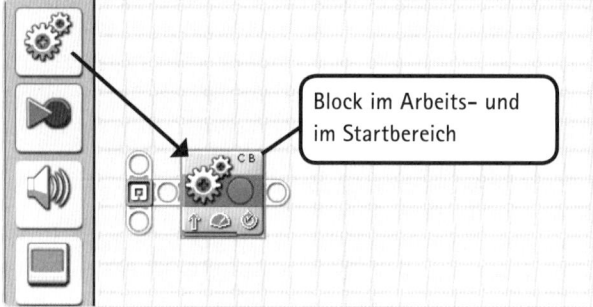

Abbildung 3-8: Durch Klicken auf ein Symbol in der Programmierpalette wählen Sie einen Programmierblock aus. Danach legen Sie ihn in den Arbeitsbereich. Falls es sich um den ersten Block eines Programms handelt, legen Sie ihn im Startbereich ab.

Um einen Programmierblock in den Arbeitsbereich zu verschieben, klicken Sie zuerst auf ein Symbol in der Programmierpalette und danach auf die Stelle im Arbeitsbereich, an der Sie den Block ablegen möchten.

Programmierblöcke verschieben und löschen

Wenn Sie einen Block im Arbeitsbereich abgelegt haben, können Sie ihn *verschieben*, indem Sie ihn mit der linken Maustaste anklicken und bei gedrückter Maustaste an eine beliebige Stelle ziehen. Um einen Block aus dem Arbeitsbereich zu *löschen*, markieren Sie ihn durch Anklicken und klicken auf die **Lösch**-Taste.

3. Startbereich

Der *Startbereich* (siehe Abbildung 3-8) ist der Bereich, in dem Sie den ersten Programmierblock Ihres Programms ablegen. Alle nachfolgenden Programmierblöcke werden rechts platziert, neben den jeweils vorhergehenden Block. (In Kapitel 4 lernen Sie, wie man Programme mit mehreren Blöcken erstellt.)

4. NXT-Controller

Mit dem *NXT-Controller* (siehe Abbildung 3-9) übertragen Sie Ihre Programme an den NXT-Baustein, d.h., Sie laden sie auf den NXT.

Ein Programm herunterladen und starten

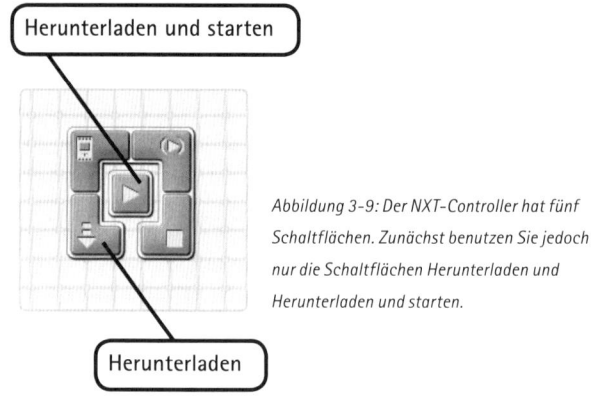

Abbildung 3-9: Der NXT-Controller hat fünf Schaltflächen. Zunächst benutzen Sie jedoch nur die Schaltflächen Herunterladen und Herunterladen und starten.

Um ein Programm auf den NXT-Baustein zu laden, vergewissern Sie sich, dass der Baustein an Ihren Computer angeschlossen ist (über USB oder Bluetooth) und klicken auf die Schaltfläche **Herunterladen und starten** auf dem NXT-Controller. Der Roboter sollte Ihnen mit einem Signalton mitteilen, dass die Übertragung des Programms abgeschlossen ist. Das Programm sollte nun automatisch starten. Nach Ausführung jedes Programmierblocks hält das Programm an.

Wenn ein Programm an den NXT-Baustein übertragen worden ist, kann der Roboter das Programm unabhängig vom Computer starten. Selbst wenn Sie das USB-Kabel vom Roboter entfernen, kann das Programm nach wie vor gestartet werden.

Ein Programm manuell starten

Wenn ein Programm beendet ist oder Sie es durch Drücken der **Zurück**-Taste auf dem NXT abbrechen, können Sie es – wie in Kapitel 2 besprochen – manuell über die NXT-Tasten wieder starten. Sie finden alle auf den NXT-Baustein geladenen Programme, indem Sie zu **My files** [Meine Dateien] ▶ **Software Files** [Software-Dateien] navigieren. Ihre Programme bleiben im NXT-Baustein gespeichert, selbst wenn Sie den Baustein ausschalten. Sie können die Programme daher jederzeit starten, selbst wenn Sie sich nicht in der Nähe eines Computers befinden.

Ein Programm herunterladen, ohne es zu starten

Manchmal kann es unpraktisch sein, wenn ein Programm nach dem Herunterladen auf Ihren Roboter automatisch gestartet wird. Falls Sie Ihren Roboter z.B. darauf programmieren, im Raum herumzufahren, er jedoch noch über ein USB-Kabel an Ihren Computer angeschlossen ist, kann es sein, dass er durch das USB-Kabel zurückgehalten wird.

Um ein Programm an den NXT-Baustein zu übertragen, ohne dass es automatisch gestartet wird, klicken Sie auf dem NXT-Controller auf die Schaltfläche **Herunterladen**. Wenn die Übertragung abgeschlossen ist (durch den Signalton angezeigt), können Sie das USB-Kabel entfernen und das Programm über die Tasten auf dem NXT-Baustein selbst starten.

Programme über Bluetooth auf den NXT-Baustein laden

Sie können für die Übertragung von Programmen an den NXT-Baustein anstelle einer USB-Verbindung auch eine Bluetooth-Verbindung herstellen. Weitere Informationen über diese Möglichkeit finden Sie im Anhang.

Mit der NXT-G-Software arbeiten

Sie haben nun gesehen, wie Programme erstellt werden. Bevor Sie jedoch komplexere Programme entwickeln können, müssen Sie sich mit ein paar weiteren Möglichkeiten der NXT-G-Software befassen. Weitere wichtige Bereiche der Software werden in Abbildung 3-10 dargestellt.

5. Konfigurationsbereich

Wenn Sie einen Programmierblock im Arbeitsbereich anklicken, erscheint unten im Fenster der *Konfigurationsbereich* (siehe Abbildung 3-11).

Wie Sie nun wissen, bringt jeder Programmierblock den Roboter dazu, eine bestimmte Handlung auszuführen. Der in Abbildung 3-10 dargestellte Block programmiert den Explorer darauf, sich zu bewegen. Die genaue Art der Bewegung wird jedoch im Konfigurationsbereich festgelegt. Hier können Sie den Roboter z.B. so *konfigurieren*, dass er sich nicht vorwärts-, sondern rückwärtsbewegt.

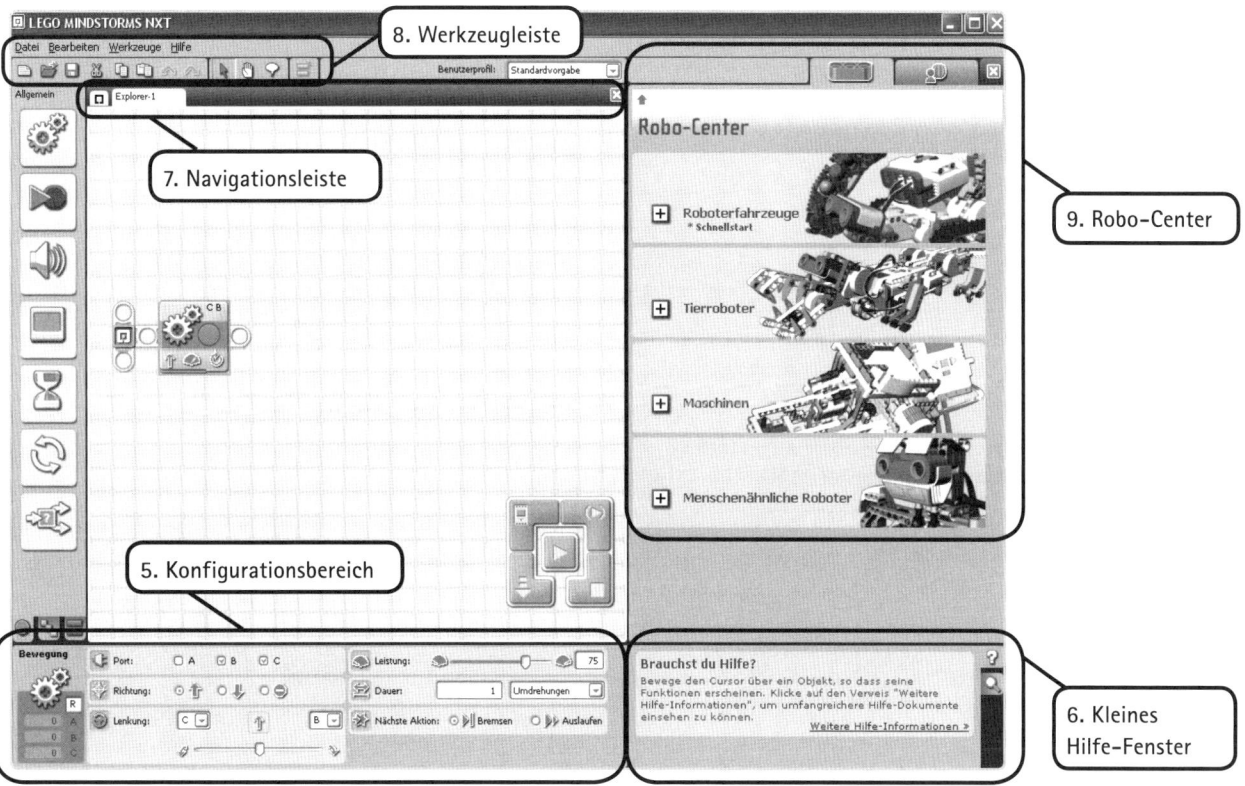

Abbildung 3-10: Im Abschnitt »Mit der NXT-G-Software arbeiten« werden die übrigen markierten Bereiche vorgestellt.

Abbildung 3-11: Konfigurationsbereich

Abbildung 3-12: Das kleine Hilfe-Fenster liefert kurze Hinweise zu einem ausgewählten Programmierblock.

Es gibt zahlreiche unterschiedliche Programmierblöcke, die jeweils über ihre eigenen Konfigurationsoptionen verfügen. In den nachfolgenden Kapiteln werden Sie viele dieser Programmierblöcke und ihre zugehörigen Konfigurationsoptionen kennenlernen.

6. Kleines Hilfe-Fenster

Wenn Sie mit der Maus einen Moment lang auf einem Programmierblock bleiben, erscheint rechts unten im Bildschirm das *kleine Hilfe-Fenster* (Abbildung 3-12). Dieses Fenster gibt an, welchen Block Sie ausgewählt haben, und informiert Sie kurz über seine Funktion.

Um mehr über den jeweiligen Programmierblock zu erfahren, klicken Sie auf **Weitere Hilfe-Informationen**.

Viele der Programmierblöcke werden in diesem Buch behandelt. Falls Sie jedoch nach einer spezifischen Information suchen, wie z.B. den Einstellungen eines bestimmten Blocks, können Sie jederzeit im kleinen Hilfe-Fenster nachschlagen.

7. Navigationsleiste

Sie haben die Möglichkeit, mehrere Programme gleichzeitig zu bearbeiten. Jedes Programm hat eine eigene Registerkarte in der *Navigationsleiste* oberhalb des Arbeitsbereichs. Um zu einem Programm zu navigieren, klicken Sie einfach auf die zugehörige Registerkarte (siehe Abbildung 3-13). Sie finden hier auch eine Schaltfläche, über die Sie zum Hauptmenü zurückkehren, sowie eine Schaltfläche in der rechten oberen Ecke des Arbeitsbereichs zum Schließen des Programms, an dem Sie gerade arbeiten.

8. Werkzeugleiste

Links oben im Bildschirm sehen Sie die *Werkzeugleiste* (siehe Abbildung 3-14). Mit den Schaltflächen der Werkzeugleiste können Sie Ihre Programme verwalten und bearbeiten. (In der Werkzeugleiste sind auch ein paar Drop-down-Menüs enthalten. Diese kommen jedoch erst später zum Einsatz.)

Programme verwalten

Mithilfe der drei Schaltflächen links auf der Werkzeugleiste können Sie neue Programme erstellen (**Neues Programm**), erstellte Programme öffnen (**Programm öffnen**) und Programme speichern, an denen Sie gerade arbeiten (**Programm speichern**).

Wenn Sie ein neu erstelltes Programm erstmals abspeichern, werden Sie aufgefordert, einen Namen für das Programm einzugeben. (Wie Sie beim Erstellen Ihres ersten Programms gesehen haben, können Sie auch im Hauptmenü Programme erstellen und öffnen).

Programme bearbeiten

Die nächsten drei Schaltflächen auf der Werkzeugleiste sind **Ausschneiden**, **Kopieren** und **Einfügen**. Sie funktionieren genauso wie die entsprechenden Schaltflächen in Textverarbeitungsprogrammen. Anstatt jedoch Text zu kopieren, benutzen Sie hier die Schaltflächen, um einen oder mehrere Programmierblöcke zu kopieren (siehe Abbildung 3-15).

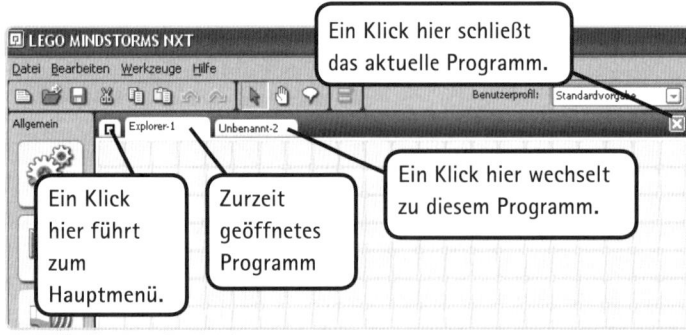

Abbildung 3-13: Sie können zwischen den unterschiedlichen Programmen und dem Hauptmenü hin- und herspringen, indem Sie auf die jeweilige Registerkarte klicken. Um ein Programm zu schließen, das Sie gerade bearbeiten, klicken Sie auf die rote Schaltfläche in der rechten oberen Ecke des Arbeitsbereichs.

Abbildung 3-14: Die Schaltflächen der Werkzeugleiste werden zur Verwaltung und Bearbeitung von Programmen benutzt.

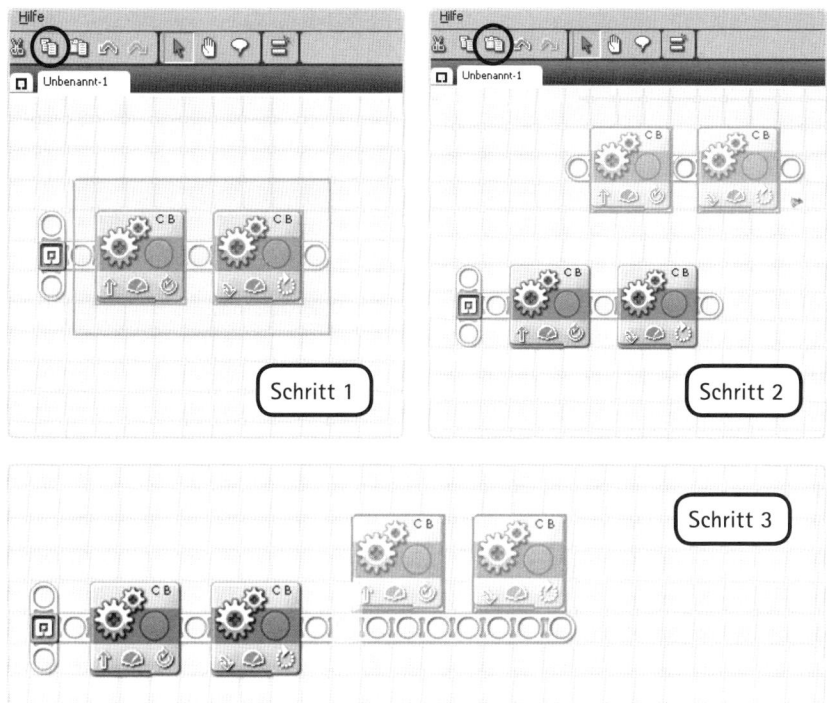

Abbildung 3-15: Kopieren einer Reihe von Programmierblöcken. Schritt 1: Umkreisen Sie mit gedrückter linker Maustaste die Programmierblöcke, die Sie kopieren möchten, und klicken Sie dann auf die Schaltfläche **Kopieren**. *Schritt 2: Klicken Sie auf die Schaltfläche* **Einfügen**. *Schritt 3: Ziehen Sie die neuen Programmierblöcke mit gedrückter linker Maustaste neben die bereits vorhandenen Blöcke.*

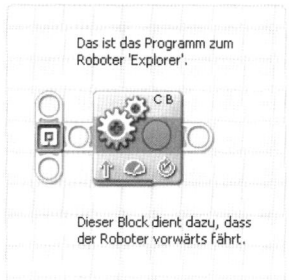

Abbildung 3-16: Programm mit eingefügten Kommentaren

Anhand der Schaltflächen **Rückgängig** und **Wiederherstellen** können Sie Änderungen an einem Programm rückgängig machen bzw. wiederherstellen. Falls Sie beispielsweise versehentlich einen Programmierblock gelöscht haben, können Sie dies wieder rückgängig machen.

Zeige-, Schwenk- und Kommentarwerkzeug einsetzen

Bei der Erstellung von Programmen können Sie drei Werkzeuge benutzen, um Programme zu bearbeiten und darin zu navigieren. Das **Zeigewerkzeug** wird am häufigsten eingesetzt. Wenn dieses Werkzeug auf der Werkzeugleiste ausgewählt ist (siehe Abbildung 3-14), können Sie mit der Maus Programmierblöcke im Arbeitsbereich platzieren, verschieben und konfigurieren.

Haben Sie das **Schwenkwerkzeug** ausgewählt, können Sie mit der Maus den Arbeitsbereich hin und her schieben. Dieses Werkzeug ist besonders dann hilfreich, wenn Sie große Programme erstellen, die nicht auf den Bildschirm passen. Um zu einem bestimmten Teil in Ihrem Programm zu navigieren, wählen Sie das **Schwenkwerkzeug** aus, klicken in den Arbeitsbereich und schieben diesen mit gedrückter linker Maustaste hin und her.

Die nächste Schaltfläche auf der Werkzeugleiste ist das **Kommentarwerkzeug**. Mit diesem Werkzeug können Sie Ihre eigenen *Kommentare* in den Arbeitsbereich schreiben. Diese Kommentare haben keinen Einfluss auf die Funktionsweise Ihres Programms. Sie rufen Ihnen lediglich die Funktion der einzelnen Programmteile ins Gedächtnis, wenn Sie sich das Programm zu einem späteren Zeitpunkt nochmals anschauen. Um einen Kommentar hinzuzufügen, wählen Sie auf der Werkzeugleiste das **Kommentarwerkzeug** aus, klicken auf die gewünschte Stelle im Arbeitsbereich und geben dann Ihren Kommentar ein. Abbildung 3-16 zeigt ein Beispiel eines Programms mit Kommentaren.

9. Robo-Center

Rechts im Fenster befindet sich das *Robo-Center* (siehe Abbildung 3-17). Dieser Bereich enthält Bau- und Programmieranleitungen für die vier auf der LEGO MINDSTORMS NXT 2.0-Packung abgebildeten Roboter. Um die Anleitungen zu sehen, klicken Sie auf einen der Roboter.

Für die in diesem Buch beschriebenen Roboter werden Sie das Robo-Center nicht brauchen. Sie können es daher schließen (durch Klicken auf die rote Schaltfläche »X«), um auf Ihrem Bildschirm mehr Platz für die Bearbeitung Ihres Programms zu haben. Sie können das Robo-Center jederzeit wieder öffnen, indem Sie auf den orangefarbenen Stein klicken (siehe Abbildung 3-17).

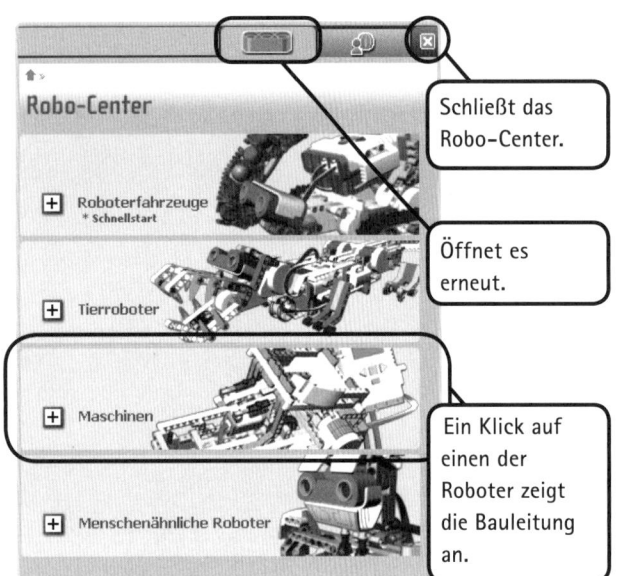

Abbildung 3-17: Schließen Sie das Robo-Center, um den Programmierbereich zu vergrößern. Um es erneut zu öffnen, klicken Sie einfach auf den orangefarbenen LEGO-Stein.

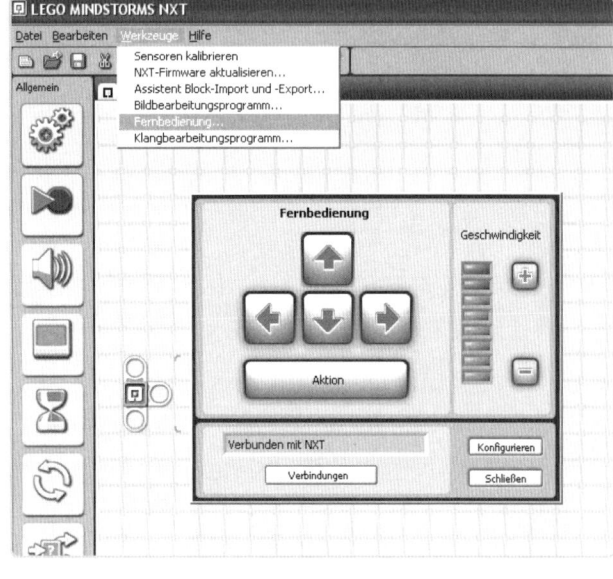

*Abbildung 3-18: Um den Explorer fernzusteuern, klicken Sie auf **Werkzeuge** in der Werkzeugleiste und danach auf **Fernbedienung**. Nun sollten Sie den Roboter entweder durch Anklicken der Pfeile auf dem Bildschirm oder durch Drücken der Pfeiltasten auf Ihrer Tastatur steuern können. Um die Geschwindigkeit des Roboters zu verändern, klicken Sie auf die Schaltflächen »+« bzw. »–«. Um zur Programmierung zurückzukehren, klicken Sie auf die Schaltfläche **Schließen**.*

Fernbedienung des Roboters

Wie Sie in Kapitel 4 sehen werden, macht es großen Spaß, einen Roboter darauf zu programmieren, dass er sich selbstständig bewegt. Sie können einen Roboter jedoch auch von Ihrem Computer aus mit den Pfeiltasten auf der Tastatur fernsteuern. Dazu muss der Roboter an den Computer angeschlossen sein (entweder über USB oder Bluetooth). Folgen Sie anschließend den Anweisungen in Abbildung 3-18.

Fazit

In diesem Kapitel haben Sie einiges über das Arbeiten mit der NXT-G-Programmiersoftware gelernt. Sie wissen nun, wie man Programme erstellt, bearbeitet und speichert, und können Programme auf den NXT-Baustein laden.

Da Sie nun über diese wesentlichen Kenntnisse verfügen, sind Sie bereit für die Herausforderungen, die in Kapitel 4 auf Sie warten.

Mit Programmierblöcken arbeiten: Bewegung, Ton und Anzeige

In Kapitel 3 haben Sie die grundlegenden Kenntnisse erworben, die Sie für die Erstellung eines neuen Programms und dessen Übertragung an den Explorer brauchen. Sie haben gelernt, dass die Programme, die Sie entwickeln, aus *Programmierblöcken* bestehen, d.h. aus Anweisungen, die dem Roboter sagen, was er tun soll. In diesem Kapitel erfahren Sie noch mehr über diese Programmierblöcke und lernen, wie Sie Programme mit ihnen entwickeln.

Zuerst werden Sie sich eingehender damit befassen, wie Sie den Explorer zum Bewegen bringen und dabei die NXT-Programmierung näher kennenlernen. Außerdem lernen Sie, wie Sie den Roboter »sprechen« und Text oder Bilder auf dem NXT-Display anzeigen lassen. Beim Arbeiten mit den Beispielprogrammen in diesem Kapitel werden Sie schließlich auch aufgefordert, selbst ein paar Programmierrätsel zu lösen!

Wie funktionieren Programmierblöcke?

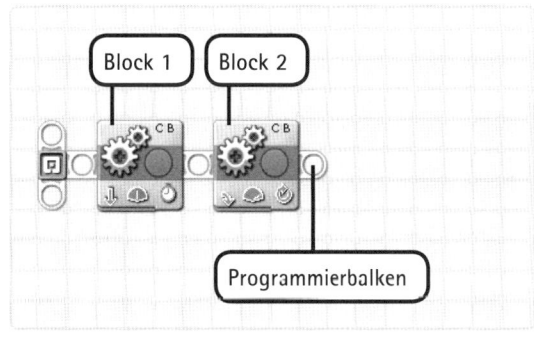

NXT-Programme bestehen aus einer Reihe von Programmierblöcken. Jeder dieser Blöcke bringt den Roboter dazu, eine bestimmte Handlung auszuführen, z.B. sich eine Sekunde lang vorwärtszubewegen. Alle Blöcke werden auf dem *Programmierbalken* angeordnet (siehe Abbildung 4-1).

Das NXT-Programm startet die Blöcke auf dem **Programmierbalken** nacheinander und beginnt dabei mit dem ersten Block. Wenn der erste Programmierblock ausgeführt ist, wird der zweite Block gestartet. Dieser Vorgang wiederholt sich, bis der letzte Block ausgeführt und das Programm beendet ist.

Abbildung 4-1: Zwei Blöcke auf dem **Programmierbalken**, *auch Ablauf-Träger genannt*

Mit Blöcken Programme entwickeln

Wie Sie in Kapitel 3 gesehen haben, fügen Sie einen Block in ein Programm ein, indem Sie ihn aus der Programmierpalette auswählen und im Arbeitsbereich ablegen. Sobald sich der Block im Arbeitsbereich befindet, können Sie seine Funktionsweise im Konfigurationsbereich verändern. Sie können einen Block z.B. so konfigurieren, dass der Roboter sich nicht vorwärts-, sondern rückwärtsbewegt.

Wenn Sie mit der Entwicklung Ihres Programms fertig sind, laden Sie es auf den NXT-Baustein und starten es.

Mit verschiedenen Programmierblöcken arbeiten

Es gibt zahlreiche verschiedene Programmierblöcke, die den Roboter z.B. dazu bringen, sich zu bewegen oder Töne von sich zu geben. Jeder Block sieht anders aus und hat einen eigenen Namen, so dass Sie die im Arbeitsbereich abgelegten Blöcke leicht voneinander unterscheiden können. Verschiedene Kombinationen von Blöcken und Einstellungen bewirken verschiedene Verhaltensweisen Ihres Roboters. In diesem Kapitel lernen Sie die Funktionsweise einiger wichtiger Programmierblöcke kennen.

Bewegungsblock

Der erste Programmierblock, mit dem Sie arbeiten werden, ist der *Bewegungsblock*. Er steuert die Bewegungen der Motoren Ihres Roboters. Wenn Sie diesen Block in Ihrem Programm einsetzen, können Sie den Explorer dazu bringen, sich vorwärts- und rückwärtszubewegen und nach links oder rechts zu lenken.

In Kapitel 3 haben Sie bereits einen Bewegungsblock eingesetzt, um den Explorer kurz vorwärtsfahren zu lassen.

Der Bewegungsblock in Aktion

Bevor Sie lernen, wie der Bewegungsblock funktioniert, werden Sie ein kleines Programm erstellen, um seine Funktionsweise in Aktion zu sehen. Dieses Programm lässt den Explorer drei Sekunden lang rückwärtsfahren und dann schnell nach rechts drehen. Da dies zwei unterschiedliche Handlungen sind, kommen zwei Bewegungsblöcke zum Einsatz.

1. Erstellen Sie ein neues Programm mit dem Namen **Explorer-Move** und ziehen Sie zwei Bewegungsblöcke aus der Programmierpalette in den Arbeitsbereich (siehe Abbildung 4-2).

2. Die beiden Blöcke, die Sie gerade abgelegt haben, sind standardmäßig so konfiguriert, dass der Roboter kurz vorwärtsfährt. Sie möchten jedoch, dass der erste Bewegungsblock den Roboter rückwärtsfahren lässt und der zweite Block den Roboter lenkt. Um dies zu erreichen, verändern Sie zunächst die Einstellungen im Konfigurationsbereich des ersten Blocks (siehe Abbildung 4-3).

3. Anschließend passen Sie die Einstellungen des zweiten Blocks an (siehe Abbildung 4-4). Dieser Block sorgt dafür, dass der Explorer eine schnelle Rechtsdrehung vornimmt. Wenn sich beide Räder komplett gedreht haben, werden die Motoren – wie im Konfigurationsbereich festgelegt – anhalten. (Im nächsten Abschnitt werden Sie mehr über die einzelnen Einstellungen erfahren.)

4. Wenn Sie beide Bewegungsblöcke konfiguriert haben, können Sie das Programm auf Ihren Roboter laden und es starten. Der Explorer sollte für genau drei Sekunden rückwärtsfahren und sich dann schnell nach rechts drehen.

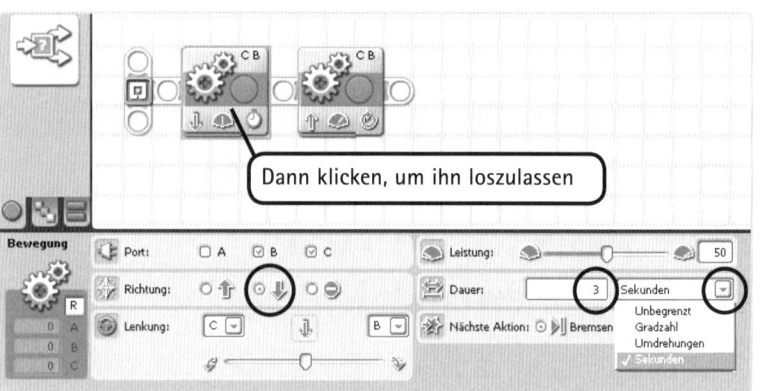

Abbildung 4-3: Die Konfiguration des ersten Blocks im »Explorer-Move«-Programm. Markieren Sie den Block, indem Sie ihn anklicken, und wählen Sie die in dieser Abbildung dargestellten Einstellungen. Der markierte Block bringt den Explorer dazu, drei Sekunden lang langsam rückwärtszufahren.

Abbildung 4-2: Entnehmen Sie einen Bewegungsblock aus der Programmierpalette und legen Sie ihn in den Startbereich. Danach ziehen Sie einen zweiten Bewegungsblock aus der Programmierpalette in den Arbeitsbereich und legen ihn neben dem ersten Block ab.

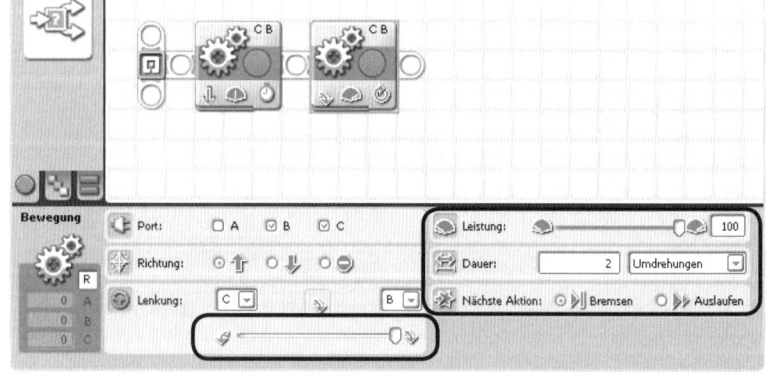

Abbildung 4-4: Die Konfiguration des zweiten Blocks im »Explorer-Move«-Programm. Klicken Sie auf den zweiten Bewegungsblock, um den zugehörigen Konfigurationsbereich zu öffnen, und wählen Sie die hier dargestellten Einstellungen.

Die Einstellungen im Konfigurationsbereich

Um die Funktionsweise des Musterprogramms besser zu verstehen, werden Sie sich nun die einzelnen Einstellungen im Konfigurationsbereich jedes Blocks etwas genauer ansehen. Die Kombination aus allen Einstellungen bestimmt, wie der Block funktioniert.

Abbildung 4-5 zeigt den Konfigurationsbereich des Bewegungsblocks. Links oben im Konfigurationsbereich sehen Sie das Wort *Bewegung* und ein Bild zweier Zahnräder, das den Bewegungsblock symbolisiert. Jede Art von Block hat einen eigenen Namen und ein eigenes Symbol. (Unterhalb des Symbols sehen Sie eine Reihe von Buchstaben und Zahlen. Mit diesen Werten werden Sie jedoch erst zu einem späteren Zeitpunkt arbeiten. Wenn Sie Programmierblöcke konfigurieren, können Sie diese Werte außer Acht lassen).

Der restliche Konfigurationsbereich ist in hellgraue Felder unterteilt, in denen jeweils eine Einstellung konfiguriert wird. Zum Beispiel können Sie mit der Einstellung »Leistung« die Geschwindigkeit des Roboters bestimmen. Sehen wir uns nun alle Einstellungen im Einzelnen an.

Port

Da der Explorer von zwei Motoren angetrieben wird, die über Kabel an die Ausgabe**ports** B und C angeschlossen sind, sind im Konfigurationsbereich dieses Blocks die **Ports** B und C ausgewählt. Wenn Sie beim Bau eines Roboters andere Anschlüsse benutzen (z.B. die **Ports** A und B), passen Sie Ihre Auswahl entsprechend an.

Richtung

Im Richtungsfeld wählen Sie aus, ob sich der Roboter vorwärts- oder rückwärtsbewegen soll. Mit anderen Worten: Sie bestimmen, in welche Richtung sich die Motoren drehen sollen. Wenn Sie den Pfeil nach oben auswählen, wird sich der Roboter vorwärtsbewegen; bei ausgewähltem Pfeil nach unten wird er sich rückwärtsbewegen.

Sie können den Bewegungsblock auch dazu einsetzen, die Motoren anzuhalten, indem Sie das Stopp-Symbol in der Richtungsbox auswählen. (Dies ist nur dann sinnvoll, wenn sich der Roboter aufgrund eines anderen Blocks bereits bewegt.) Genaueres werden Sie im Abschnitt *Mehr zum Bewegungsblock: die Option* **Unbegrenzt** auf Seite 44 erfahren.

Lenkung

Wie Sie im »Explorer-Move«-Programm gesehen haben, können Sie einen Bewegungsblock auch dazu einsetzen, den Roboter lenken zu lassen. Um die Lenkung Ihres Roboters einzustellen, schieben Sie den Regler nach rechts oder nach links (um den Roboter nach rechts bzw. nach links lenken zu lassen).

Wie ist es jedoch möglich, dass sich ein Fahrzeug ohne Lenkrad dreht? In Abbildung 4-6 wird dargestellt, welche Auswirkung verschiedene Kombinationen von Richtungs- und Lenkungseinstellungen haben. Der Explorer kann sich drehen, indem die Geschwindigkeit und Drehrichtung der beiden Räder verändert werden.

Leistung

Im Leistungsfeld des Bewegungsblocks lässt sich die Geschwindigkeit der Motoren regulieren. Die Leistungseinstellung 0 bedeutet, dass die Räder stillstehen. Wenn Sie die Leistung hingegen auf 100 einstellen, bewegen sich die Motoren mit maximaler Geschwindigkeit.

Dauer

Das »Explorer-Move«-Programm hat Ihnen gezeigt, dass Sie regulieren können, wie lange eine bestimmte Bewegung andauern soll. Als Sie die Dauer z.B. auf 3 Sekunden einstellten, bewegte sich der Explorer drei Sekunden lang. Zusätzlich haben Sie hier die Optionen **Umdrehungen** und **Grad**:

* Die Einstellung **Umdrehungen** bestimmt, wie viele ganze Umdrehungen die Räder durchlaufen. Falls Sie im Musterprogramm die Dauer z.B. auf 2 Umdrehungen einstellen, werden sich beide Räder zweimal ganz drehen.

* Die Option **Grad** funktioniert ähnlich. Hier stellen Sie jedoch ein, um wie viel Grad sich die Räder drehen sollen. Wenn Sie die Dauer beispielsweise auf 180 Grad einstellen, werden die Räder eine halbe Umdrehung ausführen.

(Über die Option **Unlimited** werden Sie in Kapitel 5 mehr erfahren.)

Abbildung 4-5: Der Konfigurationsbereich Bewegungsblocks enthält mehrere Einstellungsmöglichkeiten, um festzulegen, wie sich der Roboter bewegen soll.

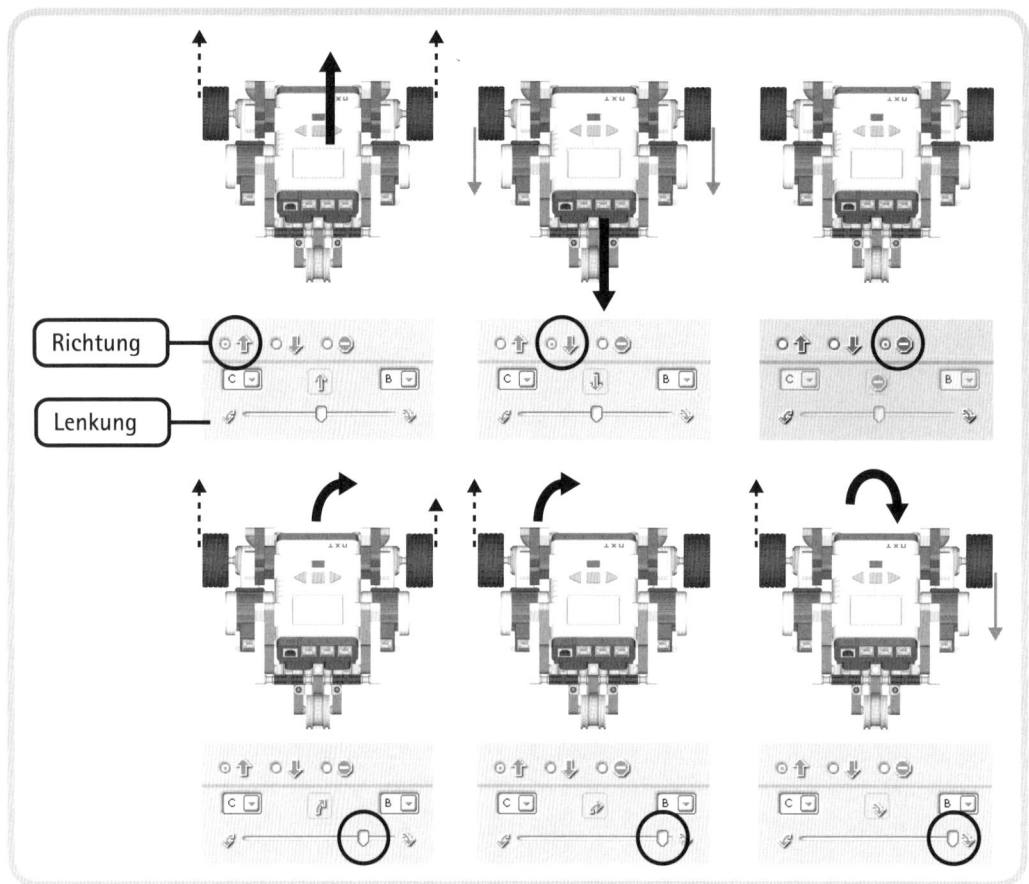

Abbildung 4-6: Um den Roboter lenken zu lassen, passen Sie die Lenkungseinstellung im Konfigurationsbereich des Bewegungsblocks an. Der NXT steuert nun die Geschwindigkeit und Richtung der Motoren so, dass sich der Roboter dreht. Die gestrichelten Pfeile zeigen an, dass sich das Rad vorwärtsbewegt, und die grauen Pfeile bedeuten, dass sich das Rad rückwärtsbewegt. Der große schwarze Pfeil gibt an, in welche Richtung der Roboter schließlich fährt.

ENTDECKUNGSAUFGABE 1: BESCHLEUNIGE!

Schwierigkeitsgrad: Leicht

Da Sie nun einige wichtige Eigenschaften des Bewegungsblocks kennengelernt haben, können Sie jetzt ein wenig damit experimentieren. Das Ziel dieser Entdeckungsaufgabe besteht darin, ein Programm zu entwickeln, das den Roboter zunächst langsam bewegen und dann zunehmend beschleunigen lässt. Zuerst ziehen Sie 10 Bewegungsblöcke in den Arbeitsbereich und konfigurieren den ersten Block wie in Abbildung 4-7 dargestellt. Den zweiten Block konfigurieren Sie genauso, stellen jedoch die Leistung der Motoren auf 20 ein. Im nächsten Block stellen Sie die Leistung auf 30 ein und erhöhen sie mit jedem nachfolgenden Block um 10. Was passiert, wenn Sie dieses Programm starten?

Abbildung 4-7: Der Konfigurationsbereich des ersten Programmierblocks in Entdeckungsaufgabe 1

HINWEIS Eine ganze Motorumdrehung entspricht einer 360-Grad-Drehung. Um die Anzahl der Umdrehungen zu erhalten, teilen Sie die Gradzahl durch 360. Um die Gradzahl zu erhalten, multiplizieren Sie die Anzahl der Umdrehungen mit 360. Anstatt im Feld »Dauer« z.B. 180 Grad einzugeben, könnten Sie auch 0,5 Umdrehungen eingeben.

Nächste Aktion

Im Feld »Nächste Aktion« geben Sie ein, was geschehen soll, nachdem der Block seine Bewegung ausgeführt hat.

* Die Einstellung **Bremsen** hält die Motoren sofort an.
* Wenn Sie die Einstellung **Auslaufen** wählen, kommen die Motoren allmählich zum Stillstand.

Bedeutung der Konfigurationssymbole

Wenn Sie die Einstellungen eines Blocks im Konfigurationsbereich ändern, ändern sich gleichzeitig auch die *Konfigurationssymbole* (siehe Abbildung 4-8). Aus diesen Symbolen lässt sich grob ableiten, was ein Block bewirkt. Sie helfen Ihnen, einen allgemeinen Überblick über die Funktionsweise eines Programms zu gewinnen.

In Abbildung 4-8 können Sie z.B. sehen, dass der zweite Bewegungsblock darauf programmiert ist, eine Rechtsdrehung auszuführen. Außerdem können Sie sehen, dass sich der Roboter mit höchster Geschwindigkeit bewegen wird und dass die Dauer durch die Anzahl von Umdrehungen bestimmt wird. Um die Bedeutung eines Symbols in einem Programmierblock herauszufinden, können Sie entweder beobachten, wie es sich mit geänderten Einstellungen im Konfigurationsbereich verhält, oder im kleinen Hilfe-Fenster auf Weitere Hilfe-Informationen klicken.

HINWEIS Für die Entwicklung der Programme in diesem Buch brauchen Sie die Bedeutung der Konfigurationssymbole nicht im Einzelnen zu kennen. Da der Konfigurationsbereich jedes Blocks in den Abbildungen dargestellt wird, ist es einfach, das jeweilige Programm nachzubauen.

Ausführen exakter Drehungen

Wenn Sie den Roboter mithilfe eines Bewegungsblocks darauf programmieren möchten, eine 90-Grad-Drehung zu machen, gehen Sie vielleicht davon aus, dass Sie die Dauer auf 90 Grad einstellen müssen. Dies ist jedoch falsch! Mit der Einstellung »Dauer« legen Sie lediglich fest, um wie viel Grad sich die *Motoren* (und daher die Räder) drehen. Die tatsächliche Gradzahl der Motorumdrehungen, die notwendig ist, um einen Roboter um 90 Grad drehen zu lassen, ist von Roboter zu Roboter verschieden. Die Entdeckungsaufgabe 2 hilft Ihnen dabei, die richtige Gradzahl für Ihren Roboter zu finden.

ENTDECKUNGSAUFGABE 2: DREH DICH UM!

Schwierigkeitsgrad: Leicht

Können Sie Ihren Roboter dazu bringen, sich auf der Stelle um 180 Grad zu drehen? Erstellen Sie ein neues Programm mit einem Bewegungsblock und schieben Sie den Lenkungsregler im Konfigurationsbereich ganz nach rechts. Wählen Sie nun im Feld »Dauer« die Option **Grad**. Welche Gradzahl müssen Sie eingeben, um eine exakte 180-Grad-Drehung zu erzielen? Probieren Sie zunächst die Gradzahl 500 aus. Falls dies nicht ausreicht, versuchen Sie es mit 550, 600 oder einer noch höheren Gradzahl.

ENTDECKUNGSAUFGABE 3: BEWEG UND DREH DICH!

Schwierigkeitsgrad: Mittel

Erstellen Sie ein Programm mit drei Bewegungsblöcken, das den Explorer dazu bringt, drei Sekunden lang mit 50 % der Motorleistung vorwärtszufahren, sich dann um 180 Grad zu drehen und anschließend zu seiner Startposition zurückzukehren. Beim Konfigurieren des Bewegungsblocks, der den Roboter umdrehen lässt (zweiter Block), setzen Sie im Feld »Dauer« den Wert ein, den Sie in der Entdeckungsaufgabe 2 ermittelt haben.

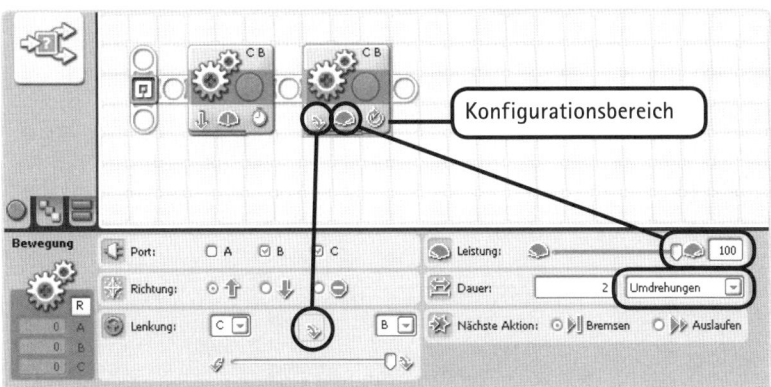

Abbildung 4-8: Konfigurationssymbole in den Programmierblöcken des »Explorer-Move«-Programms

Klangblock

Sie haben gesehen, wie viel Spaß es macht, Programme zu entwickeln, die den Explorer herumfahren lassen. Noch spannender wird es, wenn Sie mithilfe des *Klangblocks* den Roboter dazu bringen, Klänge zu erzeugen. Ihr Roboter kann zwei verschiedene Arten von Klängen abspielen: einen einfachen *Ton* (z.B. einen Piepston) oder eine *Klangdatei*, wie beispielsweise einen Applaus oder ein gesprochenes Wort (z.B. »Ja«). Wenn Sie in Ihren Programmen Klangblöcke einsetzen und Ihren Roboter auf diese Weise zum »Sprechen« bringen, wirkt er interaktiver und lebendiger.

Konfiguration des Klangblocks

Die Programmierblöcke unterscheiden sich zwar durch die Handlungen, die sie auslösen, jedoch werden sie alle auf die gleiche Weise benutzt. Mit anderen Worten: Sie können einfach einen Klangblock aus der Programmierpalette in den Arbeitsbereich ziehen – genau so, wie Sie es mit dem Bewegungsblock getan haben. Sobald sich der Block im Arbeitsbereich befindet, können Sie seine Einstellungen im Konfigurationsbereich ändern.

Bevor Sie komplexere Programme mit Klangblöcken entwickeln, werden Sie einen kurzen Blick auf den Konfigurationsbereich dieses Blocks werfen. Erstellen Sie ein neues Programm mit dem Namen **Explorer-Sound** und legen Sie einen Klangblock im Arbeitsbereich ab (siehe Abbildung 4-9).

Aktion

Im Aktionsfeld des Konfigurationsbereichs stellen Sie ein, ob der Block eine Klangdatei oder einen Ton abspielen soll. Je nachdem, welche Option Sie auswählen, wird sich der Konfigurationsbereich wie nachfolgend erklärt leicht ändern.

Steuerung

Die Standardeinstellung im Steuerungsfeld ist **Abspielen**. Um einen Klang abzubrechen, der gerade abgespielt wird, wählen Sie **Stopp** aus.

Lautstärke

Im Lautstärkefeld können Sie den Klang leiser oder lauter einstellen.

Funktion

Im Funktionsfeld können Sie über die Option **Wiederholen** einstellen, ob ein Klang wiederholt werden soll. Um ein wiederholtes Abspielen des Klangs zu stoppen, setzen Sie einen weiteren Klangblock ein und wählen im Steuerungsfeld die Option **Stopp** aus.

Datei

Falls Sie im Aktionsfeld des Klangblocks eingestellt haben, dass eine Klangdatei abgespielt werden soll, können Sie in diesem Feld eine Datei aus einer Liste auswählen. Sie können aus verschiedenen Klangdateien auswählen – von einzelnen Worten (z.B. »**Hallo**«), Zahlen (z.B. **Zwei**) bis hin zu kurzen Sätzen (z.B. »**Gut gemacht!**«). Wenn Sie mehrere Klangblöcke aneinanderreihen, die alle darauf programmiert sind, eine Klangdatei abzuspielen, können Sie Ihren Roboter zum »Sprechen« bringen.

Sie haben auch die Möglichkeit, Ihre eigenen Klangdateien zu erzeugen, indem Sie mit einem Mikrofon Ihre eigene Stimme

> **ENTDECKUNGS-AUFGABE 4: BUCHSTABIERE!**
>
> **Schwierigkeitsgrad: Mittel**
> Entwickeln Sie ein Programm mit Bewegungsblöcken, das den Explorer den ersten Buchstaben Ihres Namens nachfahren lässt. Wie viele Blöcke brauchen Sie für Ihren Anfangsbuchstaben?
>
> **HINWEIS** Bei geschwungenen Kurven verwenden Sie den Lenkungsregler, um einzustellen, wie eng die Kurve gefahren werden soll.

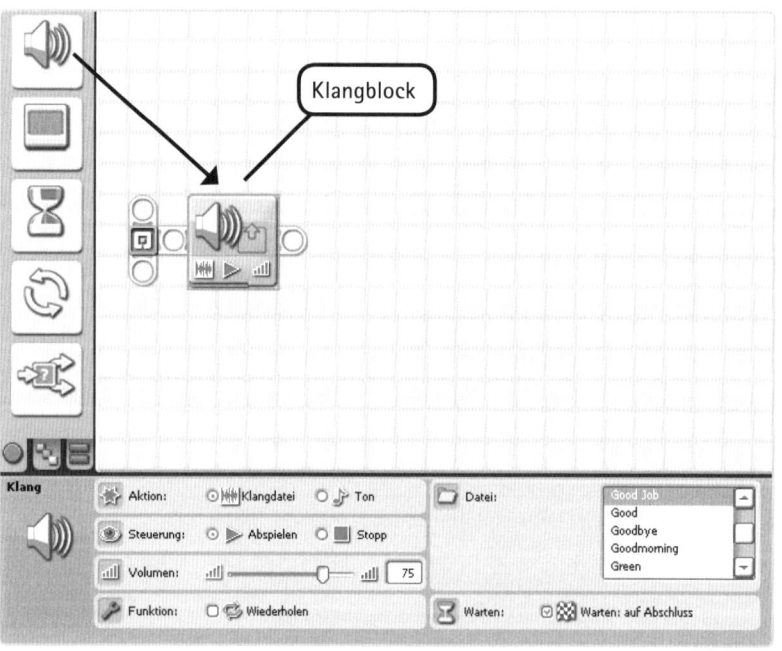

Abbildung 4-9: Der Klangblock mit zugehörigem Konfigurationsbereich

aufnehmen oder eine Musikdatei Ihrer Wahl verwenden. Dazu wählen Sie auf der Werkzeugleiste **Werkzeuge ▸ Klangbearbeitungsprogramm** aus. (Weitere Informationen finden Sie im NXT-Handbuch auf Seite 56.) Wenn Sie Ihre eigene Klangdatei erstellt haben, können Sie diese in Ihren Programmen mithilfe des Klangblocks wie eine bereits vorhandene Klangdatei einsetzen.

HINWEIS Wenn Sie in Ihrem Programm Klangdateien verwenden, werden diese beim Herunterladen Ihres Programms auf den Roboter mit übertragen. Falls Sie viele verschiedene Klangdateien verwenden, erhalten Sie möglicherweise die Meldung, dass der Speicherplatz des NXT-Bausteins voll ist. Im Anhang können Sie nachlesen, wie dieses Problem zu lösen ist.

Abbildung 4-10: Konfigurationsbereich eines Klangblocks, der einen Ton abspielen lässt

Note

Wenn Sie im Aktionsfeld des Klangblocks einstellen, dass ein Ton abgespielt werden soll, erscheint im Konfigurationsbereich ein anderes Feld (siehe Abbildung 4-10). Anstatt eine Klangdatei auszuwählen, können Sie nun eine Klaviertaste – d.h. eine Note – auswählen und angeben, wie lange diese Note gespielt werden soll.

Warten

Im Feld »Warten« finden Sie die letzte Einstellungsoption. Wählen Sie die Option **Warten: auf Abschluss**, wenn die Klangdatei oder der Ton vollständig abgespielt werden soll, bevor das restliche Programm ausgeführt wird (siehe nächster Abschnitt).

Der Klangblock in Aktion

Um die Funktionsweise dieses Blocks kennenzulernen, werden Sie nun ein Programm mit Klangblöcken erstellen. Das Programm wird den Roboter dazu bringen, sich umherzubewegen und gleichzeitig Klänge oder Töne abzuspielen.

Öffnen Sie zuerst das »Explorer-Sound«-Programm (bzw. erstellen Sie es, falls Sie dies noch nicht getan haben) und legen Sie zwei Klangblöcke und zwei Bewegungsblöcke darin ab (siehe Abbildung 4-11). Konfigurieren Sie die Blöcke wie im jeweiligen Konfigurationsbereich vorgegeben. Wenn Sie mit der Entwicklung

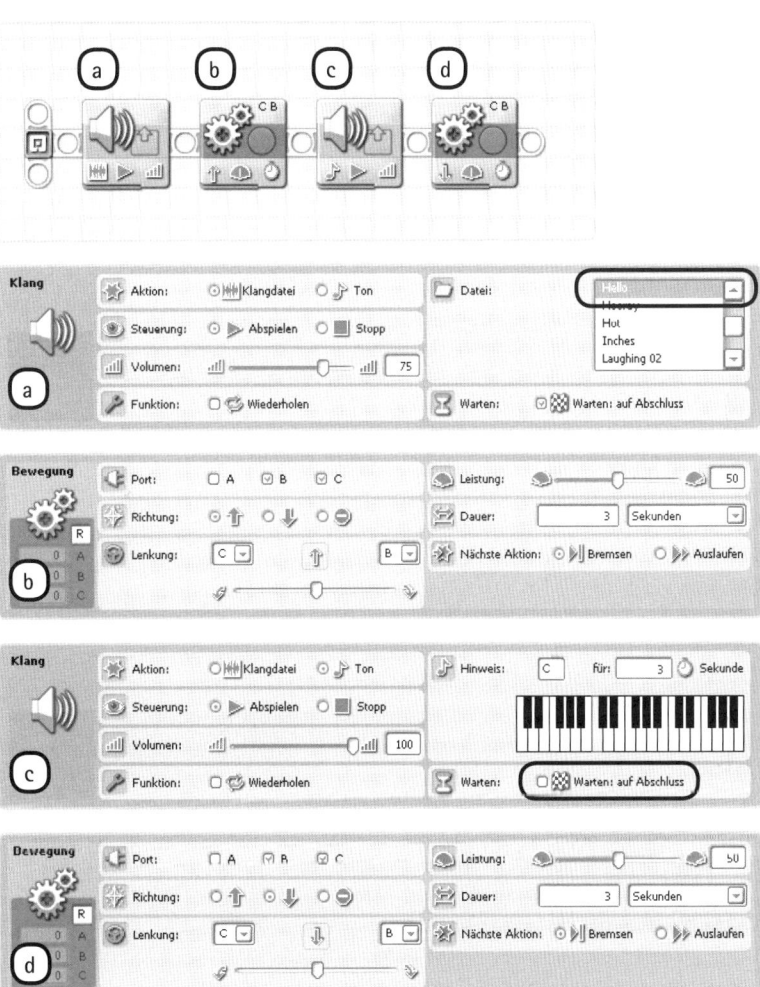

Abbildung 4-11: Die vier Blöcke des »Explorer-Sound«-Programms. Konfigurieren Sie jeden Programmierblock anhand dieser Darstellungen. Der Konfigurationsbereich »a« zeigt die Einstellungen des Blocks »a« usw.

Ihres Programms fertig sind, laden Sie es auf Ihren Roboter und starten es.

HINWEIS Die Buchstaben *a*, *b*, *c* und d zeigen lediglich an, welcher Konfigurationsbereich zu welchem Block gehört. Sie sind nicht Teil des Programms.

ENTDECKUNGSAUFGABE 5: IN WELCHE RICHTUNG GEHST DU?

Schwierigkeitsgrad: Leicht

Erstellen Sie ein Programm (z.B. das »Explorer-Sound«-Programm), das den Roboter die jeweils eingeschlagene Richtung ankündigen lässt, während er sich in diese Richtung bewegt. Während er sich vorwärtsbewegt, sollte er »vorwärts« sagen, und während er sich rückwärtsbewegt, sollte er »rückwärts« sagen. Wie konfigurieren Sie die Einstellung Warten: auf Abschluss in den Klangblöcken?

ENTDECKUNGSAUFGABE 6: DJ SPIELEN!

Schwierigkeitsgrad: Mittel

Sie könnten Ihre eigene Musik komponieren, indem Sie ein Programm mit einer Reihe von Klangblöcken entwickeln, die dazu konfiguriert sind, einzelne Noten abzuspielen. Können Sie eine bekannte Melodie auf dem NXT abspielen lassen oder eine eigene Melodie komponieren? Machen Sie Ihr Programm auf der Webseite zum Buch (*http://www.roboter.laurensvalk.com/*) anderen Lesern zugänglich, um zu sehen, wie Ihre Komposition ankommt!

Funktionsweise des »Explorer-Sound«-Programms

Sie haben das Programm bereits selbst ausgeführt. Nun lernen Sie seine Funktionsweise etwas näher kennen. Der erste Klangblock bringt den Explorer dazu, »Hello« zu sagen. In diesem Block ist die Option Warten: auf Abschluss ausgewählt, d.h., es wird gewartet, bis der Roboter »Hello« gesagt hat. Sobald er dieses Wort ausgesprochen hat, lässt ein Bewegungsblock den Roboter drei Sekunden lang vorwärtsfahren. Danach bringt ein weiterer Klangblock den NXT dazu, einen Ton abzuspielen. In diesem Block wird nicht gewartet, bis der Ton bis zum Ende abgespielt ist. Noch während der Ton zu hören ist, wird der Roboter durch den zweiten Bewegungsblock drei Sekunden lang rückwärtsbewegt. Danach hält der Roboter an. Da der Ton ebenfalls für eine Dauer von 3 Sekunden eingestellt war, endet hier das Programm.

Anzeigeblock

Neben Bewegung und Klang kann mit einem NXT-Programm auch gesteuert werden, was auf dem LCD-Display des NXT-Bausteins angezeigt wird. Sie könnten z.B. ein Programm entwickeln, das die Anzeige wie in Abbildung 4-12 dargestellt aussehen lässt. (Die LCD-Anzeige ist 100 Pixel breit und 64 Pixel hoch. Pixel sind die kleinsten Bildpunkte, aus denen die Darstellung erzeugt wird.)

Sie können den *Anzeigeblock* einsetzen, um ein Bild (z.B. einen kleinen Kopf einer LEGO-Figur), einen Text (ein Wort wie z.B. »Hallo«) oder eine Zeichnung (z.B. eine Linie) auf dem NXT-Display anzuzeigen.

HINWEIS Es ist nicht möglich, mit einem Anzeigeblock mehrere Bilder oder Textzeilen gleichzeitig abzubilden. Um die in Abbildung 4-12 dargestellte Anzeige zu erstellen, müssen Sie daher in Ihrem Programm mehrere Anzeigeblöcke einsetzen.

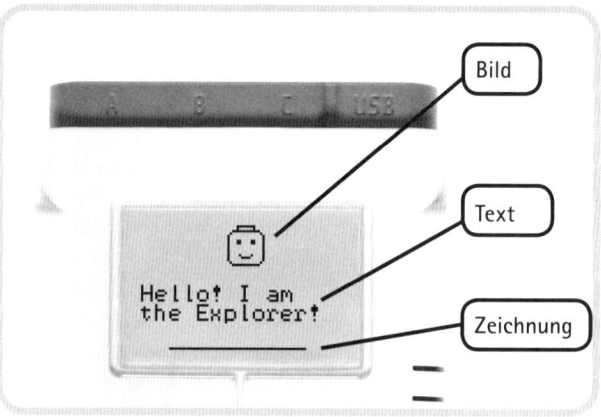

Abbildung 4-12: Mithilfe des Anzeigeblocks lassen sich Bilder, Texte und Zeichnungen auf dem Display des NXT-Bausteins anzeigen.

Sobald die im Block festgelegte Anzeige auf dem NXT-Display erscheint, fährt das Programm mit dem nächsten Block, z.B. einem Bewegungsblock, fort. Die programmierte Anzeige bleibt auf dem NXT-Display bestehen, bis ein weiterer Anzeigeblock eingesetzt wird und sich das Aussehen des Displays daraufhin ändert. Im vorliegenden Beispiel bleibt die Anzeige bestehen, während sich der Roboter bewegt.

Am Ende eines Programms zeigt der NXT-Baustein automatisch wieder das NXT-Menü an. Ist der letzte Block in Ihrem Programm ein Anzeigeblock, werden Sie die Anzeige auf dem Display nicht mehr sehen, da das Programm bereits beendet ist. Um dies zu verhindern, müssen Sie einen weiteren Block hinzufügen, damit das Programm nicht unmittelbar endet.

Konfiguration des Klangblocks

Bevor Sie Anzeigeblöcke in Ihren Programmen einsetzen können, müssen Sie ihre Funktionsweise kennen. In diesem Abschnitt werde ich die Einstellungen im Konfigurationsbereich dieses Blocks erklären.

Erstellen Sie ein neues Programm mit dem Namen **Explorer-Display** und legen Sie einen Anzeigeblock im Arbeitsbereich ab (siehe Abbildung 4-13).

Aktion

Im Aktionsfeld legen Sie fest, ob ein Bild, ein Text oder eine Zeichnung auf dem Display angezeigt werden soll. Je nachdem, welche Option Sie auswählen, wird sich der Konfigurationsbereich leicht ändern. Wenn Sie die Option **Reset** auswählen, wird das Display so aussehen, als ob kein Anzeigeblock verwendet würde.

Anzeige

Ist im Anzeigefeld die Option **Löschen** ausgewählt, werden alle angezeigten Elemente vom Display gelöscht, bevor eine neue Anzeige erscheint. Diese Option ist besonders dann hilfreich, wenn Sie vermeiden möchten, dass sich verschiedene Elemente überschneiden. Deaktivieren Sie diese Option, wenn Sie *nicht* möchten, dass eine bestehende Anzeige gelöscht wird, bevor eine neue erscheint. Dies ist z.B. dann der Fall, wenn Sie mehr als eine Textzeile auf dem NXT-Display anzeigen möchten. Da die bestehende Anzeige nicht gelöscht wird, wird die neue Textzeile auf dem Display einfach unter der vorhergehenden Textzeile abgebildet. (Sie werden diese Option im Musterprogramm ausprobieren.)

Anzeige von Bildern

Wie der Konfigurationsbereich aussieht, hängt ganz davon ab, welche Option Sie im Aktionsfeld auswählen. Falls Sie die Option **Abbildung** ausgewählt haben, sollte der Konfigurationsbereich wie in Abbildung 4-13 dargestellt aussehen.

* Unter »Datei« können Sie aus einer Liste von Bildern Ihre Auswahl treffen. Dabei sollten Sie rechts eine Vorschau des jeweiligen Bildes sehen können.
* Die Option »Position« erlaubt Ihnen, die Platzierung des Bildes zu bestimmen. Um die Position festzulegen, können Sie das Bild entweder mit der Maus verschieben oder Werte in das **X**-Feld (0 ist ganz links und 63 ist ganz rechts) und das **Y**-Feld eingeben (0 ist ganz unten und 99 ist ganz oben). (Mit den hier gewählten X- und Y-Koordinaten wird das Bild in der linken unteren Ecke positioniert.)

Genau wie Sie eigene Klangdateien erzeugen können, ist es auch möglich, eigene Bilddateien zu erstellen, z.B. mit Quadraten, Linien und Kreisen oder einem Bild Ihrer Wahl. Dazu wählen Sie auf der Werkzeugleiste **Werkzeuge ▸ Bildbearbeitungsprogramm** aus. (Weitere Informationen finden Sie im NXT-Handbuch auf S. 57.) Wenn Sie Ihr Bild erstellt haben, können Sie es wie jedes andere Bild mithilfe des Anzeigeblocks auf dem Display Ihres Roboters anzeigen lassen.

Anzeige von Text

Wenn Sie im Aktionsfeld die Option **Text** auswählen, wird der Konfigurationsbereich wie in Abbildung 4-14 aussehen.

Geben Sie den Text, den Sie anzeigen möchten, in das Textfeld ein. Im Optionsfeld »Position« legen Sie fest, wo der Text angezeigt werden soll. Dazu verschieben Sie ihn entweder mit der Maus oder geben die **X**- und **Y**-Werte ein – genau so, wie Sie es bei der Anzeige von Bildern tun würden.

Textzeilen lassen sich auch durch Eingabe der Zeilennummer positionieren. Wenn Sie als Zeilennummer 1 wählen, wird der Text ganz oben auf dem Display angezeigt. Wählen Sie die Zeilennummer 8, erscheint der Text ganz unten auf dem Display. Diese Konfigurationsmöglichkeit ist besonders dann hilfreich, wenn Sie einen längeren Satz anzeigen möchten, der nicht in eine Zeile passt:

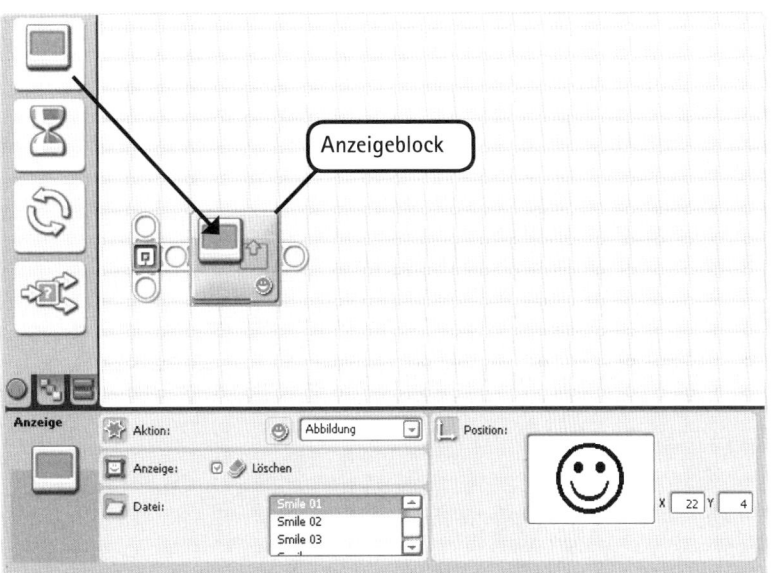

Abbildung 4-13: Der Anzeigeblock mit zugehörigem Konfigurationsbereich

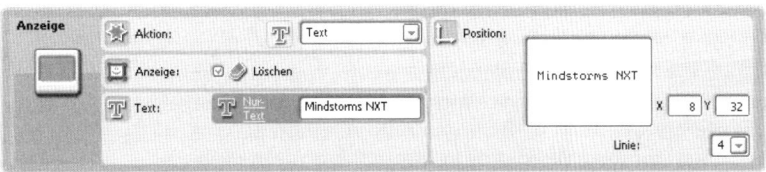

Abbildung 4-14: Konfigurationsbereich eines Anzeigeblocks, der Text auf dem Display erscheinen lässt

Sie können den Satz in mehrere Teile untergliedern und jeden Teil auf einer eigenen Textzeile anzeigen lassen, um eine einheitliche Ausrichtung zu erzielen.

Anzeige von Zeichnungen

Um Linien, Punkte oder Kreise anzuzeigen, wählen Sie im Aktionsfeld die Option **Zeichnen** aus. Ihr Konfigurationsbereich sollte nun wie in Abbildung 4-15 dargestellt aussehen.

Wählen Sie im Feld **Typ** aus, ob Sie einen Punkt, eine Linie oder einen Kreis anzeigen möchten. Sie können die Position der Zeichnung bestimmen, indem Sie entweder die entsprechenden Werte in die X- und Y-Felder eingeben oder die Zeichnung mit der Maus an die gewünschte Position ziehen. Wenn Sie eine Linie anzeigen, können Sie die Koordinaten des Anfangs- und Endpunkts der Linie eingeben. Bei der Anzeige eines Kreises geben Sie den Radius ein, um seine Größe zu bestimmen.

Der Anzeigeblock in Aktion

Nachdem Sie nun die meisten Eigenschaften des Anzeigeblocks kennengelernt haben, werden Sie jetzt damit experimentieren: Sie entwickeln ein Programm, das verschiedene Anzeigen erscheinen lässt, während sich der Roboter bewegt.

Dazu ziehen Sie drei Anzeigeblöcke und zwei Bewegungsblöcke in den Arbeitsbereich (siehe Abbildung 4-16). Danach konfigurieren Sie jeden Block wie im jeweiligen Konfigurationsbereich dargestellt. Wenn Sie alle Bewegungsblöcke konfiguriert haben, können Sie das Programm auf Ihren Roboter laden und es starten.

Funktionsweise des »Explorer-Display«-Programms

Im »Explorer-Display«-Programm sorgen die Anzeigeblöcke dafür, dass auf dem Display Verschiedenes angezeigt wird, während die Bewegungsblöcke den Explorer dazu bringen umherzufahren. (Beachten Sie die Einstellung der Option **Löschen** in den einzelnen Programmblöcken.)

Abbildung 4-15: Konfigurationsbereich eines Anzeigeblocks, der eine Zeichnung auf dem Display erscheinen lässt

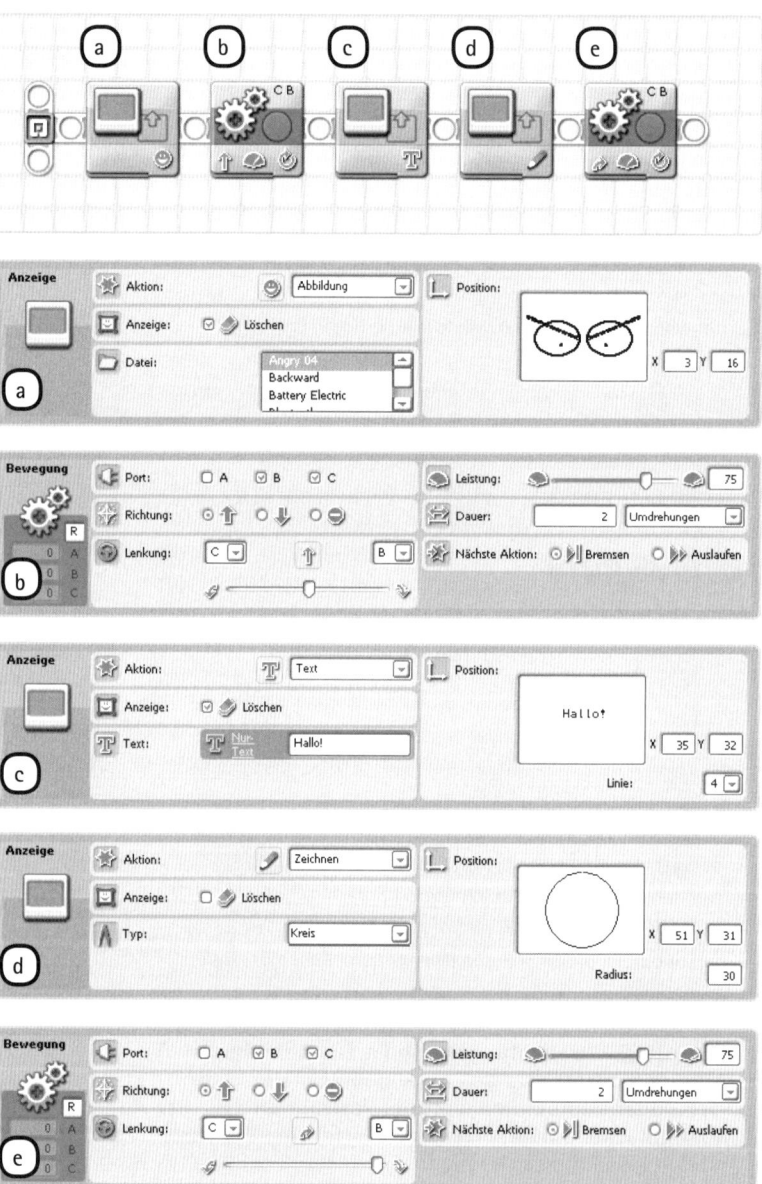

Abbildung 4-16: Die Konfiguration der Blöcke im »Explorer-Display«-Programm

Der erste Anzeigeblock (Block *a*) löscht jede vorherige Anzeige und lässt danach ein Bild auf dem Display erscheinen. Danach beginnt der Roboter, sich zu bewegen. Während der Bewegungsblock (*b*) ausgeführt wird, bleibt die Anzeige auf dem Display bestehen. Der nächste Anzeigeblock (*c*) ist ebenfalls darauf programmiert, jede vorherige Anzeige zu löschen. Daher verschwindet das Bild, bevor eine Textzeile auf dem Display zu lesen ist. Danach ist ein weiterer Anzeigeblock (*d*) an der Reihe, der einen Kreis auf dem Display erscheinen lässt. Bei diesem Block wird die vorhergehende Anzeige nicht gelöscht, daher werden auf dem Display sowohl der Text als auch der Kreis zu sehen sein. Kurz bevor das Programm endet, bringt ein Bewegungsblock den Roboter dazu, nach rechts abzubiegen.

ENTDECKUNGSAUFGABE 7: UNTERTITEL!

Schwierigkeitsgrad: Leicht

Erstellen Sie ein Programm, das den Roboter mithilfe von drei Klangblöcken dazu bringt, »Hello, Sir, thank you!« zu sagen. Verwenden Sie Anzeigeblöcke, um das Gesagte als Untertitel auf dem NXT-Display anzuzeigen. Jedes Mal, wenn der Roboter ansetzt, etwas Neues zu sagen, soll die vorhergehende Anzeige vom Display gelöscht werden. Wo platzieren Sie die einzelnen Anzeigeblöcke?

ENTDECKUNGSAUFGABE 8: NAVIGIERE!

Schwierigkeitsgrad: Mittel

Erstellen Sie mithilfe von Bewegungsblöcken ein Programm, das den Roboter dazu bringt, dem in Abbildung 4-17 dargestellten Pfad zu folgen. Während sich der Roboter bewegt, sollten auf dem NXT-Display Pfeile erscheinen, die anzeigen, welche Richtung der Roboter gerade einschlägt. Am Ende des Programms sollte ein Stopp-Symbol angezeigt werden. Zusätzlich zur Anzeige der Bewegungsrichtung soll der Roboter mithilfe von Klangblöcken dazu gebracht werden, die jeweils eingeschlagene Richtung auszusprechen. Wie konfigurieren Sie die Einstellung **Warten: auf Abschluss** in den Klangblöcken?

> **HINWEIS** Alle Richtungssymbole aus Abbildung 4-17 können im Dateifeld des Anzeigeblocks der Liste der Bilder entnommen werden. Verwenden Sie Klangblöcke, um gesprochene Worte wie »Vorwärts« und »Links« abzuspielen.

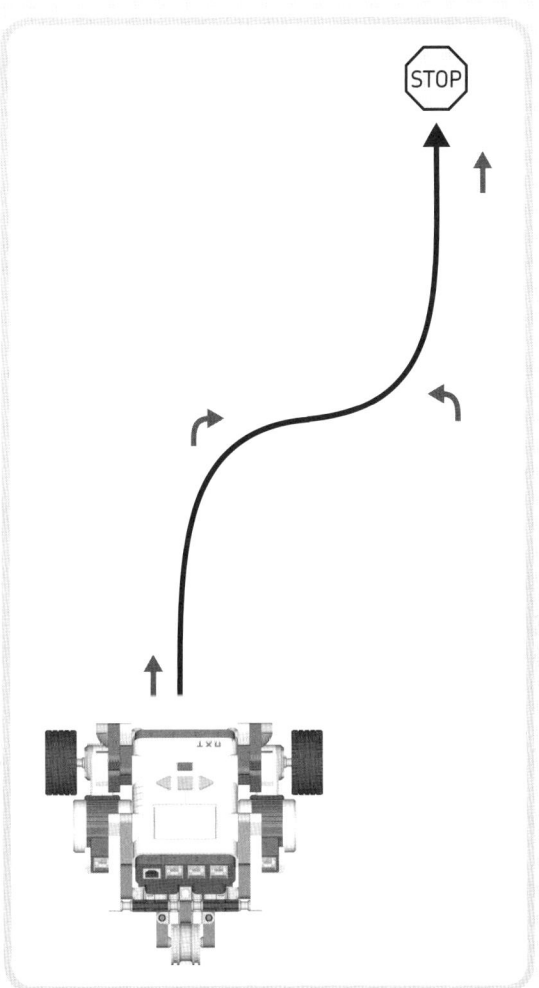

Abbildung 4-17: Bewegungsmuster und Navigationssymbole aus Entdeckungsaufgabe 8

Zum Erforschen und Ausprobieren

Sie haben jetzt alle Grundlagen der LEGO MINDSTORMS NXT-Programmierung kennengelernt. Herzlichen Glückwunsch! Sie sollten nun wissen, wie man Roboter darauf programmiert, Bewegungen auszuführen, Klänge abzuspielen sowie Text und Bilder auf dem NXT-Display anzuzeigen. In Kapitel 5 werden Sie noch mehr über den Einsatz von Programmierblöcken erfahren. Unter anderem werden Sie lernen, wie man mit Blöcken ein Programm vorübergehend unterbricht und wie man eine Reihe von Blöcken wiederholt ausführt.

Bevor Sie jedoch mit Kapitel 5 beginnen, lade ich Sie ein, Ihre Programmierkenntnisse auf die Probe zu stellen. Versuchen Sie, ein paar der folgenden Entdeckungsaufgaben zu lösen und teilen Sie auf der Webseite zum Buch (http://www.roboter.laurensvalk.com/) Ihre Lösungen mit anderen Lesern.

ENTDECKUNGSAUFGABE 9: FAHR IM KREIS!

Schwierigkeitsgrad: Leicht
Können Sie den Explorer dazu bringen, im Kreis zu fahren (mit einem Durchmesser von ca. 1 Meter)? Um dies zu erreichen, brauchen Sie nur einen einzigen Bewegungsblock. Wie konfigurieren Sie die Dauer- und Lenkungseinstellungen? Wie verändert sich der Kreis, wenn Sie die Motorgeschwindigkeit erhöhen oder reduzieren?

ENTDECKUNGSAUFGABE 10: FAHR EINE ACHT!

Schwierigkeitsgrad: Mittel
Programmieren Sie den Explorer darauf, eine Acht zu fahren (siehe Abbildung 4-18). Während der Roboter fährt, sollte auf dem Display ein Smiley angezeigt werden.

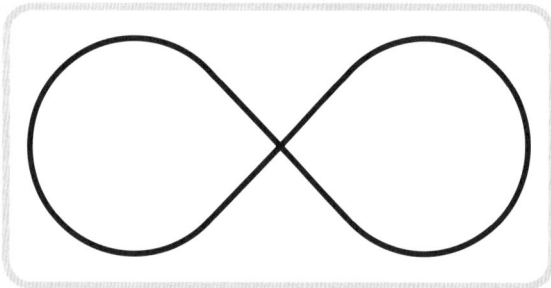

Abbildung 4-18: Bewegungsmuster für Entdeckungsaufgabe 10

ENTDECKUNGSAUFGABE 11: ROBODANCER!

Schwierigkeitsgrad: Schwer
Programmieren Sie den Explorer mithilfe von Klangblöcken darauf, kontinuierlich Musik abzuspielen. Gleichzeitig soll er in Zickzackbewegungen tanzen (mithilfe von Bewegungsblöcken). Die Musik sollte nach jeder Bewegung wechseln.

HINWEIS Experimentieren Sie in den Klangblöcken mit der Einstellung »Wiederholen«.

BAUAUFGABE 1: DER EXPLORER ALS KÜNSTLER!

In dieser Bauaufgabe werden Sie herausgefordert, das Design des Explorers zu erweitern. Entwickeln Sie mit LEGO-Steinen eine Erweiterung für Ihren Roboter, die es ihm ermöglicht, einen Stift zu halten. Der Explorer soll auf einem großen Blatt Papier umherfahren und dabei Linien und Muster auf das Papier zeichnen. Bringen Sie ihn zunächst dazu, das Muster aus der Entdeckungsaufgabe 11 zu zeichnen.

Für Fortgeschrittene: Einfache Zeichnungen lassen sich problemlos mit einem fixierten Stift realisieren. Falls Sie jedoch Wörter schreiben möchten, können Sie keinen fixierten Stift verwenden, da der Stift beim Schreiben nicht die ganze Zeit auf dem Papier bleiben kann. Nutzen Sie den dritten Motor in Ihrem NXT-Baukasten, um den Stift anzuheben, und schließen Sie diesen Motor mit einem Kabel an den Ausgabe**port** A an. Sie können den Motor mit einem Bewegungsblock steuern. Konfigurieren Sie den Block im Feld **Port** so, dass nur Motor A gesteuert wird (nicht B und C). Können Sie den Roboter darauf programmieren, Ihren Namen zu schreiben?

5

Warten, Wiederholen und weitere Programmiertechniken

Im vorhergehenden Kapitel haben Sie gelernt, wie Sie Ihren Roboter darauf programmieren, verschiedene Handlungen – wie z.B. Bewegungen – auszuführen. In diesem Kapitel werde ich mehrere Programmiertechniken vorstellen, die Ihnen weitere Einsatzmöglichkeiten der bereits bekannten Blöcke eröffnen. Sie werden z.B. lernen, wie Sie ein Programm mit Warteblöcken vorübergehend unterbrechen können, wie sich mehrere Handlungen mithilfe von Schleifenblöcken wiederholen lassen, wie mehrere Blöcke gleichzeitig ausgeführt werden können und sogar wie Sie Ihre Eigenen Blöcke erstellen können.

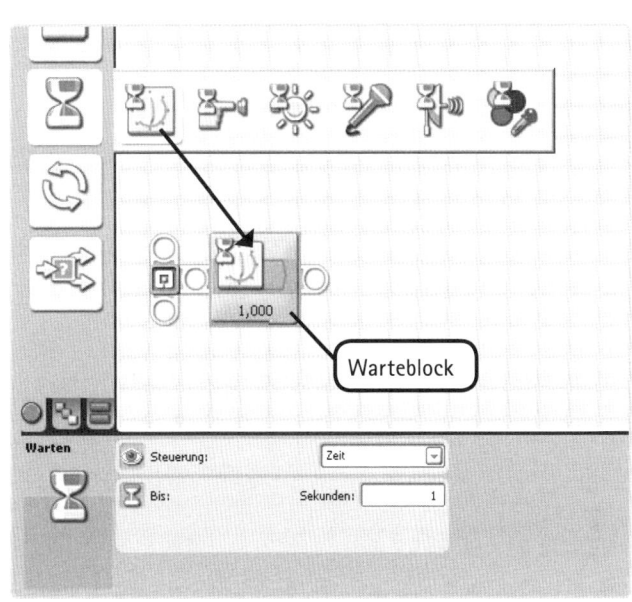

Warteblock

Bisher haben Sie drei verschiedene Programmierblöcke eingesetzt, um den Roboter dazu zu bringen, sich zu bewegen, Klänge abzuspielen oder etwas auf dem Display anzuzeigen. Jetzt lernen Sie den Warteblock kennen, dessen Aufgabe lediglich darin besteht, das Programm für eine bestimmte Zeit zu unterbrechen (siehe Abbildung 5-1).

Abbildung 5-1: Der Warteblock mit zugehörigem Konfigurationsbereich

Konfiguration des Warteblocks

Der Warteblock wird wie jeder andere Programmierblock benutzt. Sie legen ihn im Arbeitsbereich ab und wählen dann die gewünschten Einstellungen im Konfigurationsbereich aus. Wie im Steuerungsfeld des Konfigurationsbereichs vorgegeben, kann der Block auf zwei verschiedene Arten eingesetzt werden: **Zählen** oder **Zeit**. In diesem Kapitel werden Sie nur mit der Option **Zeit** arbeiten.

Wenn der Warteblock im Zeitmodus arbeitet, hält er das Programm einfach für eine bestimmte Zeit – z.B. für fünf Sekunden – an. Sobald diese Zeit abgelaufen ist, fährt das Programm mit dem nächsten Programmierblock fort. Um die gewünschte Wartezeit zu bestimmen, geben Sie sie im Feld »Sekunden« entweder als ganze Zahl (z.B. 14) oder als Dezimalzahl (z.B. 0,5) ein.

Der Warteblock in Aktion

Warum einen Programmierblock einsetzen, der keine Handlungen ausführt? Im Folgenden sehen Sie ein Beispiel dafür, welche Rolle der Warteblock spielen kann. Erstellen Sie das Programm **Explorer-Wait**, indem Sie den Anweisungen in Abbildung 5-2 folgen, und starten Sie es. Dieses Programm wird dafür sorgen, dass zwei Textzeilen auf dem NXT-Display abgebildet werden.

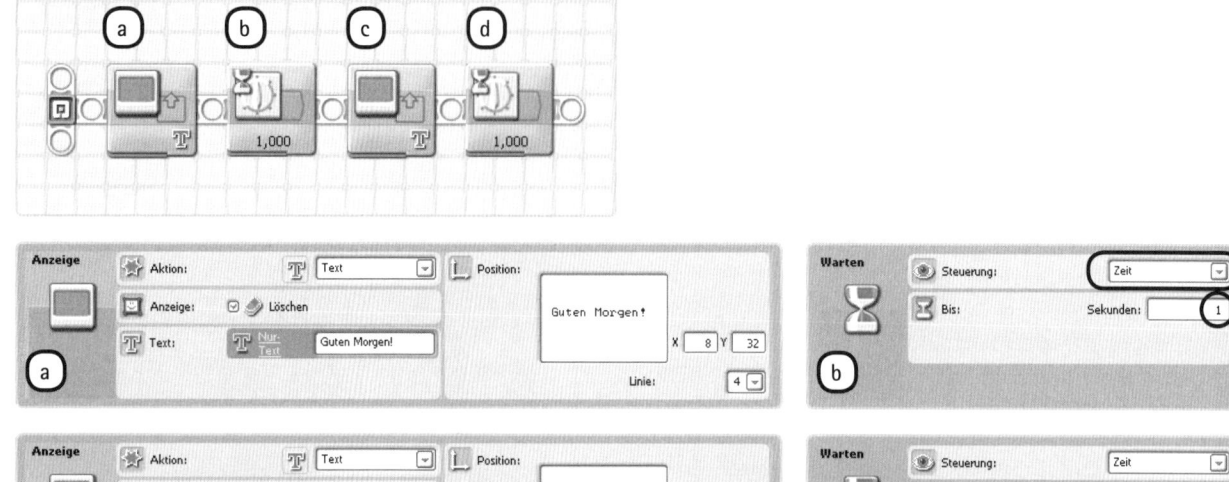

Abbildung 5-2: Die Konfiguration der Blöcke im »Explorer-Wait«-Programm

Funktionsweise des »Explorer-Wait«-Programms

Das »Explorer-Wait«-Programm gibt Ihnen Zeit, die Anzeige auf dem NXT-Display zu lesen. Ohne die Warteblöcke würde das Programm unmittelbar nach Anzeige des Textes enden, d.h., es wäre nicht möglich, den Text zu lesen.

Mehr zum Bewegungsblock: die Option »Unbegrenzt«

Mit dem Bewegungsblock können Sie den Explorer zum Fahren bringen. Sie haben ihn bereits in zahlreichen Programmen eingesetzt. Im Konfigurationsbereich des Bewegungsblocks gibt es jedoch eine wichtige Einstellung, mit der Sie bisher noch nicht gearbeitet haben.

Die Option »Unbegrenzt«

Im Feld »Dauer« des Bewegungsblocks können Sie einstellen, wie lange die **Motoren** des Roboters in Sekunden, Grad oder Umdrehungen laufen sollen. Wenn sich der Roboter für die eingestellte Dauer bewegt hat, halten die Motoren an, und der nächste Programmierblock wird gestartet. Ist im Feld »Dauer« die Option **Unbegrenzt** ausgewählt, sind die Motoren dauerhaft eingeschaltet und laufen auf unbegrenzte Zeit. Sobald ein Bewegungsblock mit

ENTDECKUNGSAUFGABE 12: COUNTDOWN!

Schwierigkeitsgrad: Schwer

Erstellen Sie ein Programm, das nach 3 Sekunden eine explodierende Bombe auf dem NXT-Display anzeigt. Das Programm sollte von 3 auf 0 herunterzählen und dabei die verbleibende Zeit auf dem Display angeben. Die Anzeige soll nach drei Sekunden wie in Abbildung 5-3 aussehen. Um für noch mehr Spannung zu sorgen, bringen Sie den Roboter mithilfe von Klangblöcken dazu, die verbleibende Zeit anzukündigen und laut zu rufen, wenn die Bombe explodiert.

Abbildung 5-3: NXT-Display in Entdeckungsaufgabe 12

der Einstellung **Unbegrenzt** die Motoren eingeschaltet hat (was fast unmittelbar geschieht), fährt das Programm mit dem nächsten Block fort, während sich die Motoren weiterdrehen.

Um den Roboter, d.h. die Motoren, anzuhalten, setzen Sie einen weiteren Bewegungsblock ein und wählen das Stopp-Symbol in der Richtungsbox aus. Wenn alle Programmierblöcke ausgeführt sind, wird der Roboter ebenfalls anhalten. Wie Sie im folgenden Beispielprogramm sehen werden, können Sie mit der Einstellung **Unbegrenzt** Ihren Roboter dazu bringen, Klangdateien oder Töne abzuspielen und sich gleichzeitig zu bewegen.

Die Einstellung »Unbegrenzt« im praktischen Einsatz

Das nächste Programm **Explorer-Unlimited** wird Ihnen die genaue Funktionsweise der Einstellung **Unbegrenzt** verdeutlichen. Mit diesem Programm bringen Sie Ihren Roboter dazu, einen Ton abzuspielen und sich gleichzeitig zu bewegen. Erstellen Sie das Programm, indem Sie den Anweisungen in Abbildung 5-4 folgen.

HINWEIS Bei der Konfiguration von Programmierblöcken kann es vorkommen, dass manche Felder im Konfigurationsbereich nicht bearbeitbar sind. Wenn eine Option ausgegraut ist, bedeutet dies, dass sie nicht gewählt werden kann. In diesem Programm lässt sich z.B. in Block d die Lenkung nicht einstellen, da dieser Block eingesetzt wird, um den Roboter anzuhalten (und Sie nicht lenken und gleichzeitig bremsen können). Sie können die ausgegrauten Felder in dieser Abbildung daher einfach ignorieren. Wenn eine Einstellung nicht auswählbar ist, hat dies immer einen Grund.

Funktionsweise des »Explorer-Unlimited«-Programms

Wenn Sie das »Explorer-Unlimited«-Programm starten, schaltet ein Bewegungsblock (Block a) die Motoren ein. Da in Block a die Option **Unbegrenzt** gewählt ist, wird unmittelbar danach der Klangblock (b) ausgeführt. Nach zwei Sekunden wird der Ton gestoppt. Ein Warteblock (c) unterbricht das Programm nun für 3 Sekunden. Erst dann wird der nächste

Block gestartet: Ein weiterer Bewegungsblock (d) hält die Motoren an, und ein Klangblock (e) löst das Abspielen eines Tons aus.

Die Einstellung »Unbegrenzt« – und ihre Grenzen

Wenn Sie ein Programm erstellen, das nur aus einem Bewegungsblock mit der Einstellung **Unbegrenzt** besteht, gehen Sie vielleicht davon aus, dass sich der Roboter auf unbegrenzte Zeit bewegen wird. Dies ist jedoch nicht der Fall. Dieser Block schaltet lediglich

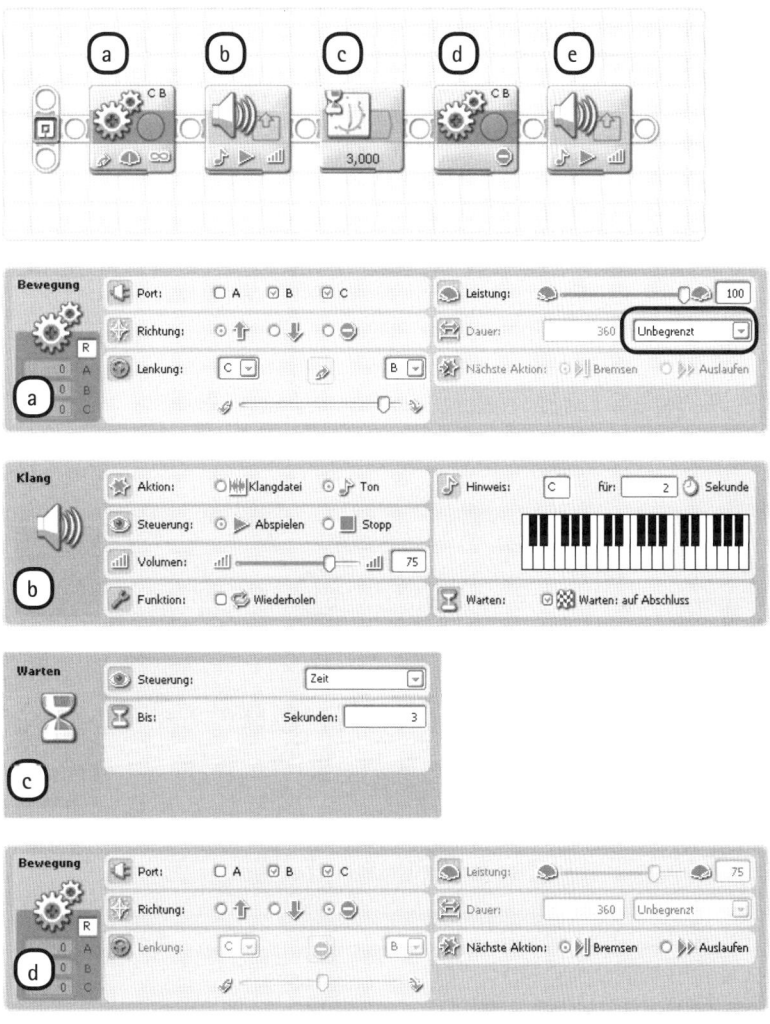

Abbildung 5-4: Die Konfiguration der Blöcke im »Explorer-Unlimited«-Programm

die Motoren ein. Danach endet das Programm, da alle Blöcke ausgeführt sind. Sobald das Programm beendet ist, halten die Motoren an. (Im nächsten Abschnitt erfahren Sie, wie man Programme erstellt, die für eine unbegrenzte Zeit ablaufen.)

Schleifenblock

Stellen Sie sich vor, Sie folgen einer Spur, die im Quadrat verläuft (siehe Abbildung 5-5). Sie folgen immer wieder einem bestimmten Muster: geradeaus, dann nach rechts, wieder geradeaus, nach rechts usw.

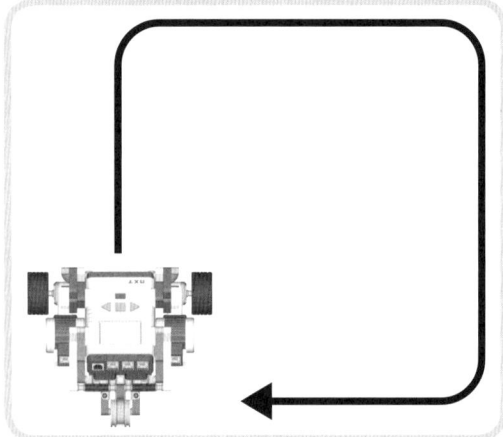

Abbildung 5-5: Der Explorer fährt im Quadrat.

Um Ihren Roboter dazu zu bringen, sich in diesem Muster zu bewegen, könnten Sie Bewegungsblöcke einsetzen. Sie können ihn geradeaus und dann nach rechts fahren lassen und für jede dieser Bewegungen einen Bewegungsblock einsetzen. Um zu erreichen, dass Ihr Roboter einmal im Quadrat fährt und wieder zur Startposition zurückkehrt, müssten Sie die beiden Blöcke jeweils viermal einsetzen, d.h., es wären insgesamt acht Blöcke notwendig.

Anstatt dieses Programm mit acht Bewegungsblöcken zu erstellen, können Sie einfach einen *Schleifenblock* einsetzen. Sie können eine bestimmte Abfolge wiederholen, indem Sie die entsprechenden Blöcke im Schleifenblock ablegen. Schleifenblöcke sind insbesondere dann praktisch, wenn Sie bestimmte Handlungen mehrmals wiederholen möchten. Um Ihren Roboter z.B. im Quadrat fahren zu lassen, würden Sie die Bewegungsblöcke, die ihn vorwärts und dann nach rechts bewegen lassen, im Schleifenblock ablegen. Dieser würde dann die Handlung jedes Blocks viermal ausführen. Im Abschnitt »Der Schleifenblock in Aktion« auf Seite 47 werden Sie ein solches Programm erstellen.

Den Schleifenblock einsetzen

Abbildung 5-6 zeigt den Schleifenblock mit zugehörigem Konfigurationsbereich und stellt dar, wie man Blöcke innerhalb einer Schleife ablegt.

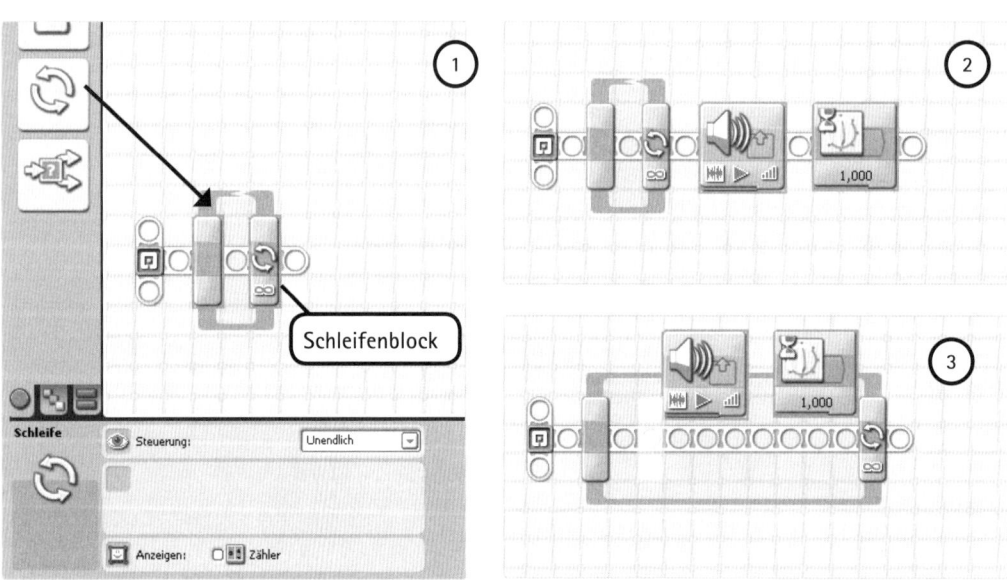

Abbildung 5-6: Der Schleifenblock mit zugehörigem Konfigurationsbereich (1). Bevor Sie Blöcke in einen Schleifenblock verschieben, legen Sie zunächst alle benötigten Blöcke im Arbeitsbereich ab (2). Wählen Sie nun die Blöcke aus, die Sie verschieben möchten, und ziehen Sie sie in den Schleifenblock (3). Der Schleifenblock sollte sich dabei automatisch vergrößern, um die Blöcke aufzunehmen. Wenn Sie den gesamten Schleifenblock verschieben, wird auch sein Inhalt mit verschoben.

Der Ablauf dieses Programms von Anfang (links) bis Ende (rechts) ist etwas anders, wenn Schleifenblöcke eingesetzt werden (siehe Abbildung 5-7).

Konfiguration des Schleifenblocks

Die Einstellungen im Konfigurationsbereich des Schleifenblocks bestimmen, wie häufig die in der Schleife enthaltenen Blöcke wiederholt werden. Im Steuerungsfeld können Sie einstellen, wie häufig (**Zählen**) oder wie lange (**Zeit**) etwas wiederholt werden soll. Sie können auch eine endlose Wiederholung einstellen (**Unendlich**).

* Falls Sie **Zählen** auswählen, können Sie im entsprechenden Feld die Anzahl der Wiederholungen eingeben.
* Wählen Sie die Option **Zeit**, können Sie im Sekundenfeld eingeben, wie lange sich die Abfolge wiederholen soll.
* Ist die Option **Unendlich** aktiviert, wiederholt der Schleifenblock die enthaltenen Blöcke auf unbegrenzte Zeit – bis Sie das Programm durch Drücken der Zurück-Taste auf dem NXT-Baustein beenden.

Das Steuerungsfeld enthält außerdem **Sensor**- und **Logik**-Einstellungen, über die Sie zu späterem Zeitpunkt mehr erfahren werden. Auch die Einstellung »Anzeigen« im Konfigurationsbereich werden Sie später näher kennenlernen.

Der Schleifenblock in Aktion

Sie werden nun das zuvor besprochene Programm entwickeln (siehe Abbildung 5-5). Dieses Programm wird den Explorer dazu bringen, im Quadrat zu fahren. Erstellen Sie das Programm **Explorer-Loop**, indem Sie den Anweisungen in Abbildung 5-8 folgen.

> **HINWEIS** Wenn Ihr Roboter beim Lenken keine 90-Grad-Drehungen ausführt, passen Sie die Gradzahl im Bewegungsblock c an – ähnlich, wie Sie es bereits in Entdeckungsaufgabe 2 in Kapitel 4 gemacht haben.

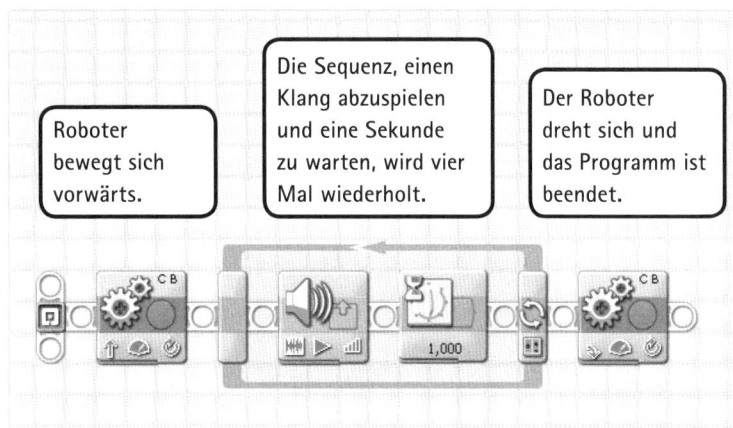

Abbildung 5-7: Ein Programm mit Schleifenblock, der sich viermal wiederholt. Sobald der Schleifenblock beide darin enthaltenen Blöcke viermal ausgeführt hat (wie im Konfigurationsbereich festgelegt), fährt das Programm mit dem nächsten Block fort – in diesem Fall einem Bewegungsblock.

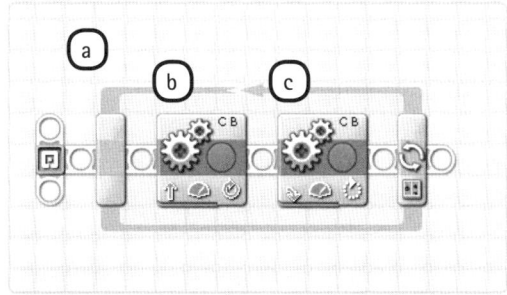
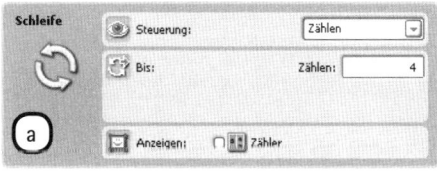

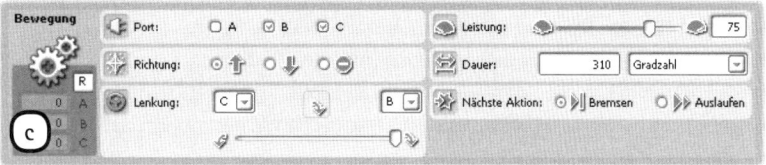

Abbildung 5-8: Die Konfiguration der Blöcke im »Explorer-Loop«-Programm

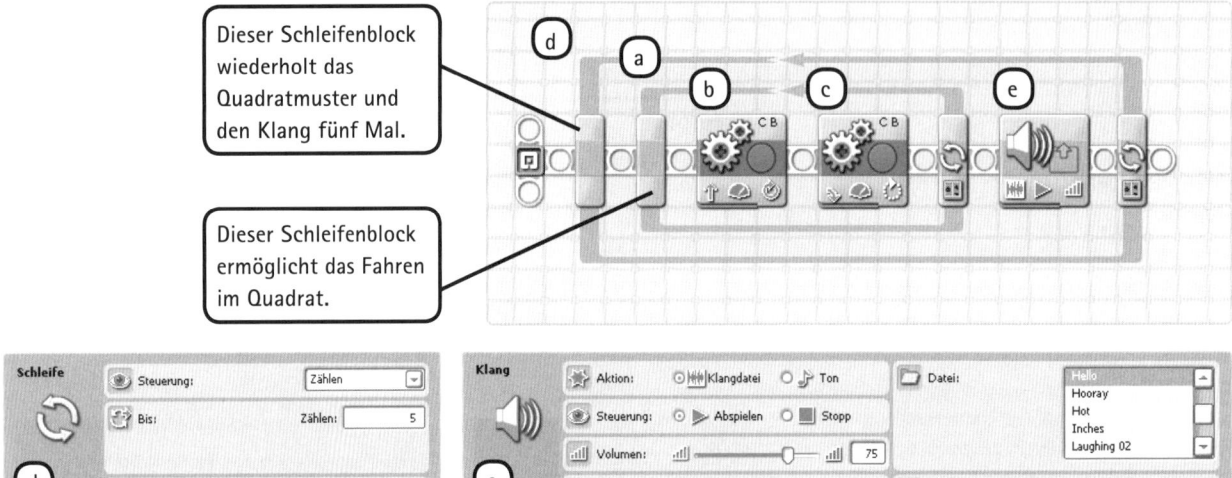

Abbildung 5-9: Das »Explorer-Square«-Programm zeigt Ihnen, wie ein verschachtelter Schleifenblock funktioniert. Die innere Schleife lässt den Explorer in einem bestimmten Muster fahren, während die äußere Schleife dafür sorgt, dass dieses Verhalten fünfmal wiederholt und jedes Mal eine Klangdatei abgespielt wird.

Verschachtelte Schleifenblöcke

Der Schleifenblock mit den beiden Bewegungsblöcken im »Explorer-Loop«-Programm (Abbildung 5-8) lässt den Explorer im Quadrat fahren. Sie können nun einen Schleifenblock einsetzen, der dieses gesamte Bewegungsmuster wiederholt. Damit können Sie z.B. erreichen, dass der Roboter fünfmal im Quadrat fährt. Stellen Sie den Block so ein, dass er sich fünfmal wiederholt, und ziehen Sie die Blöcke aus dem vorhergehenden Programm hinein (siehe Abbildung 5-9). Fügen Sie außerdem einen Klangblock hinzu, der den Explorer dazu bringt, nach Abschluss jedes Quadrats etwas zu sagen.

Eigene Programmierblöcke

Zusätzlich zu den Standardblöcken können Sie Ihre eigenen, auf Ihre Bedürfnisse zugeschnittenen Programmierblöcke erstellen. Blöcke, die Sie selbst gestalten können, heißen *Eigene Blöcke*. Sie bestehen aus einer Reihe von Programmierblöcken. Eigene Blöcke sind besonders dann hilfreich, wenn Sie eine bestimmte Abfolge von Blöcken in Ihrem Programm mehr als einmal verwenden möchten. Sie könnten z.B. einen Eigenen Block erstellen, der den Explorer jedes Mal dazu bringt, im Quadrat zu fahren.

Durch Eigene Blöcke können Sie Ihre Programme auch übersichtlicher gestalten, da weniger Blöcke auf dem Bildschirm zu sehen sind. Im Folgenden lesen Sie, wie Sie Eigene Blöcke erstellen und einsetzen können.

ENTDECKUNGSAUFGABE 13: WACHPOSTEN!

Schwierigkeitsgrad: Leicht

Erstellen Sie ein Programm, das den Explorer vor Ihrer Tür auf und ab gehen lässt, als ob er Wache hält (siehe Abbildung 5-10). Setzen Sie einen auf endlose Wiederholung eingestellten Schleifenblock ein sowie einen Bewegungsblock, um den Roboter vorwärtsfahren zu lassen, und einen weiteren Bewegungsblock, um ihn umdrehen zu lassen.

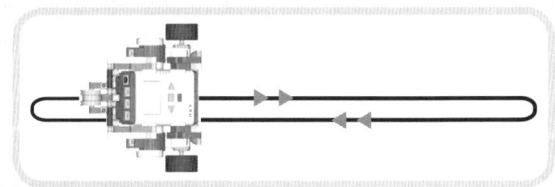

Abbildung 5-10: Bewegungsmuster des Explorers in Entdeckungsaufgabe 13

ENTDECKUNGSAUFGABE 14: DREIECK!

Schwierigkeitsgrad: Mittel

Sie haben bereits ein Programm erstellt, das Ihren Roboter im Quadrat fahren lässt. Wie könnten Sie das »Explorer-Loop«-Programm ändern, um den Roboter in einem Dreieck oder Sechseck fahren zu lassen? (Jedes Bewegungsmuster soll fünfmal wiederholt werden.)

Eigene Blöcke erstellen

Um die Funktionsweise der Eigenen Blöcke kennenzulernen, werden Sie ein Programm entwickeln, das den Explorer dazu bringt, im Quadrat zu fahren, umzudrehen, eine Klangdatei abzuspielen und danach nochmals im Quadrat zu fahren. Da der Explorer zweimal im Quadrat fahren wird, erstellen Sie für dieses Bewegungsmuster einen Eigenen Block (siehe Abbildungen 5-11 bis 5-13). Wenn Sie Ihren Eigenen Block erstellt haben, können Sie ihn jedes Mal einsetzen, wenn Sie den Explorer im Quadrat fahren lassen möchten. Grundlage für diese Übung ist das »Explorer-Loop«-Programm.

HINWEIS Falls Sie das »Explorer-Loop«-Programm nicht gespeichert haben, erstellen Sie es mithilfe der Anweisungen in Abbildung 5-8 nochmals oder laden es von der Webseite zum Buch herunter.

1. Wählen Sie die Blöcke aus, die Sie in einem Eigenen Block zusammenfassen möchten, und klicken Sie auf **Eigenen Block erstellen** (siehe Abbildung 5-11).

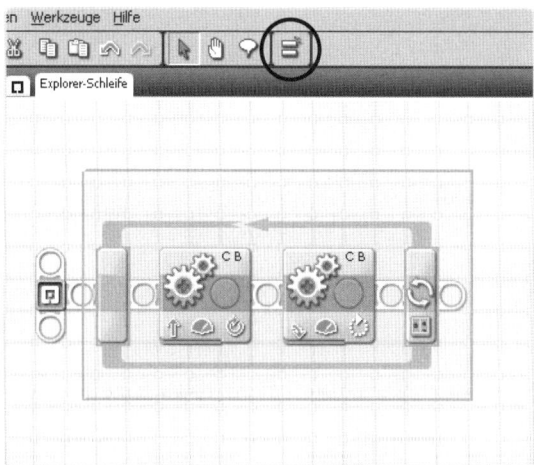

Abbildung 5-11: Auswahl der Blöcke, die in einem Eigenen Block zusammengefasst werden sollen

2. Geben Sie im Namensfeld einen Namen für Ihren Eigenen Block ein, z.B. **Quadrat** (siehe Abbildung 5-12). Im Feld »Block-Beschreibung« beschreiben Sie, wie der Block funktioniert, so dass Sie ihn zu einem späteren Zeitpunkt wieder erkennen und einsetzen können. Klicken Sie auf **Weiter**.

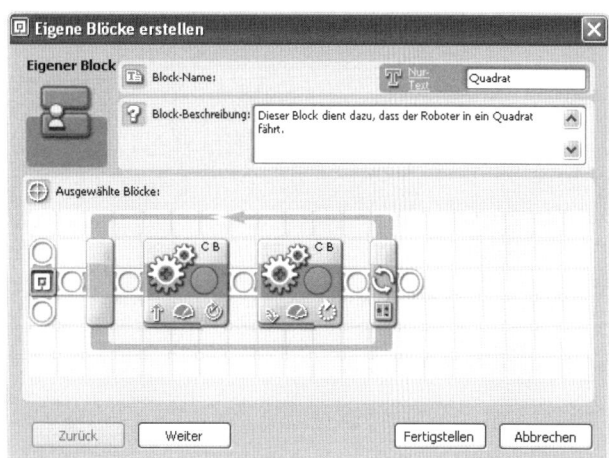

Abbildung 5-12: Eingabe eines Namens und einer Beschreibung Ihres Eigenen Blocks

3. Ziehen Sie Symbole aus dem Symbolersteller in Ihren Block, um ihn individuell zu gestalten (siehe Abbildung 5-13), und klicken Sie auf **Fertigstellen**.

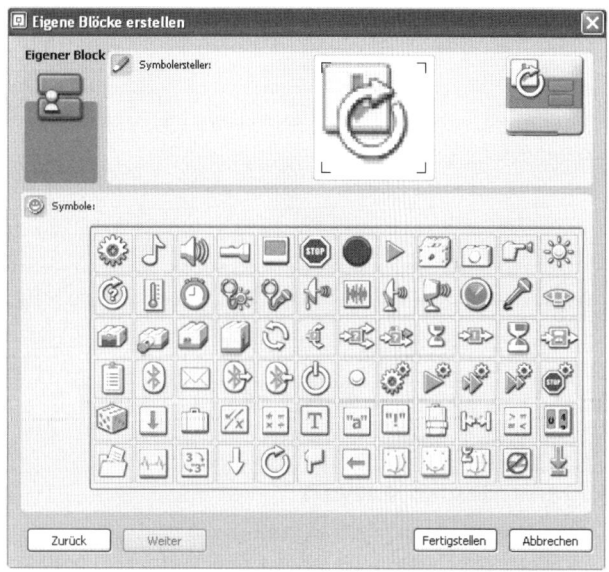

Abbildung 5-13: Den Eigenen Block mit Symbolen ausstatten

Eigene Blöcke in Programmen einsetzen

Wenn Sie Ihren Eigenen Block erstellt haben, sollte er im Arbeitsbereich und in der **Eigenen Palette** zu sehen sein. Letztere können Sie wie in Abbildung 5-14 dargestellt öffnen. (In der Abbildung ist auch das »Explorer-Eigene Blöcke«-Programm zu sehen.)

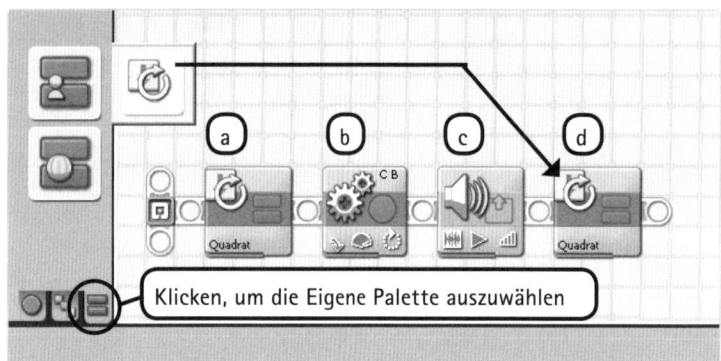

ENTDECKUNGS-AUFGABE 15: EIGENES BEWEGUNGSMUSTER!

Schwierigkeitsgrad: Leicht

Erstellen Sie ein Programm wie z.B. das »Explorer-Eigene Blöcke«-Programm, das den Roboter nicht im Quadrat, sondern im Dreieck fahren lässt.

HINWEIS Verwenden Sie das in Entdeckungsaufgabe 14 erstellte Programm, um diesen Eigenen Block zu erstellen.

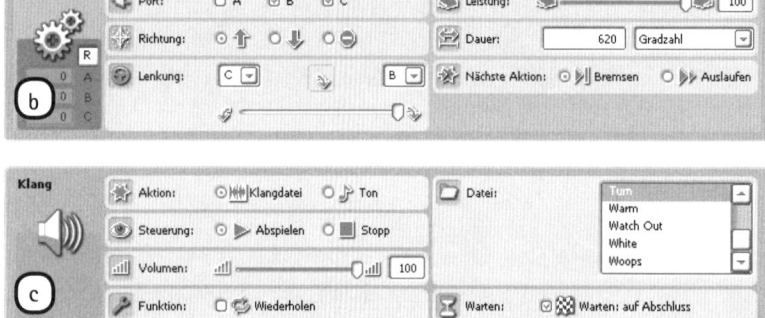

ENTDECKUNGS-AUFGABE 16: EIGENE MELODIE!

Schwierigkeitsgrad: Leicht

Erinnern Sie sich noch an die Melodie, die Sie in Entdeckungsaufgabe 6 in Kapitel 4 programmiert haben? Wandeln Sie diese Abfolge von Blöcken in einen Eigenen Block um, so dass Sie Ihre Lieblingsmelodie in Ihren Programmen jederzeit einsetzen können.

Abbildung 5-14: Die Konfiguration der Blöcke im »Explorer-Eigene Blöcke«-Programm. Die Eigenen Blöcke finden Sie in der Eigenen Palette. (Die Konfigurationsbereiche der Eigenen Blöcke werden nicht dargestellt, da es keine Optionen auszuwählen gibt.)

Wenn Sie das Programm starten, sollte der Roboter zunächst im Quadrat fahren (reguliert durch den entsprechenden Eigenen Block), sich dann umdrehen, eine Klangdatei abspielen und nochmals im Quadrat fahren.

Eigene Blöcke ändern

Sie können Eigene Blöcke, die Sie erstellt haben, auch jederzeit ändern. Um dies zu tun, klicken Sie doppelt auf einen Eigenen Block im Arbeitsbereich, um seinen Inhalt anzuzeigen, und führen dann die gewünschten Änderungen durch. Wenn Sie fertig sind, klicken Sie auf **Speichern** und kehren zu dem Programm zurück, in dem der Eigene Block eingesetzt wird.

Um die Symbole zu ändern, mit denen Sie Ihren Block ausgestattet haben, wählen Sie den Eigenen Block im Arbeitsbereich aus und klicken in der Werkzeugleiste auf **Bearbeiten ▶ Symbol von Eigenem Block bearbeiten**.

Parallele Abfolgen von Blöcken

Alle Blöcke, die Sie bisher eingesetzt haben, werden linear ausgeführt – in der Reihenfolge, in der sie auf dem **Programmierbalken** abgelegt wurden. Wenn ein dazu **paralleler Programmierbalken** eingesetzt wird, kann der NXT-Baustein jedoch mehrere Blöcke gleichzeitig ausführen (siehe Abbildung 5-15).

Parallele Abfolgen in einem Programm einsetzen

Um die Funktionsweise von parallelen Abfolgen kennenzulernen, erstellen Sie das Programm **Explorer-Parallel**, das den Roboter im Kreis fahren und gleichzeitig Töne abspielen lässt. Erstellen Sie das Programm, indem Sie den Anweisungen in Abbildung 5-16 folgen.

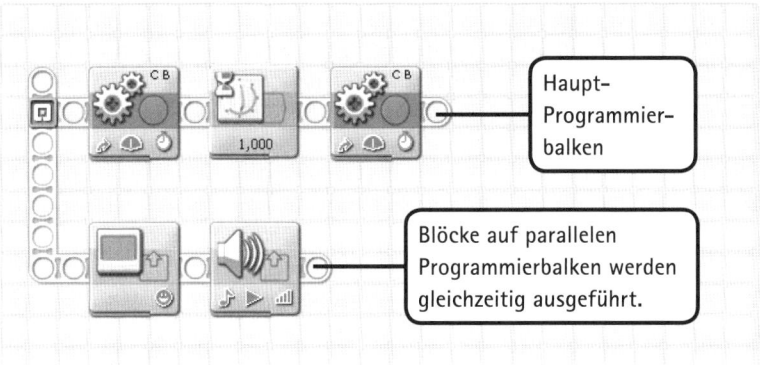

Abbildung 5-15: Die Blöcke auf dem Haupt-Programmierbalken und dem parallelen Programmierbalken werden gleichzeitig ausgeführt. Der Warteblock sorgt dafür, dass die Programmierabfolge, in der er eingesetzt wird, vorübergehend unterbrochen wird. Die Blöcke der parallelen Programmierabfolge sind jedoch nicht von diesem Warteblock betroffen.

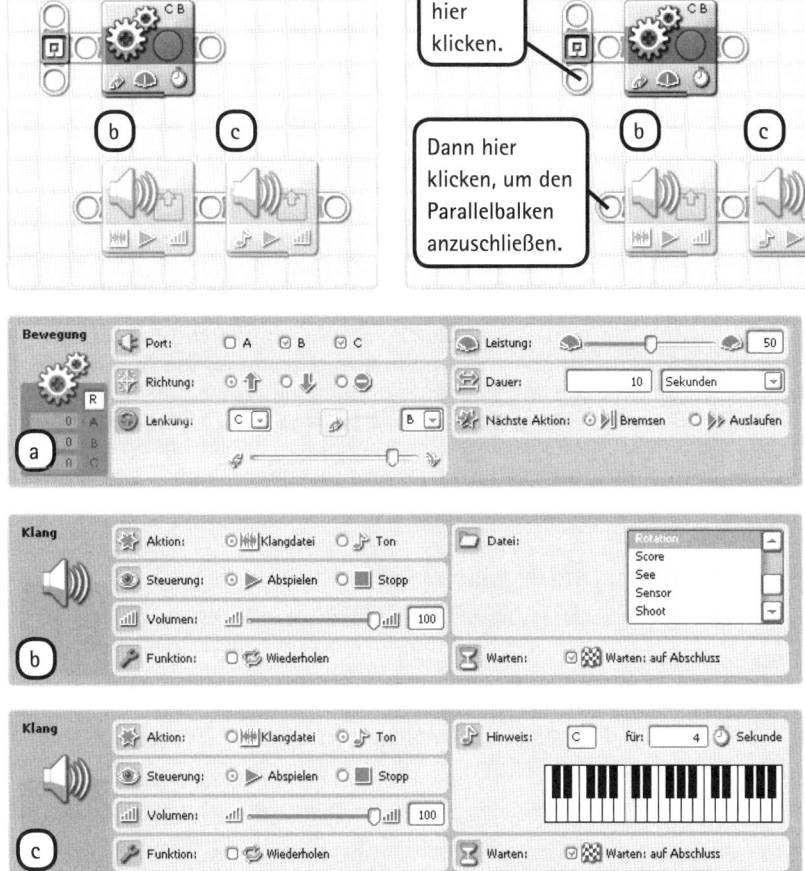

ENTDECKUNGS-AUFGABE 17: MULTITASKING!

Schwierigkeitsgrad: Leicht
Erweitern Sie das »Explorer-Parallel«-Programm (Abbildung 5-16) so, dass der Roboter auf unbegrenzte Zeit im Dreieck fährt und gleichzeitig eine Melodie abspielt, die aus mehreren Noten besteht.

Abbildung 5-16: Die Konfiguration des »Explorer-Parallel«-Programms. Legen Sie die für dieses Programm benötigten Blöcke im Arbeitsbereich ab (1). Dann verbinden Sie die beiden Programmierbalken miteinander (2).

Zum Erforschen und Ausprobieren

Sie haben nun den ersten Teil dieses Buchs durchgearbeitet und sich mit mehreren wesentlichen Programmiertechniken vertraut gemacht. In diesem Kapitel haben Sie gelernt, wie man Warte- und Schleifenblöcke einsetzt und wie man mit Eigenen Blöcken und parallelen Programmierabfolgen arbeiten kann.

Im nächsten Teil dieses Buches werden Sie Roboter entwickeln, die über Sensoren mit ihrer Umgebung interagieren können. Bevor Sie jedoch mit dem nächsten Teil beginnen, laden die folgenden Entdeckungsaufgaben dazu ein, Ihr neu erworbenes Wissen auf die Probe zu stellen.

ENTDECKUNGSAUFGABE 18: KOMPLEXE BEWEGUNGSMUSTER!

Schwierigkeitsgrad: Mittel
Erstellen Sie ein Programm, das den Explorer in dem in Abbildung 5-17 dargestellten Muster fahren und gleichzeitig verschiedene Töne abspielen lässt.

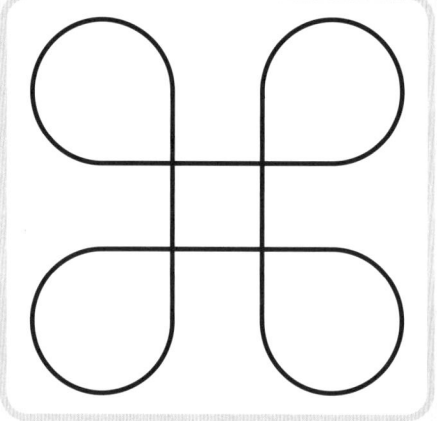

Abbildung 5-17: Bewegungsmuster für Entdeckungsaufgabe 18

HINWEIS Wenn Sie sich die Abbildung etwas genauer anschauen, werden Sie sehen, dass sich das Bewegungsmuster in vier gleiche Teile untergliedern lässt. Sie brauchen daher nur für einen dieser Teile eine Abfolge von Bewegungsblöcken konfigurieren. Als Nächstes ziehen Sie diese Blöcke in einen Schleifenblock, der darauf programmiert ist, sich viermal zu wiederholen.

BAUAUFGABE 2: MR. EXPLORER!

In Bauaufgabe 1 (Kapitel 4) haben Sie gelernt, wie sich ein dritter NXT-Motor steuern lässt. Dieses Mal gilt es, mithilfe des zusätzlichen Motors eine winkende Hand für Ihren Explorer zu entwickeln. Erweitern Sie das Erscheinungsbild Ihres Explorers mit zusätzlichen LEGO-Bausteinen und geben ihm auf diese Weise eine persönliche Note. Bringen Sie ihn dazu, mehrfach zu winken und gleichzeitig Klangdateien wie z.B. »Guten Morgen!« abzuspielen.

TEIL II

Roboter mit Sensoren entwickeln

6

Die Funktionsweise von Sensoren verstehen

Der LEGO MINDSTORMS NXT 2.0-Baukasten enthält drei Arten von Sensoren: den Ultraschallsensor, den Berührungssensor und den Farbsensor. Sie können diese Sensoren einsetzen, um einen Roboter zu entwickeln, der etwas sagt, wenn er Sie sieht, oder um ein Fahrzeug zu bauen, das Hindernisse meidet oder der schwarzen Linie auf der Testunterlage folgt. In diesem zweiten Teil des Buches werden Sie alle Kenntnisse erwerben, die Sie brauchen, um Roboter mit Sensoren zu entwickeln.

Um das Arbeiten mit Sensoren kennenzulernen, werden Sie den Explorer mit mehreren Sensoren ausstatten und auf diese Weise den Discovery-Roboter entwickeln (siehe Abbildung 6-1). Sie werden Ihren Roboter um einen Ultraschallsensor erweitern und dabei lernen, wie man Programme für Roboter mit Sensoren entwickelt. Sobald Sie dieses Wissen erworben haben, werden Sie in Kapitel 7 weitere Sensoren für diesen Roboter entwickeln.

Was sind Sensoren?

Natürlich können LEGO MINDSTORMS Roboter nicht sehen oder fühlen wie es Menschen tun, aber Sensoren ermöglichen ihnen, Informationen über ihre unmittelbare Umgebung zu erfassen und wiederzugeben. Ihre Programme können Sensorinformationen so interpretieren, dass Ihr Roboter scheinbar natürlich auf seine Umgebung reagiert. Sie könnten z.B. ein Programm entwickeln, das Ihren Roboter dazu bringt, das Wort »blau« zu sagen, wenn einer seiner Sensoren blaues Papier wahrnimmt.

Funktionsweise der Sensoren im NXT-2.0-Baukasten

Ihr NXT-Baukasten enthält drei Sensoren (siehe Abbildung 6-2). Der Ultraschallsensor erfasst die Entfernung zu Objekten, die Berührungssensoren reagieren auf das Drücken von Tasten, und der Farbsensor erkennt die Farbe einer Oberfläche (und von anderen Objekten, wie Sie in Kapitel 7 sehen werden).

Abbildung 6-1: Der Discovery-Roboter: eine erweiterte Version des Explorers – ausgestattet mit einem Ultraschallsensor, der den Roboter »sehen« lässt

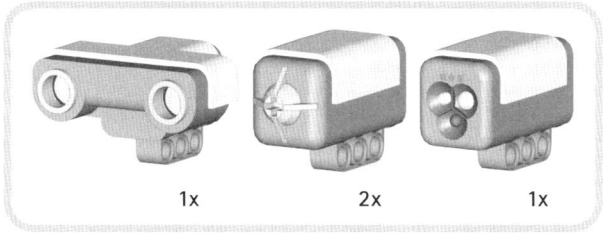

Abbildung 6-2: Der NXT-Baukasten enthält einen Ultraschallsensor (links), zwei Berührungssensoren (Mitte) und einen Farbsensor (rechts).

Die Sensoren werden über die Eingabeports 1–4 an den NXT-Baustein angeschlossen (siehe Abbildung 6-3).

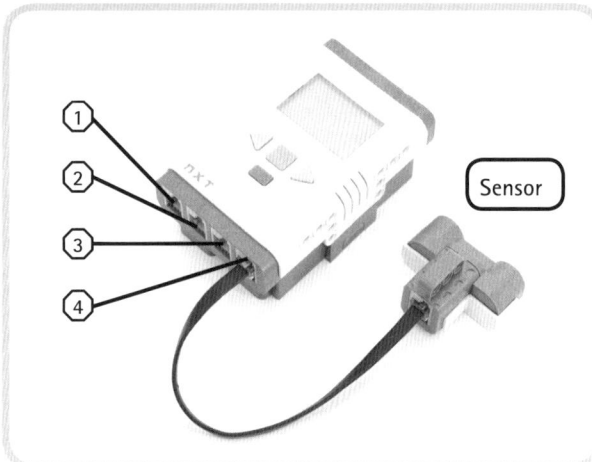

Abbildung 6-3: Die Sensoren werden an die Eingabeports angeschlossen.

In diesem Kapitel werden Sie den Ultraschallsensor kennenlernen. Die anderen Sensoren werden Sie sich in Kapitel 7 näher ansehen. Die Programmiertechniken, die Sie für den Ultraschallsensor anwenden werden, gelten für alle im Baukasten enthaltenen Sensoren.

Funktionsweise des Ultraschallsensors

Der Ultraschallsensor lässt Ihren Roboter »sehen«. Dazu misst er die Entfernung zu anderen Objekten (siehe Abbildung 6-4). Der NXT-Baustein ruft die Informationen von den Sensoren ab und setzt sie in Programmen ein. Auf diese Weise könnten Sie Ihren Roboter z.B. »Hallo« sagen lassen, wenn der Ultraschallsensor ein Objekt vor sich wahrnimmt, das weniger als 50 cm entfernt ist.

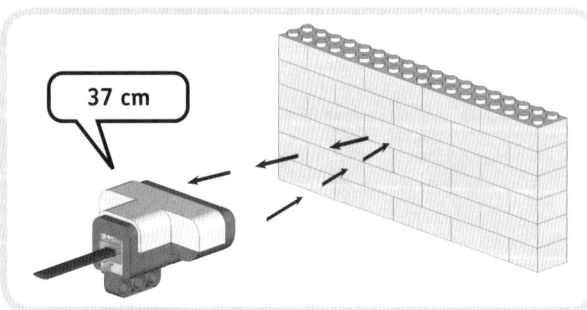

Abbildung 6-4: Der Ultraschallsensor nimmt Objekte wahr, indem er die Entfernung zu ihnen misst. Er kann Objekte bis auf eine Entfernung von 200 cm wahrnehmen. Je weiter das Objekt jedoch entfernt ist, desto schwieriger wird die Wahrnehmung. Wenn der Sensor nichts sehen kann, meldet er einen Wert von 255 cm.

Wie Sie in diesem und in nachfolgenden Kapiteln sehen werden, gibt es zahlreiche interessante Möglichkeiten, den Ultraschallsensor einzusetzen. Mithilfe dieses Sensors lässt es sich beispielsweise verhindern, dass ein Fahrzeug gegen Wände stößt (Kapitel 6). Sie können damit auch ein Einbruchsalarmsystem entwickeln und Ihren Roboter dazu bringen, Angriffsziele zu erkennen, auf die er schießen kann (Kapitel 8). Der Sensor kann sogar wahrnehmen, wo die Zimmerdecke ist, so dass ein kletternder Roboter weiß, wann er mit dem Abstieg beginnen soll (Kapitel 15).

Einrichten des Ultraschallsensors

Schließen Sie zunächst den Ultraschallsensor wie auf der nächsten Seite dargestellt an den Explorer an.

HINWEIS Falls Sie bei der Ausführung dieser Schritte Probleme haben, entfernen Sie die Kabel der Motoren und schließen sie erst wieder an, nachdem der Ultraschallsensor angeschlossen ist. Vergewissern Sie sich, dass der Anschluss des Ultraschallsensors mit einem Kabel mittlerer Länge und am Eingabeport 4 des NXT-Bausteins erfolgt.

Abrufen von Sensorinformationen

Sie können – ohne etwas programmieren zu müssen – unter dem Menü View [*Ansicht*] des NXT-Bausteins auf Sensorinformationen zugreifen. Um Sensorinformationen abzurufen, befolgen Sie die folgenden Schritte:

1. Schalten Sie den NXT-Baustein ein, navigieren Sie zum Menü View [*Ansicht*] (Abbildung 6-5) und wählen Sie den Sensor aus, dessen Informationen Sie einsehen möchten.
2. Wählen Sie Ultrasonic cm [*Ultraschall cm*].
3. Geben Sie den Eingabeport an, an den der Sensor angeschlossen ist (Port 4). Sie sollten nun den Messwert des Sensors sehen – in diesem Fall 37 cm.

ENTDECKUNGSAUFGABE 19: VORSICHT, DECKE!

Schwierigkeitsgrad: Leicht
Wie könnten Sie herausfinden, wie weit Ihr Roboter von der Zimmerdecke entfernt ist? Verwenden Sie dazu das Menü View [*Ansicht*] und den Ultraschallsensor. Beim Messen sollten Sie darauf achten, dass die »Augen« des Sensors nach oben gerichtet sind. Falls auf dem Display lediglich Fragezeichen zu sehen sind, müssen Sie den Sensor wahrscheinlich etwas höher in Richtung Decke halten.

Mittlere Länge / 35cm
4x
1x
2x
1x
4

1
2

4

4

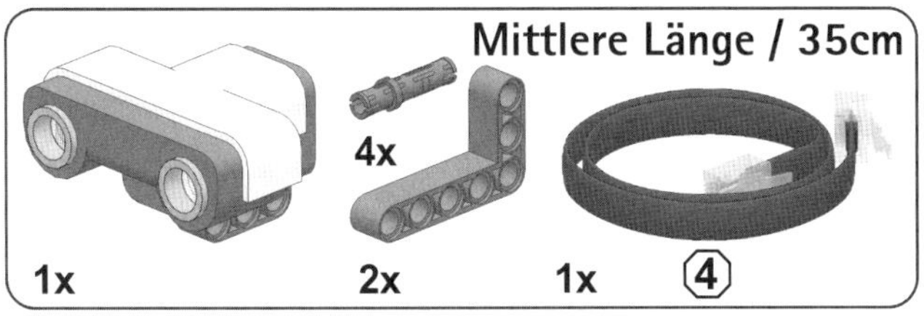

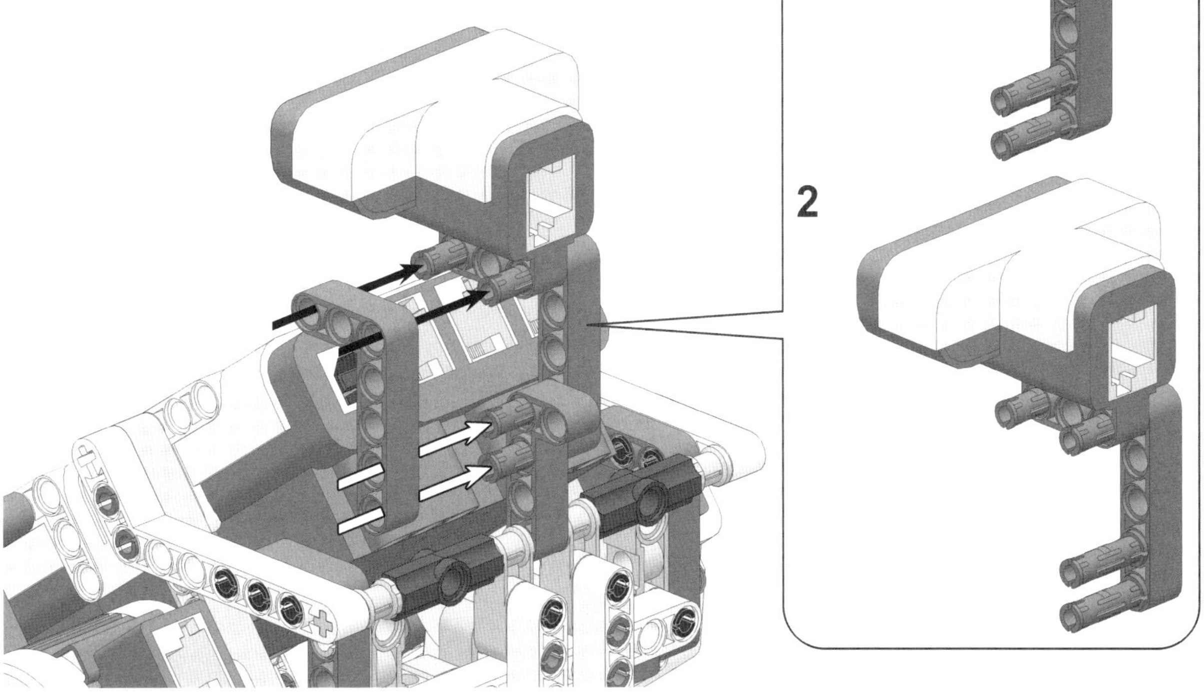

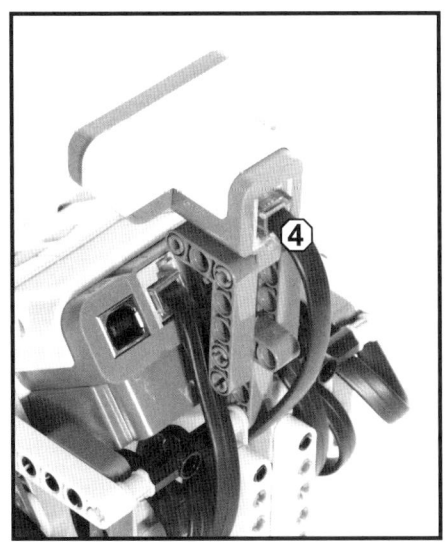

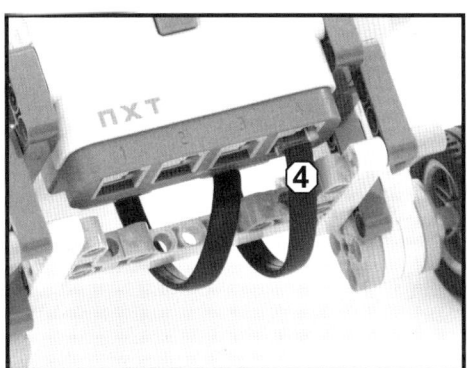

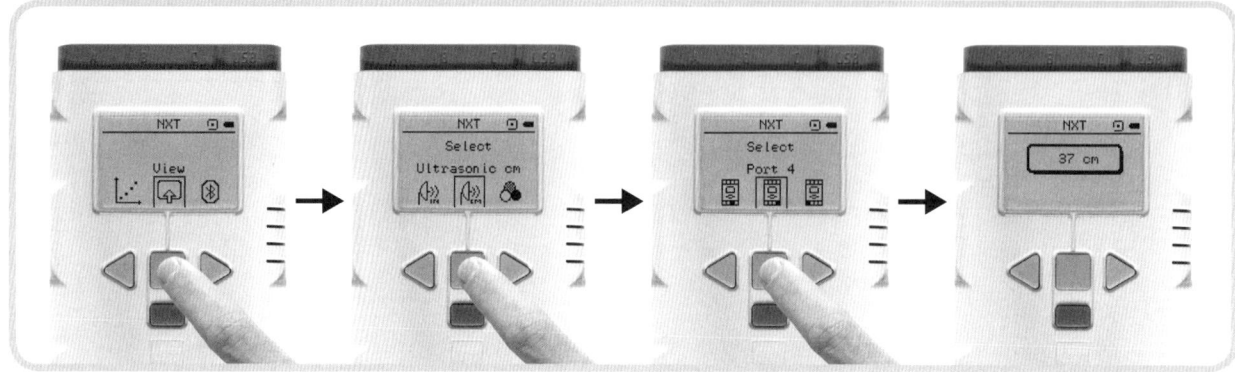

Abbildung 6-5: Abrufen von Sensorinformationen mithilfe des Menüs »View« [Ansicht]

Programmieren mit Sensoren

Sie wissen nun, wie Sie selbst Sensorinformationen abrufen können. Auch Programme können benötigte Sensordaten abrufen. Sie werden z.B. ein Programm erstellen, das den Roboter eine Klangdatei abspielen lässt, wenn der Ultraschallsensor etwas wahrnimmt, das weniger als 50 cm entfernt ist (siehe Abbildung 6-6).

Sie können mehrere Programmierblöcke einsetzen, um Sensorinformationen abzurufen. Hierzu zählen die Warte- und Schleifenblöcke sowie der Schaltblock.

Sensoren und der Warteblock

Sie können einen Warteblock einsetzen, um ein Programm für mehrere Sekunden zu unterbrechen. Ein Programm kann jedoch auch so lange angehalten werden, bis ein bestimmter Messwert über- oder unterschritten wird. In Abbildung 6-7 sehen Sie z.B. einen Warteblock, der ein Programm so lange unterbricht, bis der Ultraschallsensor einen Wert von weniger als 50 cm gemessen hat. Dieser Wert wird auch Auslösewert genannt. Sobald dieser Wert erreicht ist, wird der Sensor ausgelöst, der Warteblock wird beendet, und der nächste Block im Programm (ein Klangblock) wird gestartet.

Mit dem Konfigurationsbereich arbeiten

Sie wissen nun, wie ein Warteblock eingesetzt wird, um Sensorinformationen abzurufen. Als Nächstes sehen Sie sich die Einstellungen in diesem Block an.

Wählen Sie zuerst den Warteblock aus der Programmierpalette aus, der darauf programmiert ist, die Daten des Ultraschallsensors abzurufen (siehe Abbildung 6-7). (Es ist der gleiche Warteblock, den Sie bereits eingesetzt haben – mit dem einzigen Unterschied, dass die Steuerungsoption nicht auf **Zeit**, sondern **Sensor** eingestellt ist.)

* Mithilfe der Einstellung »Port« wählen Sie den Eingabeport aus, an den der Sensor angeschlossen ist.
* Den Auslösewert unter »Distanz« im Feld »Bis« stellen Sie ein, indem Sie entweder den Wert eingeben oder den Schieberegler nach links (näher) oder rechts (weiter) ziehen. Unter »Distanz« stellen Sie auch ein, ob der Warteblock aktiviert bleiben soll, bis der angegebene Auslösewert über- oder unterschritten ist.
* Im Feld »Anzeigen« wählen Sie aus, ob in **Zentimetern** oder in **Zoll** gearbeitet wird.

Die Sensoren und der Warteblock in Aktion

Nun entwickeln Sie das Programm **Discovery-Wait**, das den Roboter eine Klangdatei abspielen lässt, wenn der Ultraschallsensor etwas wahrnimmt, das weniger als 50 cm entfernt ist (siehe Abbildung 6-8).

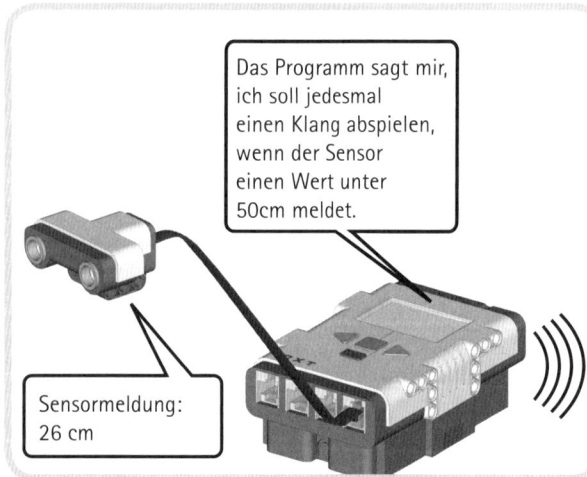

Abbildung 6-6: Das auf dem NXT-Baustein ausgeführte Programm ruft ständig Sensorinformationen ab. Das Programm wird vorübergehend unterbrochen, bis ein Messwert von weniger als 50 cm übermittelt wird, was das Abspielen einer Klangdatei auslöst.

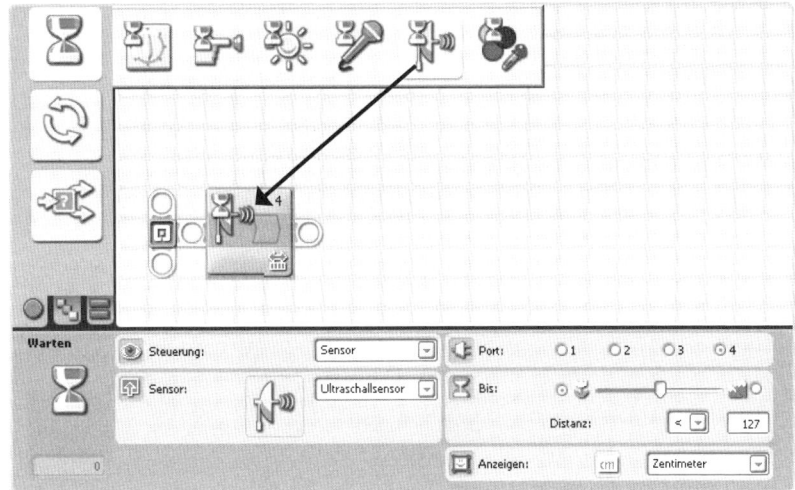

Abbildung 6-7: Der Warteblock ist darauf programmiert, die Daten des Ultraschallsensors abzurufen.

Abbildung 6-8: Die Konfiguration der Blöcke im »Discovery-Wait«-Programm. Experimentieren Sie ein wenig mit dem Auslösewert (hier auf 50 cm eingestellt), um den Roboter unterschiedlich reagieren zu lassen.

Bevor Sie dieses Programm ausführen, sollten Sie sich vergewissern, dass sich nichts vor Ihrem Roboter befindet. Wenn Sie das Programm starten, sollte zunächst nichts passieren. Bringen Sie jedoch Ihre Hand vor den Ultraschallsensor, sollte dieser Ihre Hand wahrnehmen, sobald sie näher als 50 cm entfernt ist. Der Warteblock sollte dann beendet werden und Ihr Roboter eine Klangdatei abspielen.

Bevor Sie sich mit weiteren Programmiertechniken für Sensoren befassen, sollten Sie versuchen, die Entdeckungsaufgabe 20 zu lösen, um das Arbeiten mit Sensoren genauer kennenzulernen.

ENTDECKUNGSAUFGABE 20: HALLO UND AUF WIEDERSEHEN!

Schwierigkeitsgrad: Mittel

Können Sie ein Programm erstellen, das den Roboter »Hallo« sagen lässt, wenn er Ihre Hand vor dem Ultraschallsensor wahrnimmt, und sich dann mit »Auf Wiedersehen!« verabschiedet, wenn Sie Ihre Hand wegnehmen?

HINWEIS Die Abfolge der beiden Blöcke aus dem »Discovery-Wait«-Programm (Abbildung 6-8) kann für diese Aufgabe zweimal im Arbeitsbereich abgelegt und konfiguriert werden. Programmieren Sie den ersten Warteblock darauf, zu warten, bis er ein Objekt in weniger als 50 cm Entfernung wahrnimmt. Der zweite Warteblock sollte so eingestellt werden, dass er wartet, bis der Sensor ein Objekt in mehr als 50 cm Entfernung sieht. Wenn Sie sich vergewissert haben, dass Ihr Programm funktioniert, ziehen Sie alle Blöcke in einen Schleifenblock, so dass Ihr Roboter immer wieder auf Ihre Hand reagieren wird.

Mit dem Ultraschallsensor Hindernisse vermeiden

Das nächste Programm (**Discovery-Avoid**) lässt den Discovery-Roboter im Raum umherfahren und umdrehen, sobald er ein Hindernis (wie z.B. eine Wand) wahrnimmt. Abbildung 6-9 gibt Ihnen einen Überblick über das Programm.

Sie werden dieses Programm nun mit Programmierblöcken nachbauen. Jede in Abbildung 6-9 dargestellte Handlung lässt sich mit einem Block erreichen. Sie setzen einen Bewegungsblock ein, um die Motoren einzuschalten, und wählen unter »Dauer« die Option **Unbegrenzt** aus. Danach wird mithilfe eines Warteblocks auf das Auslösen des Sensors gewartet. (Während das Programm wartet, bewegt sich der Roboter noch immer vorwärts.)

Wenn der Roboter ein Hindernis wahrnimmt, kommt ein Bewegungsblock zum Einsatz, der ihn umdrehen lässt (und die unbegrenzte Bewegung beendet). Für das Umdrehen des Roboters ist unter »Dauer« eine bestimmte Anzahl an Umdrehungen eingestellt. Nachdem sich der Roboter umgedreht hat, beginnt das Programm wieder von vorne. Aus diesem Grund müssen die drei eingesetzten Blöcke in einem Schleifenblock abgelegt werden, der auf unendliche Wiederholungen programmiert ist.

Entwickeln Sie nun das Programm, indem Sie der Abbildung 6-10 folgen.

Sensoren und der Schleifenblock

Wie Sie in Kapitel 5 gesehen haben, gibt es mehrere Möglichkeiten, einen Schleifenblock zu konfigurieren. Sie können einstellen, wie häufig oder über welchen Zeitraum sich ein Schleifenblock wiederholen soll, oder Sie können ihn so konfigurieren, dass er sich endlos wiederholt. Diese Bedingungen bestimmen, wann ein Schleifenblock beendet wird.

Es kann auch ein Sensor eingesetzt werden, um einen Schleifenblock anzuhalten. Sie können z.B. eine Abfolge von Bewegungsblöcken in einem Schleifenblock wiederholen, bis der Ultraschallsensor ein Objekt wahrnimmt, das näher als 25 cm ist.

Um mithilfe eines Sensors zu steuern, wann eine Schleife beendet werden soll, wählen Sie

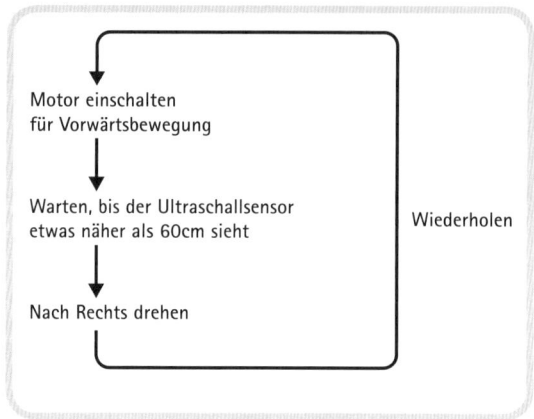

Abbildung 6-9: Programmfluss für das »Discovery-Avoid«-Programm. Nachdem der Roboter rechts abgebogen ist, beginnt das Programm von vorne, und der Roboter bewegt sich wieder vorwärts.

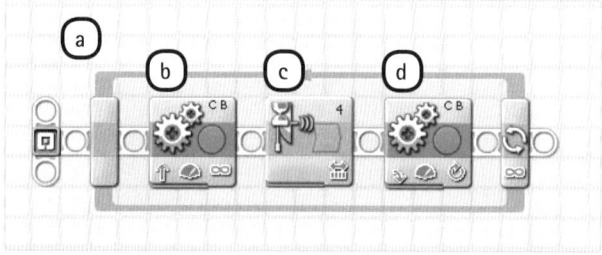

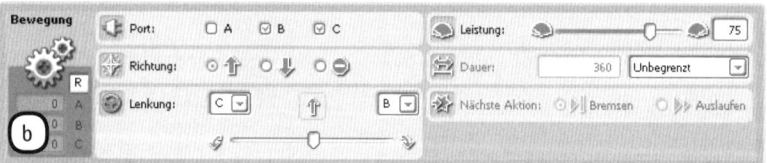

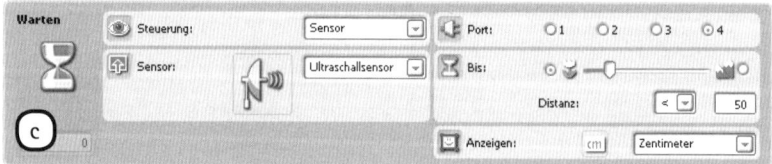

Abbildung 6-10: Die Konfiguration der Blöcke im »Discovery-Avoid«-Programm

ENTDECKUNGSAUFGABE 21: VERMEIDEN VON HINDERNISSEN UND SCHLECHTER LAUNE!

Schwierigkeitsgrad: Leicht

Erweitern Sie das »Discovery-Avoid«-Programm, indem Sie beim Vorwärtsfahren des Roboters einen fröhlichen Smiley auf dem NXT-Display anzeigen lassen und einen traurigen Smiley erscheinen lassen, wenn der Roboter umdrehen muss, um ein Hindernis zu vermeiden.

HINWEIS Um dies zu erreichen, müssen irgendwo im Schleifenblock zwei Anzeigeblöcke abgelegt werden.

ENTDECKUNGSAUFGABE 22: FOLGE MIR!

Schwierigkeitsgrad: Mittel

Bringen Sie den Discovery-Roboter dazu, Ihnen auf gerader Linie zu folgen. Wenn Sie Ihre Hand vor den Roboter halten, sollte er anhalten. Wenn Sie Ihre Hand wegnehmen, sollte er vorwärtsfahren, bis er Ihre Hand wieder sieht.

TIPP Setzen Sie einen Block ein, der wartet, bis Ihre Hand nahe genug ist (und halten Sie dann den Roboter mit einem Bewegungsblock an), und einen weiteren Block, der wartet, bis sich die Hand entfernt, und setzen Sie dann die Bewegung des Roboters fort. Legen Sie alle Blöcke in einem Schleifenblock ab.

ENTDECKUNGSAUFGABE 23: FRÖHLICHES TRÄLLERN!

Schwierigkeitsgrad: Mittel

Lassen Sie den Roboter mithilfe eines Schleifenblocks eine Melodie trällern, bis er wahrnimmt, dass er von jemandem beobachtet wird. Dann sollte der Roboter aufschreien und in die andere Richtung schauen.

HINWEIS Sie können den Eigenen Block verwenden, den Sie in Entdeckungsaufgabe 16 in Kapitel 5 für Ihre Melodie erstellt haben. Falls Sie Ihre eigene Melodie noch nicht komponiert haben, wählen Sie im Klangblock einfach eine Klangdatei aus der Liste aus.

in der Steuerungsbox **Sensor** aus und geben dann den Sensor an, den Sie benutzen möchten (**Ultraschallsensor**) sowie den Port (**4**), an den der Sensor angeschlossen ist. Geben Sie im Feld »Bis« den Auslösewert ein, um genau zu bestimmen, wann die Schleife beendet werden soll. Im folgenden Beispielprogramm sehen Sie, wie diese Konfigurationen durchgeführt werden.

Die Sensoren und der Schleifenblock in Aktion

Erstellen Sie nun das in Abbildung 6-11 dargestellte »Discovery-Loop«-Programm. Wenn Sie dieses Programm starten, sollte sich der Roboter wiederholt vor- und zurückbewegen, bis der Sensor ein Objekt wahrnimmt, das weniger als 25 cm entfernt ist.

Dieses Programm reagiert nicht immer auf Objekte, die innerhalb von 25 cm sichtbarer Entfernung vom Roboter auftauchen, da es pro Wiederholung nur einmal Sensorinformationen abruft (nach Abschluss aller Blöcke innerhalb der Schleife). Falls Sie daher beim Ausführen des ersten Blocks Ihre Hand schnell vor den Roboter halten, wird er sie nicht wahrnehmen können.

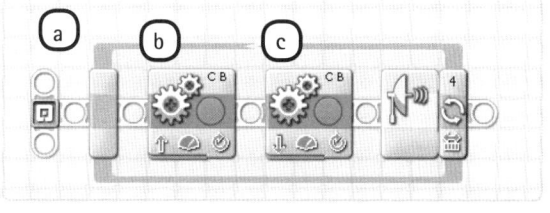
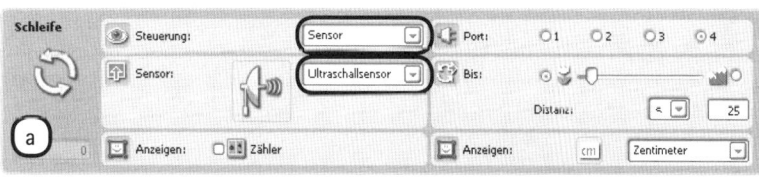
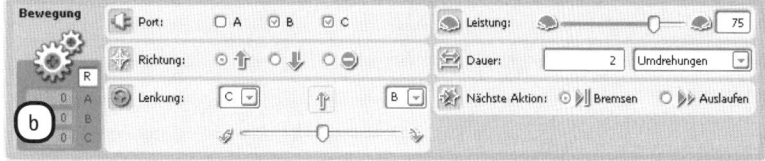

Abbildung 6-11: Die Konfiguration der Blöcke im »Discovery-Loop«-Programm

Sensoren und der Schaltblock

Sie können Schaltblöcke einsetzen, um einen Roboter auf der Basis von Sensordaten Entscheidungen treffen zu lassen. Bisher waren Ihre Roboter immer vorprogrammiert, d.h., bei jedem Ausführen eines Programms verhielt sich der Roboter auf die gleiche Weise. Schaltblöcke geben Ihrem Roboter hingegen die Möglichkeit, basierend auf dem Messwert eines Sensors **Entscheidungen** zu treffen. Sie können Ihren Roboter z.B. rückwärtsfahren lassen, falls der Ultraschallsensor ein Objekt wahrnimmt, das weniger als 50 cm entfernt ist, oder Sie können ihn »Distanz« sagen lassen, wenn kein Objekt näher als 50 cm ist (siehe Abbildung 6-12).

Ähnlich wie bei der in Abbildung 6-12 gestellten Frage überprüft der Roboter, ob eine bestimmte *Bedingung* (eine Aussage, wie z.B. »Der Messwert liegt unter 50 cm«) zutrifft oder nicht (siehe Abbildung 6-13).

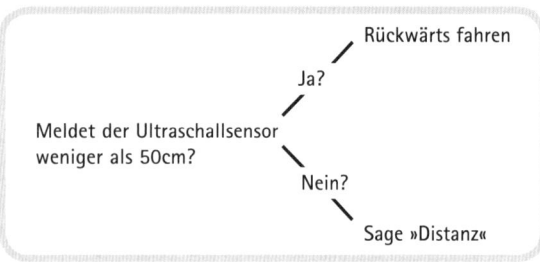

Abbildung 6-12: Ein Roboter kann basierend auf dem Messwert des Ultraschallsensors eine Entscheidung treffen.

Der Schaltblock in diesem Programm enthält zwei Blöcke in getrennten Bereichen. Er entscheidet, welcher der beiden Blöcke ausgeführt werden soll. Falls die Bedingung zutrifft, wird der Block im oberen Teil des Schaltblocks ausgeführt und der Roboter bewegt sich rückwärts. Trifft die Bedingung nicht zu, wird der untere Block ausgeführt und Sie sollten hören, wie eine Klangdatei abgespielt wird.

Konfiguration eines Schaltblocks

Abbildung 6-14 zeigt den Konfigurationsbereich des Schaltblocks. Durch Ändern der Einstellungen im Schaltblock legen Sie die Bedingung fest (wie z.B. die in Abbildung 6-13), und das Programm wird überprüfen, ob sie zutrifft. Falls die Bedingung zutrifft (d.h., der Messwert liegt unter 50 cm), werden die oberen Blöcke im Schaltblock ausgeführt. Trifft die Bedingung nicht zu (d.h., der Messwert ist 50 cm oder höher), werden die Blöcke im unteren Teil des Schaltblocks ausgeführt.

Sie wählen im Steuerungsfeld die Option **Sensor** aus, um anzugeben, dass Sie eine Entscheidung auf dem Messwert eines Sensors basieren möchten. Im Sensorfeld wählen Sie den Sensor aus, dessen Daten abgerufen werden sollen – in diesem Fall der **Ultraschallsensor**. Auf der rechten Seite des Konfigurationsbereichs geben Sie die Bedingung an. Sie könnten den Block z.B. überprüfen lassen, ob der Sensor ein Objekt sieht, das weiter als 25 cm entfernt ist.

Der Schaltblock in Aktion

Das »Discovery-Switch«-Programm, das Sie nun erstellen werden, lässt den Roboter vier Sekunden lang vorwärtsfahren. Wenn der Roboter ein Objekt sieht, das näher als 50 cm ist, bewegt er sich für kurze Zeit rückwärts. Sieht der Roboter kein Objekt näher als 50 cm,

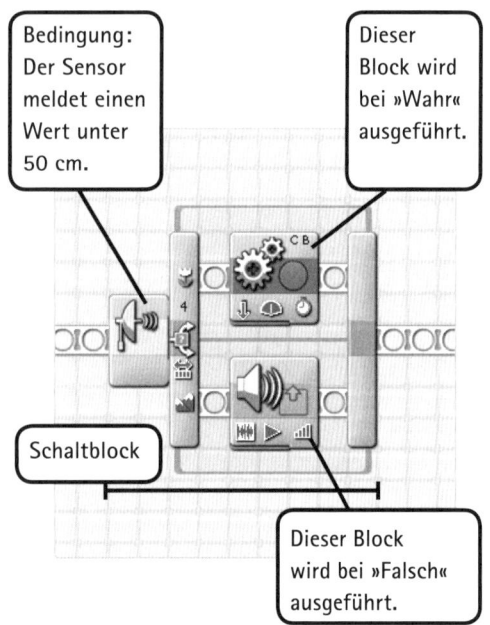

Abbildung 6-13: Der Schaltblock überprüft, ob die Bedingung zutrifft oder nicht, und führt die entsprechenden Blöcke aus. Die Bedingung legen Sie in den Einstellungen des Schaltblocks fest.

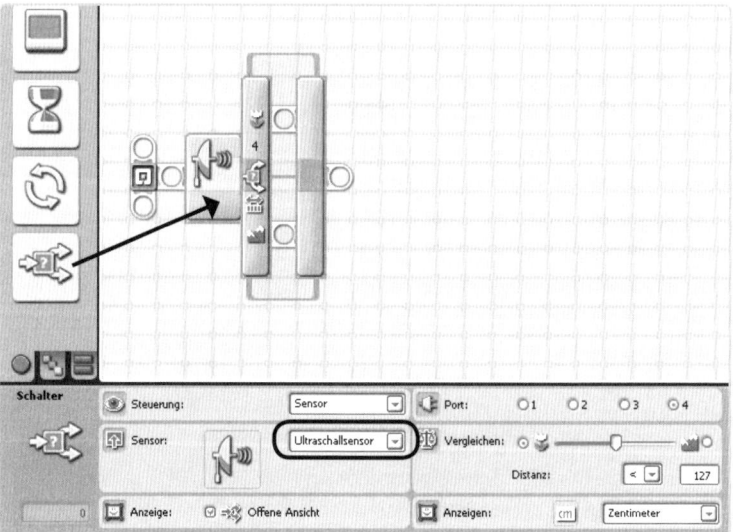

Abbildung 6-14: Der Konfigurationsbereich eines Schaltblocks, der die Daten des Ultraschallsensors abrufen soll

wird er das Wort »Error« aussprechen. Zum Schluss wird der Roboter – unabhängig von der zuvor getroffenen Entscheidung – einen Ton abspielen.

Entwickeln Sie nun das Programm, indem Sie der Abbildung 6-15 folgen.

Führen Sie dieses Programm mehrmals aus und finden Sie heraus, wann Sie Ihre Hand vor den Sensor halten müssen, um den Roboter rückwärtsfahren zu lassen. Dies zeigt Ihnen, dass der Roboter beim Einsatz eines Schaltblocks in einem Programm die Sensordaten nur einmal abruft und diesen Messwert mit dem

ENTDECKUNGS-AUFGABE 24: ERKENNE DIE ENTFERNUNG!

Schwierigkeitsgrad: Leicht

Üben wir den Einsatz des Schaltblocks ein wenig! Erstellen Sie ein Programm, das den in Abbildung 6-16 dargestellten Entscheidungsbaum umsetzt. Wie konfigurieren Sie den Schaltblock, und warum müssen Sie am Ende des Programms einen Warteblock einfügen?

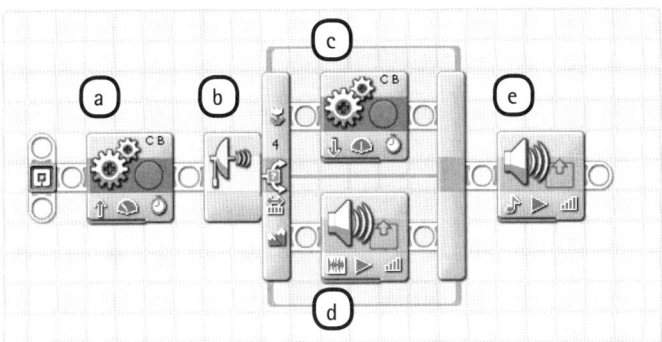

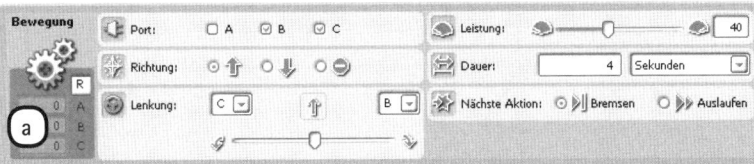

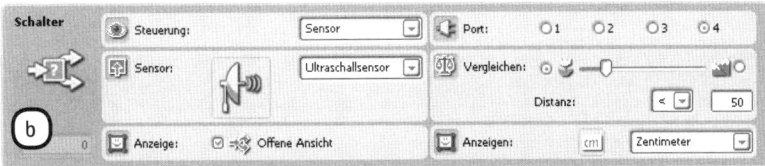

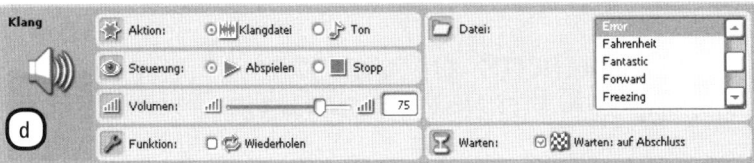

Abbildung 6-15: Das »Discovery-Switch«-Programm lässt den Roboter basierend auf dem Messwert eines Sensors entscheiden, was er als Nächstes tut.

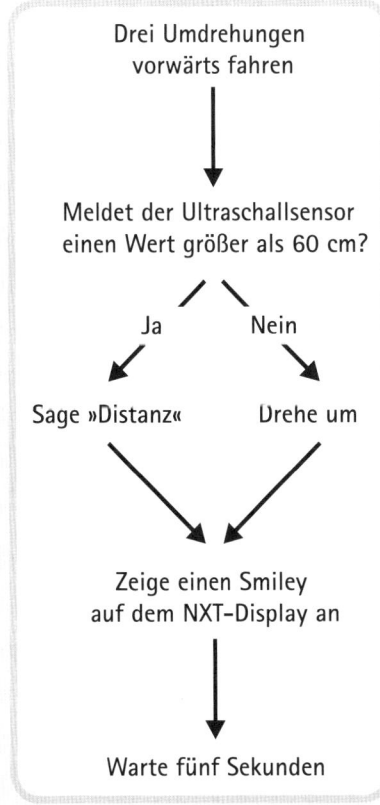

Abbildung 6-16: Der Programmfluss für Entdeckungsaufgabe 24

DIE FUNKTIONSWEISE VON SENSOREN VERSTEHEN 63

Auslösewert vergleicht, um das Zutreffen einer Bedingung zu überprüfen. In diesem Programm wird der Sensorwert gemessen, nachdem der Roboter seine Vorwärtsbewegung beendet hat (bei Abschluss des Bewegungsblocks).

Wenn entweder Block c oder d abgeschlossen ist, fährt das Programm fort und der nächste Klangblock wird aktiviert, um einen Ton abzuspielen.

Blöcke in einen Schaltblock einfügen

Sie können eine unbegrenzte Anzahl von Blöcken in einem Schaltblock ablegen. Wenn ein Teil eines Schalters mehrere Blöcke enthält, werden diese einfach nacheinander gestartet (siehe Abbildung 6-17). Wie Sie der Abbildung entnehmen können, kann einer der beiden Teile eines Schaltblocks auch leer bleiben.

Starten Sie dieses veränderte Programm und beobachten Sie, was passiert. Falls die Bedingung zutrifft (d.h. der Roboter Sie sieht), sollte er sich rückwärtsbewegen und »Error« sagen. Danach sollte der Ton abgespielt werden. Trifft die Bedingung nicht zu (d.h., der Roboter sieht Sie nicht), wird das Programm keine Blöcke im unteren Teil des Schalters vorfinden und unmittelbar zum nachfolgenden Klangblock (Block e) übergehen, der den Ton abspielt.

Die Option »Offene Ansicht«

Mit der Option **Offene Ansicht** im Konfigurationsbereich des Schaltblocks können Sie den gesamten Schaltblock im Arbeitsbereich anzeigen lassen. Wenn Sie umfangreiche Programme mit Schaltblöcken erstellen, ist es nicht ganz einfach, den Überblick über die Funktionsweise Ihres Programms zu behalten. In diesem Fall sollten Sie die Option **Offene Ansicht** deaktivieren, um den Schaltblock zu verkleinern (siehe Abbildung 6-18). Beide Teile des Schaltblocks sind nach wie vor im Programm enthalten, befinden sich jedoch auf separaten Registerkarten, die sich durch Anklicken öffnen lassen.

Bei kleineren Programmen können Sie die Option **Offene Ansicht** meistens ignorieren. Wenn Sie jedoch im nächsten Kapitel weitere Programme für Ihren Roboter entwickeln, werden Sie sehen, dass es praktisch sein kann, diese Option zu deaktivieren – insbesondere dann, wenn ein Teil eines Schaltblocks leer ist.

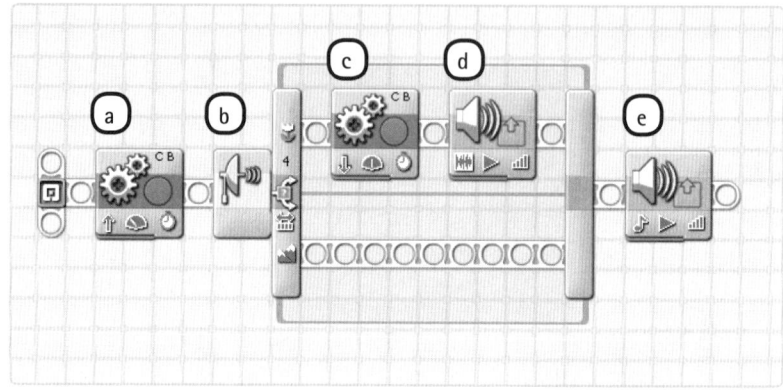

Abbildung 6-17: Eine veränderte Version des »Discovery-Switch«-Programms. Sie verschieben den Klangblock d vom unteren Teil des Schalters (der ausgeführt wird, wenn die im Schaltblock angegebene Bedingung nicht zutrifft) in den oberen Teil des Schalters (der ausgeführt wird, wenn die Bedingung zutrifft).

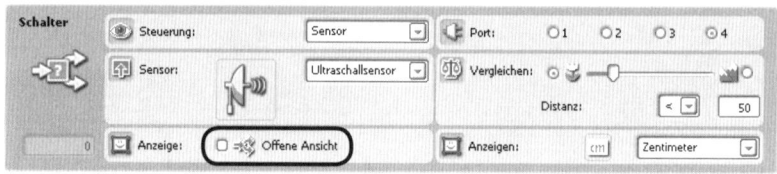

*Abbildung 6-18: Sie können einen Schaltblock verkleinern, indem Sie die Option **Offene Ansicht** im zugehörigen Konfigurationsbereich deaktivieren. Diese Option verändert lediglich, wie Ihr Block dargestellt wird. Sie hat keinen Einfluss auf die Funktionsweise Ihres Programms.*

ENTDECKUNGSAUFGABE 25: ANHALTEN ODER UMDREHEN?

Schwierigkeitsgrad: Mittel

Hier entwickeln Sie ein Programm weiter, das Sie in Entdeckungsaufgabe 24 erstellt haben. Verändern Sie das Programm so, dass bei zutreffender Bedingung (d.h. bei einem Messwert größer als 60 cm) keine Handlung ausgeführt wird und der Roboter bei nicht zutreffender Bedingung umdreht und zum Ausgangspunkt zurückfährt.

Sich wiederholende Schaltblöcke

Schaltblöcke rufen den Messwert des Ultraschallsensors einmal ab und vergleichen ihn mit dem Auslösewert. Dann werden – abhängig davon, wie eine Bedingung konfiguriert ist – die Blöcke im zutreffenden oder nicht zutreffenden Teil des Schaltblocks ausgeführt.

Um einen Roboter mehrfach entscheiden zu lassen, können Sie einen Schaltblock in einen Schleifenblock ziehen. Sie könnten einen Roboter z.B. so programmieren, dass er »Ja« sagt, wenn er ein Objekt sieht, das weniger als 100 cm entfernt ist, und »Nein«, falls diese Bedingung nicht zutrifft. Wenn Sie einen Schaltblock mit dieser Konfiguration in einem Schleifenblock ablegen, wird der Roboter – basierend auf den Messwerten des Sensors – wiederholt »Ja« und »Nein« sagen.

Erstellen Sie nun das in Abbildung 6-19 dargestellte »Discovery-Repeat«-Programm.

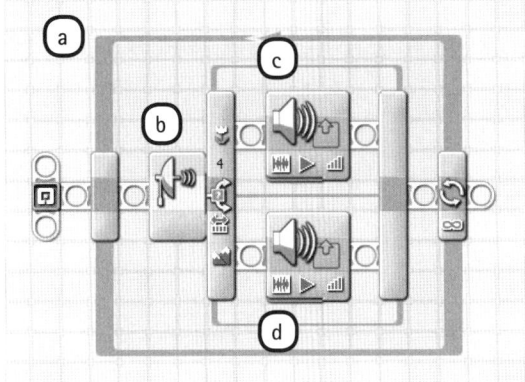

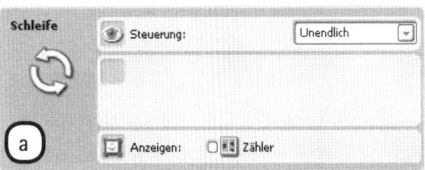

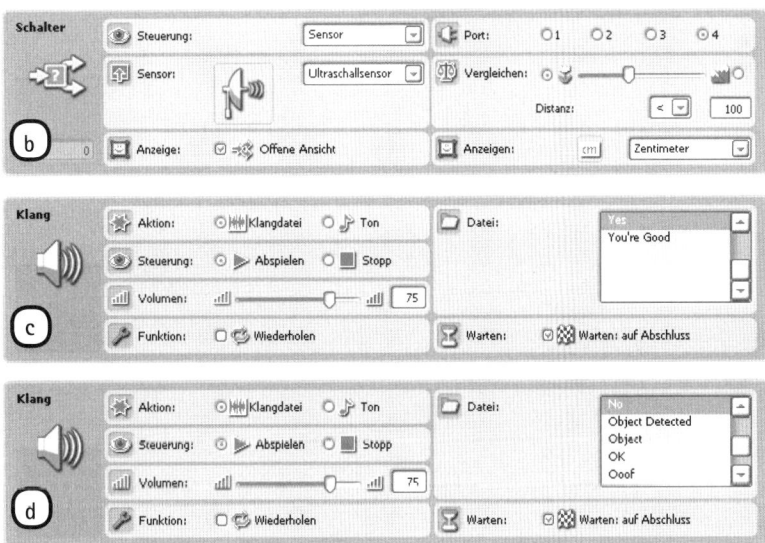

Abbildung 6-19: Die Konfiguration der Blöcke im »Discovery-Repeat«-Programm

Zum Erforschen und Ausprobieren

Roboter können mithilfe von Sensoren Informationen über ihre Umgebung erfassen. Sie können ein NXT-G-Programm entwickeln, um einen Roboter als Reaktion auf diese Informationen verschiedene Handlungen ausführen zu lassen. Wenn Sie ein Programm für einen Roboter entwickeln, der mit Sensoren ausgestattet ist, verwenden Sie Warte-, Schleifen- und Schaltblöcke, die jeweils darauf programmiert sind, einen Sensor zu steuern. Welche Konfigurationen Sie wählen, hängt davon ab, welche Handlungen Ihr Programm auslösen soll.

Bisher haben Sie nur mit dem Ultraschallsensor gearbeitet. Sie können jedoch alle Programmiertechniken, die Sie in diesem Kapitel kennengelernt haben, auch mit den anderen Sensoren anwenden. In Kapitel 7 werden Sie mit den Berührungssensoren und dem Farbsensor experimentieren und sie im Discovery-Roboter einsetzen.

ENTDECKUNGSAUFGABE 26: EINBRUCHSALARM!

Schwierigkeitsgrad: Leicht

Erstellen Sie ein Programm, das ein Alarmsignal ertönen lässt, sobald jemand Ihr Zimmer betritt. Setzen Sie einen Warteblock (mit der Einstellung **Ultraschallsensor**) ein, um das Öffnen der Tür zu registrieren, gefolgt von Klangblöcken in einem Schleifenblock, um den Alarmton abzuspielen. Welchen Auslösewert müssen Sie im Warteblock einstellen?

ENTDECKUNGSAUFGABE 27: ENTFERNUNGSMESSER!

Schwierigkeitsgrad: Schwer

Setzen Sie Schaltblöcke ein, um die vom Ultraschallsensor gemessene Distanz zu bestimmen. Falls die Distanz zwischen 0 und 10 cm liegt, soll ein Klangblock einen tiefen Ton abspielen. Liegt die Distanz zwischen 11 und 20 cm, soll der Ton höher sein usw. Wie konfigurieren Sie die Schaltblöcke und wo legen Sie sie in Ihrem Programm jeweils ab?

BAUAUFGABE 3: BAHNÜBERGANG!

Schließen Sie – wie Sie es bereits in den Kapiteln 4 und 5 getan haben – einen dritten Motor an den Discovery-Roboter an und steuern Sie ihn mithilfe eines Bewegungsblocks, in dessen Konfigurationsbereich der Ausgabeport A ausgewählt ist. Der Ultraschallsensor soll wahrnehmen, wenn sich eine Modellbahn nähert, und erkennen, wann die Schranken heruntergelassen und wieder hochgezogen werden sollen.

7
Einsatz der Berührungs-, Farb- und Drehsensoren

In Kapitel 6 haben Sie gesehen, wie Sie den Ultraschallsensor zusammen mit Warte-, Schleifen- und Schaltblöcken einsetzen können, um Ihren Roboter mit seiner Umgebung interagieren zu lassen. In diesem Kapitel werden Sie den Einsatz der Berührungs-, Farb- und Drehsensoren sowie der NXT-Tasten kennenlernen. Diese Sensoren werden es Ihnen ermöglichen, den Discovery-Roboter mit Stoßfängern vor dem Anstoßen zu schützen, ihn einer Linie folgen zu lassen, basierend auf Sensorwerten unterschiedliche Töne abspielen zu lassen und ihn sogar mitteilen lassen, welche Farbe er sieht. Wenn Sie dieses Kapitel durchgearbeitet haben, sind Sie bereit, um in den Kapiteln 8 und 9 zwei spannende Roboter zu bauen, bei denen Sensoren auf unterschiedliche Weise zum Einsatz kommen.

Zunächst erweitern Sie den Discovery-Roboter um zwei Stoßfänger, die mit zwei Berührungssensoren arbeiten (siehe Abbildung 7-1).

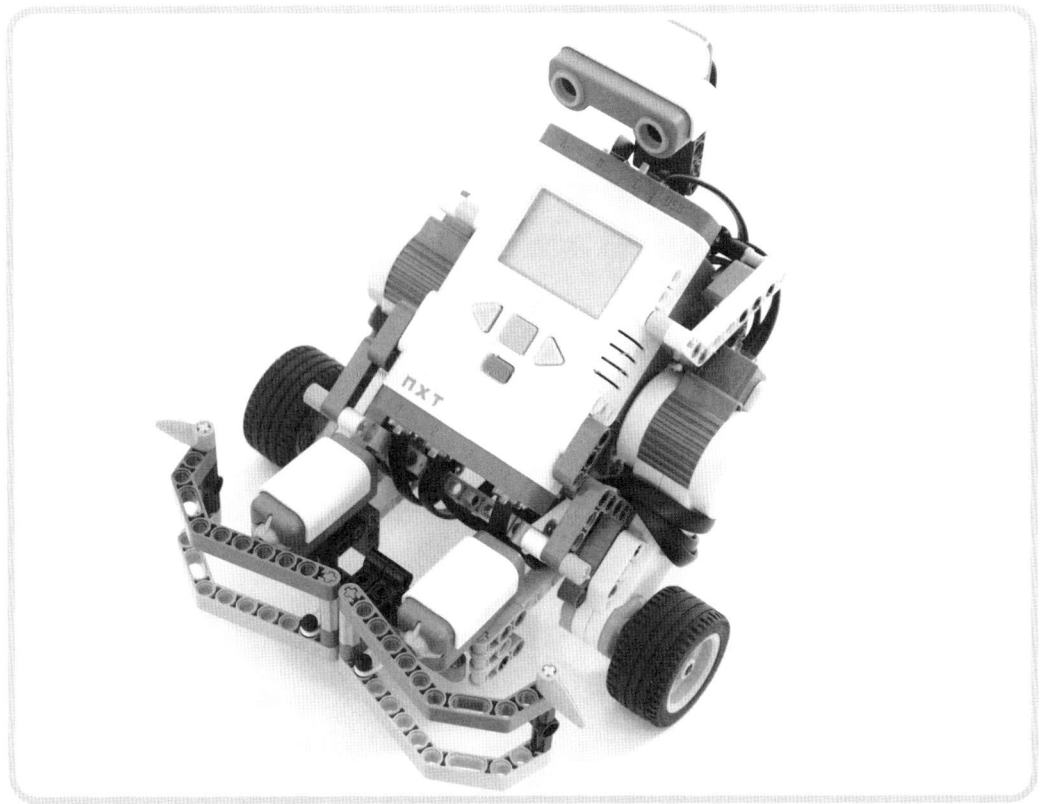

Abbildung 7-1: Discovery-Roboter mit doppeltem Stoßfänger, der mit zwei Berührungssensoren arbeitet

Berührungssensor

Der *Berührungssensor* ermöglicht es Ihrem Roboter, durch Wahrnehmung einer Berührung auf seine Umgebung zu reagieren. Er erkennt, ob die orangefarbene Taste *gedrückt* oder *gelöst* ist. Durch Kombinieren der Messwerte des Berührungssensors mit z.B. einem Warteblock können Sie den Roboter auf ein Drücken des Sensors reagieren lassen (siehe Abbildung 7-2). Der Sensor kann auch wahrnehmen, ob er irgendwo angestoßen ist, d.h. ob die Taste kurz gedrückt und dann wieder gelöst wurde.

Berührungssensoren lassen sich auf verschiedenste Arten einsetzen. In diesem Kapitel werden Sie sie z.B. verwenden, um Stoßfänger für Ihren Roboter zu bauen, die es ihm ermöglichen, ein Stück zurückzustoßen und umzudrehen, wenn er auf ein Hindernis stößt. In Kapitel 8 kommen Berührungssensoren zum Einsatz, um Fernbedienungstasten zu entwickeln, und in Kapitel 9 agieren sie als Antennen eines Tier-Roboters. In Kapitel 13 erfahren Sie, wie Sie mithilfe eines Berührungssensors eine bestimmte mechanische Funktion ausführen können, z.B. Erkennen, wann ein Greifarm seine Last zur maximalen Höhe angehoben hat.

Bauen der Stoßfänger mit Berührungssensoren

Sie werden Ihren Discovery-Roboter nun um zwei Berührungssensoren erweitern, die als Stoßfänger dienen (Abbildung 7-1). Diese lassen den Roboter die Hindernisse »spüren«, auf die er stößt. Sobald der Roboter erkannt hat, welcher Berührungssensor gedrückt wurde, stößt er ein Stück zurück und wendet sich von dem Hindernis ab. Folgen Sie nun den Anweisungen auf den nächsten Seiten, um die Stoßfänger zu bauen.

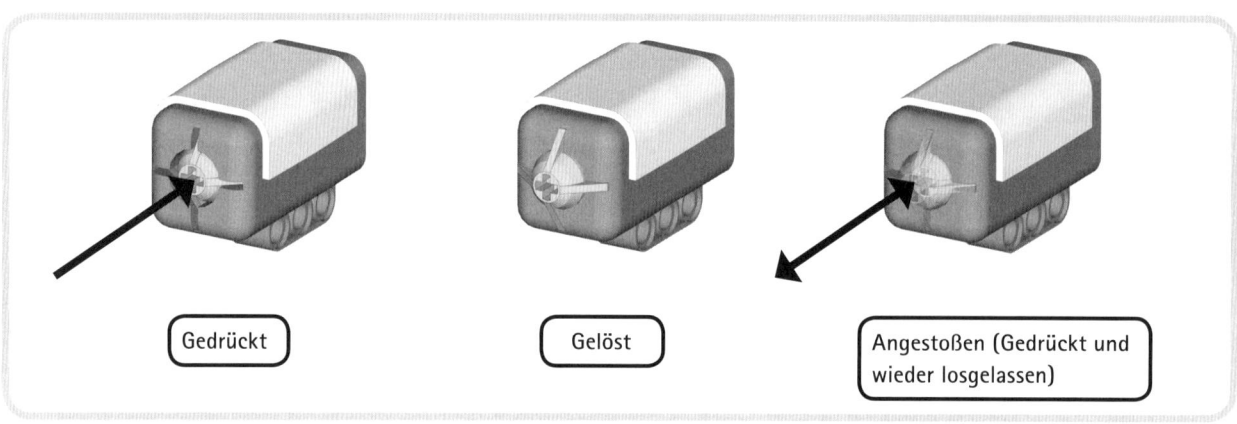

Abbildung 7-2: Der Berührungssensor erkennt drei Aktionen: Drücken, Freigabe und Stoß.

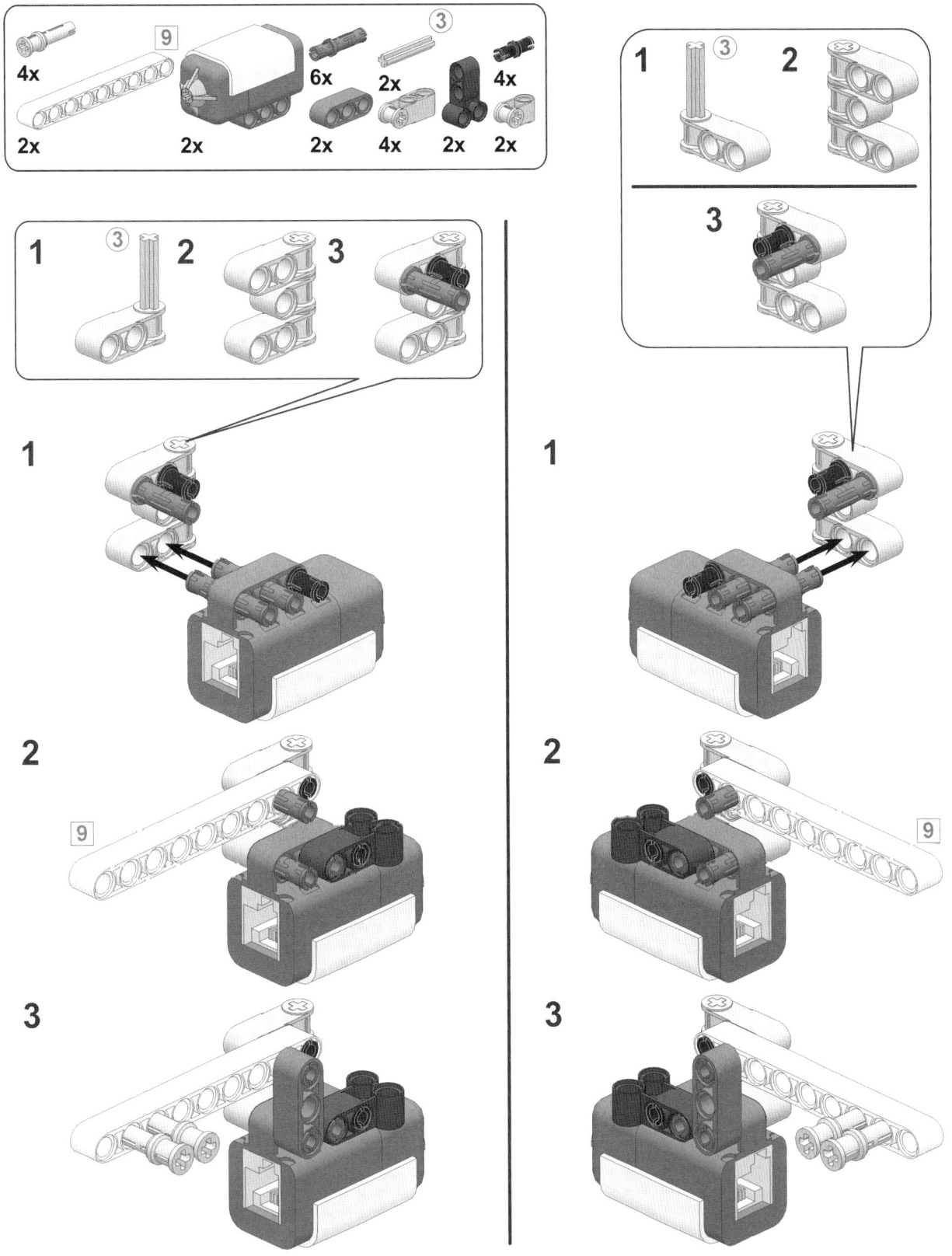

EINSATZ DER BERÜHRUNGS-, FARB- UND DREHSENSOREN

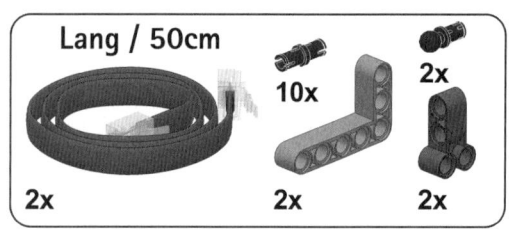
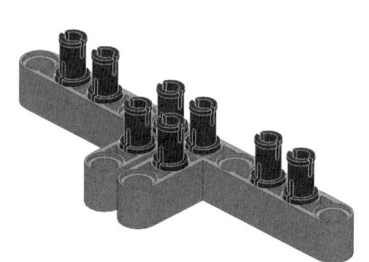
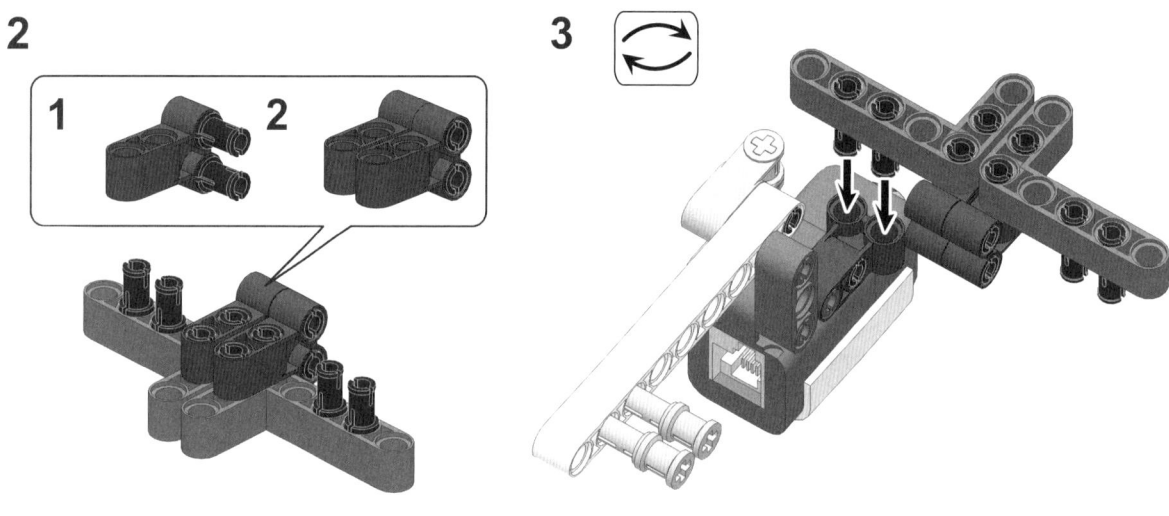
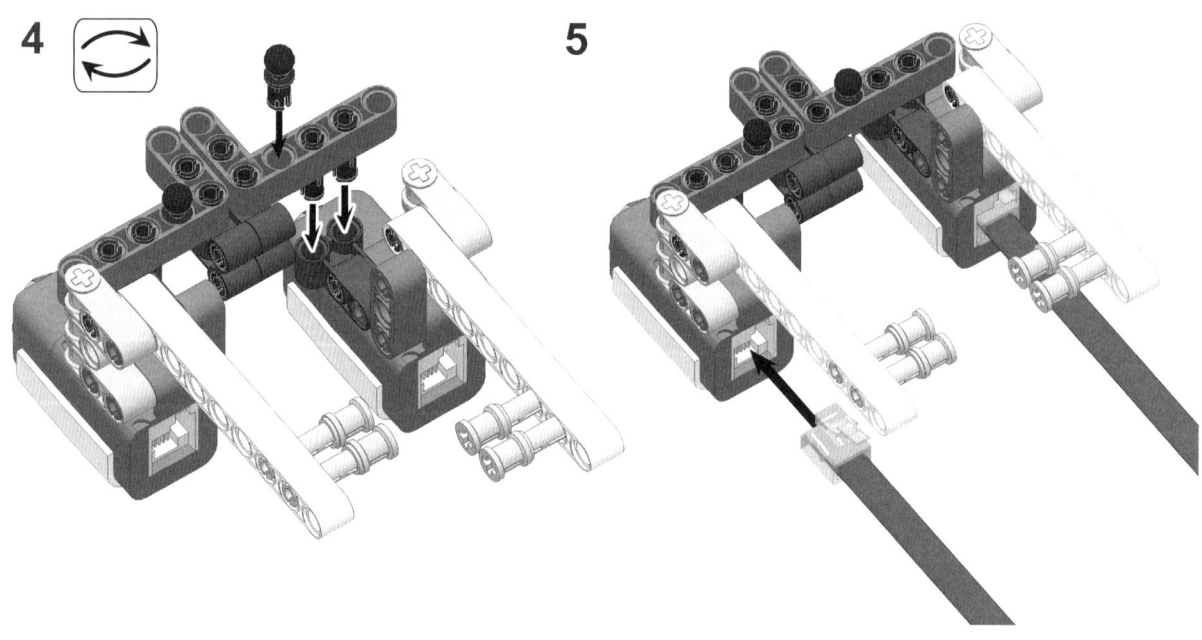

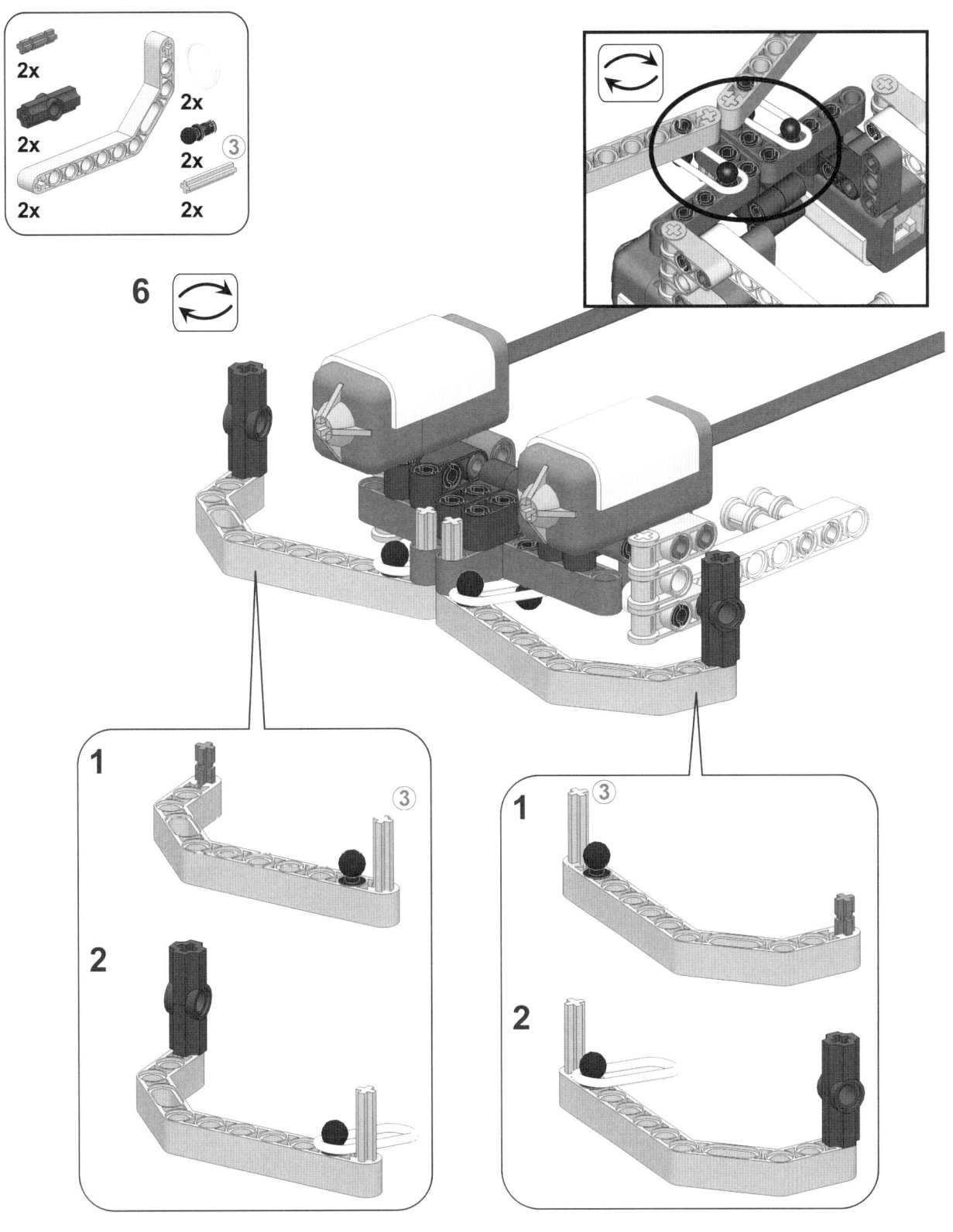

EINSATZ DER BERÜHRUNGS-, FARB- UND DREHSENSOREN 71

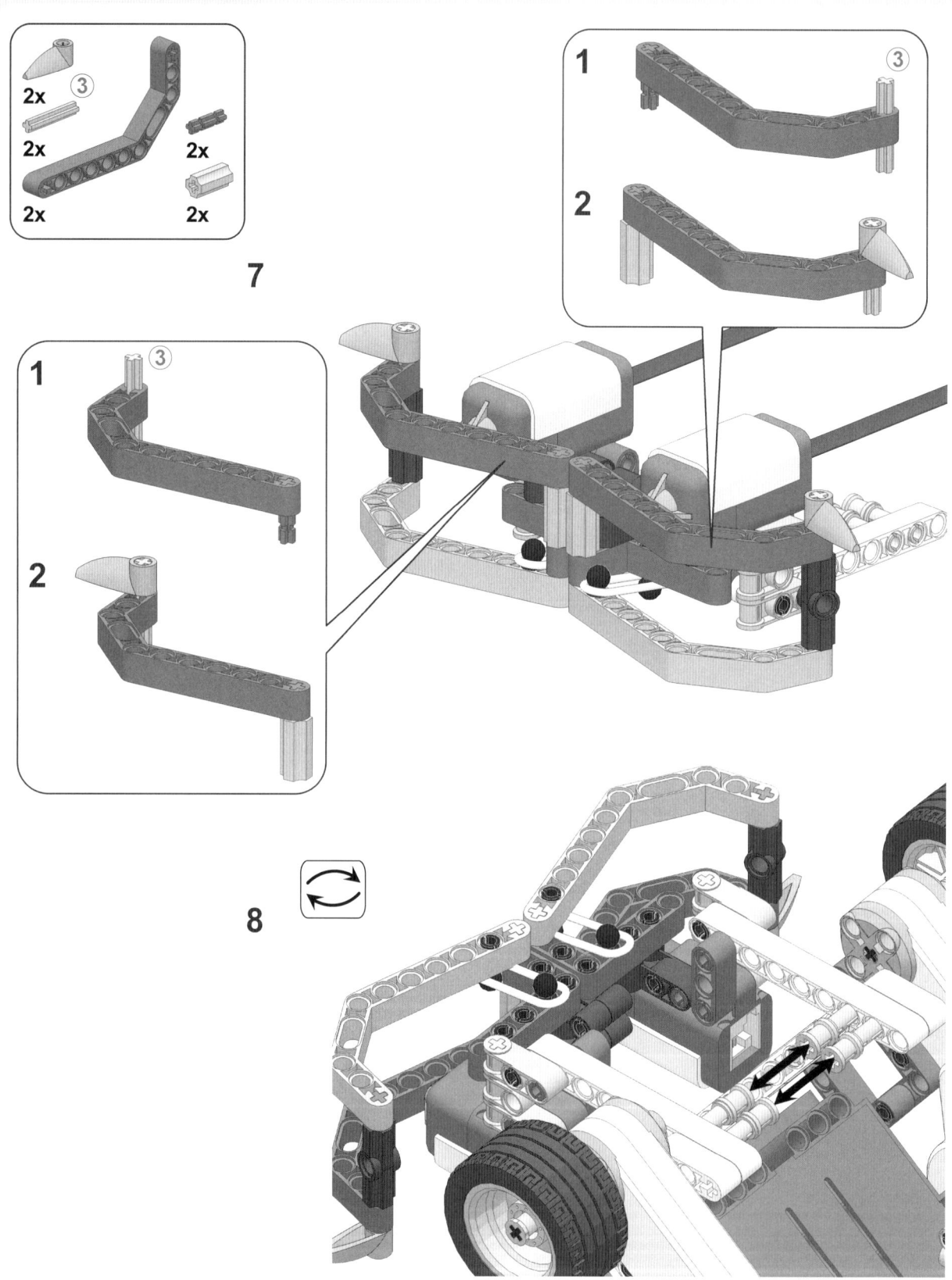

Anschließen der Kabel

Schließen Sie nun die Kabel, die Sie bereits in die Berührungssensoren eingesteckt haben, an den NXT an (siehe Abbildung 7-3).

Von nun an nenne ich der Einfachheit halber den an **Port 1** angeschlossenen Sensor den *rechten Berührungssensor* und den an **Port 2** angeschlossenen Sensor den *linken Berührungssensor*.

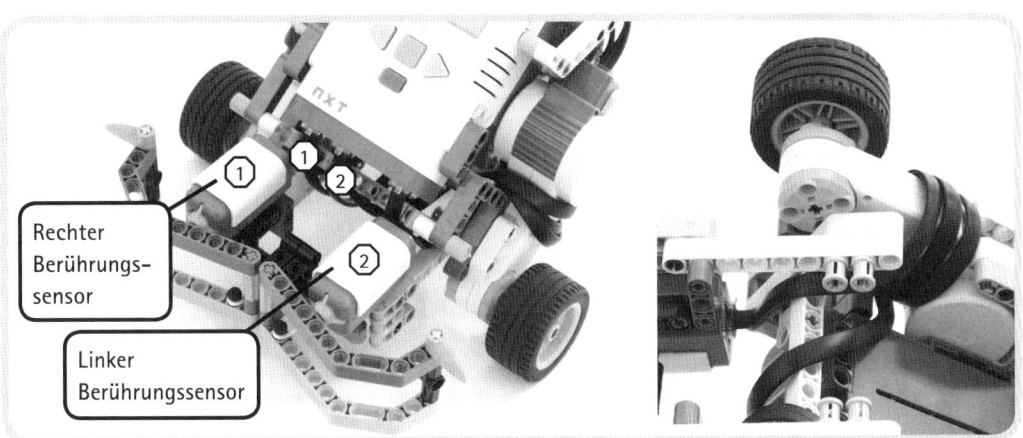

Abbildung 7-3: Schließen Sie die Berührungssensoren mit langen Kabeln an die jeweiligen Eingabeports des NXT an. Um zu verhindern, dass die Kabel am Boden schleifen oder den Rädern in die Quere kommen, wickeln Sie jedes Kabel wie hier dargestellt um einen Motor.

Programmieren mit dem Berührungssensor

Sehen wir uns zunächst die Einstellungen für den Berührungssensor im Konfigurationsbereich an (siehe Abbildung 7-4).

Unter »Port« stellen Sie ein, an welchen **Port** der Sensor angeschlossen ist.

Im Aktionsfeld können Sie steuern, welches Ereignis den Sensor auslösen wird (**Druck**, **Freigabe** oder **Stoß**). Sobald dieses Ereignis eingetreten ist, wird der Warteblock beendet und das Programm fortgesetzt.

Entwickeln eines Testprogramms für den Berührungssensor

Das »Discovery-Touch«-Programm, das Sie hier erstellen werden, bringt den Roboter dazu, eine Klangdatei abzuspielen, wenn der rechte Berührungssensor gedrückt wird. Entwickeln Sie das Programm wie in Abbildung 7-5 dargestellt, führen Sie es aus und variieren Sie es dann mit den anderen beiden Aktionseinstellungen (**Freigabe** und **Stoß**), um die unterschiedlichen Funktionsweisen kennenzulernen.

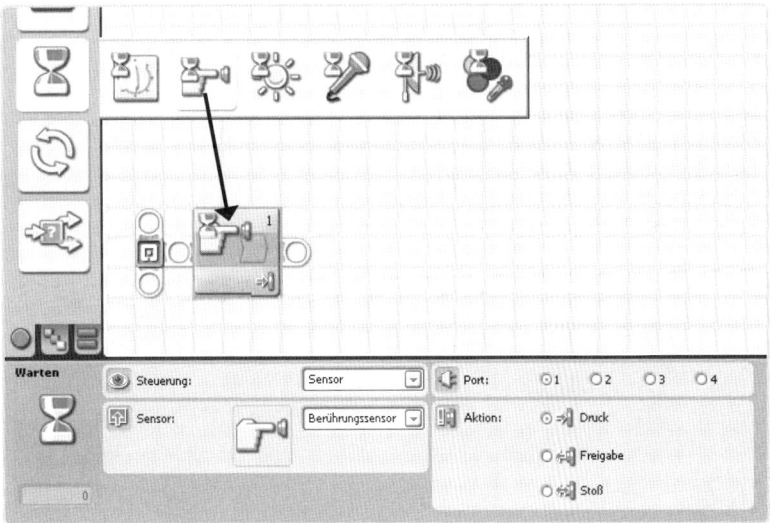

Abbildung 7-4: Der Konfigurationsbereich eines Warteblocks, der darauf eingestellt ist, die Daten eines Berührungssensors abzurufen. Rechts sehen Sie die spezifischen Einstellungen für den Berührungssensor. Der Konfigurationsbereich der Schleifen- und Schaltblöcke, die einen Berührungssensor steuern, enthält die gleichen Einstellungen.

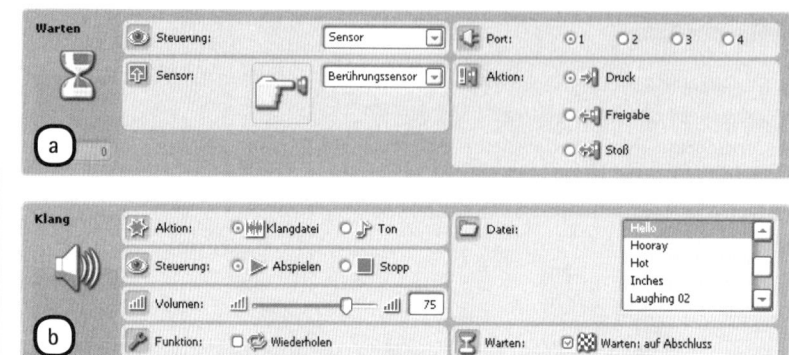

Abbildung 7-5: Konfiguration der Blöcke im »Discovery-Touch«-Programm

HINWEIS Die Warteblöcke in der Programmierpalette sind im Prinzip alle gleich. Sie unterscheiden sich lediglich durch ihre voreingestellten Steuer- und Sensoreinstellungen, die das Programmieren vereinfachen sollen.

Mit Berührungssensoren ein Anstoßen an Wände verhindern

Der Discovery-Roboter kann mit einem Ultraschallsensor problemlos vermeiden, an Wände zu stoßen. Das Gleiche kann er jedoch auch mit den Berührungssensoren tun. Die Berührungssensoren können zwar nicht eingesetzt werden, um Objekte aus einer Entfernung wahrzunehmen, jedoch kann Ihr Roboter mit diesen Sensoren kleinere Objekte »fühlen«, die er mit dem Ultraschallsensor vielleicht nicht wahrnehmen könnte. Ein weiterer Vorteil der beiden Stoßfänger besteht darin, dass der Roboter weiß, in welche Richtung er sich drehen soll, nachdem er auf ein Hindernis gestoßen ist.

Wenn Sie Ihr Programm mit Berührungssensoren entwickeln, müssen zunächst die Motoren eingeschaltet werden. Danach muss überprüft werden, ob ein Sensor gedrückt ist. Ist der linke Berührungssensor gedrückt, sollte der Discovery-Roboter ein Stück zurückstoßen, nach rechts lenken und weiterfahren. Ist der rechte Berührungssensor gedrückt, sollte er ein Stück zurückstoßen und dann nach links lenken. Um herauszufinden, welcher Sensor gedrückt ist, verwenden Sie Schaltblöcke.

Da ein Schaltblock nicht die Daten mehrerer Sensoren gleichzeitig abrufen kann, lassen Sie zunächst überprüfen, ob der rechte Berührungssensor gedrückt ist. Falls er gedrückt ist, lenkt der Roboter nach links. Ist er nicht gedrückt, lassen Sie überprüfen, ob der linke Berührungssensor gedrückt ist. Falls er gedrückt ist, lenkt der Roboter nach rechts. Ist keiner der beiden Sensoren gedrückt, fährt der Roboter einfach weiter geradeaus. All diese Handlungen und Entscheidungen setzen sich kontinuierlich fort, wie im schematischen Überblick des »Discovery-Bumper«-Programms in Abbildung 7-6 dargestellt.

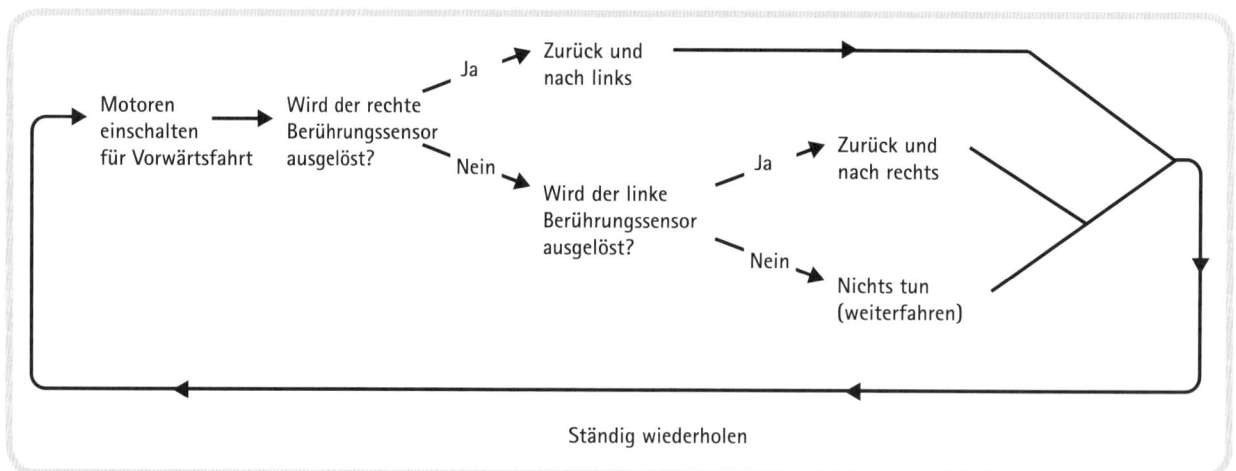

Abbildung 7-6: Überblick über das »Discovery-Bumper«-Programm. Falls die erste Frage mit »Ja« beantwortet wird, lenkt der Roboter nach links. Ist die Antwort »Nein«, wird eine weitere Frage gestellt. Die Programmierblöcke für die zweite Entscheidung sind im unteren Teil des für die erste Entscheidung eingesetzten Schaltblocks abgelegt.

Erstellen des »Discovery-Bumper«-Programms

Sie werden nun ein Programm entwickeln, das den Roboter ein Anstoßen an Wände vermeiden lässt. Erstellen Sie zunächst ein neues Programm mit dem Namen **Discovery-Bumper** und platzieren und konfigurieren Sie die Blöcke wie in den Abbildungen 7-7 und 7-8 dargestellt.

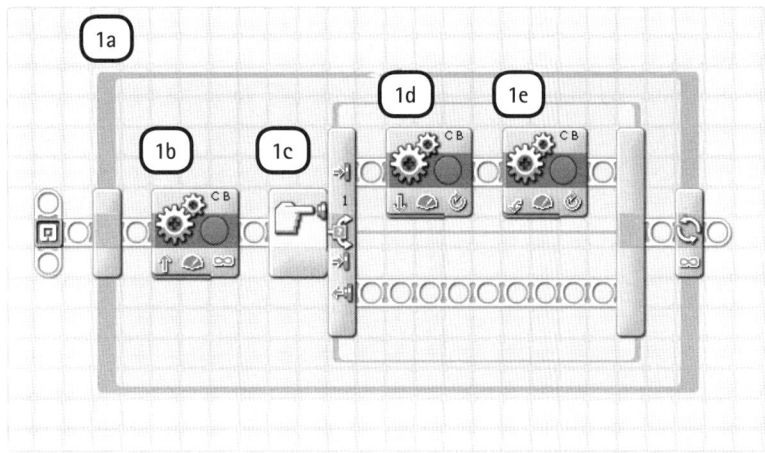

ENTDECKUNGS-AUFGABE 28: ES MÜSSEN ZWEI SEIN!

Schwierigkeitsgrad: Leicht
Entwickeln Sie ein Programm, das nur dann einen fröhlichen Smiley auf dem Display erscheinen lässt, wenn beide Stoßfänger gleichzeitig gedrückt werden. Falls keiner oder nur einer der beiden Sensoren gedrückt wird, soll ein trauriger Smiley abgebildet werden. Um dieses Verhalten zu programmieren, benötigen Sie zwei Schaltblöcke.

ENTDECKUNGS-AUFGABE 29: CLEVERE ENTSCHEIDUNG!

Schwierigkeitsgrad: Schwer
Können Sie ein Programm zum Vermeiden von Wänden erstellen, bei dem sowohl die Berührungssensoren als auch der Ultraschallsensor zum Einsatz kommen? Erweitern Sie das »Discovery-Bumper«-Programm um einen weiteren Schaltblock, um festzustellen, ob der Ultraschallsensor ein Objekt sieht, das weniger als 20 cm entfernt ist. Wo im Programm legen Sie diesen Schaltblock ab?

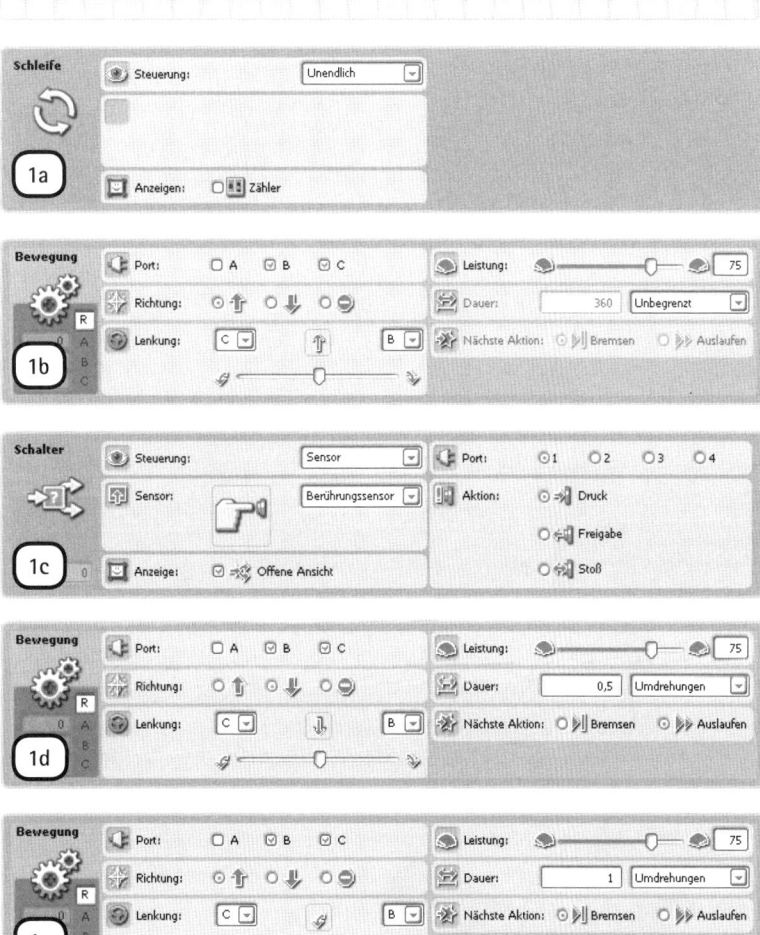

Abbildung 7-7: **1. Schritt:** *Die hier dargestellten Blöcke schalten die Motoren ein und treffen die erste Entscheidung mithilfe eines Schaltblocks. Die gesamte Abfolge der Blöcke wird in einem Schleifenblock abgelegt, der darauf programmiert ist, sich endlos zu wiederholen.*

Farbsensor

Der *Farbsensor* erkennt die Farbe einer Oberfläche, die Helligkeit einer Lichtquelle und die Intensität von reflektiertem Licht. Abbildung 7-9 zeigt den Einsatz des Farbsensors zur Farberkennung von LEGO-Steinen. Der Farbsensor kann auch als Farblampe eingesetzt werden und dabei rotes, grünes oder blaues Licht abgeben. In diesem Kapitel lernen Sie, wie man seine Fähigkeit zur Farberkennung einsetzen kann. Mit den weiteren Fähigkeiten des Farbsensors werden Sie sich in den Kapiteln 8 und 9 beschäftigen.

Die zahlreichen Funktionen des Farbsensors machen ihn zum Multitalent. Sie können den Farbsensor z.B. einsetzen, um ein Fahrzeug einer Linie folgen zu lassen (Kapitel 7). Sie können ihn als Farblampe benutzen, um eine stattfindende Handlung anzuzeigen (Kapitel 8), oder ihn als Lichtdetektor verwenden (Kapitel 8 und 9). Er kann auch farbige LEGO-Steine sortieren (Kapitel 14) und sogar als Stabilisierungssensor dienen (Kapitel 15).

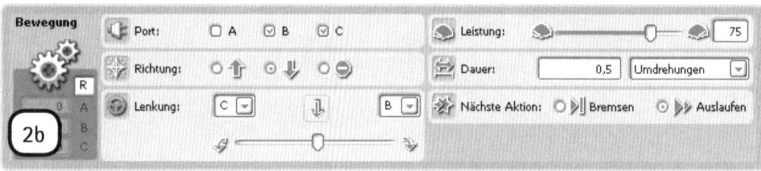

Abbildung 7-8: 2. Schritt: Die Blöcke, die Sie in diesem Schritt hinzufügen, werden ausgeführt, wenn der rechte Berührungssensor (Port 1) nicht gedrückt ist. Die Blöcke ermöglichen es dem Roboter, die zweite Entscheidung zu treffen. Falls keiner der beiden Sensoren gedrückt ist, führt der Roboter keine Handlung aus. Er kehrt zum Beginn des Programms zurück, um erneut zu überprüfen, ob ein Sensor gedrückt ist.

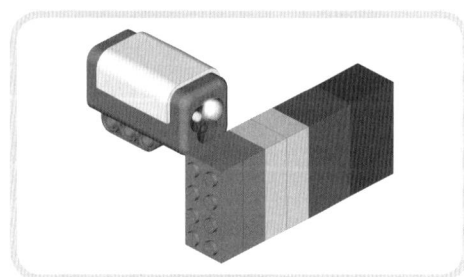

Abbildung 7-9: Der Farbsensor kann die Farbe von Oberflächen – wie z.B. von LEGO-Steinen – wahrnehmen. Er kann Schwarz, Blau, Grün, Gelb, Rot und Weiß erkennen.

Bauen des Farbsensor-Moduls

In diesem Abschnitt erweitern Sie den Discovery-Roboter um einen Farbsensor als Untermodul. Bevor Sie jedoch mit dieser neuen Erweiterung beginnen, nehmen Sie die Stoßfänger ab, indem Sie die zugehörigen Kabel und grauen Verbindungsstifte entfernen. (Sie sollten die Stoßfänger jedoch noch nicht vollständig auseinandernehmen, da Sie sie für ein paar der Entdeckungsaufgaben am Ende dieses Kapitels benötigen werden.)

Wenn Sie das Farbsensor-Modul gebaut haben, schließen Sie es mit einem kurzen Kabel an den Eingabeport 3 des NXT an.

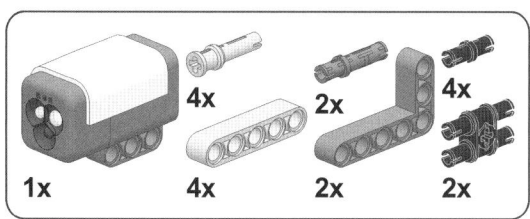

EINSATZ DER BERÜHRUNGS-, FARB- UND DREHSENSOREN

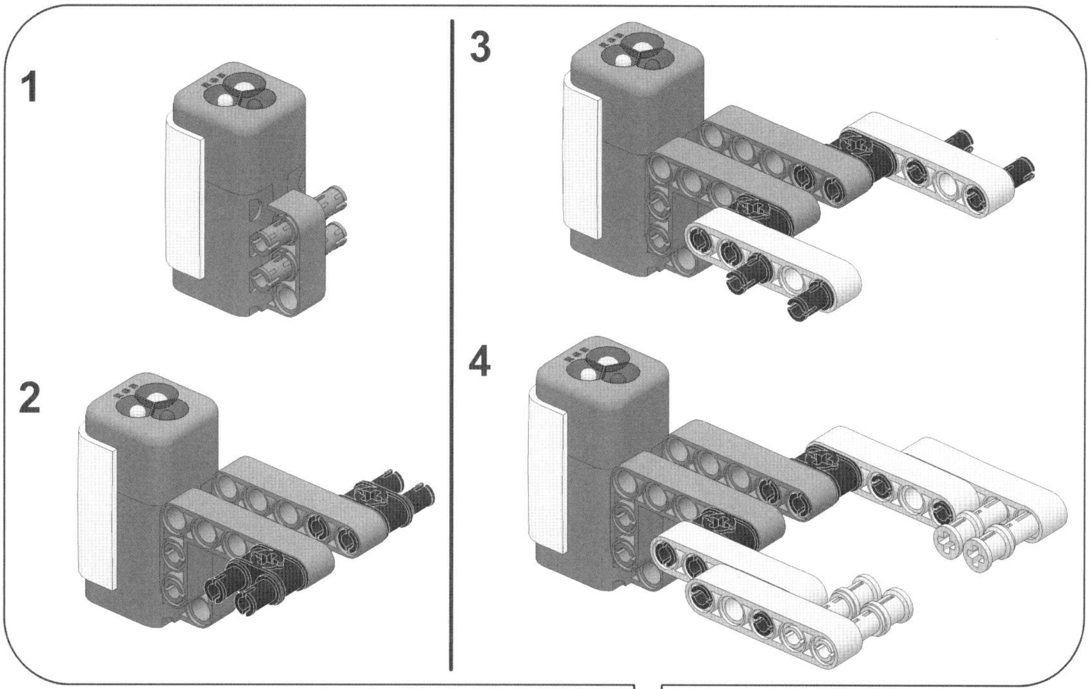

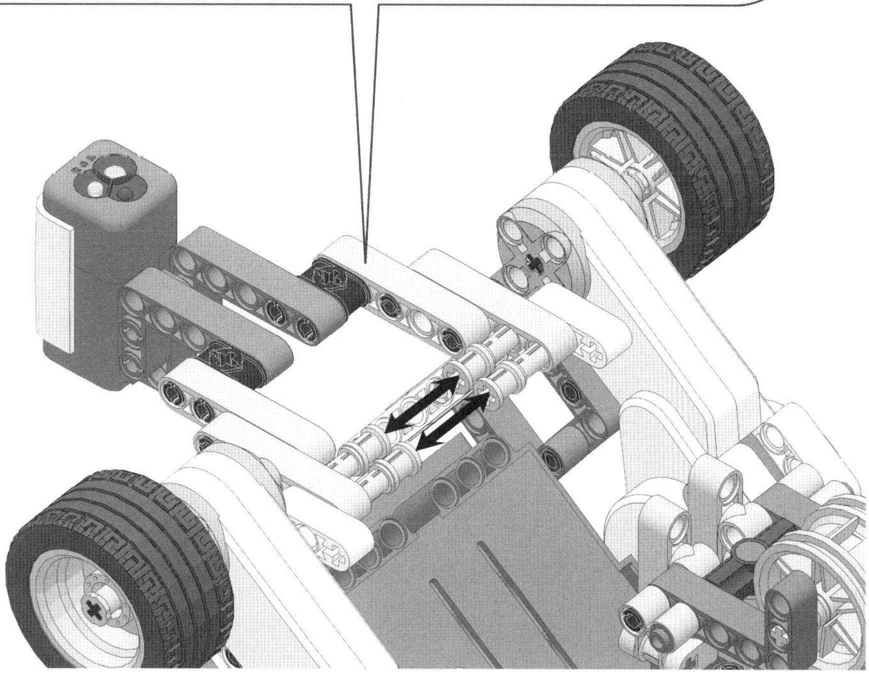

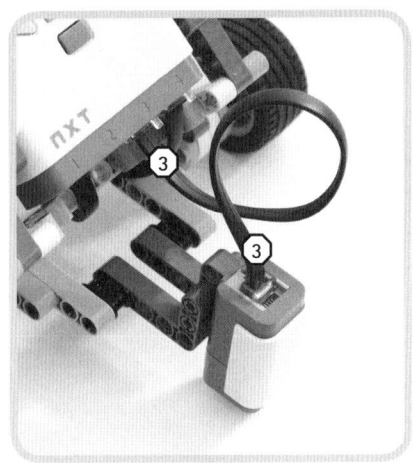

Abbildung 7-10: Anschluss des Farbsensors an den Discovery-Roboter mithilfe eines kurzen Kabels

Abbildung 7-11: Platzierung des Discovery-Roboters und des Farbsensors auf der Testunterlage

Abrufen der Daten des Farbsensors über das Menü View [Ansicht]

Um die Daten des Farbsensors abzurufen, wählen Sie auf Ihrem NXT **View [Ansicht]** ▸ **Color [Farbe]** ▸ **Port 3** aus, stellen Ihren Roboter auf die Testunterlage und richten den Sensor so aus, dass er auf die farbige Linie zeigt (siehe Abbildung 7-11). Sie werden sehen, dass sich der auf dem NXT-Display angegebene Name der Farbe ändert, wenn Sie den Sensor über die Linie bewegen. Der Sensor kann auf diese Weise sechs Farben erkennen: Schwarz, Blau, Grün, Gelb, Rot und Weiß.

Programmieren mit dem Farbsensor

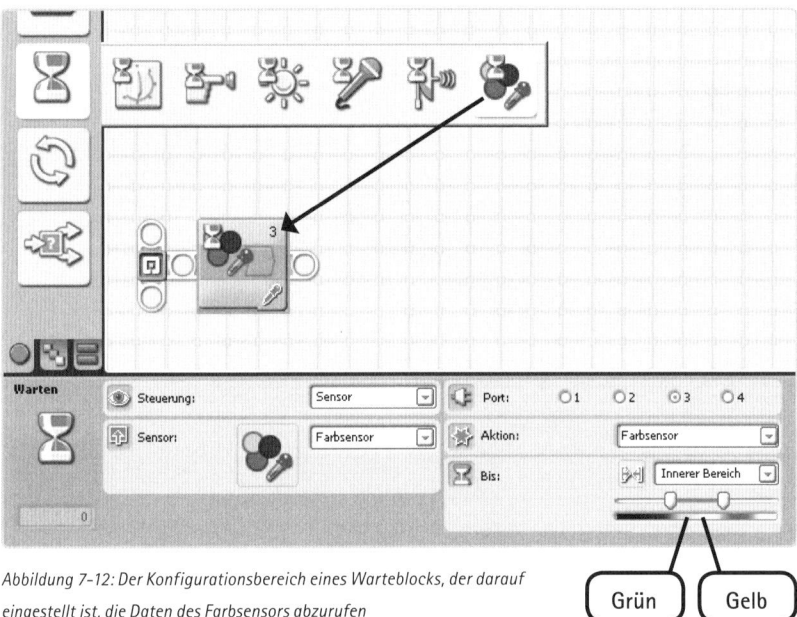

Abbildung 7-12: Der Konfigurationsbereich eines Warteblocks, der darauf eingestellt ist, die Daten des Farbsensors abzurufen

In diesem Abschnitt werden Sie Programme für den Discovery-Roboter erstellen, in denen der Farbsensor mit Warte- und Schaltblöcken zum Einsatz kommt – genau so, wie Sie es bereits mit dem Ultraschallsensor und den Berührungssensoren getan haben. Abbildung 7-12 zeigt einen Warteblock, der die Daten des Farbsensors abruft, sowie den zugehörigen Konfigurationsbereich.

Wählen Sie im Feld »Port« den Eingabeport aus, an den der Sensor angeschlossen ist (**Port 3**). Im Aktionsfeld wählen Sie die Option **Farbsensor** aus. Geben Sie im Feld »Bis« an, was der Sensor sehen sollte, damit der Warteblock beendet wird. Dazu geben Sie einfach einen Farbbereich an, wie z.B. Grün und Gelb (siehe Abbildung 7-12). Wenn Sie die Option **Innerer Bereich** ausgewählt haben, wird der Roboter warten, bis der Sensor eine grüne oder gelbe Farbe wahrnimmt. Ist hingegen die Option **Äußerer Bereich** aktiviert, wartet der Block, bis der Sensor eine Farbe sieht, die weder Grün noch Gelb ist.

Innerhalb einer farbigen Linie bleiben

Das nächste Programm – **Discovery-Circle** – wird Ihnen zeigen, wie der Farbsensor Linien erkennen kann. Wenn Ihr Programm geladen ist, stellen Sie den Discovery-Roboter in den Kreis auf der Testunterlage. Er wird dann umherfahren, ohne die Linie des Kreises zu überschreiten. Abbildung 7-13 zeigt den Programmfluss für dieses Verhalten; in Abbildung 7-14 sehen Sie, wie man das Programm erstellt.

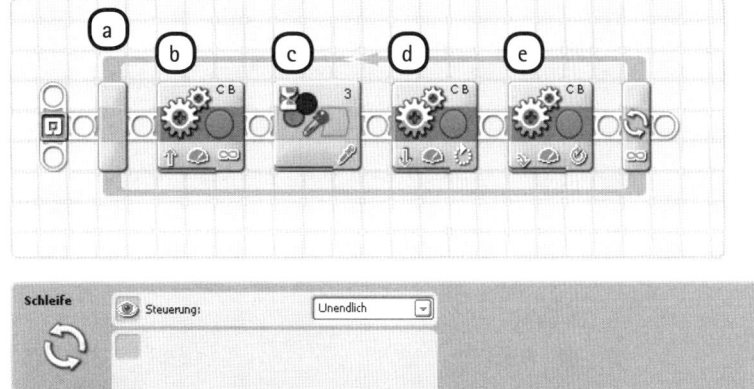

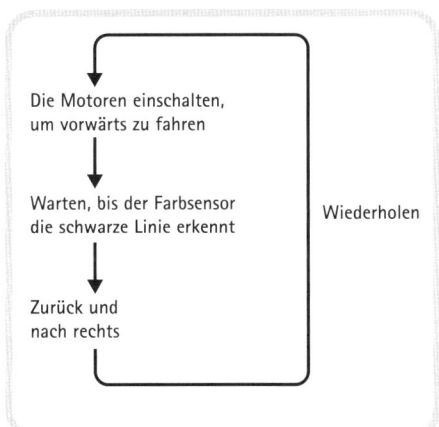

Abbildung 7-13: Der Programmfluss für das »Discovery-Circle«-Programm

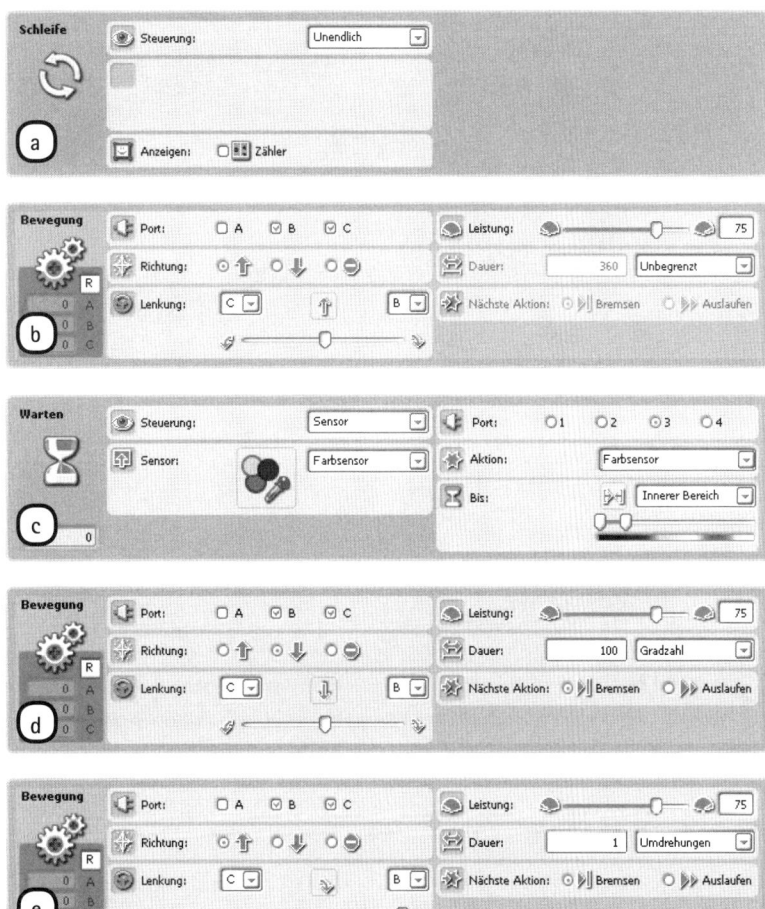

Abbildung 7-14: Konfiguration der Blöcke im »Discovery-Circle«-Programm. Der Warteblock ist darauf programmiert zu warten, bis der Sensor etwas Schwarzes sieht – wie im Feld »Bis« mithilfe der Schieberegler eingestellt.

BAUAUFGABE 4: TABULA RASA!

Das »Discovery-Circle«-Programm bringt den Roboter dazu, sich kontinuierlich in dem Kreis umherzubewegen. Wenn Sie ein paar LEGO-Steine darin ablegen (Abbildung 7-15), wird Ihr Roboter diese nach und nach aus dem Kreis herausschieben. Dazu müssen Sie Ihren Discovery-Roboter jedoch mit einer Planierschaufel ausstatten. Können Sie eine solche Schaufel mit LEGO-Steinen bauen?

TIPP Befestigen Sie die Planierschaufel am Farbsensor-Modul und verwenden Sie das »Discovery-Circle«-Programm.

ENTDECKUNGSAUFGABE 30: SAG MIR, WAS DU SIEHST!

Schwierigkeitsgrad: Schwer

Sie wissen bereits, dass Sie mehrere Schaltblöcke in einem Programm einsetzen können und dass der Farbsensor bis zu sechs unterschiedliche Farben erkennen kann. Können Sie mithilfe von Klangdateien ein Programm erstellen, das den Roboter dazu bringt, den Namen der Farbe auszusprechen, die er sieht? Sehen Sie sich zunächst den Programmfluss in Abbildung 7-16 an und testen Sie dann Ihr Programm anhand des farbigen Balkens auf der Testunterlage. Wenn Sie fertig sind, wandeln Sie die gesamte Abfolge von Blöcken (mit Ausnahme des Schleifenblocks) in einen Eigenen Block um, den Sie **Say Color** nennen.

Abbildung 7-15: Die Ausgangssituation der Bauaufgabe 4: Mit einer Planierschaufel kann der Discovery-Roboter die Unordnung im Kreis aus dem Weg schaffen. Können Sie eine solche Schaufel bauen?

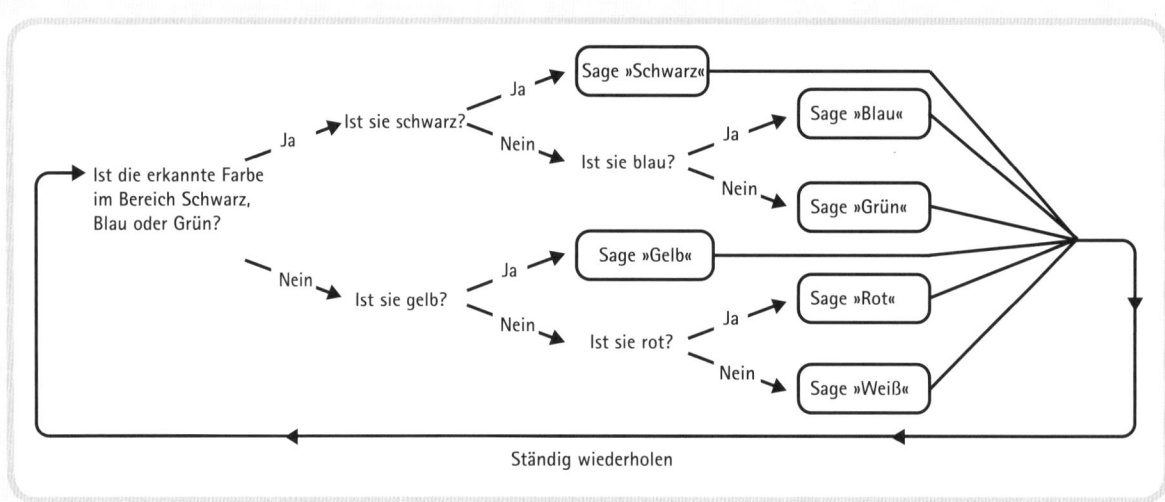

Abbildung 7-16: Ein Modell für ein Programm, das den Roboter aussprechen lässt, welche Farbe er sieht

Einer Linie folgen

In Ihrem nächsten Projekt werden Sie den Farbsensor einsetzen, um einen Roboter zu entwickeln, der einer Linie folgt. Mit anderen Worten: Ihr Roboter wird einer farbigen Spur auf einer Matte folgen, wie z.B. der schwarzen Linie auf der Testunterlage. Sehen wir uns die Strategie an, die hinter diesem Programm steckt.

Wenn ein Roboter auf einer weißen Unterlage einer schwarzen Linie folgt, gibt es nur zwei Möglichkeiten: Der Sensor misst entweder Weiß oder Schwarz. Wenn Sie ein Programm entwickeln, das den Roboter auf einer schwarz-weißen Unterlage einer Linie folgen lässt, setzen Sie daher einen Schaltblock ein, der nach der Farbe Schwarz sucht. Wenn der Sensor die Farbe Schwarz sieht, wird der Schaltblock einen Bewegungsblock starten, der eine Bewegung des Roboters auslöst. Nimmt der Sensor eine andere Farbe (d.h. Weiß) wahr, wird der Schaltblock eine andere Bewegung auslösen (siehe Abbildung 7-17).

Erkennt Ihr Discovery-Roboter eine weiße Fläche, weiß er nicht, auf welcher Seite der Linie er sich befindet. Sie müssen daher dafür sorgen, dass er immer auf einer Seite der Linie bleibt – ansonsten kann es passieren, dass er sich immer weiter von der schwarzen Linie entfernt. Dies erreichen Sie, indem Sie den Roboter immer nach rechts lenken lassen, wenn er die Farbe Schwarz wahrnimmt, und nach links, wenn er Weiß sieht. In Abbildung 7-18 sehen Sie das Programm, das Ihren Roboter der Linie folgen lässt.

HINWEIS Achten Sie beim Konfigurieren der Bewegungsblöcke darauf, den Lenkungsregler nicht ganz nach rechts (siehe Block c) oder ganz nach links (siehe Block d) zu schieben, da der Roboter sonst auf der Stelle lenkt und sich nicht vorwärtsbewegt. Bevor Sie das Programm starten, sollten Sie sich auch vergewissern, dass der Roboter so auf der Unterlage steht, dass der Sensor auf die Linie gerichtet ist und die Außenseite des Kreises auf der rechten Seite des Roboters liegt (siehe Abbildung 7-17 a).

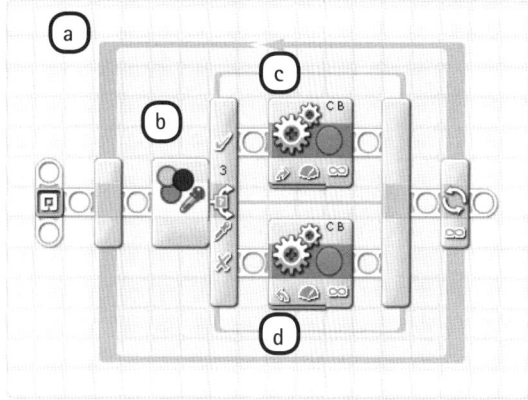

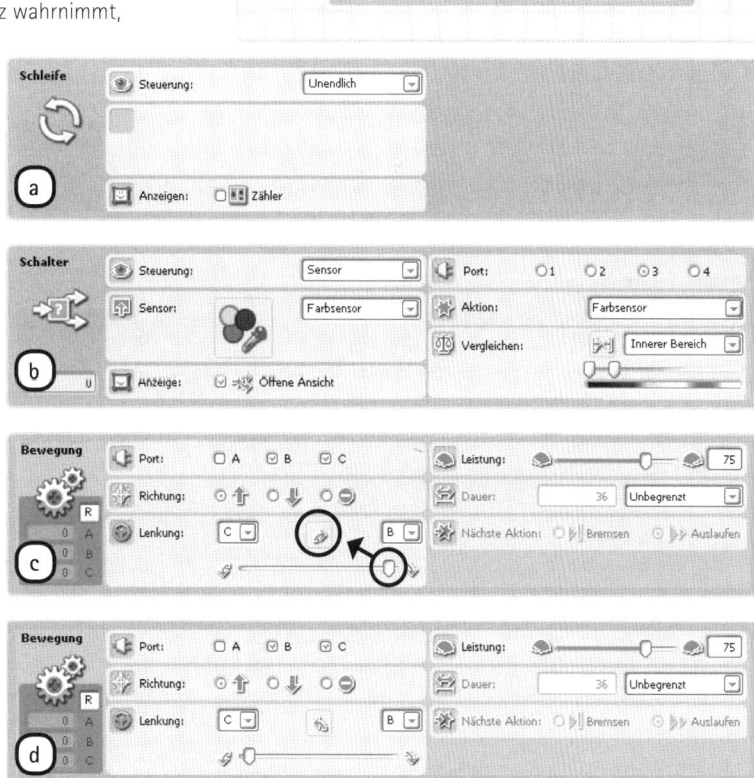

Abbildung 7-17: Der Discovery-Roboter lenkt nach rechts, wenn er die schwarze Linie sieht (a), und nach links, wenn er eine weiße Oberfläche sieht (b). Während des Lenkens bewegt sich der Roboter vorwärts. Wenn Sie dieses Verhalten wiederholen, bringen Sie Ihren Roboter dazu, der Linie zu folgen.

Abbildung 7-18: Die Konfiguration des »Discovery-Line«-Programms. Wie Sie sehen, ist die Dauer in den Bewegungsblöcken auf Unbegrenzt eingestellt. Sobald der Roboter zu lenken beginnt, kehrt er unmittelbar zum Anfang des Programms zurück, um zu überprüfen, ob eine andere Farbe erkannt wurde oder ob er weiter in die gleiche Richtung lenken soll. Bewegungsblöcke, die auf unbegrenzte Dauer eingestellt sind, schalten lediglich die Motoren ein und lassen das Programm weiterlaufen.

EINSATZ DER BERÜHRUNGS-, FARB- UND DREHSENSOREN

Einsatz der NXT-Tasten als Sensoren

Neben den Ultraschall-, Farb- und Berührungssensoren enthält der NXT auch integrierte Sensoren: die *NXT-Tasten*. Sie können die Eingabetasten sowie die Pfeiltasten des NXT als Berührungssensoren einsetzen. Zum Beispiel können Sie den Roboter durch Drücken der rechten Pfeiltaste dazu bringen, umzudrehen.

Um die NXT-Tasten einzusetzen, programmieren Sie Warte-, Schalt- oder Schleifenblöcke darauf, einen Sensor zu steuern, und wählen im Sensorfeld die Option **NXT-Tasten** aus. Im Feld »Schaltfläche« wählen Sie **Rechte Taste** oder **Linke Taste**. Im Aktionsfeld geben Sie an, ob die Taste gedrückt, freigegeben oder gestoßen werden soll – genau so, wie Sie es auch mit dem Berührungssensor getan haben. Diese Konfigurationen können Sie im nächsten Beispielprogramm sehen.

Wir üben den Einsatz dieser Tasten anhand des »Discovery-Button«-Programms, das Sie nun erstellen sollten (siehe Abbildung 7-19).

ENTDECKUNGSAUFGABE 31: DER LINIE FOLGEN – FÜR FORTGESCHRITTENE!

Schwierigkeitsgrad: Für Tüftler
Beim Ausführen des »Discovery-Line«-Programms ist Ihnen vielleicht aufgefallen, dass der Roboter der *Außenkante* der Linie gefolgt ist. Sie können den Roboter der *Innenkante* der Linie folgen lassen, indem Sie den Roboter so auf die Linie setzen, dass das Innere des Kreises zu seiner Rechten liegt. Wenn Sie das Programm ausführen, wird der Roboter bei jeder Runde über vier farbige Quadrate auf der Testunterlage fahren. Lassen Sie den Roboter anhalten, wenn er ein solches farbiges Quadrat erkennt, und bringen Sie ihn dazu, den Namen der jeweiligen Farbe auszusprechen. Danach sollte er wieder der Linie folgen. Es kann sein, dass Ihr Roboter beim Fahren entlang der Innenkante Probleme hat, der Linie zu folgen. Wie können Sie das Programm verändern, um dieses Problem zu lösen?

ENTDECKUNGSAUFGABE 32: WELCHE TASTE WURDE GEDRÜCKT?

Schwierigkeitsgrad: Mittel
Erstellen Sie ein Programm, das den Roboter »Links« sagen lässt, wenn die linke Pfeiltaste auf dem NXT gedrückt wird, und »Rechts«, wenn die rechte Pfeiltaste gedrückt wird. Wenn Sie die Eingabetaste drücken, sollte auf dem NXT-Display ein fröhlicher Smiley angezeigt werden, bis die Taste wieder gelöst wird.

HINWEIS Setzen Sie Schaltblöcke ein, um zu bestimmen, welche NXT-Taste gedrückt wird, und verwenden Sie einen Warteblock, um zu warten, bis die Eingabetaste wieder gelöst wird.

ENTDECKUNGSAUFGABE 33: SOUND MAKER!

Schwierigkeitsgrad: Mittel
Entwickeln Sie ein Programm, das es Ihnen ermöglicht, auf Ihrem Discovery-Roboter Musik abzuspielen. Konfigurieren Sie es so, dass jeder Stoßfänger und jede NXT-Taste einen anderen Ton auslöst. Setzen Sie Schaltblöcke ein, um zu erkennen, welche Tasten gedrückt werden.

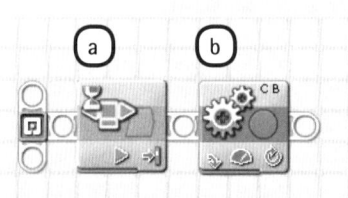

HINWEIS Sie können das Programm sogar noch interaktiver gestalten, wenn Sie den Ultraschallsensor in Ihr Programm einbeziehen. Wie können Sie ihn einsetzen, um Töne auszulösen?

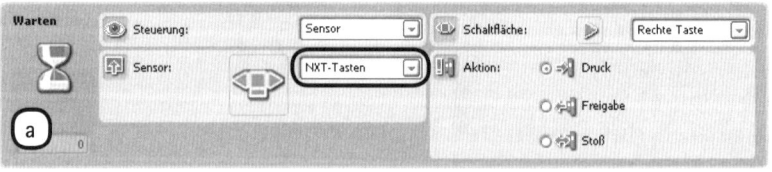

Abbildung 7-19: Konfiguration der Blöcke im »Discovery-Button«-Programm. Wenn Sie dieses Programm ausführen, sollte der Roboter nach rechts lenken, wenn die rechte Pfeiltaste gedrückt wird.

Drehsensoren

Wenn Sie den Roboter mit einem Bewegungsblock darauf programmieren, für drei Umdrehungen vorwärtszufahren, weiß er, dass er anhalten soll, wenn jedes der Räder drei Umdrehungen vollendet hat. Der in jedem NXT-Motor integrierte *Drehsensor* teilt dem NXT mit, um wie viel Grad oder um wie viele Umdrehungen sich die Motoren gedreht haben.

Sie können die Messwerte dieses Sensors nutzen, um z.B. ein Programm zu erstellen, das den Roboter immer wieder »Hallo« sagen lässt, bis eines der Räder manuell gedreht wird. Der Sensor informiert Sie darüber, um wie viel Grad oder um wie viele Umdrehungen sich ein Motor seit Beginn des Programms gedreht hat, und gibt Ihnen auch die Richtung der Motorumdrehung an (siehe Abbildung 7-20).

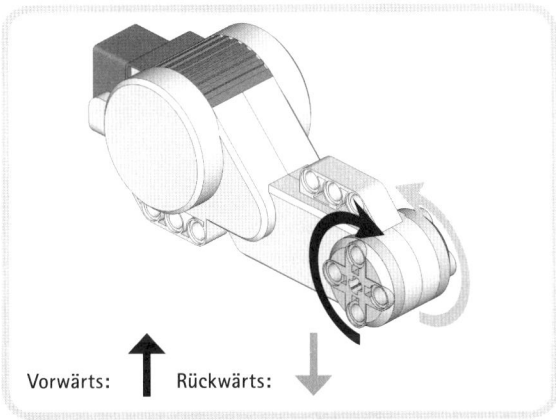

Abbildung 7-20: Der im Motor integrierte Drehsensor informiert das NXT-Programm darüber, um wie viel Grad oder um wie viele Umdrehungen sich der orangefarbene Teil des Motors seit Beginn des Programms gedreht hat, und gibt Ihnen auch die Richtung der Motorumdrehung an. Wenn ein Programm ausgeführt wird und Sie das Rad zweimal in der Richtung des schwarzen Pfeils drehen, wird der Sensor zwei Umdrehungen (bzw. 720 Grad) in Vorwärtsrichtung mitteilen. Wenn Sie das Rad danach eine halbe Umdrehung in die Richtung des grauen Pfeils bewegen, wird der Sensor anderthalb Umdrehungen in Vorwärtsrichtung berichten.

Abrufen der Daten des Drehsensors über das Menü View [Ansicht]

Sie können die Drehsensoren der Motoren wie normale Sensoren in Ihren Programmen einsetzen. Da sie jedoch in die NXT-Motoren integriert sind, sind sie *permanent* an die Ausgabeports angeschlossen.

Um die Messdaten eines Drehsensors über das Menü **View** [Ansicht] auf dem NXT abzulesen, schalten Sie zunächst den NXT ein, gehen zum Menü **View** [Ansicht], wählen **Motor Degrees** [Grad] und danach **Port B** oder **C** aus. Wenn Sie nun den ausgewählten Motor manuell drehen, sollte sich der auf dem Display angezeigte Wert ändern. Ist die angegebene Gradzahl positiv, bedeutet dies, dass Sie das Rad vorwärtsgedreht haben. Negative Gradzahlen stehen für Rückwärtsdrehungen. Anstelle von **Motor Degrees [Grad]** können Sie auch die Option **Motor Rotations [Motorumdrehungen]** auswählen, um auf dem NXT-Display anzeigen zu lassen, wie viele vollständige Umdrehungen das Rad vollendet hat.

ENTDECKUNGSAUFGABE 34: WELCHE GRADZAHL IST DIE RICHTIGE?

Schwierigkeitsgrad: Leicht

Wissen Sie noch, wie Sie in Kapitel 4 versucht haben, Ihren Roboter um exakt 90 Grad drehen zu lassen? Die Frage war, welche Gradzahl Sie unter »Dauer« im Bewegungsblock eingeben mussten, um diese Drehung umzusetzen. Nun wissen Sie, wie Sie messen können, um wie viel Grad sich die Räder gedreht haben. Gehen Sie zum Menü View, rufen Sie die Daten des Drehsensors an Port B ab und drehen Sie den Roboter manuell auf der Stelle um 90 Grad, indem Sie langsam jedes Rad drehen. Verwenden Sie den Wert, der auf dem NXT-Display erscheint, und geben Sie ihn in einem Bewegungsblock unter »Dauer« ein. War Ihre Messung korrekt?

Programmieren mit Drehsensoren

Wie Sie in diesem Kapitel gesehen haben, können Sie Warte-, Schleifen- und Schaltblöcke einsetzen, um einen Drehsensor zu steuern. Ein Programm mit einem Schleifenblock kann den Roboter z.B. wiederholt »Hallo« sagen lassen, bis sich der Motor an Port B um 180 Grad vorwärtsgedreht hat. Die Felder in der rechten Hälfte des Konfigurationsbereichs werden genutzt, um den Sensor zu konfigurieren (siehe Abbildung 7-21). Im Feld »Port« wählen Sie aus, an welchen Ausgabeport der Motor angeschlossen ist, dessen Daten Sie abrufen möchten. (Was es mit der Funktion »Zurücksetzen« im Aktionsfeld auf sich hat, erfahren Sie unter »Zurücksetzen des Drehsensors«.)

Im Feld »Bis« konfigurieren Sie den *Auslösewert* (d.h. die Bedingung, die den Schleifenblock beendet), indem Sie mithilfe der orangefarbenen Pfeile festlegen, ob eine Vorwärts- oder Rückwärtsdrehung ausschlaggebend sein soll. Wählen Sie eine Gradzahl oder eine Anzahl an Umdrehungen aus und geben Sie an, ob der Messwert größer (>) oder kleiner (<) als diese Zahl sein soll, um den Block auszulösen und den Schleifenblock zu beenden.

Erstellen Sie nun das in Abbildung 7-21 dargestellte Musterprogramm **Discovery-Rotation**, um das beschriebene Verhalten umzusetzen.

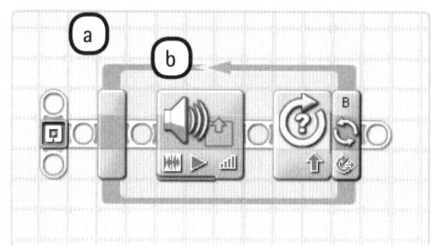

HINWEIS Es kann sein, dass die Liste der Sensoren in den Warte-, Schleifen- und Schaltblöcken sowohl die Option »Drehsensor« als auch »!Drehsensor« enthält. Der »!Drehsensor« dient der Kompatibilität mit älteren Versionen der NXT-G-Software. In diesem Buch werden Sie jedoch immer die Option »Drehsensor« auswählen (ohne Ausrufezeichen).

Zurücksetzen des Drehsensors

Während ein Programm ausgeführt wird, ändert sich der Wert des Drehsensors, wenn Sie einen Motor manuell drehen oder wenn der Roboter durch einen Bewegungsblock bewegt wird. Manchmal kann es jedoch hilfreich sein, diesen Wert auf Null zurückzusetzen. Vielleicht möchten Sie z.B. das »Discovery-Rotation«-

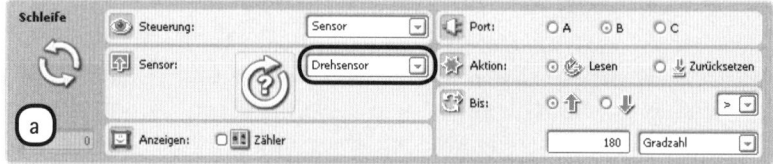

Abbildung 7-21: Konfiguration der Blöcke im »Discovery-Rotation«-Programm. Experimentieren Sie mit diesem Sensor und verändern Sie die Einstellungen im Feld »Bis« im Schleifenblock, um die jeweilige Auswirkung zu beobachten.

ENTDECKUNGSAUFGABE 35: MUSIK ZUR DREHUNG!

Schwierigkeitsgrad: Mittel

Das in Abbildung 7-22 dargestellte Programm spielt unterschiedliche Töne ab – abhängig davon, in welche Richtung das linke und rechte Rad des Discovery-Roboters gedreht werden. Bei einer Vorwärtsdrehung eines Rads wird ein anderer Ton abgespielt als bei einer Rückwärtsdrehung. Können Sie herausfinden, wie dieses Programm funktioniert und wie es konfiguriert ist?

HINWEIS Die verdeckten Registerkarten der Schaltblöcke enthalten auch Klangblöcke.

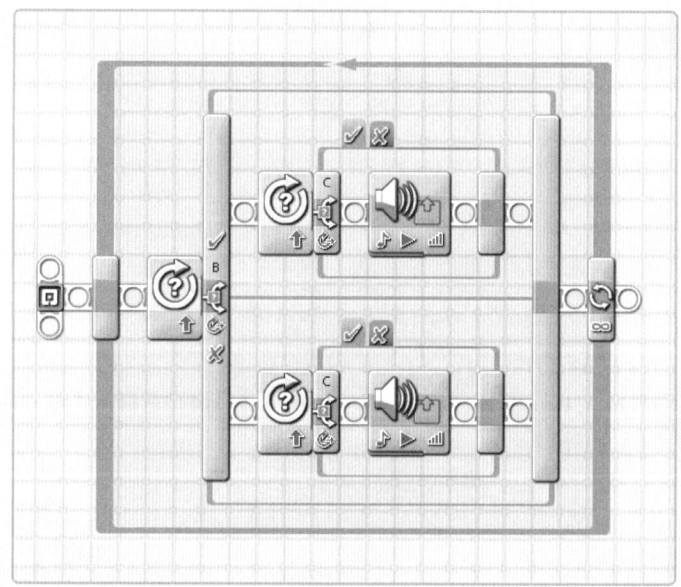

Abbildung 7-22: Können Sie das hier abgebildete Programm nachbauen? Wie sollten die Blöcke konfiguriert werden, um den Roboter vier verschiedene Töne abspielen zu lassen – abhängig davon, in welche Richtung die Räder gedreht werden?

Programm so verändern, dass der Sensor auf Null zurückgesetzt wird, nachdem er bestätigt hat, dass sich der Motor um 180 Grad gedreht hat. Wenn Sie einen Schleifenblock einsetzen und im Aktionsfeld die Option **Lesen** wählen, werden die enthaltenen Blöcke wiederholt, bis der Auslösewert erreicht ist. Ist die Option **Zurücksetzen** ausgewählt, wird der Sensorwert nach jeder Schleife auf Null zurückgesetzt. Ein Schleifenblock mit dieser Einstellung hält daher nur dann an, wenn der Auslösewert *während* einer Schleife erreicht wird.

Führen Sie nun die Änderungen im »Discovery-Rotation«-Programm durch. Wählen Sie im Aktionsfeld die Option **Zurücksetzen** und starten Sie das veränderte Programm, um die neue Funktionsweise zu beobachten.

HINWEIS Wenn Sie in einem Schaltblock die Option »Zurücksetzen« auswählen, wird der Wert auf Null zurückgesetzt, nachdem der Sensorwert mit dem Auslösewert verglichen wurde. Mit einem Warteblock lässt sich der Sensorwert nicht auf Null zurücksetzen.

Zum Erforschen und Ausprobieren

Da Sie jetzt wissen, wie man mit NXT-Sensoren arbeitet, sollten Sie nun Roboter entwickeln können, die mit ihrer Umgebung interagieren. Der Discovery-Roboter ist natürlich nur eines von zahlreichen Beispielen. In den folgenden Kapiteln werden Sie mehrere Roboter mit Sensoren bauen, bei denen Sensoren jeweils auf unterschiedliche Art zum Einsatz kommen.

Sie haben nun gelernt, die Bestandteile einzusetzen, die für die Entwicklung eines funktionsfähigen Roboters notwendig sind: den NXT-Baustein, die Motoren, die Sensoren und die NXT-G-Software. In den folgenden Kapiteln wird jedes dieser Themen noch eingehender behandelt, so dass Sie immer komplexere (und spannendere!) Roboter bauen können.

Die folgenden Entdeckungsaufgaben werden Ihnen dabei helfen, das Potenzial der Sensoren noch besser kennenzulernen. Vergessen Sie nicht, Ihre Ideen und Lösungen auf der Webseite zum Buch (*http://www.roboter.laurensvalk.com/*) mit anderen Lesern zu teilen!

ENTDECKUNGSAUFGABE 36: WELCHE FARBE HAT DER BALL?

Schwierigkeitsgrad: Schwer

Für diese Entdeckungsaufgabe müssen Sie das Farbsensor-Modul abnehmen, um den Sensor an anderer Stelle am Roboter anbringen zu können. Installieren Sie den Sensor so, dass er nach oben gerichtet ist. Der NXT-2.0-Baukasten enthält mehrere kleine, farbige Bälle. Wenn Sie einen davon vor den Farbsensor halten, sollte der Sensor die Farbe des Balls erkennen können. Können Sie Ihren Discovery-Roboter darauf programmieren, dass er beim Erkennen der einzelnen farbigen Bälle verschiedene Handlungen ausführt (Bewegungen, Klänge etc.)?

ENTDECKUNGSAUFGABE 37: DER LINIE FOLGEN – MIT HINDERNISSEN!

Schwierigkeitsgrad: Für Tüftler

Sie haben das »Discovery-Line«-Programm eingesetzt, um den Roboter der schwarzen Linie auf der Testunterlage folgen zu lassen. Sie können dieses Programm jedoch so verändern, dass mehrere Handlungen gleichzeitig ausgeführt werden. Stellen Sie ein Buch aufrecht auf die Linie der Testunterlage und erweitern Sie das Programm so, dass der Roboter der Linie folgt, bis der Ultraschallsensor das Buch wahrnimmt. Wenn der Discovery-Roboter das Buch sieht, sollte er umdrehen und wieder der Linie folgen – in entgegengesetzter Richtung.

TIPP Anstatt einen Schleifenblock auf endlose Schleifen einzustellen, sollten Sie ihn so konfigurieren, dass die Schleife beendet wird, sobald der Sensor das Buch sieht. Wie bringen Sie den Roboter dazu, umzudrehen und der Linie in entgegengesetzter Richtung zu folgen?

BAUAUFGABE 5: EIN AUTOMATISIERTES HAUS!

Lange bevor Sie den LEGO MINDSTORMS NXT 2.0-Kasten in den Händen hielten, haben Sie vielleicht mit normalen LEGO-Steinen Häuser gebaut. Da Sie nun wissen, wie man mit Motoren arbeitet, Sensoren einsetzt und Programme erstellt, könnten Sie versuchen, mit dem NXT ein automatisiertes Haus zu bauen!

IDEEN Verwenden Sie Motoren, um automatisch die Haustür zu öffnen, wenn jemand die Türklingel (d.h. den Berührungssensor) betätigt, und richten Sie einen Einbruchsalarm ein, der dann ertönt, wenn der Ultraschallsensor jemanden wahrnimmt. Setzen Sie einen weiteren Motor ein, um die Fensterläden zu öffnen und zu schließen, wenn Sie einen farbigen Ball vor den Farbsensor halten.

8

Der Shot-Roller: ein Verteidigungsroboter

Da Sie nun wissen, wie man Motoren steuert, Sensoren einsetzt und den NXT programmiert, können Sie jetzt damit anfangen, etwas komplexere Roboter zu bauen. In diesem Kapitel werden Sie lernen, den Shot-Roller zu bauen und zu programmieren (siehe Abbildung 8-1). Diese Konstruktion auf drei Rädern kann Bälle in jede beliebige Richtung abfeuern.

HINWEIS Der Shot-Roller wird Ihnen viel Spaß bringen – denken Sie jedoch daran, die Bälle niemals auf Personen zu richten! Solange Sie immer auf die Sicherheit anderer achten, ist der Shot-Roller kein gefährlicher Roboter.

Der Shot-Roller kann entweder autonom oder ferngesteuert arbeiten. Im *autonomen Modus* führt er alle Handlungen selbstständig aus. Sie können ihn darauf programmieren, sich umzuschauen und auf Ziele zu schießen, die vom Ultraschallsensor wahrgenommen werden, oder Sie können ihn mithilfe des Farbsensors auf Lichtsignale reagieren lassen. Im *ferngesteuerten Modus* verwenden Sie zwei Berührungssensoren, um die Handlungen des Roboters vollständig zu steuern. Die Sensoren werden als Tasten eingesetzt, um die Bewegungen des Shot-Rollers zu aktivieren.

Im Gegensatz zum Explorer und zum Discovery-Roboter, die Sie in vorhergehenden Kapiteln gebaut haben, arbeitet der Shot-Roller mit drei Motoren (siehe Abbildung 8-1). Der untere Motor dient dazu, den Roboter auf der Suche nach Zielobjekten um sich drehen zu lassen, der mittlere Motor bewegt den Auf-

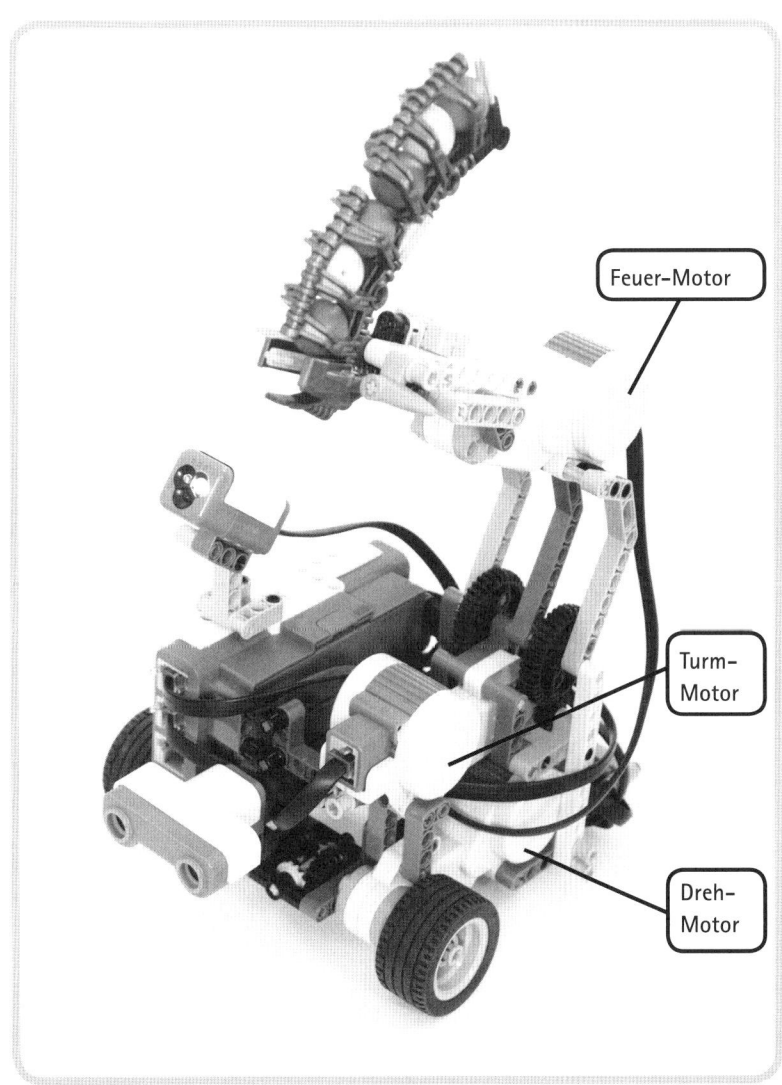

Abbildung 8-1: Der Shot-Roller

satz (den »Geschützturm«) auf und ab, während der obere Motor (die »Schießvorrichtung«) die Aufgabe hat, mit hoher Geschwindigkeit Bälle abzufeuern. Die Kombination dieser drei Motoren ermöglichen es dem Roboter, in jede beliebige Richtung zu schießen!

Sie werden nicht nur den Shot-Roller bauen, sondern auch ein paar neue Programmiertechniken kennenlernen. Außerdem werden Sie neue Programmierblöcke, wie z.B. den Farblampenblock und den Motorblock, einsetzen.

Bau des Shot-Rollers

Sie haben nun einen ersten Eindruck über die Funktionsweise des Shot-Rollers gewonnen und können mit dem Bau beginnen! Folgen Sie dazu den Anweisungen auf den nächsten Seiten. Legen Sie sich jedoch zunächst alle Teile zurecht, die Sie brauchen werden (siehe Abbildung 8-2).

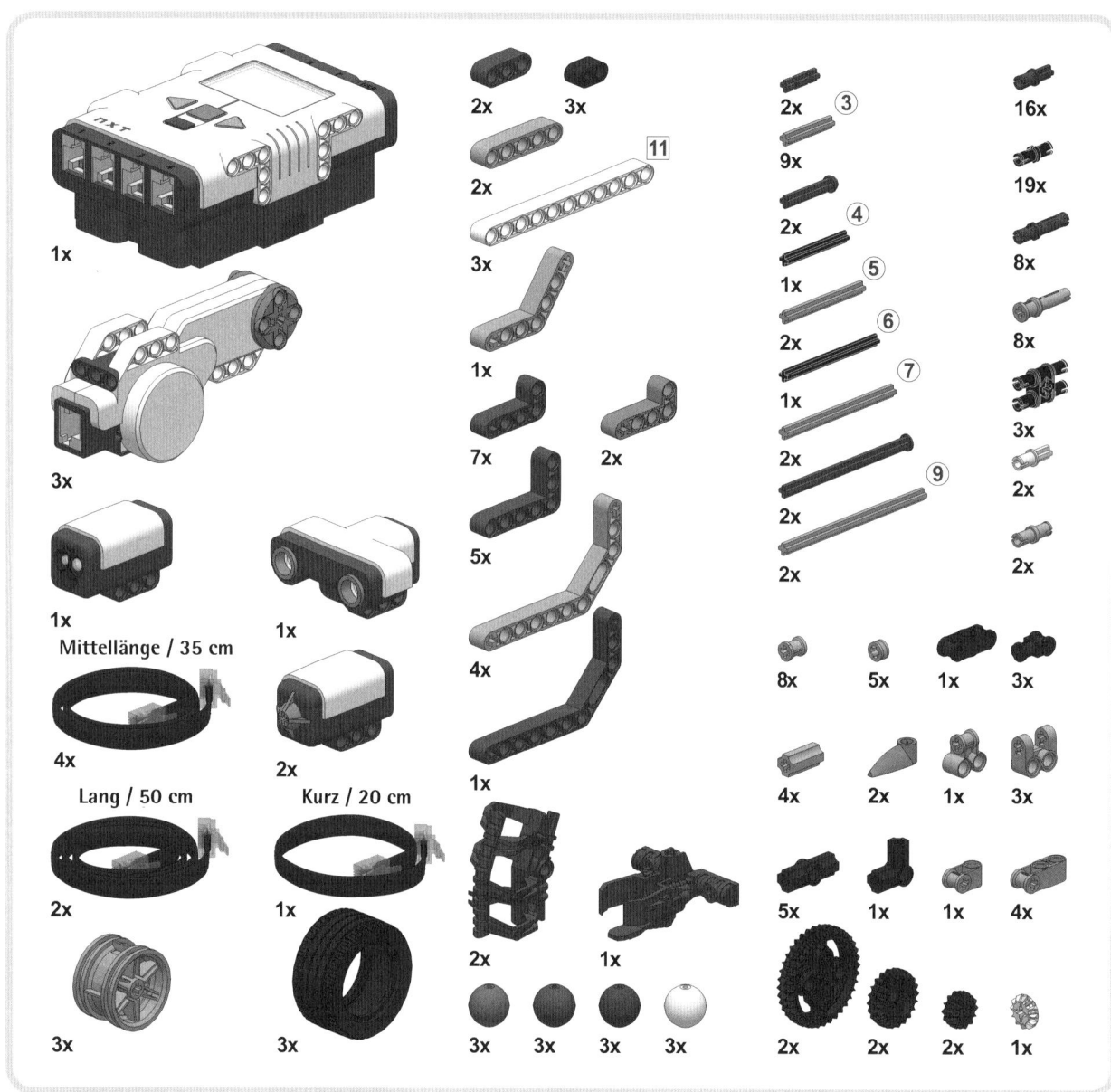

Abbildung 8-2: Die für den Bau des Shot-Rollers benötigten Teile

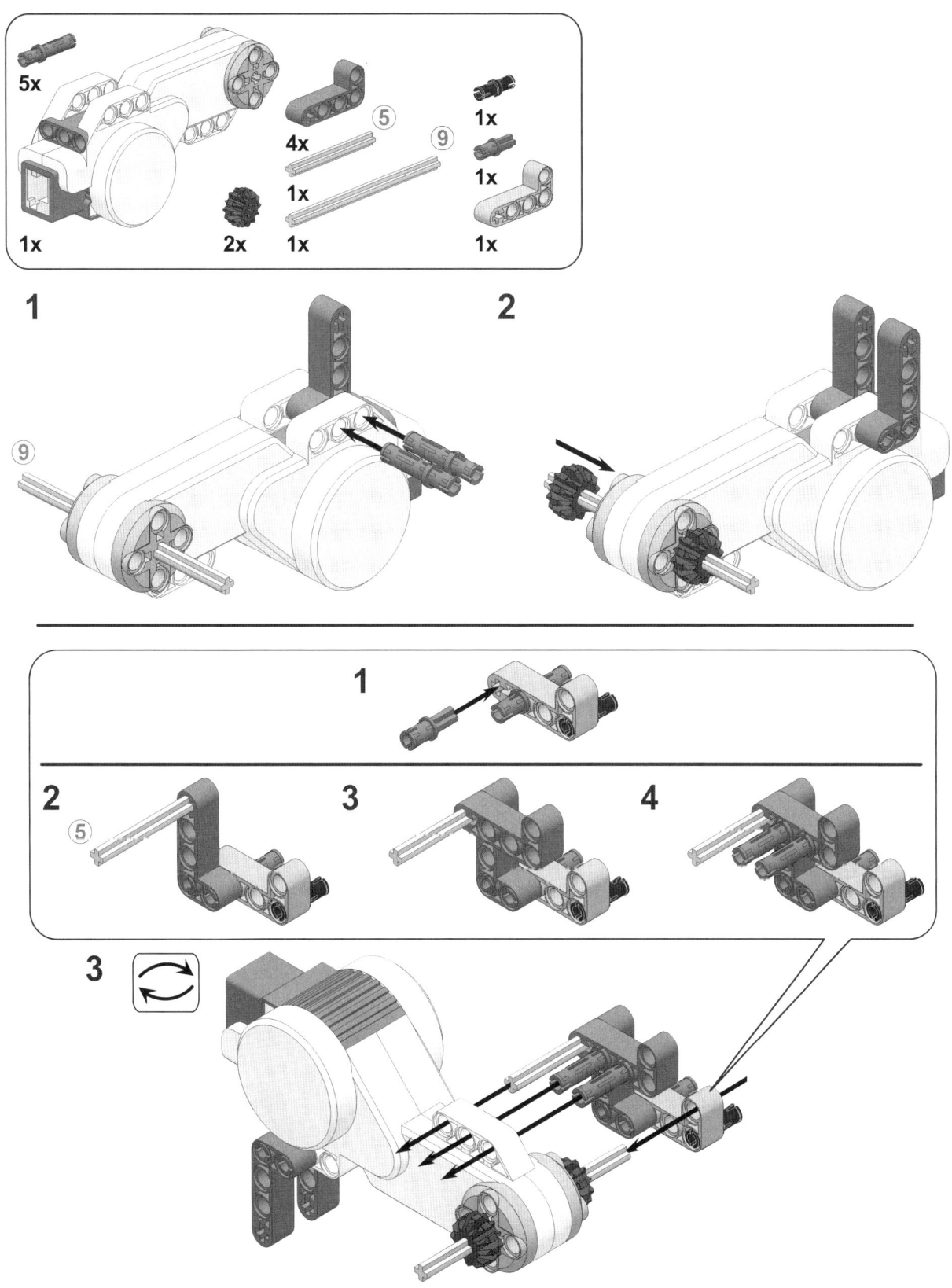

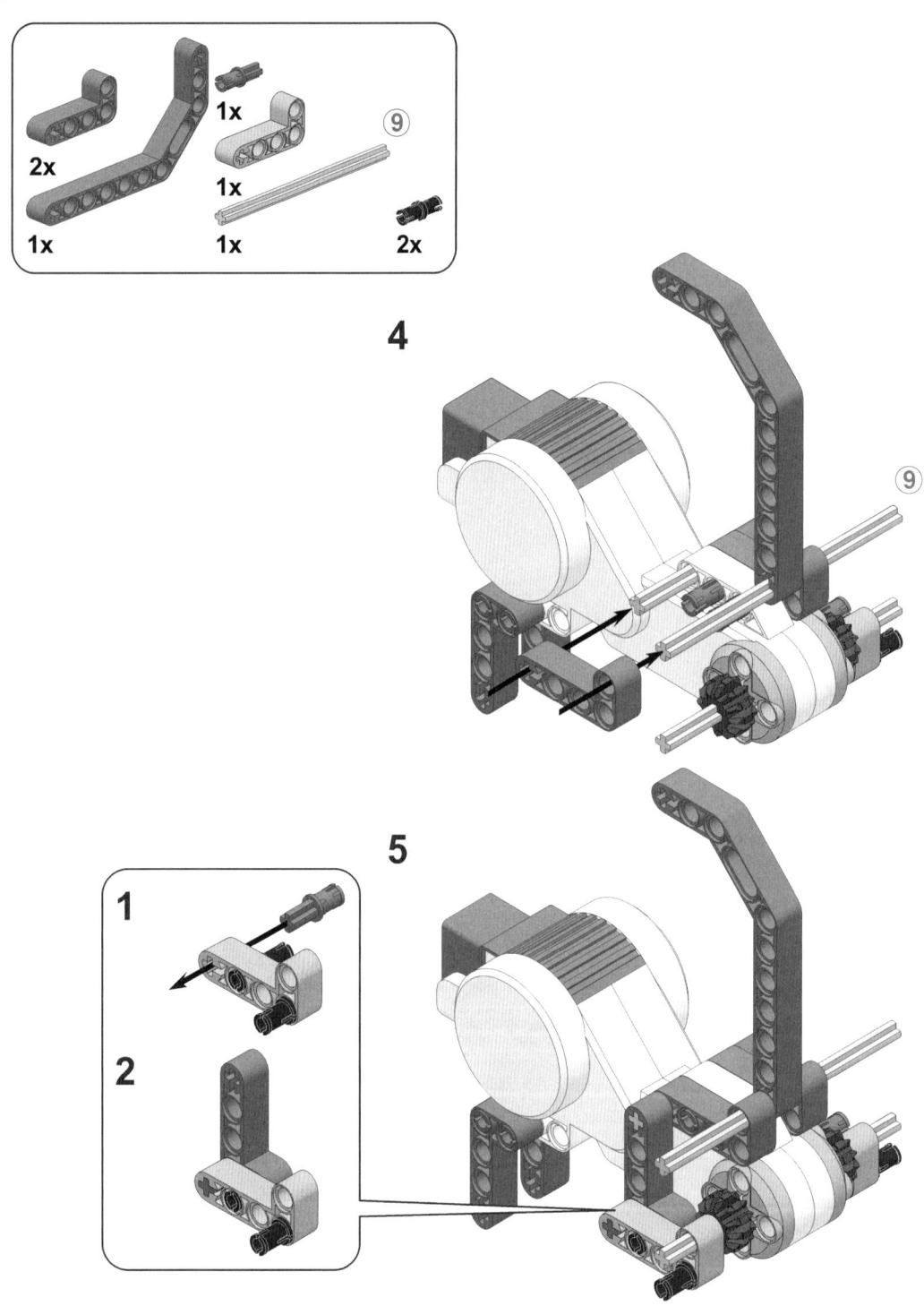

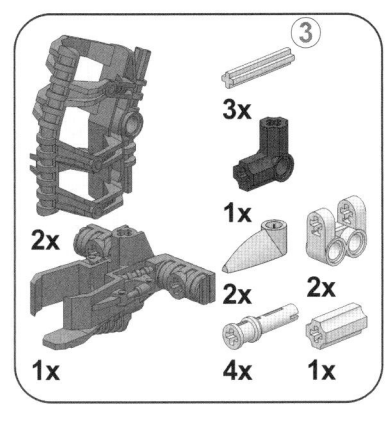
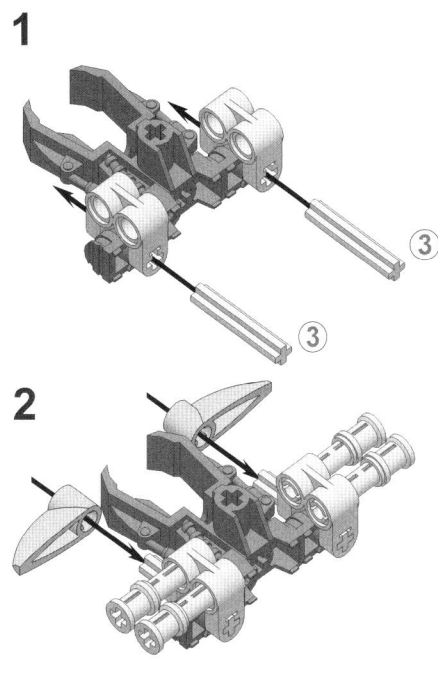
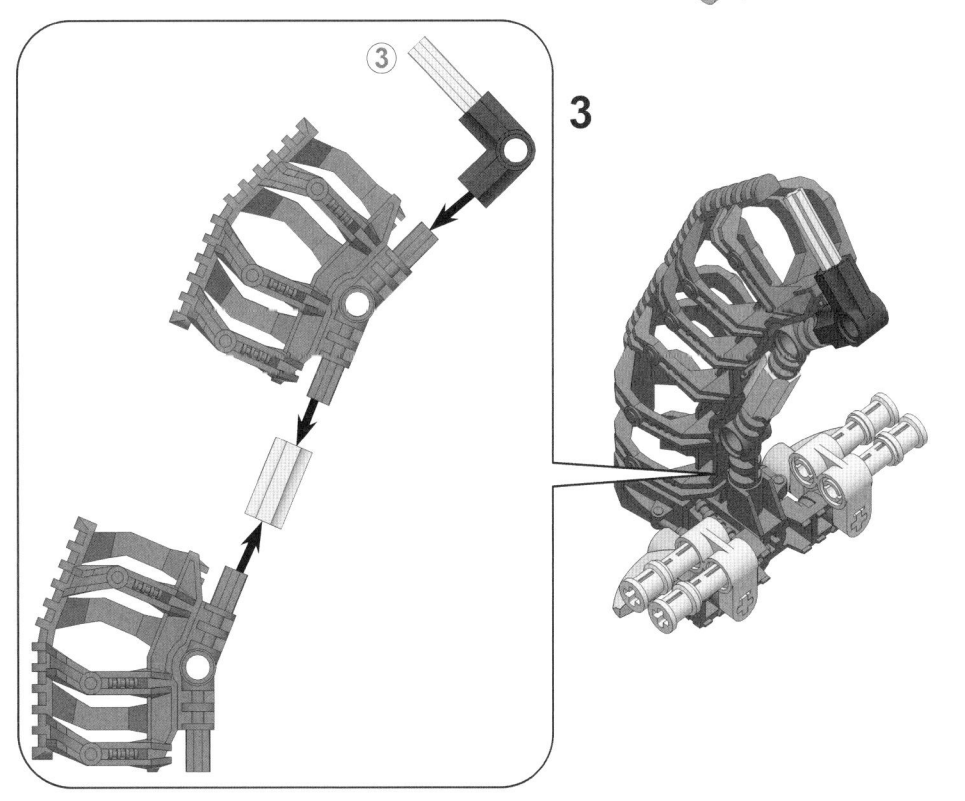

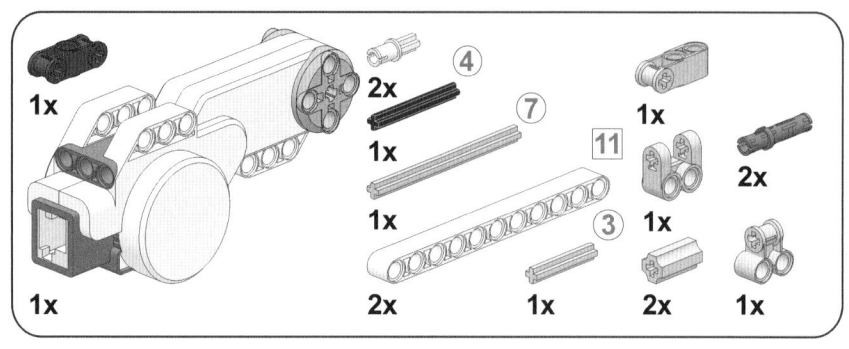

4

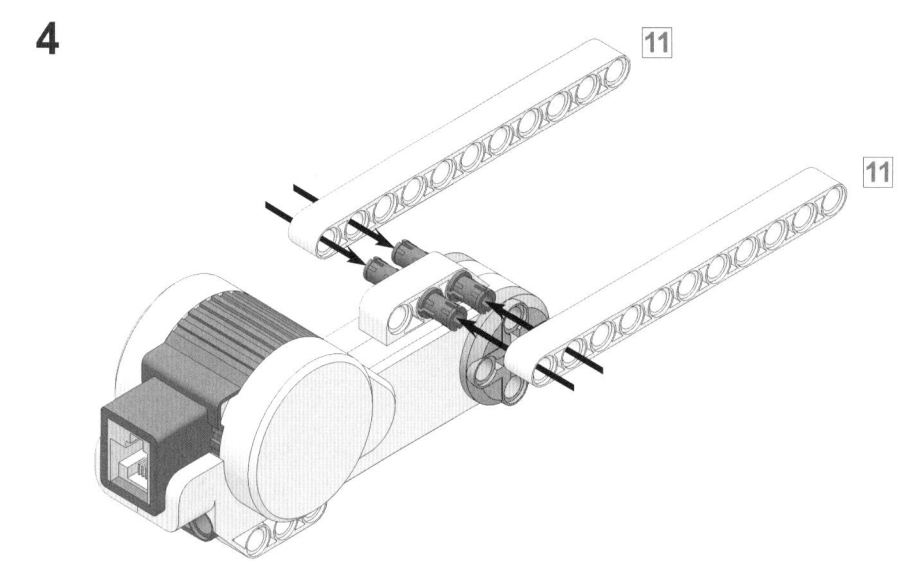

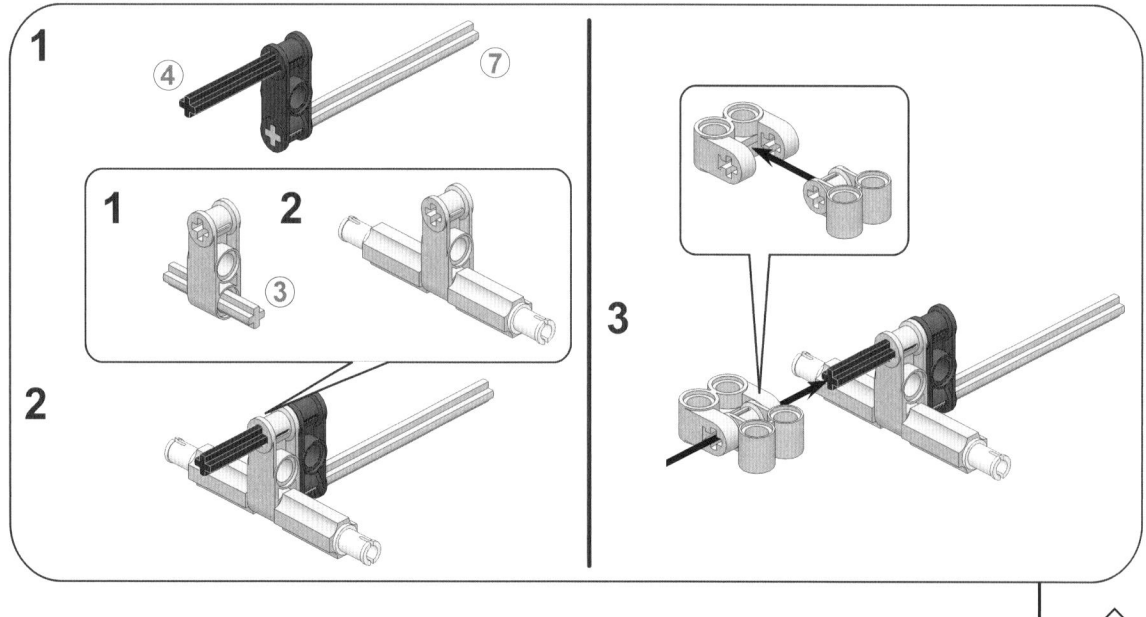

KAPITEL 8

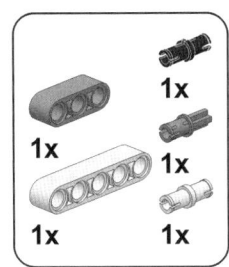

5

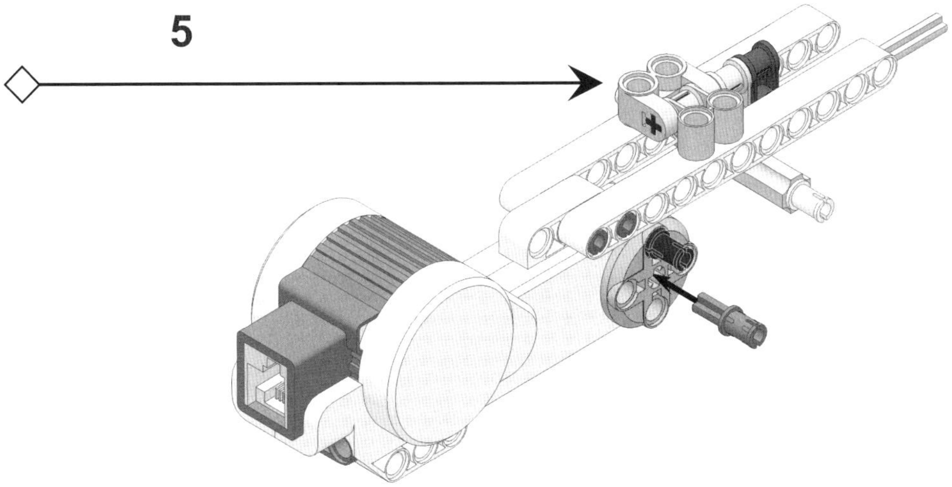

6

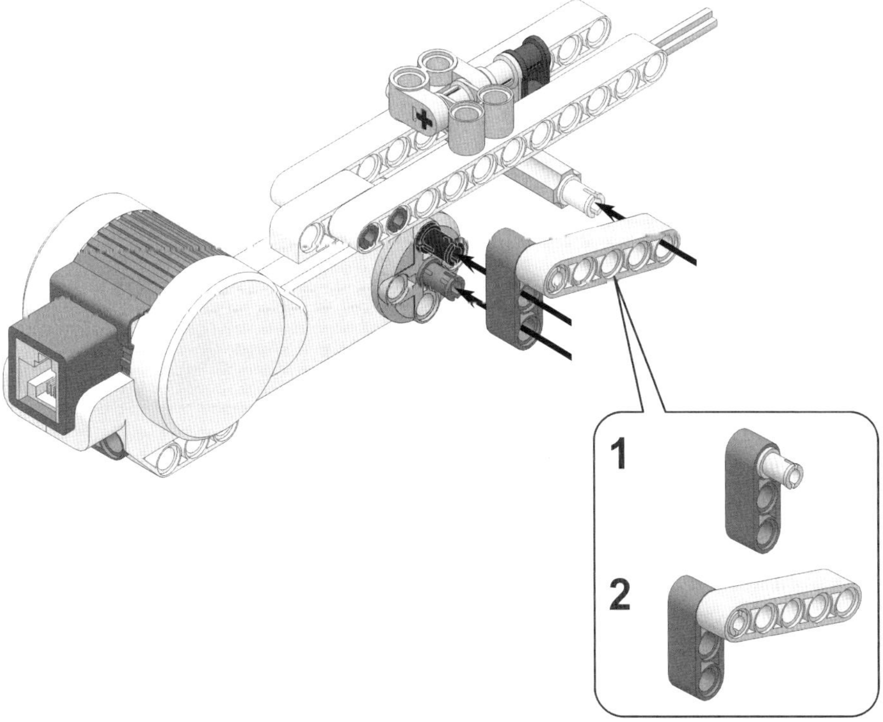

1

2

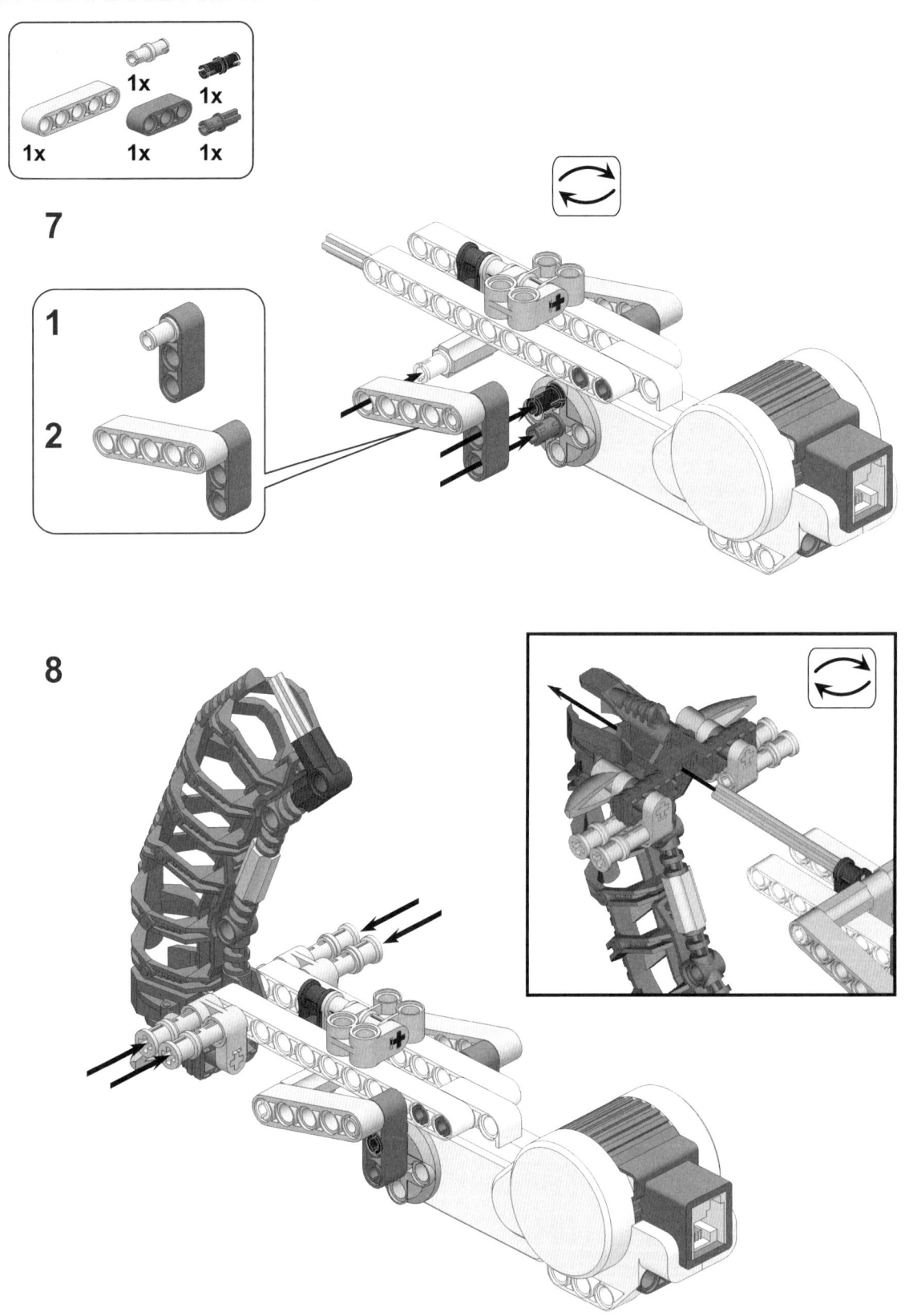

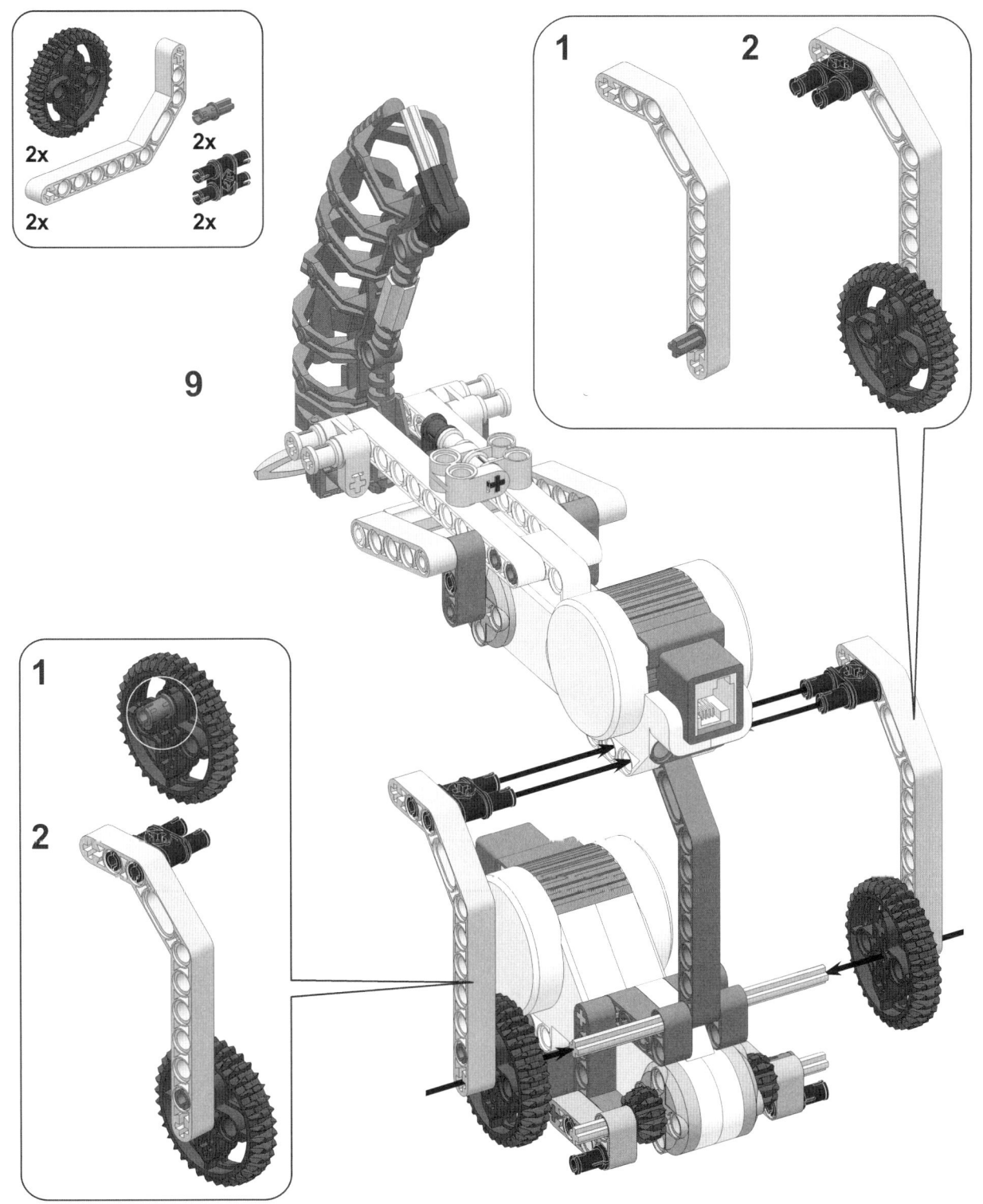

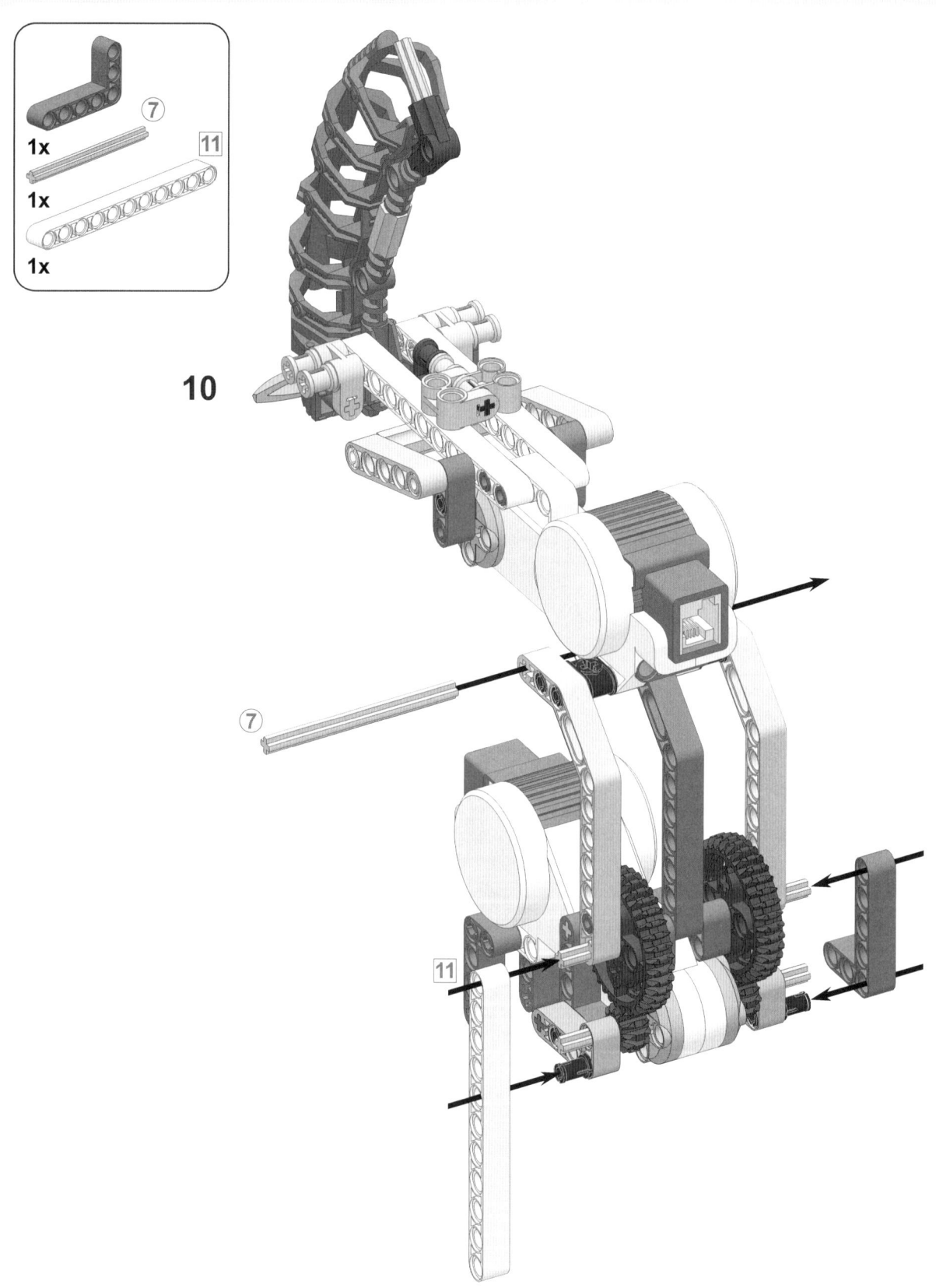

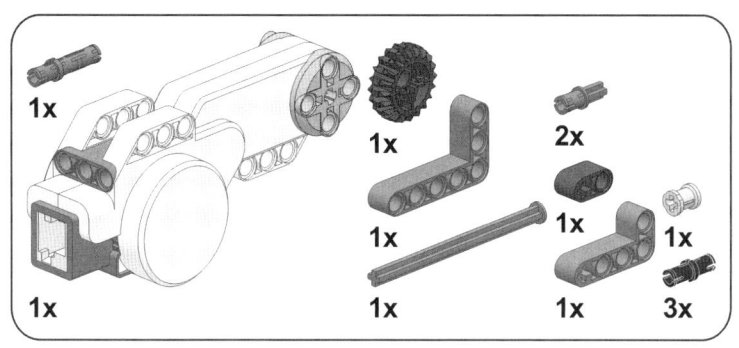
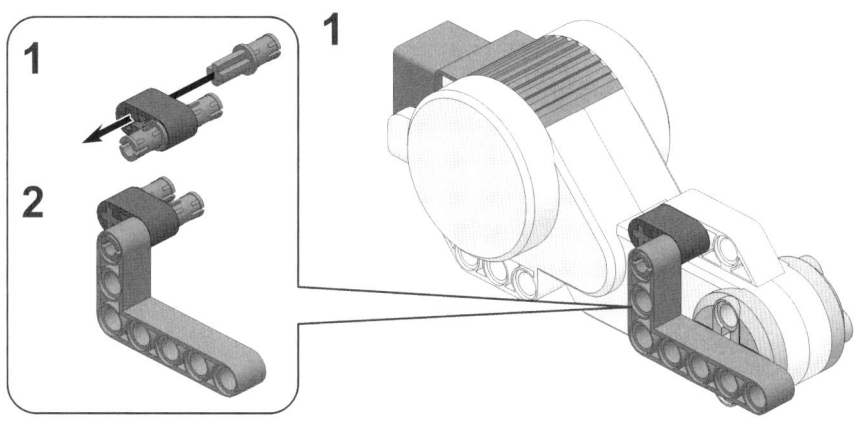
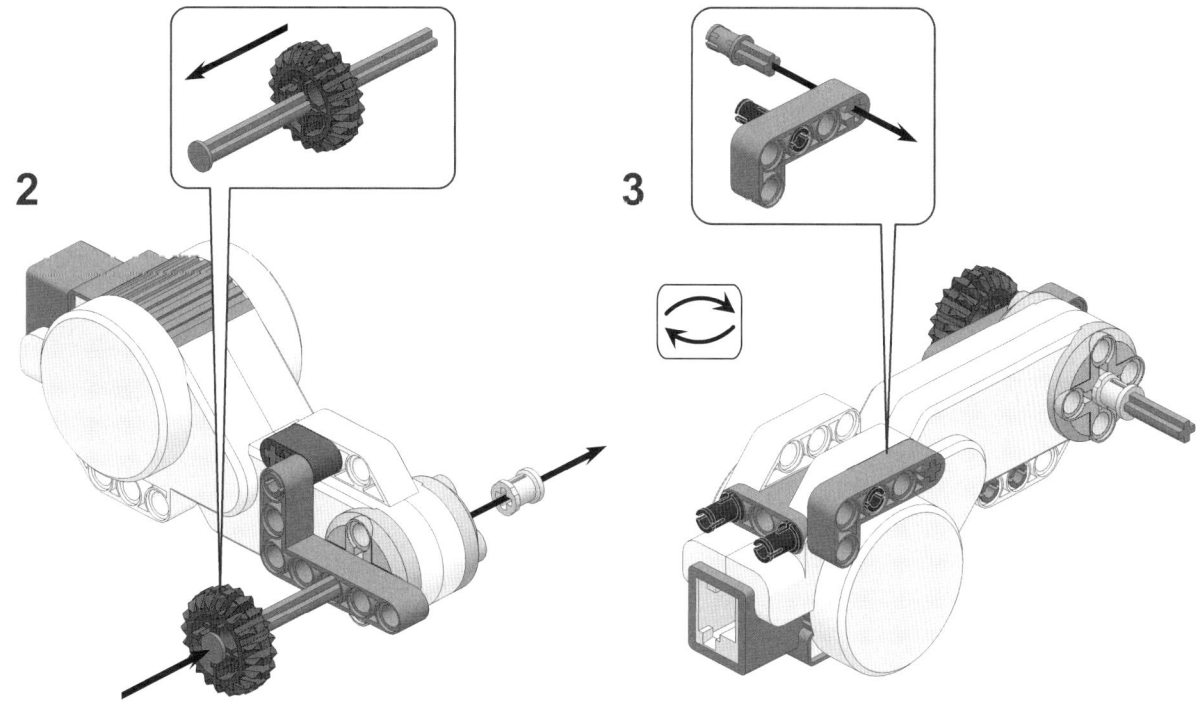

DER SHOT-ROLLER: EIN VERTEIDIGUNGSROBOTER **97**

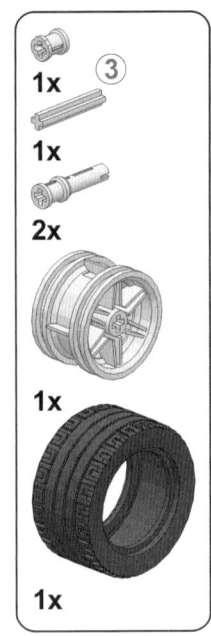

4

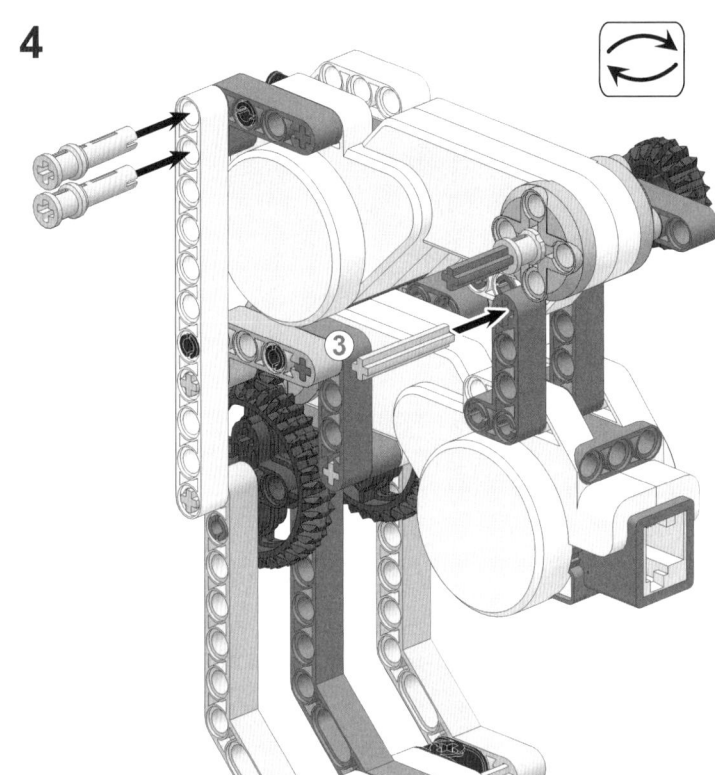

5

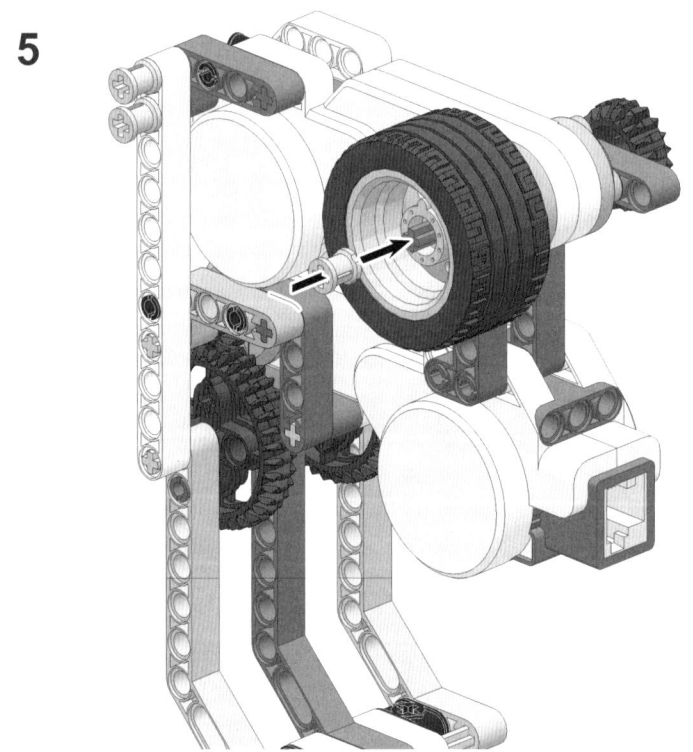

1x
1x
1x
6
3
1x
1x
1x
3x
1x
3x
1x
1x
1x
1x

1
6
3
2
3
1

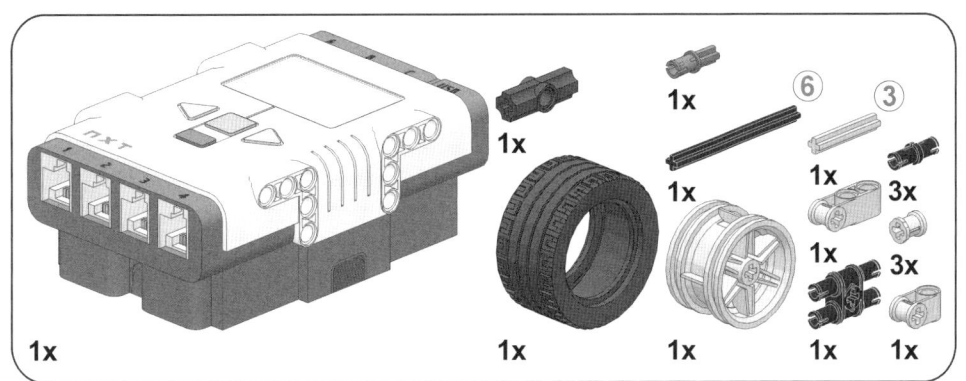

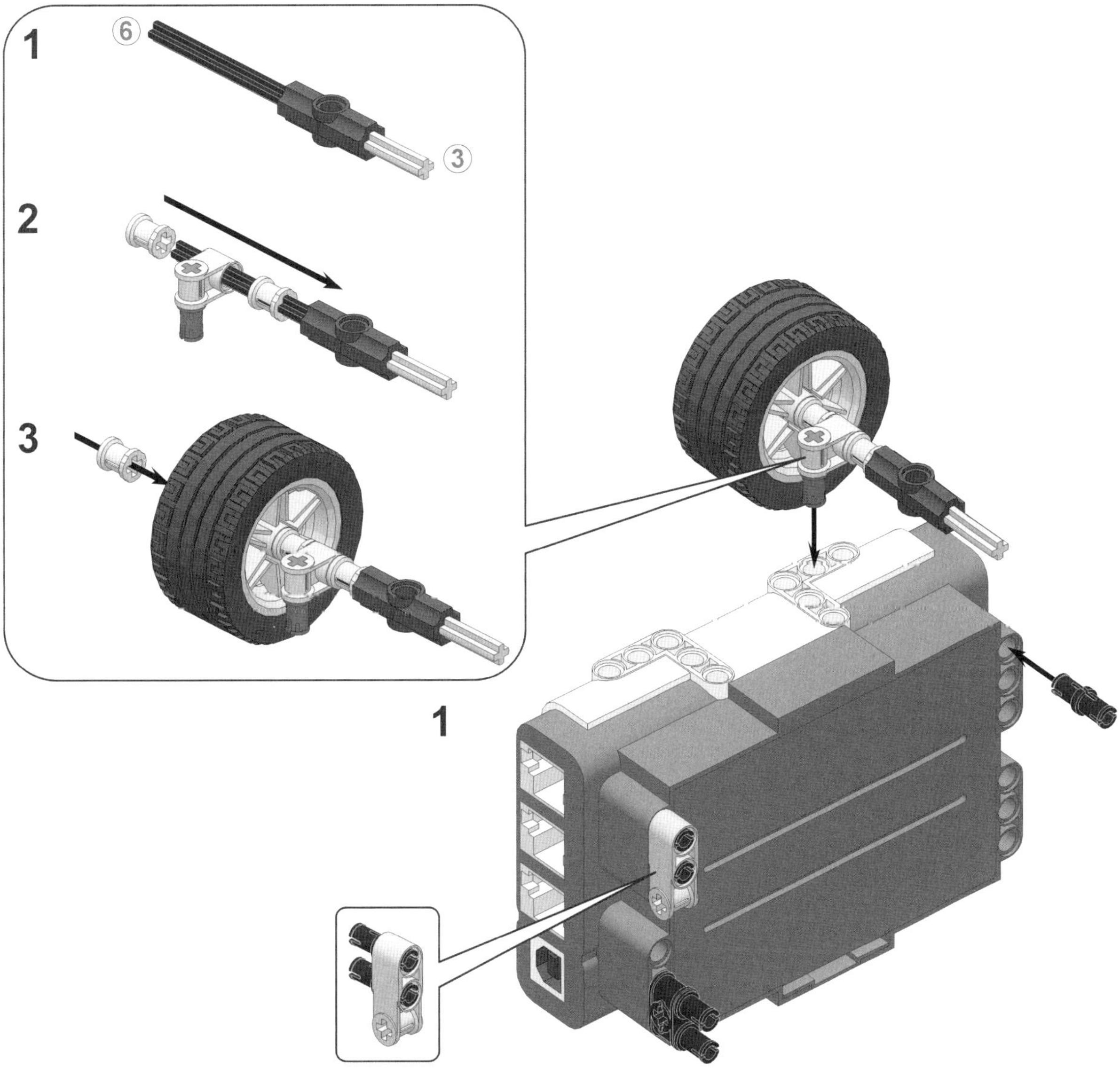

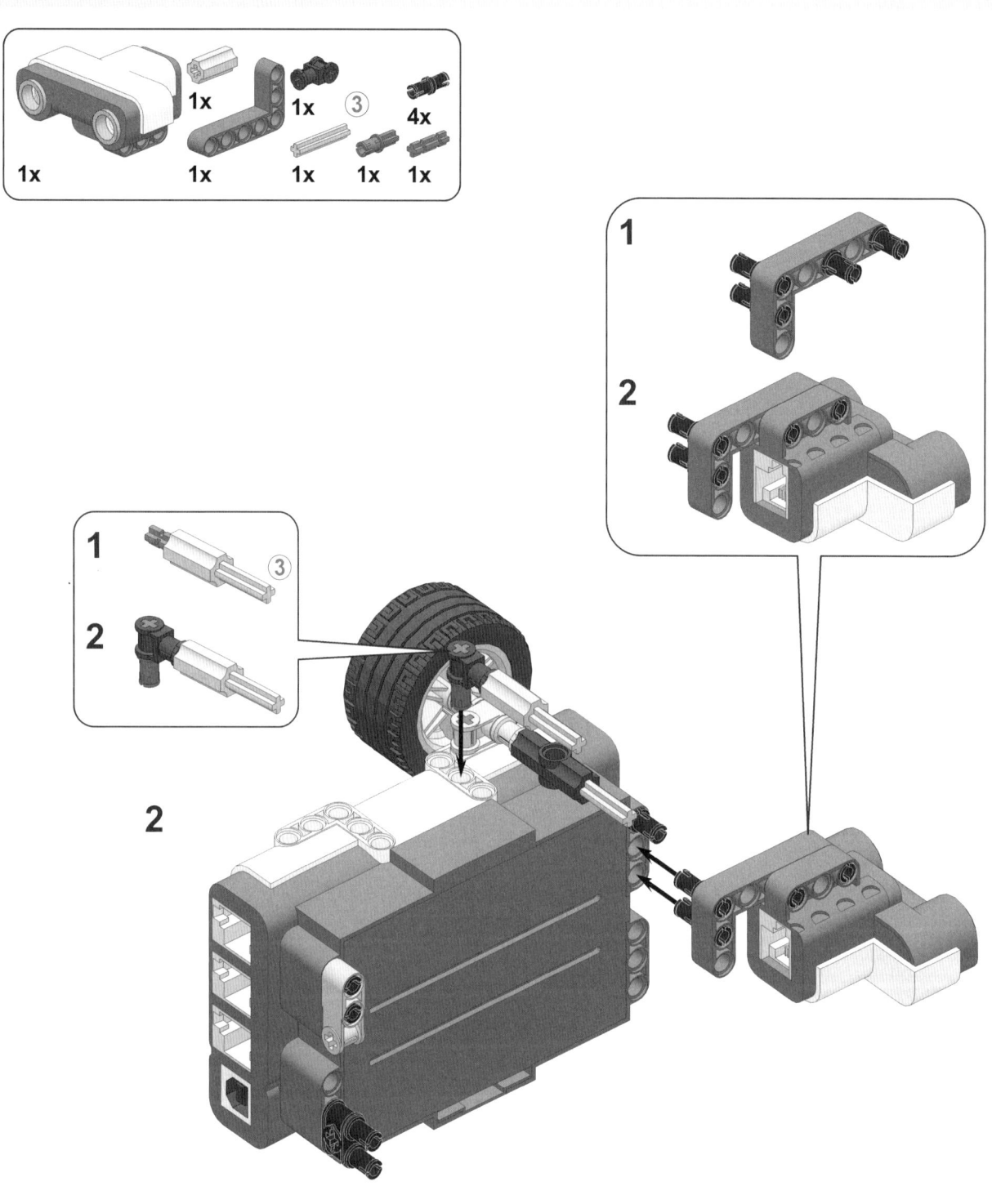

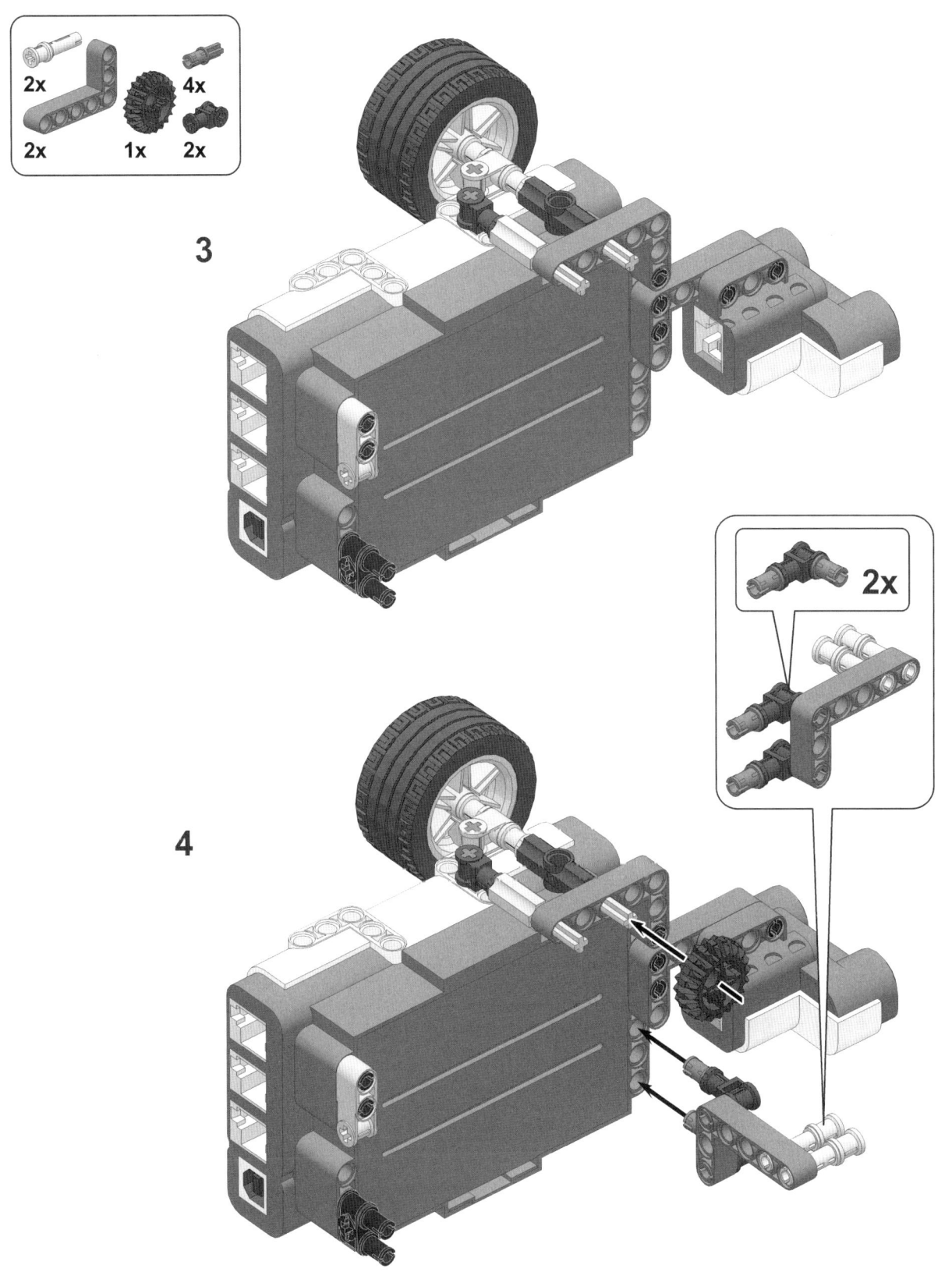

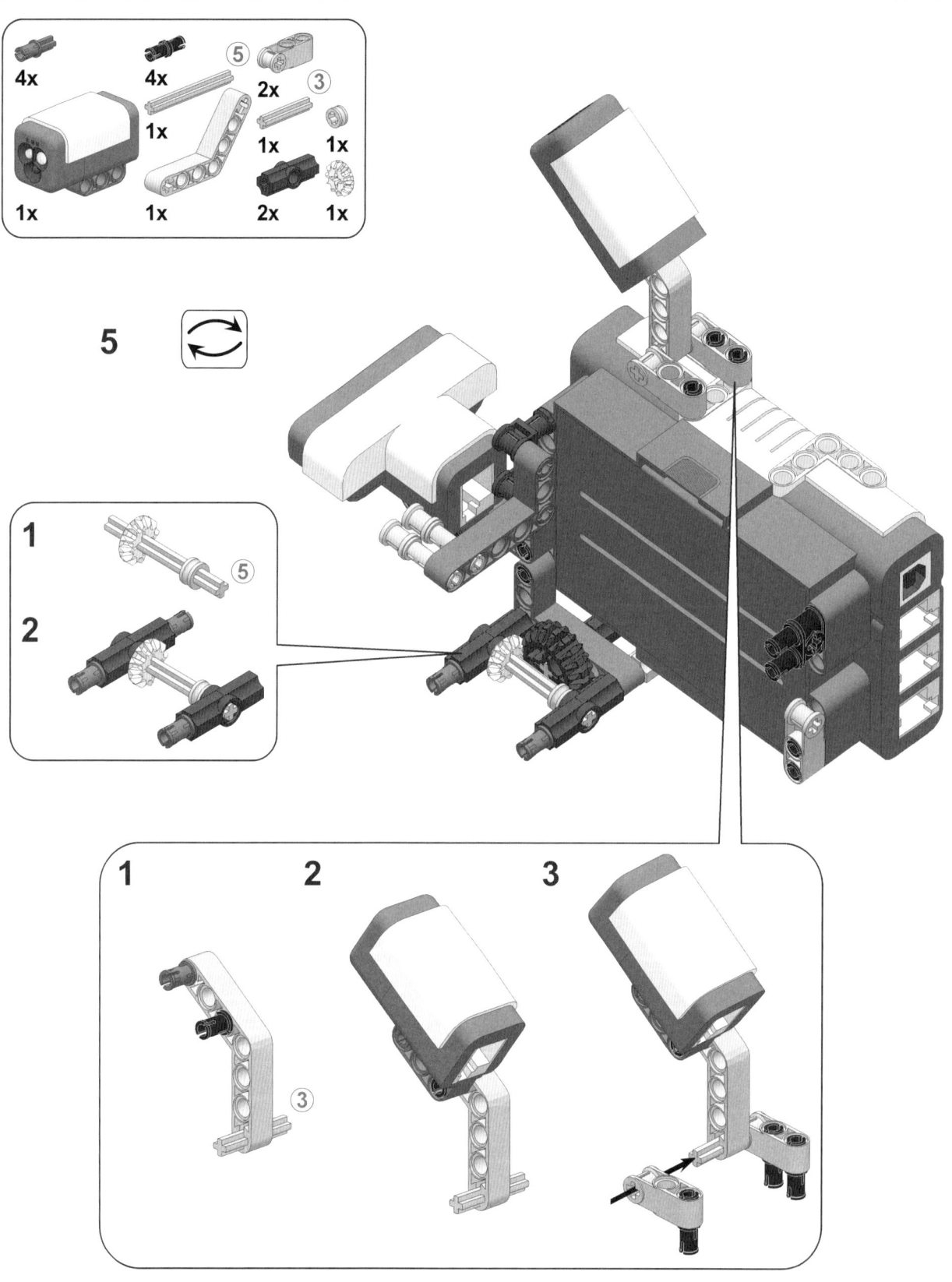

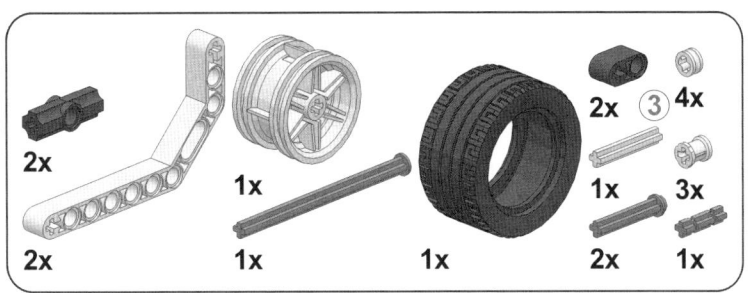
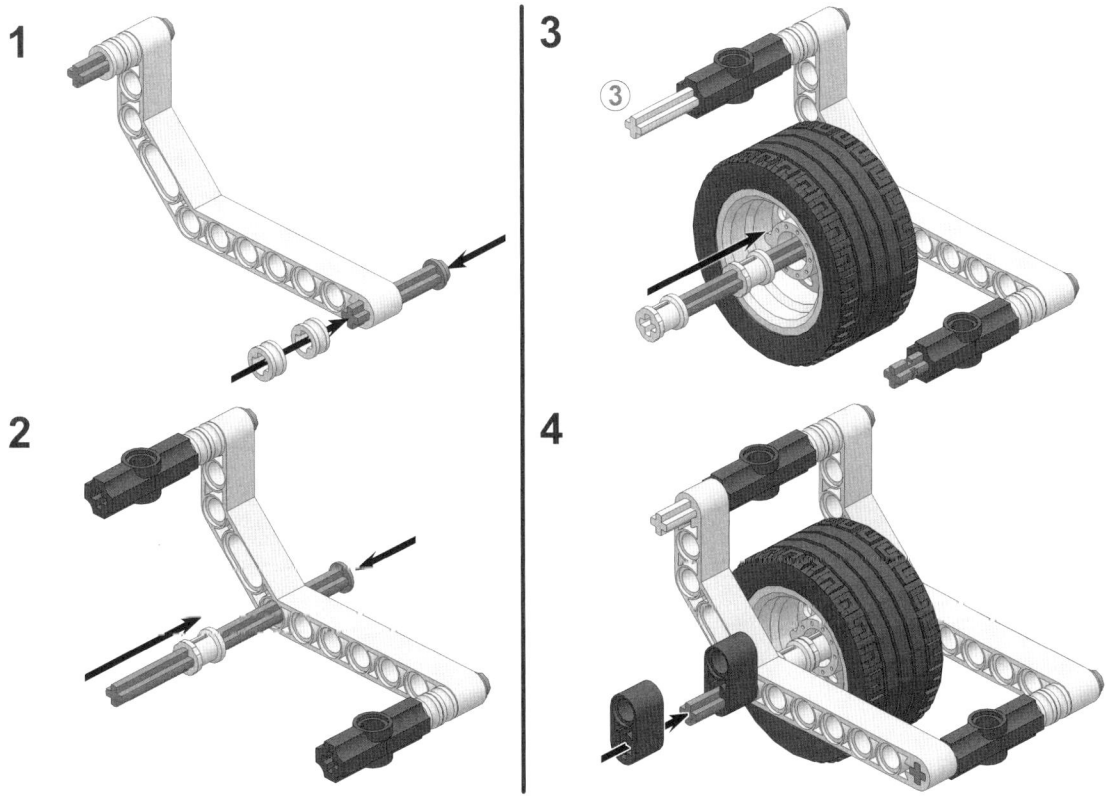

DER SHOT-ROLLER: EIN VERTEIDIGUNGSROBOTER

5

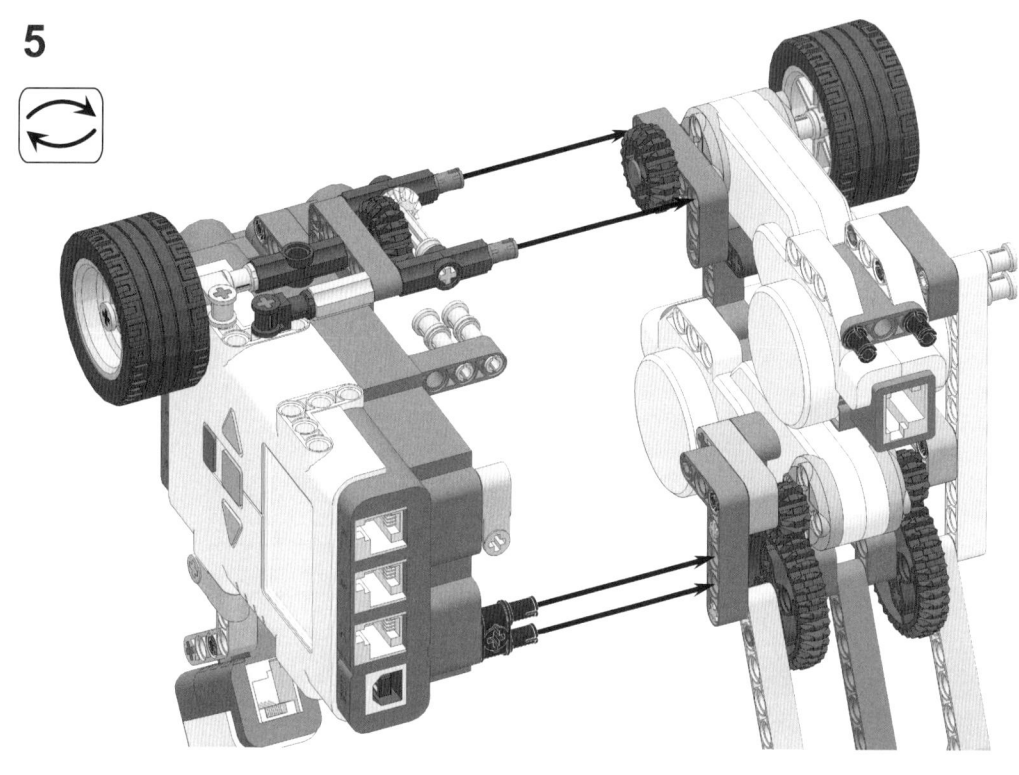

6

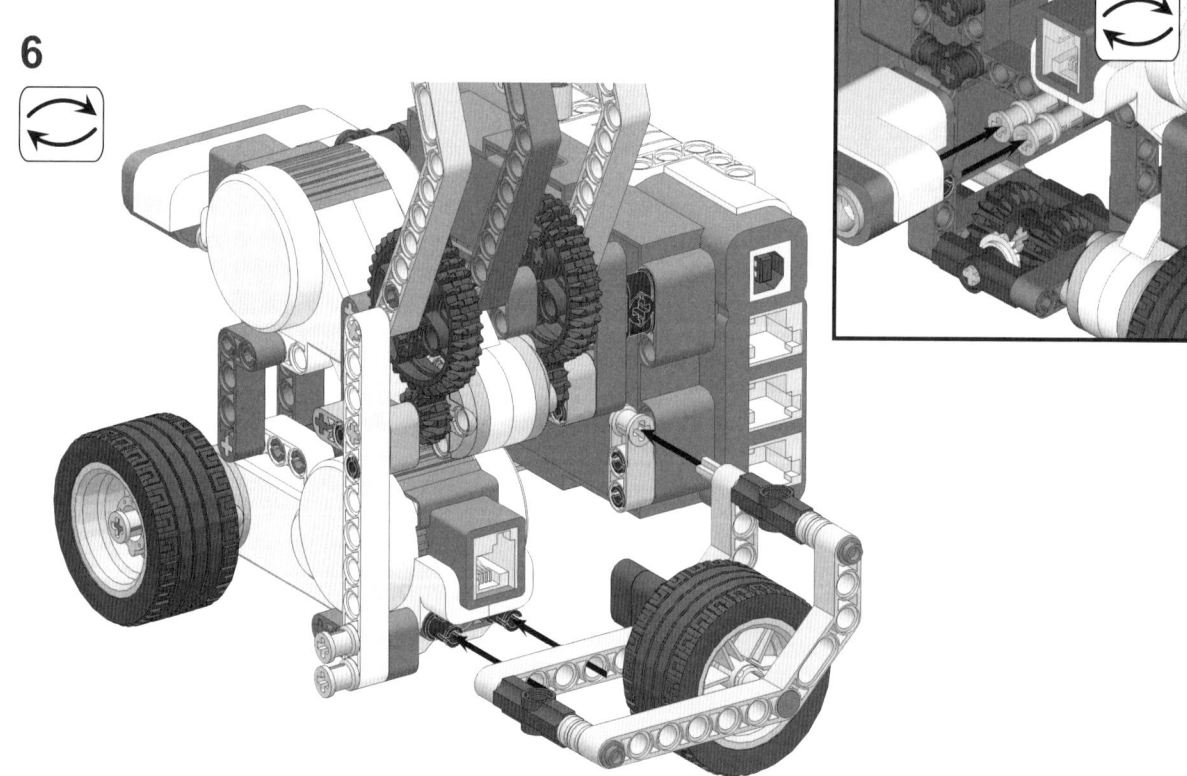

Anschließen der Kabel

Schließen Sie die Sensoren und Motoren wie in Tabelle 8-1 vorgegeben an den NXT-Baustein an und vergewissern Sie sich, dass sie den Rädern nicht in die Quere kommen. Dies können Sie z.B. dadurch erreichen, dass Sie die Kabel um mehrere LEGO-Teile des Roboters wickeln.

Stellen Sie sicher, dass sich Ihr Roboter problemlos drehen und den Aufsatz leicht anheben und senken kann, ohne dass die Kabel diese Bewegungen behindern. Dies können Sie überprüfen, indem Sie den Aufsatz und die Räder manuell bewegen.

Tabelle 8-1: Kabelverbindungen für den Shot-Roller

Von Motor/Sensor	An den NXT-Baustein	Kabellänge
Motor des Aufsatzes	Ausgabeport A	Mittel (35 cm)
Motor für Drehung	Ausgabeport B	Mittel
Motor zum Abfeuern der Bälle	Ausgabeport C	Mittel
Farbsensor	Eingabeport 3	Mittel
Ultraschallsensor	Eingabeport 4	Kurz (20 cm)

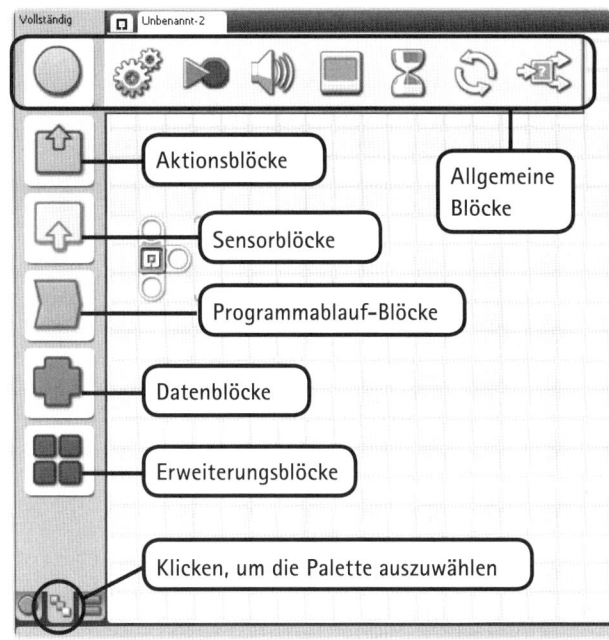

Abbildung 8-3: Um die Vollständige Palette zu öffnen, klicken Sie unten auf die zugehörige Registerkarte. Halten Sie den Mauszeiger über die farbigen Symbole, um sich die einzelnen Kategorien der Programmierblöcke anzeigen zu lassen.

Programmieren des Shot-Rollers

Bevor Sie Ihren Roboter programmieren, sehen wir uns ein paar neue Programmierblöcke an, die Sie für Ihre Programme brauchen werden.

Die Vollständige Palette

Die NXT-Software enthält drei unterschiedliche Programmierpaletten. Bisher haben Sie in den meisten Fällen die *Allgemeine Palette* verwendet und auch die *Eigene Palette* kennengelernt (für das Erstellen Eigener Blöcke). Nun werden Sie die *Vollständige Palette* einsetzen (siehe Abbildung 8-3). Diese Palette enthält alle Blöcke, die in einem NXT-Programm benutzt werden können – mit Ausnahme der Eigenen Blöcke, die Sie selbst erstellen.

Jedes farbige Symbol in der Vollständigen Palette steht für eine bestimmte Art von Block. Es gibt Allgemeine Blöcke, Aktionsblöcke, Sensorblöcke, Programmablaufblöcke, Datenblöcke und Erweiterungsblöcke.

* Die *Allgemeinen Blöcke* stammen aus der Allgemeinen Palette, d.h., es handelt sich lediglich um eine Zusammenstellung häufig eingesetzter Blöcke. Da z.B. Anzeige- und Klangblock Aktionen auslösen, sind sie auch in der Kategorie Aktionsblöcke zu finden. Der Klangblock in der allgemeinen Kategorie unterscheidet sich daher nicht vom Klangblock in der Aktionskategorie.

* *Aktionsblöcke* bringen den Roboter dazu, eine Handlung auszuführen, wie z.B. das Einschalten von Motoren, das Abspielen eines Tons oder das Anzeigen einer Textzeile auf dem NXT-Bildschirm.

* *Sensorblöcke* (gelb) rufen Sensorwerte ab, die Sie in Ihren Programmen einsetzen können. Sie unterscheiden sich von den bisher eingesetzten Blöcken zum Abrufen von Sensordaten, wie z.B. dem orangefarbenen Warteblock. (In Kapitel 10 erfahren Sie, wie die gelben Sensorblöcke verwendet werden.)

* *Programmablaufblöcke* (wie z.B. der Warteblock) dienen dazu, den Ablauf eines Programms zu ändern. Es kann z.B. notwendig sein, einen Block zu wiederholen (mithilfe eines Schleifenblocks) oder eine Entscheidung zu treffen (mithilfe eines Schaltblocks).

Auf die Daten- und Erweiterungsblöcke werde ich an späterer Stelle eingehen.

Farblampenblock

In Kapitel 7 haben Sie gesehen, dass der Farbsensor nicht nur die Farbe einer Oberfläche bestimmen, sondern auch als rote, grüne oder blaue Lampe dienen kann. Um den Sensor als Lampe einzusetzen, verwenden Sie den in den Aktionsblöcken enthaltenen *Farblampenblock*.

Öffnen Sie den Konfigurationsbereich, wählen Sie den **Port**, an den der Sensor angeschlossen ist und geben Sie im Aktionsfeld an, ob die Lampe ein- oder ausgeschaltet werden soll. Stellen Sie auch ein, in welcher Farbe die Lampe leuchten soll.

Entwickeln wir nun ein Programm, das den Sensor in eine Discolampe verwandelt, die in schneller Abfolge in verschiedenen Farben leuchtet. Starten Sie ein neues Programm mit dem Namen **TestColorLamp**, legen Sie vier Blöcke darin ab und konfigurieren Sie sie (siehe Abbildung 8-4).

Wenn Sie das »TestColorLamp«-Programm ausführen, sollten farbige Blitze vom Sensor ausgehen. Dieser Effekt wird erzielt, da Sie keinen Warteblock einsetzen, der das Programm vorübergehend unterbricht. Unmittelbar nachdem der erste Farblampenblock den Sensor rot leuchten lässt, gibt der zweite Block die Anweisung, blau zu leuchten. Gleich danach gibt der Sensor grünes Licht ab. Diese Abfolge wird mit dem Schleifenblock ständig wiederholt.

ENTDECKUNGSAUFGABE 38: SAG MIR, WELCHE FARBE LEUCHTET!

Schwierigkeitsgrad: Leicht

Können Sie den Roboter aussprechen lassen, in welcher Farbe die Lampe leuchtet? Erweitern Sie das »TestColorLamp«-Programm um drei Klangblöcke. Welche Einstellung wählen Sie in den Klangblöcken unter **Warten: auf Abschluss**?

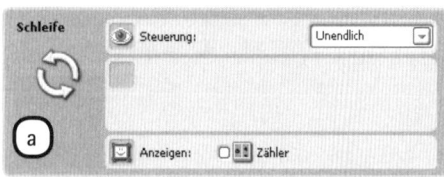
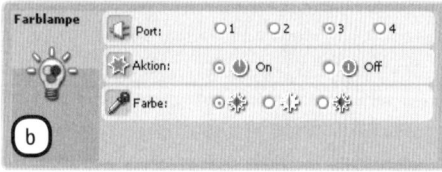

Abbildung 8-4: Konfiguration der Blöcke im »TestColorLamp«-Programm

Motorblock

Genau wie der Bewegungsblock dient auch der in den Aktionsblöcken enthaltene *Motorblock* der Steuerung eines Motors. Der entscheidende Unterschied zwischen den beiden Blöcken besteht darin, dass der Motorblock über zusätzliche Funktionen zur Steuerung *einzelner* Motoren verfügt, während sich der Bewegungsblock hervorragend für Fahrzeuge mit zwei Rädern eignet (wie z.B. für unseren Discovery-Roboter aus vorhergehenden Kapiteln). Da beim Shot-Roller drei Motoren zum Einsatz kommen, die jeweils eine unterschiedliche Funktion erfüllen, verwenden Sie hier Motorblöcke zur individuellen Steuerung.

Manche Einstellungsmöglichkeiten des Motorblocks sind die gleichen wie die eines Bewegungsblocks. Zum Beispiel können Sie im Konfigurationsbereich des Motorblocks angeben, an welchen Ausgabeport der Motor angeschlossen ist und in welche Richtung sich der Motor drehen soll. Sie können die Leistung des Motors sowie die Dauer der Umdrehung (»Dauer«) bestimmen und dem Roboter sagen, was zu tun ist, wenn der Motor anhält (»Nächste Aktion«).

Die Option »Steuerung: Motorleistung«

Eine Einstellungsmöglichkeit, die nur im Motorblock enthalten ist, finden Sie im Feld **Steuerung: Motorleistung**. Wenn Sie einen Motor auf eine bestimmte, konstante Motorleistung (z.B. 50) einstellen, verlangsamt sich der Motor, wenn Sie ihn manuell bremsen. Aktivieren Sie jedoch die Einstellung **Steuerung: Motorleistung**, wird der NXT bei zusätzlicher Belastung die Leistung des Motors automatisch erhöhen, so dass sich dieser weiterhin mit konstanter Geschwindigkeit dreht. Im folgenden Beispielprogramm werden Sie einen Motorblock mit zugehörigem Konfigurationsbereich kennenlernen.

Zur Veranschaulichung der Einstellung **Steuerung: Motorleistung** werden Sie zwei Bälle mit dem zuständigen Motor des Shot-Rollers abfeuern. Um einen Ball abzufeuern, ist eine ganze Umdrehung des Motors erforderlich. Den ersten Ball schießen Sie mithilfe eines Motorblocks ab, in dem die Einstellung **Steuerung: Motorleistung** aktiviert ist. Der zweite Ball wird ohne Anpassung der Motorleistung abgefeuert (siehe Abbildung 8-5).

Wenn Sie das Programm starten, sollte der erste Ball mit hoher Geschwindigkeit losfliegen, da die Leistung des Motors angepasst wird. Der zweite Ball bleibt hingegen im Magazin stecken, da die Motorleistung nicht stark genug ist, um ihn abzufeuern.

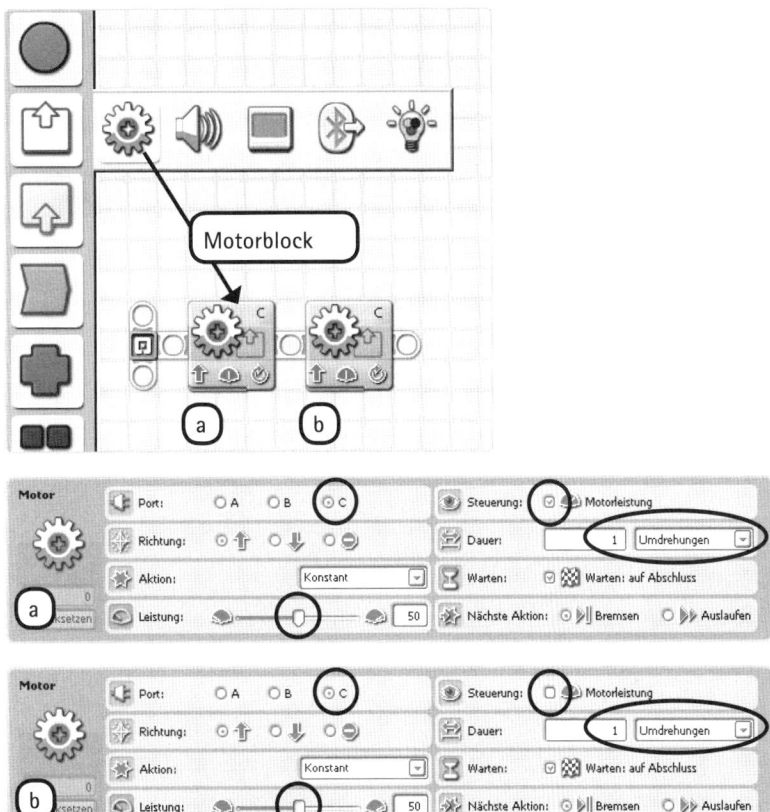

Abbildung 8-5: Konfiguration der Blöcke im »MotorControlTest«-Programm

ENTDECKUNGSAUFGABE 39: TESTEN DER MOTORBLÖCKE

Schwierigkeitsgrad: Leicht

Bevor Sie größere Programme für einen Roboter entwickeln, sollten Sie die mechanischen Eigenschaften des Roboters testen, um deren Funktionsweise besser zu verstehen und auftretende Probleme leichter lösen zu können. Falls z.B. der für die Drehung zuständige Motor den Roboter nicht zum Drehen bringt, wurden beim Bauen des Roboters wahrscheinlich ein paar LEGO-Teile falsch zusammengefügt. Erstellen Sie ein Programm, das jeden Motor des Shot-Rollers zunächst eine Weile vorwärts- und dann rückwärtsdrehen lässt. Experimentieren Sie mit unterschiedlichen Motorgeschwindigkeiten und testen Sie die Einstellung **Steuerung: Motorleistung**. Bitte beachten Sie, dass sich der Motor des Aufsatzes nicht auf unbegrenzte Dauer drehen kann, und berücksichtigen Sie dies bei der Konfiguration des zugehörigen Blocks.

HINWEIS Es ist nicht immer offensichtlich, in welche Richtung sich ein Motor drehen muss, um eine bestimmte Bewegung auszulösen. Um z.B. den Aufsatz dieses Roboters anzuheben, muss sich Motor A rückwärtsdrehen. Die Richtung hängt sowohl von der Ausrichtung der Motoren als auch den Getrieben Ihres Roboters ab. Um herauszufinden, in welche Richtung sich die Motoren drehen müssen, damit Ihr Roboter eine bestimmte Bewegung ausführen kann, probieren Sie einfach mit einem kleinen, aus einem Motorblock bestehenden Testprogramm beide Richtungen aus.

Autonomer Modus

Da Sie nun wissen, wie die Motor- und Farblampenblöcke einzusetzen sind, können Sie jetzt spannendere Programme für den Shot-Roller entwickeln! Als ersten Schritt werden Sie ein paar Programme erstellen, die den Roboter Handlungen eigenständig, d.h. ohne Ihre Hilfe, ausführen lassen. In diesem autonomen Modus steuert der NXT die Motoren und die Handlungen des Roboters auf der Grundlage des laufenden Programms und der Sensordaten.

Im nächsten Programm, das Sie entwickeln werden, wird der Farbsensor als Farblampe eingesetzt, d.h., hier ist der Ultraschallsensor der einzige aktive Sensor. Ihr Programm wird den Shot-Roller dazu bringen, sich umzudrehen und gleichzeitig nach Zielobjekten zu suchen. Wenn der Roboter ein Zielobjekt wahrnimmt, wird er den Aufsatz anheben. Ist das Zielobjekt weniger als 25 cm entfernt, werden zwei Bälle abgefeuert. Ist die Entfernung größer als 25 cm, wird nur ein Ball abgefeuert. Sobald die Bälle abgeschossen sind, senkt der Roboter den Aufsatz und kehrt zum Anfang des Programms zurück, d.h., er sucht erneut nach Zielobjekten. Die Farblampe gibt an, in welcher Phase sich der Shot-Roller befindet: Suchen nach Zielobjekten (blaues Licht), Ausrichtung auf das Zielobjekt (grünes Licht) und Abfeuern (rotes Licht).

HINWEIS Vergewissern Sie sich vor dem Starten des Programms, dass die Schießvorrichtung parallel zum Boden positioniert ist.

Entwickeln des Programms

Erstellen Sie ein neues Programm mit dem Namen **Shot-Roller-Autonomous** und folgen Sie den Anweisungen der Abbildungen 8-6 bis 8-10.

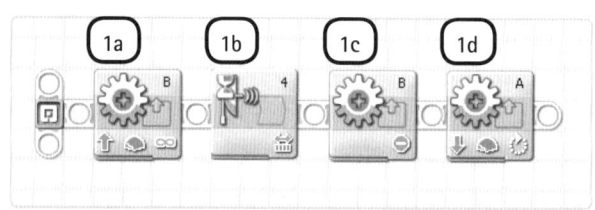

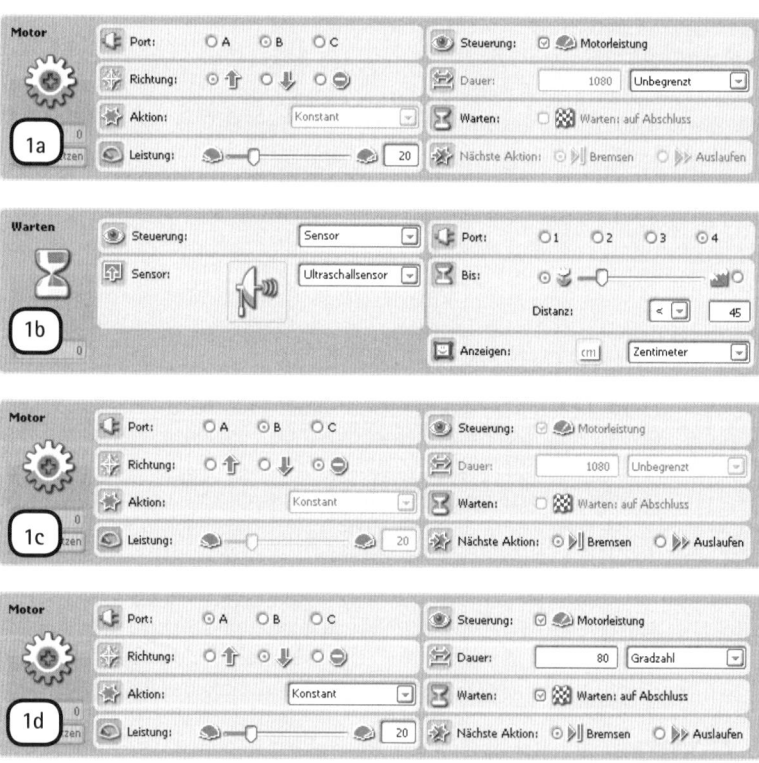

Abbildung 8-6: **1. Schritt:** *Der für die Drehung zuständige Motor wird bewegt, indem Sie den Motor B aktivieren und unter* **Dauer** *die Option* **Unbegrenzt** *einstellen. Wenn sich der Shot-Roller nach rechts dreht, sorgt ein Warteblock dafür, dass sich der Ultraschallsensor nach Zielobjekten umsieht. Sobald der Roboter ein Zielobjekt wahrnimmt, das weniger als 45 cm entfernt ist, wird Motor B ausgeschaltet und der Aufsatz durch Rückwärtsdrehen des Motors A angehoben.*

HINWEIS Zusätzlich zu den neu hinzugekommenen Programmierblöcken sind in Abbildung 8-7 auch einige der früheren Blöcke dargestellt. Diese Blöcke brauchen Sie nicht nochmals konfigurieren; sie dienen lediglich der Orientierung für die Platzierung der neuen Blöcke. Solche Blöcke aus vorhergehenden Schritten werden Ihnen auch in anderen Abbildungen in diesem Buch begegnen.

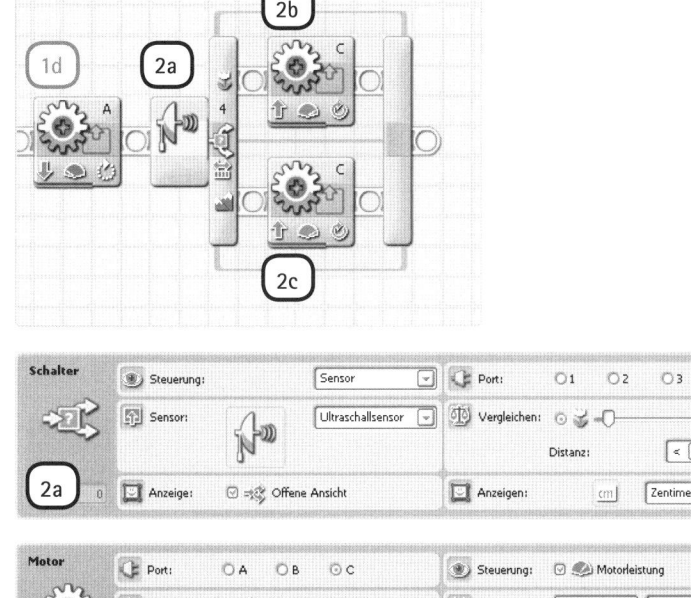

Abbildung 8-7: 2. Schritt: Der Warteblock im 1. Schritt hält das Programm so lange an, bis der Sensor ein Objekt in weniger als 45 cm Entfernung wahrnimmt. Jedoch kann er die genaue Entfernung eines Zielobjekts nicht herausfinden. Um die Entfernung zu bestimmen, wird ein Schaltblock eingesetzt. Ist das Zielobjekt weniger als 25 cm entfernt, werden zwei Bälle abgefeuert. Ist die Entfernung größer als 25 cm, wird nur ein Ball abgefeuert.

HINWEIS Ein aus der Programmierpalette (aus den Programmablaufblöcken) entnommener Warteblock ist standardmäßig darauf programmiert, die Daten des Berührungssensors abzurufen. Um ihn für eine bestimmte Anzahl an Sekunden warten zu lassen, wählen Sie im Steuerungsfeld die Option *Zeit* (Abbildung 8-8).

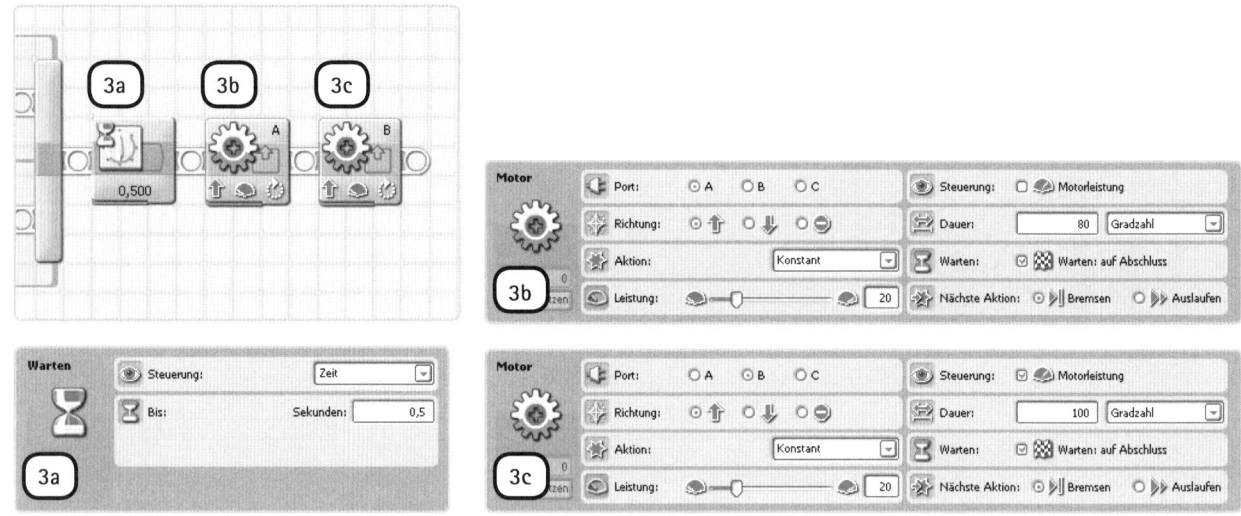

Abbildung 8-8: **3. Schritt:** *Nachdem der Roboter die Bälle abgefeuert hat, wartet er eine halbe Sekunde, senkt den Aufsatz, dreht sich etwas und beginnt dann wieder am Anfang des Programms. Dadurch wird vermieden, dass er mehrmals auf das gleiche Zielobjekt schießt.*

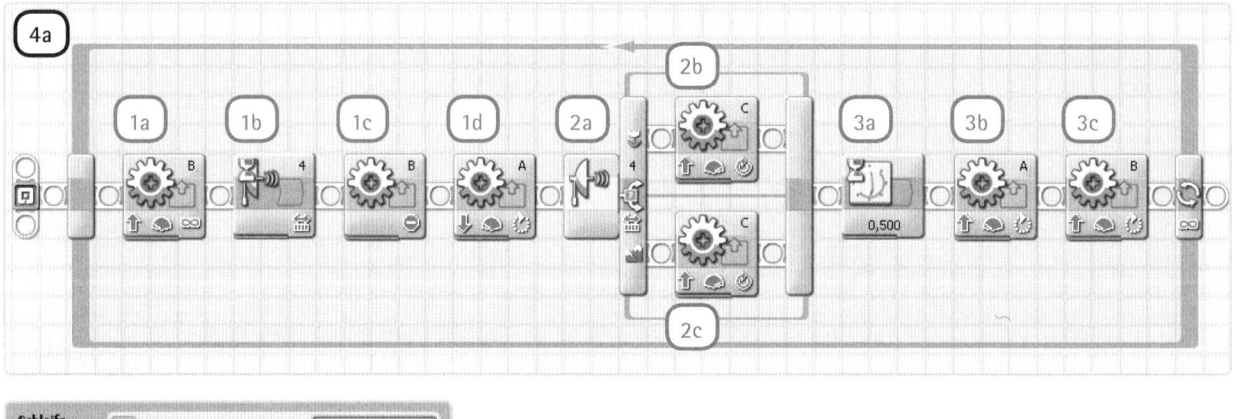

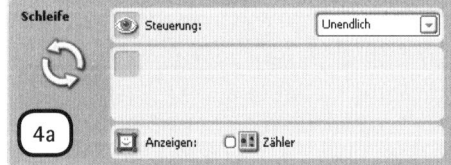

Abbildung 8-9: **4. Schritt:** *Es wird ein Schleifenblock eingesetzt, um die Abfolge der Blöcke zu wiederholen. Hierzu legen Sie den Schleifenblock am Anfang Ihres Programms (vor Block 1a) ab, markieren die restlichen Blöcke und ziehen sie in den Schleifenblock hinein. Das Ergebnis ist das in dieser Abbildung dargestellte Programm.*

Und schon haben Sie das Programm erstellt – herzlichen Glückwunsch! Sie können es nun auf den Shot-Roller laden und starten!

ENTDECKUNGSAUFGABE 40: GEFÄHRLICHER EINBRUCHS-ALARM!

Schwierigkeitsgrad: Mittel

Erstellen Sie ein Programm, das den Shot-Roller als Einbruchsalarm fungieren lässt. Der Ultraschallsensor soll wahrnehmen, wenn sich eine Tür öffnet. Wenn sie sich öffnet, sollte der Alarm noch nicht aktiviert werden, da der Eindringling noch zu weit weg ist, um von einem Ball aus dem Shot-Roller getroffen zu werden. Ein Warteblock sollte das Programm zunächst für ein paar Sekunden unterbrechen. Danach sollte der Shot-Roller in schneller Abfolge Bälle abfeuern und dabei laute Alarmtöne von sich geben (mithilfe von Klangblöcken auf einem **parallelen Programmierbalken**).

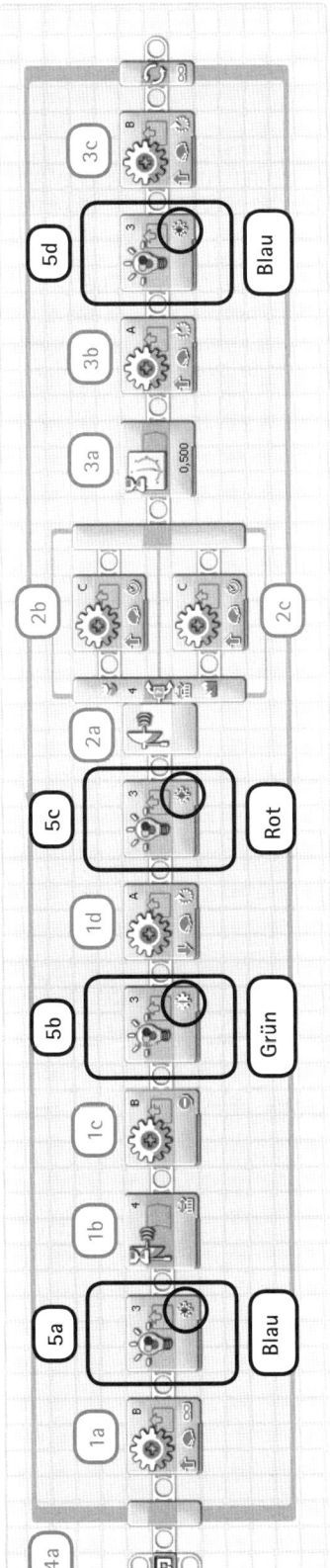

Abbildung 8-10: 5. Schritt: Schließlich fügen Sie wie hier dargestellt die Farblampenblöcke ein, um den Status des Shot-Rollers anzeigen zu lassen. Konfigurieren Sie die Farbeinstellung im Konfigurationsbereich jedes Blocks wie in dieser Abbildung vorgegeben. Diese Abbildung zeigt das fertige Programm.

Lichtsensor-Modus

Sie können den Farbsensor nicht nur als Farbdetektor und als Farblampe einsetzen, sondern ihn auch verwenden, um die Lichtintensität in einem bestimmten Bereich zu messen. Er kann z.B. den Lichtunterschied zwischen hellen, sonnigen Bereichen und dem dunklen Innern eines Schranks messen. Die Sensorwerte reichen von 0 bis 100. Ein Sensorwert von 0 bedeutet, dass der Sensor kein Licht wahrnimmt, während ein Wert von 100 angibt, dass das wahrgenommene Licht sehr hell ist. In Abbildung 8-11 sehen Sie die Einstellungen eines Warteblocks, der darauf programmiert ist, die Werte des Farbsensors im Lichtsensor-Modus abzulesen.

Im Feld »Bis« geben Sie an, bei welchem Sensorwert der Warteblock gestoppt werden soll. Der hier abgebildete Block unterbricht das Programm so lange, bis der Sensor einen Lichtwert höher als 50 misst.

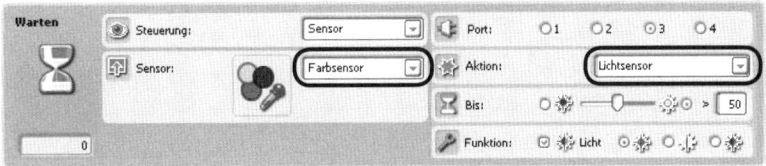

Abbildung 8-11: Konfigurationsbereich eines Warteblocks, der darauf eingestellt ist, die Daten des Lichtsensors abzurufen. Entnehmen Sie einen Warteblock aus der Programmierpalette, wählen Sie aus der Sensorliste die Option **Farbsensor** und im Aktionsfeld die Option **Lichtsensor** aus.

Beim Messen der Lichtintensität können Sie die Farblampe einschalten, indem Sie im Funktionsfeld die Option **Licht** auswählen und die gewünschte Farbe angeben.

Mit dem Shot-Roller ein Territorium verteidigen

Für das nächste Programm brauchen Sie einen dunklen Raum, wie z.B. ein fensterloses Badezimmer bei ausgeschaltetem Licht. Wenn Sie den Shot-Roller programmiert haben, stellen Sie ihn in diesem Raum ab. Sie haben 30 Sekunden Zeit, den Raum zu verlassen und vorsichtig die Tür hinter sich zu schließen. In diesem dunklen Raum sollte der Farbsensor eine Lichtintensität von 0 oder fast 0 messen. Wenn Sie nun die Tür öffnen und der gemessene Wert den Auslösewert von 5 überschreitet, nimmt der Shot-Roller wahr, dass jemand die Tür geöffnet hat. Er wird Bälle abfeuern, um sein Territorium zu verteidigen. (Vergessen Sie nicht, den Toilettendeckel zu schließen!)

Starten Sie ein neues Programm mit dem Namen **Shot-Roller-Light**, legen Sie die Blöcke darin ab und konfigurieren Sie sie (siehe Abbildung 8-12).

HINWEIS Wenn ich vom Lichtsensor oder vom Wert des Lichtsensors spreche, meine ich den Farbsensor, der im Lichtsensor-Modus arbeitet. Wenn Sie einen Programmierblock konfigurieren, um den Lichtsensor zu steuern, wählen Sie zunächst aus der Sensorliste die Option *Farbsensor* aus. Geben Sie dann im Aktionsfeld des Konfigurationsbereichs an, dass Sie die Funktion *Lichtsensor* nutzen möchten. Mit anderen Worten: Wählen Sie in der Sensorliste nicht die Option *Lichtsensor* aus, da es sich hierbei um einen älteren Sensor handelt, der im 2.0-Baukasten nicht mehr enthalten ist.

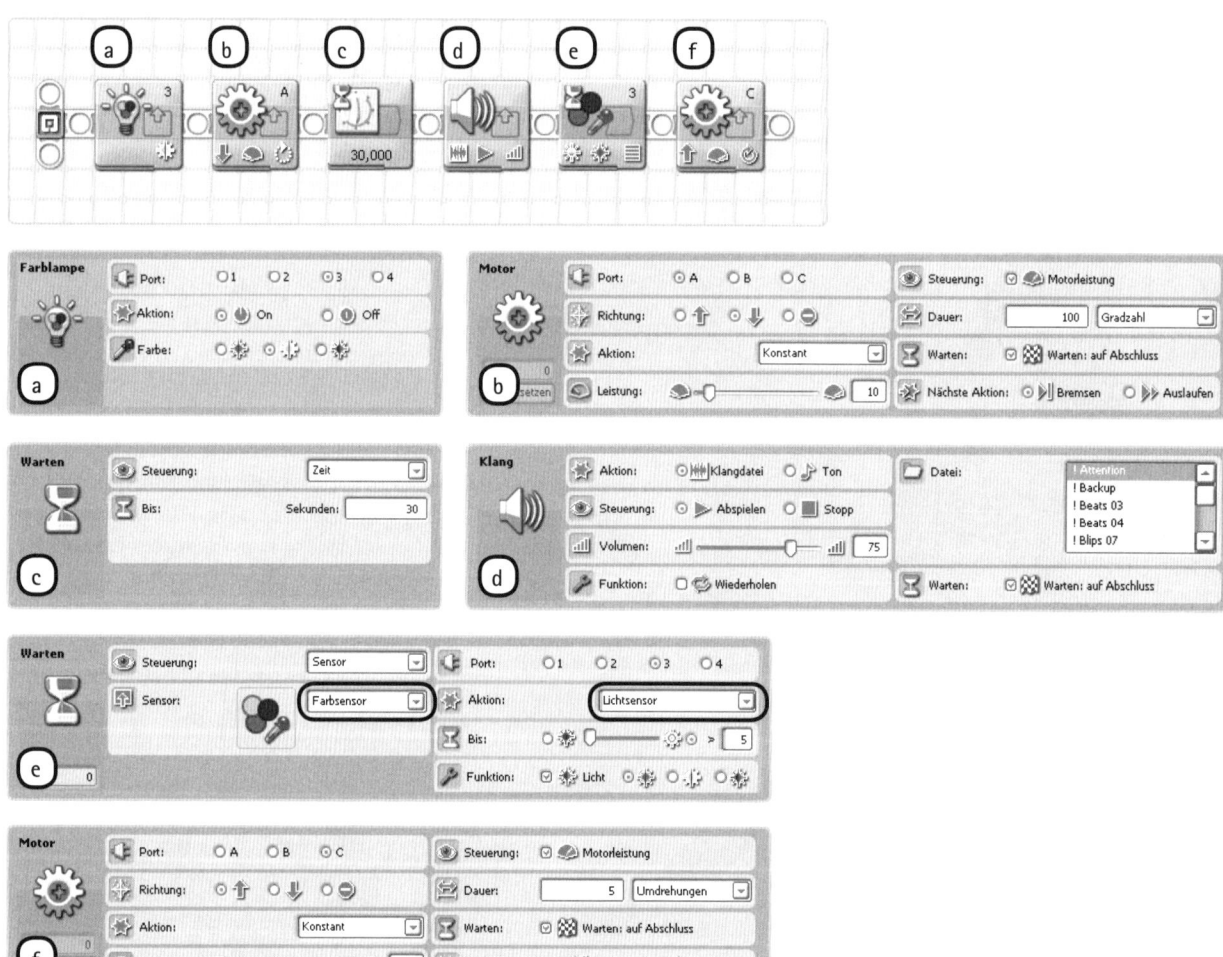

Abbildung 8-12: Konfiguration der Blöcke im »Shot-Roller-Light«-Programm

Fehlerdiagnose

Falls Ihr Roboter das Programm nicht erwartungsgemäß ausführt, kann es daran liegen, dass der Auslösewert von 5 im Warteblock zu gering ist – der Raum ist vielleicht nicht vollständig abgedunkelt. Testen Sie das Programm mit einem höheren Auslösewert, z.B. 10. (Eine fundierte Lösung dieses Problems werden Sie in Kapitel 9 kennenlernen.)

Ferngesteuerter Modus

Im autonomen Modus führt der Roboter alle Handlungen selbst aus. Es kann jedoch auch Spaß machen, einen Roboter wie den Shot-Roller fernzusteuern. In Kapitel 3 haben Sie gesehen, dass NXT-G über eine eingebaute Funktion zur Fernsteuerung von Robotern verfügt. Diese eignet sich jedoch nur für Fahrzeuge wie z.B. den Explorer. Daher werden Sie ein Programm erstellen, das auf die von Ihnen verwendete Fernsteuerung *reagiert*: zwei Berührungssensoren, die mit langen Kabeln an die Eingabeports 1 und 2 angeschlossen sind (siehe Abbildung 8-13).

ENTDECKUNGSAUFGABE 41: DIE FÄHIGKEITEN MEHRERER SENSOREN KOMBINIEREN

Schwierigkeitsgrad: Schwer

Sie beherrschen jetzt die Techniken zur Steuerung des Shot-Rollers und können nun Ihre Kreativität ins Spiel bringen! Erstellen Sie ein Programm, das sowohl den Lichtsensor als auch den Ultraschallsensor einsetzt, um Eindringlinge aufzuspüren. Verwenden Sie mehrere Schaltblöcke, um zu bestimmen, welcher Sensor ausgelöst worden ist. Sie könnten z.B. einen Shot-Roller entwickeln, der nur dann Bälle abfeuert, wenn ein Eindringling nachts wahrgenommen wird: Der Lichtsensor erkennt die Dunkelheit, und der Ultraschallsensor nimmt den Eindringling wahr. Setzen Sie Klang- und Anzeigeblöcke ein, um die Sensorwerte zu beschreiben. Sie könnten Ihren Roboter z.B. dazu bringen, das Wort »dunkel« auszusprechen, wenn der vom Lichtsensor gemessene Wert weniger als 20 beträgt. Laden Sie Ihr Programm auf die Webseite zum Buch, um es mit anderen Lesern zu teilen!

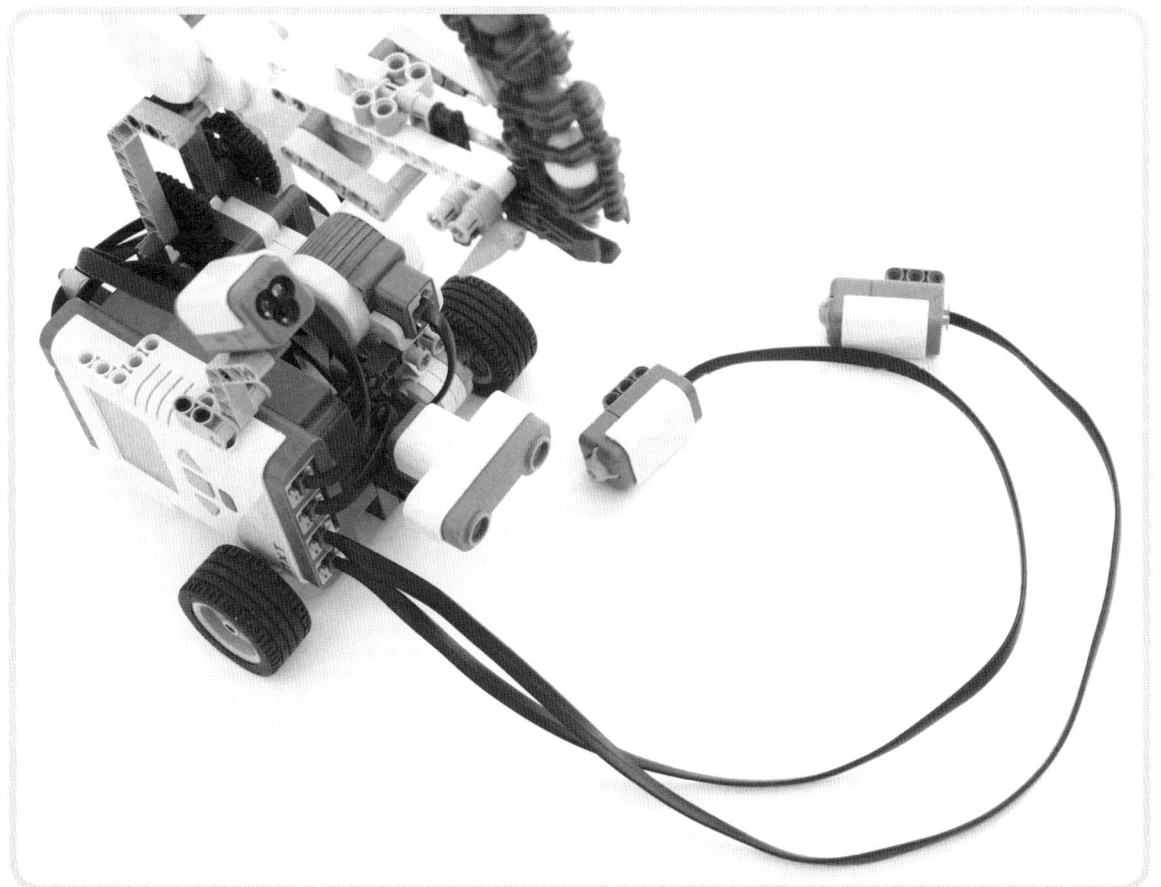

Abbildung 8-13: Es werden zwei Berührungssensoren eingesetzt, um den Shot-Roller fernzusteuern.

Sie verwenden den an Port 1 angeschlossenen Berührungssensor, um den für die Drehung zuständigen Motor zu steuern. Der Sensor an Port 2 steuert den Motor, der den Aufsatz bewegt. Wenn Sie beide Tasten gleichzeitig drücken, wird der Shot-Roller einen Ball abfeuern. Jede dieser drei Steuerungen wird auf einem separaten Programmierbalken abgelegt. Wie lassen sich jedoch der Motor für die Drehung und der Motor des Aufsatzes mit jeweils nur einer Taste steuern?

Dieses Problem können Sie folgendermaßen lösen: Wenn Sie einen Berührungssensor zum ersten Mal drücken, bewegt sich der gesteuerte Motor *vorwärts*, bis die Taste wieder gelöst wird. Wird die Taste erneut gedrückt, bewegt sich der Motor *rückwärts*, bis Sie die Taste wieder lösen. Wenn Sie die Taste das nächste Mal drücken, dreht sich der Motor wieder vorwärts etc.

Da Sie die Motoren für den Aufsatz und für die Drehung gleichzeitig einsetzen möchten, legen Sie die Blöcke zur Steuerung dieser beiden Motoren auf zwei separaten **Programmierbalken** ab, so dass sie parallel ausgeführt werden können.

Erstellen Sie das Programm **Shot-Roller-Remote** (siehe Abbildungen 8-14 bis 8-20).

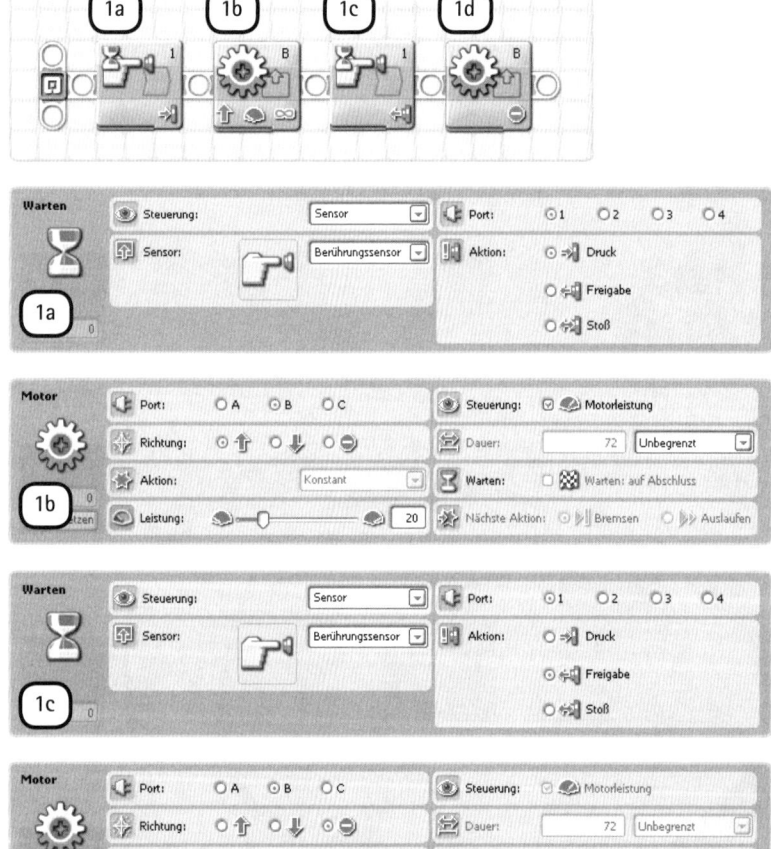

Abbildung 8-14: **1. Schritt:** *Wenn Sie den an Port 1 angeschlossenen Berührungssensor drücken, bewegt sich der für die Drehung zuständige Motor vorwärts, und der Shot-Roller dreht sich nach rechts. Wenn Sie die Taste wieder lösen, sorgt ein Motorblock dafür, dass der Motor anhält.*

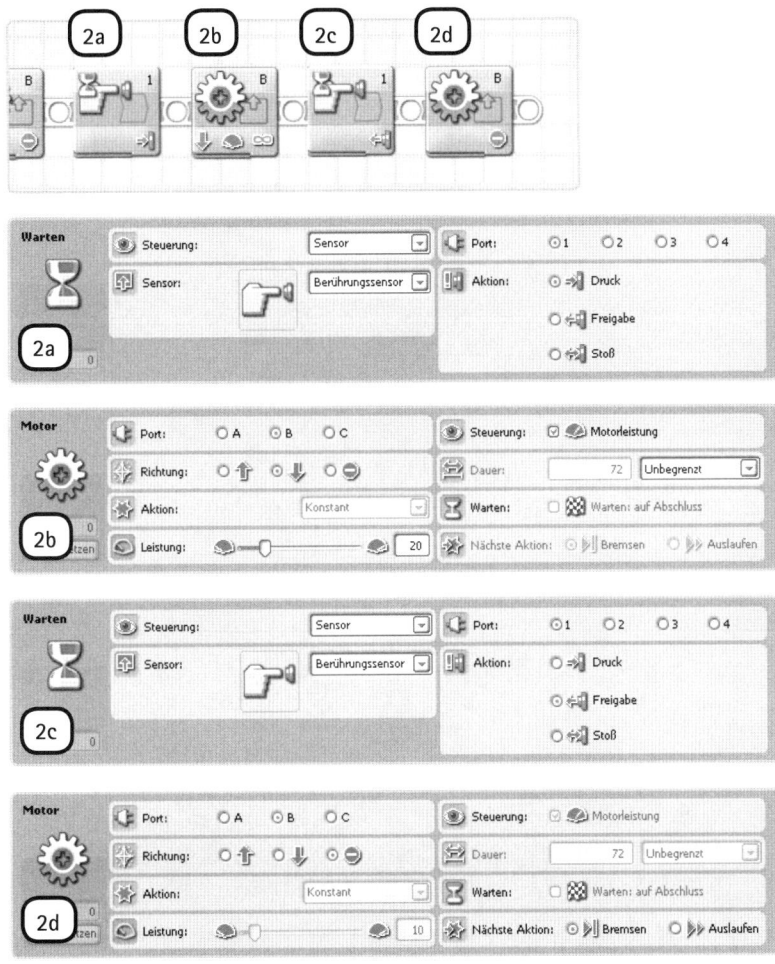

Abbildung 8-15: **2. Schritt:** *Diese Blöcke funktionieren genauso wie im 1. Schritt – mit einem Unterschied: Sie sorgen dafür, dass sich der für die Drehung zuständige Motor rückwärtsbewegt, was den Shot-Roller dazu bringt, sich nach links zu drehen.*

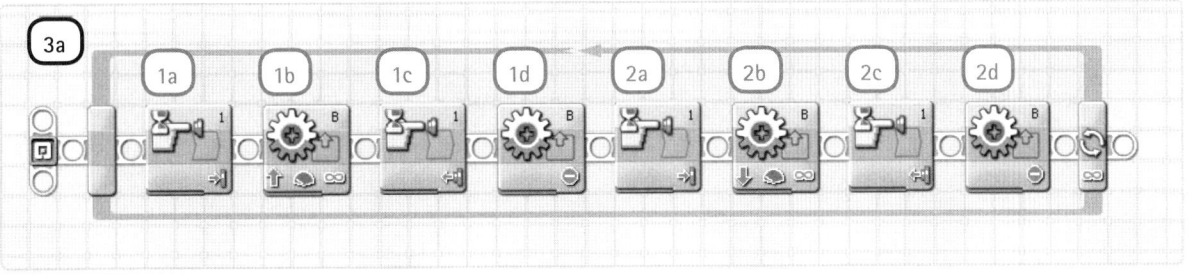

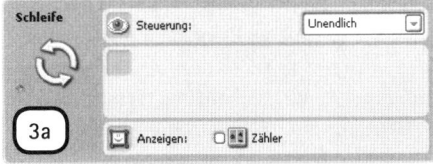

Abbildung 8-16: **3. Schritt:** *Legen Sie im Arbeitsbereich einen Schleifenblock ab, markieren Sie alle anderen Blöcke und ziehen Sie sie in den Schleifenblock hinein. Aufgrund des Schleifenblocks wird das Programm immer wieder auf das Drücken der Taste warten und daher – basierend auf diesen Sensorwerten – den für die Drehung zuständigen Motor kontinuierlich steuern.*

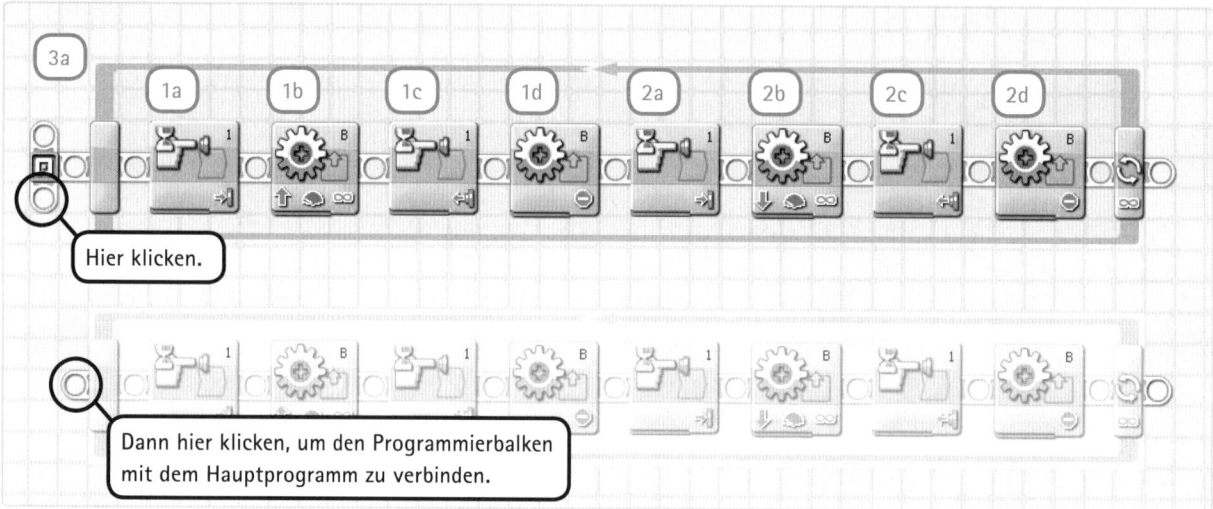

Abbildung 8-17: **4. Schritt:** *Markieren Sie den Schleifenblock, den Sie im 3. Schritt abgelegt haben, und drücken Sie dann in der Werkzeugleiste auf die Schaltfläche* **Kopieren** *und danach auf* **Einfügen**, *um den Schleifenblock und die darin enthaltenen Blöcke zu kopieren. Ziehen Sie den neuen Schleifenblock in die hier gezeigte Position und verbinden Sie die neuen Blöcke wie hier dargestellt mit dem Hauptprogramm.*

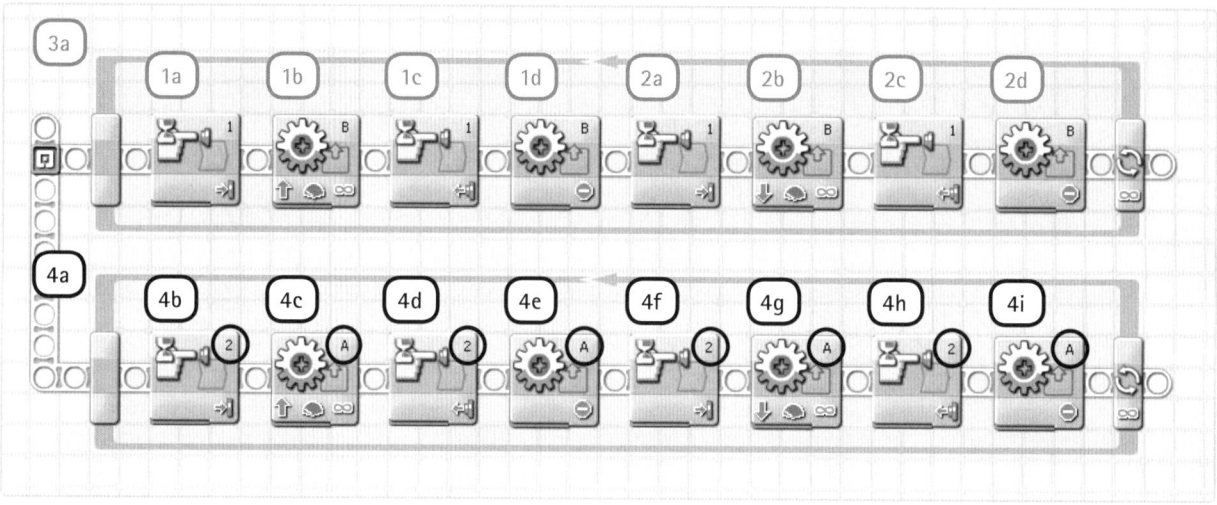

Abbildung 8-18: **4. Schritt (Fortsetzung):** *Die Blöcke, die Sie gerade kopiert haben, werden eingesetzt, um den Motor des Aufsatzes (Ausgabeport A) mit dem Berührungssensor an Eingabeport 2 zu steuern. Daher stellen Sie nun im Konfigurationsbereich der Warteblöcke ein, dass das Programm so lange angehalten werden soll, bis die Taste des Berührungssensors an Port 2 gedrückt wird. Die Motorblöcke konfigurieren Sie nun so, dass der Motor des Aufsatzes (Port A) gesteuert wird. Ihr Arbeitsbereich sollte wie hier dargestellt aussehen.*

Zuletzt müssen Sie den Roboter noch darauf programmieren, Bälle abzufeuern, wenn beide Berührungssensoren gleichzeitig gedrückt werden. Um dies zu erreichen, verwenden Sie zwei Schaltblöcke, die jeweils überprüfen sollen, ob ein Sensor gedrückt ist. Sind beide Sensoren gedrückt, werden die für Drehung und Bewegung des Aufsatzes zuständigen Motoren ausgeschaltet. Der Motor, der die Bälle abfeuert, tritt nun in Aktion und schießt so lange, bis die Berührungssensoren wieder gelöst werden.

Die Schaltblöcke werden im Kompaktmodus dargestellt (d.h., die Option **Offene Ansicht** ist im jeweiligen Konfigurationsbereich nicht ausgewählt), um die Lesbarkeit der Programme zu erleichtern. In den verdeckten Registerkarten, die bei nicht zutreffender Bedingung relevant werden, sind keine Blöcke enthalten, da in diesem Teil des Programms keine Handlung ausgeführt wird, wenn nicht beide Berührungssensoren gedrückt sind.

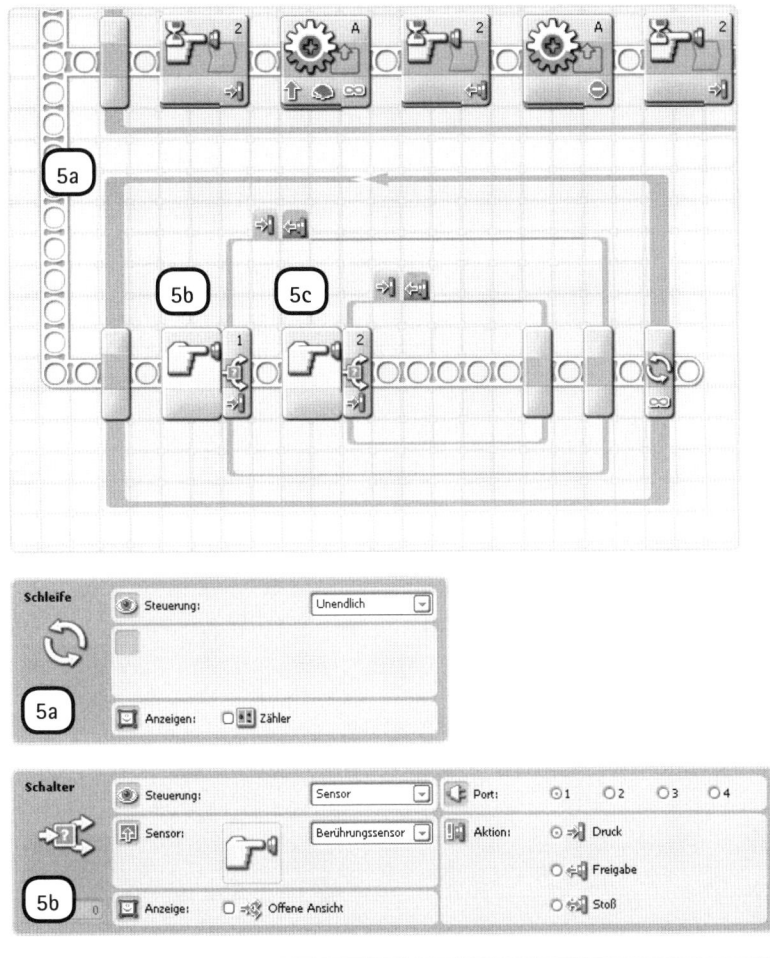

Abbildung 8-19: **5. Schritt:** *Platzieren und konfigurieren Sie einen Schleifenblock und zwei Schaltblöcke wie in dieser Abbildung dargestellt. Verbinden Sie die Blöcke mit dem Hauptprogramm, indem Sie die Programmierbalken miteinander verknüpfen (wie Sie es bereits im 4. Schritt getan haben). Da dies der zweite parallele Programmierbalken ist, halten Sie die Umschalt-Taste gedrückt, während Sie die Verbindung herstellen.*

Die beiden Schaltblöcke werden in einem Schleifenblock abgelegt, damit der Roboter kontinuierlich überprüft, ob beide Sensoren gedrückt sind. Da der Roboter diese Überprüfung ständig durchführen muss, legen Sie die Blöcke, die den zuständigen Motor steuern, auf einem parallelen Programmierbalken ab.

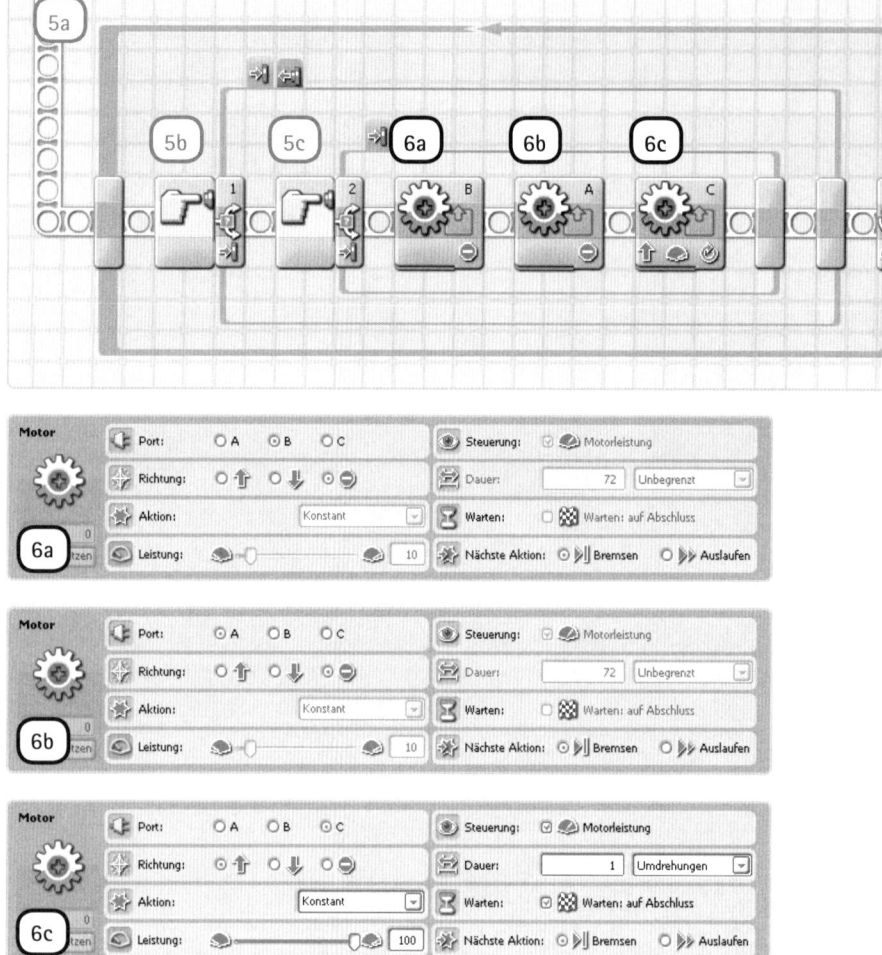

Abbildung 8-20: **6. Schritt:** *Platzieren und konfigurieren Sie wie in dieser Abbildung dargestellt drei Motorblöcke. Diese Blöcke werden ausgeführt, wenn die Bedingungen beider Schaltblöcke erfüllt sind, d.h. wenn beide Berührungssensoren gedrückt sind. Die für Drehung und Bewegung des Aufsatzes zuständigen Motoren werden ausgeschaltet, und der Motor, der die Bälle abfeuert, wird aktiviert.*

Herzlichen Glückwunsch – Sie haben das Programm zur Fernsteuerung erstellt! Laden Sie das Programm nun auf den Shot-Roller. Viel Spaß damit!

Zum Erforschen und Ausprobieren

In diesem Kapitel hatten Sie die Gelegenheit, einen vorkonstruierten Roboter nachzubauen, zu programmieren und ihn auszuprobieren, was natürlich sehr viel Spaß macht. Noch spannender ist es jedoch, eigene Roboter zu entwerfen. Sie könnten z.B. die Schießvorrichtung abnehmen und sie auf ein selbst gebautes Auto oder einen Panzer montieren, oder Sie könnten sie in eine gefährliche Kreatur, wie z.B. ein Bälle abfeuerndes Insekt, verwandeln. Geben Sie nicht auf, wenn es nicht gleich auf Anhieb klappt! Je häufiger Sie sich an neue Entwürfe heranwagen, desto erfahrener werden Sie beim Bau neuer Roboter!

ENTDECKUNGSAUFGABE 42: MIT DEM NXT FORSCHUNG BETREIBEN

Schwierigkeitsgrad: Mittel

Wie weit kann der Shot-Roller schießen? Die Entfernung, die ein Ball zurücklegt, hängt vom Winkel ab, der zwischen dem Motor des Aufsatzes und dem Boden liegt. Welcher Winkel lässt den Ball die längste Strecke zurücklegen? Können Sie die zurückgelegte Strecke noch weiter verlängern, indem Sie die Schießvorrichtung modifizieren? Untersuchen Sie die Auswirkung, die der Winkel des Aufsatzes und die Motorgeschwindigkeit auf die Entfernung haben, die der abgefeuerte Ball zurücklegt. Veröffentlichen Sie Ihre Ergebnisse auf der Webseite zum Buch (*http://www.roboter.laurensvalk.com/*)!

BAUAUFGABE 6: ERST SCHAUEN, DANN SCHIESSEN!

Können Sie das Design des Shot-Rollers so verändern, dass der Ultraschallsensor auf dem Aufsatz (direkt unterhalb des Magazins) befestigt wird? Dadurch kann Ihr Roboter nicht nur in jede beliebige Richtung schießen, sondern auch in jede Richtung schauen und so seine Zielobjekte leichter erkennen.

BAUAUFGABE 7: LEGO-SCHLEUDER!

Der Schießmechanismus des Shot-Rollers macht es einfach, die im NXT-Baukasten enthaltenen Bälle abzufeuern. Andere LEGO-Bausteine lassen sich damit jedoch nicht abschießen. Können Sie einen Roboter entwickeln, der – ähnlich einer Schleuder – LEGO-Teile abfeuert, wenn er Sie sieht?

TIPP Überlegen Sie, wie Sie normalerweise eine Schleuder bauen würden (ohne LEGO). Vielleicht würden Sie Objekte mit einem Gummiband abfeuern oder mit einem Plastiklöffel, den Sie leicht biegen. Bauen Sie einen solchen Mechanismus mit dem MINDSTORMS-System und setzen Sie einen NXT-Motor ein, um z.B. das Gummiband oder den Löffel loszulassen und damit ein Objekt abzufeuern, sobald der Roboter Sie sieht. Die im NXT-2.0-Baukasten enthaltenen Gummibänder würden dieser Aufgabe wahrscheinlich nicht standhalten – verwenden Sie daher einfach andere.

9

Der Krabbler: ein Roboter auf sechs Beinen

Es lassen sich nicht nur interessante Roboter auf Rädern, sondern auch Modelle auf Beinen entwickeln. Bei solchen Kreationen werden Sie vor eine etwas größere Herausforderung gestellt. Dieses Kapitel enthält jedoch Anweisungen für den Bau des Krabblers, eines sechsbeinigen Wesens (siehe Abbildung 9-1). Wenn Sie mit dem Bau des Krabblers fertig sind, werden Sie ihn darauf programmieren, herumzulaufen und auf Interaktion mit Personen zu reagieren.

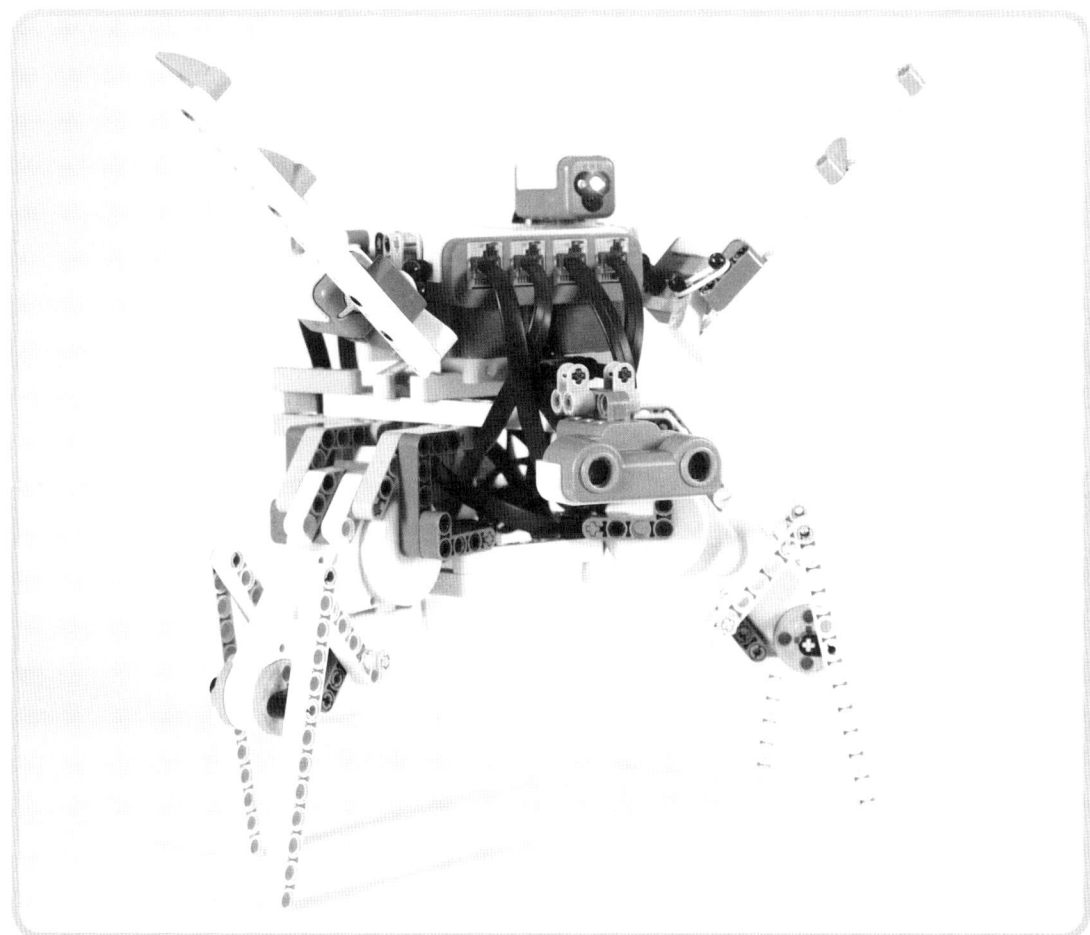

Abbildung 9-1: Der Krabbler

Der Krabbler enthält drei gleiche Motoreinheiten, die ihm das Gehen ermöglichen. Jeder dieser drei Motoren steuert zwei Beine. Die Beinmodule sind über einen dreieckigen Rahmen miteinander verbunden. Dieser Rahmen trägt auch den NXT sowie mehrere angeschlossene Sensoren. Zwei Berührungssensoren auf dem Krabbler fungieren als Antennen. Sie nehmen Berührungen von Objekten oder Personen im Umfeld des Roboters wahr (ihre Funktion ist es nicht, ein Zusammenstoßen zu verhindern). Der Ultraschallsensor ermöglicht es dem Krabbler, die Entfernung zu nahen Objekten zu messen, während der im Lichtsensor-Modus arbeitende Farbsensor erkennt, ob es draußen hell oder dunkel ist.

Bau des Krabblers

Bauen Sie nun den Roboter, indem Sie den Anweisungen auf den nächsten Seiten folgen. Bevor Sie beginnen, sollten Sie sich die Bausteine zurechtlegen, die Sie für den Bau benötigen (siehe Abbildung 9-2).

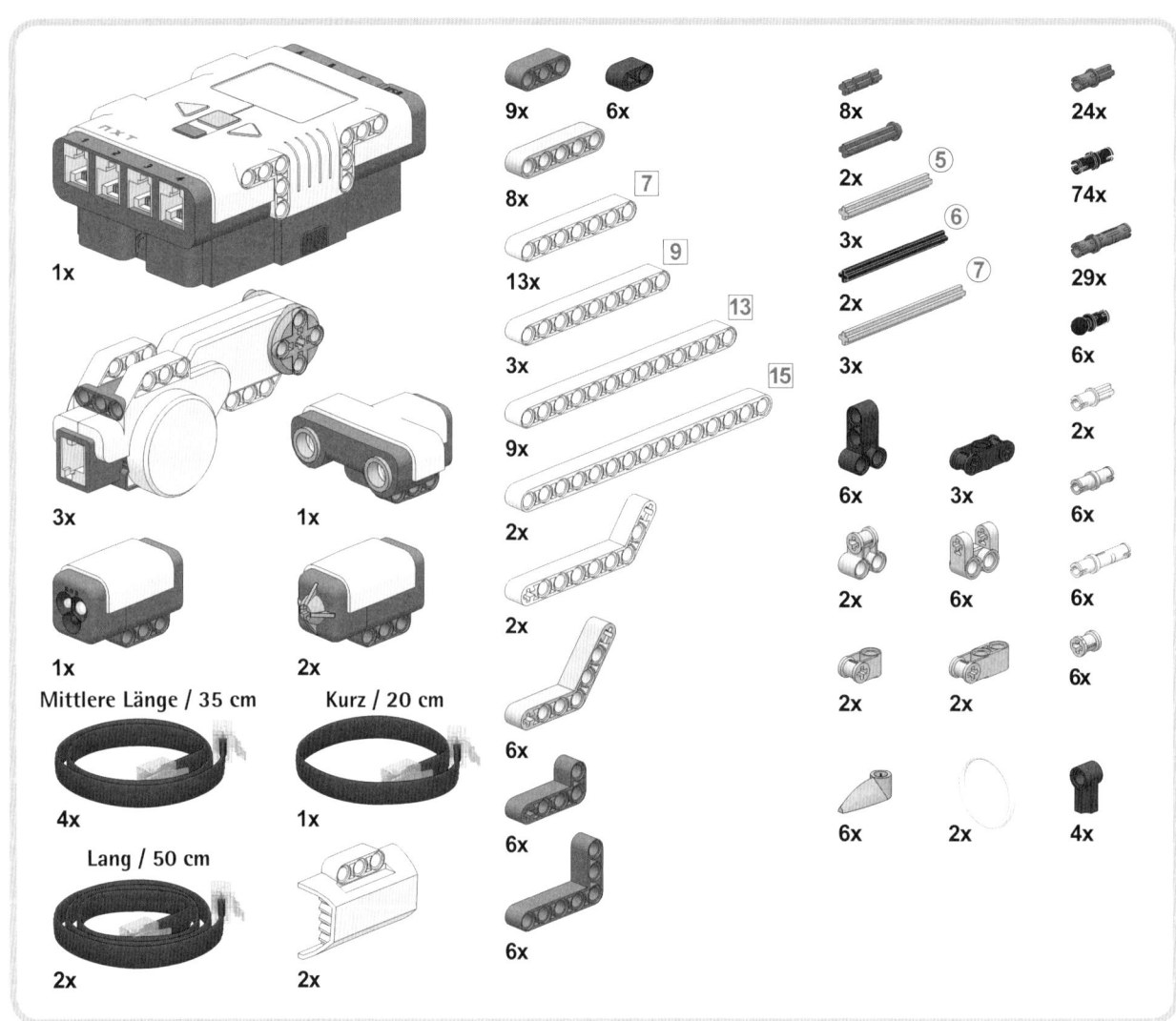

Abbildung 9-2: Die Teile, die Sie für den Bau des Krabblers benötigen

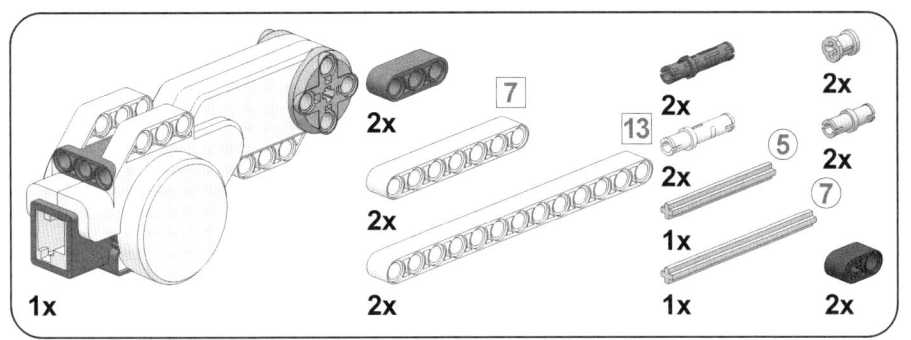

DER KRABBLER: EIN ROBOTER AUF SECHS BEINEN

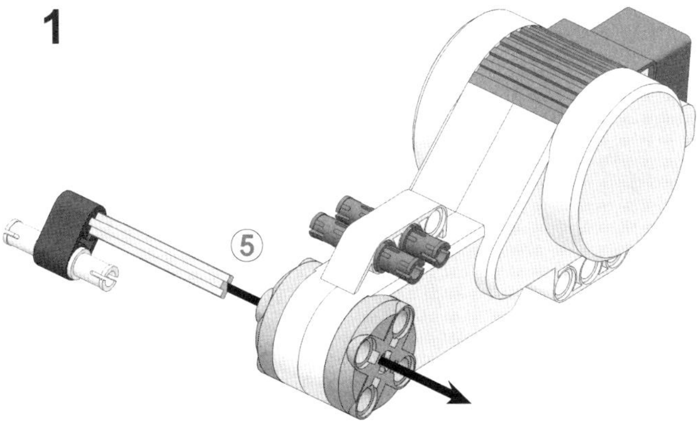

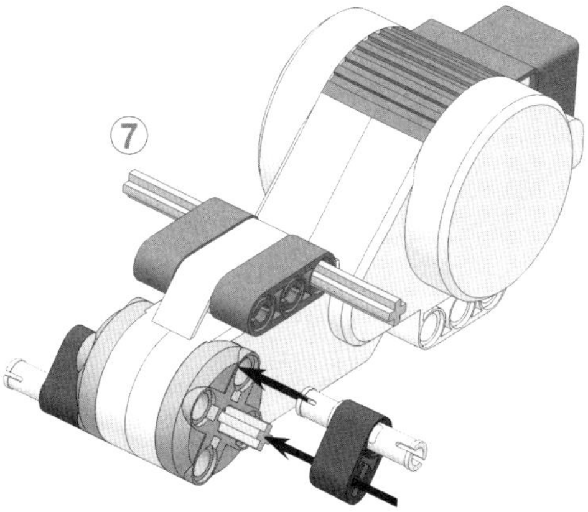

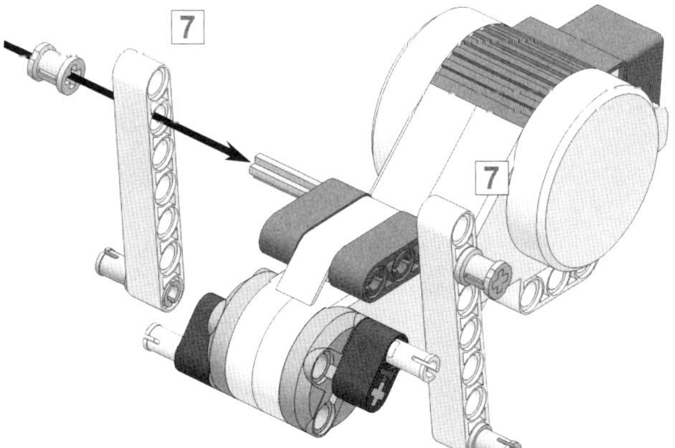

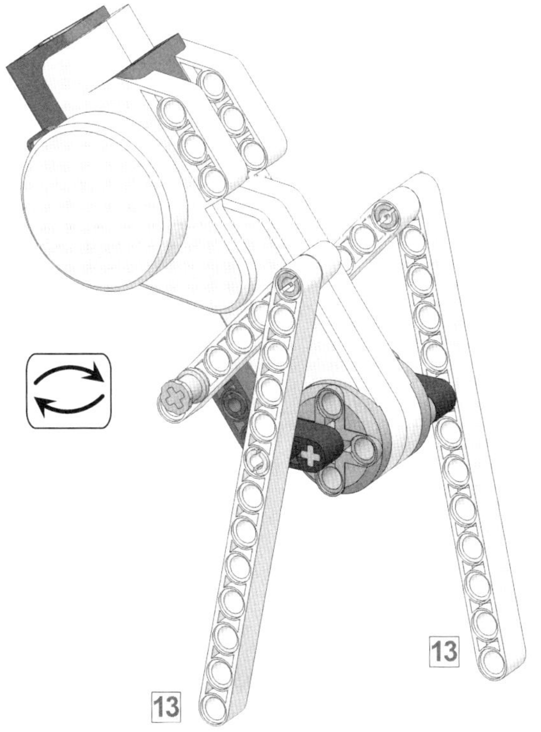

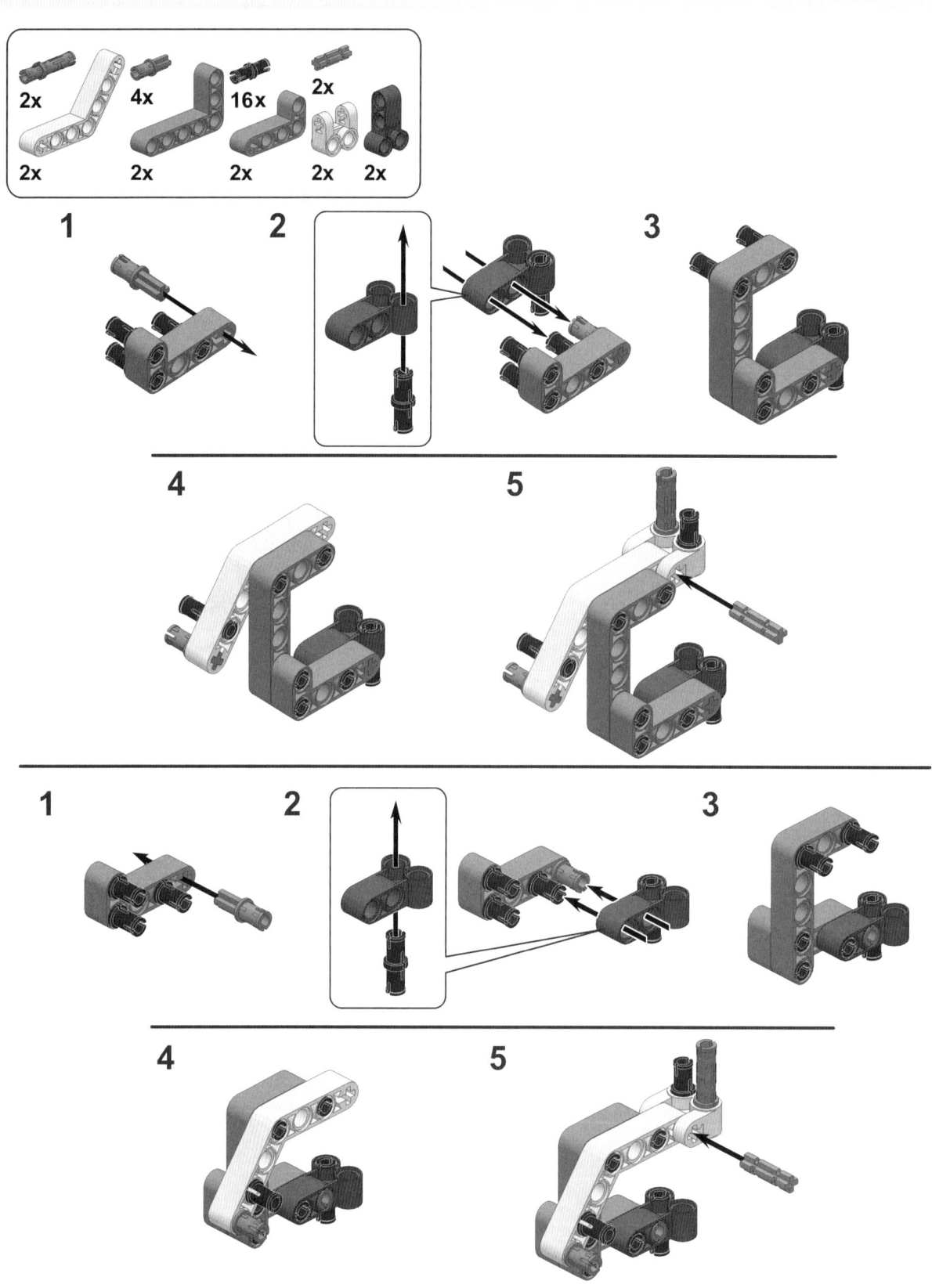

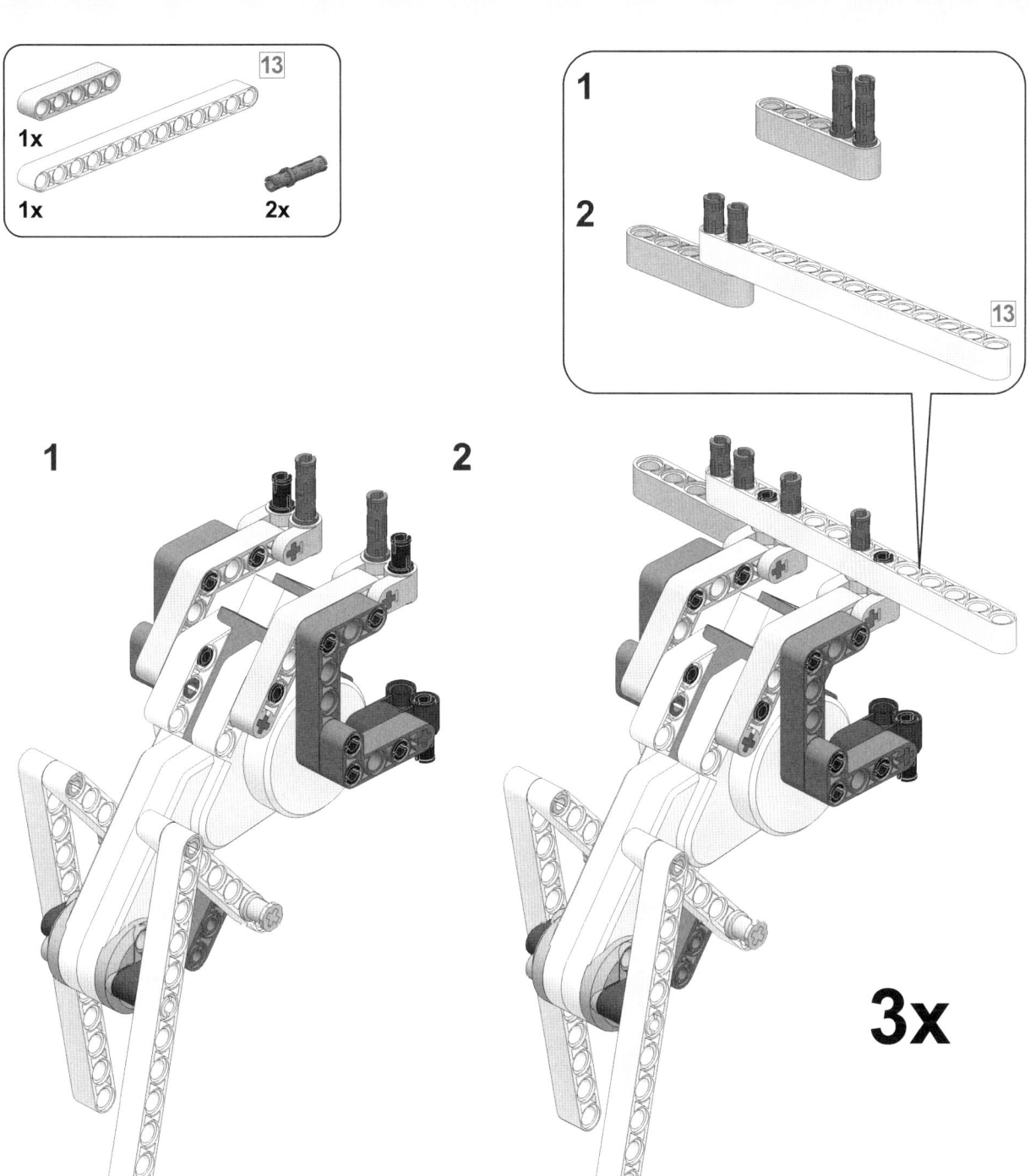

DER KRABBLER: EIN ROBOTER AUF SECHS BEINEN

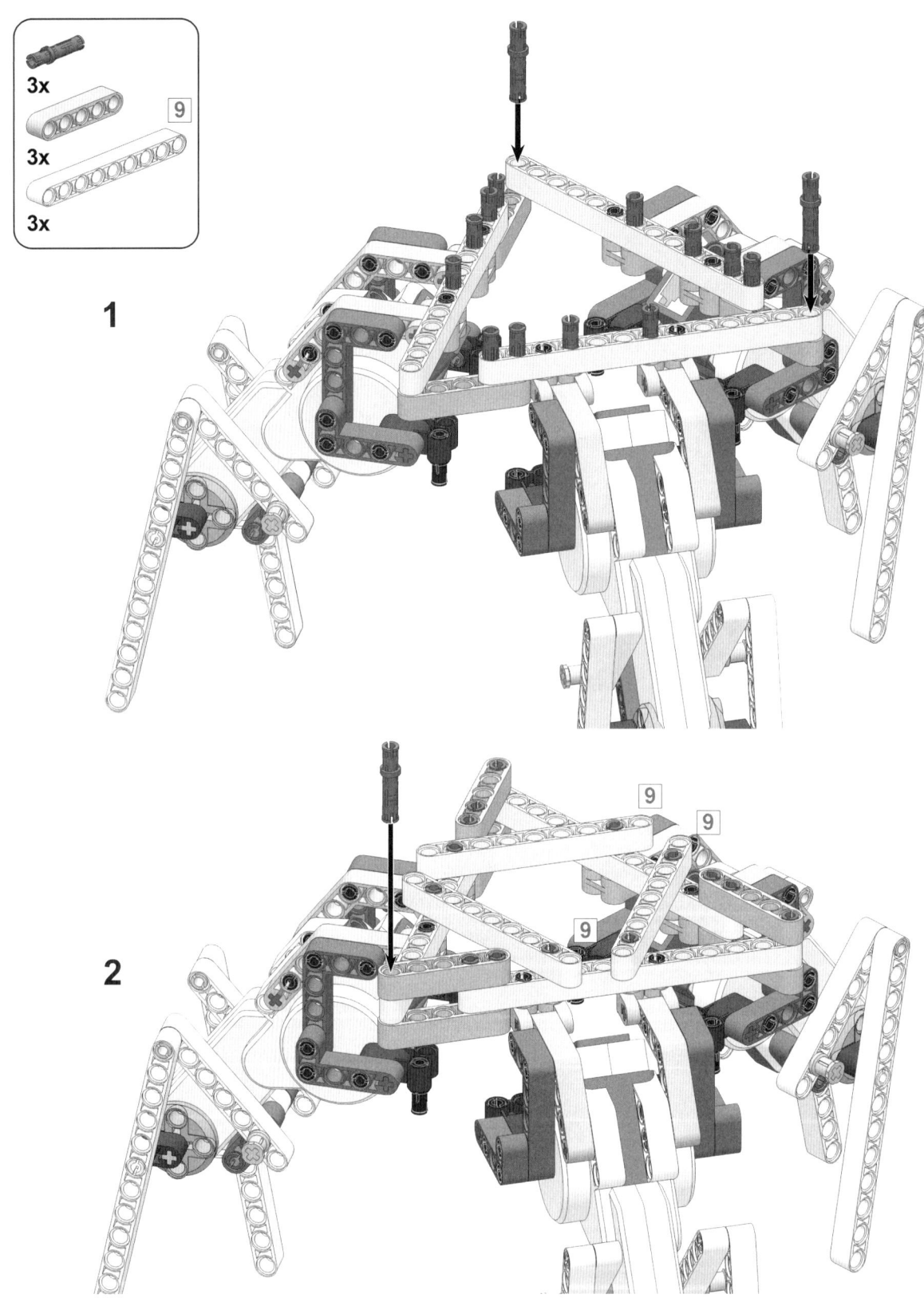

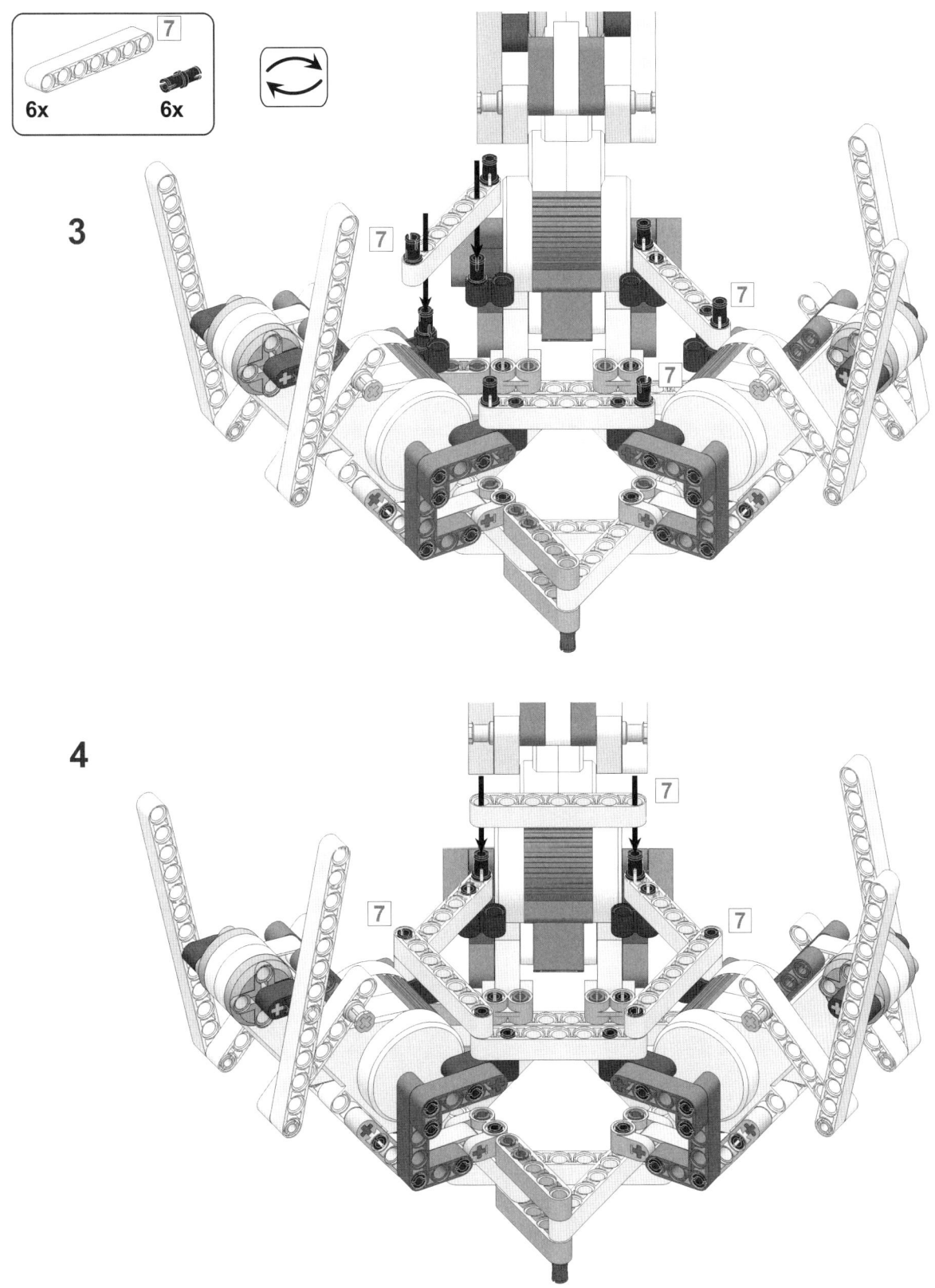

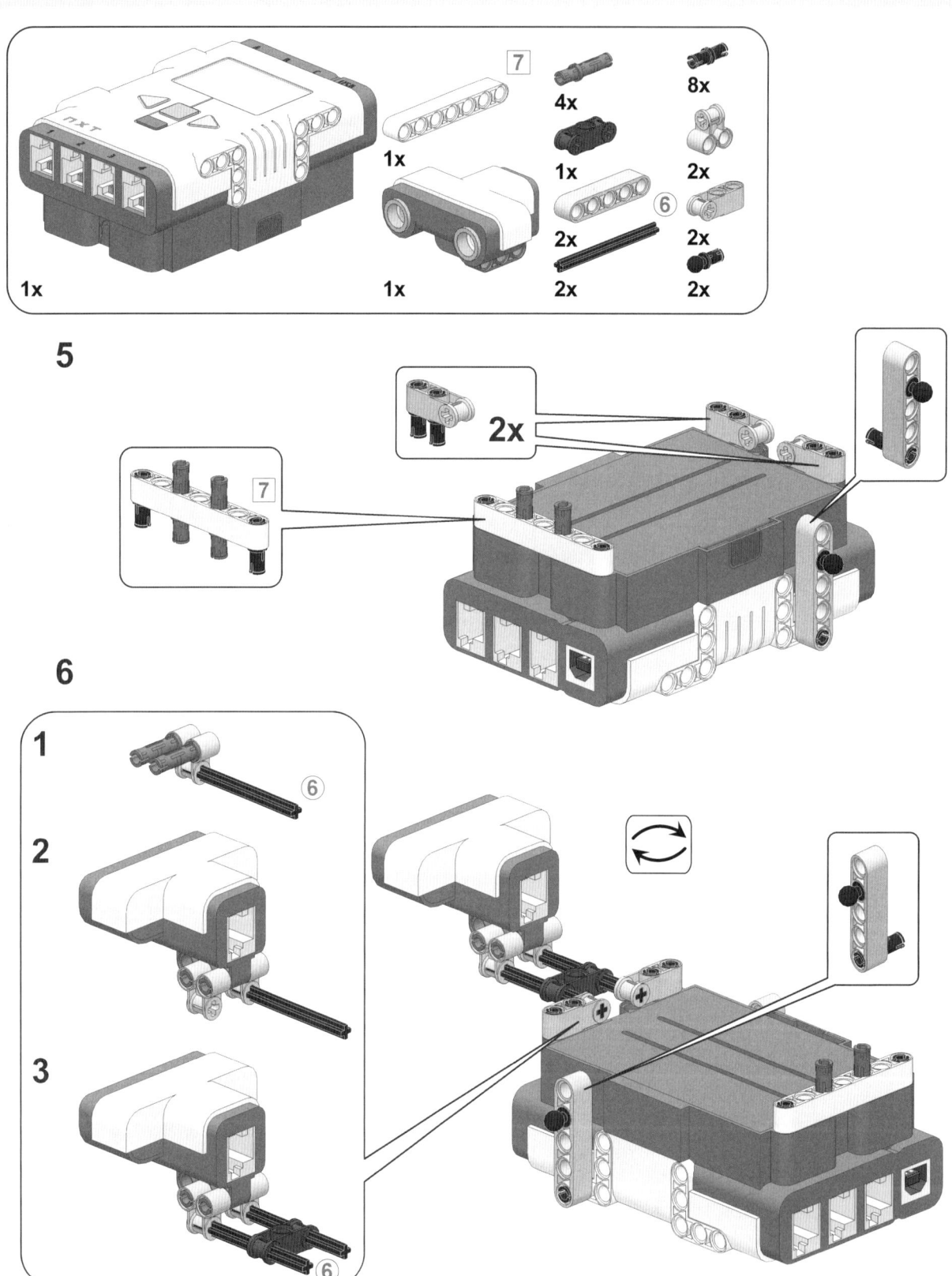

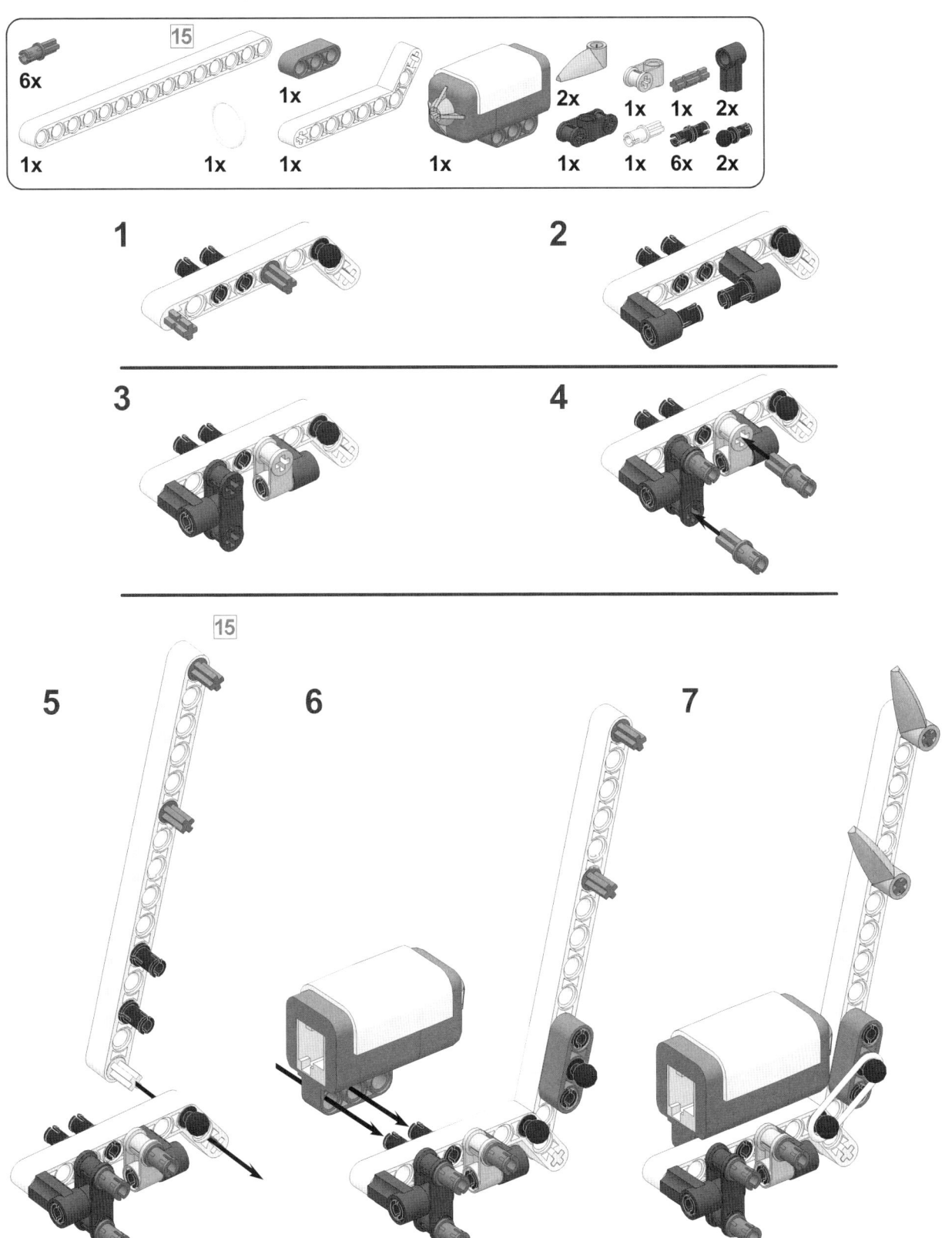

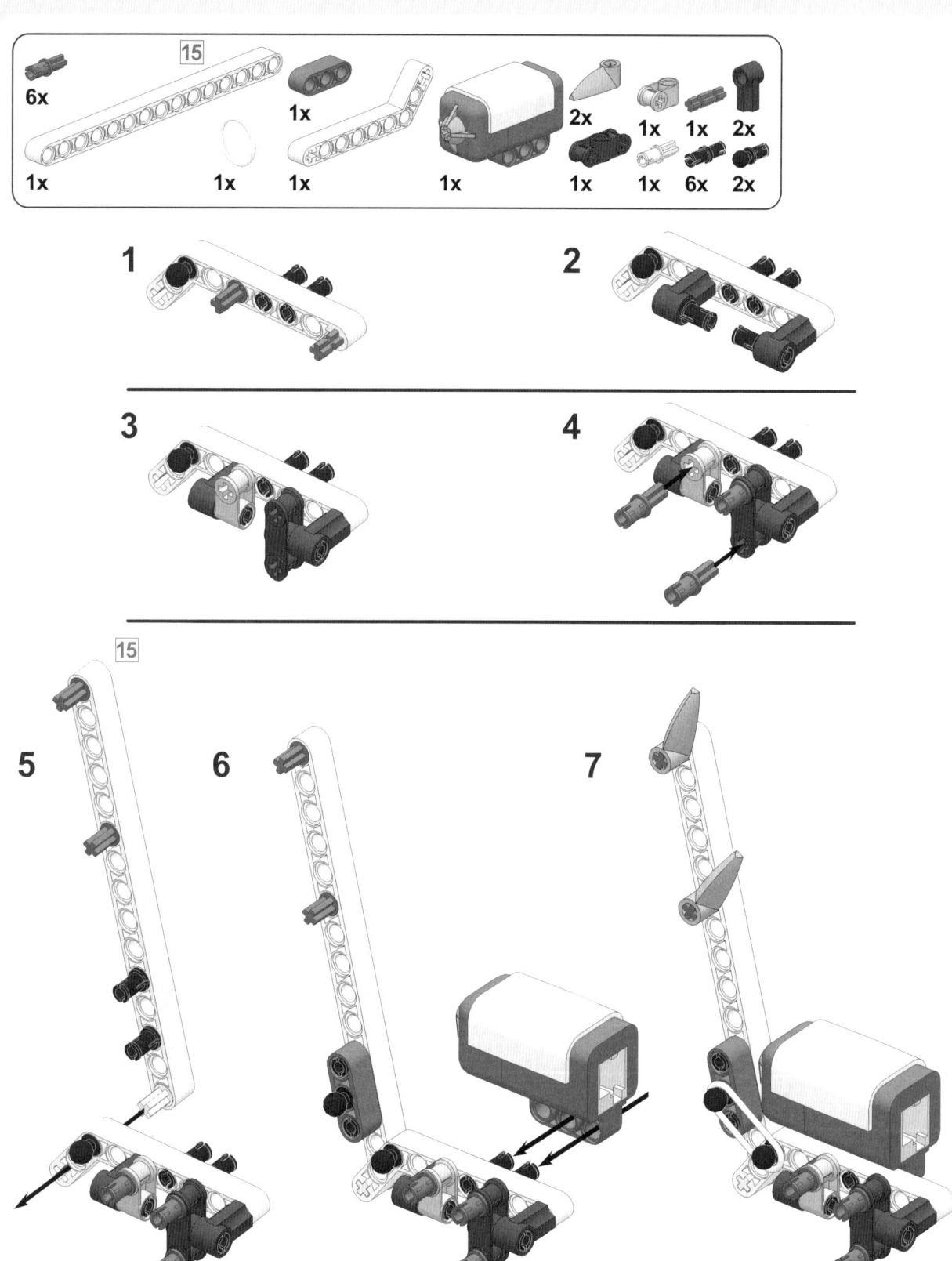

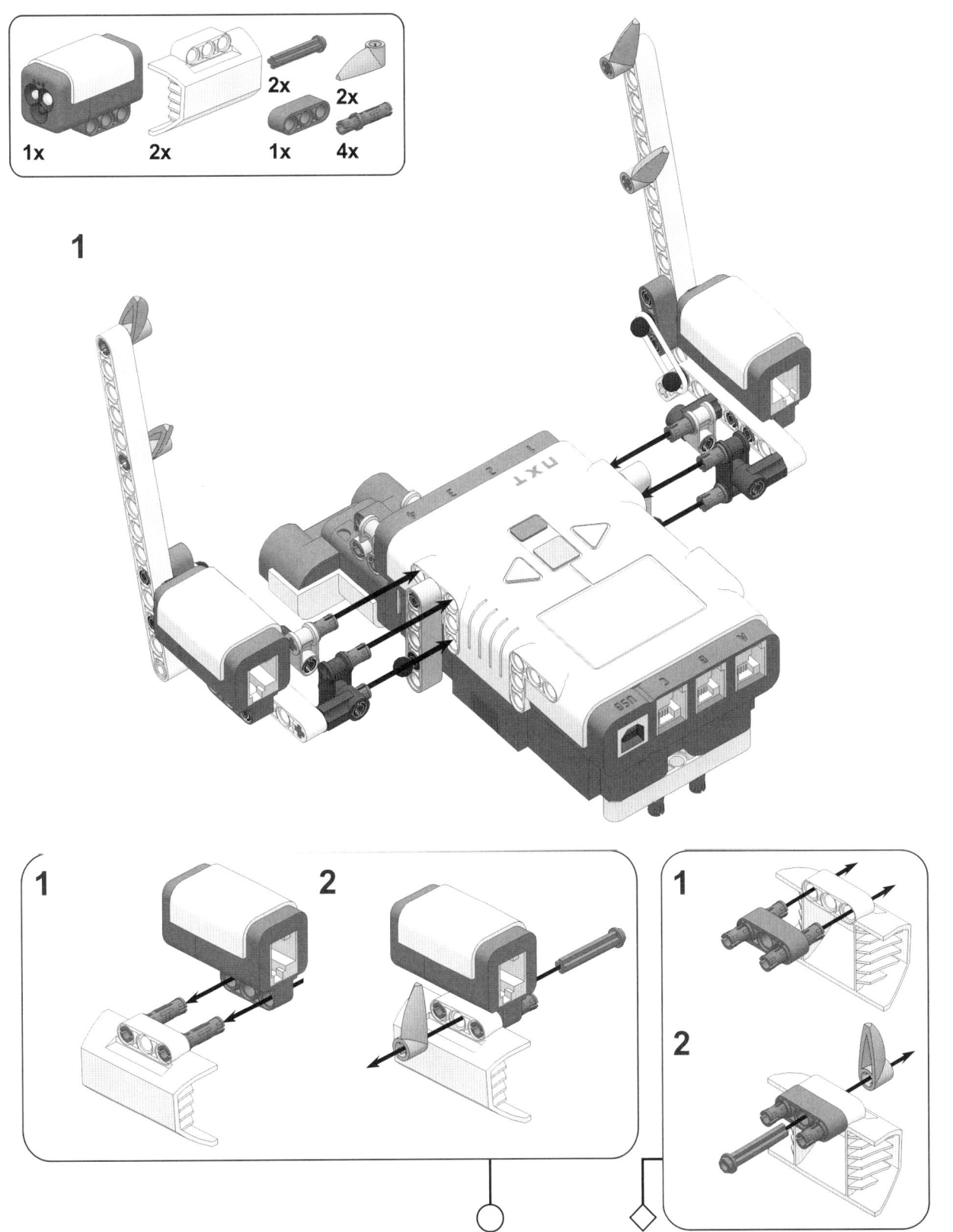

Mittlere Länge / 35 cm

3x Ⓐ Ⓑ Ⓒ

2

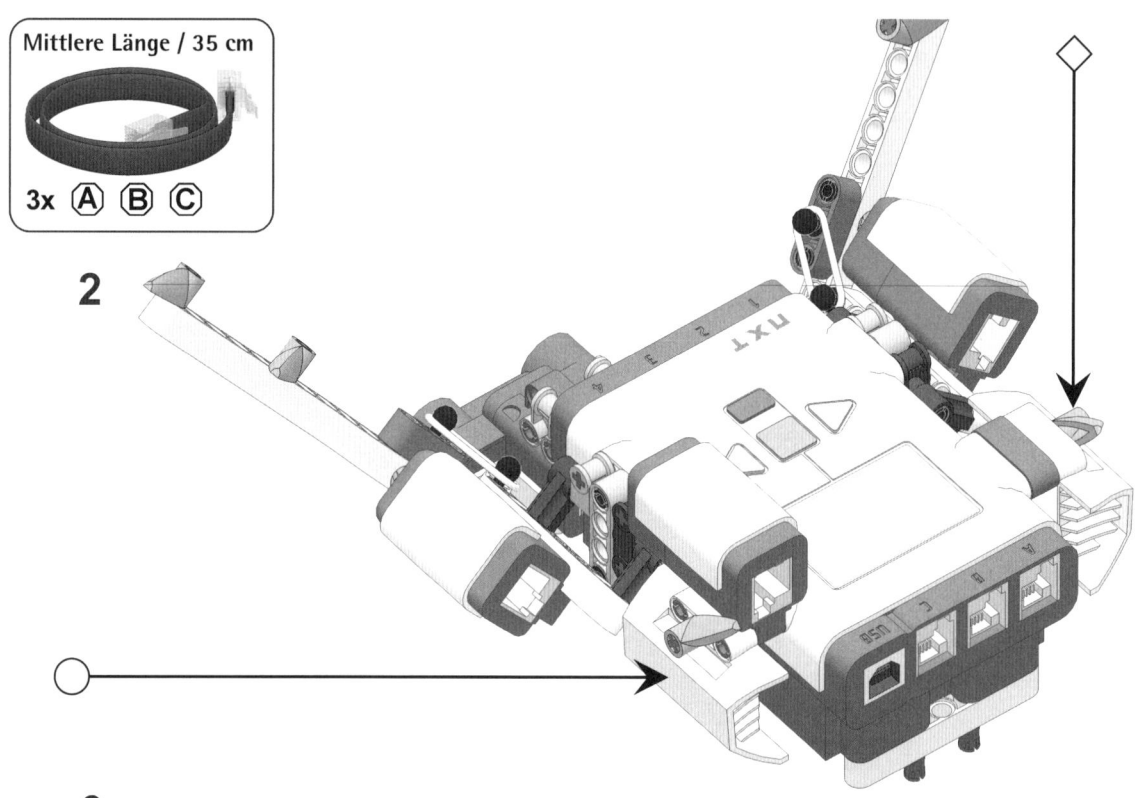

3

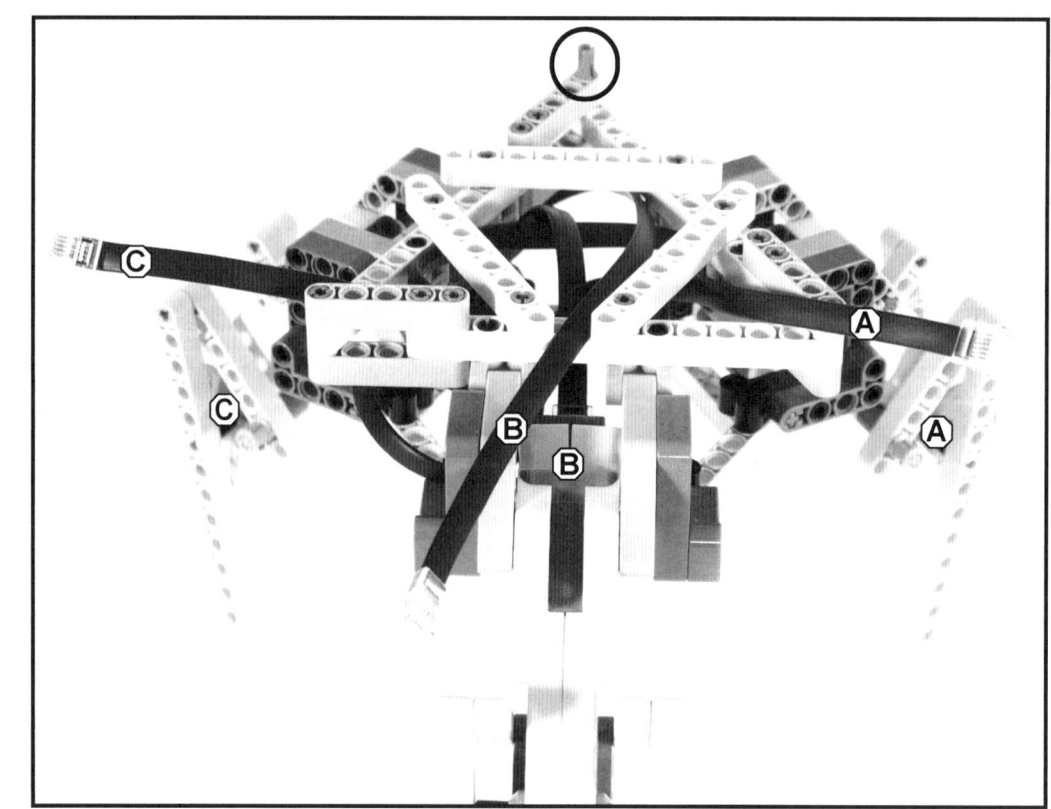

4

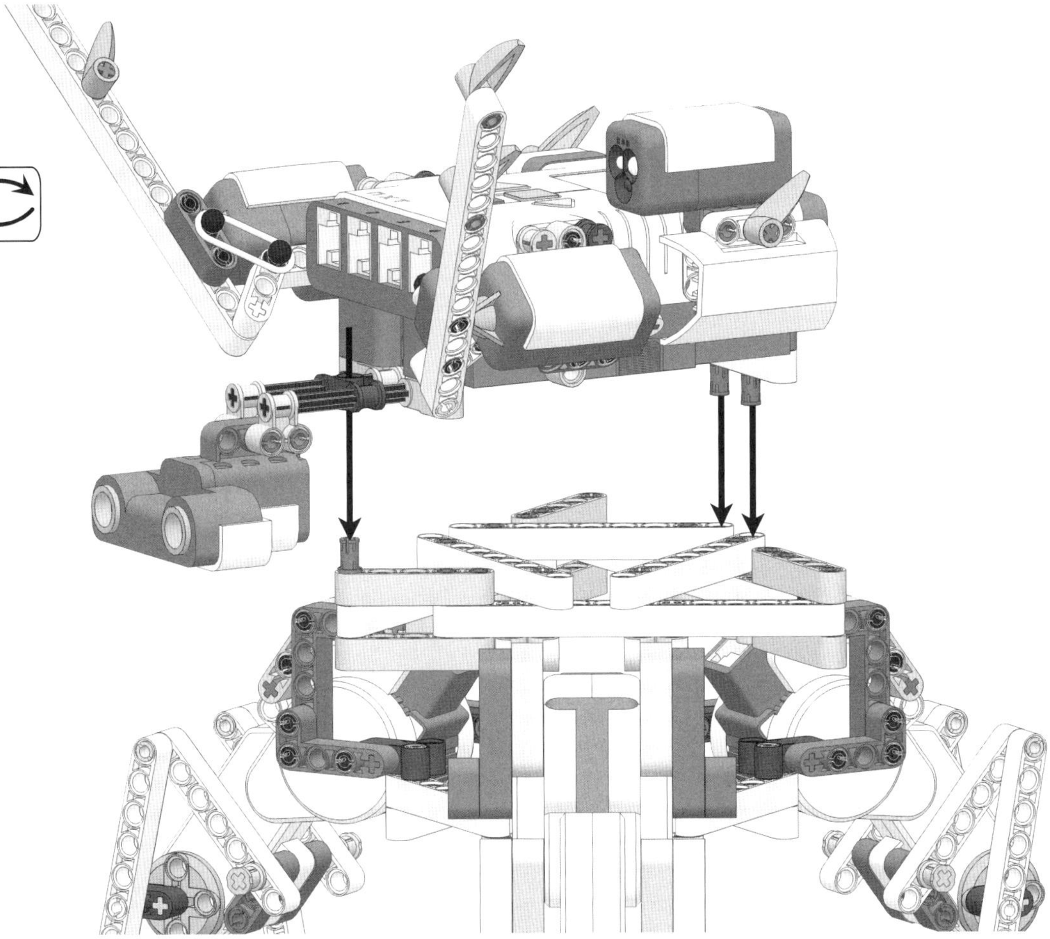

5

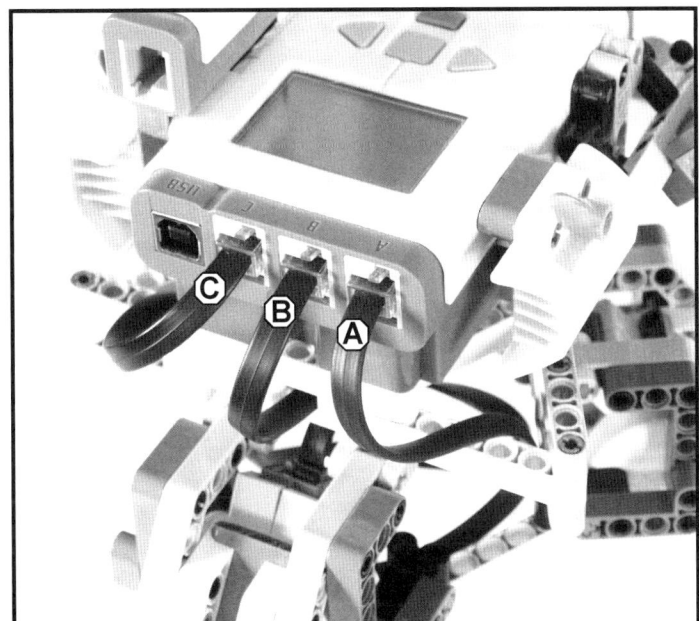

Anschließen der Sensorkabel

Auf den Seiten 132 und 133 haben Sie gesehen, wie die Motorenkabel anzuschließen sind. In Tabelle 9-1 und Abbildung 9-3 erfahren Sie, wie Sie die Sensoren anschließen müssen. Führen Sie die Kabel beim Anschließen unter dem NXT hindurch, so dass sie nicht im Weg sind.

Tabelle 9-1: Die Kabelanschlüsse des Krabblers

Von Motor/Sensor	An den NXT-Baustein	Kabellänge
Rechter Berührungssensor (1)	Eingabeport 1	Lang (50 cm)
Linker Berührungssensor (2)	Eingabeport 2	Lang
Farbsensor	Eingabeport 3	Mittel (35 cm)
Ultraschallsensor	Eingabeport 4	Kurz (20 cm)

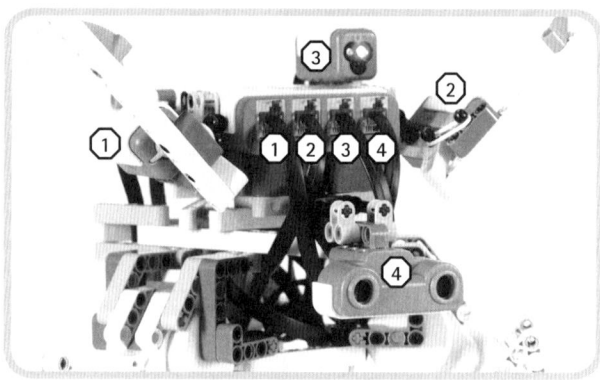

Abbildung 9-3: Schließen Sie die Kabel wie hier dargestellt an.

Abbildung 9-4: Zwei Figuren ziehen ein schweres Objekt (gestrichelte Pfeile), und eine dritte Figur schiebt das Objekt an (weißer Pfeil). Das Objekt bewegt sich daher vorwärts (durchgängiger schwarzer Pfeil).

Die Gehtechnik des Krabblers

Bevor Sie den Krabbler programmieren können, müssen Sie seine Gehtechnik verstehen. In Abbildung 9-4 wird dargestellt, wie drei kleine Figuren ein schweres Objekt vorwärtsbewegen können.

Die kleinen Figuren in Abbildung 9-4 repräsentieren die Motoren des Krabblers, und das schwere Objekt steht für den NXT-Baustein (siehe Abbildung 9-5).

Jedes der drei Beinpaare des Krabblers funktioniert ein wenig wie Ihre eigenen Beine. Bei drehendem Motor bewegt sich das jeweilige Beinpaar, indem kontinuierlich ein Bein vor das andere gesetzt wird. Die Richtung, in die ein Beinpaar den Roboter schiebt oder zieht, hängt davon ab, ob der Motor darauf programmiert ist, sich vorwärts- oder rückwärtszudrehen (siehe Abbildung 9-6).

Wenn sich der Motor eines Beinpaars rückwärtsdreht, ist die Auswirkung auf den Krabbler die gleiche wie beim Ziehen eines Objekts durch eine der Figuren. Dreht sich der Motor eines Beinpaars vorwärts, agiert er wie eine Figur, die ein Objekt anschiebt. Die Kombination der Richtungen, in die sich die Motoren drehen, bestimmt letztendlich die Richtung, in der sich der Krabbler bewegt.

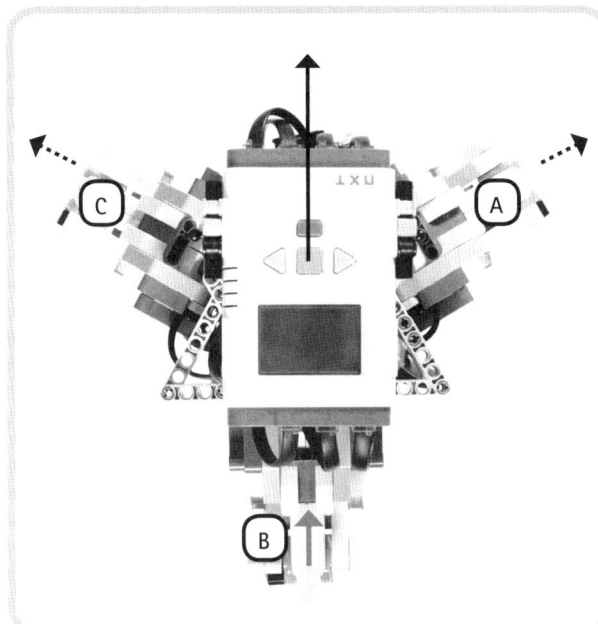

Abbildung 9-5: Die Motoren A und C ziehen den Roboter vorwärts (gestrichelte Pfeile), während Motor B ihn von hinten anschiebt (grauer Pfeil). Gemeinsam bringen sie den Krabbler dazu, vorwärtszugehen (durchgängiger schwarzer Pfeil). (Die Sensoren wurden hier abgenommen, um die Motoren deutlicher darstellen zu können.)

HINWEIS Der Krabbler kann nur auf einer sehr glatten Oberfläche, wie z.B. auf Kacheln, einem Schreibtisch oder einem glatten Holzboden, gehen. Wenn Sie ihn auf Teppichboden oder einer rauen Oberfläche gehen lassen, riskieren Sie, dass die Beine abbrechen!

Programmieren des Krabblers

Da Sie jetzt verstehen, wie der Krabbler gehen kann, werden Sie nun drei Eigene Blöcke erstellen, um ihn zum Gehen zu bringen. Danach werden Sie auf der Grundlage dieser Blöcke größere Programme entwickeln.

Entwickeln des Eigenen Blocks »Gehe-Geradeaus«

Zunächst erstellen Sie einen Eigenen Block mit dem Namen »Gehe-Geradeaus«. Da die Motoren A und C den Roboter ziehen werden, werden sich diese Motoren rückwärtsdrehen. Motor B wird darauf programmiert, sich vorwärtszudrehen, da das zugehörige Beinpaar den Roboter anschiebt. Im Feld »Dauer« ist jeweils die Einstellung **Unbegrenzt** gewählt, so dass der Eigene Block nur die Motoren einschalten wird. Sie werden andere Blöcke (wie z.B. Warteblöcke) einsetzen, um zu steuern, wie lange der Krabbler in eine bestimmte Richtung gehen soll.

Erstellen Sie zunächst ein neues Programm, nehmen Sie drei Motorblöcke aus der Programmierpalette und konfigurieren Sie sie wie in Abbildung 9-7 dargestellt. Motor B dreht sich etwas schneller als die anderen beiden, da das zugehörige Beinpaar den Roboter in Gehrichtung anschiebt (siehe Abbildung 9-5). Dies stabilisiert den Roboter beim Gehen.

HINWEIS Falls Sie nicht mehr genau wissen, wie man Eigene Blöcke erstellt, können Sie es in Kapitel 5 nochmals Schritt für Schritt nachlesen.

Markieren Sie die drei Motorblöcke, wandeln Sie sie in einen Eigenen Block mit dem Namen **Gehe-Geradeaus** um und fügen Sie dann einen Warteblock in das Programm ein (Abbildung 9-8). Starten Sie das Programm. Der Krabbler sollte 10 Sekunden lang vorwärtsgehen und am Ende des Programms anhalten.

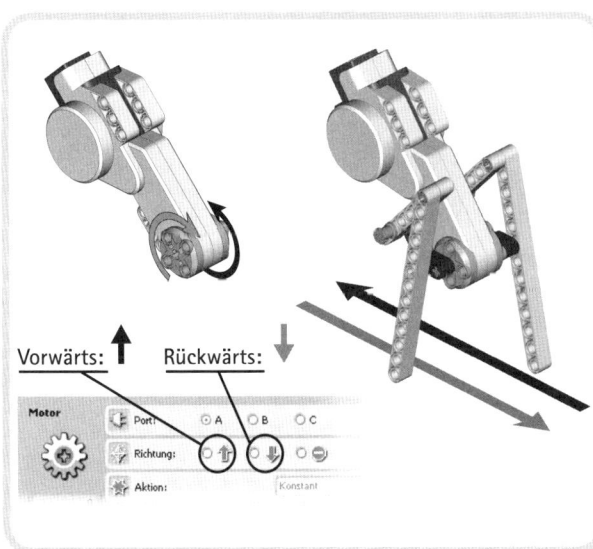

Abbildung 9-6: Wenn NXT-Motoren sich vorwärtsdrehen, bewegt sich das zugehörige Beinpaar in die Richtung des schwarzen Pfeils. Der graue Pfeil steht für Rückwärtsbewegung des Motors.

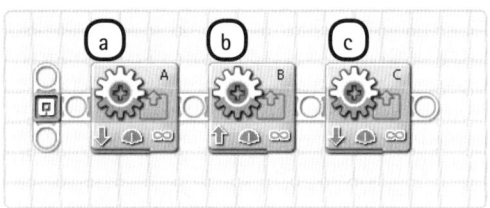

Entwickeln der Eigenen Blöcke »Gehe-Links« und »Gehe-Rechts«

Nun werden Sie zwei weitere Eigene Blöcke entwickeln, um den Krabbler nach links und nach rechts gehen zu lassen. Diese Blöcke unterscheiden sich vom gerade erstellten Block lediglich dadurch, dass Richtung und Leistung nun so eingestellt sind, dass sich der Roboter in eine andere Richtung bewegt (siehe Abbildung 9-9). Erstellen Sie diese beiden Eigenen Blöcke genau so, wie Sie es im vorhergehenden Abschnitt getan haben. In Tabelle 9-2 finden Sie die Namen der Blöcke und die jeweiligen Richtungs- und Leistungseinstellungen der Motoren.

Abbildung 9-7: Konfiguration der Blöcke im Eigenen Block »Gehe-Geradeaus«

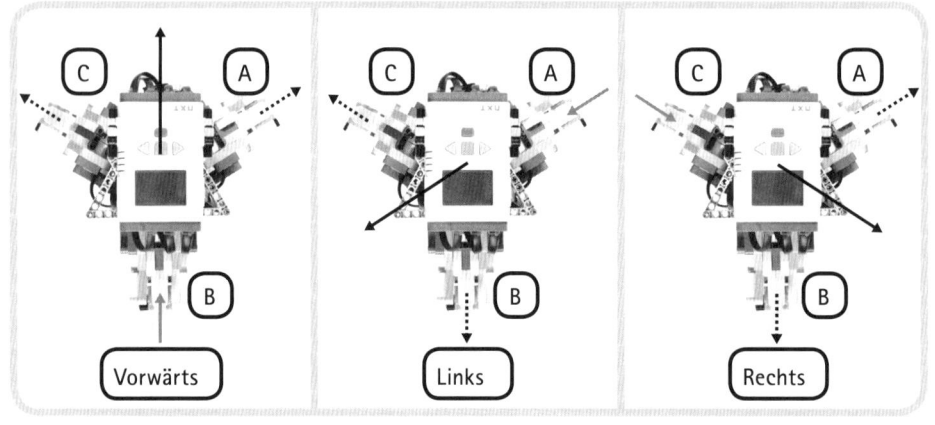

Abbildung 9-8: Einfaches Testprogramm, das den Krabbler vorwärtsgehen lässt.

Abbildung 9-9: Durch Richtungsänderung der Motoren kann der Krabbler vorwärts, nach links oder nach rechts gehen. In jedem Fall ziehen zwei Motoren den Roboter in eine bestimmte Richtung (gestrichelte Pfeile), während der dritte Motor den Roboter anschiebt (grauer Pfeil). Die sich daraus ergebende Richtung des Roboters ist mit einem durchgängigen schwarzen Pfeil angezeigt.

Tabelle 9-2: Einstellung von Richtung und Leistung in den Motorblöcken

Name des Eigenen Blocks	Motor A	Motor B	Motor C
Gehe-Geradeaus	Rückwärts, 50	*Vorwärts, 60*	Rückwärts, 50
Gehe-Links	*Vorwärts, 60*	Rückwärts, 50	Rückwärts, 50
Gehe-Rechts	Rückwärts, 50	Rückwärts, 50	*Vorwärts, 60*

ENTDECKUNGSAUFGABE 43: DREIECK, DIE ZWEITE!

Schwierigkeitsgrad: Leicht

Wie Sie den Explorer im Dreieck fahren lassen können, wissen Sie bereits. Wie können Sie jedoch den Krabbler dazu bringen, das Gleiche zu tun? Nehmen Sie die drei Eigenen Blöcke, die Sie gerade erstellt haben, und stellen Sie drei Warteblöcke darauf ein, das Programm fünf Sekunden lang zu unterbrechen (legen Sie nach jedem Eigenen Block einen Warteblock ab). Um das Ganze noch interessanter zu machen, ziehen Sie alle Blöcke in einen Schleifenblock und bauen noch ein paar Farblampen- oder Klangeffekte ein.

HINWEIS Falls der Krabbler nur schwer gehen kann oder falls seine Beine abfallen, sollten Sie ihn auf einer glatten Oberfläche gehen lassen.

Einsatz der Eigenen Blöcke in einem interaktiven Programm

Da Sie nun wissen, wie Sie den Krabbler steuern können, sind Sie jetzt bereit, größere Programme zu erstellen. Wie Sie in Entdeckungsaufgabe 43 gesehen haben, kann sich der Krabbler nicht umdrehen, d.h., der Ultraschallsensor zeigt immer in die gleiche Richtung. Wenn Sie jedoch die Eigenen Blöcke »Gehe-Geradeaus«, »Gehe-Links« und »Gehe-Rechts« richtig kombinieren, kann er trotzdem jede Richtung einschlagen.

Das nächste Programm, das Sie entwickeln werden, lässt den Krabbler vorwärtsgehen, bis eine seiner Antennen gedrückt wird. Je nachdem, welchen der beiden Sensoren Sie drücken, wird der Krabbler nach links oder nach rechts gehen (Programmierschritte 1 und 2). Der Krabbler wird die Sensorwerte mithilfe von Klangdateien und Anzeigen auf dem NXT-Display kommunizieren (Schritte 3, 4 und 5). Abbildung 9-10 gibt einen Überblick über das Programm.

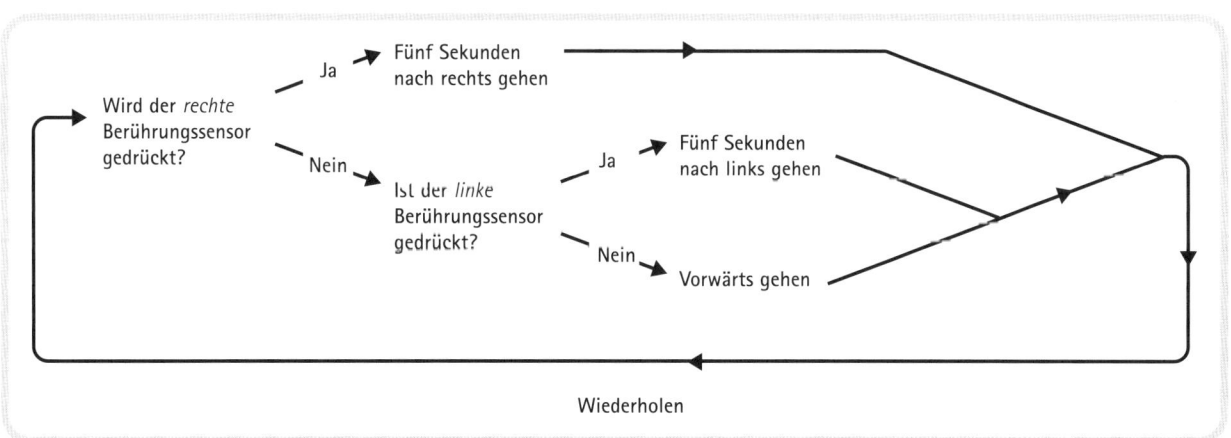

Abbildung 9-10: Der Programmfluss für das »Krabbler-Touch«-Programm. Während der Roboter fünf Sekunden lang seitwärts geht, informiert er gleichzeitig mithilfe von Klangdateien und Anzeigen auf dem NXT-Display darüber, in welche Richtung er sich bewegt (nach links oder rechts).

Entwickeln des Programms

Öffnen Sie ein neues Programm und speichern Sie es unter dem Namen **Krabbler-Touch**. Folgen Sie dann den Anweisungen in den Abbildungen 9-11 und 9-12, um das Programm zu erstellen.

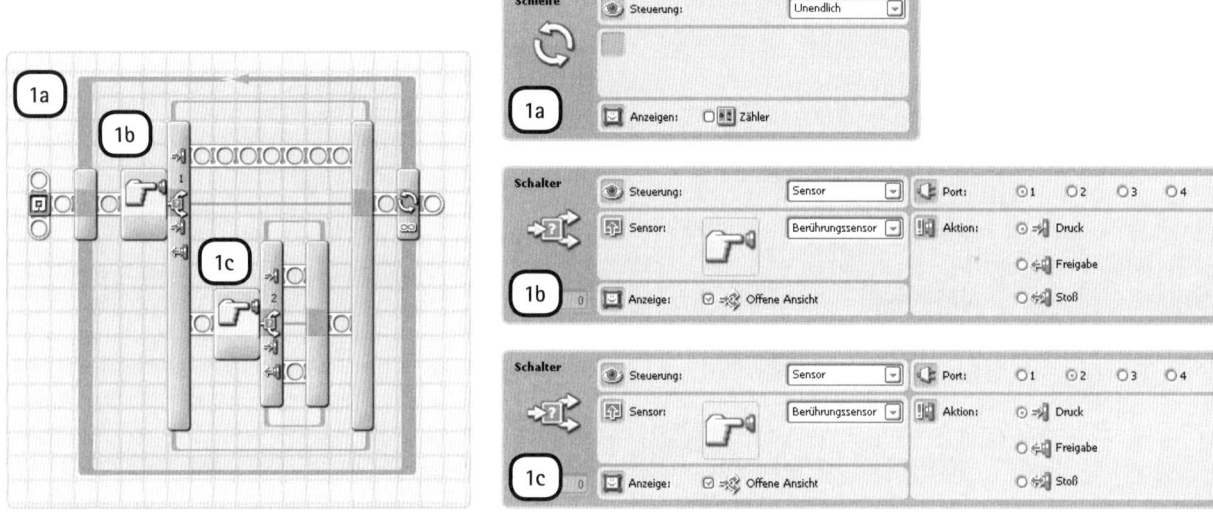

Abbildung 9-11: **1. Schritt:** *Diese Blöcke bilden die Hauptstruktur des Programms. Das Programm sollte ausgeführt werden, bis Sie es manuell abbrechen. Setzen Sie daher einen Schleifenblock ein. Legen Sie im Schleifenblock zwei Schaltblöcke ab, um zu bestimmen, ob ein Sensor gedrückt wird.*

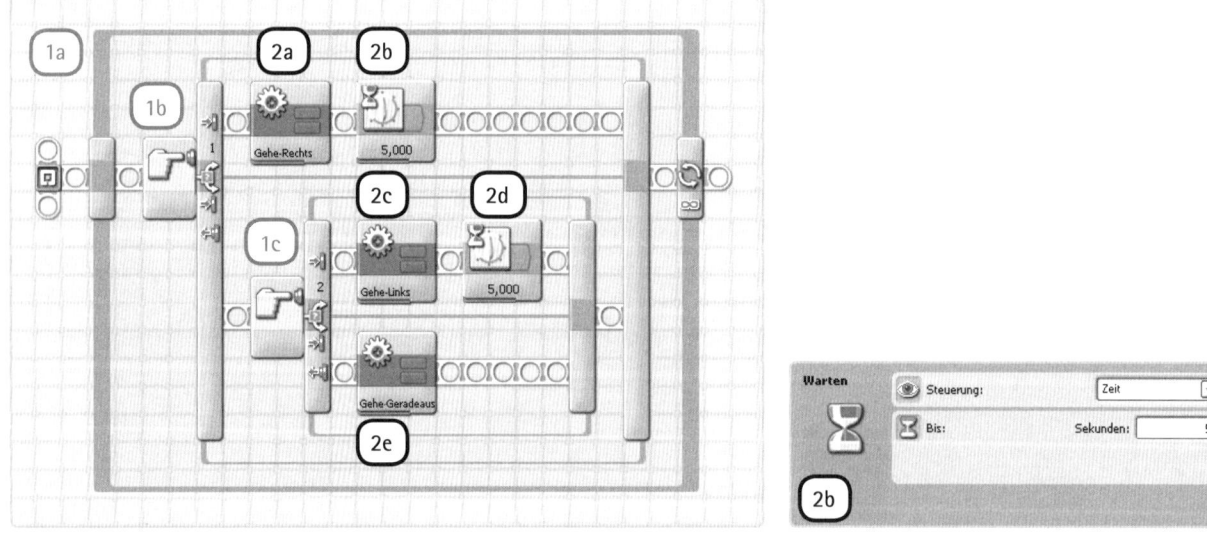

Abbildung 9-12: **2. Schritt:** *Sie konfigurieren die Bewegungen des Roboters, indem Sie Ihre Eigenen Blöcke in den Schaltblöcken ablegen. Wird z.B. der an Port 1 angeschlossene Berührungssensor gedrückt, sollte der Krabbler nach rechts gehen und sich (aufgrund des Warteblocks) fünf Sekunden lang in diese Richtung bewegen. Danach sollte er wieder zum Anfang des Programms zurückkehren, um zu überprüfen, ob ein Sensor gedrückt ist. Falls zu diesem Zeitpunkt kein Sensor gedrückt ist, sollte der Krabbler weiter vorwärtsgehen.*

Die im 1. und 2. Schritt konfigurierten Blöcke bilden die Grundlage dieses Programms. Laden Sie nun das Programm auf den Krabbler, um es zu testen. Um das Programm spannender und interaktiver zu gestalten, werden Sie im 3., 4. und 5. Schritt Anzeige-, Klang- und Farblampenblöcke hinzufügen (Abbildungen 9-13, 9-14 und 9-15).

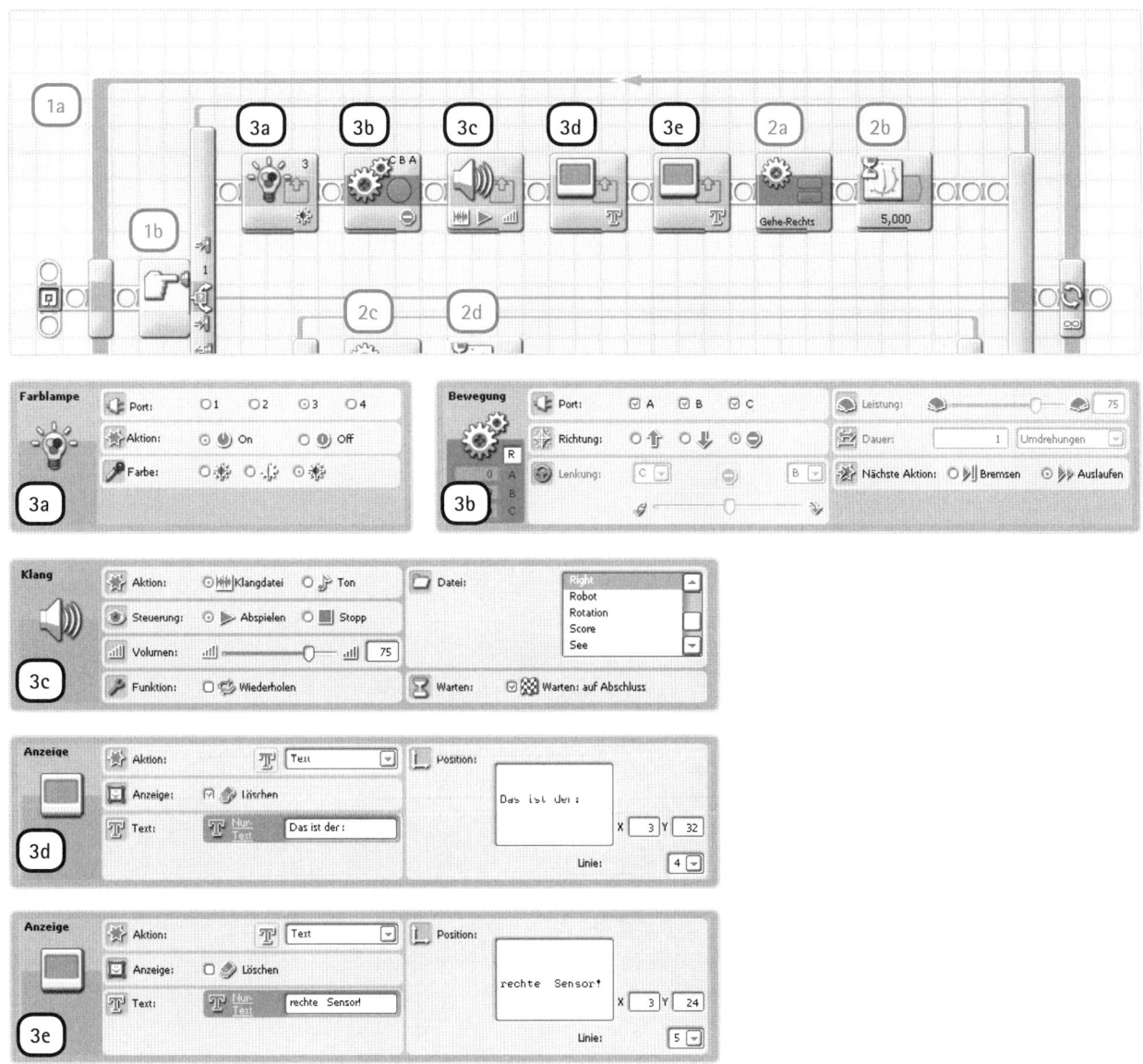

Abbildung 9-13: **3. Schritt:** *An dieser Stelle fügen Sie die Blöcke ein, die ausgeführt werden sollen, wenn der rechte Berührungssensor gedrückt wird. Wird der Sensor gedrückt, sollte ein blaues Licht eingeschaltet werden, der Roboter sollte anhalten, das Wort »Right« aussprechen und auf dem NXT-Display den Satz »Das ist der rechte Sensor!« anzeigen . Danach sollte der Krabbler nach rechts gehen (ausgelöst durch den Eigenen Block »Gehe-Rechts«, den Sie zu einem früheren Zeitpunkt abgelegt haben).*

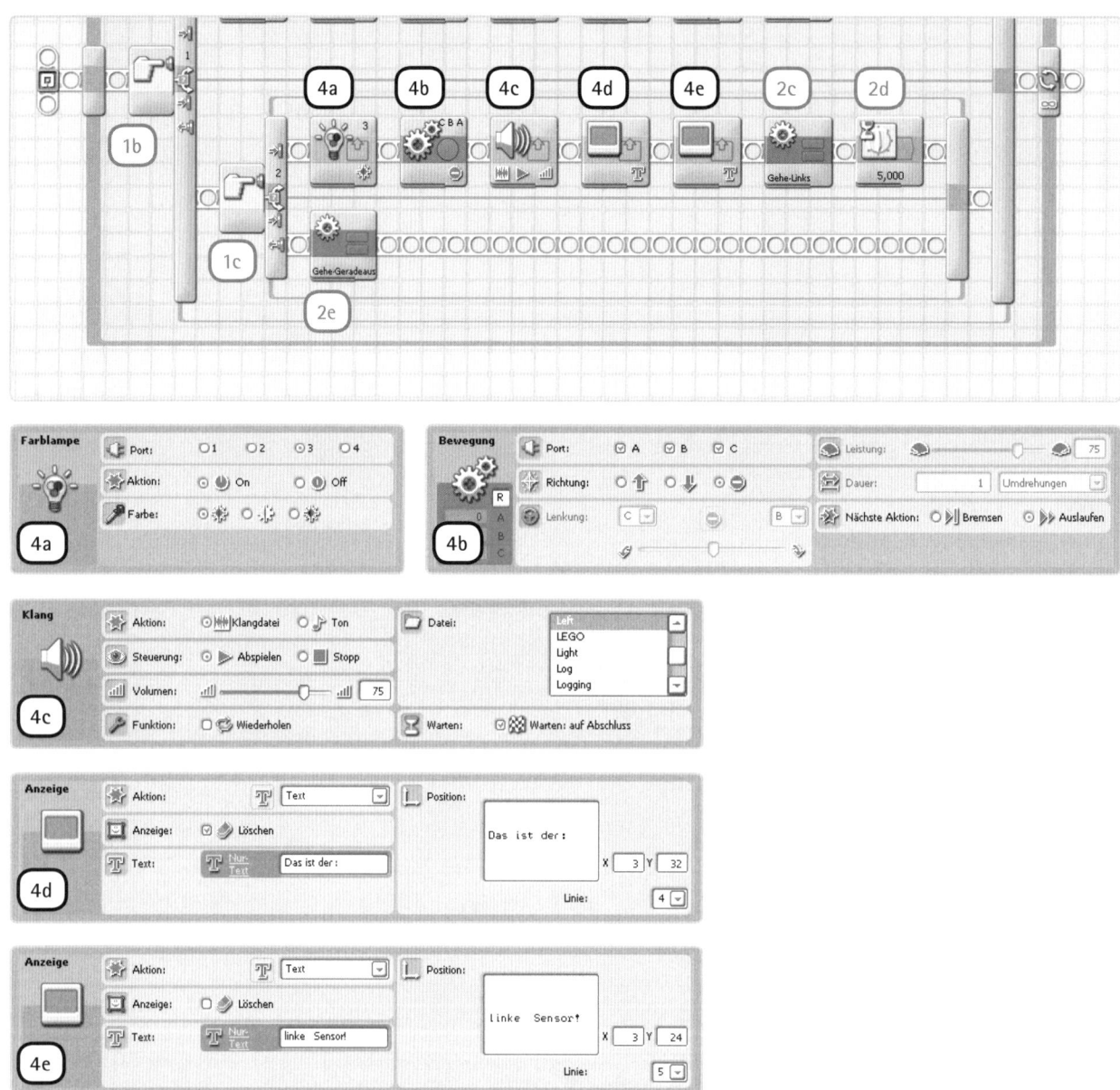

Abbildung 9-14: 4. Schritt: Die hier abgelegten Blöcke unterscheiden sich von den Blöcken im 3. Schritt lediglich dadurch, dass sie ausgeführt werden, wenn der linke Berührungssensor gedrückt wird. Folglich sind auch die Klang- und Anzeigeblöcke darauf programmiert anzugeben, dass der Roboter nach links geht.

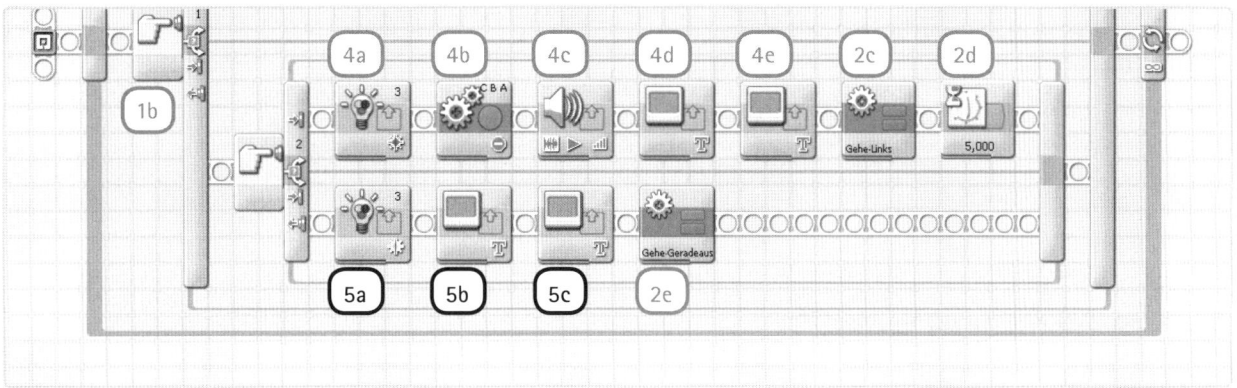

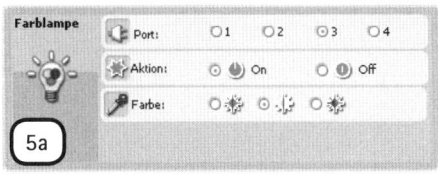

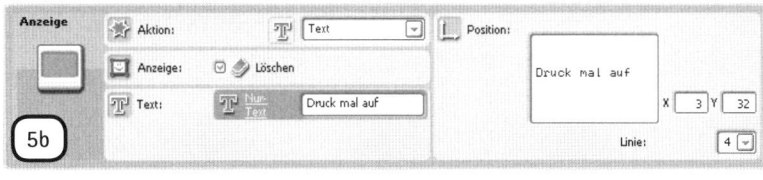

Abbildung 9-15: **5. Schritt:** *Die hier abgebildeten Blöcke werden ausgeführt, wenn keine Antennen berührt werden. Auf dem NXT-Display wird der Satz »Drück mal auf einen Sensor!« erscheinen. Der Krabbler ist mithilfe des Eigenen Blocks »Gehe-Geradeaus« darauf programmiert vorwärtszugehen. Danach kehrt er wieder an den Anfang des Programms zurück, um zu überprüfen, ob Sensoren gedrückt sind. Sie brauchen hier daher keinen Warteblock.*

ENTDECKUNGS-AUFGABE 44: IN SECHS RICHTUNGEN GEHEN

Schwierigkeitsgrad: Leicht

Sehen Sie sich den Eigenen Block »Walk-Forward« an. Können Sie einen neuen Eigenen Block erstellen, der mit den gleichen Motorblöcken arbeitet, jedoch bei umgekehrter Motorrichtung? Wohin geht der Krabbler nun? Ändern Sie die anderen beiden Blöcke auf gleiche Weise, so dass der Krabbler in sechs unterschiedliche Richtungen gehen kann. Wenn Sie die zusätzlichen Eigenen Blöcke erstellt haben, können Sie ein Programm entwickeln, bei dem jeder dieser Blöcke zum Einsatz kommt.

Herzlichen Glückwunsch – Sie können nun das Programm auf den Krabbler laden, das ihn zum Gehen bringt!

Das Programm des »erschrockenen Krabblers«

Im nächsten Programm werden Sie den Krabbler vorwärtsgehen lassen, bis jemand das Licht einschaltet. Der Krabbler wird einen erschrockenen Laut von sich geben und still stehen, bis das Licht wieder ausgeschaltet wird. Bevor Sie dieses Programm jedoch entwickeln können, müssen Sie zwei neue Programmiertricks kennenlernen: Feedback-Felder und Schwellenwerte.

Abrufen von Sensordaten mit Feedback-Feldern

Bei bestimmten Blöcken enthält der Konfigurationsbereich ein »Feedback-Feld«, das einen festen Wert anzeigt. Feedback-Felder (siehe Abbildung 9-16) informieren über Sensorwerte, wenn der Roboter entweder über USB oder Bluetooth an den Computer angeschlossen ist.

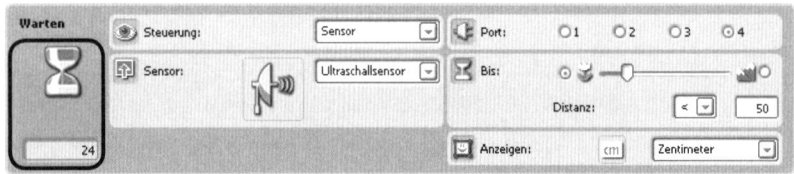

Abbildung 9-16: Ein Feedback-Feld informiert über Sensorwerte. Der hier abgebildete Konfigurationsbereich des Warteblocks ist darauf eingestellt, den Wert des Ultraschallsensors abzurufen.

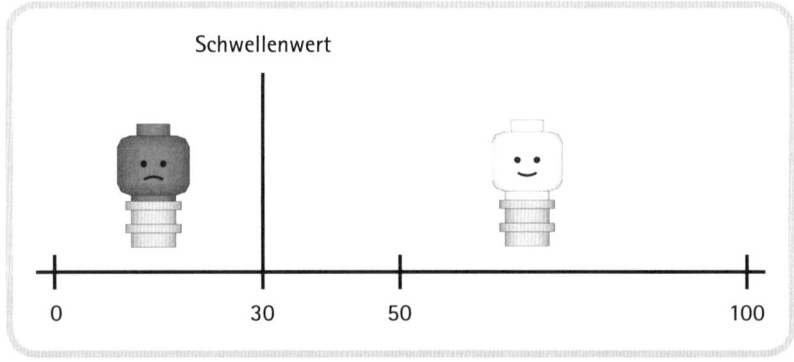

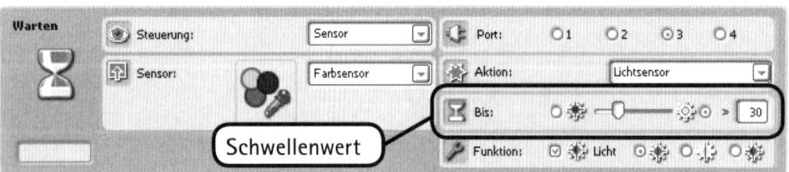

Abbildung 9-17: Sie setzen einen Schwellen- oder Auslösewert ein, um den Unterschied zwischen hell und dunkel zu bestimmen. Diesen Wert geben Sie im Konfigurationsbereich eines Blocks ein, der mit einem Sensor arbeitet, wie z.B. im hier dargestellten Warteblock. In diesem Fall werden alle Werte über 30 als hell betrachtet, während 30 und alle niedrigeren Werte als dunkel gelten. Dieser Block sorgt daher dafür, dass der Roboter wartet, bis der Lichtsensor einen Messwert höher als 30 angibt. Erst dann wird das Programm fortgesetzt.

Einstellen von Schwellenwerten

Ob ein Berührungssensor gedrückt ist, lässt sich problemlos feststellen – er ist entweder gedrückt oder nicht. Wie können Sie jedoch mit einem Lichtsensor bestimmen, ob es dunkel oder hell ist? Im Gegensatz zu einem mechanischen Sensor, der entweder ein- oder ausgeschaltet ist, kann es bei einem Lichtsensor viele gemessene Werte geben. Im NXT reichen die Werte des im Lichtsensor-Modus arbeitenden Farbsensors von 0 (am dunkelsten) bis 100 (am hellsten). Um Ihrem Roboter zu sagen, welchen Wert Sie als hell oder dunkel betrachten, legen Sie in Ihrem Programm einen Auslöse- oder Schwellenwert fest, der diesen Unterschied bestimmt (siehe Abbildung 9-17). Einen gemessenen Lichtwert, der höher als dieser Schwellenwert ist, betrachten Sie als *hell*, und einen Messwert, der diese Schwelle unterschreitet, betrachten Sie als *dunkel*.

Schwellenwerte sind von Situation zu Situation unterschiedlich und hängen häufig von den Lichtverhältnissen im Raum ab. Um den Schwellenwert einzustellen, entscheiden Sie zunächst, wie Sie die Lichtverhältnisse in Ihrem Programm definieren möchten (ein Raum mit eingeschaltetem Licht und der gleiche Raum mit ausgeschaltetem Licht). Dann messen Sie in jeder der Situationen den Lichtwert.

Da Sie die Daten des Lichtsensors nicht über das NXT-Menü View [Ansicht] abrufen können, verwenden Sie hierfür das Feedback-Feld eines Warteblocks, der als Farbsensor im Lichtsensor-Modus konfiguriert ist (Abbildung 9-18). Bei dunklen Lichtverhältnissen habe ich anhand des Feedback-Felds einen Wert von 4 gemessen, bei hellen Lichtverhältnissen einen Wert von 30. Ihre eigenen Messwerte können anders ausfallen.

Wenn Ihnen zwei Messwerte vorliegen (einer für den dunklen und einer für den hellen Raum), ermitteln Sie den Durchschnittswert (siehe Abbildung 9-19). Da Ihre eigenen Messwerte anders ausfallen können, ist es wichtig, dass die Berechnung Ihrer Schwellenwerte auf Ihren eigenen Messungen basieren.

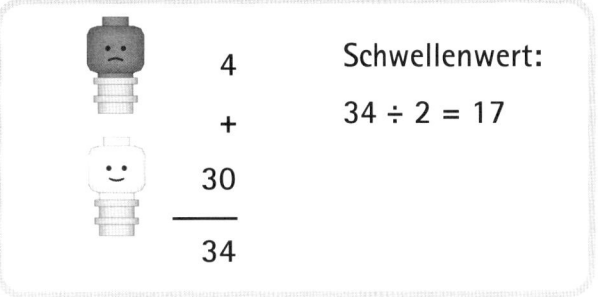

Abbildung 9-19: Der Schwellenwert entspricht dem Durchschnitt des Lichtsensorwerts im dunklen Raum (eine niedrige Zahl) und des im hellen Raum gemessenen Werts (eine höhere Zahl). Um den Durchschnitt zu berechnen, addieren Sie beide Werte und teilen das Ergebnis durch 2.

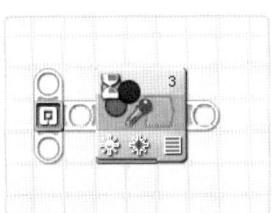

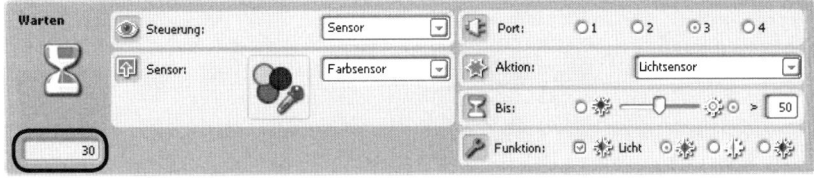

Abbildung 9-18: Einsatz des Feedback-Felds zum Abrufen der Lichtsensor-Werte

Entwickeln des Programms

Nun werden Sie das Programm entwickeln, das den Krabbler dazu bringt vorwärtszugehen, einen Laut von sich zu geben, wenn das Licht eingeschaltet wird, und stehen zu bleiben, bis das Licht wieder ausgeschaltet wird. Erstellen Sie ein neues Programm, speichern Sie es auf Ihrem Computer unter dem Namen Krabbler-Scared und folgen Sie den Anweisungen in Abbildung 9-20.

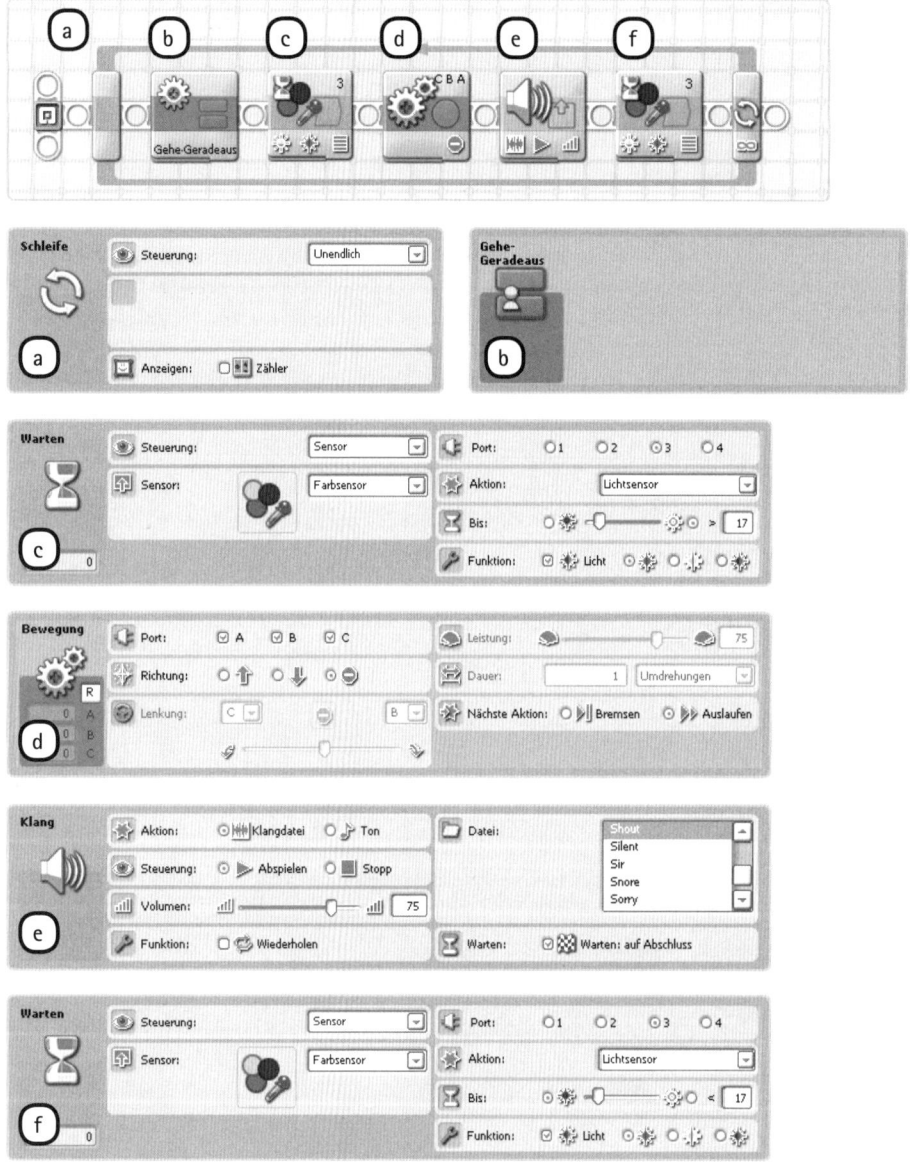

Abbildung 9-20: Zuerst wird der Krabbler dazu gebracht vorwärtszugehen. Danach wartet das Programm, bis die gemessene Lichtintensität den Schwellenwert überschreitet (in diesem Fall auf 17 eingestellt). Sobald der Schwellenwert überschritten ist, werden alle Motoren angehalten, und der Roboter gibt einen lauten Schrei von sich. Der letzte Block wartet, bis es wieder dunkel ist. Sobald der Sensor wieder Dunkelheit wahrnimmt, beginnt die Schleife von vorne, und der Krabbler bewegt sich wieder.

ENTDECKUNGSAUFGABE 45: MIT LICHTGESCHWINDIGKEIT GEHEN!

Schwierigkeitsgrad: Schwer

Mit Ihren Eigenen Blöcken schreitet der Krabbler mit der in den Motorblöcken konfigurierten Geschwindigkeit voran. Sie können ihn jedoch auch langsamer oder schneller gehen lassen, indem Sie die Konfiguration dieser Blöcke ändern. Entwickeln Sie ein Programm, das den Roboter abhängig von den Messwerten seines Lichtsensors schneller gehen lässt. Ist der Lichtsensorwert geringer als 33, lassen Sie den Krabbler langsam gehen. Liegt der Wert zwischen 34 und 66, lassen Sie ihn schneller gehen (ca. 50 % der Motorleistung). Ist der Wert höher als 66, sorgen Sie dafür, dass der Krabbler so schnell wie möglich läuft – ohne seine Beine zu brechen! Setzen Sie Schaltblöcke ein, um den Lichtsensorwert zu bestimmen. Sie könnten nun von weitem den Strahl einer Taschenlampe auf den Sensor richten, um die Geschwindigkeit des Roboters zu erhöhen.

Zum Erforschen und Ausprobieren

Es ist nicht ganz einfach, gehende Roboter zu entwerfen. Falls Sie Ihren eigenen Roboter mit Beinen bauen möchten, empfehle ich Ihnen, zunächst einen weiteren Roboter nach Anleitung zu entwickeln, um den Aufbau dieser Modelle noch besser zu verstehen. Auf der Rückseite des LEGO MINDSTORMS NXT 2.0-Baukastens sehen Sie ein kleines Bild von Manty, einem weiteren sechsbeinigen Roboter, den ich entwickelt habe. Die Gehtechnik dieses Roboters unterscheidet sich grundlegend von der des Krabblers, da Manty auf jeder Seite drei Beine hat und sich auf der Stelle drehen kann. Auf der Webseite *http://www.roboter.laurensvalk.com/* können Sie Bau- und Programmieranweisungen für diesen NXT-2.0-Roboter herunterladen.

Bevor Sie nun mit Ihrem nächsten Roboter beginnen, nehmen Sie sich etwas Zeit, um in den Bauaufgaben 8 und 9 und in der Entdeckungsaufgabe 46 Ihre Bau- und Programmierfähigkeiten noch weiter zu verbessern.

BAUAUFGABE 8: ABWECHSLUNG GEFÄLLIG?

Ihnen ist vielleicht aufgefallen, dass die Grundstruktur des Krabblers ein festes Dreieck ist – eine ungewöhnliche Bauweise für einen LEGO MINDSTORMS-Roboter. Was passiert, wenn Sie Räder an diesem Dreieck befestigen? Nehmen Sie die Beine von den Motoreinheiten ab und befestigen Sie – wie in Abbildung 9-21 dargestellt – an deren Stelle die Räder (ohne Gummireifen). Versuchen Sie nun, die für den Krabbler entwickelten Programme auszuführen. Funktionieren sie? Was passiert, wenn Sie die Gummireifen anbringen?

ENTDECKUNGSAUFGABE 46: FERNSTEUERUNG!

Schwierigkeitsgrad: Mittel
Erinnern Sie sich noch an die Fernsteuerung, die Sie für den Shot-Roller entwickelt haben? In dieser Entdeckungsaufgabe werden Sie etwas Ähnliches mit dem Krabbler tun. Nehmen Sie die Antennen vom Krabbler ab und setzen Sie die Berührungssensoren mit langen Kabeln als Fernsteuerungstasten ein. Wie programmieren Sie den Krabbler darauf, in mehrere Richtungen zu gehen?

BAUAUFGABE 9: AUGEN IM HINTERKOPF!

Der Discovery-Roboter mit den beiden Stoßfängern, den Sie in Kapitel 7 gebaut haben, blieb fast nie an einer Stelle hängen, da er sich von Hindernissen (wie z.B. Wänden) immer abwenden konnte. Beim Krabbler ist dies nicht der Fall, da er sich nicht umdrehen kann. Um sicherzugehen, dass der Krabbler nirgendwo stecken bleibt, müssen Sie ihm die Fähigkeit verleihen, aus jeder Richtung Wände wahrzunehmen. Objekte, die sich vor ihm befinden, kann er bereits mit dem Ultraschallsensor »sehen«. Nehmen Sie nun die Antennen vom Krabbler ab und entwickeln Sie spezielle Stoßfänger an den beiden anderen Seiten. Können Sie die Stoßfänger mit Berührungssensoren bauen, so dass der Roboter nicht mit Hindernissen zusammenstößt?

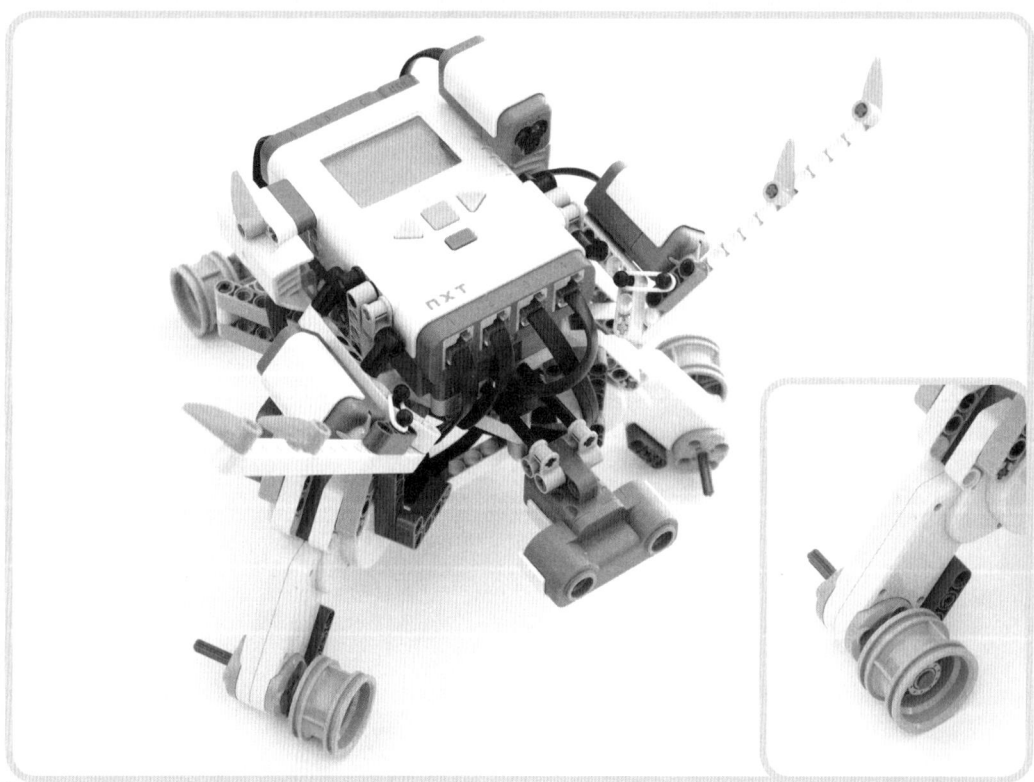

Abbildung 9-21: Krabbler auf drei Rädern

TEIL III

Entwickeln fortgeschrittener Programme

10

Einsatz von Daten-Hubs und Datenleitungen

In diesem dritten Teil des Buchs lernen Sie, wie man mit Daten-Hubs und Datenleitungen anspruchsvollere Programme entwickeln kann. Sie werden z.B. Ihren Roboter dazu bringen, die Sensorwerte auf dem Display anzuzeigen (Kapitel 10), ihn mathematische Aufgaben lösen lassen (Kapitel 11) oder ihn darauf programmieren, sich bestimmte Werte, wie z.B. die besten Ergebnisse von Spielen, zu merken (Kapitel 12).

In den vorangegangenen Kapiteln haben Sie jeden Programmierblock konfiguriert, indem Sie im Konfigurationsbereich die gewünschten Einstellungen vorgenommen haben. Eines der grundlegenden Konzepte in diesem Kapitel besteht darin, dass sich Blöcke gegenseitig konfigurieren können. Ein Block kann z.B. einen Motorblock anweisen, einen Motor mit bestimmter Leistung zu bewegen. Informationen wie z.B. die Motorleistung werden mithilfe von *Daten-Hubs* und *Datenleitungen* von Block zu Block übertragen. Stellen Sie es sich wie eine Kommunikation über eine einfache Telefonleitung vor, bei der eine Person die andere bittet, das Radio auf 50% der maximalen Lautstärke einzustellen (siehe Abbildung 10-1). Die zwei Figuren in dieser Abbildung stehen für Programmierblöcke. Das eigentliche Telefon repräsentiert den Daten-Hub, und die Telefonleitung ist die Datenleitung.

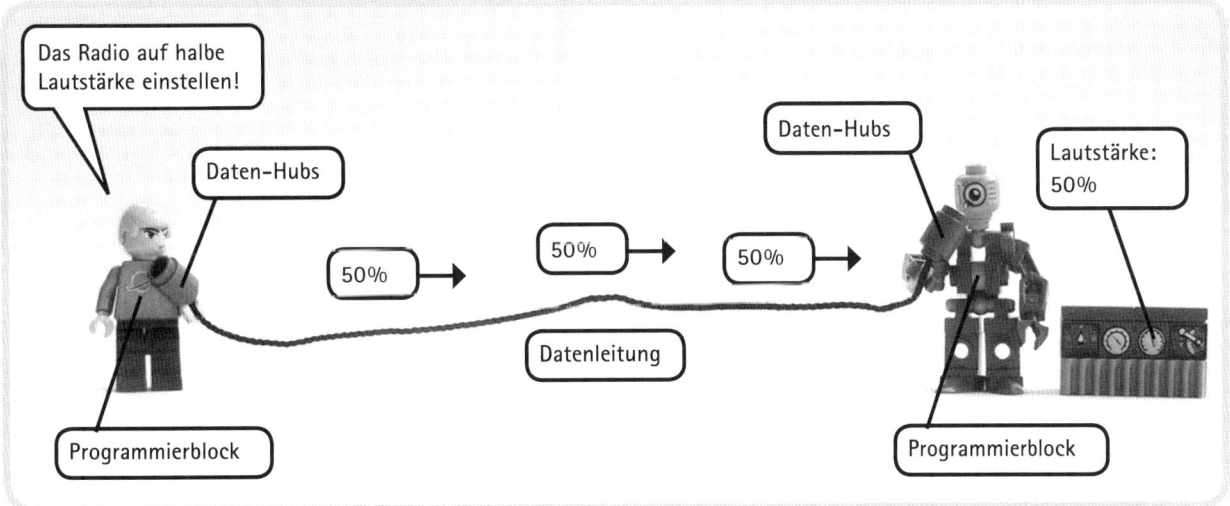

Abbildung 10-1: Die Daten-Hubs (Telefone) und die Datenleitung (Telefonleitung) werden genutzt, um einen Wert (Lautstärke des Radios) von einem Programmierblock (Person auf der linken Seite) zum anderen (Person auf der rechten Seite) zu übertragen. Der zweite Block verwendet diesen Wert, um das Radio auf die gewünschte Lautstärke einzustellen.

Der »Block« auf der linken Seite gibt die gewünschte Lautstärke an den »Block« auf der rechten Seite weiter, der daraufhin das Radio entsprechend einstellen kann. Um vom ersten zum zweiten Programmierblock übertragen zu werden, geht der Lautstärkewert vom ersten Block durch einen Daten-Hub (Telefon auf der linken Seite), durch eine Datenleitung (Telefonleitung) und schließlich durch einen weiteren Daten-Hub (Telefon auf der rechten Seite). Wenn der Wert den zweiten Block erreicht, nimmt dieser die gewünschte (Lautstärke-)Einstellung vor.

Um dieses Konzept zusammenzufassen: Datenleitungen übertragen Werte von einem Block zu einem anderen, um die Einstellungen dieses anderen Blocks zu konfigurieren. Ein Daten-Hub ist Teil eines Programmierblocks und ermöglicht es ihm, Werte an die Leitung weiterzugeben (linker Daten-Hub in Abbildung 10-1) und Werte aus dieser Leitung abzurufen (rechter Daten-Hub in Abbildung 10-1).

In diesem Kapitel lernen Sie, Programme zu erstellen, in denen Daten-Hubs und Datenleitungen zum Einsatz kommen. Am Anfang wird Ihnen diese Art der Programmierung sicher noch etwas schwerfallen. Beim Durcharbeiten der Beispielprogramme und Entdeckungsaufgaben werden Sie jedoch feststellen, dass Sie auch diese Programmiertechniken schnell beherrschen werden!

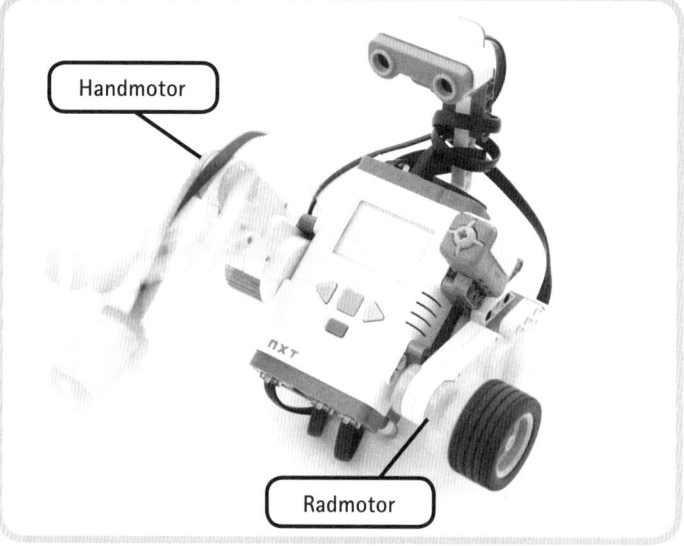

Bau des SmartBot

Um den Einstieg in all diese neuen Funktionen zu erleichtern, werden Sie eine kleine Plattform mit zwei Motoren, einer Auswahl an Sensoren und dem NXT bauen – den sogenannten »SmartBot« (siehe Abbildung 10-2). Der Bau dieses Roboters wird Ihnen dabei helfen, ein besseres Verständnis für die Funktionsweise der fortgeschrittenen Programme in diesem Buch zu gewinnen.

Abbildung 10-2: Mit dem Bau des SmartBot werden Sie zahlreiche neuen Programmiertechniken kennenlernen. Den Motor mit dem Farbsensor werde ich im Folgenden als »Handmotor« bezeichnen, den Motor mit dem Rad nenne ich den »Radmotor«.

Bauen Sie nun den SmartBot, indem Sie den Anweisungen auf den nächsten Seiten folgen. Legen Sie sich zunächst alle Teile zurecht, die Sie brauchen werden (siehe Abbildung 10-3).

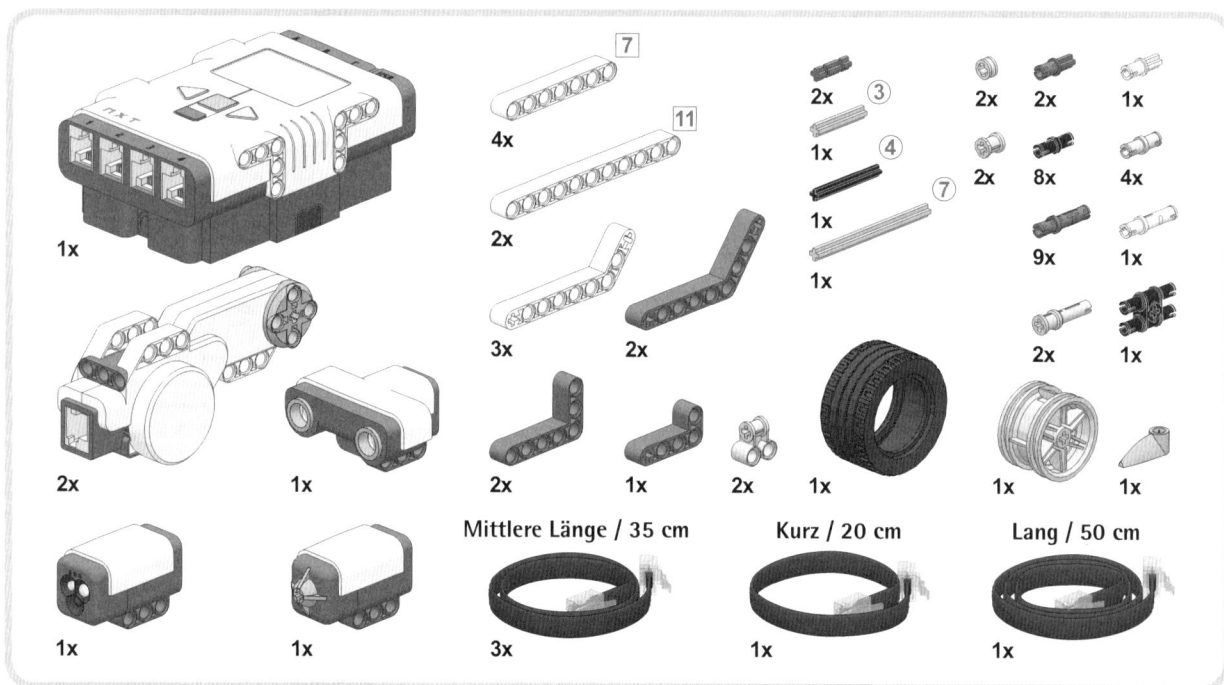

Abbildung 10-3: Die Teile, die Sie für den Bau des SmartBot benötigen

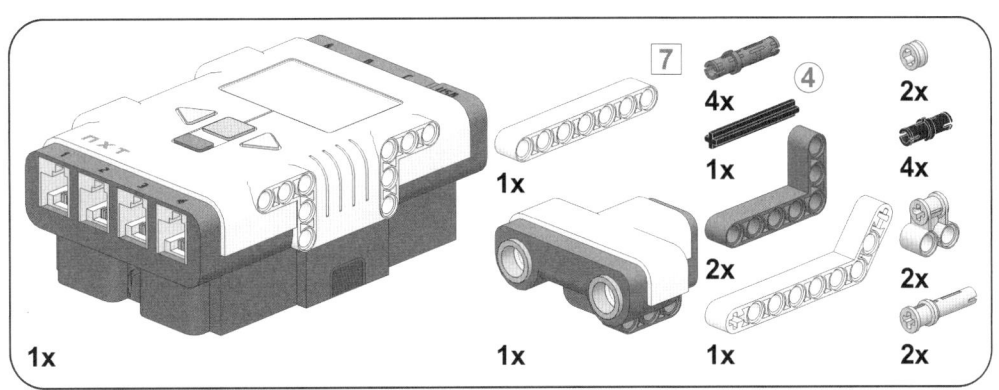

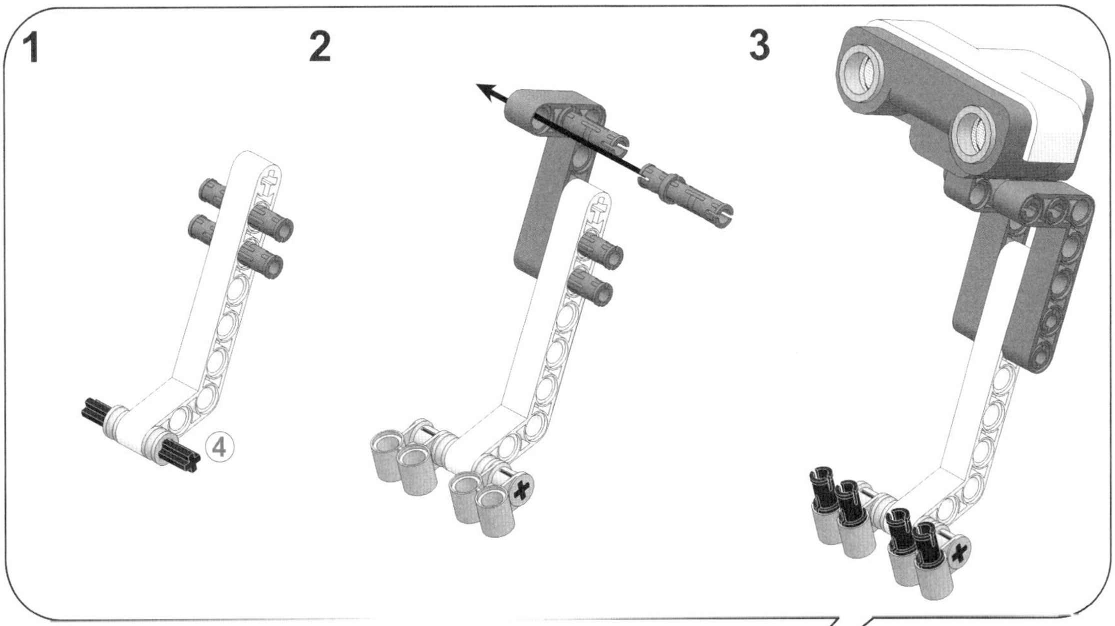

EINSATZ VON DATEN-HUBS UND DATENLEITUNGEN **151**

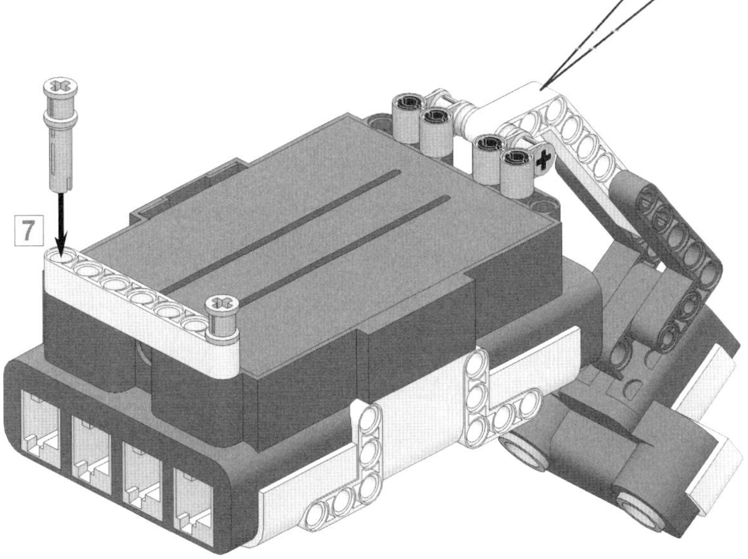

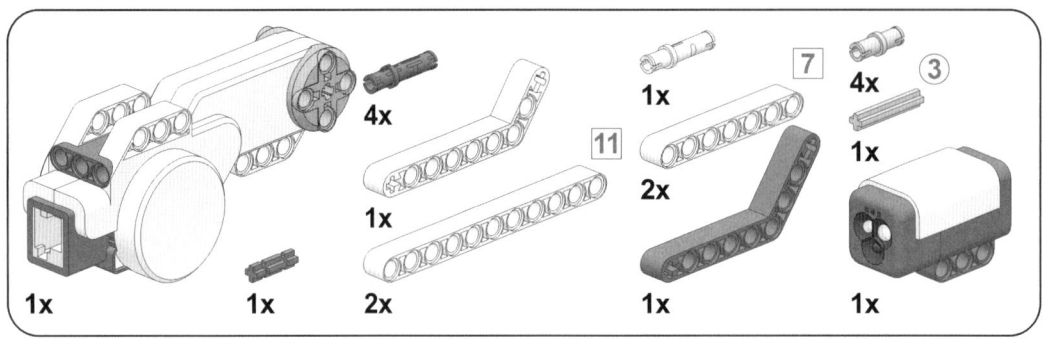

2

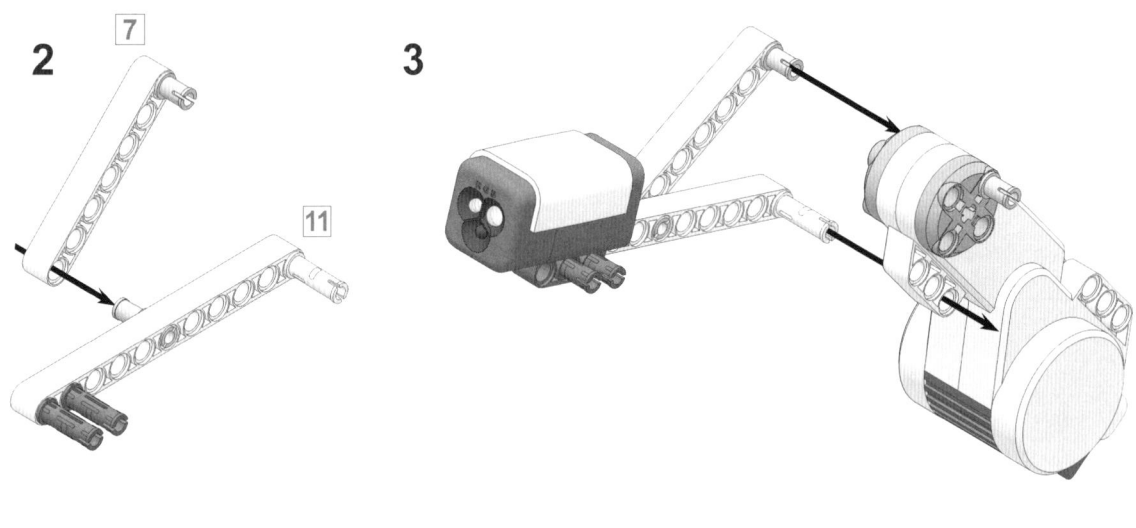

4

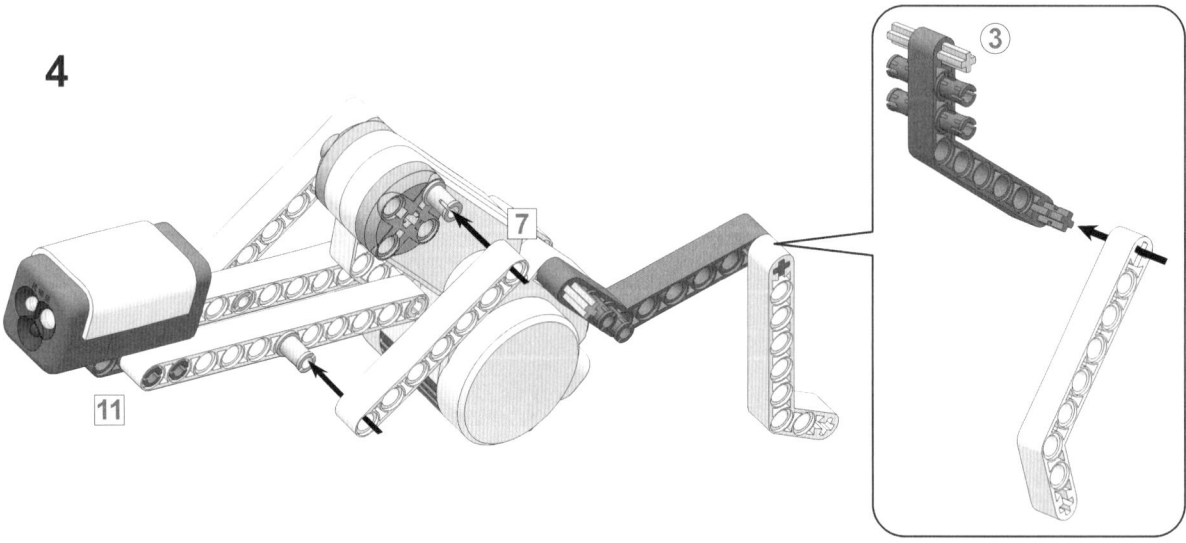

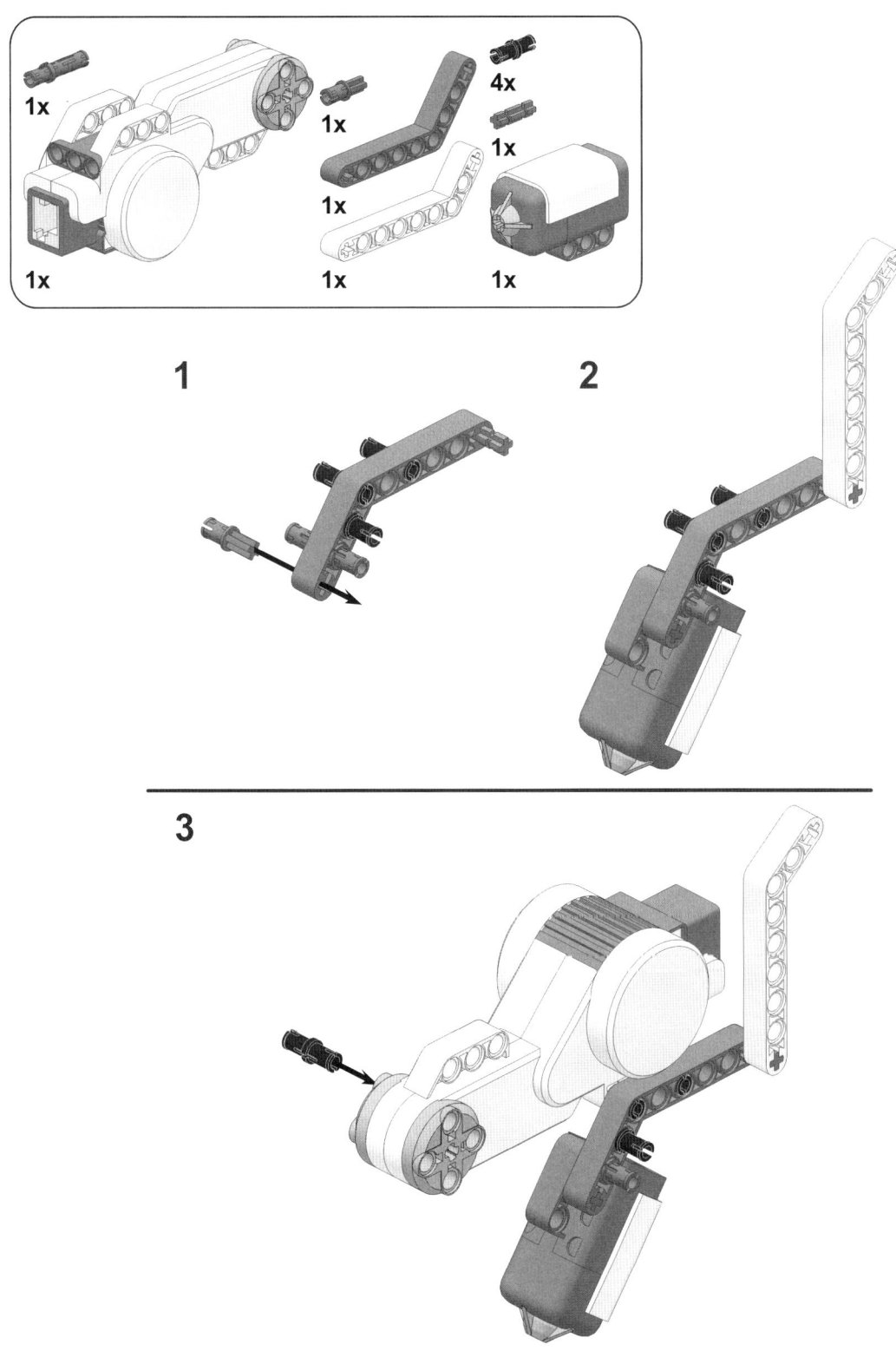

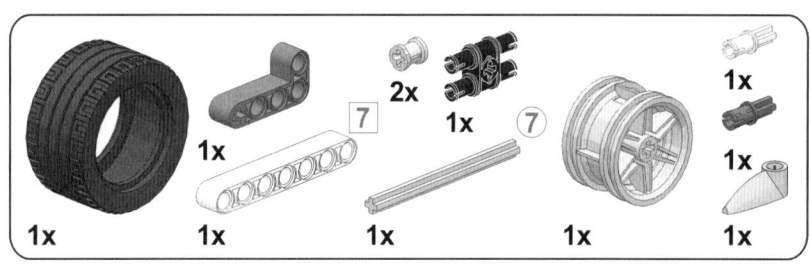

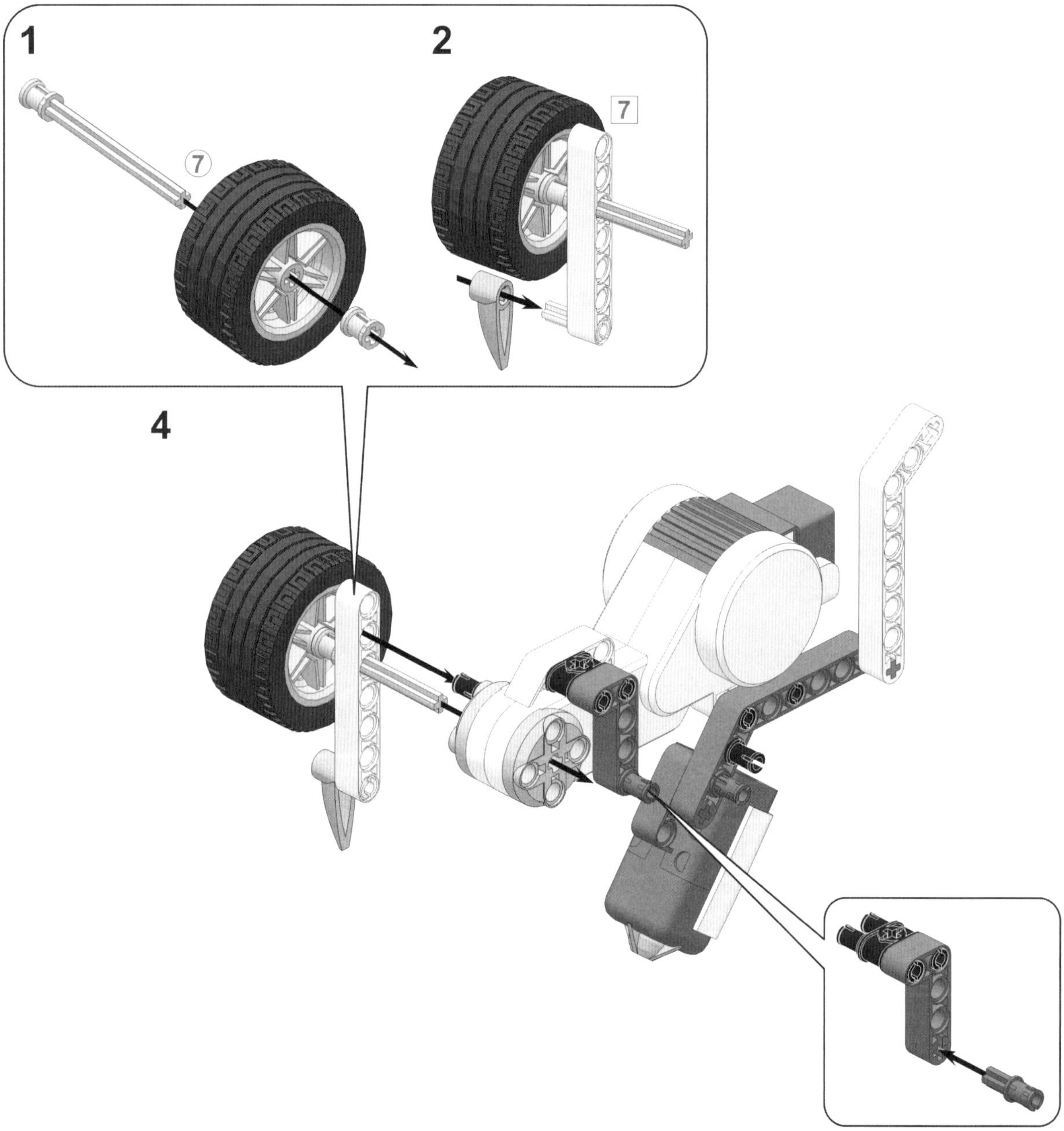

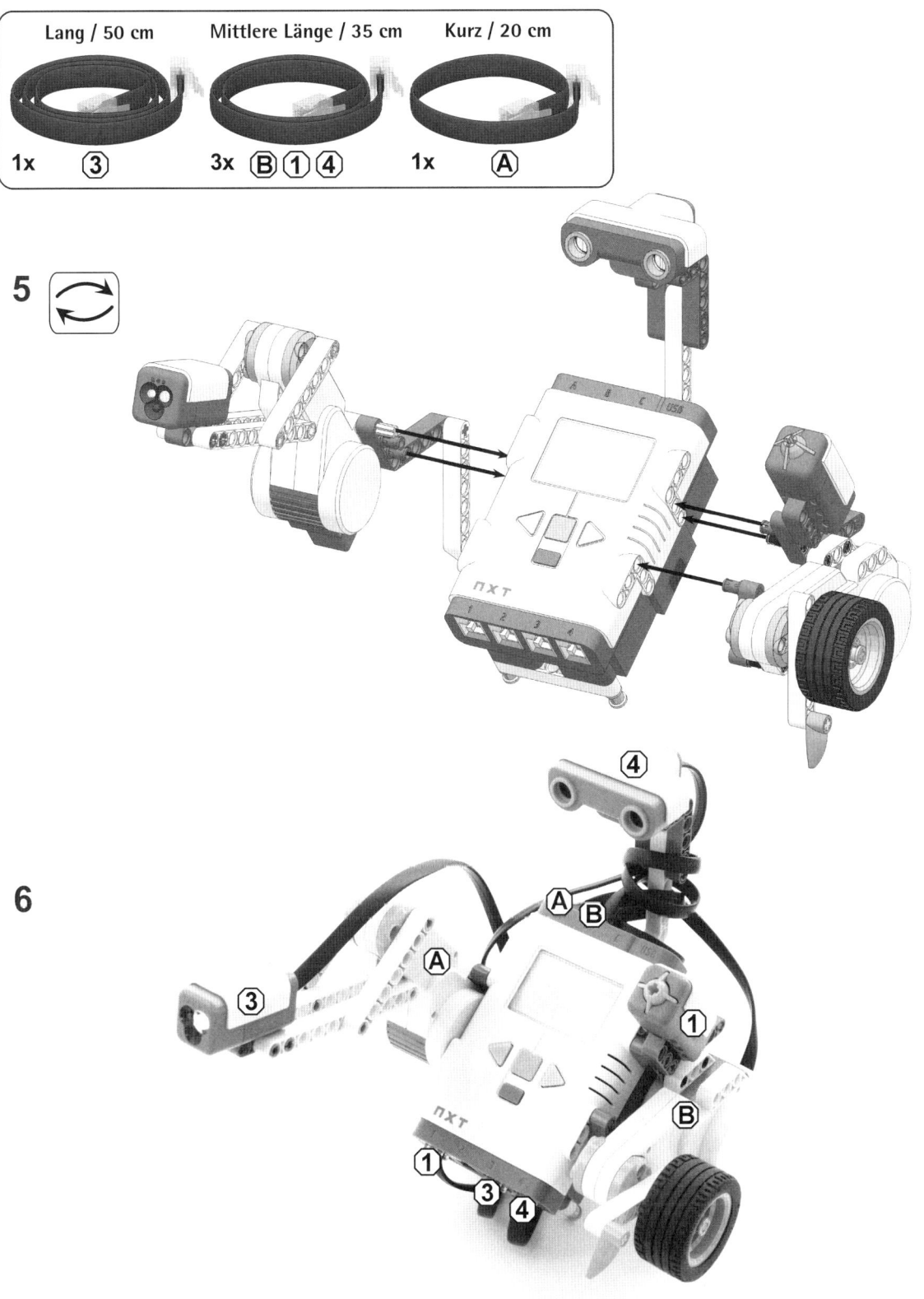

Ein Einstiegsprogramm für Datenleitungen

Um die Funktionsweise von Daten-Hubs und Datenleitungen kennenzulernen, werden Sie ein kleines Programm entwickeln, das den SmartBot dazu bringt, eine Klangdatei abzuspielen, und ihn danach drei Sekunden lang den Handmotor drehen lässt. Die Leistung des Motors (und damit seine Geschwindigkeit) werden an die Messwerte des Ultraschallsensors angepasst: Wenn der Sensor ein Objekt in 43 cm Entfernung sieht, wird die Motorleistung drei Sekunden lang 43 betragen. Nimmt der Sensor ein Objekt in 15 cm Entfernung wahr, wird die Motorleistung auf 15 eingestellt etc. Wenn Sie z.B. ein Buch nah an den Sensor halten und das Programm starten, sollte sich die Hand langsam auf und ab bewegen. Vergrößern Sie den Abstand zwischen Buch und Sensor, sollte sich die Hand schneller bewegen.

Zur Umsetzung dieser Fertigkeiten verwenden Sie den Ultraschallsensorblock, über den Sie später mehr erfahren werden. Zum jetzigen Zeitpunkt genügt es zu wissen, dass Sie ihn zum Abrufen der Sensordaten einsetzen. Erstellen Sie das Programm **Smart-Intro** (siehe Abbildungen 10-4 bis 10-6) und probieren Sie es aus.

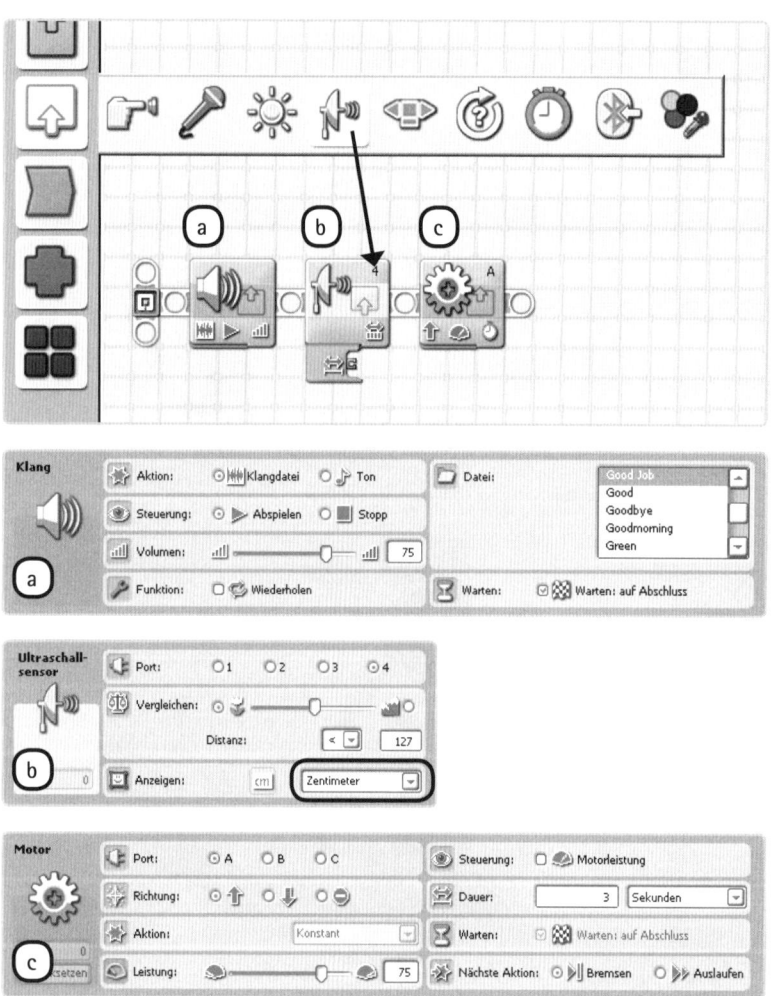

Abbildung 10-4: **1. Schritt:** *Legen Sie alle Blöcke, die Sie für das »Smart-Intro«-Programm benötigen, im Arbeitsbereich ab und konfigurieren Sie sie wie hier dargestellt.*

Das Beispielprogramm verstehen

Herzlichen Glückwunsch! Sie haben gerade Ihr erstes Programm mit Datenleitungen erstellt. Nun werden Sie die Funktionsweise Ihres Programms genauer kennenlernen, indem Sie sich ansehen, wie jeder der Blöcke arbeitet.

Der erste Klangblock sorgt lediglich dafür, dass eine Klangdatei abgespielt wird. Sobald diese Datei abgespielt ist, ruft der Ultraschallsensorblock die Sensordaten einmal ab. Der Sensorwert beträgt z.B. 35 cm. Anschließend überträgt die gelbe Datenleitung den Messwert ans andere Ende der Leitung zum Motorblock, der daraufhin – wie in seinem Konfigurationsbereich eingestellt – den Handmotor drei Sekunden lang drehen lässt. Die Leistung des Motors (und damit seine Geschwindigkeit) hängen von dem Wert ab, der über die Datenleitung übertragen wird. In diesem Fall beträgt die Leistung daher 35. Abbildung 10-7 gibt einen Überblick über die einzelnen Vorgänge.

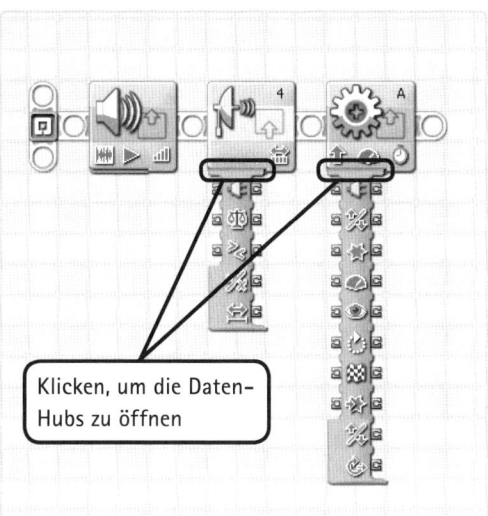

Abbildung 10-5: **2. Schritt:** Öffnen Sie die Daten-Hubs der Blöcke, indem Sie auf die Registerkarte am linken unteren Rand des jeweiligen Blocks klicken. Unterhalb des Ultraschallsensorblocks sollten Sie bereits einen kleinen Daten-Hub sehen. Durch Klicken auf die gleiche Registerkarte können Sie jedoch den gesamten Daten-Hub öffnen.

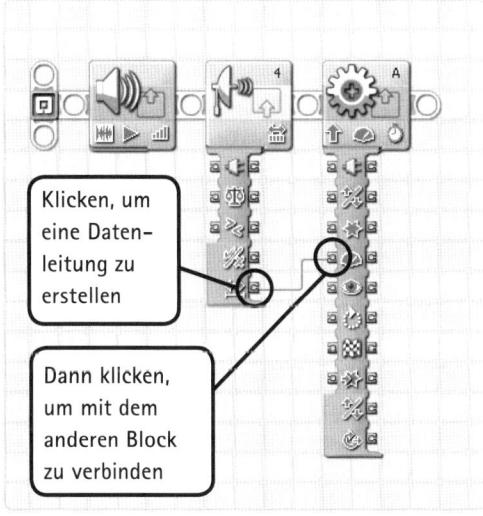

Abbildung 10-6: **3. Schritt:** Stellen Sie wie hier dargestellt die gelbe Verbindungslinie her. Diese gelbe Linie ist die Datenleitung.

Laden Sie das Programm auf den SmartBot, starten Sie es und halten Sie dabei ein Buch in etwa 20 cm Entfernung vom Ultraschallsensor. Danach führen Sie das Programm nochmals aus, halten das Buch jedoch doppelt so weit vom Roboter entfernt. Der Handmotor sollte sich jedes Mal mit einer anderen Geschwindigkeit drehen.

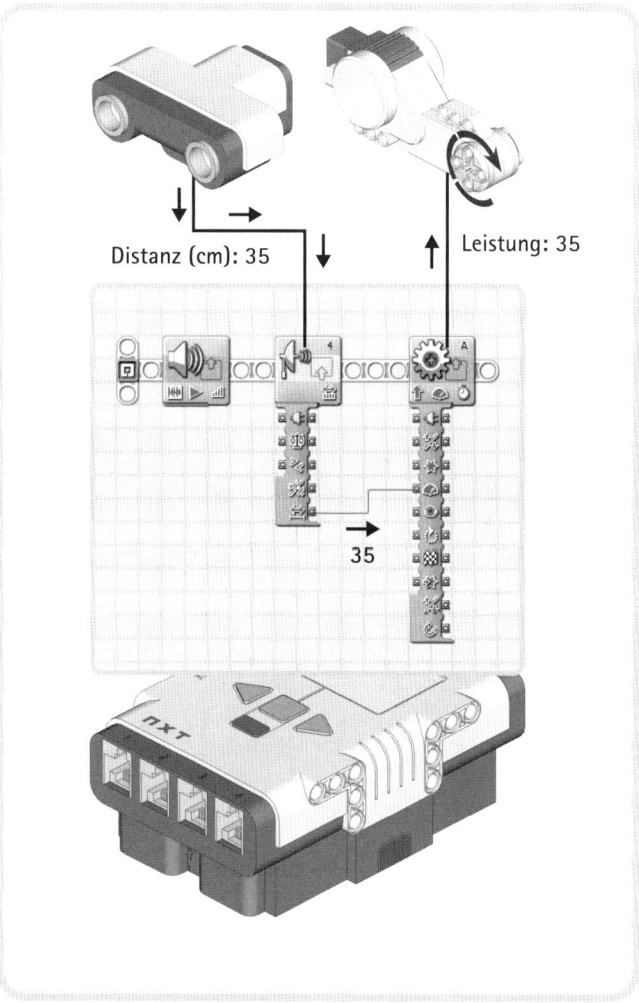

Abbildung 10-7: Überblick über das »Smart-Intro«-Programm. Der Ultraschallsensorblock ruft den Sensorwert ab und überträgt ihn über eine Datenleitung an den Motorblock, der anhand dieses Werts die Motorgeschwindigkeit einstellt.

EINSATZ VON DATEN-HUBS UND DATENLEITUNGEN

Wie funktionieren Daten-Hubs und Datenleitungen?

Analysieren wir nun ein paar der neuen Funktionen, die Sie im eben erstellten Programm genutzt haben. Wie Sie gesehen haben, dient eine Datenleitung dazu, Informationen zwischen Blöcken zu übertragen. Im Beispielprogramm überträgt die gelbe Datenleitung den Sensorwert an den Motorblock, um die Leistung des Motors einzustellen.

Zum Erstellen der Datenleitung haben Sie zunächst auf einen der Datenknoten im Daten-Hub des Ultraschallsensorblocks geklickt. Jeder Datenknoten überträgt einen anderen Wert. Da Sie die gemessene Entfernung bestimmen wollten, haben Sie für Ihre Datenleitung den »Entfernungs-Datenknoten« gewählt und danach das andere Ende der Leitung an den für die Leistung zuständigen Datenknoten im Daten-Hub des Motorblocks angeschlossen. Mit dieser Datenleitung haben Sie die Leistungseinstellung dieses Blocks neu konfiguriert. Die Geschwindigkeit, mit der sich der Motor drehte, beruhte daher auf dem gemessenen Sensorwert.

Sehen wir uns nun den Daten-Hub etwas genauer an. Öffnen Sie ein neues Programm und ziehen Sie einen Motorblock aus der Programmierpalette in den Arbeitsbereich. Nun öffnen Sie den Daten-Hub des Blocks (siehe Abbildung 10-8).

Wenn Sie den Mauszeiger über die verschiedenen Datenknoten des Daten-Hubs bewegen, sollten Sie sehen, welche Einstellung beim Anschließen einer Leitung an den jeweiligen Datenknoten neu konfiguriert wird. In Abbildung 10-8 sehen Sie z.B. Datenknoten für Richtung, Leistung und Dauer. Die gleichen Einstellungen finden Sie auch im Konfigurationsbereich des Blocks. Mit anderen Worten: Wenn Sie im Daten-Hub eines Blocks eine Datenleitung legen, wird dieser Block neu konfiguriert – genau wie beim Ändern der Einstellungen im Konfigurationsbereich.

Entwickeln eines zweiten Beispielprogramms mit Datenleitungen und Daten-Hubs

Sie werden nun ein Programm erstellen, das den Motor des Smart-Bot beschleunigen lässt. Er wird sich zunächst langsam bewegen und seine Geschwindigkeit erhöhen, bis die maximale Motorleistung erreicht ist.

Um dies zu erreichen, werden Sie einen Motorblock, der den Motor eine halbe Sekunde lang drehen lässt, in einem Schleifenblock ablegen. Da sich der Motorblock innerhalb der Schleife befindet, dreht sich der Motor kontinuierlich. Sie werden außerdem eine neue Funktion des Schleifenblocks nutzen, mithilfe derer gezählt wird, wie häufig der enthaltene Motorblock wiederholt worden ist. Diese Funktion heißt *loop count*.

Da sich der Motorblock ständig wiederholt, erhöht sich im Laufe der Zeit die Anzahl der registrierten Wiederholungen. Diesen Wert nutzen Sie als Eingabewert für die Motorleistung. Wenn Sie das Programm starten, liegt der registrierten Wert bei null, was bewirkt, dass eine halbe Sekunde lang (wie im Feld »Dauer« eingestellt) die Motorleistung des Motors null beträgt (d.h. der Motor stillsteht). Wenn der Schleifenblock wieder von vorne beginnt, wird der Motorblock wiederholt. Der Wert der gezählten Wiederholungen liegt nun bei 1, was bewirkt, dass nun auch die Motorleistung 1 beträgt. Bei der nächsten Wiederholung beträgt die Motorleistung bereits 2 usw. Folgen Sie den Anweisungen in den Abbildungen 10-9 und 10-10, um das Programm **Smart-Accelerate** zu erstellen.

Laden Sie das Programm auf Ihren Roboter und starten Sie es. Wenn Sie alles richtig konfiguriert haben, sollte sich die Hand des SmartBot zunächst langsam, mit der Zeit jedoch immer schneller bewegen. Da die maximale Leistung des Motors bei 100 liegt, sollte die Beschleunigung aufhören, sobald mehr als 100 Wiederholungen gezählt worden sind.

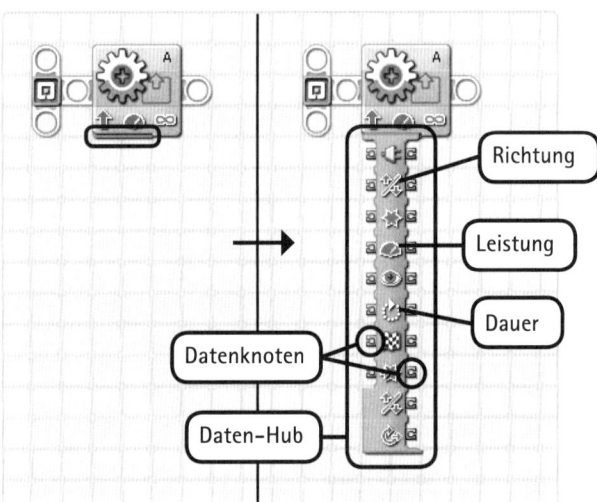

Abbildung 10-8: Um den Daten-Hub eines Blocks zu öffnen, klicken Sie auf die Registerkarte am linken unteren Rand des jeweiligen Blocks. Mit einem erneuten Klick auf die Registerkarte schließt sich der Daten-Hub wieder. Bewegen Sie Ihren Mauszeiger über die Datenknoten, um die jeweiligen Funktionen zu sehen. (In dieser Abbildung sind lediglich ein paar Beispiele dargestellt.)

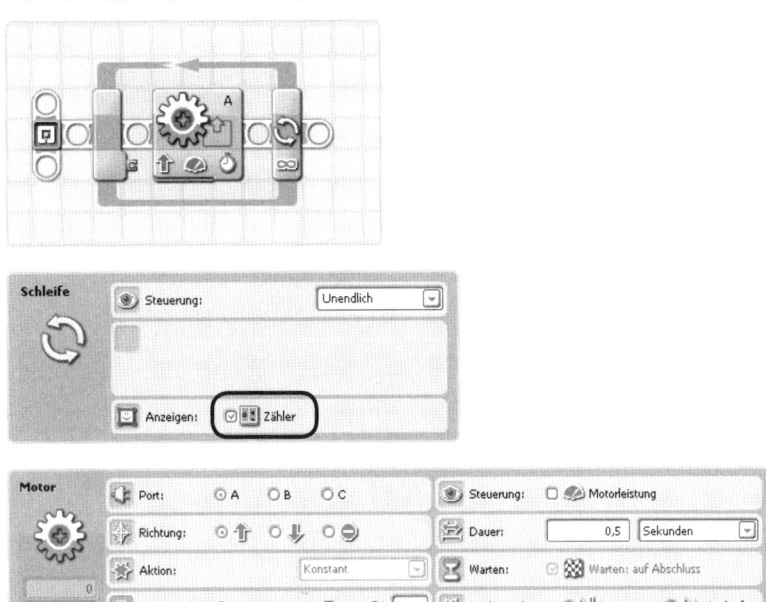

Abbildung 10-9: **1. Schritt:** *Platzieren und konfigurieren Sie die beiden Blöcke wie in dieser Abbildung dargestellt. Die Option* **Zähler** *ist im Schleifenblock aktiviert, wodurch sich auf der linken Seite des Schleifenblocks ein kleiner Datenknoten öffnet.*

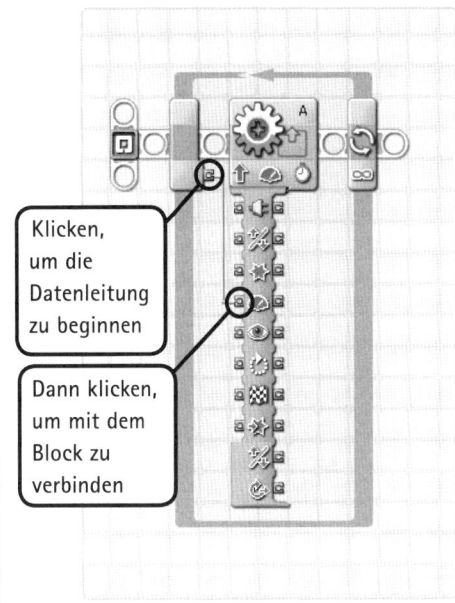

Abbildung 10-10: **2. Schritt:** *Öffnen Sie den Daten-Hub des Motorblocks und schließen Sie die Datenleitung wie hier dargestellt an den Datenknoten an.*

Einsatz von Datenknoten: Eingabe und Ausgabe

Sie wissen bereits, dass Datenleitungen an die Datenknoten eines Daten-Hubs angeschlossen werden. Die Daten-Hubs enthalten zwei Arten von Datenknoten (siehe Abbildung 10-11): Ausgabe-Datenknoten (rechts) und Eingabe-Datenknoten (links). Ein Ausgabe-Datenknoten stellt einen Wert bereit und überträgt ihn an eine Datenleitung. Zum Beispiel stellt der für die Entfernung zuständige Datenknoten im Ultraschallsensorblock den gemessenen Entfernungswert bereit. Eingabe-Datenknoten nehmen den Wert aus der Datenleitung entgegen und übertragen ihn an den zugehörigen Block. Auf der Grundlage dieses Werts wird eine der Einstellungen des Blocks neu konfiguriert. Sie haben beispielsweise den für die Leistung zuständigen Datenknoten für die Dateneingabe eingesetzt.

Generell überträgt eine Datenleitung Informationen von einem Ausgabe-Datenknoten eines Blocks an einen Eingabe-Datenknoten eines anderen Blocks.

> **HINWEIS** Die Einstellung bei »Vergleichen« im Konfigurationsbereich des Ultraschallsensorblocks bestimmt, wie der »Ja/Nein«-Ausgabe-Datenknoten arbeitet. Wenn Sie den Ultraschallsensorblock jedoch wie zuvor lediglich einsetzen, um Sensordaten abzurufen, verwenden Sie nur den Datenknoten »Distanz« dieses Blocks, d.h., die Einstellung »Vergleichen« braucht nicht konfiguriert zu werden. (Wie man mit dieser Einstellung arbeitet, erfahren Sie im Abschnitt »Die logische Datenleitung« auf Seite 163.)

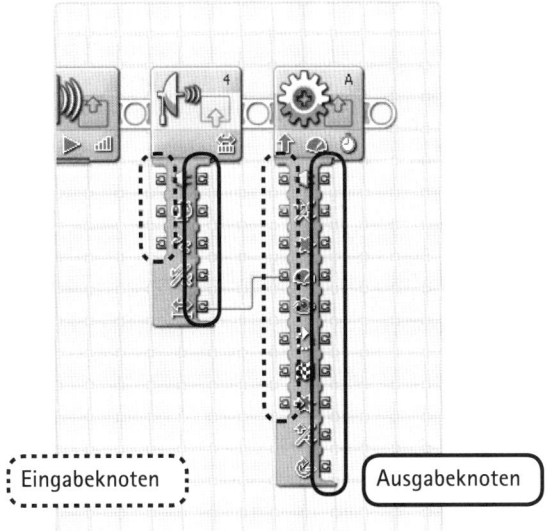

Abbildung 10-11: Eingabe- und Ausgabe-Datenknoten in einem Daten-Hub. Die Datenleitung überträgt Informationen von einem Ausgabe-Datenknoten an einen Eingabe-Datenknoten eines anderen Blocks.

Konfigurationsänderungen beim Einsatz von Datenleitungen

Was geschieht mit Ihren gewählten Einstellungen im Konfigurationsbereich, wenn Sie Blöcke mit Datenleitungen einsetzen? In den beiden Beispielprogrammen haben Sie den Motorblock dazu gebracht, eine von der Datenleitung vorgegebene Motorleistung umzusetzen, obwohl die eingestellte Leistung des Motorblocks auf 75 eingestellt war (Abbildung 10-12).

Grundsätzlich überschreibt der durch die Datenleitung übertragene Wert die im Konfigurationsbereich gewählte Einstellung (siehe Abbildung 10-12). Alle anderen Einstellungen im Konfigurationsbereich, die in keinem Widerspruch mit Datenleitungen stehen, sind nach wie vor gültig. Der in Abbildung 10-12 dargestellte Block wird z.B. den Motor vorwärtsdrehen lassen, da es im Konfigurationsbereich so festgelegt ist.

Löschen von Datenleitungen

Um eine Datenleitung zu löschen, folgen Sie den Anweisungen in Abbildung 10-13.

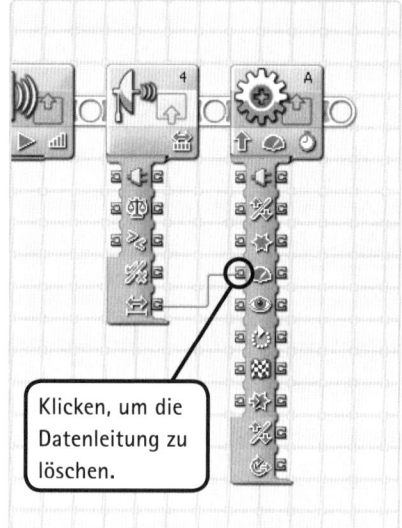

*Abbildung 10-13: Um eine Datenleitung zu löschen, die zwei Blöcke miteinander verbindet, klicken Sie auf den Datenknoten am rechten Ende der Leitung. Falls dies nicht funktioniert, können Sie auch auf die Leitung klicken und anschließend die **Löschtaste** drücken. Bevor Sie jedoch die Löschtaste drücken, sollten Sie sich vergewissern, dass kein Block ausgewählt ist, da dieser sonst zusammen mit der Datenleitung gelöscht wird.*

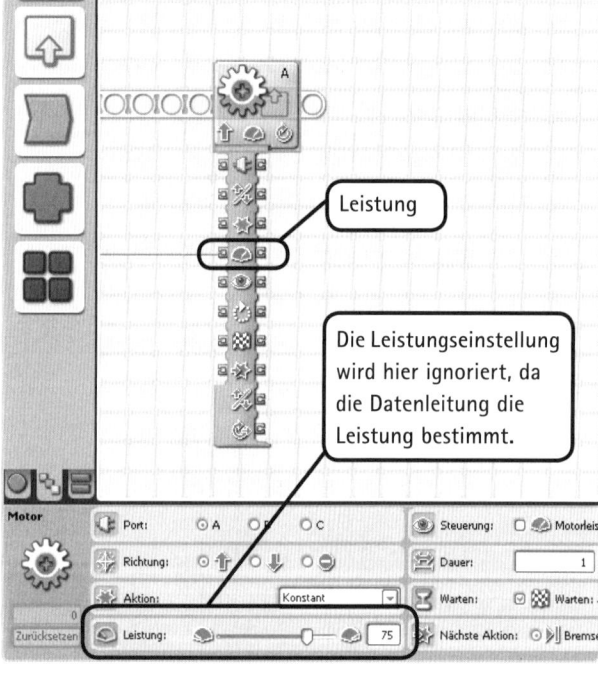

Abbildung 10-12: Ein im Konfigurationsbereich des Blocks eingestellter Wert wird ignoriert, wenn eine Datenleitung einen Wert für die gleiche Einstellung überträgt. Der Block setzt nun den über die Datenleitung gelieferten Wert ein.

ENTDECKUNGSAUFGABE 47: WACHSENDE KREISE

Schwierigkeitsgrad: Leicht

Erstellen Sie das in Abbildung 10-14 beschriebene Programm. Der dargestellte Anzeigeblock sorgt dafür, dass in der Mitte des NXT-Displays ein Kreis erscheinen wird. Sie möchten erreichen, dass sich dieser Kreis allmählich vergrößert, d.h., der Durchmesser des Kreises sollte mit der Zeit anwachsen. Das hier abgebildete Programm ist unvollständig, da kein Daten-Hub und keine Datenleitung vorhanden sind. Können Sie den Daten-Hub öffnen und die Datenleitung herstellen, um das Programm zu vervollständigen?

TIPP Suchen Sie nach dem Eingabe-Datenknoten, der den Wert des Durchmessers entgegennehmen kann.

ENTDECKUNGSAUFGABE 48: DYNAMISCHE GESCHWINDIGKEIT

Schwierigkeitsgrad: Mittel

Im »Smart-Intro«-Programm wurde der Messwert des Ultraschallsensors einmalig abgerufen und anhand dieses Werts die Geschwindigkeit des Handmotors eingestellt. Sie können dieses Programm so abändern, dass die Motorgeschwindigkeit kontinuierlich durch einen neuen Sensorwert aktualisiert wird:

1. Löschen Sie den Klangblock.
2. Wählen Sie im Feld »Dauer« des Motorblocks die Einstellung **Unbegrenzt**.
3. Ziehen Sie die beiden übrigen Blöcke in einen Schleifenblock, der darauf programmiert ist, sich endlos zu wiederholen. Falls dabei die Datenleitung verloren geht, stellen Sie sie erneut her.

Bewegen Sie den SmartBot nun bei laufendem Programm vor einer Wand immer wieder vor und zurück, so dass der Ultraschallsensor ständig eine neue Entfernung misst. Wie wirkt sich dies auf die Motorgeschwindigkeit aus? Können Sie sich diese Auswirkung erklären?

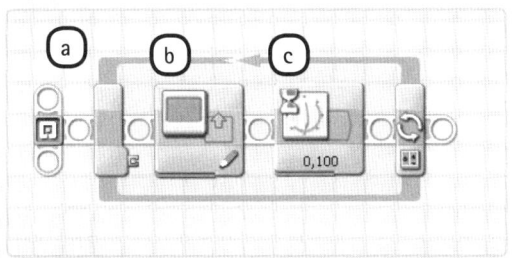

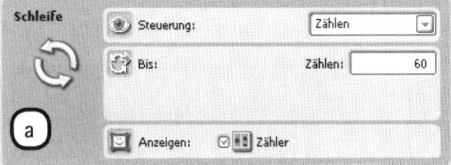

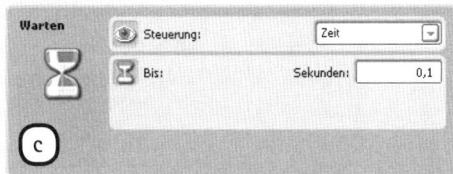

Abbildung 10-14: Das unvollständige Programm für Entdeckungsaufgabe 47. Können Sie es vervollständigen, indem Sie die benötigte Datenleitung herstellen?

Sensorblöcke

In Kapitel 6 und 7 haben Sie Programme mit Warte-, Schleifen- und Schaltblöcken erstellt und dabei gelernt, wie man mit Sensoren arbeitet. Die letzte Möglichkeit, Sensordaten abzurufen, besteht im Einsatz von Sensorblöcken (siehe Abbildung 10-15). Diese Blöcke sind hilfreich, wenn Sie einen Sensorwert abrufen und ihn über eine Datenleitung an einen anderen Block übertragen möchten (siehe »Smart-Intro«-Programm).

Für jeden Sensor gibt es einen Sensorblock – auch für einige Sensoren, die nicht im LEGO MINDSTORMS NXT 2.0-Baukasten enthalten sind. In den bisherigen Beispielprogrammen haben Sie den Ultraschallsensorblock eingesetzt. Sensorblöcke können nicht alleinstehend verwendet werden. Um funktionieren zu können, müssen sie über eine Datenleitung an einen anderen Block angeschlossen werden.

Konfigurieren eines Sensorblocks

Sensorblöcke werden ähnlich konfiguriert wie Warte-, Schleifen- oder Schaltblöcke. Der einzige Unterschied besteht darin, dass Sensorblöcke selbst nichts mit den gemessenen Sensorwerten machen. Sie übertragen die Sensorwerte einfach über Datenleitungen an andere Blöcke. Sensorblöcke können nicht nur Sensordaten abrufen, sondern einen gemessenen Sensorwert auch mit einem Auslösewert vergleichen. Diese Blöcke haben in der Regel zwei Ausgabe-Datenknoten. Einer der Datenknoten übergibt den Sensorwert (wie z.B. der Datenknoten »Distanz« des Ultraschallsensorblocks), während der andere – der Datenknoten »Ja/Nein« – das Ergebnis des Vergleichs weitergibt. Dies werden Sie auf Seite 164 im Abschnitt »Logische Datenleitung in Aktion« noch genauer sehen.

Konfigurieren eines Berührungssensorblocks

Der Berührungssensorblock gibt seinen Messwert über den Datenknoten »Logische Zahl« weiter, wobei die Zahl 1 für »gedrückt« und Null für »gelöst« steht. Beim Einsatz dieses Blocks werden Sie jedoch häufiger den Datenknoten »Ja/Nein« verwenden, worauf ich auf Seite 164 im Abschnitt »Logische Datenleitung in Aktion« eingehen werde.

Konfigurieren eines Farbsensorblocks

Wie bereits erwähnt kann der Farbsensor sechs verschiedene Farben erkennen. Der Datenknoten »Erkannte Farbe« des Farbsensorblocks gibt eine Zahl zwischen 1 und 6 weiter, wobei jede Zahl eine bestimmte Farbe repräsentiert: schwarz = 1, blau = 2, grün = 3, gelb = 4, rot = 5 und weiß = 6. (In Kapitel 11 werden Sie ein paar Programme erstellen, die diese Funktion nutzen.)

Sie erinnern sich sicher daran, dass der Farbsensor auch als Lichtsensor eingesetzt werden kann. Wie Sie sich bereits denken können, können Sie den Messwert des Lichtsensors in einem Programm nutzen, indem Sie im Konfigurationsbereich des Farbsensorblocks im Aktionsfeld die Einstellung **Lichtsensor** wählen. Haben Sie diese Einstellung vorgenommen und schließen dann eine Datenleitung an den Datenknoten »Erkannte Farbe« an, sollte ein Wert zwischen 0 und 100 übermittelt werden – je nach Helligkeit der erfassten Lichtquelle (100 steht für den hellsten Wert).

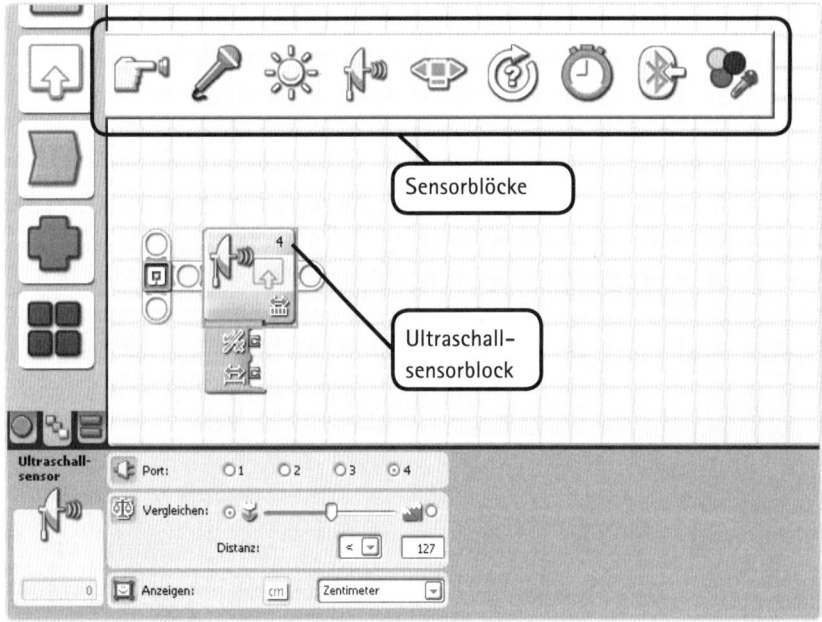

Abbildung 10-15: Für jeden Sensor in der Vollständigen Palette gibt es einen Sensorblock.

ENTDECKUNGSAUFGABE 49: INPUT FÜR DEN MOTOR

Schwierigkeitsgrad: Mittel
In dieser Entdeckungsaufgabe modifizieren Sie das Programm aus Entdeckungsaufgabe 48 so, dass die Motorgeschwindigkeit des Handmotors davon abhängt, um wie viel Grad sich der Radmotor gedreht hat. Wenn Sie damit fertig sind, ändern Sie das Programm so, dass die Motorgeschwindigkeit davon abhängt, wie viel Licht vom Lichtsensor gemessen wurde.

Konfigurieren eines Drehsensorblocks

In Kapitel 7 haben Sie gesehen, dass jeder Motor über einen Drehsensor verfügt, der Ihnen darüber Auskunft gibt, um wie viel Grad sich ein Motor seit Start des Programms gedreht hat. Dieser Wert wird über den Datenknoten »Gradzahl« im Daten-Hub des Drehsensorblocks weitergegeben. Wenn Sie den Motor rückwärtsdrehen (siehe Abbildung 7-20), wird der Ausgabewert negativ sein.

Arten von Datenleitungen

Datenleitungen dienen dazu, Informationen von einem Block zum anderen zu übertragen. Bisher haben Sie Datenleitungen nur dazu eingesetzt, Zahlenwerte zu übertragen. Insgesamt gibt es jedoch drei verschiedene Arten von Datenleitungen: numerische, logische und textliche Datenleitungen. Jede Art von Datenleitung überträgt eine bestimmte Art von Information (Zahlen, logische Werte oder Text) und ist durch eine eigene Farbe gekennzeichnet (siehe Abbildung 10-16).

Die numerische Datenleitung

Die *numerische Datenleitung* (gelb) überträgt numerische Werte. Bei diesen Werten kann es sich um ganze Zahlen (wie z.B. 0, 15 oder 1427), Dezimalzahlen (wie z.B. 0,1 oder 73,14) und negative Zahlen (z.B. -14 oder -31,47) handeln.

Zu den Werten, die über eine numerische Datenleitung übertragen werden, zählen z.B. Messwerte des Ultraschallsensors und die Anzahl von Wiederholungen einer Schleife.

Die logische Datenleitung

Die *logische Datenleitung* (grün) kann nur zwei Werte übertragen: wahr oder falsch. Diese Leitungen werden häufig verwendet, um die Einstellung eines Blocks zu bestimmen, bei der nur zwei Werte zur Auswahl gestellt werden, wie z.B. die Richtung, in der sich ein NXT-Motor drehen soll. Ein Motor wird sich z.B. vorwärtsdrehen, wenn eine logische Datenleitung mit dem Wert »wahr« an den Datenknoten »Richtung« eines Motorblocks angeschlossen ist. Überträgt die logische Datenleitung hingegen den Wert »falsch«, dreht sich der Motor rückwärts.

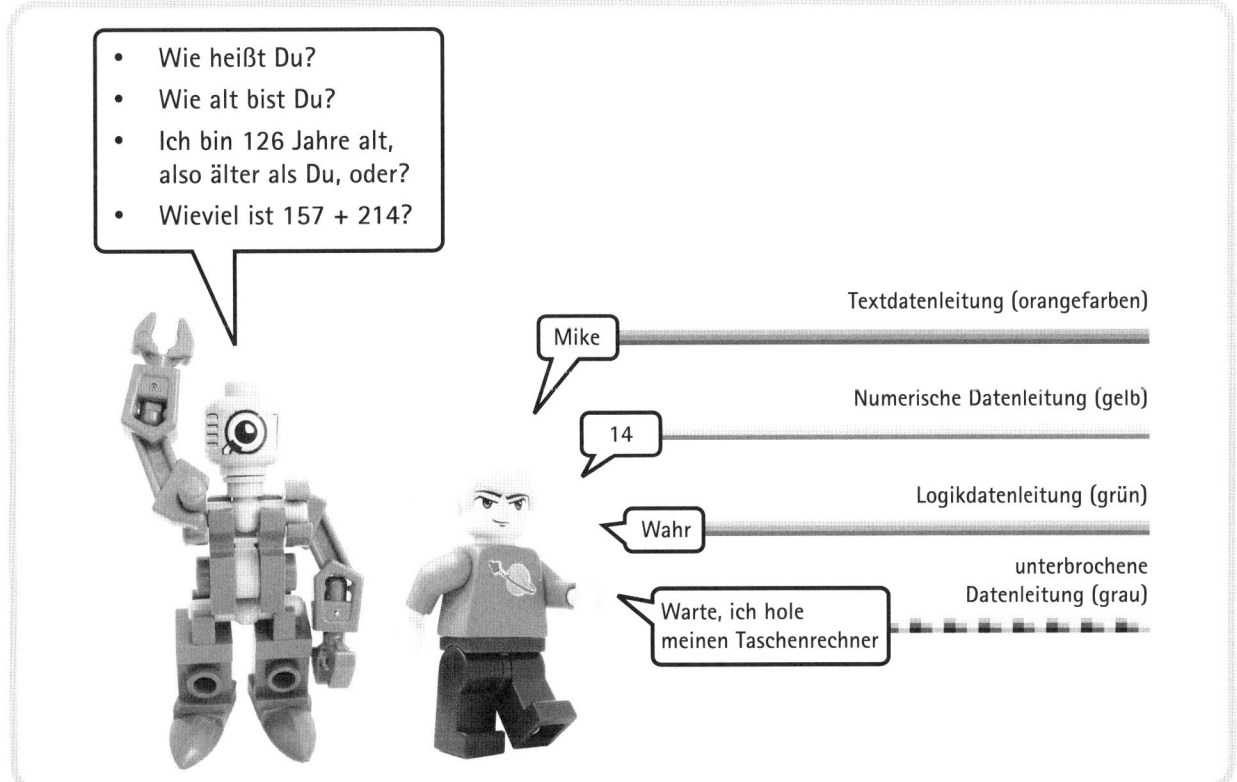

Abbildung 10-16: Beispiele für drei Arten von Werten, die jeweils durch eine eigene Datenleitung übertragen werden. Die untere Datenleitung ist defekt – sie überträgt keine Information. Grund dafür ist, dass die letzte Frage des Roboters einen Zahlenwert als Antwort erfordert, Mike jedoch mit einem Satz geantwortet hat, was eine textliche Datenleitung notwendig macht. Diese Nichtübereinstimmung führt zu einer unterbrochenen Datenleitung, da die zur Verfügung gestellte Information nicht genutzt werden kann.

Logische Datenleitung in Aktion

Sie werden nun ein Programm erstellen, das die Funktionsweise der logischen Datenleitung und die Vergleichsfunktion des Ultraschallsensorblocks veranschaulicht. Dieses Programm wird den Radmotor des SmartBot dazu bringen, sich vorwärtszudrehen, falls der Ultraschallsensor ein Objekt in weniger als 40 cm Entfernung wahrnimmt. Ist dies nicht der Fall, wird sich der Motor rückwärtsdrehen. Die Richtungseinstellung des Motors erfolgt über eine logische Datenleitung (»wahr« entspricht vorwärts, »falsch« entspricht rückwärts). Sie werden daher eine Verbindung zum Ultraschallsensorblock herstellen, die über den Ausgabe-Datenknoten »Ja/Nein« einen logischen Wert übertragen wird. Dieser Datenknoten wird den logischen Wert (entweder wahr oder falsch) weitergeben – abhängig vom Ergebnis im Feld »Vergleichen« im Konfigurationsbereich. Der Ultraschallsensorblock wird überprüfen, ob der Messwert kleiner als der Auslösewert (40 cm) ist. Trifft dies zu, ergibt sich daraus der Wert »wahr«. Falls nicht, lautet der Ausgabewert »falsch«.

Erstellen Sie nun das in Abbildung 10-17 beschriebene Programm **Smart-LogicWire**.

HINWEIS Da Sie die Motorgeschwindigkeit nicht über eine Datenleitung spezifizieren, beträgt die Motorleistung 75, wie im Konfigurationsbereich festgelegt – unabhängig davon, in welche Richtung sich der Motor dreht.

Laden Sie das fertige Programm auf Ihren Roboter. Sie werden sehen, dass sich die Richtung des Motors ändert, wenn sich Ihre Hand auf den Sensor zubewegt oder sich von ihm entfernt.

Die textliche Datenleitung

Die *textliche Datenleitung* (orangefarben) überträgt Text zwischen Blöcken. Es kann z.B. ein Text an den Daten-Hub eines Anzeigeblocks übermittelt und damit auf dem NXT-Display angezeigt werden. Der Text kann aus einem einzigen Wort, wie z.B. Hello, oder aus einem ganzen Satz, wie z.B. My name is Mike, bestehen.

ENTDECKUNGSAUFGABE 50: EINSCHALTEN DER FARBLAMPE

Schwierigkeitsgrad: Mittel

In dieser Entdeckungsaufgabe werden Sie sehen, wie der Berührungssensorblock in der Praxis eingesetzt werden kann. Vom Datenknoten »Ja/Nein« dieses Blocks geht eine logische Datenleitung aus. Der Ausgabewert ist »wahr«, wenn die im Aktionsfeld angegebene Handlung (wie z.B. Gedrückt) ausgeführt wird. Wird diese Handlung nicht ausgeführt, ist der Ausgabewert »falsch«. Entwickeln Sie ein Programm, das die Farblampe einschaltet, wenn der Berührungssensor gedrückt wird. Wird der Berührungssensor nicht gedrückt, soll die Farblampe ausgeschaltet werden. Um dies zu erreichen, legen Sie die logische Datenleitung vom Berührungssensorblock zum Datenknoten »Aktion« des Farblampenblocks. Welchen Wert sollte der Datenknoten »Aktion« des Farblampenblocks erhalten, damit die Lampe eingeschaltet wird?

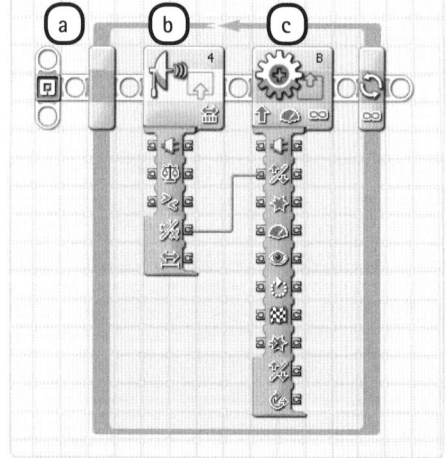
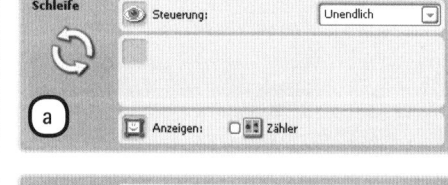
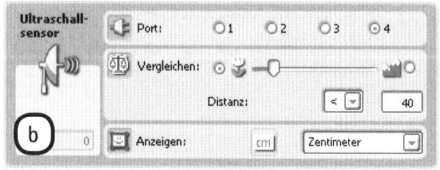

Abbildung 10-17: Die Konfiguration des »Smart-LogicWire«-Programms. Die logische Datenleitung (grün) überträgt das Vergleichsergebnis aus dem Ultraschallsensorblock an den Datenknoten »Richtung« des Motorblocks. Bei dieser Konfiguration überprüft der Sensorblock, ob der Messwert des Sensors kleiner als der Auslösewert ist. Sie könnten den Block jedoch auch nach einem Wert suchen lassen, der den Auslösewert übersteigt. Falls Sie letztere Einstellung wählen, wird bei einem Messwert über 40 der Ausgabewert »wahr« lauten.

Anzeigen von Werten mit dem Konvertierungsblock

Sie können auf dem NXT-Display mithilfe eines Anzeigeblocks einen Text erscheinen lassen, indem Sie den Text im Konfigurationsbereich eingeben. Ein Text lässt sich jedoch auch mithilfe einer textlichen Datenleitung an einen Block übertragen.

Sie werden nun ein Programm erstellen, das ständig den Messwert des Ultraschallsensors auf dem NXT-Display anzeigt. Hierzu verwenden Sie den Ultraschallsensorblock, um den Sensorwert zu ermitteln. Nun haben Sie jedoch ein Problem, da Sie den Anzeigeblock nicht nutzen können, um Werte aus einer numerischen Datenleitung anzuzeigen. Daher müssen Sie den numerischen Messwert in einen Wert konvertieren, den der Anzeigeblock akzeptieren kann, d.h., Sie müssen eine Zahl in Text umwandeln.

Der *Konvertierungsblock* kann diese Aufgabe für Sie übernehmen. Auf der linken Seite des Daten-Hubs nimmt der Block einen Wert von einer numerischen Datenleitung (z.B. einen Sensorwert) entgegen. Auf der rechten Seite übergibt er eine Information an eine textliche Datenleitung. Diese Information enthält die gleiche Zahl – jedoch in einem Format, das der Anzeigeblock verarbeiten kann. In Abbildung 10-18 ist der **Konvertierungsblock** dargestellt. Diese Abbildung zeigt Ihnen auch, wie das »Smart-TextWire«-Programm zu erstellen ist.

HINWEIS Wenn Sie einen Sensorblock nur dazu einsetzen, eine Sensormessung durchzuführen, brauchen Sie die Einstellung »Vergleichen« des Blocks nicht zu konfigurieren, da Sie das Ergebnis dieses Vergleichs nicht nutzen werden.

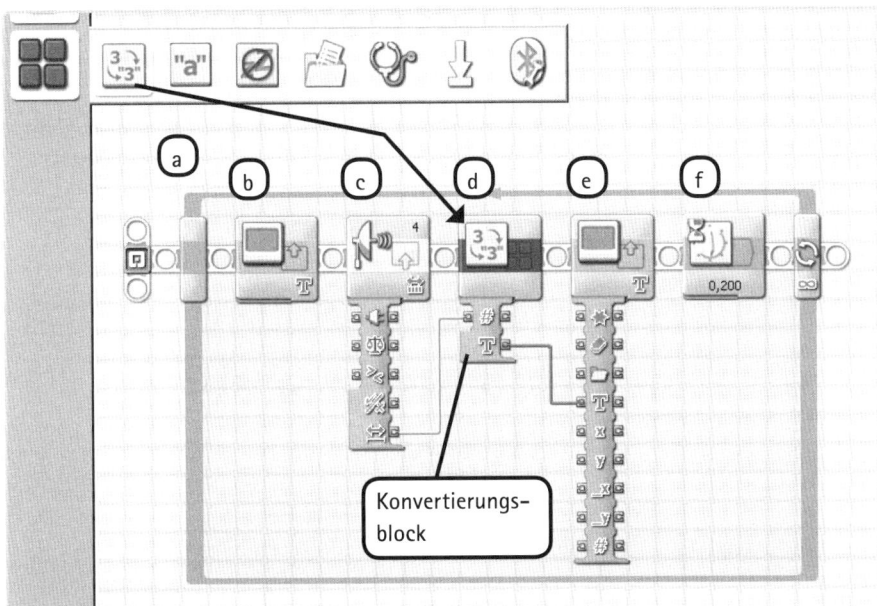

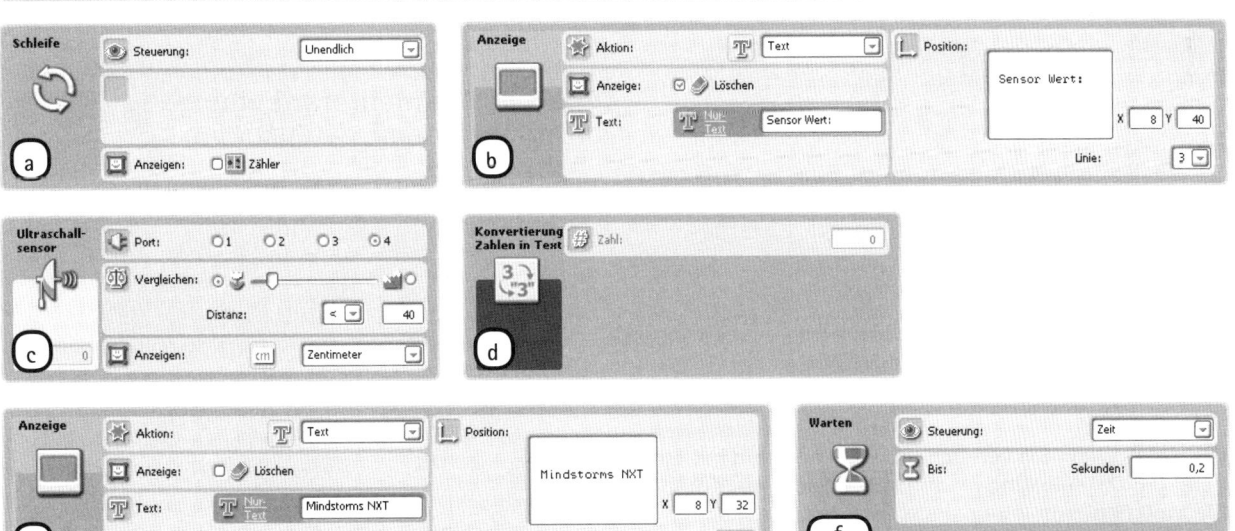

Abbildung 10-18: Konfiguration der Blöcke im »Smart-TextWire«-Programm. Den Konfigurationsblock finden Sie unter den Erweiterungsblöcken. Wie Sie sehen können, ist der Anzeigeblock (e) darauf programmiert, den Text »Mindstorms NXT« im Display erscheinen zu lassen. Diese Einstellung wird vom Programm jedoch ignoriert, da Sie über eine textliche Datenleitung spezifizieren, was im Display angezeigt werden soll.

ENTDECKUNGSAUFGABE 51: MESSWERTE ANZEIGEN LASSEN

Schwierigkeitsgrad: Schwer
Erweitern Sie das »Smart-TextWire«-Programm so, dass der Messwert des Drehsensors auf dem Display angezeigt wird. Dies erreichen Sie, indem Sie im Schleifenblock zusätzliche Blöcke hinzufügen.

TIPP Achten Sie auf die Zeilennummern in den Anzeigeblöcken sowie auf die Option »Löschen«.

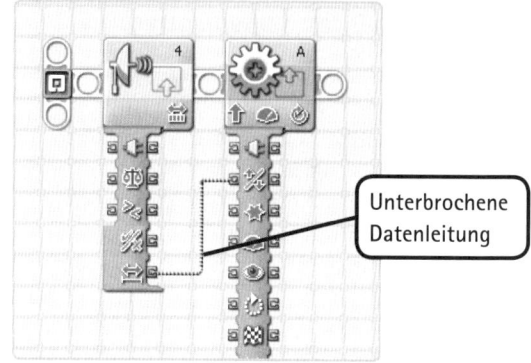

Abbildung 10-19: Wenn Sie eine Datenleitung einer bestimmten Art (z.B. eine numerische Datenleitung) mit dem Eingabe-Datenknoten eines anderen Blocks verbinden, der diese Art von Datenleitung nicht akzeptiert, wird eine defekte Datenleitung angezeigt. Das hier dargestellte Beispiel zeigt Ihnen, dass es nicht möglich ist, den Messwert des Ultraschallsensors (ein numerischer Wert) mit dem Datenknoten »Richtung« eines Motorblocks (logischer Wert) zu verbinden.

Die defekte Datenleitung

Die *defekte* Datenleitung (grau) überträgt keine Informationen. Wenn Sie eine solche Datenleitung sehen, bedeutet dies, dass Sie beim Herstellen der Verbindung etwas falsch gemacht haben. Wie Sie in diesem Abschnitt und unter »Mehrfache Datenleitungen« lesen werden, kann ein solcher Fehler mehrere Ursachen haben. Sie müssen die defekte Leitung entfernen und eine korrekte Verbindung herstellen. Ein Programm mit defekter Datenleitung kann nicht an den NXT übertragen werden.

Wenn Sie am Ausgabe-Datenknoten eines Blocks eine Datenleitung errichten, wählt die NXT-G-Software automatisch eine Farbe für die Leitung aus – abhängig vom Datenknoten, auf den Sie geklickt haben. Falls Sie z.B. auf den Datenknoten »Distanz« des Ultraschallsensorblocks klicken, sehen Sie eine gelbe Datenleitung, da es sich beim Entfernungswert um eine Zahl handelt. Da der Ausgabewert eine Zahl ist, müssen Sie die Datenleitung an einen Eingabe-Datenknoten eines anderen Blocks anschließen, der numerische Werte verarbeiten kann, wie z.B. an den Datenknoten »Leistung« eines Motorblocks.

Wenn Sie die gelbe Datenleitung (vom Datenknoten »Distanz« ausgehend) an einen Datenknoten anschließen, der keine numerischen Datenleitungen annehmen kann, erscheint eine defekte Datenleitung. Sie ist ein Zeichen dafür, dass die Verbindung nicht korrekt hergestellt wurde (siehe Abbildung 10-19). (Im Abschnitt »Hilfe-Funktion für Datenknoten verwenden« auf Seite 168 erfahren Sie, wie Sie für jeden Datenknoten eines Daten-Hubs die richtige Datenleitung finden.)

HINWEIS Wenn Sie versuchen, ein Programm mit einer defekten Datenleitung an den NXT zu senden, erhalten Sie eine Fehlermeldung. Jede defekte Datenleitung muss gelöscht und auf korrekte Weise wiederhergestellt werden (siehe Abschnitte »Die defekte Datenleitung« und »Mehrfache Datenleitungen«).

Mehrfache Datenleitungen

Bisher haben Sie mit nur einer Datenleitung pro Block gearbeitet. Sie können jedoch mehrere Datenknoten eines Blocks gleichzeitig nutzen. Es lassen sich mehr als eine Datenleitung auf verschiedene Arten an einen Block anschließen, aber nicht jede Anschlussmöglichkeit führt zu einem funktionierenden Programm, wie Sie in diesem Abschnitt sehen werden.

Anschließen mehrerer Leitungen an verschiedene Datenknoten

Sie können mehr als einen Eingabe-Datenknoten eines Blocks nutzen, um mehrere seiner Einstellungen über Datenleitungen neu zu konfigurieren. So lassen sich z.B. sowohl die Leistungs- als auch die Richtungseinstellung eines Motorblocks über Datenleitungen regulieren (mit einer Datenleitung pro Einstellung).

Auf die gleiche Weise lassen sich auch mehrere Ausgabe-Datenknoten eines Blocks nutzen. Sie können z.B. den Ultraschallsensorblock einsetzen, um Sensordaten abzurufen (eine Datenleitung überträgt den Sensorwert) *und* diesen Wert mit dem Auslösewert vergleichen (eine weitere Datenleitung überträgt den Wert »wahr« oder »falsch«).

Um diese Funktionsweise zu veranschaulichen, werden wir das »Smart-LogicWire«-Programm (Abbildung 10-17) um eine numerische Datenleitung erweitern (siehe Abbildung 10-20).

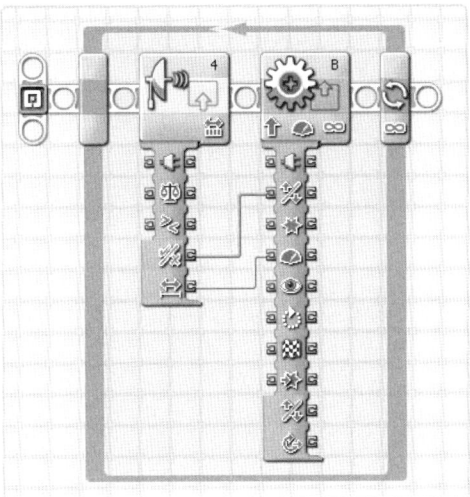

Abbildung 10-20: Sie können mehrere Datenleitungen an einen Block anschließen. Im hier dargestellten Beispiel dreht sich der Radmotor des SmartBot vorwärts, wenn der Sensorwert unter 40 cm liegt, und rückwärts, wenn dies nicht der Fall ist. Der tatsächlich gemessene Sensorwert bestimmt die Geschwindigkeit, mit der sich der Motor dreht.

Anschließen mehrerer Leitungen an einen Datenknoten

Sie können einen einzigen Ausgabe-Datenknoten nutzen, um Informationen an mehr als einen Block zu senden (siehe linke Seite der Abbildung 10-21), jedoch nicht umgekehrt: Es ist nicht möglich, mehr als eine Leitung an einen einzigen Eingabe-Datenknoten anzuschließen, da der Block nur einen Eingabewert entgegennehmen

ENTDECKUNGSAUFGABE 52: MULTIFUNKTIONALE LEITUNGEN

Schwierigkeitsgrad: Mittel
Entwickeln Sie ein Programm wie das bereits erstellte »Smart-Accelerate«-Programm, in dem die Motorgeschwindigkeit von den gezählten Schleifen bestimmt wird. Lassen Sie den Wert, der die Geschwindigkeit reguliert, auf einen **Konvertierungsblock** übertragen, damit er auf dem NXT-Display angezeigt werden kann.

kann. Wenn Sie versuchen, eine solche Verbindung herzustellen, wird eine defekte Datenleitung erscheinen (siehe rechte Seite der Abbildung 10-21). Defekte Datenleitungen lassen sich auf die gleiche Weise löschen wie andere Datenleitungen (siehe Abbildung 10-13).

Einstellungen mit Eingabe- und Ausgabe-Datenknoten

Manche Einstellungen eines Daten-Hubs haben sowohl einen Eingabe- als auch einen Ausgabe-Datenknoten (siehe linke Seite der Abbildung 10-22). Wie Sie wissen, nutzt der Eingabe-Datenknoten den Wert einer Datenleitung, um eine Einstellung des Blocks neu zu konfigurieren. Sie können z.B. eine Datenleitung verwenden, um die Einstellung »Aktion« im Farblampenblock festzulegen.

Diese Aktionseinstellung hat auf der rechten Seite auch einen Ausgabe-Datenknoten, dessen Ausgabewert dem Eingabewert auf der linken Seite entspricht. Der Farblampenblock auf der linken Seite in Abbildung 10-22 nimmt den Eingabewert von der linken

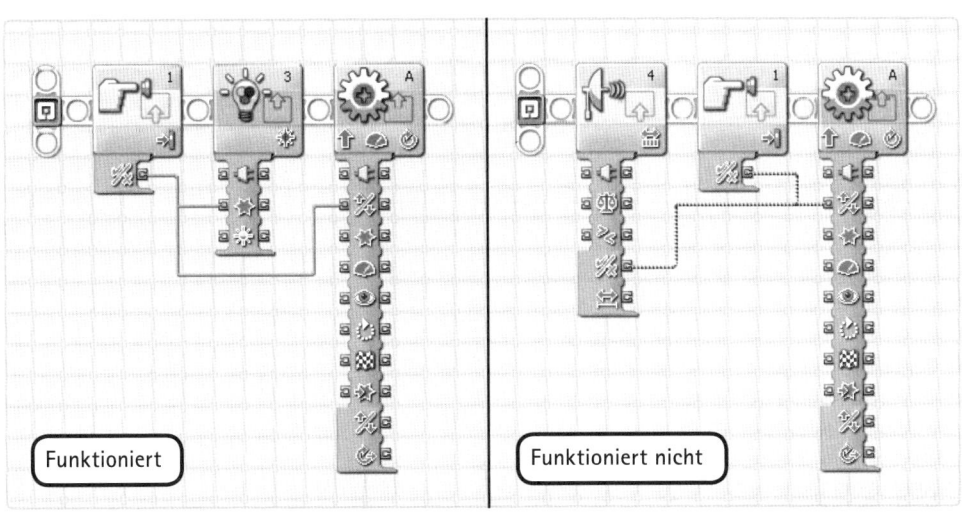

Abbildung 10-21: Ein einziger Ausgabe-Datenknoten kann Informationen an Eingabe-Datenknoten mehrerer Blöcke übertragen (links). Wenn Sie dieses Programm bei gedrücktem Berührungssensor starten, wird die Farblampe eingeschaltet, und der Motor dreht sich vorwärts. Es ist jedoch nicht möglich, mehrere Datenleitungen an einen einzigen Eingabe-Datenknoten anzuschließen (rechts).

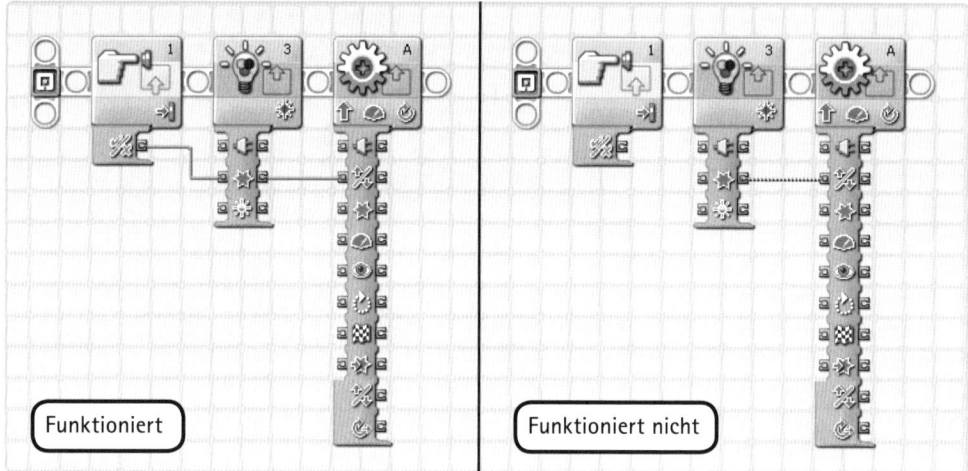

Abbildung 10-22: Wenn zum Eingabe-Datenknoten ein entsprechender Ausgabe-Datenknoten gehört, wird der Eingabewert unverändert an den nächsten Block übertragen (links). Falls es keinen zu übertragenden Wert gibt, wird eine defekte Leitung angezeigt (rechts).

Leitung entgegen und überträgt diesen Wert an den nächsten Block, so dass die Information weiter genutzt werden kann. Falls jedoch auf der linken Seite kein Eingabewert empfangen wird, gibt es keine zu übertragende Information, und die Leitung wird als defekt angezeigt (rechte Seite der Abbildung 10-22).

Hilfe-Funktion für Datenknoten verwenden

Beim Entwickeln Ihrer eigenen Programme möchten Sie vielleicht einen Datenknoten eines Blocks verwenden, der in diesem Buch nicht besprochen wird. In diesem Fall bietet Ihnen die Hilfe-Funktion der Software Informationen über die spezifischen Datenknoten jedes Programmierblocks. (Um den Hilfe-Bereich der Software zu öffnen, klicken Sie auf **Weitere Hilfe-Informationen** im *kleinen Hilfe-Fenster* rechts unten im Bildschirm. Mithilfe des Menüs auf der linken Seite können Sie Informationen über einen Programmierblock aufrufen.)

Wenn Sie z.B. auf den Motorblock im Menü auf der linken Seite klicken und sich die Hilfe-Datei für diesen Block öffnet, werden Sie zunächst ein paar allgemeine Informationen über den Block und seine Funktionen sehen. Scrollen Sie auf der Seite nach unten, sehen Sie eine Tabelle mit den Merkmalen des Daten-Hubs (teilweise in Abbildung 10-23 dargestellt). Diese Tabelle informiert Sie darüber, wie die Funktionen jedes Programmierblocks sowie die zugehörigen Datenknoten zu nutzen sind.

	Anschluss	Datentyp	Zulässiger Bereich	Funktion/Bedeutung der Werte	Dieser Anschluss wird ignoriert, wenn...
	Port	Zahl	1 - 3	1 = A, 2 = B, 3 = C	
	Richtung	Logiksignal	Wahr/Falsch	Wahr = Vorwärts Falsch = Rückwärts	
	Aktion	Zahl	0 - 2	0 = Konstant 1 = Hochfahren 2 = Herunterfahren	...Dauer = unbegrenzt oder in Sekunden
	Leistung	Zahl	0 - 100		
	Motorleistungsregulierung	Logiksignal	Wahr/Falsch		
	Dauer	Zahl	0 - 2147483647	Je nach Dauer-Eigenschaft: Grad/Umdrehungen = Grad, Sekunden = Sekunden	...Dauer = unbegrenzt

Abbildung 10-23: Ein paar Daten-Hub-Merkmale des Motorblocks

Die Tabelle in Abbildung 10-23 enthält folgende spezifische Informationen über jeden Datenknoten: die Art der Datenleitung, die an den Datenknoten angeschlossen werden kann (»Datentyp«); der Bereich der möglichen Werte, die den Block erwartungsgemäß funktionieren lassen (»Zulässiger Bereich«), die Bedeutung jedes Werts (»Bedeutung der Werte«) und die Fälle, in denen eine Datenleitung von einem Block ignoriert wird (»Dieser Anschluss wird ignoriert, wenn ...«).

Sehen wir uns nun den Datenknoten »Richtung« an. Wie Sie bereits wissen (und wie in Abbildung 10-23 dargestellt), können Sie nur eine logische Datenleitung (grün) an diesen Datenknoten anschließen. Der Tabelle können Sie auch entnehmen, dass der Wert »wahr« den Motor vorwärtsdrehen lässt, während sich der Motor beim Wert »falsch« rückwärtsdreht. Sie sehen außerdem, dass eine Datenleitung, die an diesen Datenknoten angeschlossen wird, niemals ignoriert wird. Auf diese Weise können Sie Informationen über den Daten-Hub jedes Blocks abrufen.

Tipps für die Verwaltung von Datenleitungen

Sie wissen nun, wie Daten-Hubs und Datenleitungen funktionieren, und können sie in Ihren Programmen nutzen. Wenn Sie jedoch größere Programme entwickeln, kann es schwierig werden, Ihre Programme übersichtlich darzustellen – insbesondere dann, wenn Sie viele Datenleitungen verwenden. Die folgenden Tipps werden Ihnen dabei helfen, Ihre Programme sauber und leicht verständlich zu halten.

Ausblenden nicht genutzter Datenknoten

Datenknoten, die Sie nicht nutzen, können Sie im Daten-Hub ausblenden, indem Sie auf die Registerkarte am linken unteren Rand eines Blocks klicken (siehe Abbildung 10-25). Mit einem erneuten Klick auf die Registerkarte werden die Datenknoten wieder angezeigt. Beim Entwickeln von Programmen öffnen Sie zunächst den ganzen Daten-Hub. Haben Sie alle gewünschten Datenleitungen hergestellt, können Sie die nicht genutzten Datenknoten ausblenden.

HINWEIS In allen folgenden Abbildungen dieses Buchs werde ich ungenutzte Datenknoten ausblenden, um die Programme übersichtlicher darzustellen.

ENTDECKUNGSAUFGABE 53: HILFE!

Schwierigkeitsgrad: Leicht

Erstellen Sie das in Abbildung 10-24 beschriebene Programm. Führen Sie nun das Programm so zu Ende, dass auf dem Display ein Bild angezeigt wird (Dateiname »aim« in der Liste der Dateien). Die Stelle, an der das Bild angezeigt wird, soll vom gemessenen Drehsensorwert des Radmotors abhängen. Je weiter sich der Motor gedreht hat, desto weiter sollte sich das Bild nach rechts bewegen. Lesen Sie in der Hilfe-Datei des Anzeigeblocks nach, welchen Datenknoten Sie verwenden müssen, um die horizontale Position des Bildes einzustellen. Legen Sie nun eine Datenleitung, die das Programm wie beschrieben ablaufen lässt.

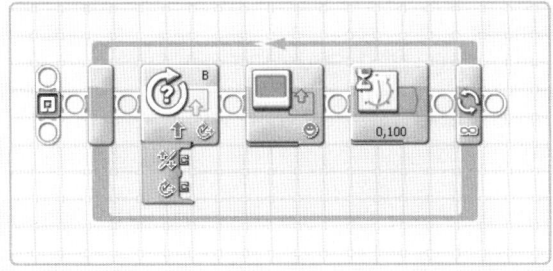

Abbildung 10-24: Möglicher Ausgangspunkt für das Programm in Entdeckungsaufgabe 53

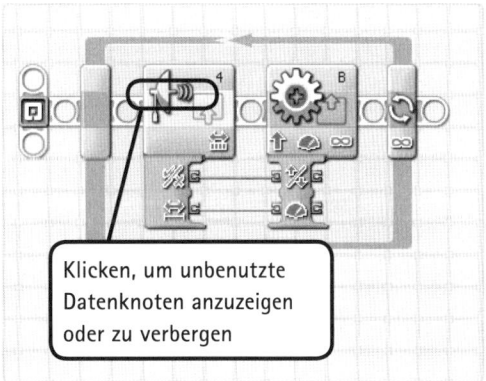

Klicken, um unbenutzte Datenknoten anzuzeigen oder zu verbergen

Abbildung 10-25: Durch Ausblenden ungenutzter Datenknoten werden Programme kompakter und übersichtlicher.

Datenleitungen von einem Ende des Programms zum anderen

Wenn Sie Programme mit Datenleitungen entwickeln, besteht kein Zwang, einen Block mit einem direkt benachbarten Block zu verbinden. Sie können Blöcke auch dann miteinander verbinden, wenn andere Blöcke dazwischen liegen (siehe Abbildung 10-26).

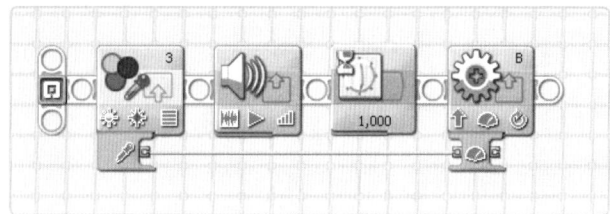

Abbildung 10-26: Datenleitungen ermöglichen es Ihnen, Blöcke über ein Programm hinweg miteinander zu verbinden. Die Blöcke brauchen nicht benachbart zu sein, um miteinander verbunden zu werden.

Zum Erforschen und Ausprobieren

In diesem Kapitel haben Sie gelernt, wie Sie Datenleitungen bei der Entwicklung von Programmen nutzen können. Da Sie bisher eher kleine Programme mit Datenleitungen erstellt haben, erscheinen Ihnen Datenleitungen vielleicht noch nicht allzu hilfreich. Datenleitungen sind jedoch unerlässlich, wenn Sie fortgeschrittene Programme für Ihre NXT-Roboter entwickeln. In Kapitel 11 werden Sie ein paar neue Einsatzmöglichkeiten von Datenleitungen kennenlernen, die über die Regulierung der Motorgeschwindigkeit und die Anzeige von Messwerten hinausgehen.

In den folgenden Entdeckungsaufgaben können Sie die Programmierfähigkeiten auf die Probe stellen, die Sie in diesem Kapitel erworben haben. Veröffentlichen Sie Ihre Lösungen zu diesen Aufgaben auf der Webseite zum Buch (*http://www.roboter. laurensvalk.com/*), um sie mit anderen Lesern zu teilen!

ENTDECKUNGSAUFGABE 54: SPRICH LAUTER!

Schwierigkeitsgrad: Leicht
Erstellen Sie ein Programm, das den Roboter wiederholt »Good morning« sagen lässt – in einer Lautstärke, die vom Messwert des Ultraschallsensors abhängt. Nutzen Sie den Daten-Hub des Klangblocks, um einen Wert einzugeben, der die Lautstärke ändert. Sehen Sie sich die Hilfe-Datei des Klangblocks an, um herauszufinden, welchen Datenknoten Sie verwenden sollten. Legen Sie die Blöcke anschließend in einem Schleifenblock ab, der darauf programmiert ist, sich endlos zu wiederholen.

ENTDECKUNGSAUFGABE 55: GESCHWINDIGKEIT UND RICHTUNG

Schwierigkeitsgrad: Mittel
Entwickeln Sie ein Programm mit nur drei Programmierblöcken und zwei Datenleitungen, das den Handmotor drehen lässt. Die Geschwindigkeit und Richtung des Handmotors sollte dadurch reguliert werden, wie schnell und in welche Richtung Sie den Radmotor drehen. Mit anderen Worten: Sie setzen den Radmotor als Drehsensor ein. Welche Datenknoten brauchen Sie, um dieses Programm umzusetzen?

ENTDECKUNGSAUFGABE 56: SMARTBOT SIEHT ALLES!

Schwierigkeitsgrad: Für Tüftler
Entwickeln Sie ein Programm, das die Personen zählt, die an Ihrem Roboter vorbeigehen. Positionieren Sie Ihren Roboter so, dass der Ultraschallsensor Personen wahrnehmen kann, die sich vor ihm befinden. Ziehen Sie zwei Warteblöcke in einen Schleifenblock und programmieren Sie den ersten Block darauf, zu warten, bis der Sensor einen Passanten wahrnimmt. Den zweiten Block stellen Sie darauf ein, zu warten, bis die Person wieder außer Sichtweite ist. Jedes Mal, wenn der Roboter einen Passanten wahrnimmt, sollte die Schleife einmal ausgeführt werden. Wenn Sie nun die Anzahl der gezählten Schleifen auf dem NXT-Display anzeigen lassen, zeigt dies an, wie viele Leute bereits vorbeigegangen sind! Um sich zu vergewissern, dass Ihr Programm richtig funktioniert, legen Sie einen Klangblock in der Schleife ab, so dass Sie bei jedem Passanten einen Ton hören.

BAUAUFGABE 10: HÖFLICHER SMARTBOT!

Nun statten Sie den SmartBot mit einem Hut aus, den er jedes Mal abnehmen kann, wenn jemand vorbeigeht. Um dies zu erreichen, müssen Sie den Roboter um einen weiteren Motor erweitern, den Sie mit einem Motorblock steuern werden. Sehen Sie sich den Handmotor des Roboters an, um diesen Arm-Mechanismus zu entwickeln. Wenn Sie den neuen Aufbau Ihres Roboters entworfen haben, erstellen Sie ein Programm, das den SmartBot dazu bringt, seinen Hut abzunehmen und zu sprechen, wenn er jemanden sieht. Können Sie einen höflichen Roboter aus ihm machen?

11

Datenblöcke und Datenleitungen mit Schleifen und Schaltern einsetzen

Jetzt wissen Sie, wie Datenleitungen funktionieren, und können mit den Programmierblöcken spannende Sachen anstellen. Mit einigen dieser neuen Blöcke kann NXT Sensorwerte zusammenfügen und verarbeiten, so dass sie als Eingabewerte für andere Aktionen dienen. Mit den Tricks, die Sie in diesem Kapitel lernen, können Sie Ihren Roboter so programmieren, dass er nur dann eine Aktion ausführt, wenn zwei Sensoren gleichzeitig ausgelöst werden, oder zufällige Aktionen ausführt, anstatt immer die gleichen vorprogrammierten.

In diesem Kapitel zeige ich Ihnen, wie NXT den Matheblock nutzt, so dass Ihr Roboter Berechnungen anstellen kann, zum Beispiel die zurückzulegende Strecke auf der Grundlage einer Sensormessung. Außerdem stelle ich Ihnen ein paar neue Programmierblöcke für Daten vor, wie Zufall, Vergleichen und Logik, und einige neue Verfahren für den Schalt- und den Schleifenblock, indem ich Beispielprogramme und meine neuen Entdeckungen zeige.

Diese Verfahren und Programmierblöcke bilden den Grundstock für jedes fortgeschrittene Roboterprogramm (wie jene in Teil IV) und natürlich für die Programme Ihrer eigenen Roboter. Wie schon in Kapitel 10 werden Sie die neuen Programme mit dem SmartBot testen.

Die ersten Schritte in diesem Kapitel mögen Ihnen zuerst vielleicht nicht besonders spannend erscheinen. Dadurch aber lernen Sie zu programmieren und können wesentlich interessantere Programme schreiben und viel intelligentere Roboter bauen.

Datenblöcke

Die Vollständige Palette enthält eine Reihe von Blöcken, die Sie noch nicht verwendet haben. Datenblöcke (Abbildung 11-1) umfassen den Matheblock, den Zufallsblock, den Vergleichsblock und den Logikblock. Jeder Block hat seine eigenen Funktionen, aber alle verarbeiten Werte aus Datenleitungen und erzeugen neue Werte, die auf den Eingangswerten beruhen. In diesem Abschnitt erfahren Sie, wie die Blöcke in Ihren Programmen verwendet werden.

Der Matheblock

Mit dem Matheblock erledigt NXT arithmetische Operationen wie Addition, Subtraktion, Multiplikation und Division. Im Konfigurationsbereich können Sie die Platzhalter für zwei Zahlen (A und B) ausfüllen und wählen, welche Berechnung auf sie angewendet werden soll, z.B. die Multiplikation (A wird mit B multipliziert). Das Ergebnis wird über eine Datenleitung ausgegeben. Wenn Sie den Matheblock verwenden, übertragen Sie häufig eine oder zwei Zahlen mit einer Datenleitung in den Matheblock, statt sie selber einzugeben. Das sehen Sie im zweiten Beispielprogramm in diesem Kapitel.

Das Programm **Smart-Math** in Abbildung 11-1 zeigt, wie der Matheblock eine Multiplikation ausführt. Die ermittelte Zahl der Text- und Anzeigeblöcke wird für die Anzeige auf dem NXT verwendet.

Jetzt lernen Sie, wie Sie den Matheblock in Programmen so einsetzen, dass mehr macht, als nur Werte anzuzeigen.

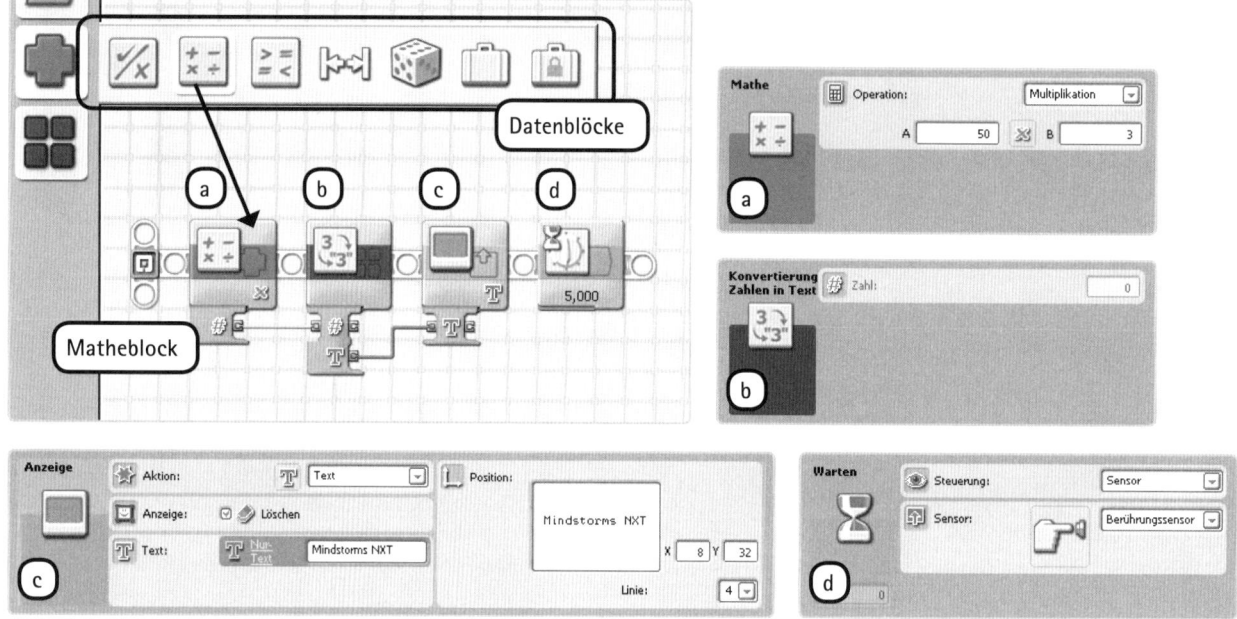

Abbildung 11-1: Der Matheblock im Programm Smart-Math multipliziert 50 mit 3 und zeigt das Ergebnis (150) auf dem NXT an. (Die unbenutzten Datenknoten habe ich verborgen, damit das Programm einfacher zu verstehen ist.)

Der Matheblock in einem weiterentwickelten Programm

Der Klangblock kann Töne in bestimmten Frequenzen wiedergeben: Je höher die Frequenz ist, desto höher klingt auch der Ton. Mit dem Klangblock erstellen Sie ein Programm, das Töne abspielt, die sich anhand der unterschiedlichen Messwerte des Farbsensors verändern. Ihr Roboter wird regelmäßig kurze Pieptöne abspielen, je nachdem, welcher Farbball (aus Ihrem Robotics-Kasten) vor den Sensor gehalten wird.

Damit dieses Programm funktioniert, muss der Farbsensorblock seine Sensordaten an den Klangblock über ein Datenkabel übertragen, das an den Datenknoten für die erkannte Farbe angeschlossen ist (der Ausgabewert liegt zwischen 1 und 6 je nach erkannter Farbe). Damit der Klangblock die Töne in der von Ihnen gewünschten Frequenz abspielt, übertragen Sie die Sensorwerte an den Knoten »Frequenz«. Wenn der Block kleine Werte (etwa 250) über die Datenleitung erhält, spielt er ein tiefes Brummen ab. Große Werte (etwa 4000) erzeugen im Block hohe Töne.

Wie Sie sehen, benötigt dieser Datenknoten recht große Eingabewerte. Da die Werte für eine erkannte Farbe jedoch im Bereich 1 bis 6 liegen, müssen Sie sie irgendwie verarbeiten, damit ein brauchbarer Wert für den Klangblock entsteht. Das erreichen Sie, indem Sie den Farbwert im Matheblock mit der Zahl 250 multiplizieren. Wenn der Farbsensor beispielsweise die Farbe Blau sieht, ist der Sensorwert 2 und wird im Matheblock mit 250 multipliziert. Das Ergebnis ist eine Frequenz von 500, die vom Klangblock als tiefer Ton wiedergegeben wird. Sie hören einen höheren Ton, wenn der Sensor einen roten Ball sieht (Frequenz = 1250). Erstellen Sie jetzt das Programm **Smart-Sound** wie in Abbildung 11-2 gezeigt.

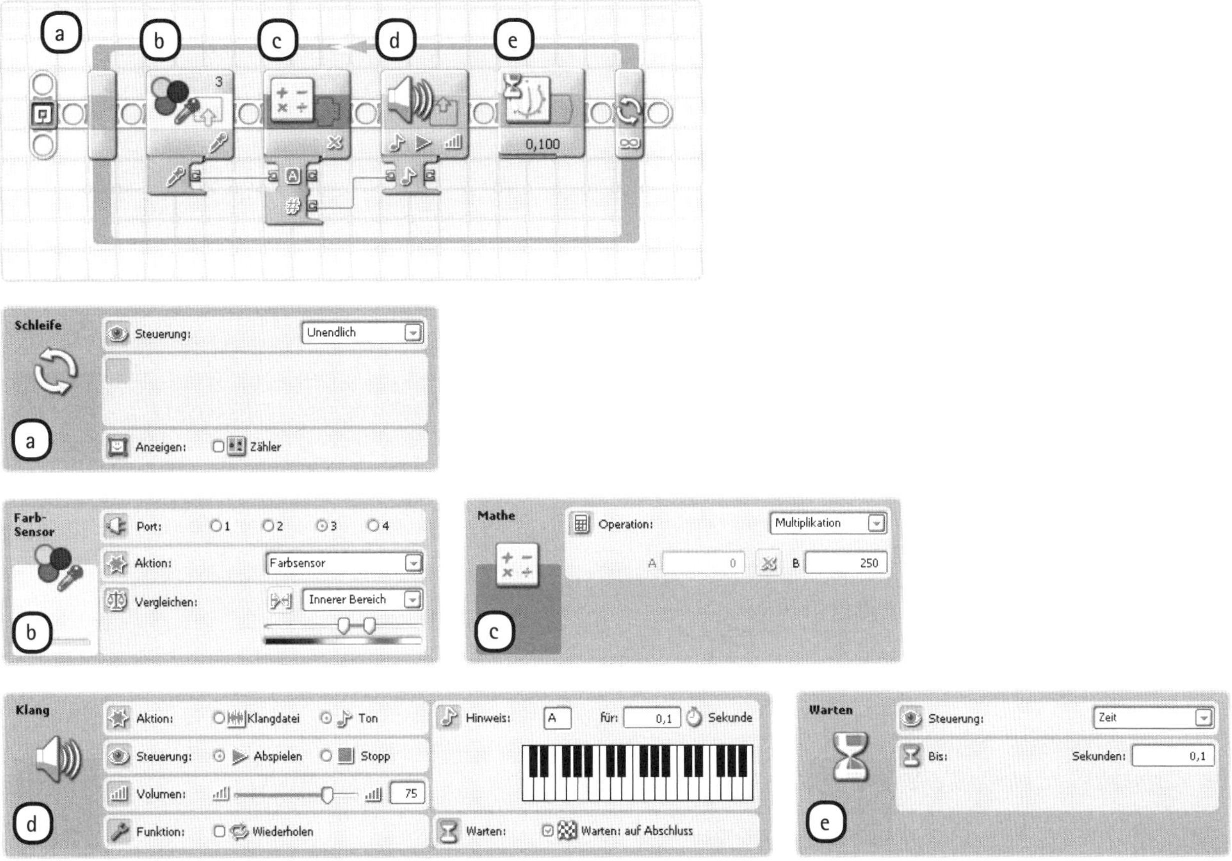

Abbildung 11-2: Das Programm »Smart-Sound«. Statt wie beim vorigen Programm zwei Werte in den Konfigurationsbereich des Matheblocks einzugeben, übertragen Sie einen Wert über eine Datenleitung.

ENTDECKUNGSAUFGABE 57: RECHENÜBUNGEN!

Schwierigkeitsgrad: Mittel

Erstellen Sie ein Programm, das auf dem NXT-Bildschirm laufend die Messungen des Licht- und des Ultraschallsensors sowie die Summe der beiden anzeigt, wie Sie in Abbildung 11-3 sehen. Verwenden Sie einen Matheblock, um die beiden Messwerte zu addieren, und einen Warteblock für eine Pause von 0,5 Sekunden (im Schleifenblock), damit Sie genug Zeit haben, das Display abzulesen.

Abbildung 11-3: Das NXT-Display in Entdeckungsaufgabe 57

DATENBLÖCKE UND DATENLEITUNGEN MIT SCHLEIFEN UND SCHALTERN EINSETZEN   **173**

Der Zufallsblock

Mit dem *Zufallsblock* erzeugen Sie eine zufällige Zahl, die Sie in Ihrem Programm benutzen können. Im Konfigurationsbereich des Zufallsblocks wählen Sie einen Bereich für die Zufallszahl, z.B. zwischen 35 und 47. Der Zufallsblock gibt daraufhin eine zufällige Zahl über eine Datenleitung aus, in diesem Fall 35, 47 oder eine andere Zahl aus dem Bereich dazwischen.

Der Zufallsblock ist besonders nützlich, wenn Ihr Roboter etwas Unerwartetes machen soll. So können Sie beispielsweise mit dem Zufallsblock den Servomotor am Rad des Smart-Bots mit einer zufälligen Geschwindigkeit laufen lassen, wie im Programm **Smart-Random** in Abbildung 11-4 gezeigt.

ENTDECKUNGSAUFGABE 58: ZUFALLSTÖNE!

Schwierigkeitsgrad: Für Tüftler

Kombinieren Sie das Programm **Smart-Sound** mit dem Programm **Smart-Random**, damit der NXT Zufallstöne spielt. Verwenden Sie einen Matheblock, um die Zufallszahl aus dem Zufallsblock zu vergrößern, und verbinden Sie den neuen Wert mit dem Frequenz-Knoten im Klangblock. Der Roboter soll eine Sekunde lang Töne spielen und dann warten, bis Sie den Berührungssensor betätigen.

Wiederholen Sie diese Abfolge laufend. Schließlich ergänzen Sie das Programm so, dass die Frequenz auf dem NXT-Display angezeigt wird.

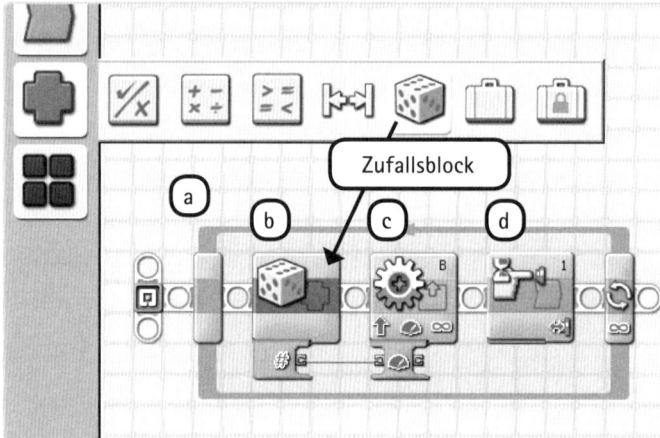

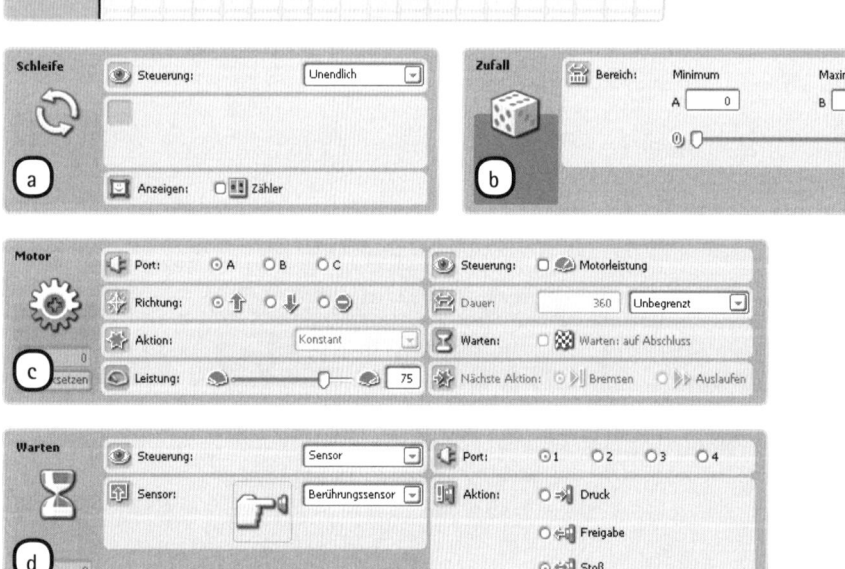

Abbildung 11-4: Die Konfiguration für das Smart-Random-Programm. Der Zufallsblock erzeugt einen zufälligen Wert zwischen 0 und 100, der an den Leistungs-Knoten des Motorblocks übertragen wird und den Motor regelt. Dann wartet das Programm auf eine Berührung am Berührungssensor. Wenn das geschieht, kehrt die Schleife zum Anfang zurück, und die Motorgeschwindigkeit wird auf einen neuen zufälligen Wert geregelt.

Der Vergleichsblock

Der *Vergleichsblock* prüft, ob ein Wert größer als (>), kleiner als (<) oder gleich (=) einem anderen Wert ist. Sie können die zu vergleichenden Werte in den Konfigurationsbereich eingeben oder dem Block mit Datenleitungen übergeben (Knoten A und Knoten B).

Der Vergleichsblock hat eine Logik-Datenleitung als Ausgang, deren Wert (wahr oder falsch) auf dem Ergebnis des Vergleichs von A und B basiert. Wenn Sie beispielsweise die Operation **Gleich** wählen, gibt der Block wahr aus, wenn A gleich B ist.

Das Programm **Smart-Compare** in Abbildung 11-5 zeigt den Vergleichsblock in Aktion. In diesem Programm sendet der Zufallsblock eine Zufallszahl (0, 100 oder etwas dazwischen) an den Vergleichsblock, der prüft, ob die Zahl kleiner als 50 ist. Ist das der Fall, dreht sich der Servomotor am Smart-Bot eine Umdrehung vor. Wenn nicht, dreht er sich rückwärts. So geht das Programm weiter, und der Motor dreht sich in zufällige Richtungen, so wie sich die Zufallszahlen ändern.

Der Logikblock

In einigen Ihrer Programme haben Sie Sensorblöcke verwendet, um zu entscheiden, ob der Berührungssensor betätigt wurde oder der Wert des Ultraschallsensors größer war als der angegebene Schwellenwert. Die Ergebnisse wurden von den Blöcken mit Logik-Datenleitungen übertragen.

Mit dem Logikblock können Sie zwei Logik-Datenleitungen miteinander vergleichen. Je nachdem, wie Sie den Block einrichten, können Sie z.B. feststellen, ob beide Leitungen den Wert »wahr« zeigen. Ist das der Fall, ist der Wert »wahr«. Wenn keiner oder nur einer der beiden Werte »wahr« ist, ist der ausgegebene Wert »falsch«.

Sie können einen Logikblock verwenden, um ein Programm zu schreiben, das die farbige Lampe einschaltet, wenn der Berührungssensor gedrückt wird und der Ultraschallsensor etwas sieht, das mehr als 100 cm entfernt ist. Wenn eine oder beide Bedingungen nicht zutreffen, wird die Lampe ausgeschaltet, denn die Ausgabe des Logikblocks ist dann »falsch«. Abbildung 11-6 zeigt das Programm **Smart-Logic**.

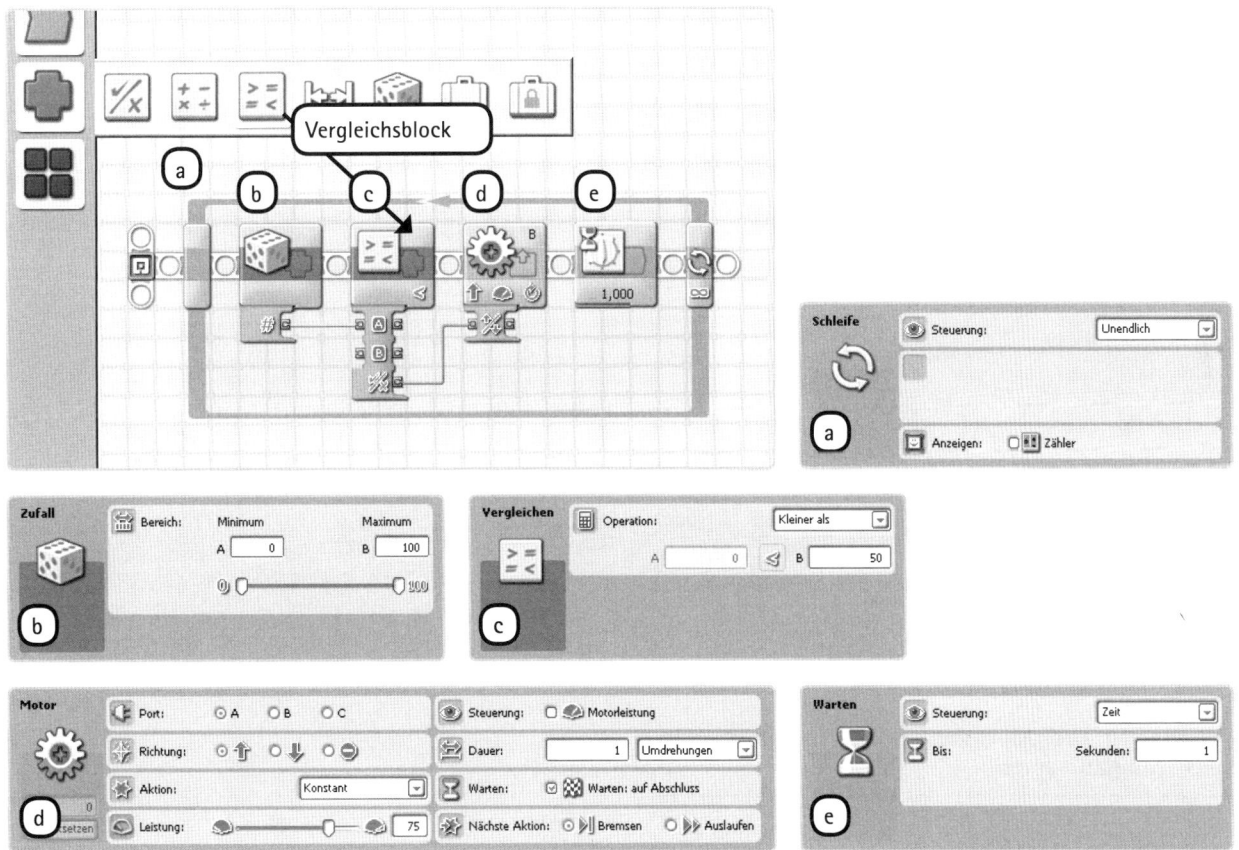

Abbildung 11-5: Das Programm »Smart-Compare«. Der Vergleichsblock in diesem Programm prüft, ob die Ausgabe des Zufallsblocks (zwischen 0 und 100) kleiner als 50 ist. Wenn ja, ist die Ausgabe des Vergleichsblocks »wahr«, und der Servomotor des Smart-Bots dreht sich vorwärts. Wenn nicht, ist der Ausgabewert »falsch«, und der Motor dreht sich rückwärts.

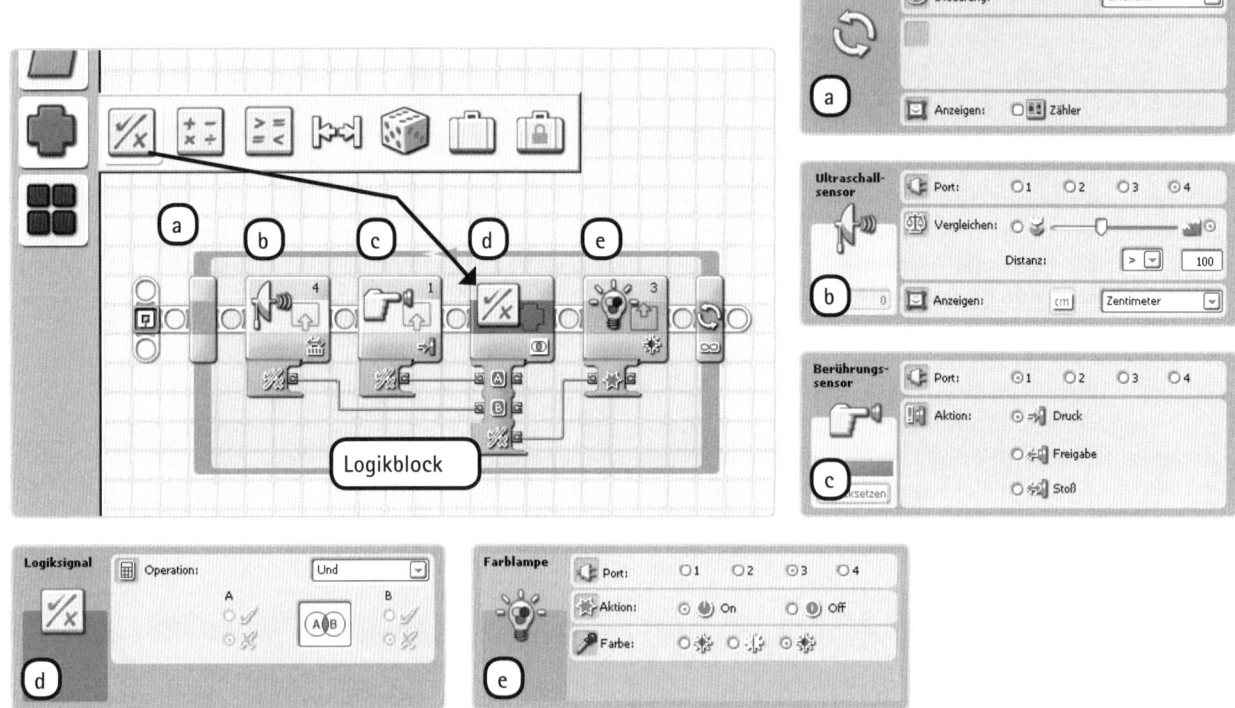

Abbildung 11-6: Das Programm »Smart-Logic«. Wenn der Berührungssensor gedrückt wird und der Ultraschallsensor etwas sieht, das mehr als 100 cm entfernt ist, wird die Lampe auf dem Farbsensor eingeschaltet. Da Sie die Ergebnisse der Vergleichs- und Aktionsfunktionen in den Sensorblöcken verwenden, schließen Sie die Logik-Datenleitungen an die Ja/Nein-Ausgabeknoten auf dem Daten-Hub an. (Ich habe die anderen Datenknoten nicht dargestellt, wie z.B. den Distanz-Knoten auf dem Ultraschallsensorblock.)

Logik-Operationen

Wenn Sie das **Smart-Logic**-Programm konfigurieren, können Sie unter vier Operationen im Konfigurationsbereichs des Logikblocks wählen: **Und, Oder, eXklusiv Oder** und **Nicht**. Jede Option führt einen anderen Vergleich zwischen den Eingabewerten durch. Wir erklären sie gleich. Je nach gewählter Option ändert sich das Verhalten des Programms.

Tabelle 11-1 zeigt die verfügbaren Operationen sowie die Eingabewerte und gibt an, zu welchen Ausgabewerten sie bei einer bestimmten Operation führen. (Das Programm **Smart-Logic** verwendet die Operation »Und«.)

Tabelle 11-1: Die Operationen des Logikblocks und seine Ausgabewerte

Operation	Ausgabewert ist »wahr«, wenn
Und	beide Eingabewerte »wahr« sind,
Oder	einer oder beide Eingabewerte »wahr« sind,
eXklusiv Oder	ein Eingabewert »wahr« und der andere »falsch« ist.

Bei diesen Operationen verbinden Sie zwei Logik-Datenleitungen mit den Eingangsknoten A und B des Blocks, die verglichen werden sollen. Es spielt keine Rolle, welche Leitung mit welchem Knoten verbunden wird.

Die Operation Nicht

Wenn Sie die Operation **Nicht** auswählen, vergleicht der Logikblock keine Logik-Datenleitungen, sondern macht nur etwas mit dem Logikwert am Knoten A des Daten-Hubs. Die Operation kehrt das Eingabesignal einfach um. Wenn der Eingabewert A »wahr« ist, ist der Ausgabewert »falsch«. Ist der Eingabewert A »falsch«, ist der Ausgabewert »wahr«.

ENTDECKUNGSAUFGABE 59: UND, ODER, EXKLUSIV-ODER ODER NICHT?

Schwierigkeitsgrad: Mittel

In Kapitel 7 haben Sie gelernt, dass die Tasten am NXT als Berührungssensoren verwendet werden können. Wie der Berührungssensorblock gibt der Ja/Nein-Datenknoten an den NXT-Tasten einen Wert aus, der entweder »wahr« oder »falsch« ist, je nachdem, welche Aktion im Konfigurationsbereich eingestellt ist. Erstellen Sie ein Programm, das die Lampe einschaltet, wenn die Taste »Eingabe« oder der Berührungssensor betätigt wird, aber nicht, wenn beide zusammen gedrückt werden. Die Lampe wird eingeschaltet, wenn eine Datenleitung mit dem Wert »wahr« an den Aktionsknoten des Lampenblocks angeschlossen ist. Sie müssen den Logikblock verwenden, um festzustellen, ob nur einer der beiden Sensoren ausgelöst worden ist – aber mit welcher Operation?

Schaltblöcke und Datenleitungen

Sie haben den Schaltblock verwendet, um mit einem Programm Entscheidungen zu fällen, z.B. ob ein Berührungssensor betätigt wurde. Als kleine Erinnerungsstütze sehen Sie in Abbildung 11-7 einen Schaltblock in Aktion. Vergessen Sie nicht: Eine Bedingung ist eine Feststellung wie: »Der Berührungssensor wurde betätigt.« Wenn der Schaltblock feststellt, dass der Berührungssensor betätigt wurde, ist der Zustand »wahr«, und die Blöcke in der oberen Hälfte des Schaltblocks werden ausgeführt. Wenn die Bedingung »falsch« ist, der Berührungssensor also nicht betätigt wurde, werden stattdessen die Blöcke in der unteren Hälfte des Schaltblocks ausgeführt. (In Kapitel 6 erfahren Sie mehr über die Grundlagen von Schaltblöcken.)

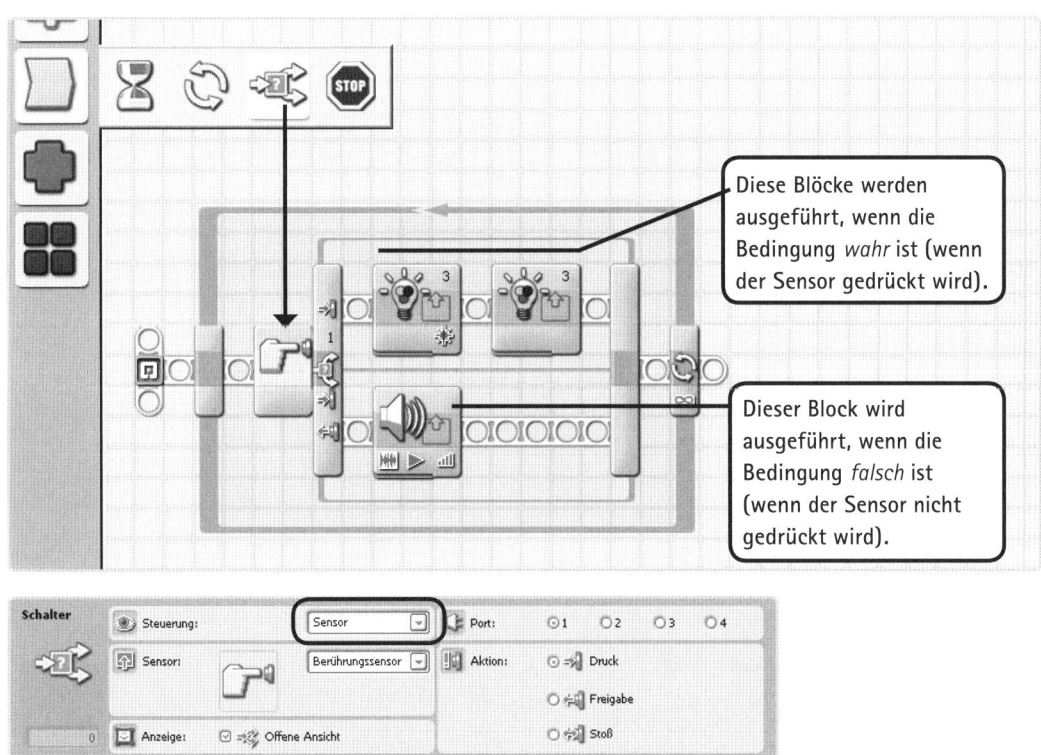

Abbildung 11-7: Das Programm Smart-Touch prüft laufend, ob der Berührungssensor betätigt wurde. Wenn ja, blinkt die Lampe (sie wird an- und ausgeschaltet). Wenn nicht, sagt der Roboter: »Nein.«

Schaltblöcke mit Datenleitungen konfigurieren

Ein Schaltblock kann nicht nur mit Sensorwerten umgehen, sondern auch Entscheidungen auf der Grundlage der Werte einer Datenleitung fällen, die an den Block angeschlossen ist.

Sie können einen Schaltblock z.B. so einrichten, dass die Blöcke im oberen Teil ausgeführt werden, wenn der Eingangswert »wahr« ist, und die Blöcke im unteren Teil, wenn das Signal »falsch« ist. Dazu verbinden Sie den Schaltblock mit einer Logik-Datenleitung.

Um eine Datenleitung mit einem Schaltblock verbinden zu können, wählen Sie einen Schaltblock aus der Programmierpalette, ziehen ihn auf den Arbeitsbereich und setzen den Parameter auf seinem Konfigurationsbereich auf **Wert**, wie Sie auch im folgenden Programm **Smart-Switch** sehen.

Smart-Switch stellt auf dem NXT-Display eine Zufallszahl dar und zeigt an, ob die Zahl größer oder kleiner als 40 ist. Das Programm erzeugt zuerst eine Zufallszahl zwischen 0 und 100. Dann prüft es mithilfe des Vergleichsblocks, ob die Zahl größer oder kleiner als 40 ist. Wenn die Zahl größer ist, ist der Ausgabewert des Blocks »wahr«, wenn nicht, ist er »falsch«. Eine Logik-Datenleitung überträgt diesen Wert an den Schaltblock. Wenn der Schaltblock einen »wahr«-Wert erhält, werden die oberen Teile im Schaltblock ausgeführt. Ist der Wert »falsch«, werden die unteren Blöcke ausgeführt.

Sie finden das Programm **Smart-Switch** in Abbildung 11-8 und Abbildung 11-9.

ENTDECKUNGSAUFGABE 60: ALLES ODER NICHTS!

Schwierigkeitsgrad: Mittel

Erstellen Sie ein Programm, das die Werte des Ultraschallsensors (gemessen in Zentimetern) und des Lichtsensors addiert. Verwenden Sie einen Vergleichsblock, um festzustellen, ob die Summe größer als 300 ist, und verbinden Sie den Ausgabewert dieses Blocks mit dem Schaltblock. Fügen Sie dem Schaltblock Klangblöcke hinzu, die »Ja« ausgeben, wenn der Schalter einen Wahr-Wert erhält, und »Nein«, wenn die Datenleitung einen Falsch-Wert überträgt. Stellen Sie alle benötigten Blöcke in einen Schleifenblock.

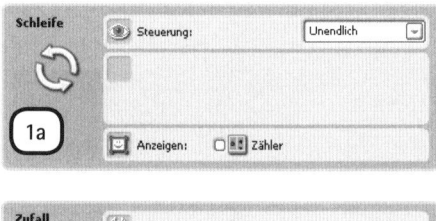

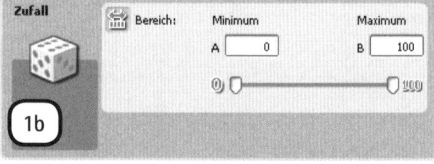

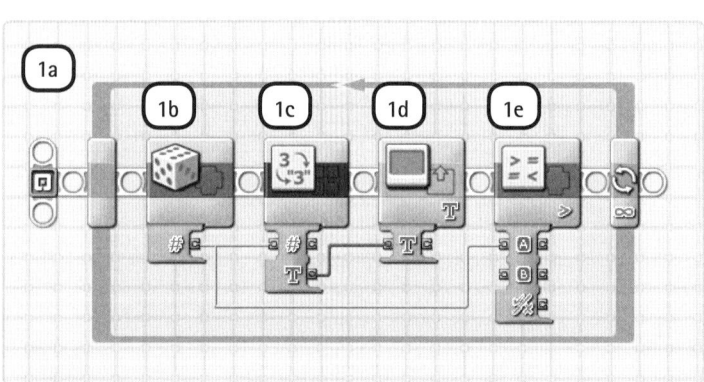

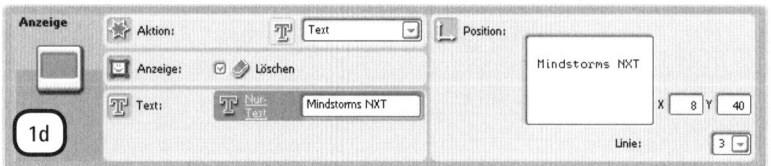

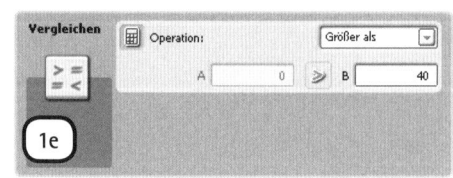

Abbildung 11-8: **Schritt 1:** *Da das gesamte Programm laufend wiederholt wird, stellen Sie alle Programmblöcke in einen Schleifenblock. Die anderen hier gezeigten Blöcke ermöglichen es dem Roboter, die Zufallszahl auf dem NXT-Display anzuzeigen. Die gleiche Zufallszahl wird auch an den Vergleichsblock übertragen, der prüft, ob die Zahl größer als 40 ist.*

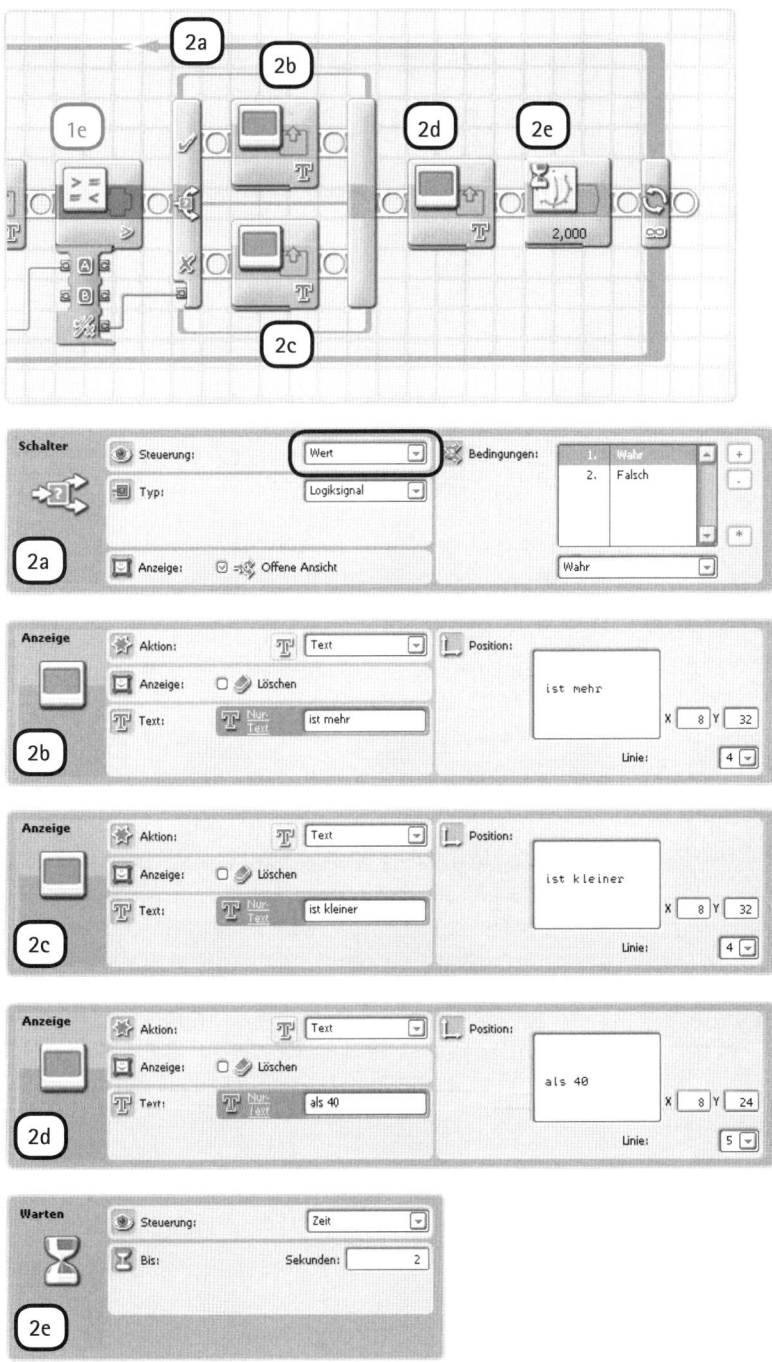

Abbildung 11-9: **Schritt 2:** *Ist der Wert größer als 40, wird vom Vergleichsblock ein »Wahr«-Signal an den Schaltblock gesendet, wodurch der Anzeigeblock im oberen Teil (bei ✓) des Schaltblocks ausgeführt wird. Ist das Signal »falsch«, wird der untere Block (bei ✘) ausgeführt. Der folgende Anzeigeblock (2d) in diesem Schritt vervollständigt die Zeile, die schließlich auf dem NXT-Display angezeigt wird. Alle zwei Sekunden wird auf dem Display eine neue Zeile angezeigt, wie z.B. »26 ist kleiner als 40«. Der Warteblock gibt Ihnen genug Zeit, das Display abzulesen, bevor sich die Schleife wiederholt.*

Numerische und textliche Datenleitungen mit Schaltblöcken verwenden

Statt eine Logik-Datenleitung mit einem Schaltblock zu verbinden, können Sie numerische oder textliche Datenleitungen verwenden. Bei numerischen Datenleitungen können Sie die Blöcke des oberen Teils des Schalters ausführen, wenn der Wert der Datenleitung beispielsweise 5 beträgt, und den unteren Teil, wenn der Wert 3 ist. Der Vorgang ist bei textlichen Datenleitungen derselbe, nur dass Sie statt Zahlenwerten Texte verwenden. Sie werden diese Funktion in diesem Buch nicht verwenden, wenn Sie aber mehr darüber erfahren möchten, schlagen Sie in der NXT-G-Hilfe für den Schaltblock nach.

Datenleitungen mit dem Inneren von Schaltblöcken verbinden

In manchen Fällen ist es nützlich, Datenleitungen außerhalb eines Schaltblocks mit Blöcken im Inneren des Schalters zu verbinden, wie in Abbildung 11-10 gezeigt. So zum Beispiel, wenn Sie den Wert eines Ultraschallsensors außerhalb des Schalters in einem Block innerhalb des Schalters benutzen möchten, ohne den Sensor erneut abzufragen. Um das zu tun, wählen Sie die Einstellung **Offene Ansicht** ab und verbinden dann die Datenleitungen. Wenn **Offene Ansicht** abgeschaltet ist, können Sie auf einen der beiden Reiter oben klicken, um zwischen den beiden Programmbalken des Schalters umzuschalten.

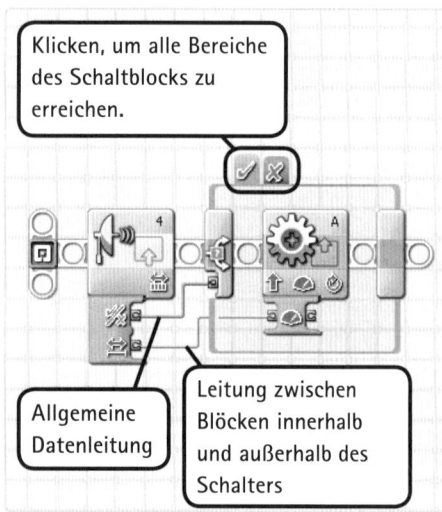

Abbildung 11-10: Sie können die Datenleitungen außerhalb eines Schalters nur dann mit Blöcken im Inneren verbinden, wenn Offene Ansicht abgeschaltet ist. Das hier gezeigte Programm fragt den Ultraschallsensor ab, um seinen Wert mit einem Auslösewert zu vergleichen. Ist das Ergebnis des Vergleichs »wahr«, wird der Motor eingeschaltet, wobei die Spannung vom Wert des Ultraschallsensors abhängt. Da im anderen Teil des Schalters keine Blöcke vorhanden sind, passiert nichts, wenn der Vergleich den Wert »falsch« ergibt.

Schleifenblöcke und Datenleitungen

Wenn Sie Schleifenblöcke verwendet haben, lief die Schleife bis jetzt meist endlos, wodurch der Block im Inneren unablässig wiederholt wurde, bis Sie das Programm manuell abgebrochen haben. Sie können Schleifenblöcke aber auch so einrichten, dass sie eine bestimmte Anzahl Durchläufe abarbeiten, eine bestimmte Anzahl Sekunden laufen oder die Blöcke so lange wiederholen, bis ein Sensor ausgelöst wird. Sie können eine Schleife auch durch eine Datenleitung beenden.

Wenn Sie den Steuerparameter im Block-Konfigurationsbereich der Schleife auf Logik stellen, sehen Sie auf der rechten Seite des Schleifenblocks einen Eingangsknoten, an den Sie eine Logik-Datenleitung anschließen können. Jetzt können Sie festlegen, ob der Schleifenblock mit der Schleife aufhören soll, wenn dieser Knoten einen Wert »wahr« oder »falsch« erhält, wie im Programm **Smart-Loop** in Abbildung 11-11 gezeigt. Während der Schleife prüft das Programm laufend, ob der Berührungssensor oder die Eingabetaste am NXT gedrückt wurde. Wird einer oder beide gedrückt, gibt der Logikblock »wahr« aus. Da der Schleifenblock dazu eingerichtet ist, die Blöcke innerhalb der Schleife so lange zu wiederholen, bis ein Wahr-Signal eintrifft, wird die Schleife beendet, wenn ein Sensor ausgelöst wird, woraufhin der Klangblock im NXT einen Ton abspielt.

Erstellen Sie das Programm **Smart-Loop**, wie in Abbildung 11-11 gezeigt. **Smart-Loop** ist eine sehr nützliche Programmkonstruktion, da es das Programm anhält, während zwei Sensoren überprüft werden. Es funktioniert praktisch wie ein Warteblock, nur dass ein Warteblock nur einen Sensor abfragen kann.

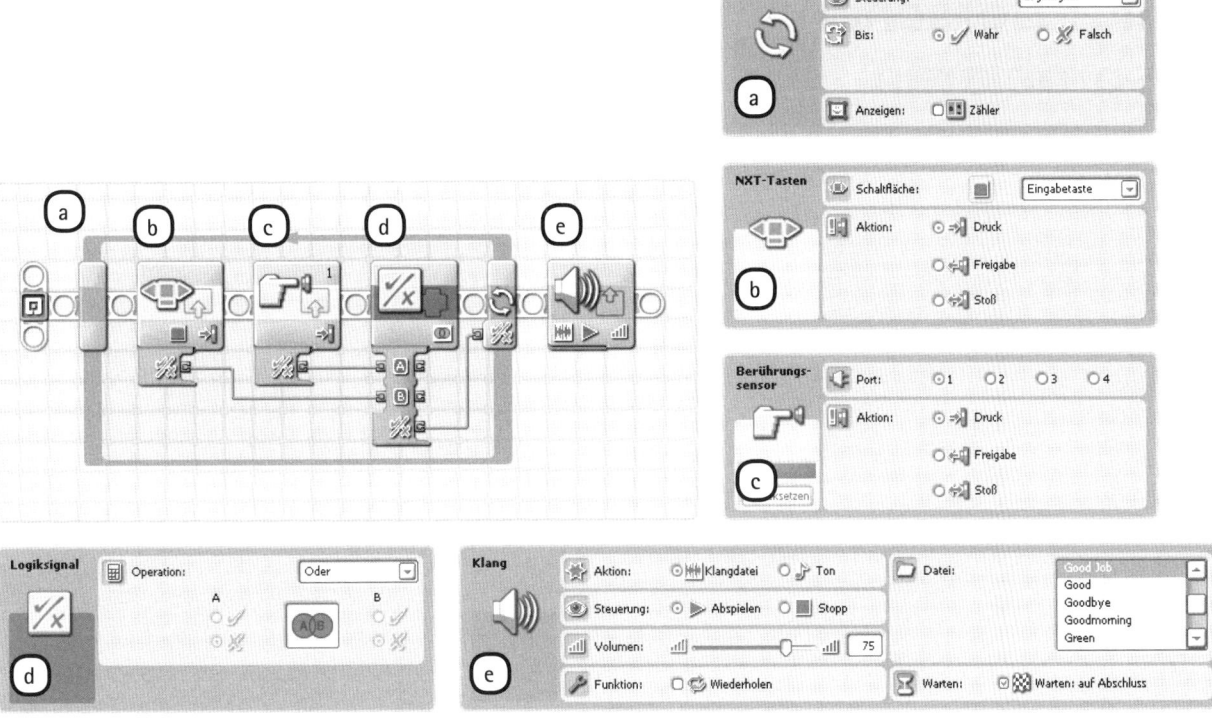

Abbildung 11-11: Die Konfiguration der Blöcke im Programm Smart-Loop

ENTDECKUNGSAUFGABE 61: DRÜCKEN SIE EINE TASTE, DAMIT ES WEITERGEHT!

Schwierigkeitsgrad: Leicht

Mit **Smart-Loop** haben Sie gelernt, wie Sie ein Programm erstellen, das pausiert, bis einer von zwei Sensoren ausgelöst wird. Wenn Sie weitere Blöcke hinzufügen, können Sie auch drei (oder mehr) Sensoren gleichzeitig abfragen. Erstellen Sie ein Programm, das einen Ton abspielt, wenn Sie auf dem NXT eine Taste drücken (entweder den Links- oder Rechtspfeil oder die Eingabetaste). Wie das geht, sehen Sie in Abbildung 11-12. Das Programm ist aber noch nicht fertig. Können Sie die Datenleitungen verbinden und die richtige Operation für die Logikblöcke auswählen, damit es funktioniert?

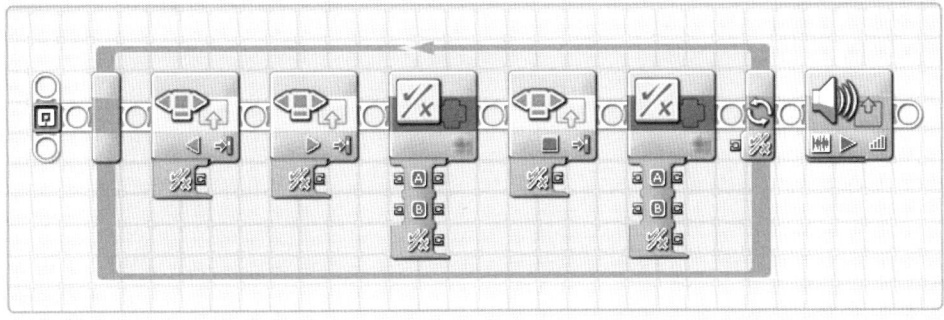

Abbildung 11-12: Das unvollendete Programm zu Entdeckungsaufgabe 61

Zum Erforschen und Ausprobieren

In diesem Kapitel haben Sie verschiedene Programmierblöcke kennengelernt und einige Tipps für Datenleitungen in Schleifen- und Schaltblöcken bekommen. Diese Verfahren ermöglichen es Ihrem Roboter, Sensordaten zu verarbeiten und zu kombinieren und sie als Eingabe für Aktionen wie das Abspielen eines Tons oder für eine Bewegung zu verwenden. Praktische Beispiele hierzu finden Sie in den folgenden drei Kapiteln dieses Buchs. Jetzt werden wir noch die neuen Kenntnisse in den nächsten Aufgaben ausprobieren.

ENTDECKUNGSAUFGABE 62: ARTIHMETISCHE ROTATIONEN!

Schwierigkeitsgrad: Für Tüftler

Für diese Entdeckungsaufgabe schließen Sie einen Motor an den SmartBot an, den Sie leicht per Hand drehen können (montieren Sie ein Rad). Dann erstellen Sie ein Programm, das die Werte des Drehsensors des Servomotors auf dem NXT-Display anzeigt, und verbinden beide Werte mit einem Matheblock. Wenn der Berührungssensor ausgelöst wird, soll ein Matheblock beide Sensorwerte multiplizieren. Wenn nicht, soll er beide Werte addieren. Die Ergebnisse sollen auf dem NXT angezeigt werden. Wenn Sie die Motoren drehen, sollten sich die Summen (oder Produkte) auf dem NXT-Display verändern.

BAUAUFGABE 11: ROBOTERGREIFER!

Der SmartBot ist nützlich, wenn es um fortgeschrittene Programme geht, aber er kann nicht viele Dinge tun. In dieser Entdeckungsaufgabe bauen Sie einen Robotergreifer, verbinden ihn mit Ihrer Hand und benutzen Sensoren oder die NXT-Tasten, um ihn zu steuern. Verbauen Sie auch den Ultraschallsensor und programmieren Sie den Roboter so, dass der Greifer Sie warnt, wenn der Sensor erkennt, dass Sie sich einer Wand nähern. Nutzen Sie Ihre Programmierkenntnisse aus diesem Kapitel, um mehrere Sensorwerte auf dem Bildschirm anzuzeigen oder Töne auf der Grundlage bestimmter Sensorwerte abzuspielen.

HINWEIS Sie können den SmartBot im nächsten Kapitel benutzen, wenn Sie wollen. Wenn Sie lieber die Bauaufgabe 11 erledigen möchten, nehmen Sie den SmartBot einfach auseinander.

12

Variablen und Konstanten verwenden und Spiele auf dem NXT spielen

Wenn Sie hier angekommen sind, stehen Sie kurz davor, alle Programmiertechniken dieses Buchs zu beherrschen. Bis jetzt haben Sie gelernt, die vielen verschiedenen Programmierblöcke einzusetzen und grundlegende Werkzeuge wie Datenleitungen zu verwenden. In diesem Kapitel schließen wir die Programmierung ab, indem Sie lernen, den NXT-Speicher für Variablen und Konstanten zu nutzen.

Zusätzlich zu dem Wissen über Variablen und Konstanten erstellen Sie in diesem Kapitel ein Programm, das beinahe alle bereits von Ihnen gelernten Programmiertechniken kombiniert. Dieses weit entwickelte Programm zeigt Ihnen weitere Möglichkeiten des NXT: Sie können mit dem NXT richtig spielen!

Variablen verwenden

Stellen Sie sich *Variablen* als einen Koffer vor, in den Sie Dinge hineintun können. Wenn sich ein Programm irgendwann an einen Wert erinnern soll (z.B. einen Sensorwert), kann dieser Wert sicher im Koffer aufbewahrt werden. Wird er später im Programm benötigt, öffnet es einfach den Koffer und entnimmt ihm den Wert. Die Variable wird im Speicher des NXT abgelegt, bis sie wieder benötigt wird.

Ist eine Information erst einmal als Variable gespeichert, kann sie von anderen Teilen Ihres Programms aufgerufen werden. Sie können z.B. einen Wert des Ultraschallsensors im Koffer speichern und ihn später mit einem neuen Sensorwert vergleichen.

Das Programm kann die gespeicherte Information, während es läuft, jederzeit abrufen, nach Ende des Programms sind die Daten aber verschwunden. Um Variablen zu speichern und darauf zuzugreifen, verwenden Sie einen *Variablenblock*, den Sie an seinem Koffer-Symbol erkennen können. Abbildung 12-1 gibt einen Überblick, was bei der Verwendung von Variablen vorgeht.

Eine Variable definieren

Jede Variable hat einen *Namen* und enthält einen Wert. Eine Variable mit dem Wert 56 könnte z.B. »Messung« heißen. Wie eine Datenleitung kann eine Variable entweder einen numerischen Wert enthalten (wie 56), einen Logikwert (z.B. wahr) oder einen Text (wie »Hallo«).

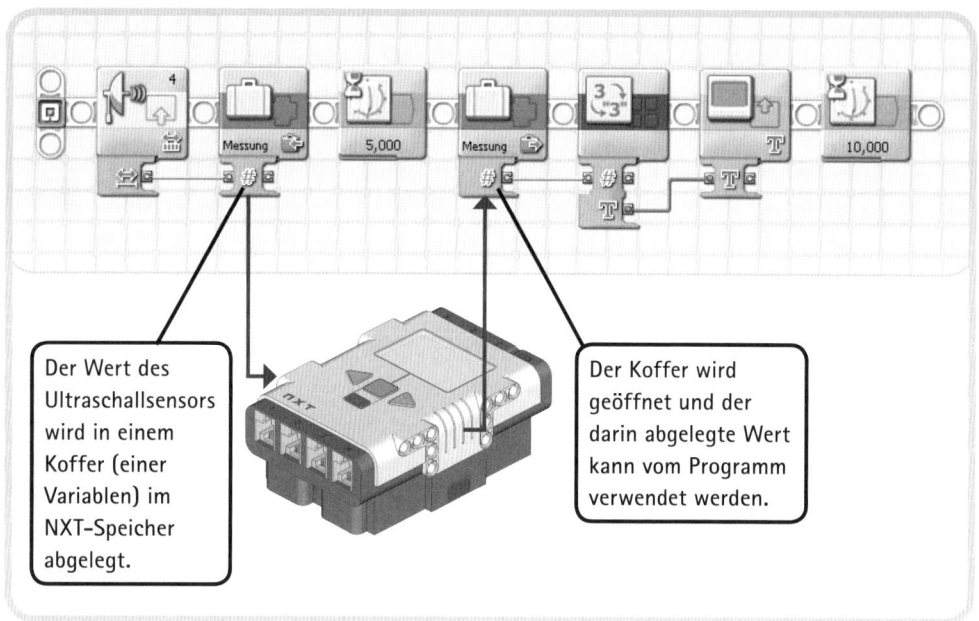

Abbildung 12-1: Werte (wie die hier gezeigten Werte des Ultraschallsensors) können in Variablen im NXT-Speicher abgelegt werden. Ist ein Wert gespeichert, kann ein Programm ihn aus dem Speicher abrufen und verwenden. Was dieses Programm genau macht und wie Sie es erstellen, lernen Sie später in diesem Kapitel.

Bevor Sie jedoch Variablen in Ihrem Programm einsetzen, müssen Sie sie im Dialogfenster *Variablen bearbeiten* definieren, wie in Abbildung 12-2 gezeigt.

Um eine Variable zu löschen, öffnen Sie das Dialogfenster *Variablen bearbeiten*, wählen die gewünschte Variable aus und klicken auf **Löschen**.

> **HINWEIS** Sie können Variablen nur in dem Programm verwenden, in dem Sie sie definiert haben.

Den Variablenblock verwenden

Nachdem Sie die Variable definiert haben, können Sie sie in einem Programm mit dem Variablenblock verwenden. Der Variablenblock kann Werte in den NXT-Speicher *schreiben* und daraus *lesen*. Um einen Variablenblock einzurichten, wählen Sie zuerst die zu lesende oder zu schreibende Variable aus dem Listenfeld im Konfigurationsbereich. Im Feld »**Aktion**« geben Sie dann an, ob ein Wert in die Variable geschrieben oder daraus gelesen werden soll. Wenn Sie **Schreiben** wählen, speichert der Block die eingegebene Variable im Feld »**Wert**« des Konfigurationsbereichs.

Wenn an den Wert-Datenknoten des Blocks eine Datenleitung angeschlossen ist, wird der über diese Leitung übertragene Wert gespeichert. Wenn in der Variable vorher ein Wert gespeichert war, wird dieser gelöscht und stattdessen der neue gespeichert.

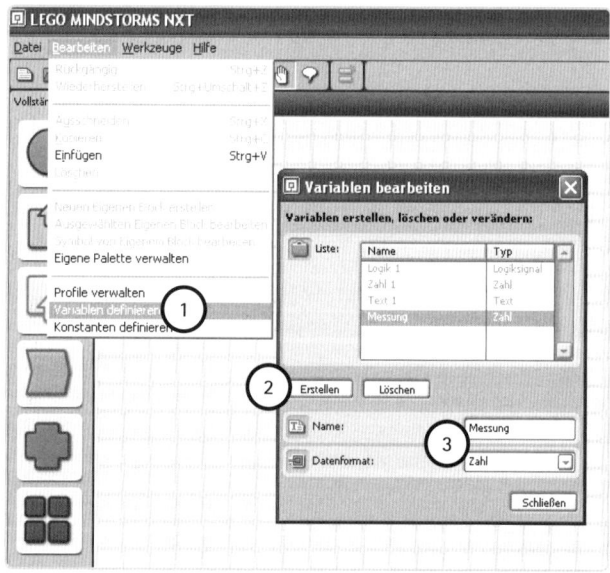

Abbildung 12-2: Definieren einer Variable im Bearbeitungsfenster. **Schritt 1:** *Wählen Sie* **Bearbeiten ▶ Variablen definieren**. **Schritt 2:** *Klicken Sie auf* **Erstellen**, *um eine neue Variable zu erstellen.* **Schritt 3:** *Geben Sie der Variable einen Namen* **(Messung)** *und wählen Sie den Datentyp* **(Zahl)**. *Wenn Sie damit fertig sind, klicken Sie auf* **Schließen**.

Wenn die Variable gelesen werden soll, ruft der Variablenblock die Informationen aus dem NXT-Speicher ab und überträgt sie mit einer Datenleitung, so dass der Wert im Programm verwendet werden kann, z.B. um die Motoreinstellung festzulegen.

Beim Lesen einer Variable wird ihr Wert nicht verändert, so dass Sie ihn später erneut mit einem Variablenblock auslesen können und dabei wieder denselben Wert erhalten.

Ein Programm mit einer Variable erstellen

Das Programm **Smart-Variable** in Abbildung 12-3 speichert den Wert des Ultraschallsensors in einer Variable namens *Messwert*.

Nach fünf Sekunden ruft es den Wert der Variable ab und zeigt ihn auf dem NXT-Display an, was bedeutet, dass der Wert, den Sie dort sehen, dem Messwert des Sensors vor fünf Sekunden entspricht. (Bevor Sie das Programm konfigurieren, definieren Sie eine Variable namens *Messwert*, um numerische Daten zu speichern, wie in Abbildung 12-2 gezeigt.)

Smart-Variable erläutert, wie Sie Variablen in einem Programm einsetzen, aber es ist noch ein sehr einfaches Programm. Wenn Sie es wie in Abbildung 12-3 erstellt haben, experimentieren Sie in Entdeckungsaufgabe 63 noch mehr mit Variablen.

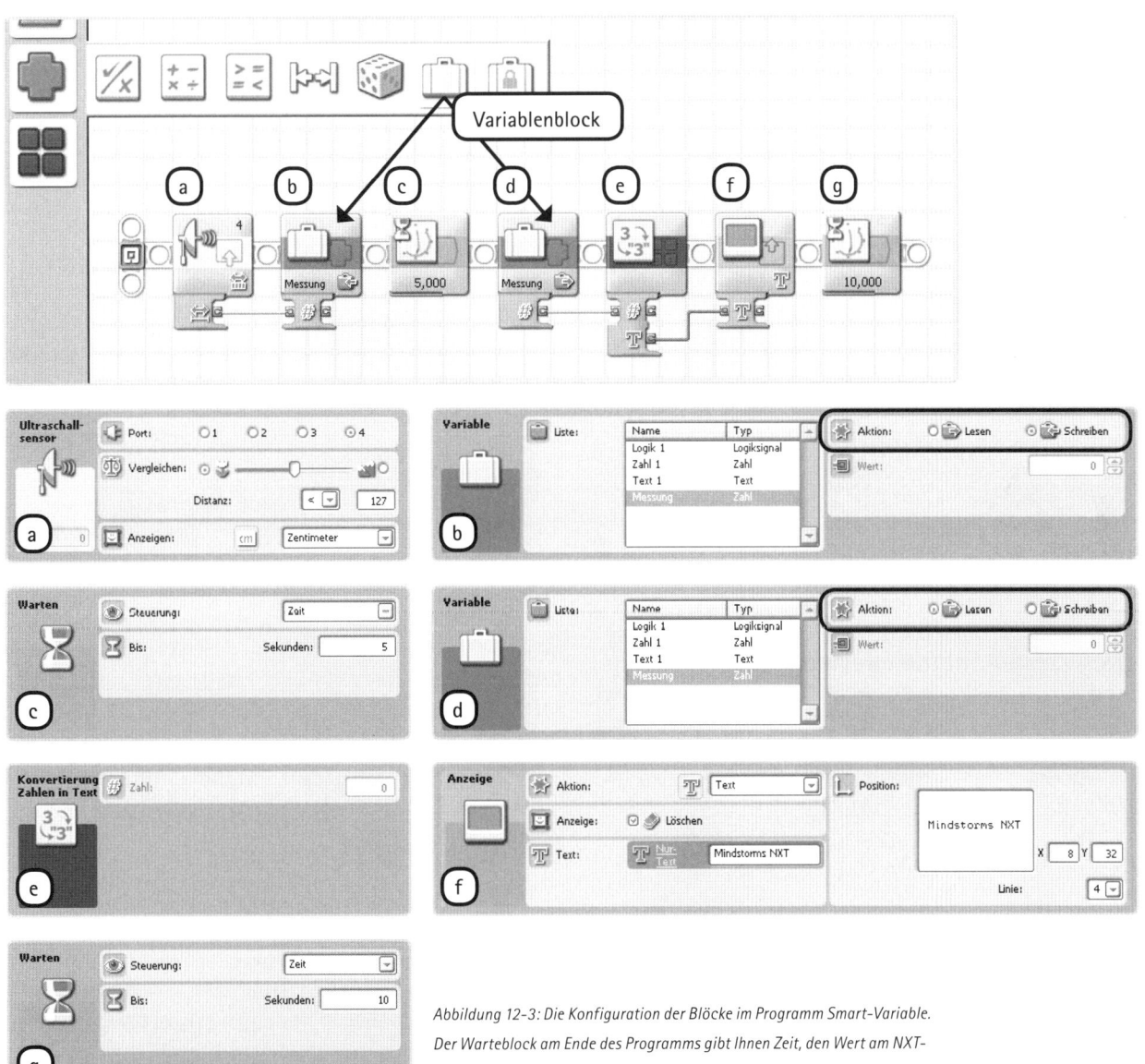

Abbildung 12-3: Die Konfiguration der Blöcke im Programm Smart-Variable. Der Warteblock am Ende des Programms gibt Ihnen Zeit, den Wert am NXT-Display abzulesen, bevor das Programm endet.

ENTDECKUNGSAUFGABE 63: ALT GEGEN NEU!

Schwierigkeitsgrad: Mittel

Sie erstellen ein weiteres Programm mit Variablen, das laufend die gemessenen Sensorwerte mit dem zu Anfang in einer Variable gespeicherten Sensorwert vergleicht. Ist der neue Wert höher, sagt der Roboter »Ja«, ansonsten sagt er »Nein«. Abbildung 12-4 zeigt einen Teil des Programms.

TIPP Was machen Sie zuerst, wenn Sie ein Programm mit Datenleitungen erstellen? Welche Variablenblöcke müssen einen Wert lesen oder schreiben? Wie schließen Sie die Datenleitungen an?

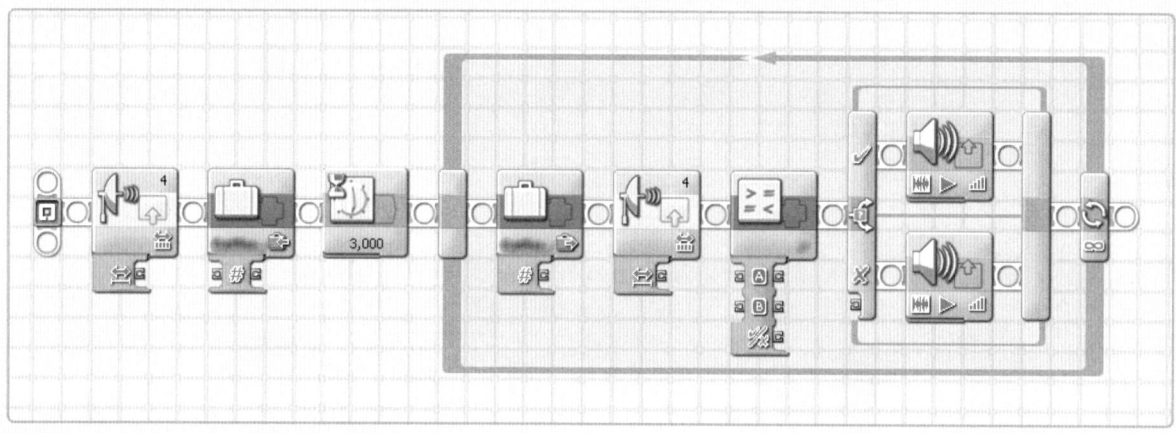

Abbildung 12-4: Ein möglicher Ausgangspunkt für Entdeckungsaufgabe 63

Variablenwerte ändern

Die vorhergehenden Abschnitte haben Ihnen gezeigt, wie Sie Werte in eine Variable schreiben und daraus auslesen. Es kann vorkommen, dass Sie den Wert einer Variable ändern wollen, z.B. um ihn um eins zu erhöhen, wenn Sie die Variable verwenden, um Punkte zu zählen oder um nachzuverfolgen, wie oft der Berührungssensor betätigt wurde. Das Programm **Smart-Count**, das Sie jetzt erstellen werden, zeigt, wie Sie eine Variable verwenden, um zu ermitteln, wie oft der Berührungssensor ausgelöst wurde (also gedrückt und wieder losgelassen).

Sie fangen an, indem Sie eine neue numerische Variable namens *DruckZahl* definieren, die die Anzahl der Auslösungen speichert. Das Programm wartet, bis der Berührungssensor ausgelöst wird, und erhöht dann den Wert für *DruckZahl* um eins. Damit das Programm dauerhaft zählt, verwenden Sie einen Schleifenblock.

Wie aber erhöhen Sie den Wert der Variable um eins? Abbildung 12-5 zeigt, wie Sie mit einem Variablenblock den Wert von *DruckZahl* auslesen. Dann übertragen Sie diesen Wert an den Rechenblock, der zum Wert eins addiert. Das Ergebnis dieser Addition wird mit einem anderen Variablenblock verbunden, der so konfiguriert ist, dass er den neuen Wert in der Variable *DruckZahl* speichert, damit sie um eins erhöht wird. Das Ergebnis der Addition wird in der Variable gespeichert und auf dem NXT-Display angezeigt. Mit dieser Methode können Sie den Wert jeder beliebigen Variable ändern. Dieses Beispiel zeigt, wie Sie eine Variable um eins erhöhen. Mit derselben Methode können Sie sie aber auch um eins verringern.

Erstellen Sie jetzt das Programm, das in Abbildung 12-5 gezeigt wird.

Variablen initialisieren

Wenn Sie mit Variablen arbeiten, ist es wichtig, sie zu *initialisieren*, indem Sie ihnen einen Anfangswert geben. Im Programm **Smart-Count** aus Abbildung 12-5 machen Sie das, indem Sie dem Wert *DruckZahl* am Programmanfang 0 zuweisen. Das Initialisieren von Variablen macht das Programm zuverlässiger, weil dadurch gewährleistet ist, dass es sich bei jedem Start gleich verhält.

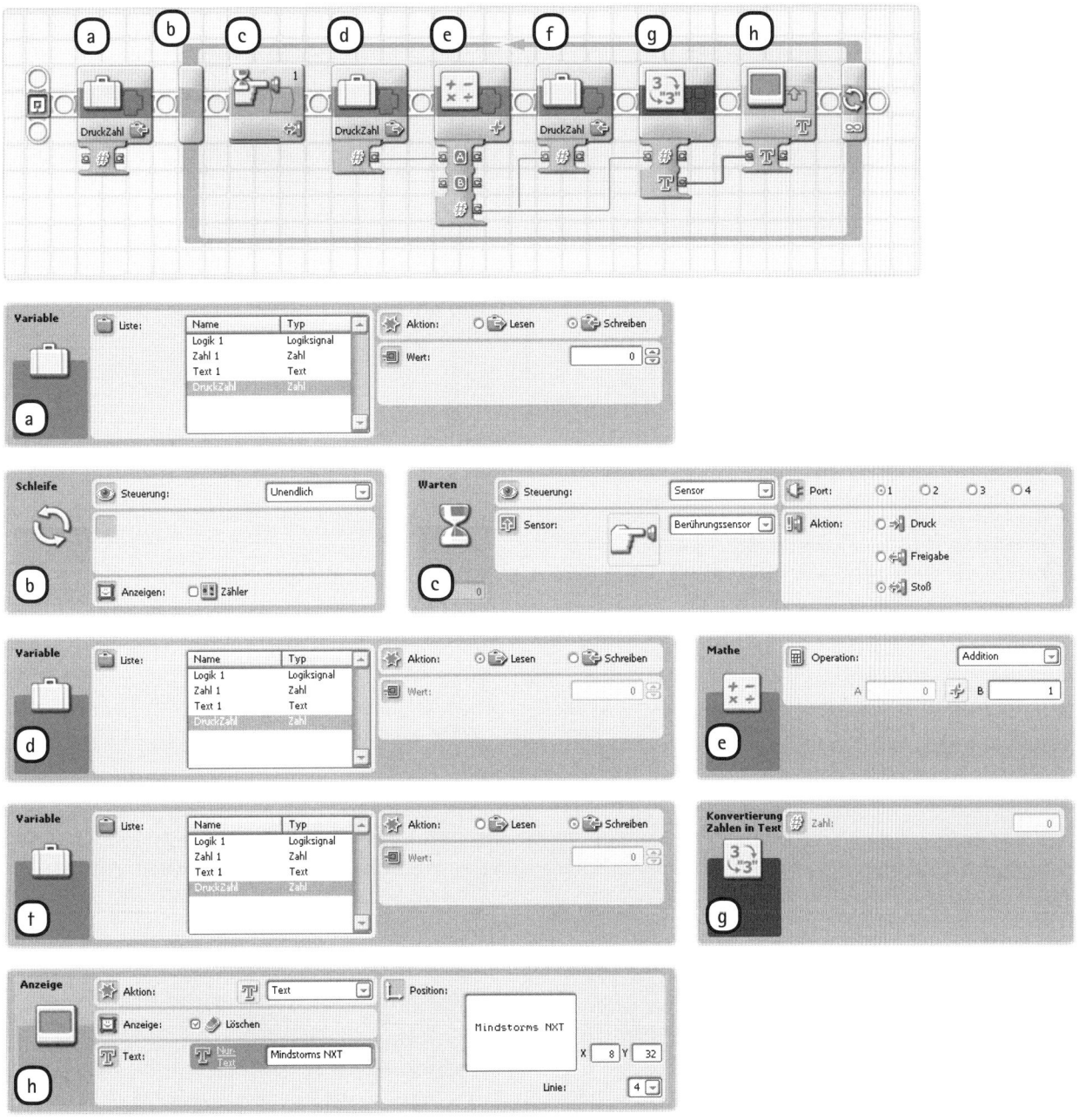

Abbildung 12-5: Das Programm Smart-Count zählt, wie oft der Berührungssensor betätigt wird, und zeigt die Anzahl auf dem NXT-Display an.

Es ist sinnvoll, Variablen am Programmanfang zu initialisieren, besonders, wenn Sie längere Programme erstellen. Tun Sie das nicht, könnte der Anfangswert einer Variable nicht 0 sein, so dass das Programm gar nicht oder unvorhersehbar funktioniert. Auch wenn es nicht immer so sein muss, könnte Ihr Roboter z.B. behaupten, Sie hätten den Berührungssensor fünfmal betätigt, obwohl Sie es nicht ein einziges Mal getan haben, da die Variable einfach bei fünf stehen geblieben ist.

ENTDECKUNGSAUFGABE 64: EIN INTELLIGENTES ZÄHLPROGRAMM!

Schwierigkeitsgrad: Für Tüftler

In dieser Entdeckungsaufgabe erstellen Sie ein Programm auf der Grundlage von **Smart-Count**, das eine Variable verwendet, um zu zählen, wie oft die Pfeiltasten gedrückt wurden. Wenn Sie die Rechts-Taste drücken, soll die Variable um eins erhöht werden, drücken Sie die Links-Taste, wird sie um eins verringert. Zeigen Sie den Variablenwert auf dem NXT-Display an.

> **HINWEIS** Verwenden Sie einen Schleifenblock, um abzuwarten, bis eine Taste gedrückt wird (wie im Smart-Loop-Programm aus Abbildung 11-11), und dann einen Schaltblock, um festzustellen, welche Taste es war. Im Schaltblock fügen Sie die Blöcke hinzu, in denen Sie den Variablenwert verändern, sowie Blöcke, die warten, bis die Taste am NXT nicht mehr gedrückt wird.

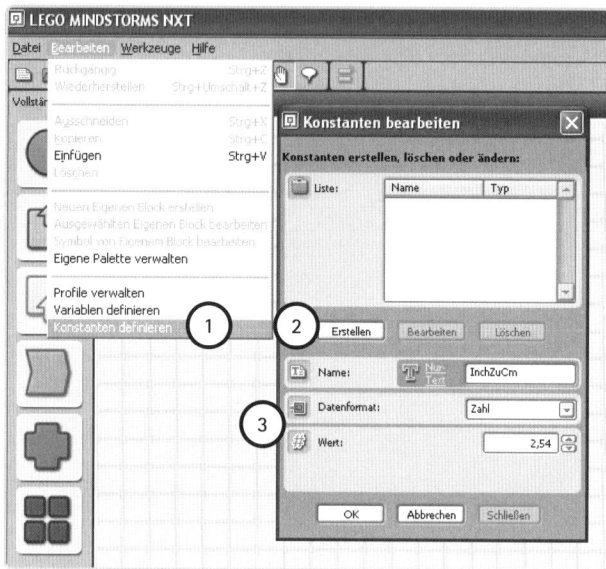

Abbildung 12-6: Um eine Konstante zu definieren, wählen Sie **Bearbeiten ▸ Konstanten definieren** *(1) und klicken Sie auf* **Erstellen** *(2). Geben Sie Ihrer Konstante einen Namen, wählen Sie den Typ des Werts, den sie enthalten soll, und geben Sie den Wert ein (3).*

Konstanten verwenden

Eine *Konstante* ist ein Wert, der im laufenden Programm nicht geändert werden kann. Wenn Ihr Programm z.B. eine in Inch gemessene Entfernung in Zentimeter umrechnen soll, können Sie eine Konstante verwenden, um den Inch-Wert mit 2,54 zu multiplizieren. Wenn Sie in einem NXT-Programm eine Konstante (die wir einfach *InchZuCm* nennen) mit dem Wert 2,54 definieren, können Sie bei jeder gewünschten Umrechnung *InchZuCm* verwenden.

Bevor Sie sie verwenden können, müssen Sie die Konstante definieren wie in Abbildung 12-6. Ist sie einmal definiert, können Sie sie in jedem Ihrer Programme benutzen.

Konstantenblöcke verwenden

Sie können Konstantenblöcke verwenden, um definierte Konstanten auf zwei verschiedene Weisen in Ihr Programm einzubauen. Im Feld »Aktion« im Konfigurationsbereich des Konstantenblocks können Sie angeben, ob Sie sie aus einer vordefinierten Liste auswählen (**Aus Liste auswählen**) oder eine eigene anlegen wollen (**Eigene**). Wenn Sie **Aus Liste auswählen** verwenden, funktioniert der Konstantenblock wie ein Variablenblock, der einen Wert lesen soll:

Die Konstante wird gelesen und in eine Datenleitung ausgegeben, die den Wert dann zu einem anderen Block im Programm transportiert. Wenn Sie **Eigene** wählen, verwenden Sie den Block, um den eingegebenen Wert in den Konfigurationsbereich zu übertragen. (Sie müssen die Konstante nicht vorher definieren.) Die **Eigene** Konfiguration ist nützlich, wenn ein einzelner Wert an mehrere Blöcke übertragen werden muss, wie Sie in Abbildung 12-7 sehen.

Ein Programm mit Konstanten erstellen

Das Programm **Smart-Constant** (in Abbildung 12-7) verwendet beide Konfigurationen des Konstantenblocks für die Umrechnung von Inch in Zentimeter und zeigt beide Werte auf dem NXT-Display an. Sie werden für die Anzahl der umzurechnenden Inch eine **Eigene** Konstante verwenden, so dass Sie beim erneuten Ausführen des Programms für einen anderen Wert einfach den Wert im Konstantenblock ändern müssen und nicht in den Rechen- und Anzeigeblöcken. Sie verwenden die Umrechnungskonstante (2,54) aus der Konstantenliste, wie vorher in Abbildung 12-6 gezeigt.

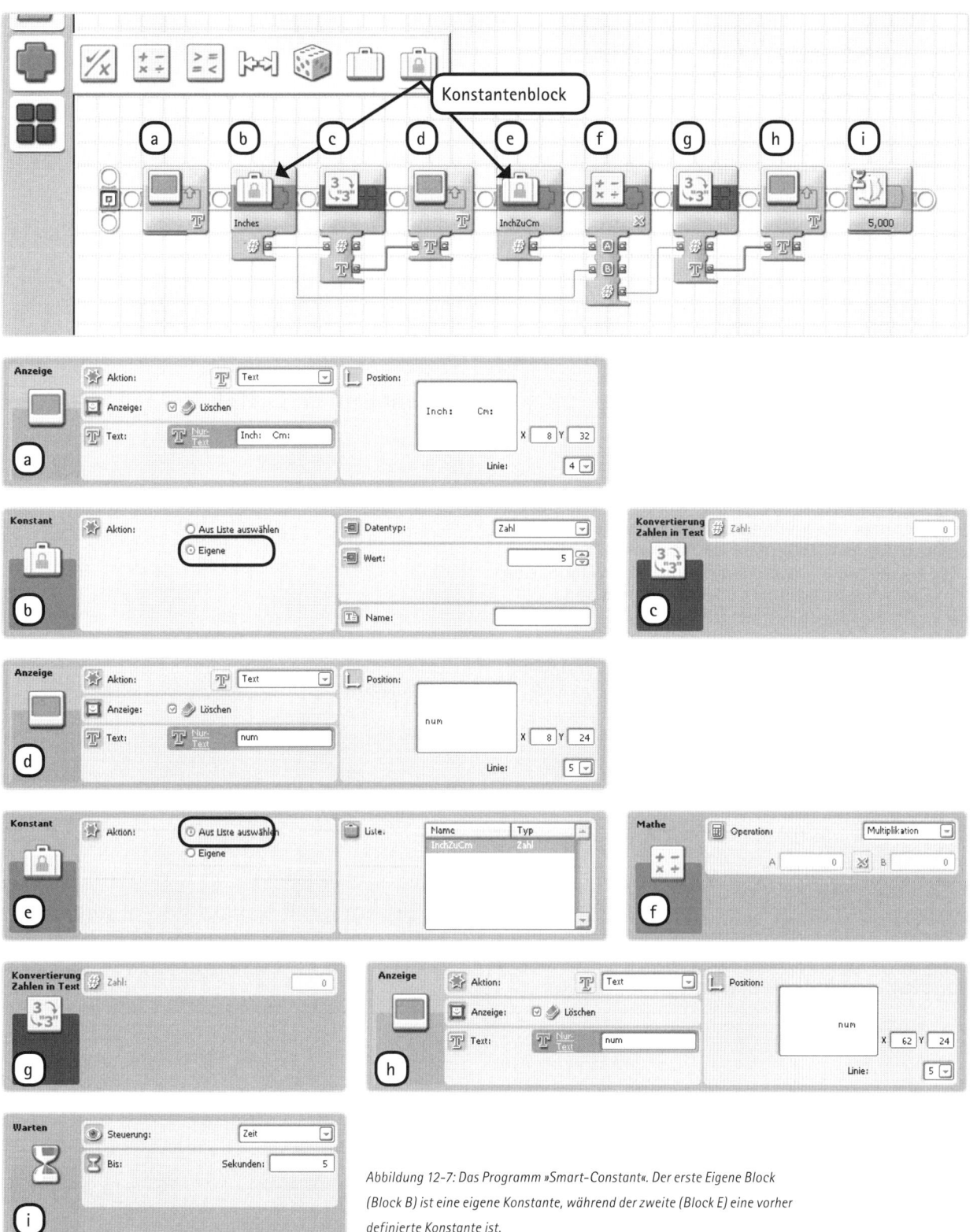

Abbildung 12-7: Das Programm »Smart-Constant«. Der erste Eigene Block (Block B) ist eine eigene Konstante, während der zweite (Block E) eine vorher definierte Konstante ist.

Spiele auf dem NXT spielen

Jetzt erstellen Sie ein großes Programm, das viele der von Ihnen in diesem Buch gelernten Programmiertechniken verbindet. Ich habe jede Technik und jeden Block vorher mit kurzen Beispielprogrammen erklärt. Jetzt sehen Sie, wie sie in einem größeren Programm kombiniert werden. Ihr Ziel ist ein Programm, mit dem Sie auf dem NXT ein Spiel spielen können. Das Spiel wird auf dem NXT-Display angezeigt, und die NXT-Tasten dienen zur Steuerung.

In diesem Spiel erscheinen Ziele zufällig links oder rechts auf dem NXT-Display. Wenn ein Ziel erscheint, drücken Sie schnell die linke oder rechte NXT-Taste, um es zu zerstören. Das Programm zeigt dann wie in Abbildung 12-8 das nächste Ziel an. Je mehr Ziele Sie in 30 Sekunden treffen, desto höher ist Ihre Punktzahl. Verfehlen Sie ein Ziel, wird Ihnen ein Punkt abgezogen.

HINWEIS Ab jetzt sollten Sie die Programme erstellen können, ohne alle Konfigurationsbereiche ansehen zu müssen. Deshalb sehen Sie von jetzt an Textbemerkungen, die Ihnen die Block-Konfiguration zeigen. Gibt es keine Anweisung für eine bestimmte Einstellung, belassen Sie sie einfach auf der Voreinstellung.

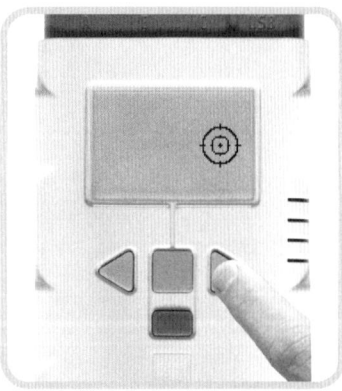

Abbildung 12-8: Das Smart-Game in Aktion

Da das Programm **Smart-Game** viel länger ist als alle Programme, die Sie vorher erstellt haben, schauen Sie sich bitte in Abbildung 12-9 genau an, was es machen soll. Das Programm besteht aus mehreren Abschnitten, von denen jeder eine besondere Funktion hat. Sie erstellen die Abschnitte nacheinander. Beim Erstellen des einzelnen Abschnitts finden Sie Hinweise darauf, welche Funktion er hat und warum er für das Programm wichtig ist.

Die Schritte 1 bis 6 konfigurieren die Blöcke, die das Ziel auf dem Display anzeigen und die Punktzahl aktualisieren, wenn Sie mittels Knopfdruck versuchen, ein Ziel zu treffen. Sie konfigurieren den Schleifenblock in Schritt 7 (die Aktionen werden 30 Sekunden lang wiederholt) und fügen einen Block ein, der die Anfangspunkte auf null setzt. In Schritt 7 erstellen Sie auch die Blöcke zur Anzeige des Endpunktestands.

Die Variablen definieren

Das Programm hat drei Variablen. Die Variable *Stand* speichert Ihre Punktzahl und muss deshalb für numerische Werte definiert werden. Die Variable *Position* speichert die Position des Ziels und die Variable *Taste*, welche Taste gedrückt wurde.

Bevor die Variable *Stand* aktualisiert wird, prüft das Programm, ob die Variablen *Position* und *Taste* gleich sind. Damit der Vergleich einfacher wird, definieren Sie beide Variablen als numerisch. Sie stellen links mit 1 und rechts mit 2 dar. Drückt der Spieler z.B. die Links-Taste, setzt das Programm die Variable *Taste* auf 1. Nachdem Sie die Variablen *Stand*, *Taste* und *Position* als numerisch definiert haben, können Sie mit dem Programm beginnen.

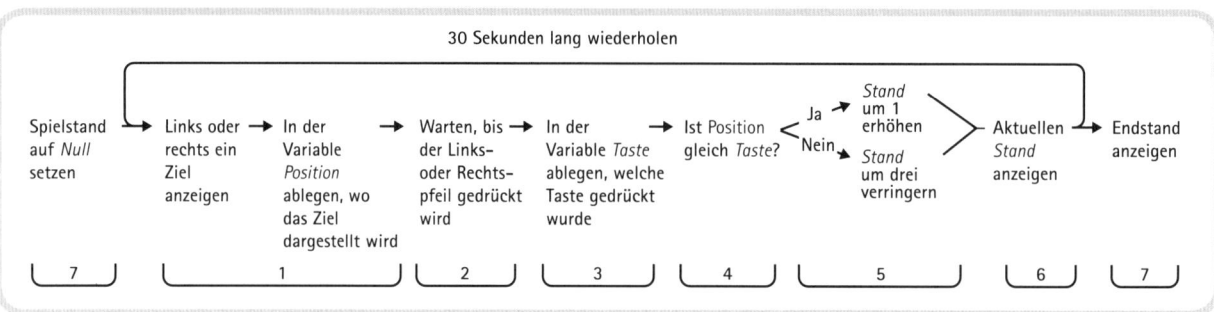

Abbildung 12-9: Eine Übersicht über das Programm Smart-Game. Die Namen der in diesem Programm verwendeten Variablen werden kursiv dargestellt. Sie erstellen dieses Programm mit verschiedenen Blöcken in sieben Schritten.

Schritt 1: Ein Ziel zufällig anzeigen

Das Programm verwendet einen Schaltblock, um zu entscheiden, ob das Ziel links oder rechts auf dem NXT-Display angezeigt werden soll (siehe Abbildung 12-10). Damit diese Entscheidung zufällig fällt, verwenden Sie einen Zufallsblock, um eine Zahl zwischen 0 und 99 zu erzeugen, und einen Vergleichsblock, um zu ermitteln, ob die Zahl kleiner als 50 ist (die Ausgabe des Blocks ist dann »wahr«). Da die Hälfte der im Zufallsblock erzeugten Zahlen kleiner als 50 sein wird, gibt der Vergleichsblock bei jedem zweiten Durchlauf den Wert »wahr« aus, und das Ziel wird links dargestellt. In den anderen Fällen gibt der Vergleichsblock »falsch« aus, und das Ziel erscheint rechts. Die Position des Ziels wird in die Positionsvariable gespeichert und später mit der Eingabe des Spielers vergleichen. Für die linke Position wird **1** in die Variable geschrieben, für die rechte **2**. Abbildung 12-10 zeigt die Blöcke, die das zufällige Ziel anzeigen und die Positionsvariable setzen.

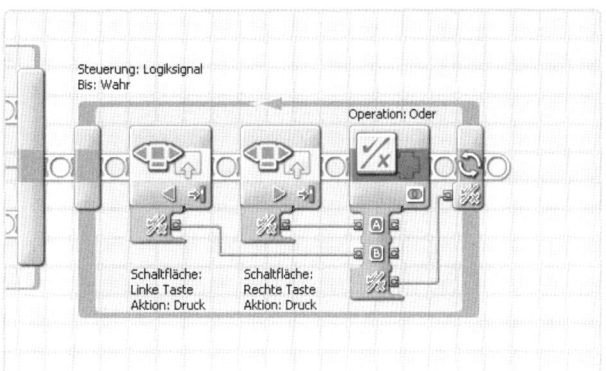

Abbildung 12-11: Die Konfiguration der Blöcke in Schritt 2

Schritt 3: Abspeichern, welche Taste gedrückt wurde

Wenn Sie im vorhergehenden Schritt eine Taste gedrückt haben, beendet der Schleifenblock seine Schleife, und das Programm springt zu den Blöcken, die Sie in diesem Schritt einbauen. Da die Programmierblöcke sehr schnell ablaufen, wird der nächste Block ausgeführt, bevor Sie die Taste loslassen können. Es verhält sich so, als sei die Taste noch immer gedrückt, wenn das Programm in diesem Schritt durch die Blöcke läuft. Daher verwenden Sie einen einfachen Schaltblock, um zu prüfen, ob die linke Taste gedrückt wurde. Wenn ja, setzen Sie die Variable *Taste* auf **1** und warten, bis die Taste losgelassen wird. Wenn die linke Taste nicht gedrückt wurde, wissen Sie, dass es die rechte war. Also setzen Sie die Variable auf **2** und warten, bis die rechte Taste losgelassen wird, wie Abbildung 12-12 zeigt.

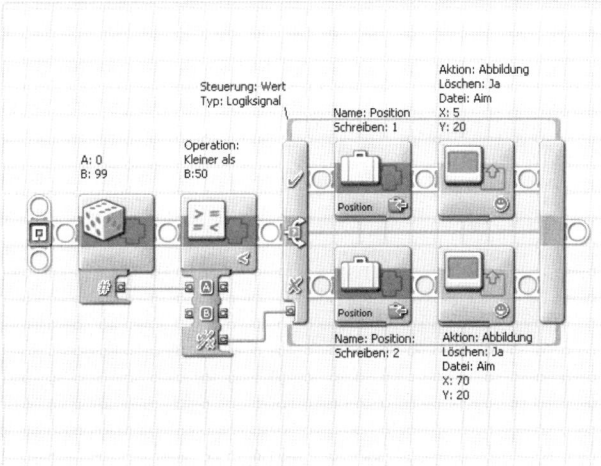

Abbildung 12-10: Die Konfiguration der Blöcke in Schritt 1

Schritt 2: Auf Tastendruck warten

Wenn das Ziel angezeigt wird, wartet das Programm, bis der Spieler auf dem NXT eine Pfeiltaste drückt. Dies erreichen Sie, indem Sie die Technik zum gleichzeitigen Abfragen zweier Sensoren verwenden, die in Abbildung 11-11 gezeigt wird. Konfigurieren Sie die Blöcke für Schritt 2 wie in Abbildung 12-11.

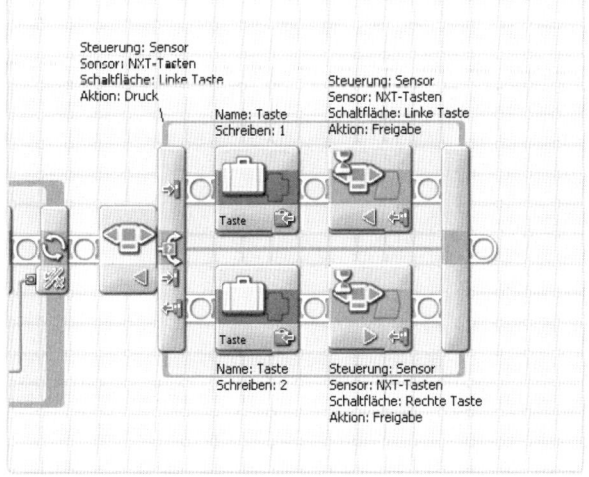

Abbildung 12-12: Die Konfiguration der Blöcke in Schritt 3

Schritt 4: Die Variablen Position und Taste vergleichen

Jetzt kennen Sie die Position des Ziels (gespeichert in der Variable *Position*) und wissen auch, welche Taste der Spieler gedrückt hat (in *Taste* gespeichert). Sind diese Werte gleich (beide sind 1 oder beide sind 2), wissen Sie, dass der Spieler richtig gedrückt hat, weshalb der Stand um eins erhöht wird. Sind die beiden nicht gleich, hat der Spieler die falsche Taste gedrückt, weshalb der Punktestand um drei verringert wird.

Sie platzieren die Blöcke, die den Stand aktualisieren, in einen Schaltblock. Der Schaltblock bekommt seine Eingabe von einem Vergleichsblock, der bestimmt, ob *Position* gleich *Taste* ist. Wenn beide Werte gleich sind, gibt der Vergleichsblock »wahr« aus, und die Blöcke oben im Schalter werden ausgeführt.

Sie platzieren die Blöcke, die den Stand aktualisieren, im nächsten Schritt. In diesem Schritt konfigurieren Sie die Blöcke, um zu prüfen, ob *Taste* gleich *Position* ist, wie in Abbildung 12-13 gezeigt.

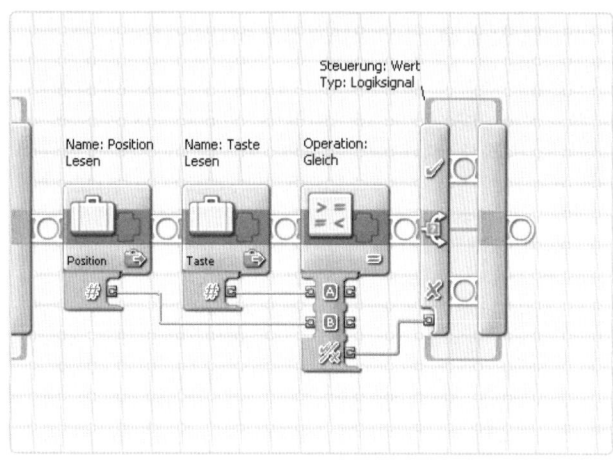

Abbildung 12-13: Die Konfiguration der Blöcke in Schritt 4

Schritt 5: Die Punktzahl aktualisieren

Sind *Taste* und *Position* gleich, werden die Blöcke oben im Schalter von Schritt 4 ausgeführt. In diesem Schritt platzieren Sie die Blöcke, die den Stand um eins erhöhen. Der NXT bestätigt mit einem ✓ auf dem Display, dass Sie richtig lagen, und spielt einen hohen Ton ab. Die Blöcke im unteren Teil des Schalters ziehen drei von der Punktzahl ab, zeigen ein ✖ auf dem Display an und spielen einen tiefen Ton ab. Abbildung 12-14 zeigt die Konfiguration der Blöcke.

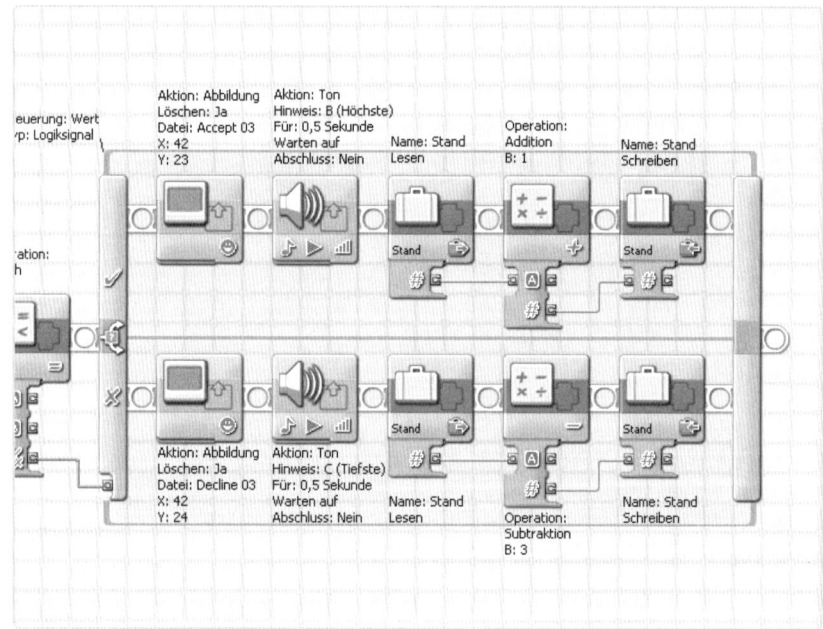

Abbildung 12-14: Die Konfiguration der Blöcke in Schritt 5

Schritt 6: Den aktuellen Punktestand anzeigen

Die Blöcke in Schritt 6 zeigen den aktuellen Punktestand an und geben Ihnen Zeit, den Punktestand und das ✓ oder ✗ auf dem NXT-Display zu sehen, bevor das Programm ein neues Ziel darstellt. Abbildung 12-15 zeigt die Blöcke zur Darstellung des Punktestands.

Schritt 7: Das Programm 30 Sekunden lang laufen lassen

Die von Ihnen bislang erstellten Blöcke zeigen ein Ziel an, warten auf einen Tastendruck und aktualisieren den Punktestand nach der Eingabe des Spielers, aber unser Spiel ist noch nicht fertig. Damit Sie ein funktionsfähiges Spiel bekommen, ziehen Sie alle in den Schritten 1 bis 6 platzierten Blöcke in einen Schleifenblock, der 30 Sekunden lang läuft.

Stellen Sie das Programm mit einem Block fertig, der den Anfangspunktestand auf null setzt, und fügen Sie Blöcke hinzu, die den endgültigen Spielstand anzeigen. Abbildung 12-16 zeigt das fertige Programm.

Herzlichen Glückwunsch! Sie sind mit **Smart-Game** fertig. Führen Sie es jetzt aus und finden Sie heraus, welchen Punktestand Sie in 30 Sekunden erreichen können.

> **HINWEIS** Wenn Sie das Programm nicht so hinbekommen wie beschrieben, können Sie es sich auch von der Begleitwebsite herunterladen.

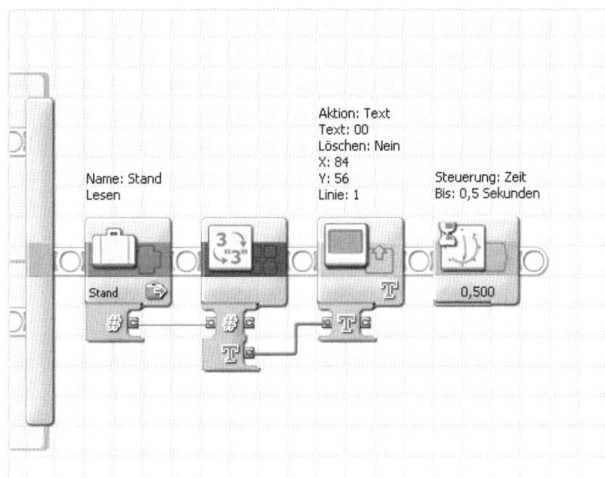

Abbildung 12-15: Die Konfiguration der Blöcke in Schritt 6

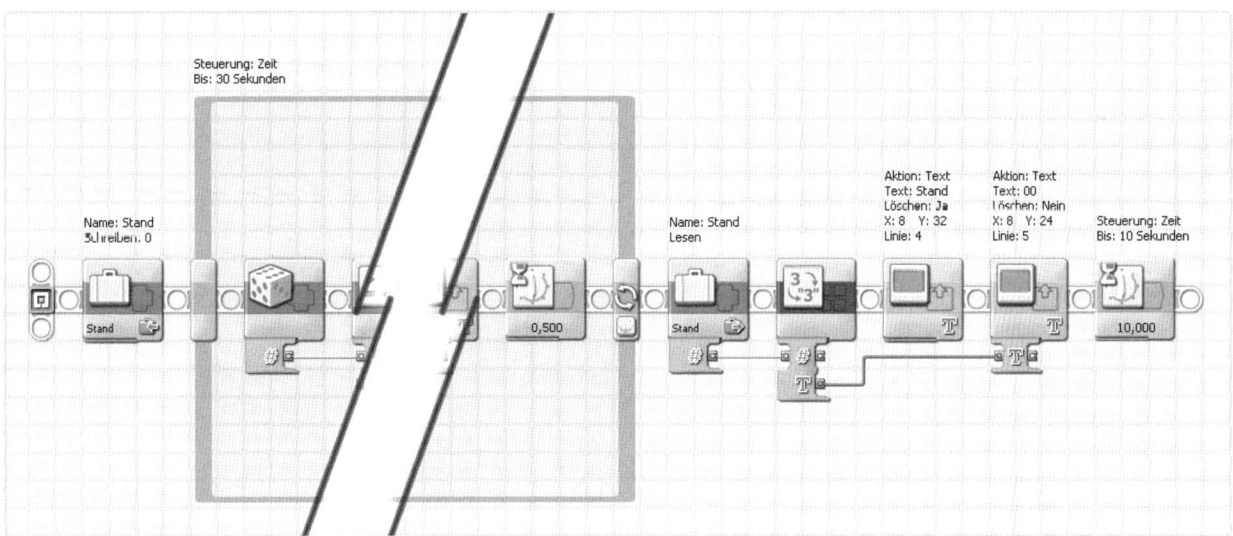

Abbildung 12-16: Die Konfiguration der in Schritt 7 erstellten Blöcke. Die meisten der Blöcke in den Schleifen wurden verborgen, damit Sie sich auf die in diesem Schritt neu hinzugekommenen Blöcke konzentrieren können.

Das Programm erweitern

Jetzt haben Sie gesehen, wie Sie Ihre Programmierkenntnisse kombinieren und ein großes Programm erstellen. Der Spaß ist aber noch nicht zu Ende. Hier sind einige Vorschläge, wie Sie das Programm so verändern, dass es Ihr eigenes wird:

* Bauen Sie weitere Töne ein: Verwenden Sie Applaus für die richtige Taste und einen Schrei, wenn die falsche Taste gedrückt wird. Lassen Sie das Programm eine selbst komponierte Melodie abspielen, wenn das Spiel vorbei ist.
* Erstellen Sie einen Anfangsbildschirm, der beim Start des Programms auf dem NXT angezeigt wird. Passen Sie den Bildschirm mit Bildern, Linien und Zeichnungen an Ihre Vorstellungen an. Bauen Sie weitere Blöcke ein, mit denen das NXT-Display Sie auffordert, das Spiel mit »Enter« zu starten.
* Auch wenn Smart-Game nur den NXT verwendet, heißt das noch lange nicht, dass Sie nicht auch noch die am Roboter angeschlossenen Motoren und Sensoren verwenden können. Überlegen Sie, wie Sie die Farblampe in Ihr Programm einbauen können, oder lassen Sie den Handmotor mit jedem Fehler schneller laufen.

ENTDECKUNGSAUFGABE 65: SMART-GAME 2.0!

Schwierigkeitsgrad: Für Tüftler

Erweitern Sie Smart-Game so, dass es die Ziele an drei Stellen anzeigt statt nur an zweien. Stellen Sie das dritte Ziel in der Mitte des Bildschirms dar und verwenden Sie die Eingabetaste, um es zu treffen.

ENTDECKUNGSAUFGABE 66: GEDÄCHTNISTRAINER!

Schwierigkeitsgrad: Für Experten

Hier finden Sie eine wirklich schwierige Entdeckungsaufgabe. Erstellen Sie ein Programm, das zufällige Additionsaufgaben anzeigt (z.B. 7 + 6). Der Spieler entscheidet, ob die angezeigte Lösung richtig ist, indem er die Links-Taste (falsch) oder die Rechts-Taste (richtig) drückt, wie in Abbildung 12-17 gezeigt.

Die angezeigten Ergebnisse sollen zur Hälfte richtig sein. Das Spiel soll 30 Sekunden lang neue Summen anzeigen und danach den Spielstand. Jeder richtige Tastendruck ist einen Punkt wert, jeder falsche kostet fünf Punkte.

Sie können dieses Programm ausschließlich mit den bislang erklärten Programmierblöcken schreiben, aber es wird eine schwierige Aufgabe. Das fertige Programm finden Sie auf der Begleitwebsite. Dort gibt es auch eine Funktionsbeschreibung dafür.

Zum Erforschen und Ausprobieren

Herzlichen Glückwunsch! Sie haben alle Programmierkapitel dieses Buchs abgeschlossen. Jetzt haben Sie die Kenntnisse, um im letzten Teil dieses Buchs drei weitere coole Roboter zu bauen und zu programmieren.

Aber vorher sehen Sie sich noch die folgenden Aufgaben an. Sie sind schwieriger als die, die Sie bis jetzt gelöst haben, dafür gibt es aber auch mehrere Lösungswege. Probieren Sie es aus! Wenn Sie eine gute Lösung gefunden haben, senden Sie sie an die Begleitwebsite (*http://www.roboter.laurensvalk.com/*) und erfahren Sie, was andere Leser davon halten.

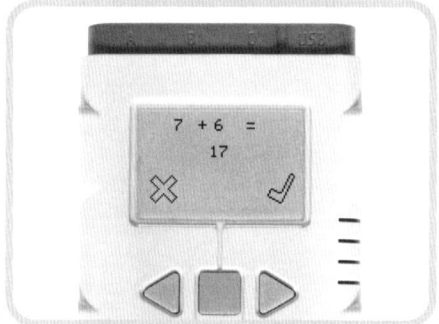

Abbildung 12-17: Ein Additionsbeispiel für den NXT-Gedächtnistrainer

BAUAUFGABE 12: SCHLAG DEN MAUFWURF!

Smart-Game ist nur eine Möglichkeit von vielen, auf dem NXT zu spielen. Versuchen Sie doch einmal, das Maulwurfspiel Whack-a-Mole zu programmieren. Nehmen Sie die NXT-Motoren, um Maulwürfe aus einem LEGO-Rahmen auftauchen zu lassen, und verwenden Sie die NXT-Tasten oder Berührungssensoren, um die Maulwürfe ins Loch zurückzujagen. Erstellen Sie Ihr eigenes Programm, mit dem Sie den Klassiker unter den Spielen nachbilden. Sie können auf dem NXT-Display den Punktestand anzeigen, Töne abspielen und den Schwierigkeitsgrad erhöhen, je länger das Spiel geht.

TEIL IV

Roboterprojekte für Fortgeschrittene

13

Grabscher: Ein autonomer Roboterarm

In den vorangegangenen Kapiteln haben Sie viel über die Programmierung von NXT-Robotern gelernt. Nachdem Sie jetzt ein Programmier-Profi sind, können Sie auch die komplexeren Roboter dieses und der folgenden Kapitel bauen. In diesem Kapitel lernen Sie, den Grabscher zu bauen, einen autonomen Roboterarm, der Objekte finden und aufheben kann, wie in Abbildung 13-1 gezeigt wird.

Der Grabscher verwendet zwei NXT-Motoren, mit denen er sich auf Raupen in jede Richtung bewegen kann. Sie steuern die Bewegung genau wie die des Explorers aus Kapitel 4, indem Sie die Geschwindigkeit und Drehrichtung der Servomotoren regeln, um die Bewegungsrichtung und -geschwindigkeit des Roboters zu steuern (siehe Abbildung 4-4).

Wie der Grabscher funktioniert

Auf Raupen umherzufahren, mag eine interessante Sache sein, aber richtig cool an diesem Roboter ist seine multifunktionale Greifhand. Um Objekte zu greifen und hochzuheben, benötigt man zwei Motoren: einen, um das Objekt zu greifen, und den anderen zum Hochheben. Der Grabscher benötigt aber nur einen Motor (den ich den *Greifmotor* nennen werde), um beide Aufgaben zu erfüllen, weil er aus einer einzigartigen Konstruktion von LEGO-Lochsteinen, -Achsen und -Zahnrädern besteht. Werfen Sie jetzt ruhig schon einen Blick auf die Konstruktion. Richtig kennenlernen werden Sie sie dann beim Zusammenbauen.

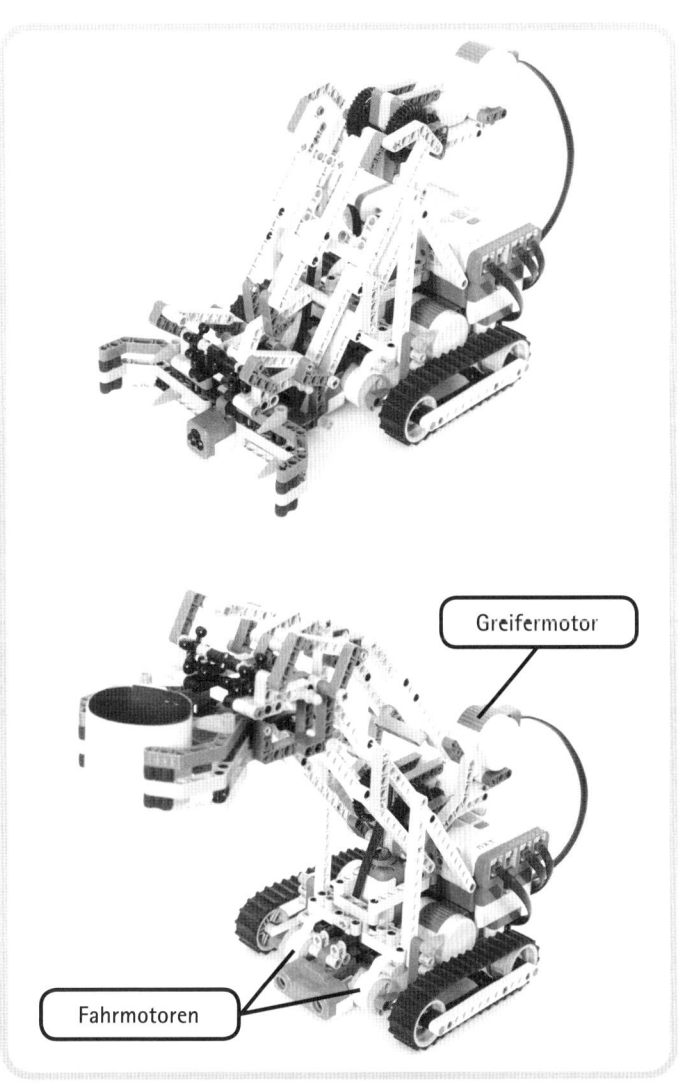

Abbildung 13-1: Der Grabscher kann Objekte finden und aufheben.

Der Greifmechanismus

Abbildung 13-2 zeigt, wie der Grabscher Objekte greift. Wenn sich der NXT-Motor vorwärtsdreht, treibt ein kleines Zahnrad (mit Nummer 1 gekennzeichnet) ein größeres Zahnrad (2) in der Richtung an, in die der Pfeil zeigt. Diese Drehung treibt wiederum ineinandergreifende Gestänge an, weshalb der Grabscher schließlich Objekte zwischen seinen Fingern greift (6). Dreht sich der Motor rückwärts, passiert das Gegenteil, und der Grabscher öffnet sich. Die Gestänge 3, 4 und 5 übertragen einfach die Drehbewegung des Motors auf den Greifer, der so seine Klauen schließen kann. Bauteil 4 verbindet die Gestänge 3 und 5, damit eine weiche Bewegung ausgeführt wird, selbst wenn der Greifarm sich in einer Position befindet wie im zweiten Bild von Abbildung 13-1.

Der Hebemechanismus

Wenn der Grabscher ein Objekt in der Zange hat, kann er es hochheben. Bevor Sie erfahren, wie der Roboter das macht, sehen Sie hier eine vereinfachte Darstellung der Situation.

Oben in Abbildung 13-3 sehen Sie, dass sich beim Drehen des großen Zahnrads (2) mit der Hand die Gestänge mit der Nummer 7, die den Greifer und den Motor repräsentieren, in Richtung der grauen Pfeile bewegen. Wie die Bewegung auch ausfällt, diese Teile bleiben immer parallel zum Boden und das Teil mit der Nummer 8 immer senkrecht zum Boden. Damit Sie genau verstehen, wie das funktioniert, bauen Sie am besten die Konstruktion einmal selbst nach.

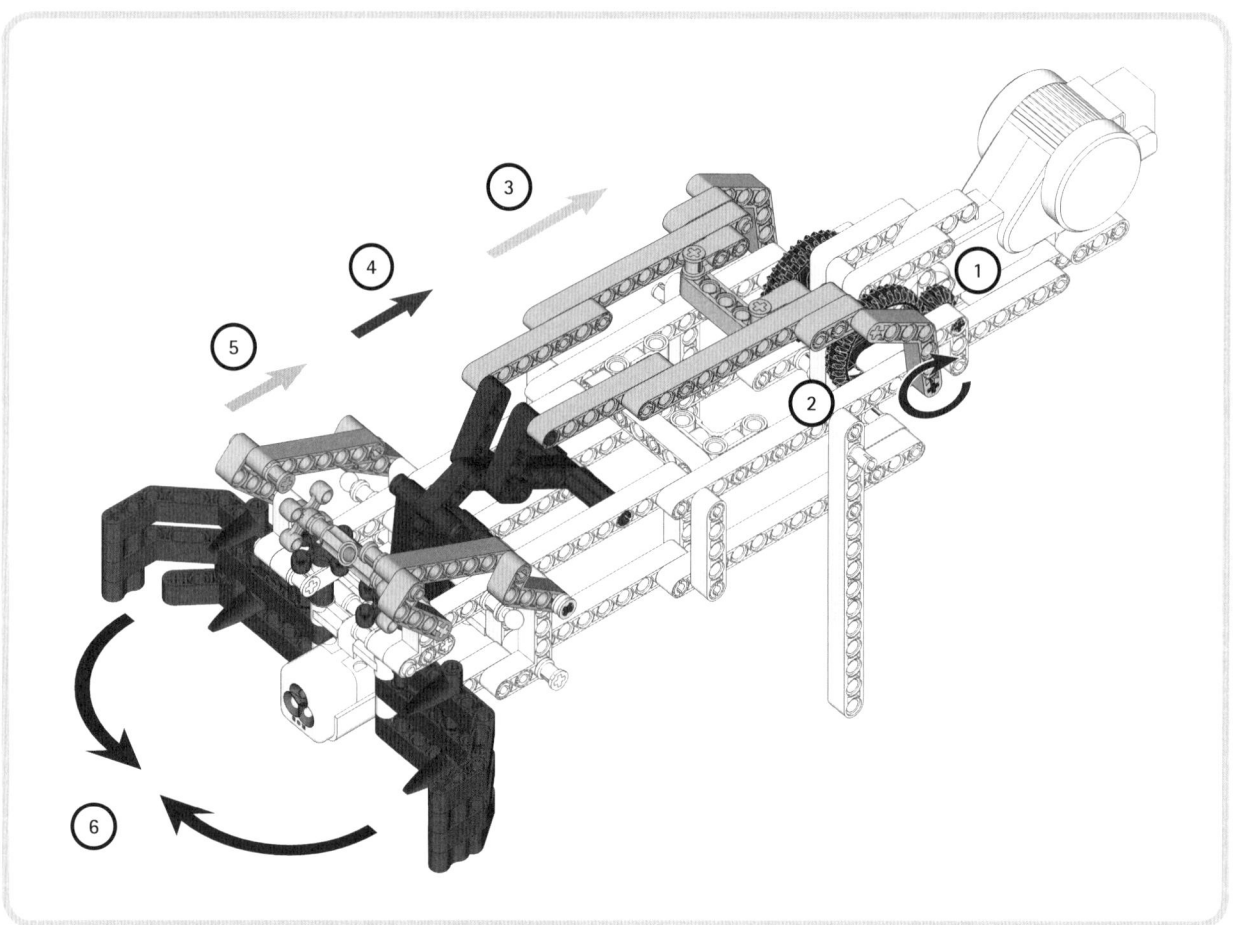

Abbildung 13-2: Objekte werden gegriffen, wenn sich der Motor vorwärtsdreht.

Der Mechanismus funktioniert nur, weil Zahnrad 2 sich nicht relativ zum Gestänge 9 bewegen kann, da sie mit einem Verbindungsstift verbunden sind (10), wie in der Abbildung gezeigt (dadurch werden die Teile zwei und 9 zu einer festen Einheit). Dadurch bewegt sich das Gestänge Nummer 9, wenn Zahnrad 2 gedreht wird.

Der untere Teil von Abbildung 13-3 zeigt, wie der Greifer Objekte hochhebt. Der Mechanismus ist dem oben gezeigten sehr ähnlich, nur dass der echte Grabscher nicht über den Verbindungsstift 10 verfügt, der die Teile 2 und 9 so miteinander verbindet, dass das Zahnrad das Gestänge 9 direkt steuert. Unser Roboter verwendet andere Bauteile, um das Gestänge mit dem Zahnrad zu verbinden.

Wenn der Grabscher ein Objekt gegriffen hat, bewegen sich die Teile Nummer 10 (unten in Abbildung 13-3) nicht mehr so wie in Abbildung 13-2. Stattdessen bleiben Sie fest in ihrer Position und bewegen sich genauso wie die Gestänge mit der Nummer 9 in der Abbildung hier. Da das Zahnrad (2) mit den Teilen der Nummer 10 verbunden ist, ist es nun indirekt auch mit den Teilen Nummer 9 verbunden (da die Konstruktion fixiert ist), weshalb der Roboter Objekte hochheben kann.

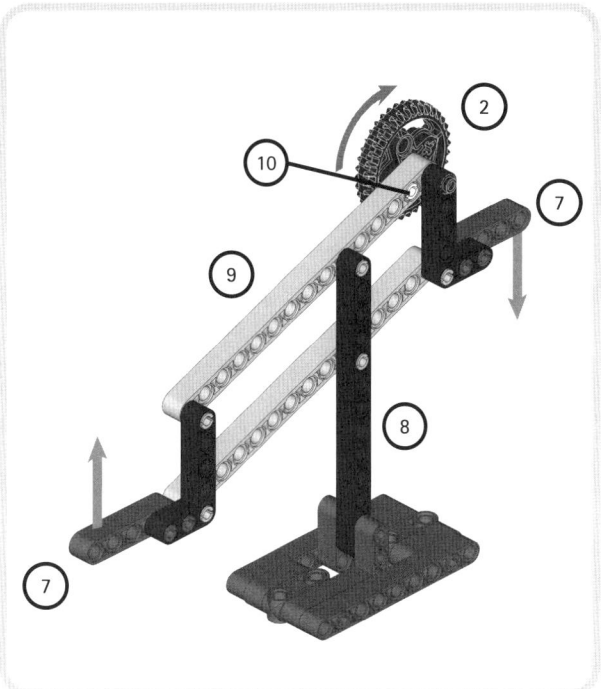

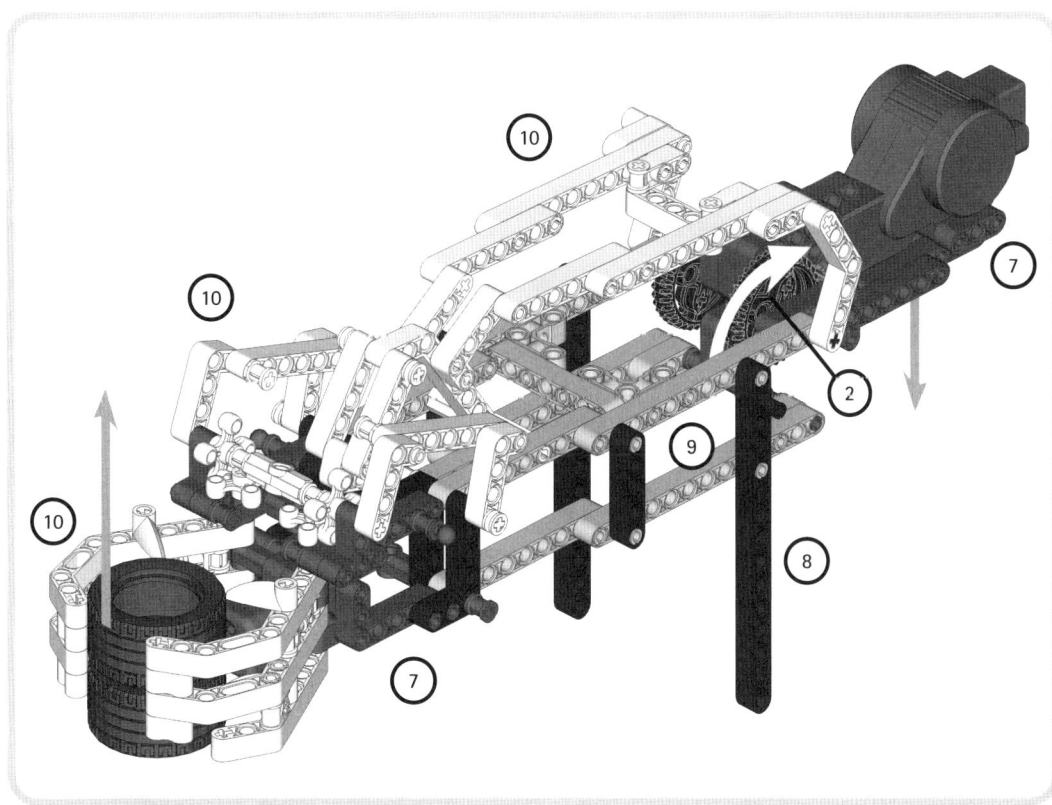

Abbildung 13-3: Wenn der Grabscher ein Objekt in der Zange hat, kann er es hochheben. Hier sehen Sie eine vereinfachte Skizze des Hebeverfahrens und eine Darstellung des echten Roboters (unten).

Den Grabscher bauen

Nachdem Sie einen Eindruck vom Greifmechanismus des Grabschers bekommen haben, können Sie den Roboter bauen, um herauszufinden, wie er genau funktioniert. Folgen Sie dazu den Anweisungen auf den folgenden Seiten. Suchen Sie aber zuerst die benötigten Teile zusammen, die in Abbildung 13-4 gezeigt werden.

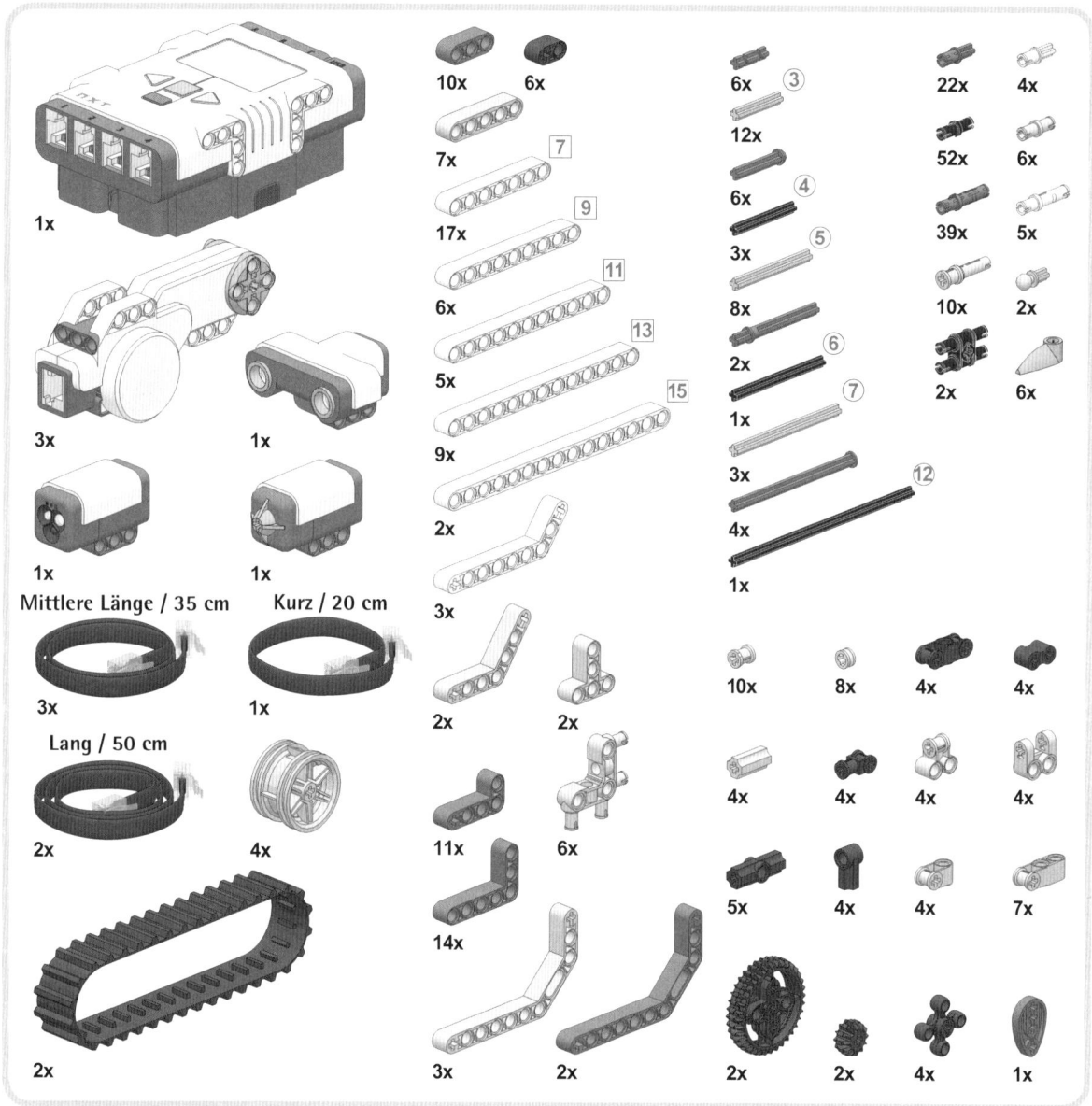

Abbildung 13-4: Die erforderlichen Teile zum Bau des Grabschers

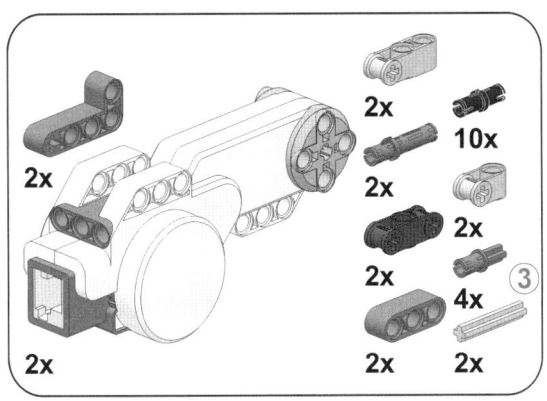

GRABSCHER: EIN AUTONOMER ROBOTERARM

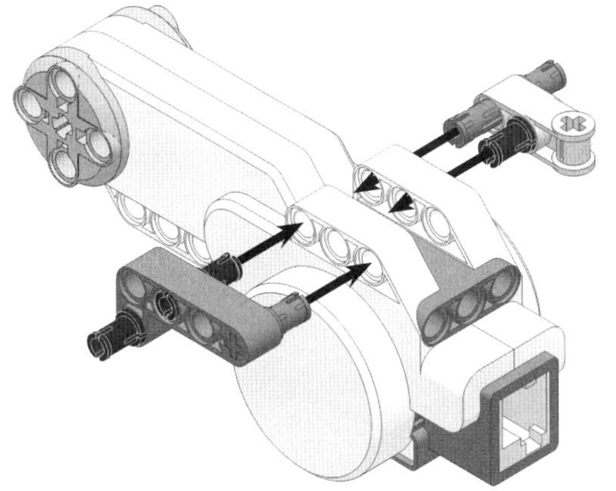

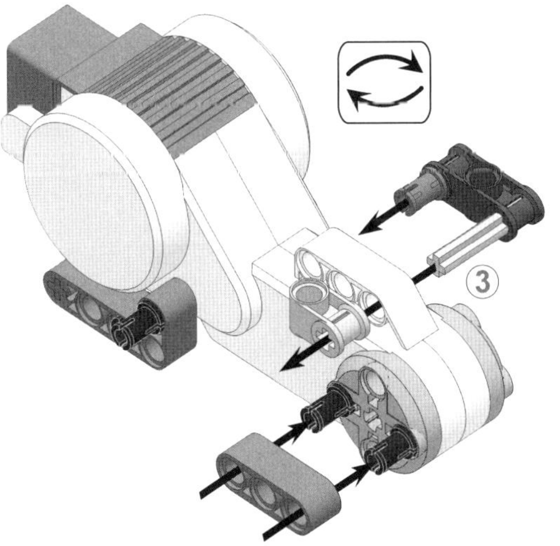

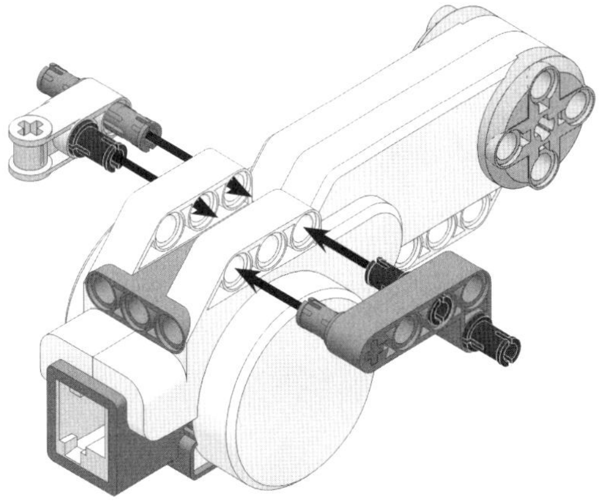

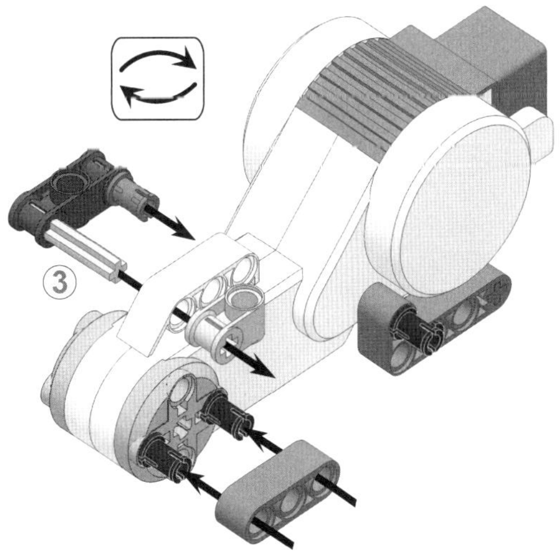

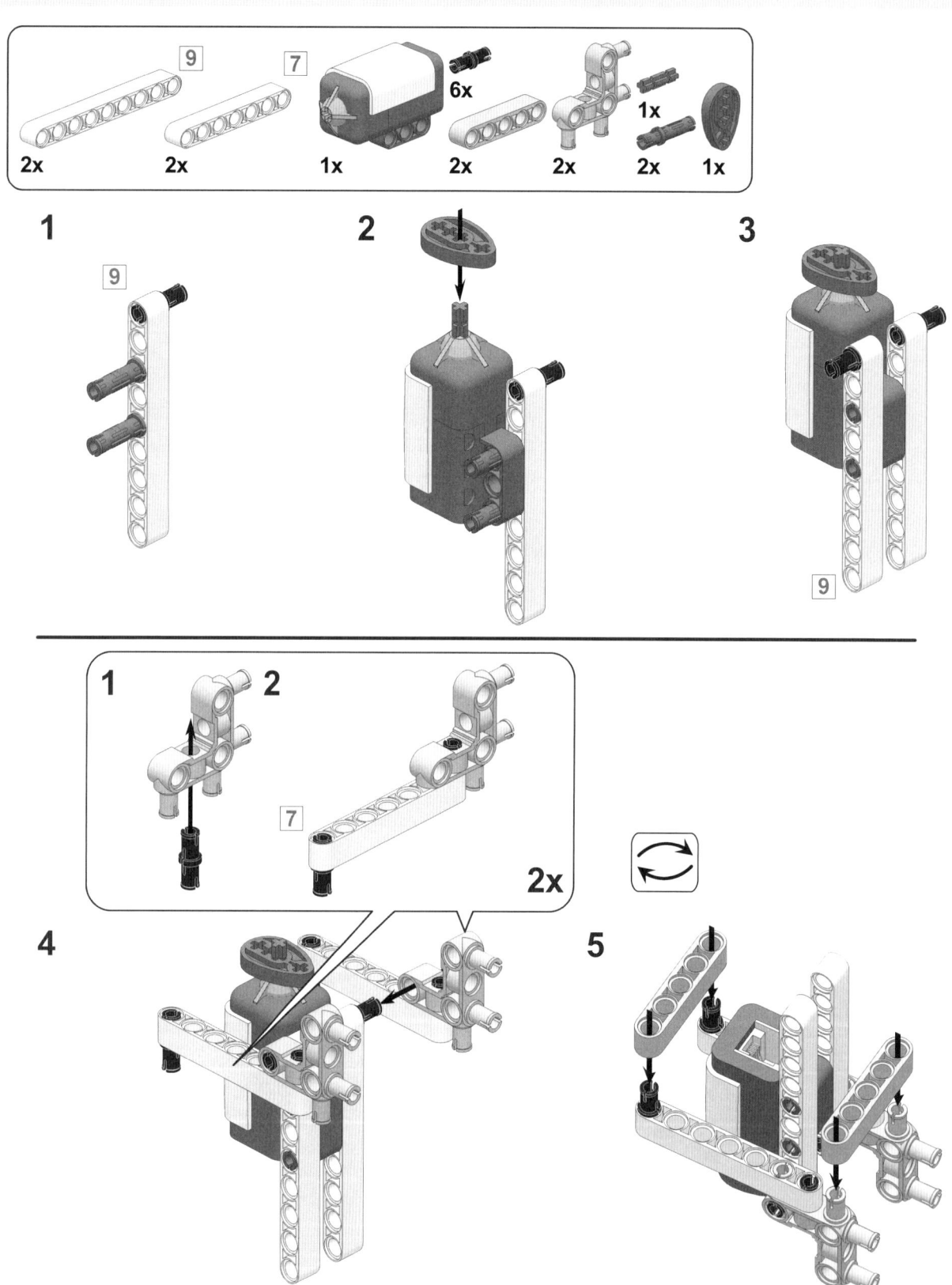

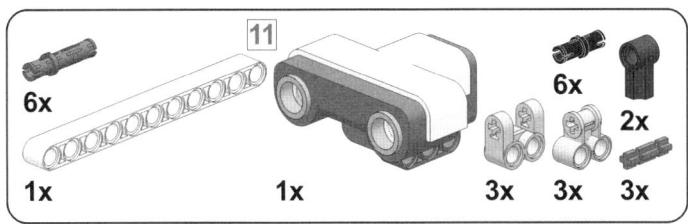

1

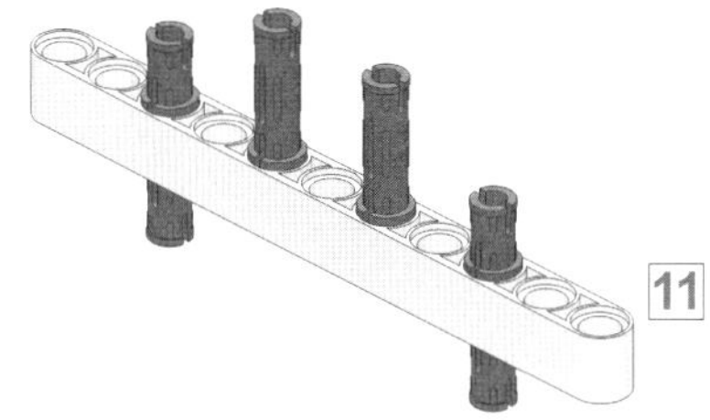

2

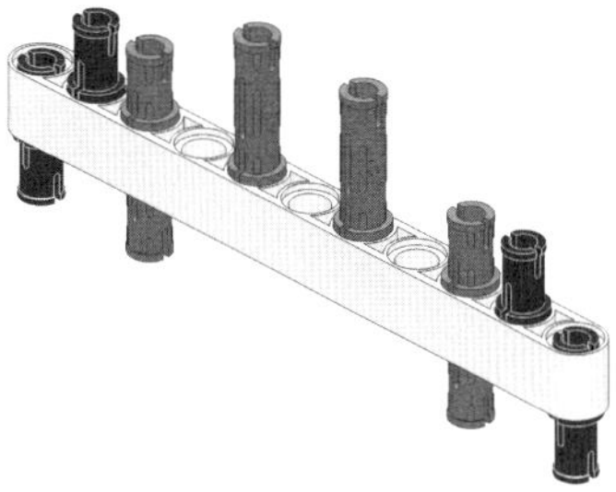

3

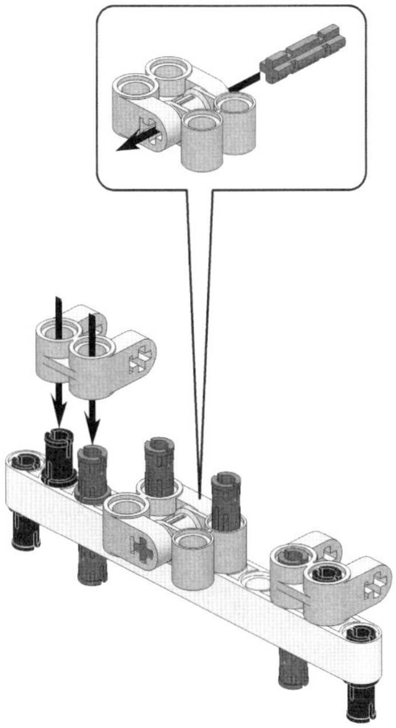

4

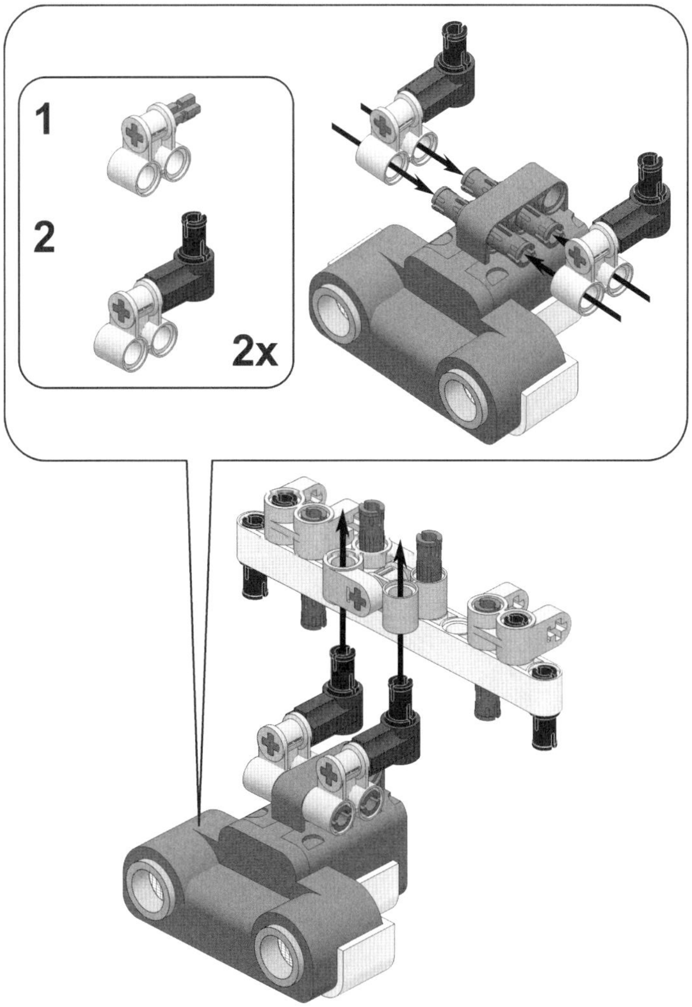

GRABSCHER: EIN AUTONOMER ROBOTERARM **203**

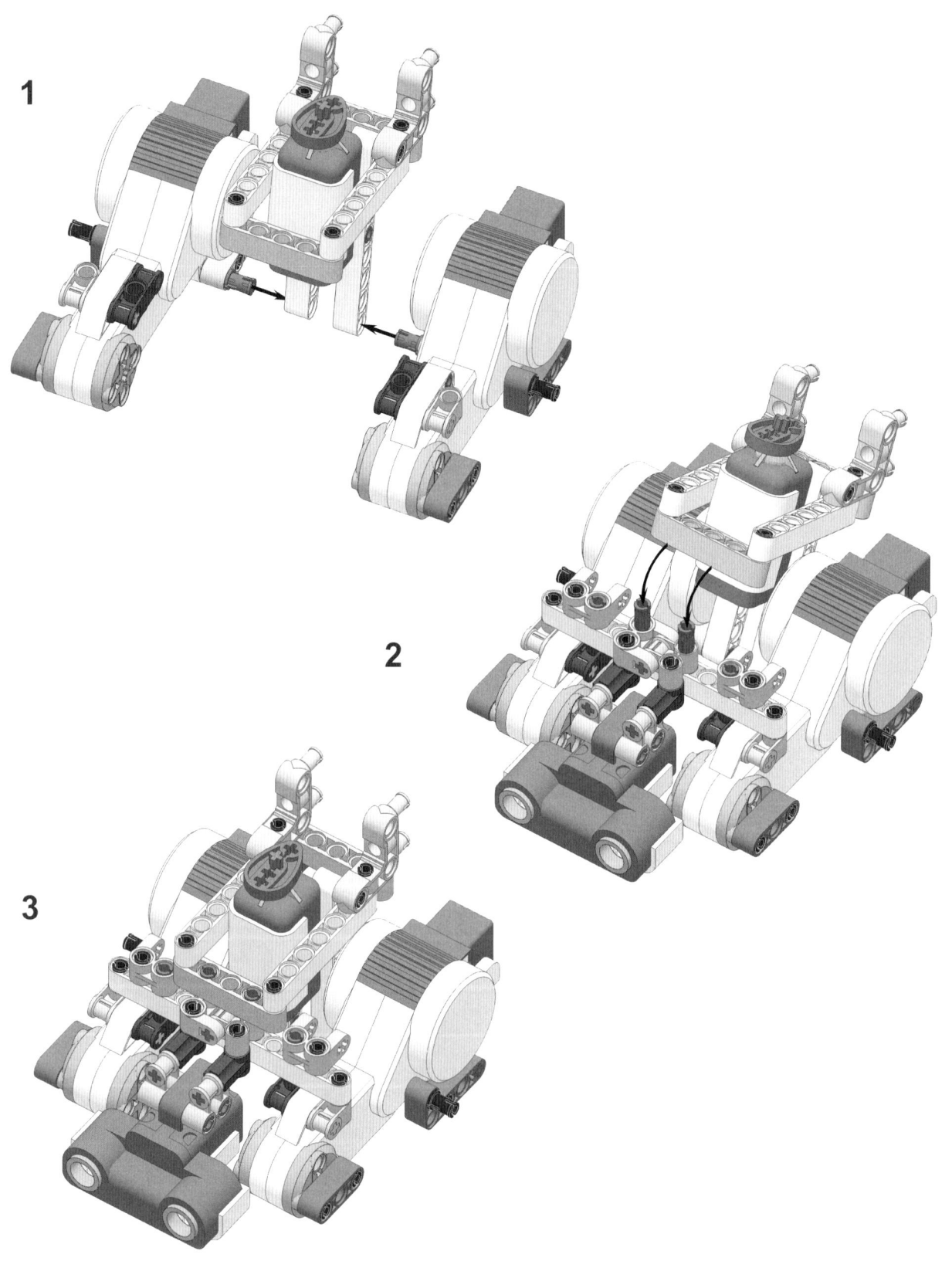

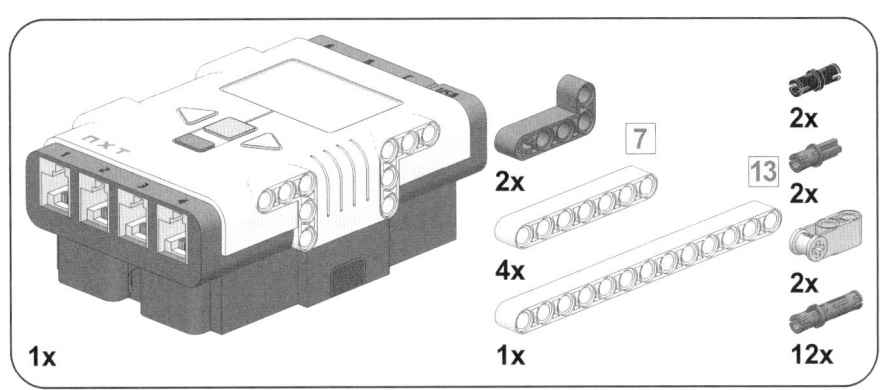
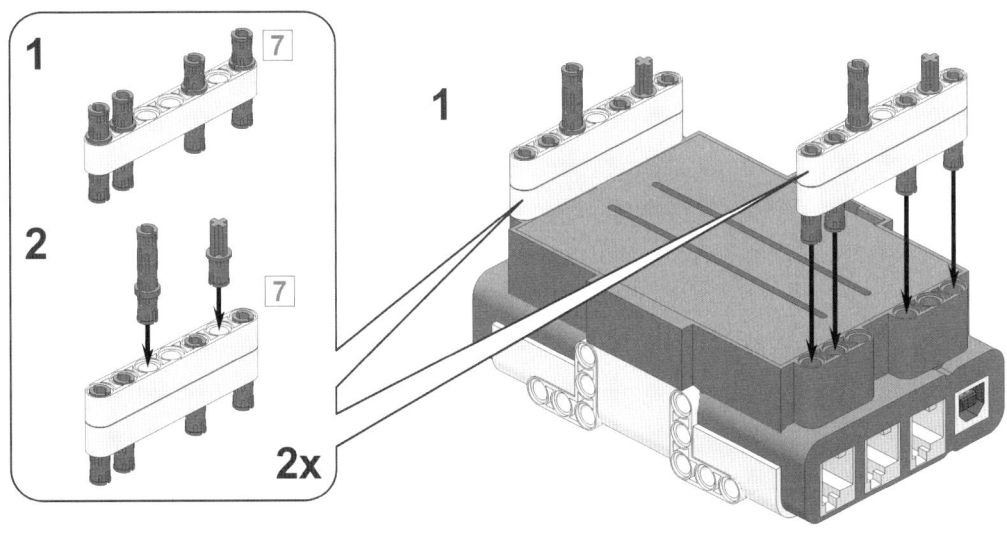
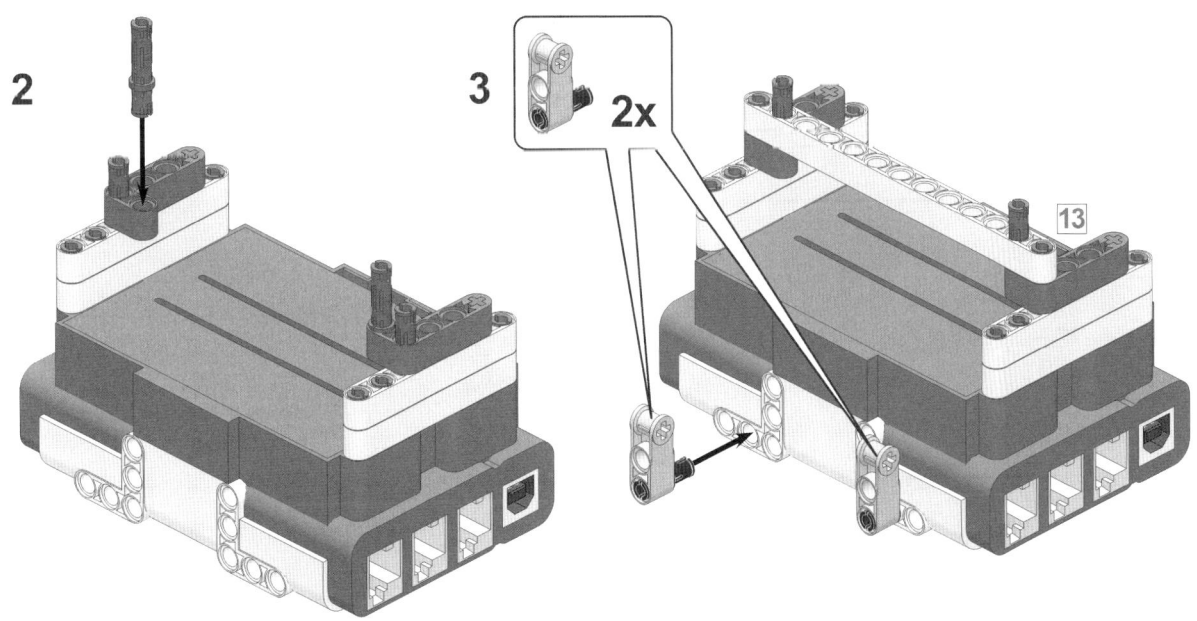

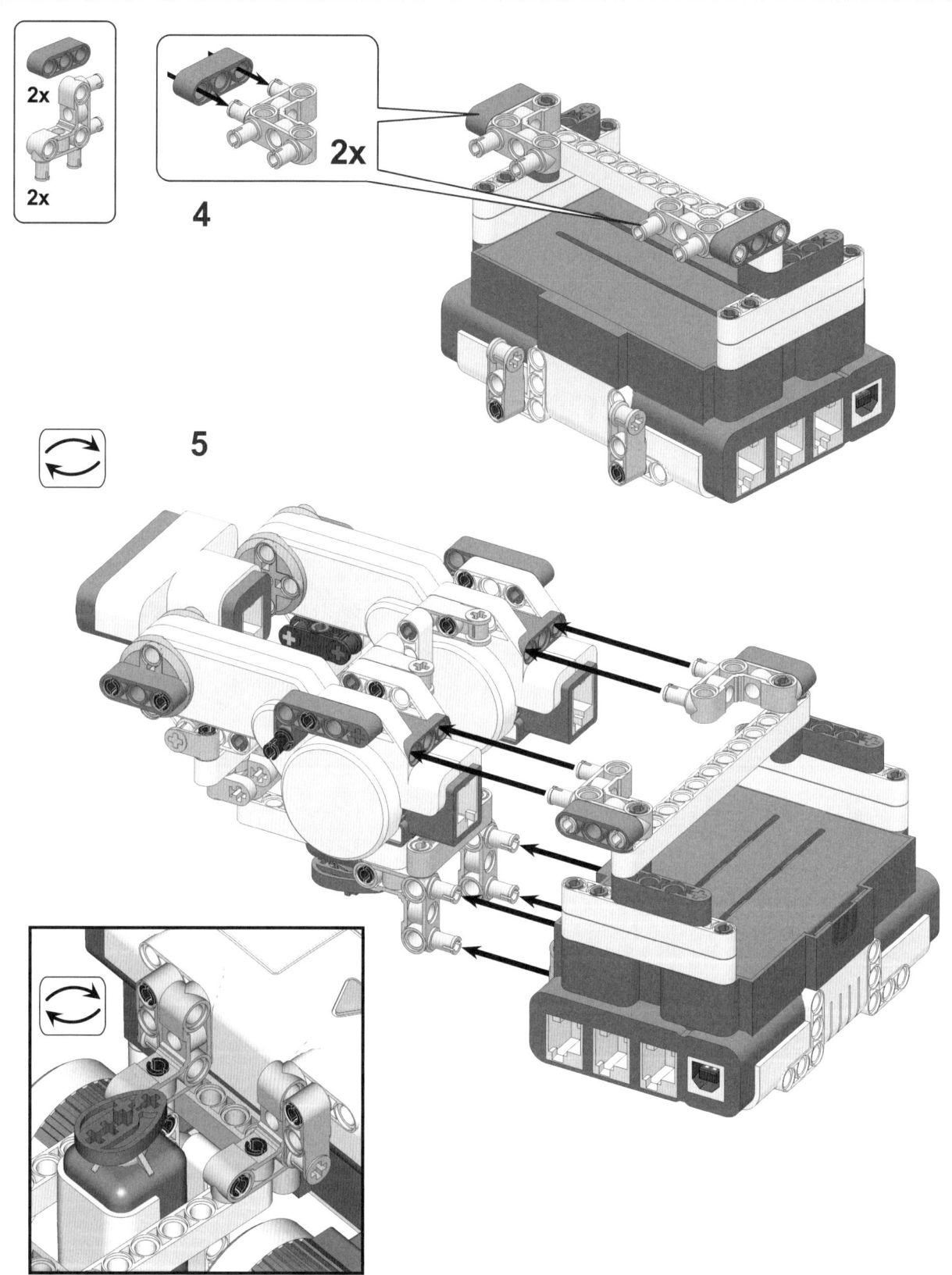

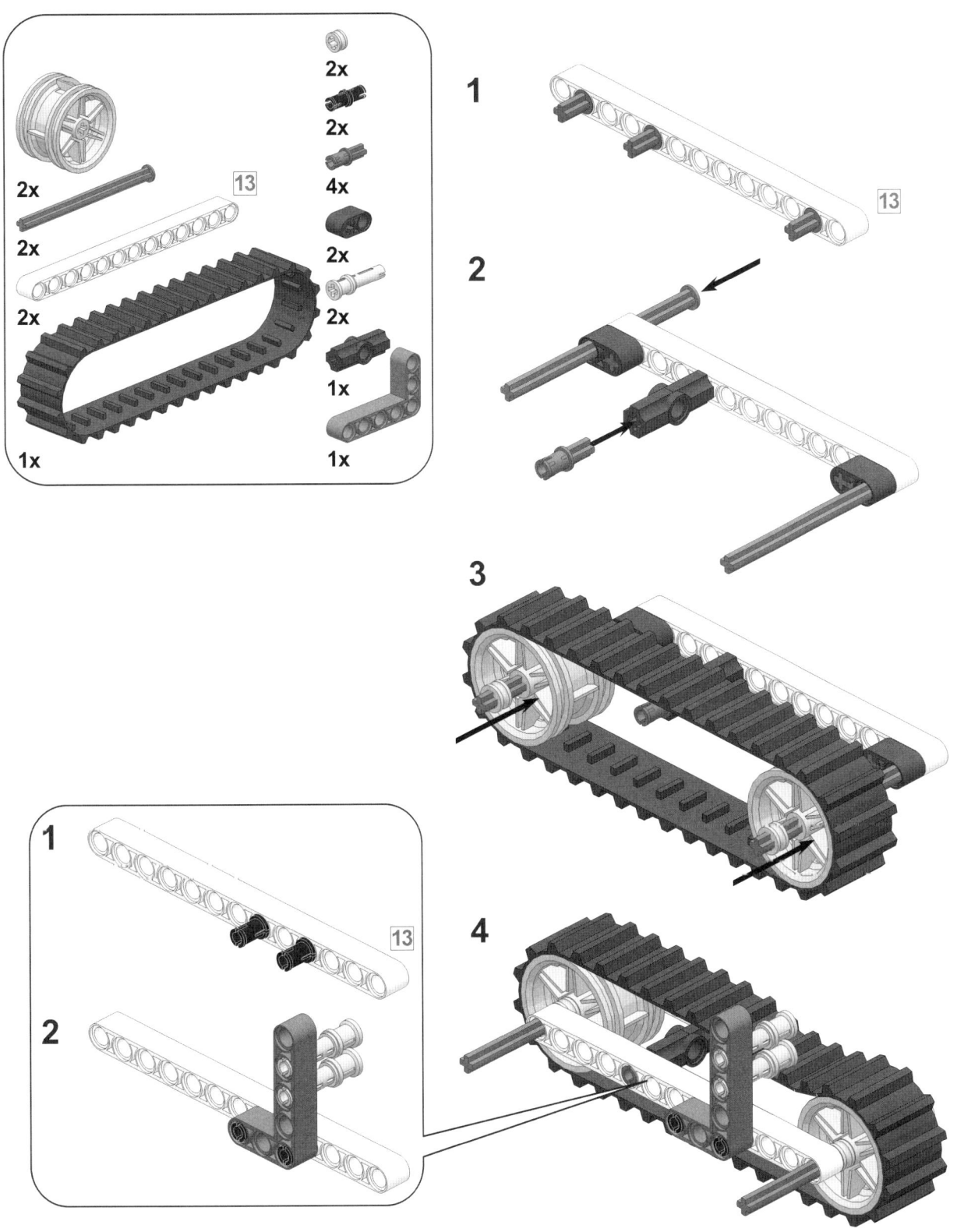

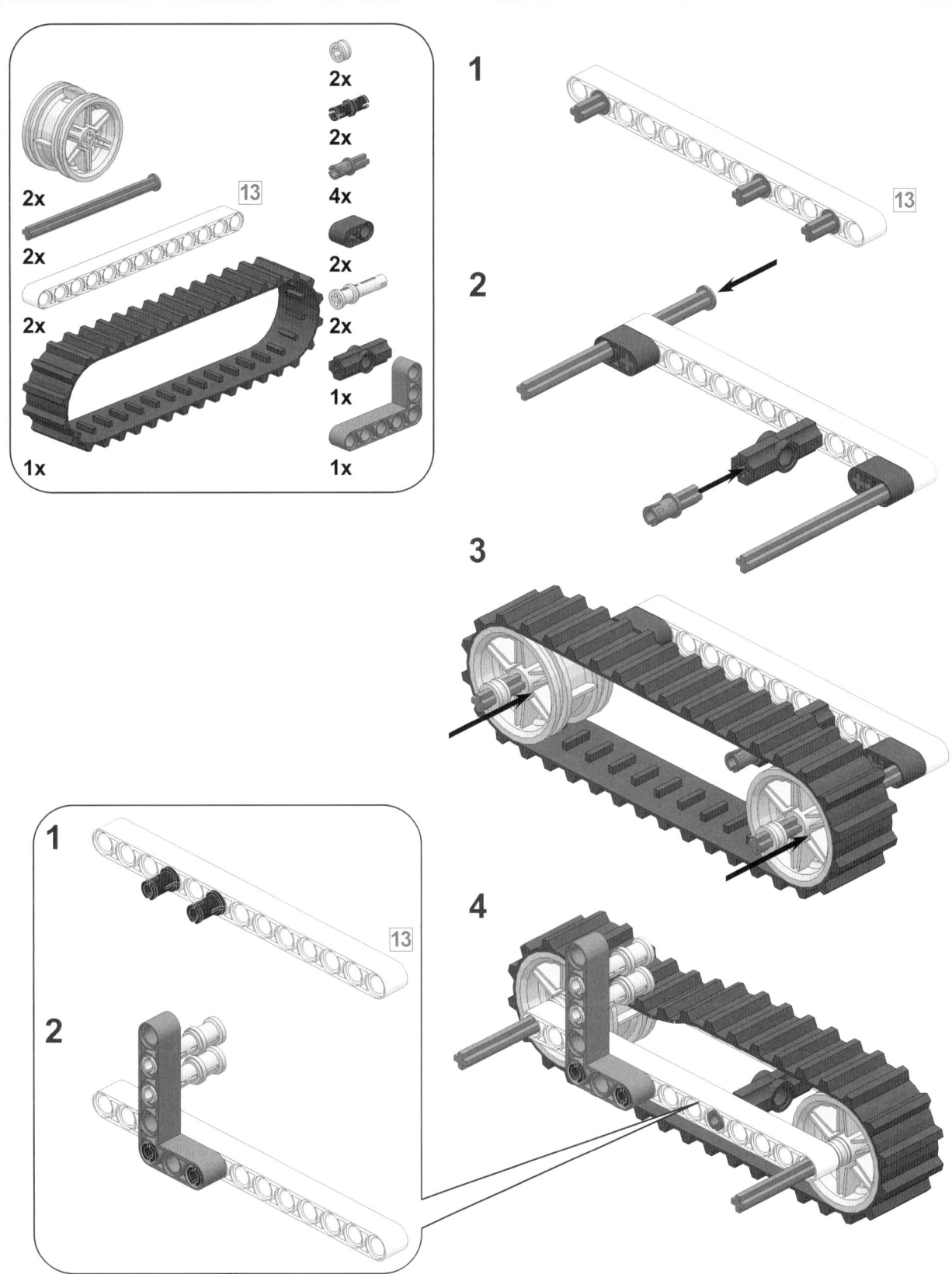

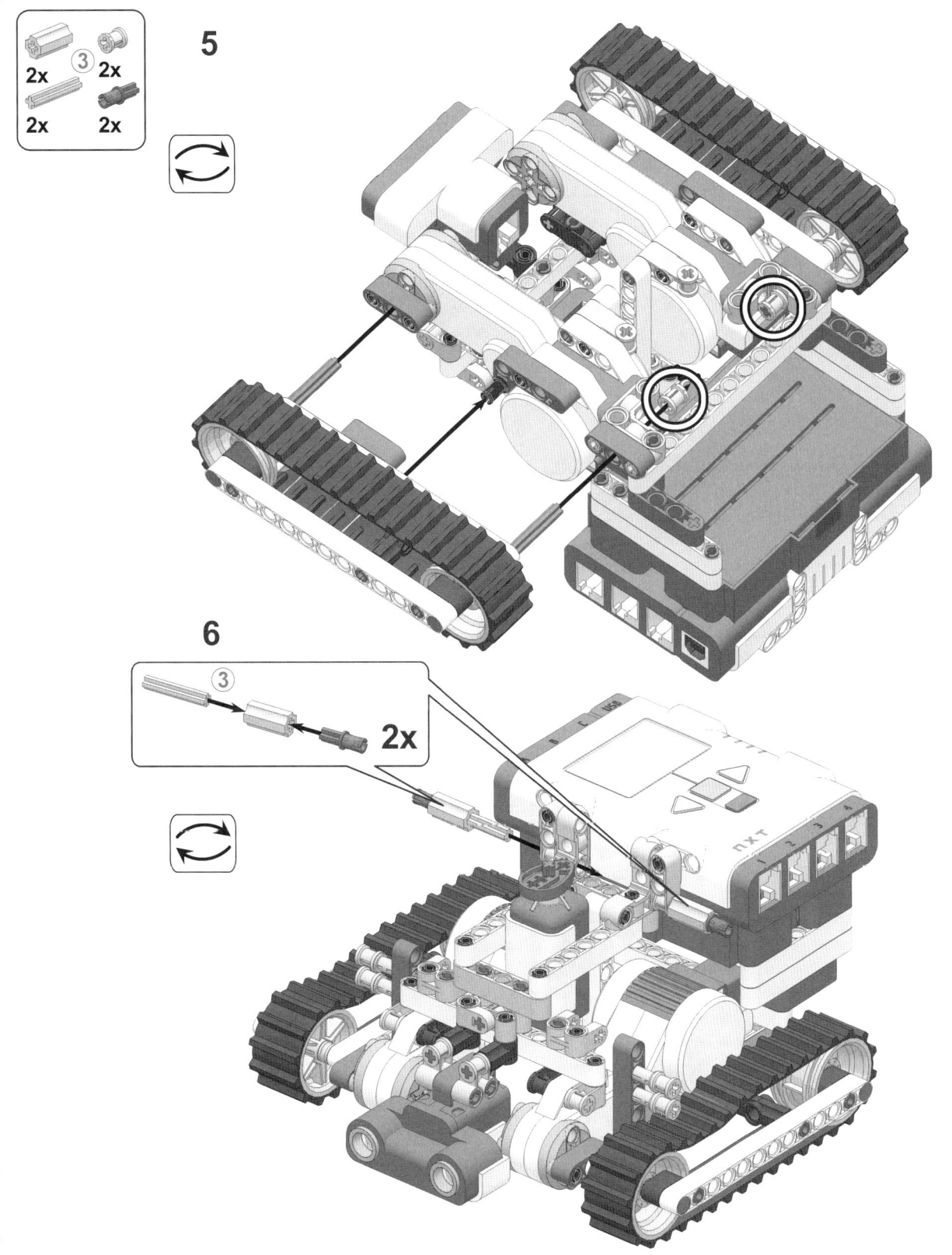

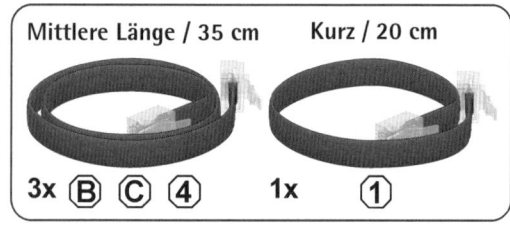

7

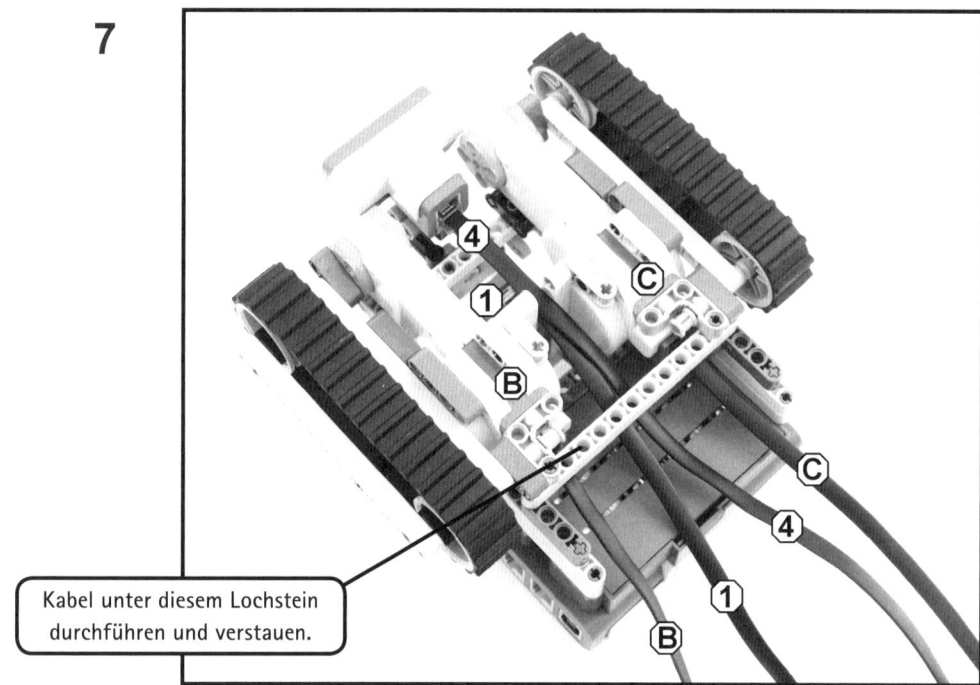

Kabel unter diesem Lochstein durchführen und verstauen.

8

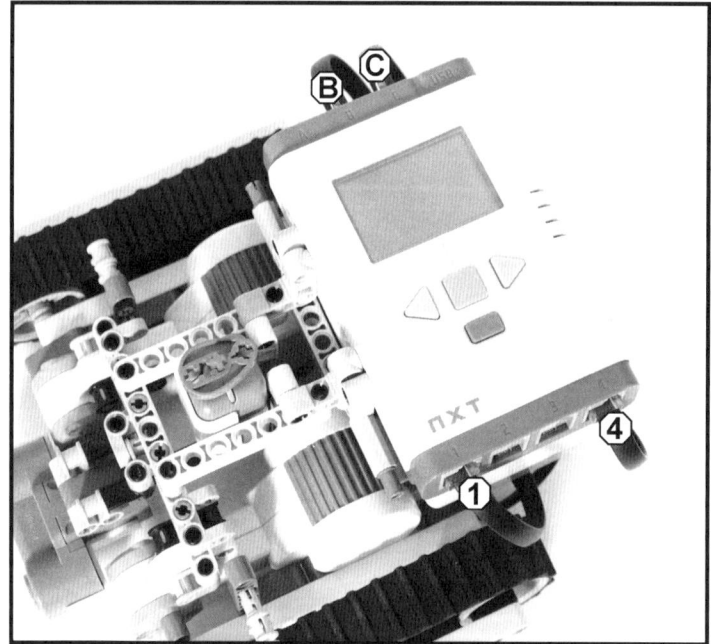

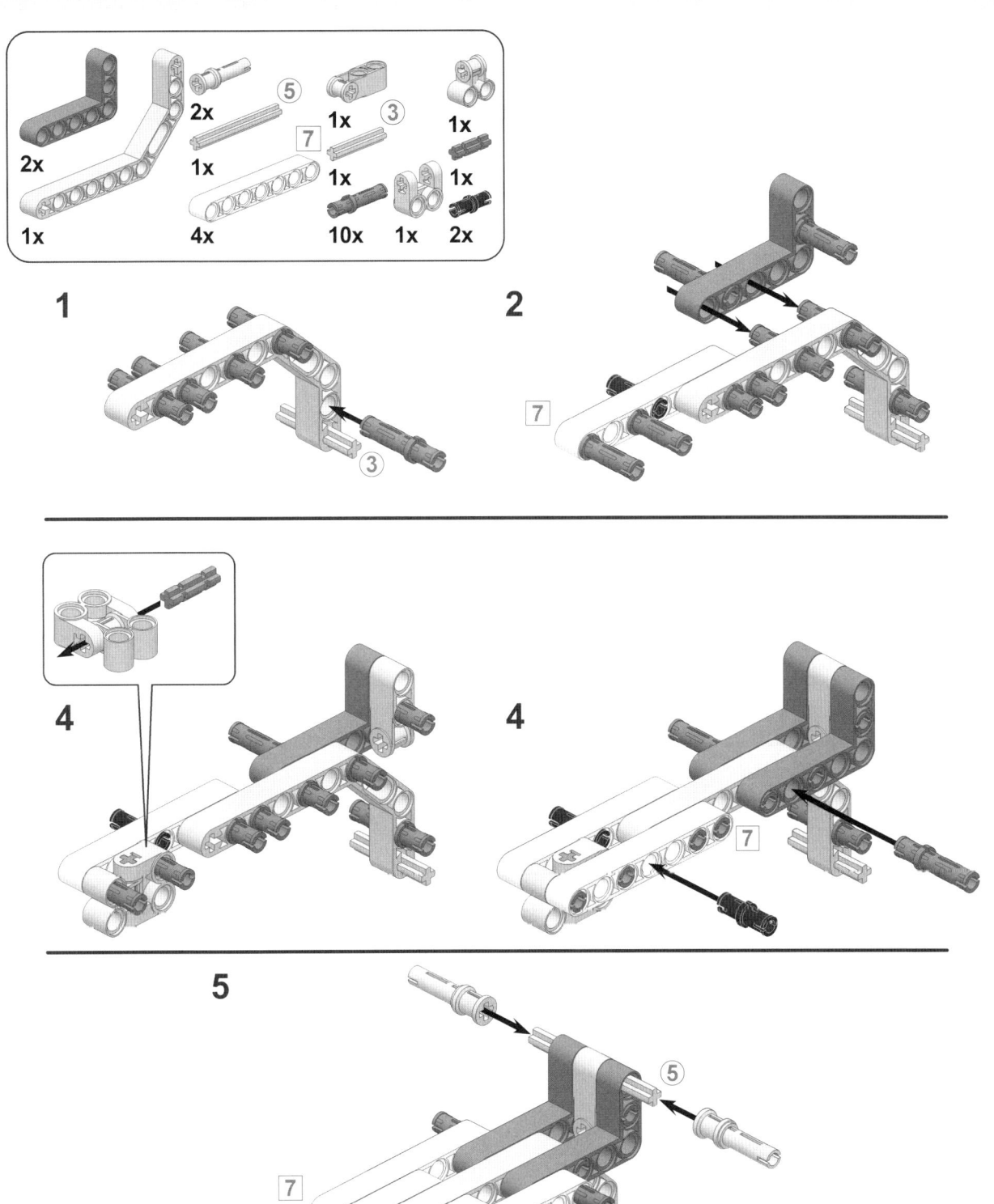

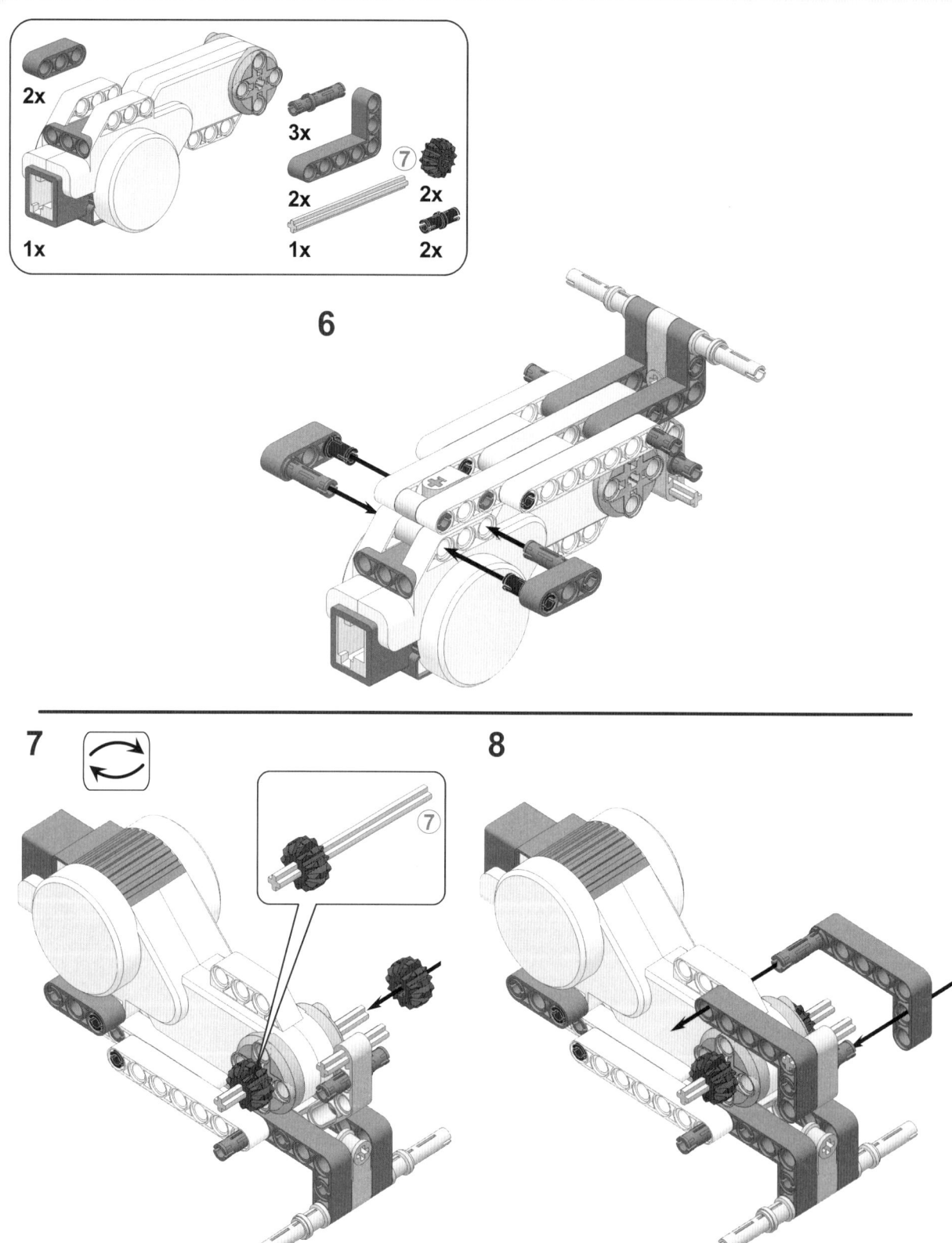

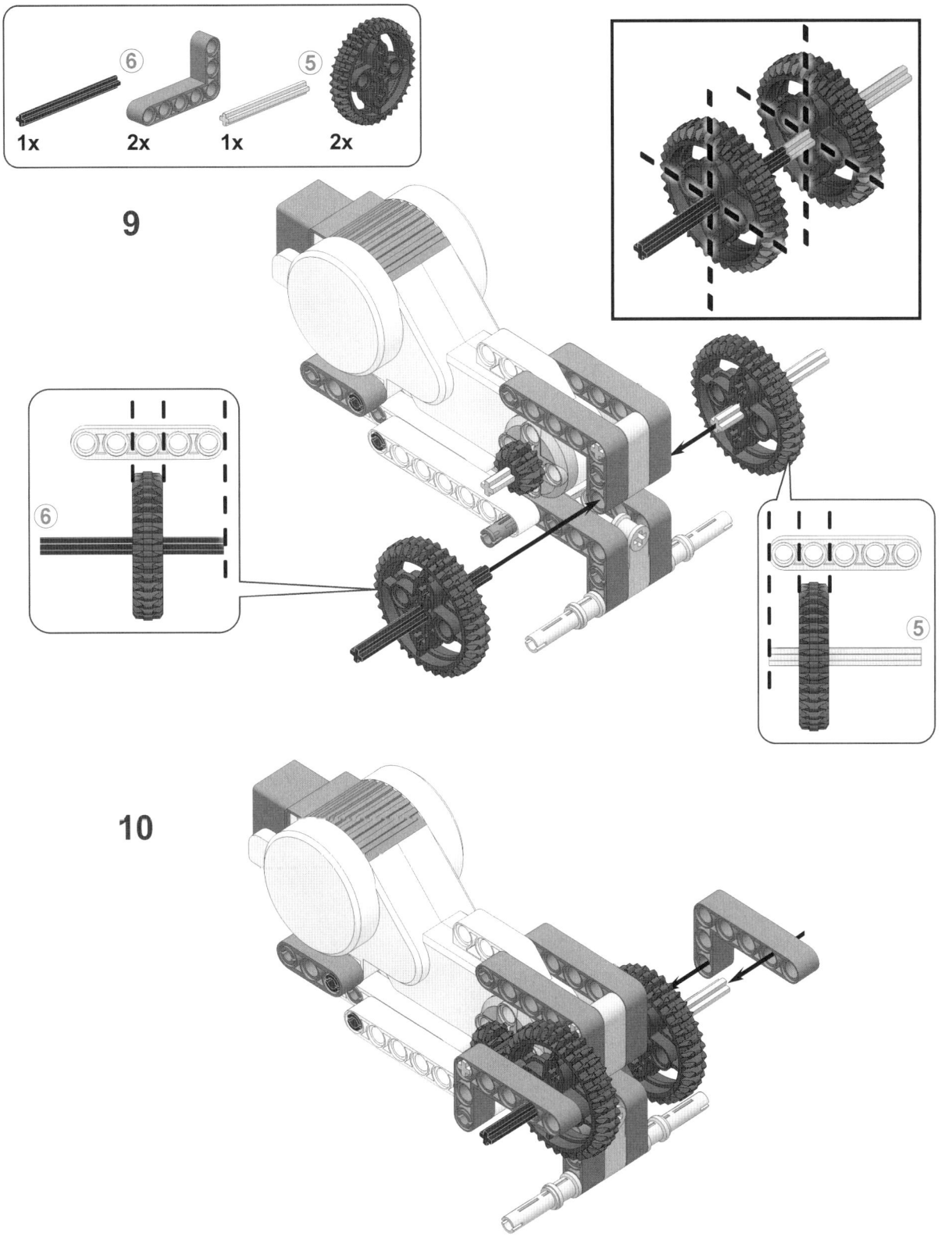

7
13
1x
2x
1x
1x
2x
2x
3x
2x

1
13
2
13
3
7
11

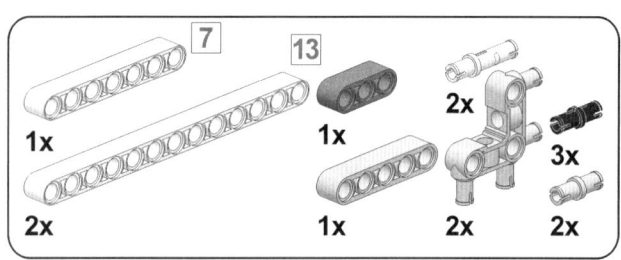

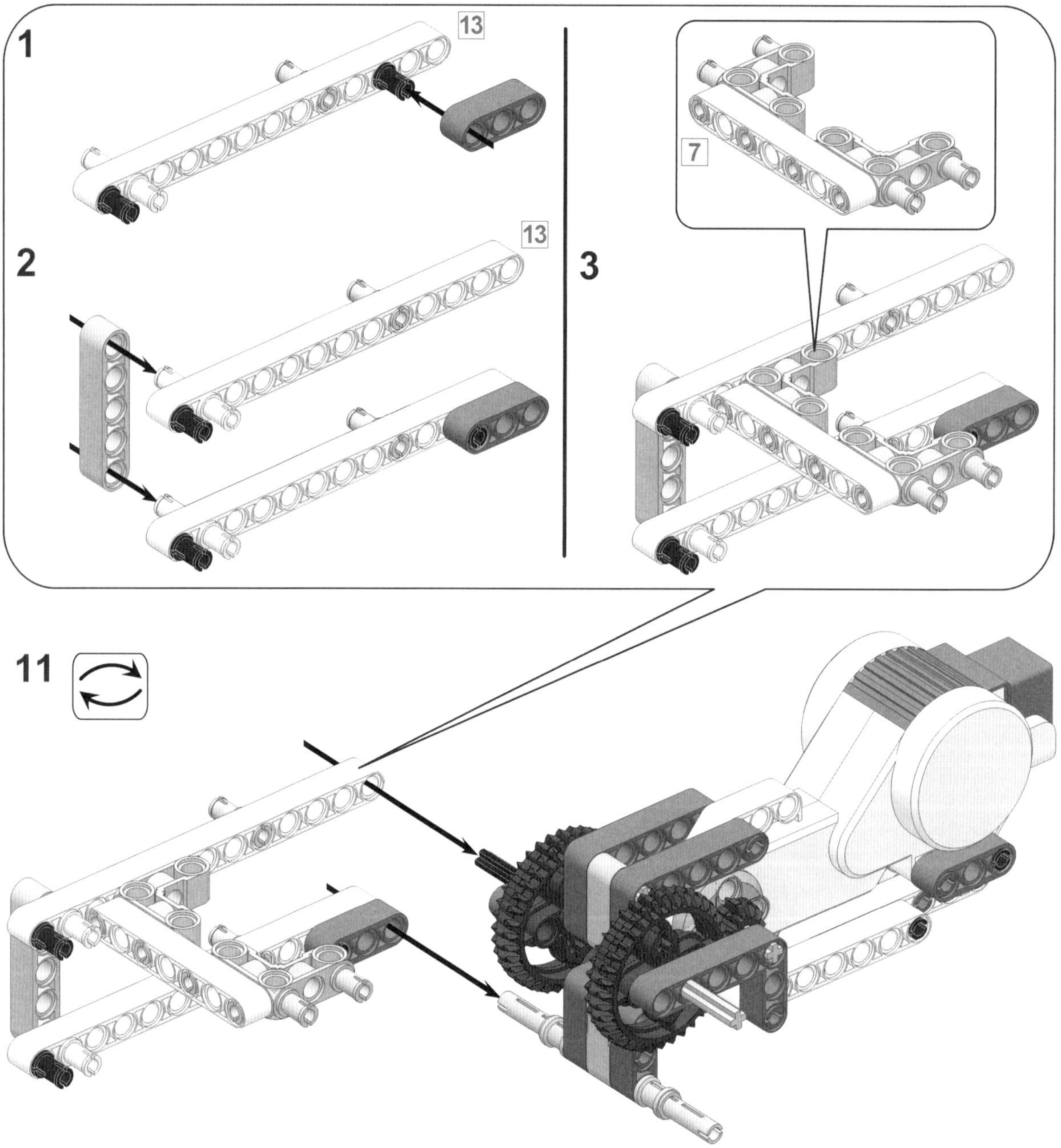

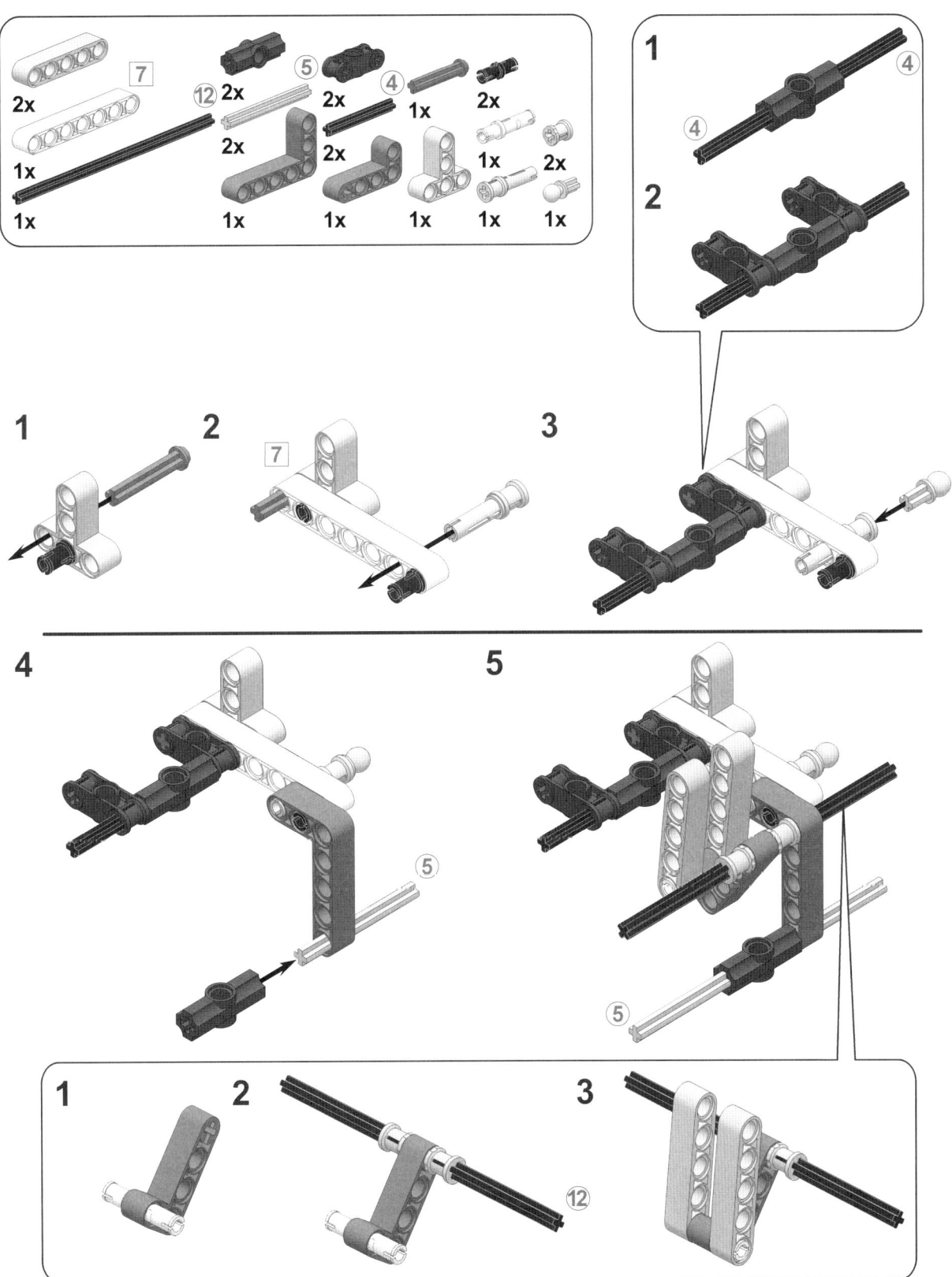

GRABSCHER: EIN AUTONOMER ROBOTERARM 215

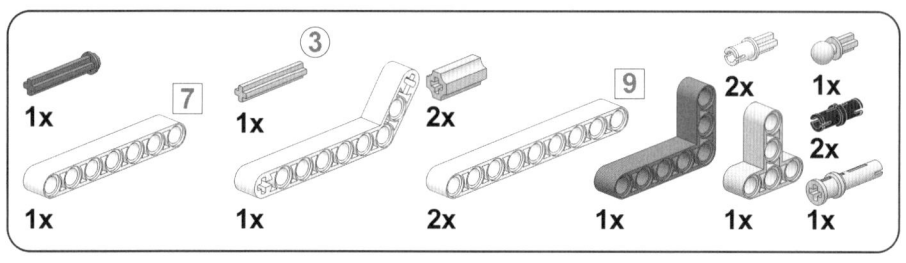

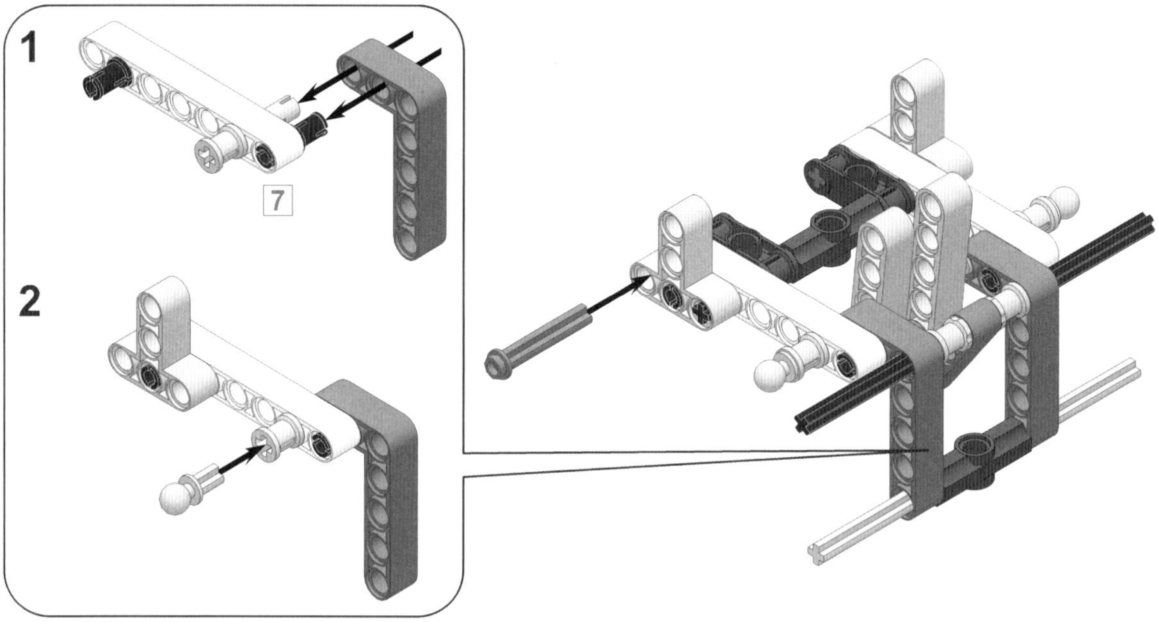

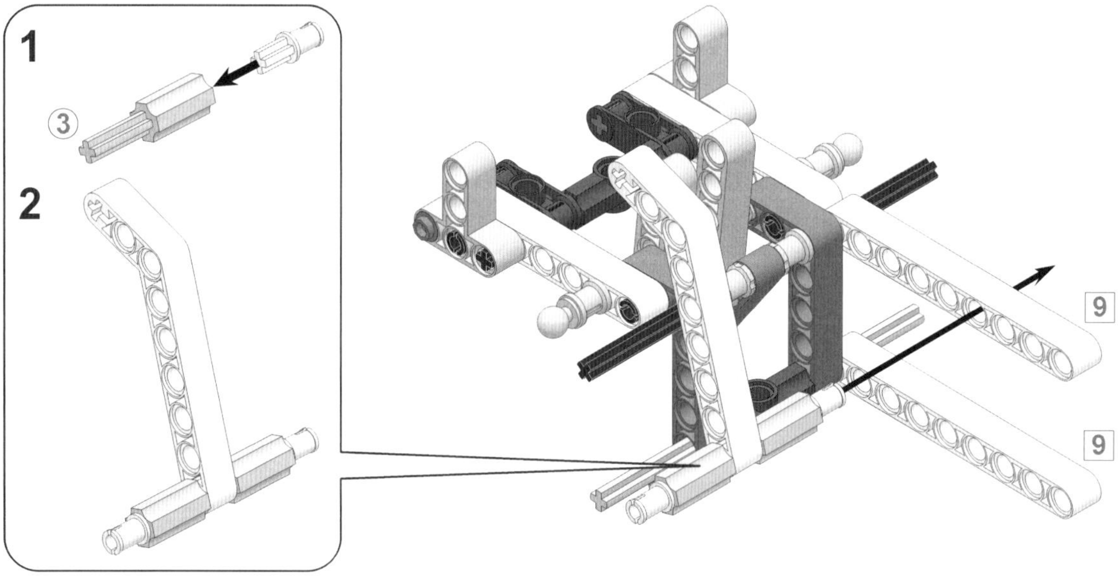

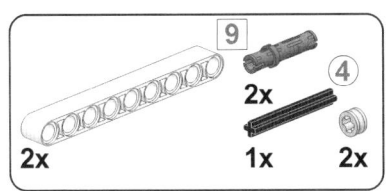

8

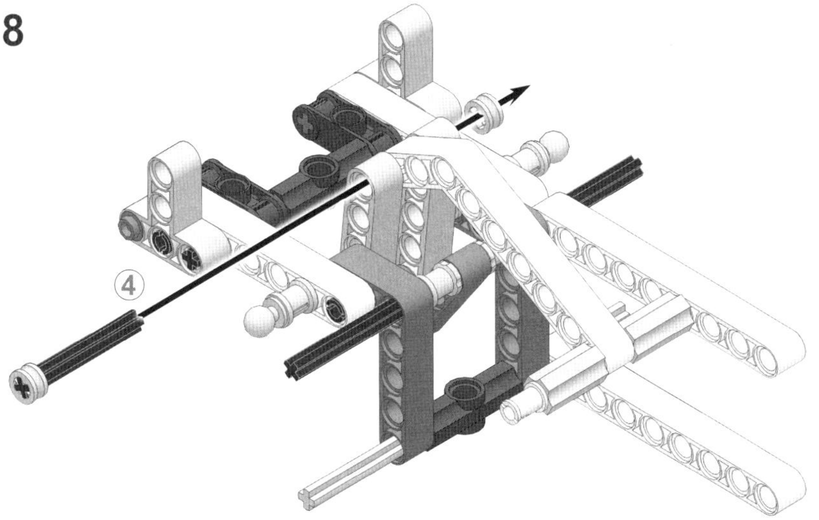

9

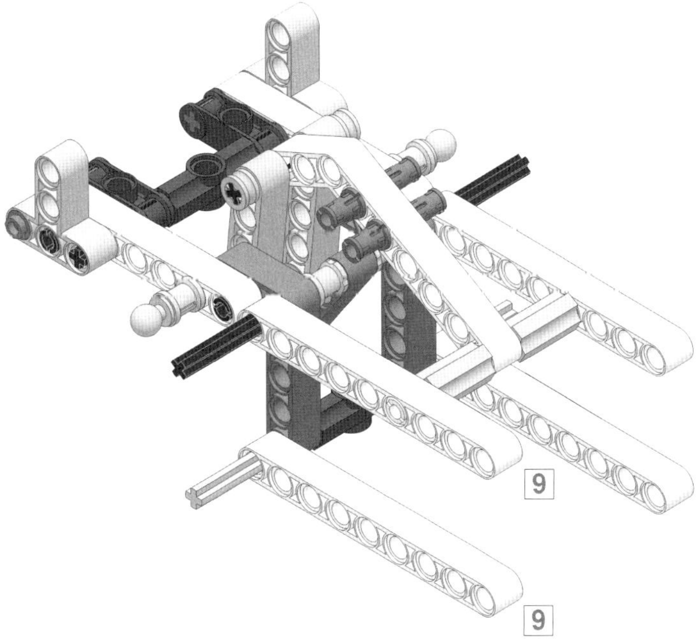

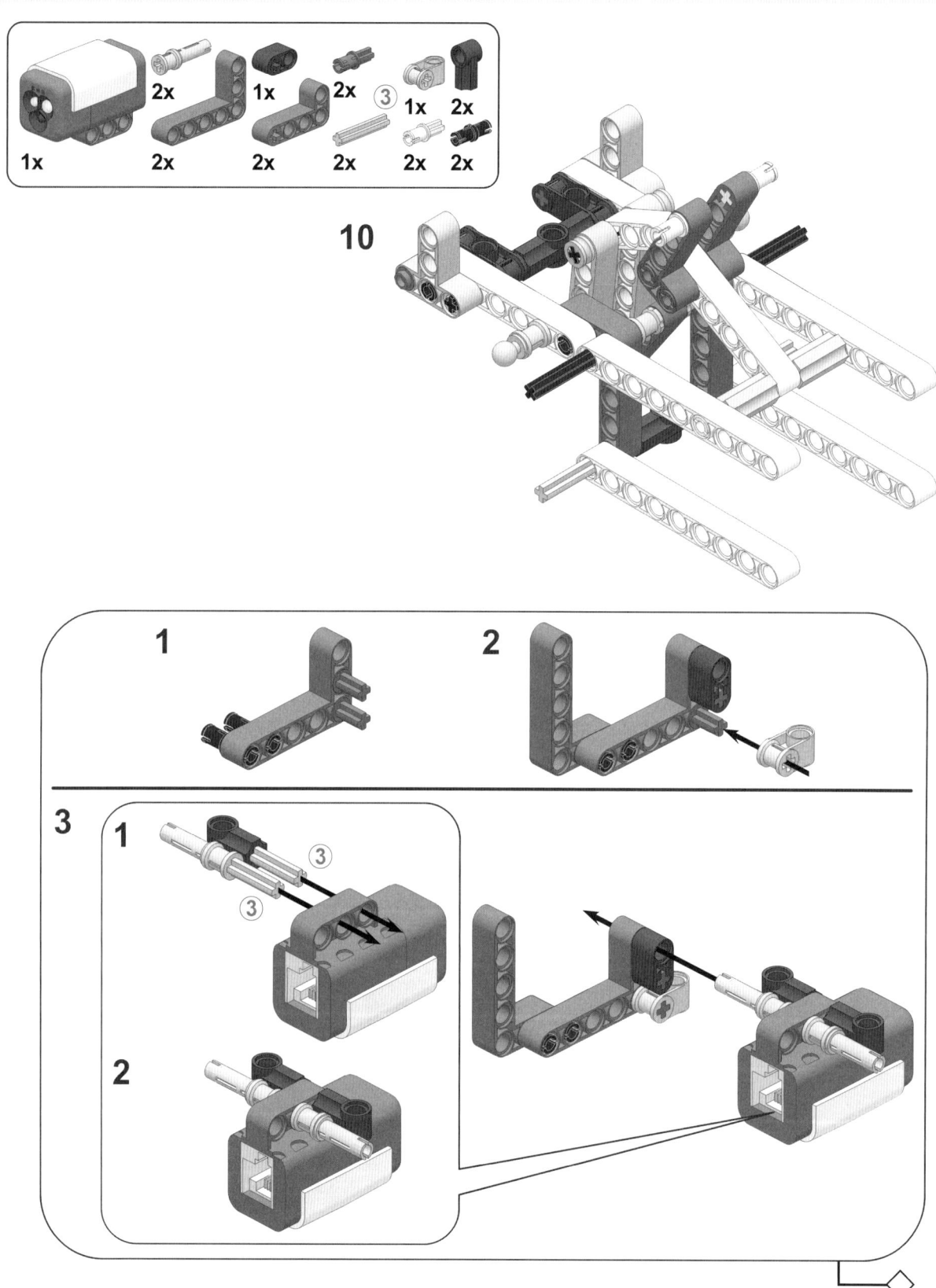

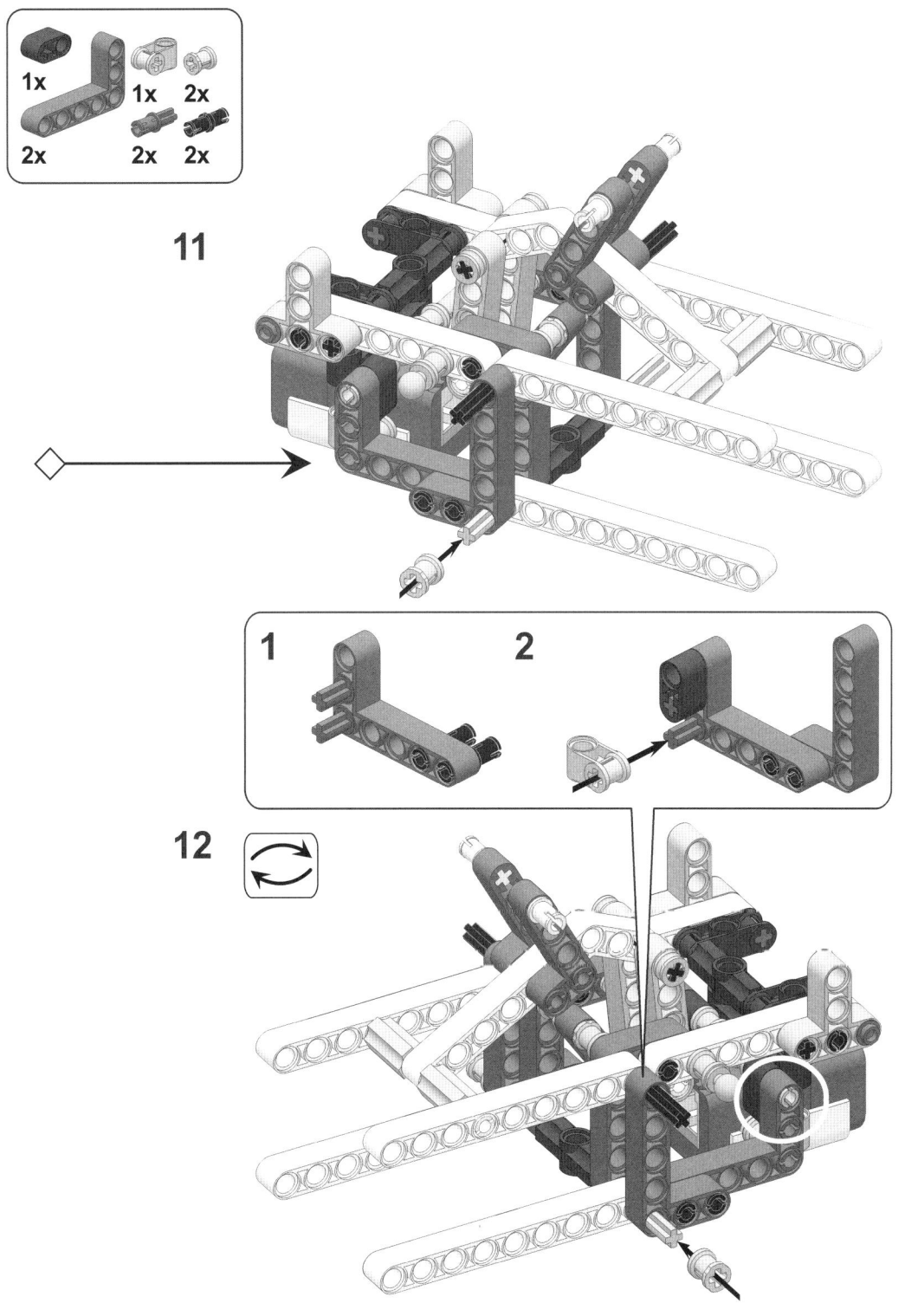

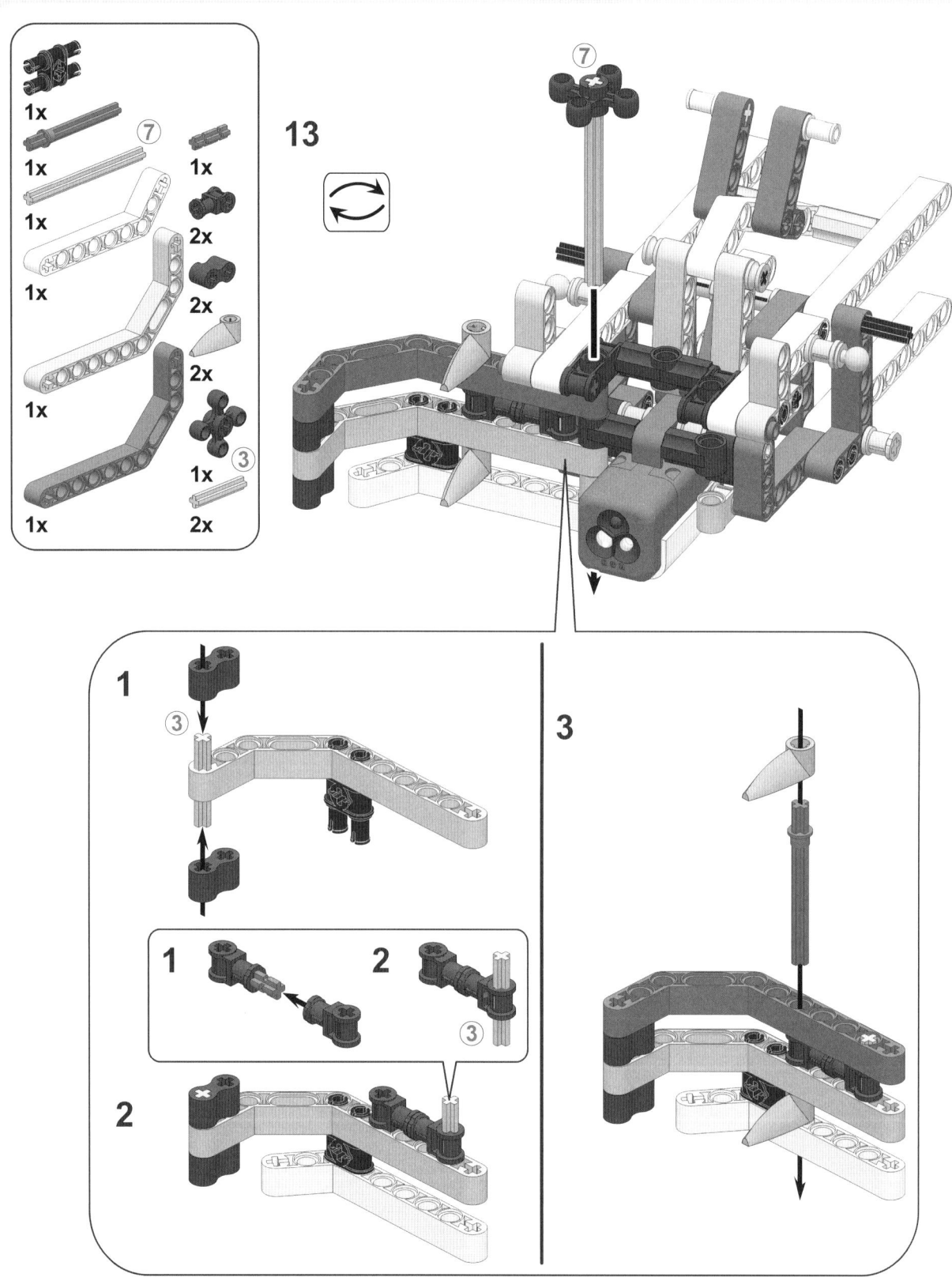

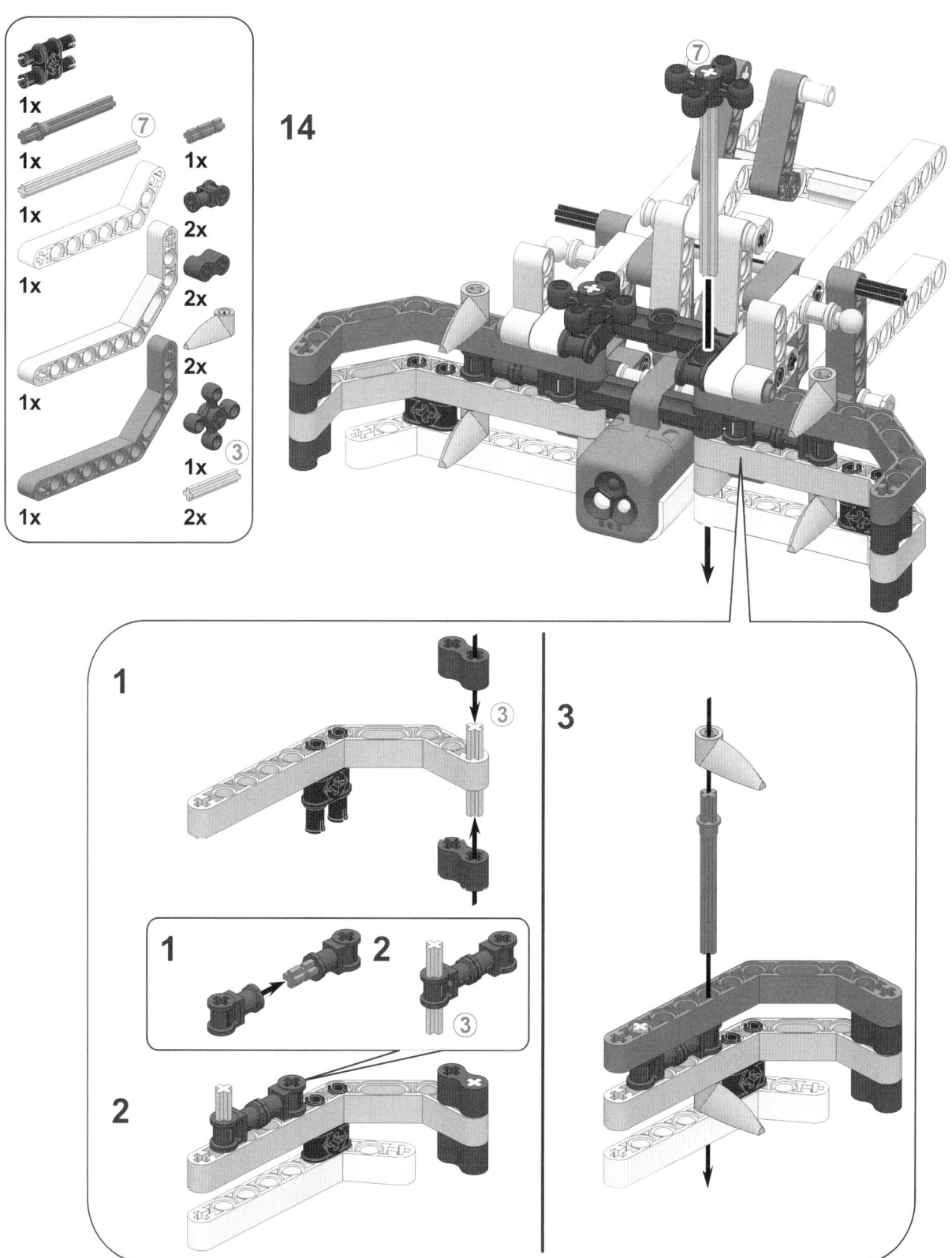

GRABSCHER: EIN AUTONOMER ROBOTERARM

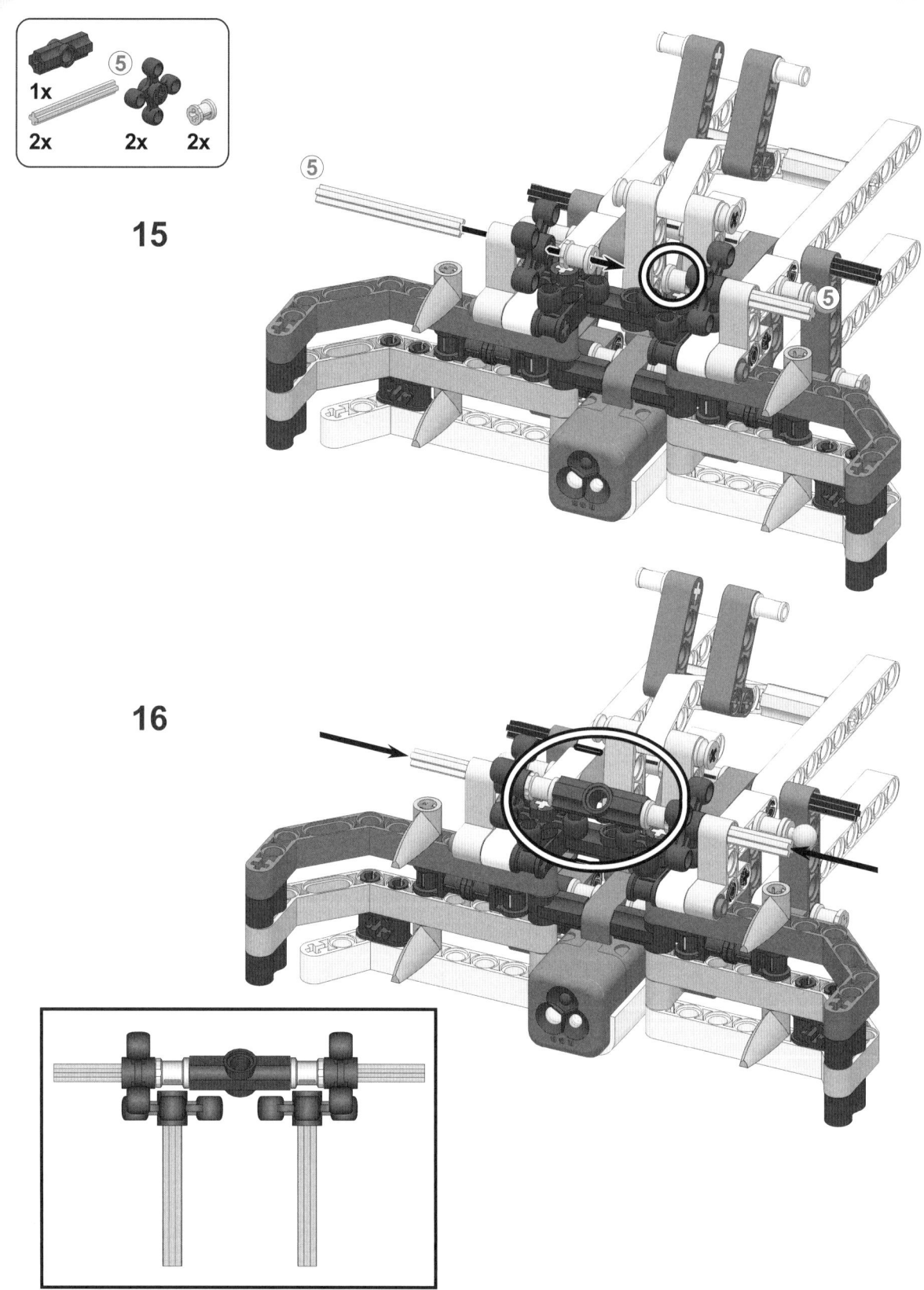

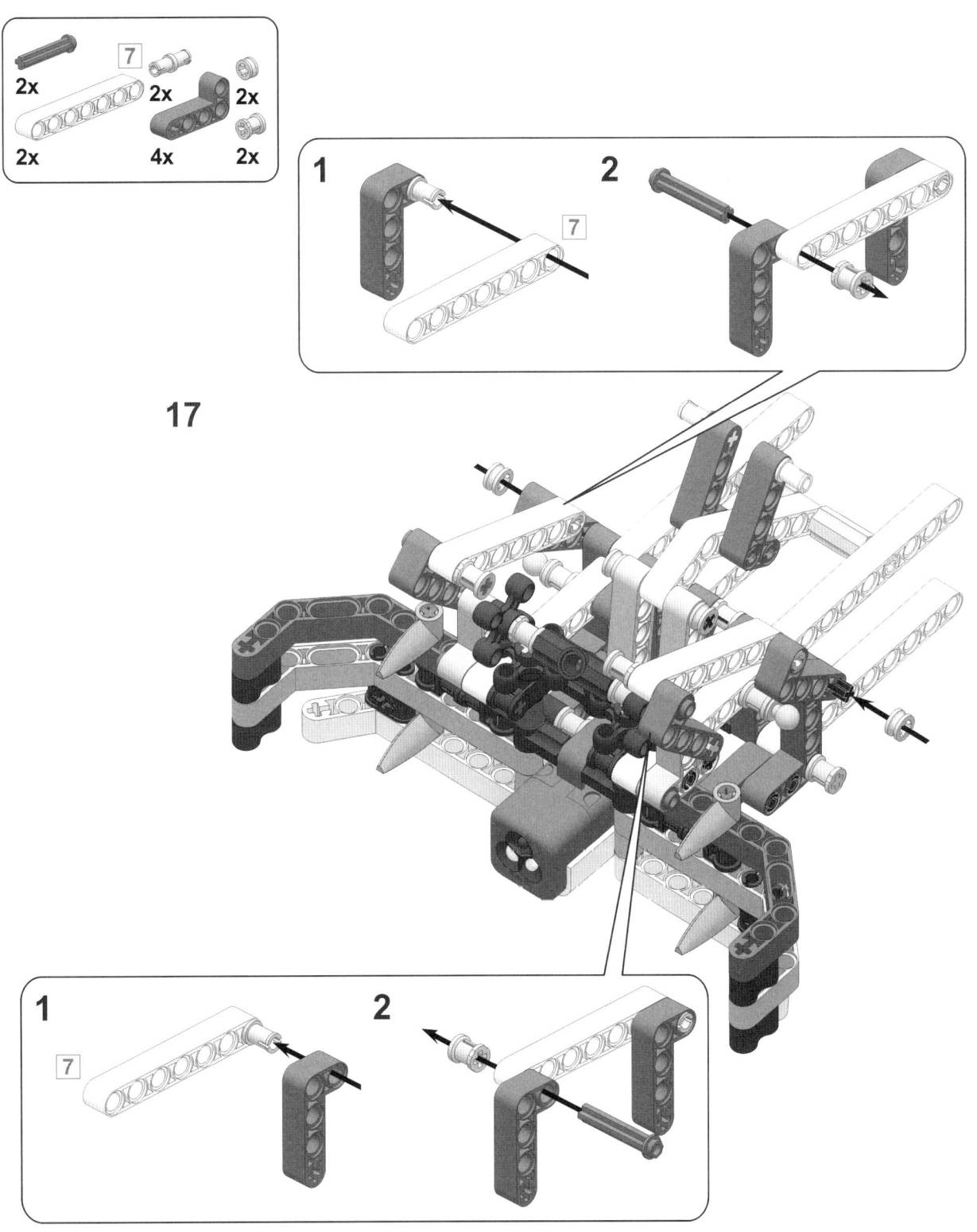

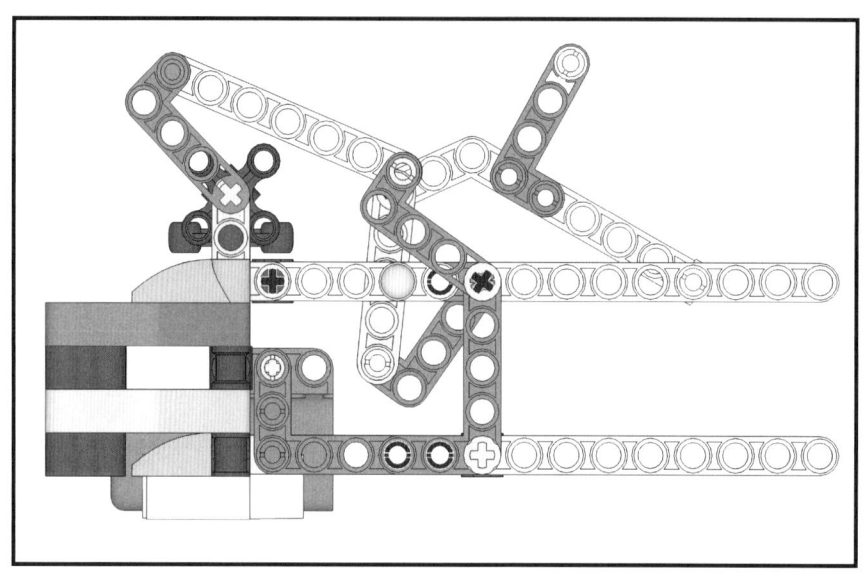

1

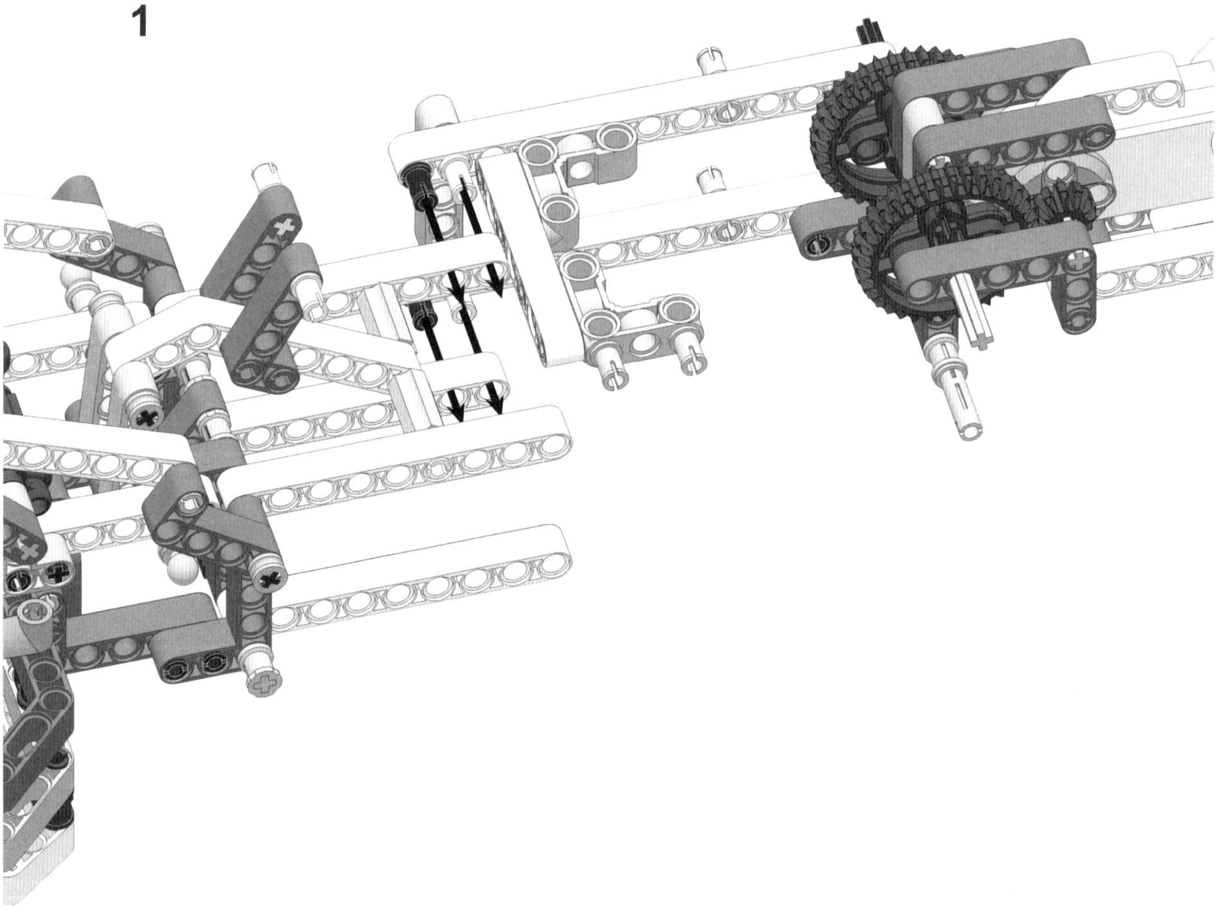

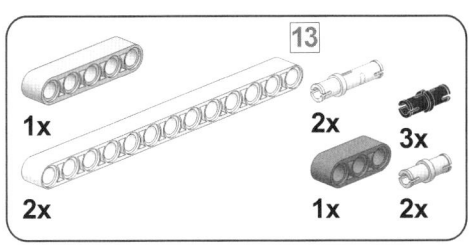

GRABSCHER: EIN AUTONOMER ROBOTERARM **225**

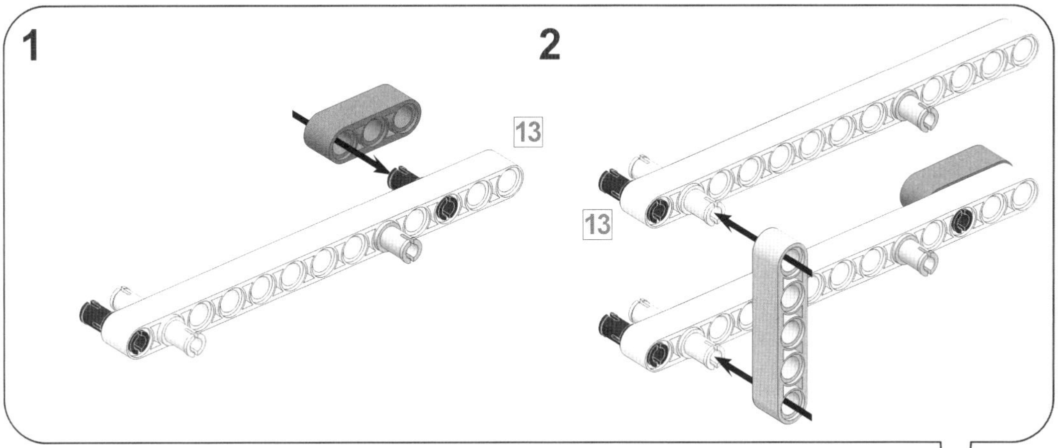

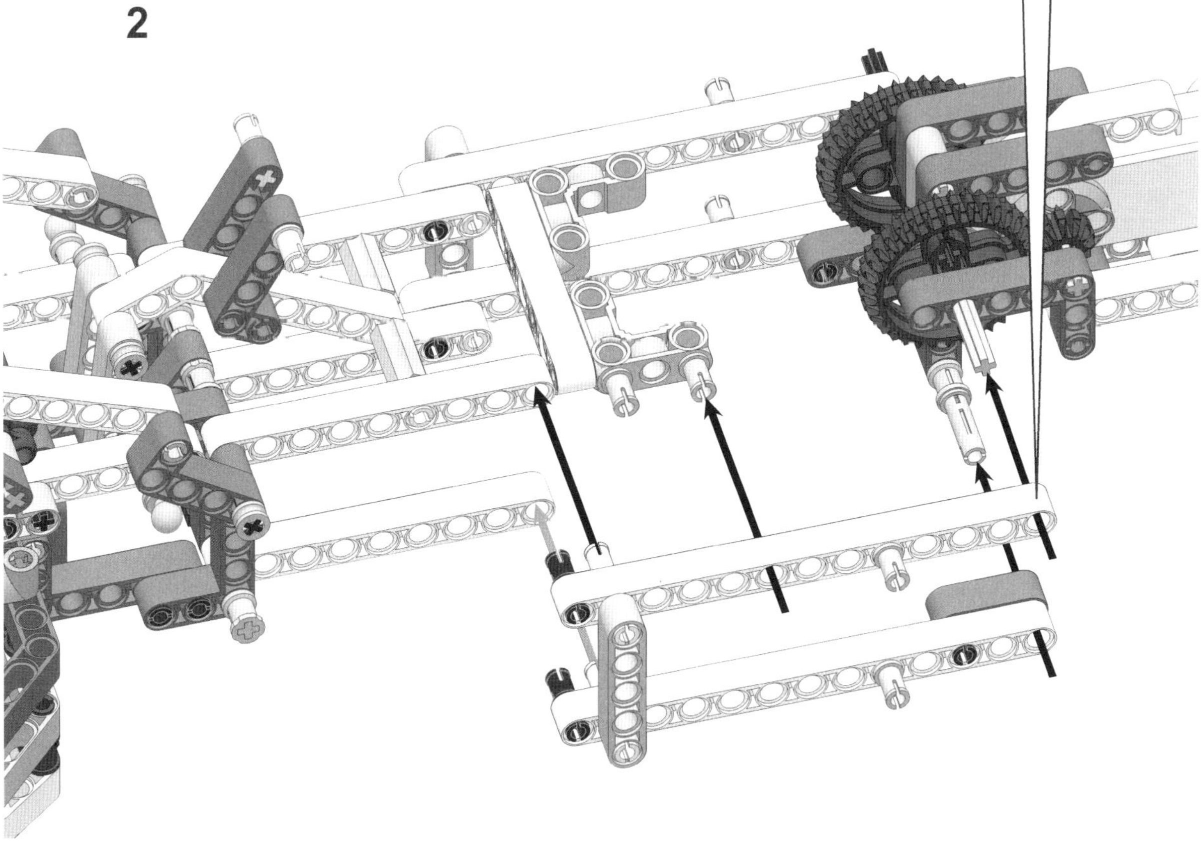

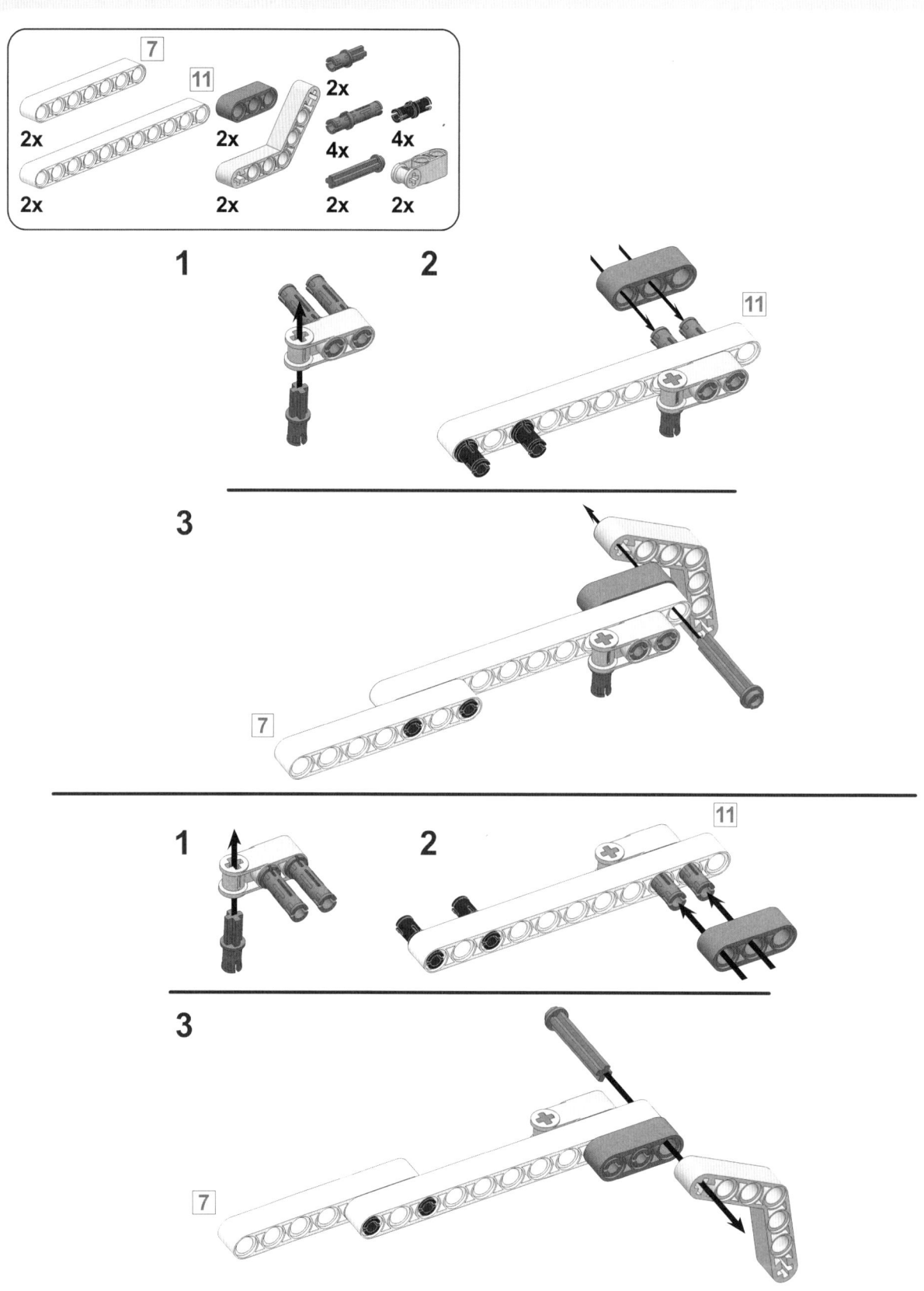

3

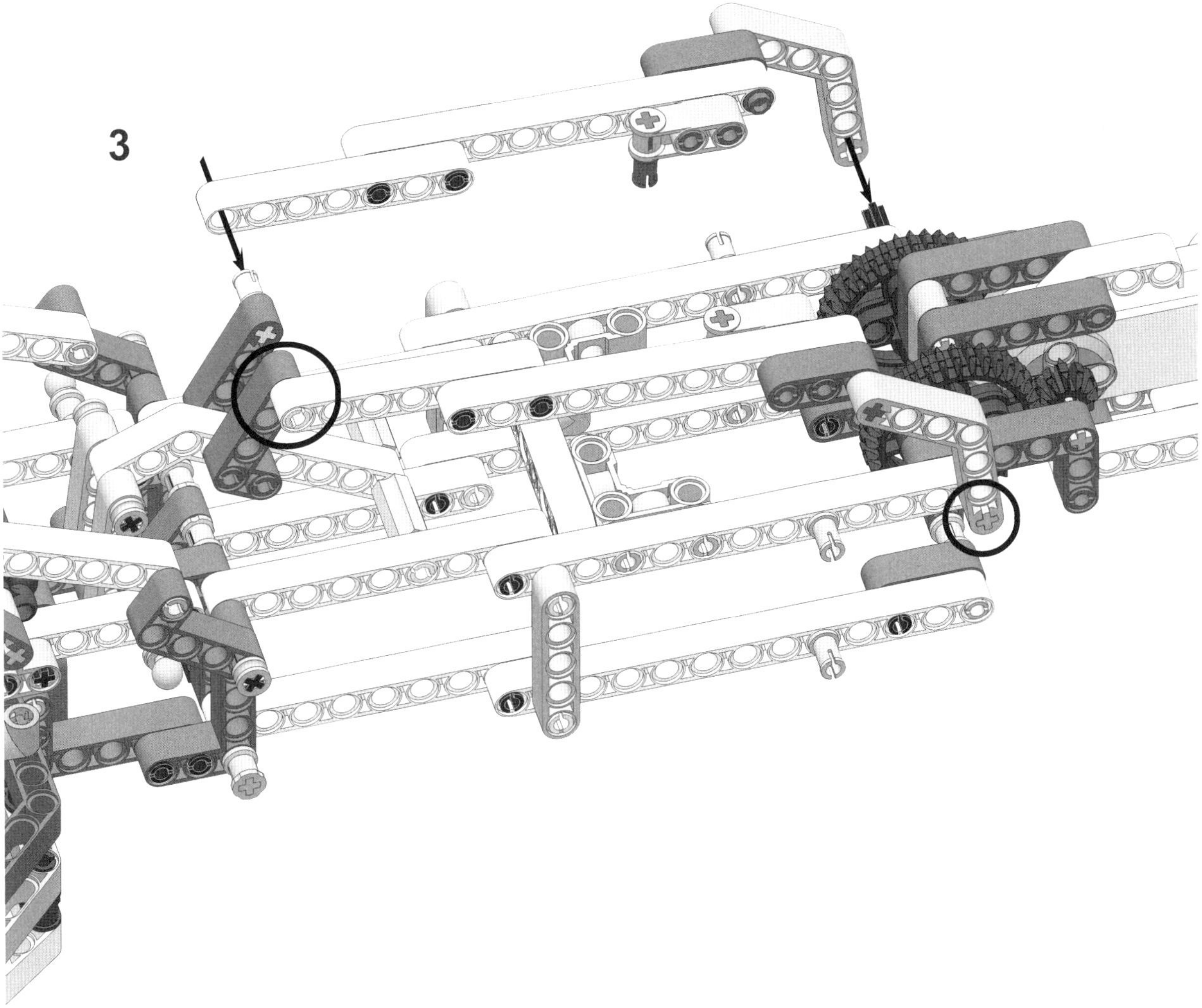

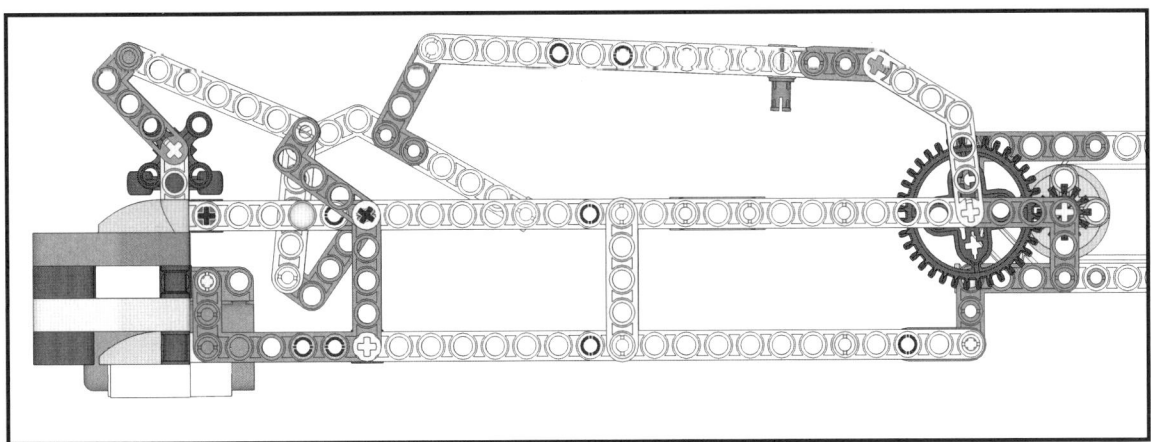

GRABSCHER: EIN AUTONOMER ROBOTERARM

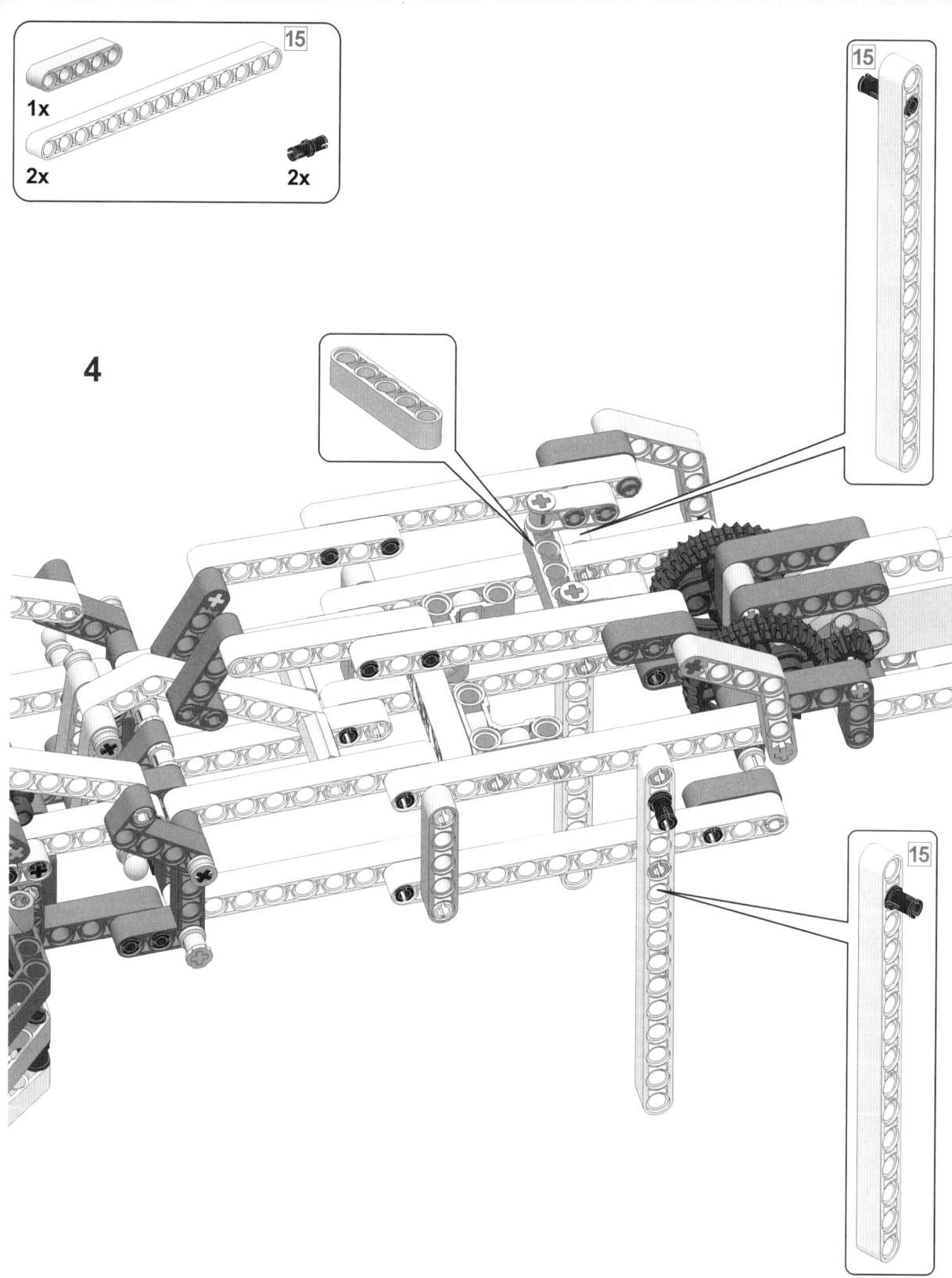

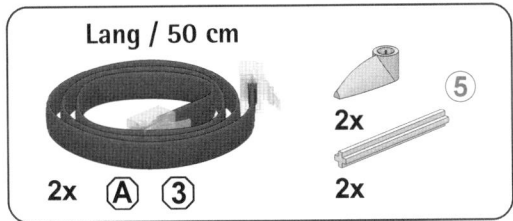

1

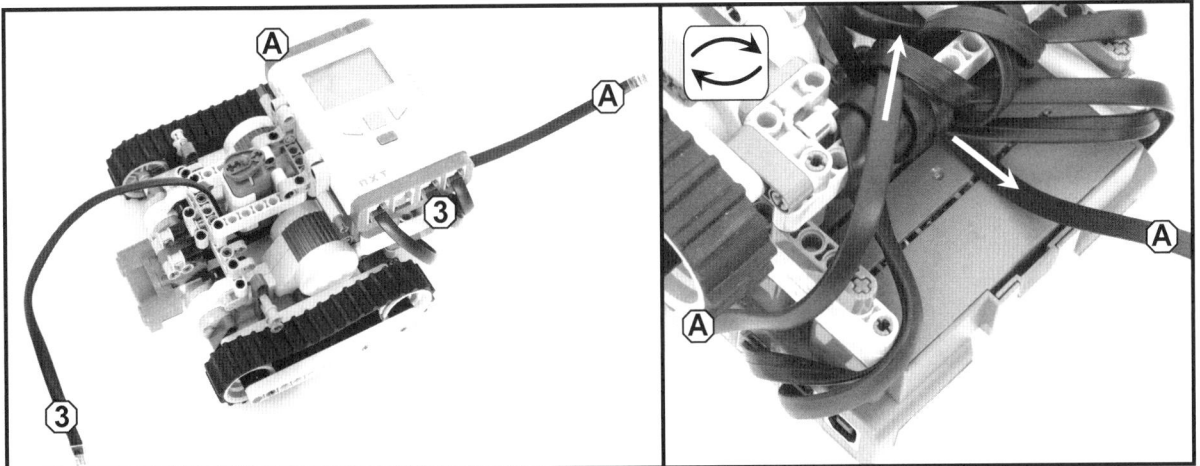

2

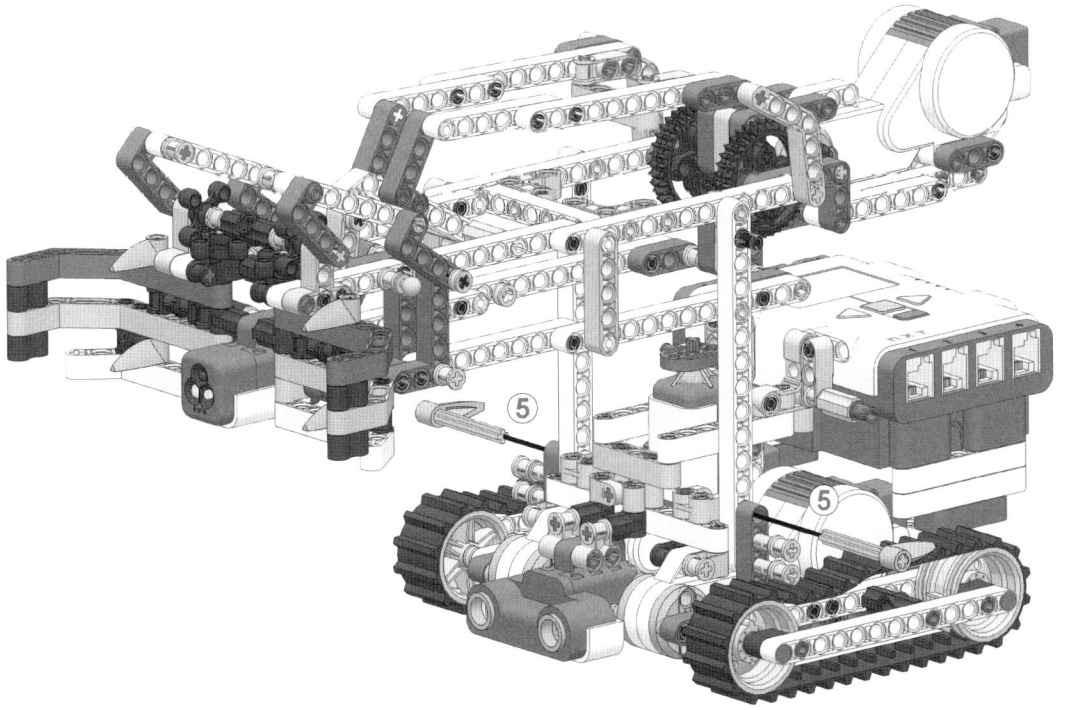

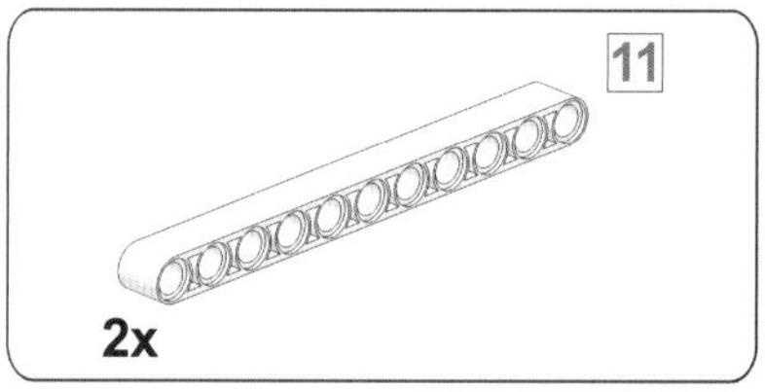

3

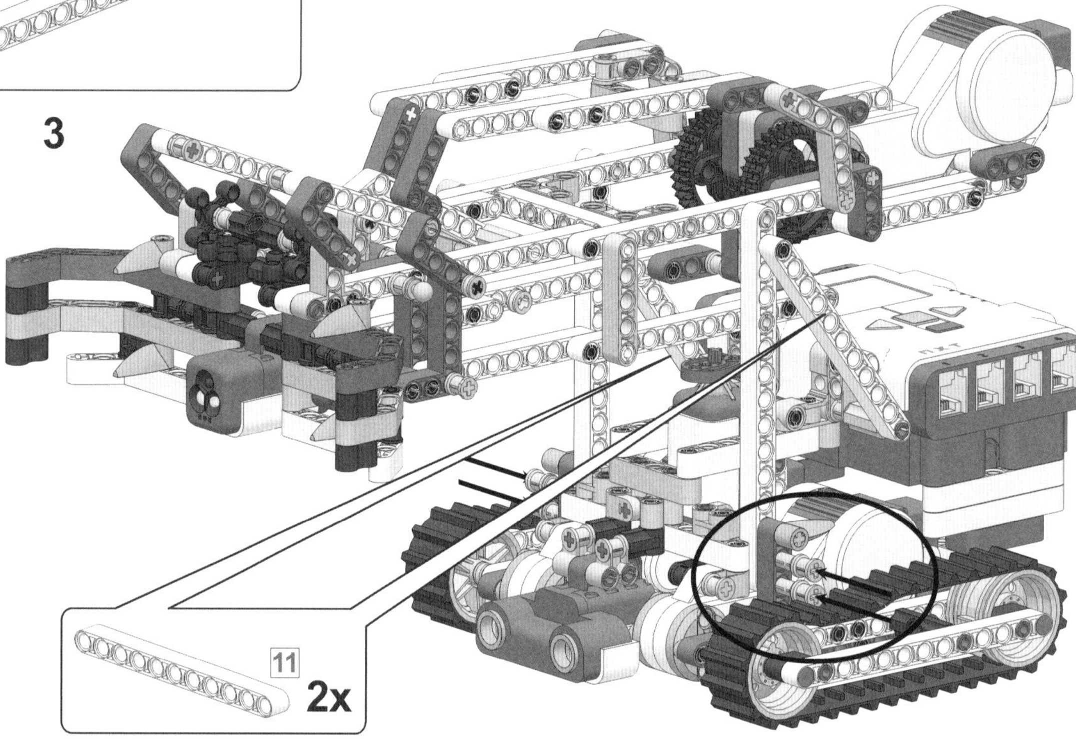

2x

4

HINWEIS Führen Sie das Kabel, das Sie vorher an Eingabeport 3 angeschlossen haben, durch den Rahmen und stecken Sie es dann in den Farbsensor.

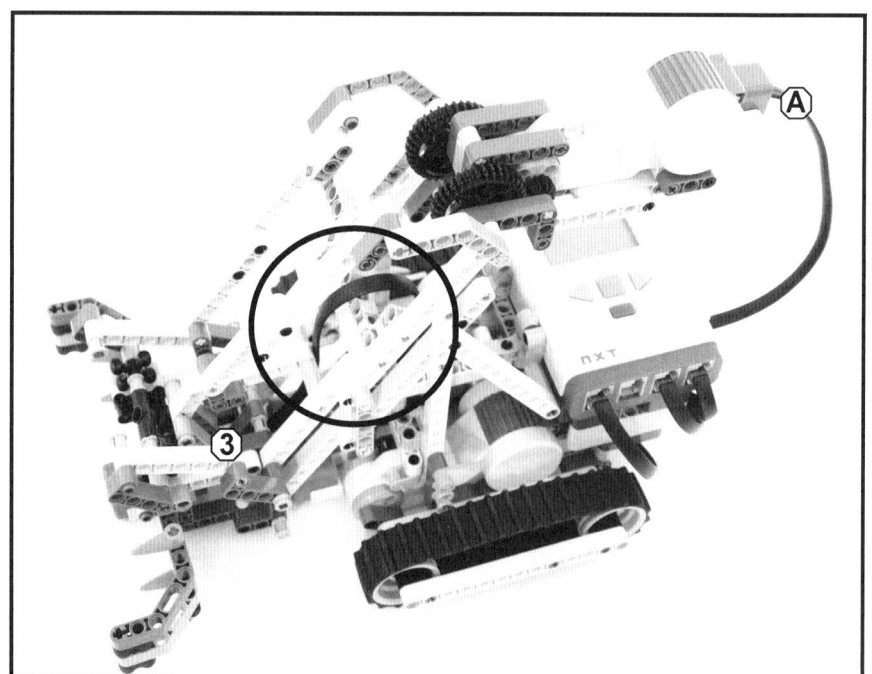

Objekte bauen

Sie können den Arm des Grabschers so umbauen, dass er fast jedes Objekt greifen kann, solange es nicht zu groß ist. Die gerade gebaute Version ist dazu konstruiert, Papierringe wie die in Abbildung 13-5 aufzusammeln. Verwenden Sie Tonpapier, um vier Ringe in verschiedenen Farben zu basteln (Gelb, Blau, Rot und Grün), bevor Sie den Roboter programmieren.

Programmierung des Grabschers

Nachdem Sie den Grabscher und die Objekte dafür gebastelt haben, können Sie ihn jetzt programmieren. Sie erstellen ein Programm, mit dem der Grabscher Objekte findet, sie greift, hochhebt und bewegt, und das die Objektfarbe feststellt. Jede Aufgabe soll autonom ausgeführt werden, was bedeutet, dass kein Eingriff von Menschen erfolgen darf.

Sie verwenden den Ultraschallsensor, um das Objekt zu finden, und die Servomotoren, um sich dem Objekt zu nähern und es zwischen den Fingern des Roboters zu positionieren. Der Greifermotor packt das Objekt und hebt es hoch, und der Farbsensor ermittelt die Farbe. Schließlich dreht sich der Roboter um und legt das Objekt an einer anderen Stelle ab. Abbildung 13-6 zeigt einen Überblick über das Programm des Grabschers.

Die Eigenen Blöcke erstellen

Da dieses Programm aus vielen Programmierblöcken besteht, verwenden Sie wie in Abbildung 13-6 gezeigt fünf Eigene Blöcke, damit das fertige Programm einfach zu verstehen und zu erstellen ist.

HINWEIS Wenn ein Programmierschritt in diesem Kapitel keine Anweisungen zu Änderungen an bestimmten Einstellungen eines Blocks enthält, lassen Sie die Einstellung unverändert.

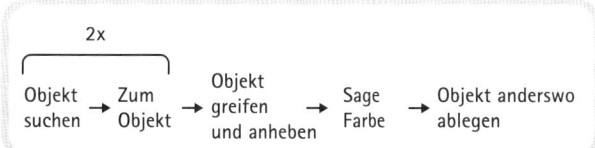

Abbildung 13-6: Eine Übersicht über das Grabscher-Programm. Beachten Sie, dass der Roboter zweimal nach dem Objekt sucht und sich darauf zubewegt. Nach der ersten Suche und Annäherung hat der Roboter einen besseren Blick auf das Objekt und kann bei der zweiten Suche seine Position genauer bestimmen.

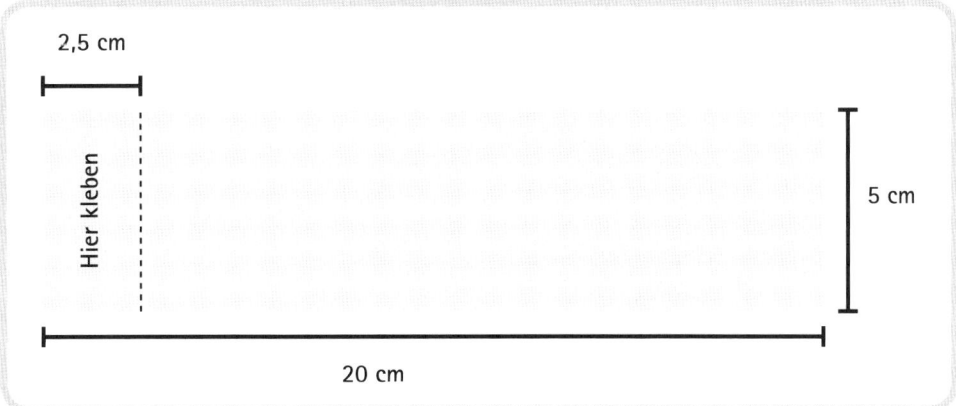

Abbildung 13-5: Der Grabscher wird diese Objekte aufsammeln. Statt die Ringe zu kleben, können Sie sie auch zusammenheften. Wenn Sie kein Tonpapier in unterschiedlichen Farben haben, nehmen Sie andersfarbiges Papier und heften oder kleben Sie dünnes, farbiges Papier darum herum.

Eigener Block 1: Greifen

Dieser Block sorgt dafür, dass der Roboter zugreift und das Objekt zwischen seinen Fingern anhebt. Wenn es nichts zu greifen gibt, schließt der Block einfach den Greifer und hebt ihn an.

Sie konfigurieren den Greifermotor so, dass er sich so lange vorwärtsdreht, bis der Berührungssensor meldet, dass der Greifer sich ganz oben befindet. Dazu konfigurieren Sie die Blöcke so wie in Abbildung 13-7 und wandeln Sie sie dann in einen Eigenen Block namens **Greifen** um. (Wählen Sie außerdem passende Symbole aus, die es leicht machen zu erkennen, was die Blöcke tun.)

Abbildung 13-8: Die Konfiguration der Blöcke im Eigenen Block Loslassen

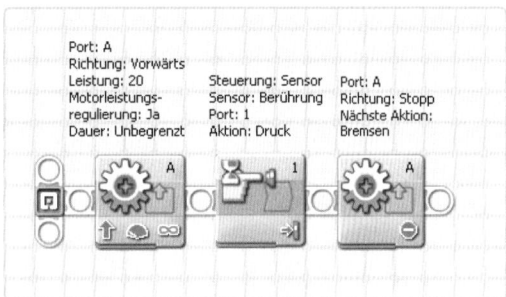

Abbildung 13-7: Die Konfiguration der Blöcke im Eigenen Block Greifen

Eigener Block 2: Loslassen

Der nächste Eigene Block senkt den Robotergreifer ab und öffnet die Finger, um das Objekt loszulassen.

Sie sollten diesen Block nur dann verwenden, wenn sich der Greifer schon oben befindet (wegen des Eigenen Blocks **Greifen**). Auch wenn nur ein Block erforderlich ist, um ein Objekt loszulassen, erstellen Sie einen Eigenen Block für die Aktion, damit das Hauptprogramm besser verständlich ist. Konfigurieren Sie die Blöcke so wie in Abbildung 13-8 und wandeln Sie sie dann in einen Eigenen Block namens **Loslassen** um.

Eigener Block 3: Objekt finden

Abbildung 13-9 zeigt, wie der Grabscher Objekte findet. Beim Lokalisieren von Objekten sucht der Grabscher nach dem nächstliegenden Objekt in Reichweite, während er sich nach rechts dreht. Danach dreht er sich in umgekehrter Richtung dorthin, wo er das nächstliegende Objekt erkannt hat. Wenn der Grabscher diesen Block ausgeführt hat, sollte er dem Objekt zugewandt sein.

Während sich der Roboter um 180 Grad dreht, misst der Ultraschallsensor laufend den Abstand. Der geringste gemessene Wert ist der Abstand zum Objekt. Speichern Sie ihn in einer Variable namens *Nächste*. Sie setzen den Anfangswert von *Nächste* auf **256** (cm), da der Sensor keine größeren Entfernungen messen kann. Immer wenn der Sensor einen Abstand misst, der kleiner ist als der Wert von *Nächste*, wird der alte Wert verworfen und der neue Messwert des Sensors gespeichert. Auf diese Weise merkt sich der Roboter nur den Wert der nächstliegenden Messung.

Die Werte der Drehsensoren der Motoren ändern sich, während sich der Roboter dreht. Da der Roboter wissen muss, *wo* er das nächstliegende Objekt gesehen hat, speichern Sie den Wert des Drehsensors von Motor C immer dann in einer Variable namens *Richtung*, wenn *Nächste* einen neuen Wert bekommt. Am Ende sollte die Variable Richtung den Wert enthalten, den der Drehsensor gemessen hat, als der Roboter das nächstliegende Objekt gesehen hat. Nach einer Drehung um 180 Grad dreht sich der Grabscher

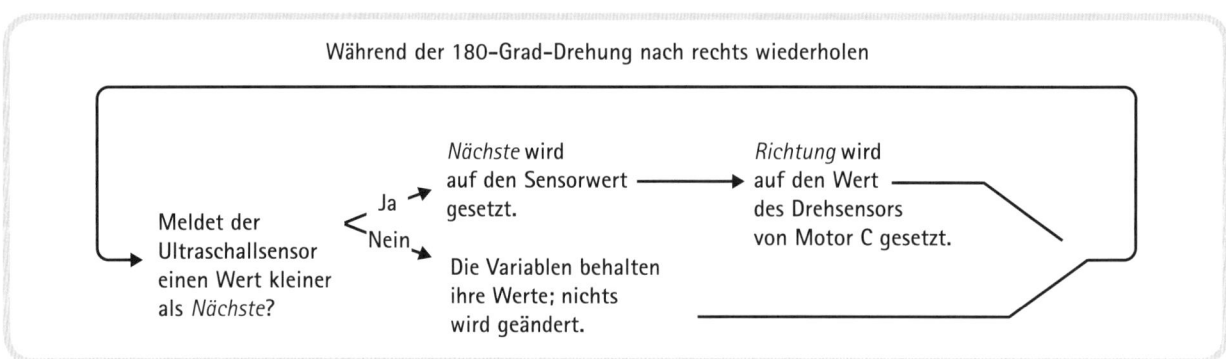

Abbildung 13-9: Das nächstliegende Objekt in Reichweite finden

nach links und hält dann an, wenn der Wert des Drehsensors der Variablen *Richtung* entspricht. Wenn er anhält, sollte der Roboter genau auf das Objekt zeigen und jetzt darauf zufahren und es greifen können.

Definieren Sie zwei Variablen namens *Nächste* und *Richtung* (beide numerisch), konfigurieren Sie wie in Abbildung 13-10 bis 13-12 die notwendigen Blöcke, um Objekte zu finden, und wandeln Sie sie in einen Eigenen Block namens **Objekt suchen** um.

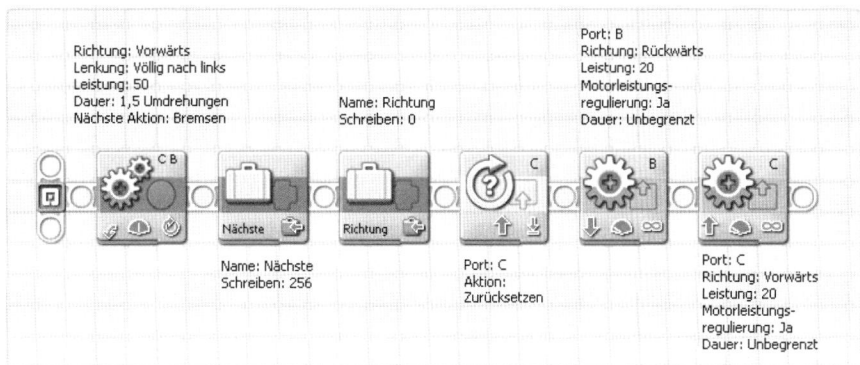

Abbildung 13-10: Mit diesen Blöcken findet der Grabscher Objekte. Der Roboter dreht sich nach links, initialisiert die Variablen, stellt den Drehsensor für Motor C auf null und beginnt sich nach rechts zu drehen.

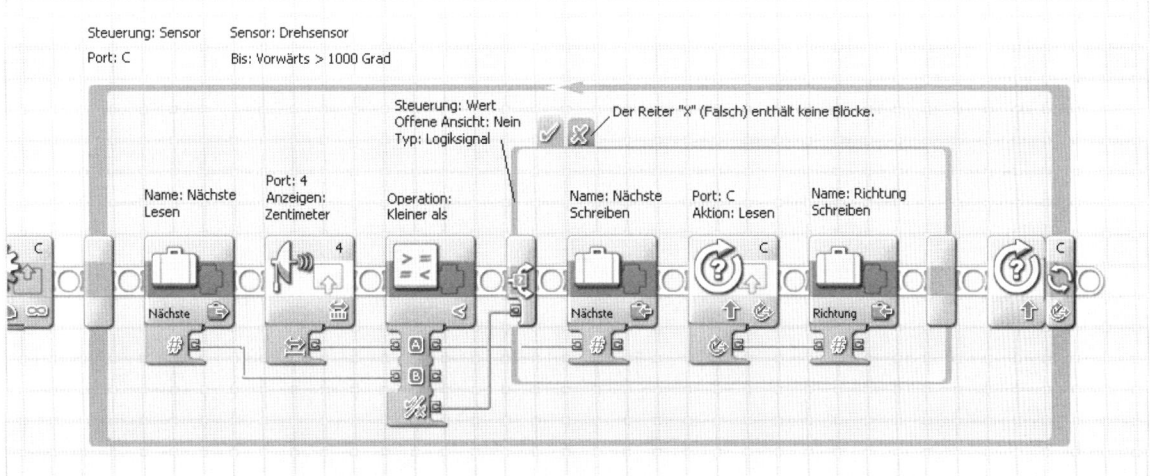

Abbildung 13-11: Diese Blöcke übernehmen die Suche nach Objekten, wie in Abbildung 13-10 beschrieben wird.

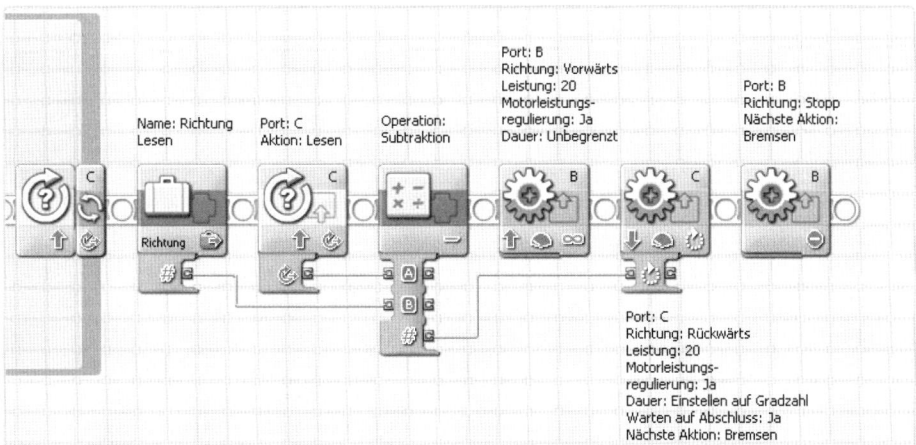

Abbildung 13-12: Wenn die Suche abgeschlossen ist, drehen diese Blöcke den Roboter in die Richtung, in der er das nächstliegende Objekt erspäht hat.

Eigener Block 4: Zum Objekt

Dieser Block bewegt den Grabscher näher an das gefundene Objekt heran. Dabei berücksichtigt er den vorher gemessenen Abstand. Ist das Objekt weit weg, fährt der Grabscher eine größere Strecke, als wenn es schon nah ist. Um das zu erreichen, multipliziert ein Matheblock den Wert der Variable *Nächste* mit 45 und überträgt das Ergebnis an die Dauer-Einstellung im Bewegungsblock. So würde ein gemessener nächster Abstand von 10 cm den Roboter mit Motordrehungen von insgesamt 450 Grad näher an das Objekt heranrücken, eine Messung von 5 cm aber nur mit 225 Grad Motordrehungen.

Konfigurieren Sie die benötigten Blöcke für diese Bewegung wie in Abbildung 13-13 gezeigt und wandeln Sie sie in einen Eigenen Block namens **Zum Objekt** um.

Eigener Block 5: Sage Farbe

Dieser Eigene Block spielt einfach je nach der erkannten Objektfarbe eine Klangdatei ab (z.B. »Red«). Diesen Block haben Sie vielleicht schon erstellt. Wenn nicht, dann folgen Sie den Anweisungen in Abbildung 7-16, um ihn zu erstellen, oder laden Sie ihn von der Begleitwebsite herunter.

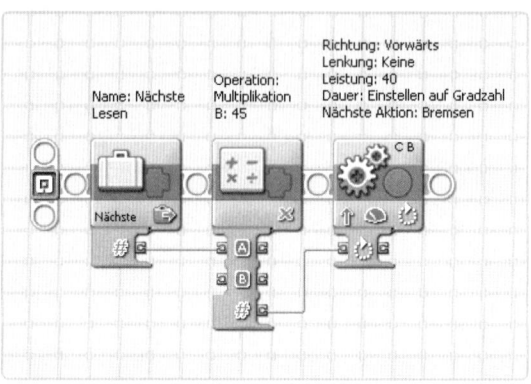

Abbildung 13-13: Die Konfiguration der Blöcke im Eigenen Block Näher kommen. Um **Nächste** *im Variablenblock auswählen zu können, müssen Sie diese Variable erneut definieren.*

Das Programm fertigstellen

Nachdem Sie vier Eigene Blöcke angelegt haben, können Sie sie benutzen, um das Hauptprogramm (gezeigt in Abbildung 13-6) zu erstellen, mit dem der Grabscher Objekte eigenständig finden, greifen, hochheben und bewegen kann. Die Abbildungen 13-14 und 13-15 zeigen Ihnen, wie Sie das Programm fertigstellen.

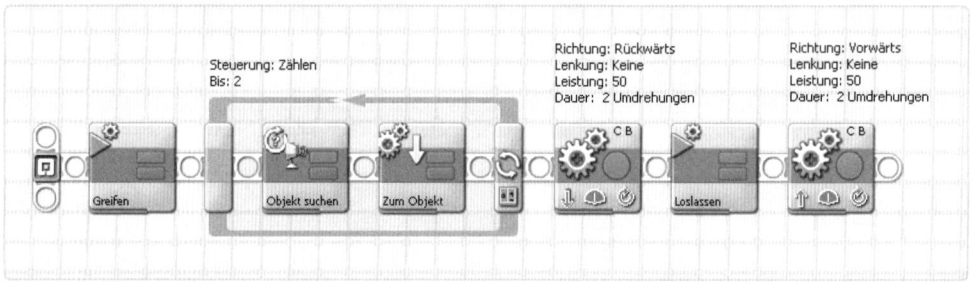

Abbildung 13-14: Bevor der Grabscher nach Objekten sucht, hebt er den Greifer an (mit dem Greifen-Block), damit die Sicht des Ultraschallsensors nicht blockiert wird. Nach der Suche und bevor ein Objekt gegriffen wird, senkt er den Greifer (Loslassen). Die Bewegungsblöcke verhindern, dass der Grabscher ein Objekt zerquetscht, wenn es abgesetzt wird.

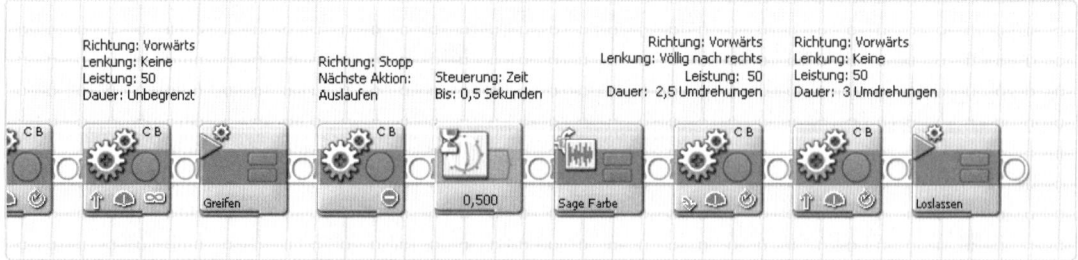

Abbildung 13-15: Der nächste Schritt ist, Objekte zu greifen. Um sicherzustellen, dass sich das Objekt zwischen den Roboterfingern befindet, bewegt sich der Grabscher vorwärts, während er zugreift. Nun ermittelt er die Objektfarbe und setzt es an einer anderen Stelle ab.

Fehlersuche beim Grabscher

Wenn das Programm des Grabschers nicht richtig funktioniert, konfigurieren Sie die Blöcke noch einmal sorgfältig, oder laden Sie das Programm von der Begleitwebsite herunter (und analysieren Sie es).

Wenn der Greifarm am Grabscher nicht richtig funktioniert, haben Sie einige LEGO-Bauteile vielleicht zu fest verbunden. Versuchen Sie das in Abbildung 13-16 gezeigte graue Teil zu entfernen, um etwas Platz um das dunkle Gestänge herum zu schaffen, das mit der Achse verbunden ist.

Abbildung 13-16: Entfernen Sie das hier gezeigte Teil und schaffen Sie etwas Platz um das hervorgehobenen dunkelgraue Teil, wenn der Greifarm des Grabschers beim Greifen klemmt.

Zum Erforschen und Ausprobieren

Sie haben jetzt einen der kompliziertesten Roboter dieses Buchs fertiggestellt. Herzlichen Glückwunsch! Nachdem Sie mit dem Bau und der Programmierung fertig sind, suchen Sie vielleicht nach weiteren Aufgaben für den Grabscher. Mit den folgenden Aufgaben können Sie Ihre Programmier- und Baukenntnisse weiter vertiefen.

HINWEIS Der Grabscher wurde eigens für die Objekte entworfen, die Sie in diesem Kapitel verwendet haben. Sie können ihn aber leicht umbauen, so dass er alles greifen kann, was Sie möchten – solange es nicht zu schwer ist. Als ersten Schritt entfernen Sie die orangefarbigen gezahnten Teile vom Greifer und verlängern die Finger mit zusätzlichen LEGO-Steinen.

ENTDECKUNGSAUFGABE 67: ICH HASSE BLAU!

Schwierigkeitsgrad: Mittel

Verändern Sie das Grabscher-Programm so, dass er bestimmte Objekte nicht mag. Wenn er ein blaues Objekt erwischt, soll er es weit entfernt ablegen und sich ein neues Objekt suchen. Wenn er eine andere Farbe findet, soll das Programm »Ja« sagen und sofort anhalten.

ENTDECKUNGSAUFGABE 68: LICHT IN EINER ECKE!

Schwierigkeitsgrad: Für Tüftler

In diesem Kapitel haben Sie den Grabscher so programmiert, dass er nach dem nächstliegenden Objekt sucht. Erstellen Sie nun ein Programm, das den Farbsensor im Licht-Modus nutzt, um die hellste Lichtquelle in Ihrem Zimmer zu finden. Versuchen Sie ein Programm zu erstellen, das Lampen auf dem Boden ansteuert. Wenn er eine findet, soll der Roboter anhalten und einen Ton abspielen.

BAUAUFGABE 13: EIN TISCHREINIGER!

Bauen Sie den Greifarm vom Grabscher ab, so dass nur noch das Fahrgestell übrig bleibt, positionieren Sie den Roboter dann auf dem Tisch und bauen Sie Antennen, damit der Roboter erkennt, dass er an die Tischkante kommt. Wenn der Roboter sich der Tischkante nähert, soll er sich umdrehen und weiterfahren, bis er zur nächsten Tischkante kommt. Wie konstruieren Sie den Roboter so, dass er nie vom Tisch fällt? Es macht noch mehr Spaß, wenn Sie mit dem dritten NXT-Motor ein Feger-Modul bauen, das alle LEGO-Teile vom Tisch fegt!

14
LEGO-Stein-Sortierer – nach Farbe und Größe sortieren

LEGO MINDSTORMS NXT 2.0 enthält eine Bauanleitung für einen Roboter, der die farbigen Bälle im Kasten sortieren kann. In diesem Kapitel gehen wir ein wenig weiter und bauen und programmieren einen Sortierroboter, der Größe und Farbe unterscheiden kann. Der LEGO-Stein-Sortierer kann normale Steine (2x4 Noppen) von kleineren Steinen unterscheiden (2x2 Noppen) und die Farben Rot, Grün, Gelb und Blau erkennen, wie in Abbildung 14-1 gezeigt. Er legt jede Art von Stein in einen anderen Behälter oder auf einen anderen Haufen, wie die Abbildung zeigt.

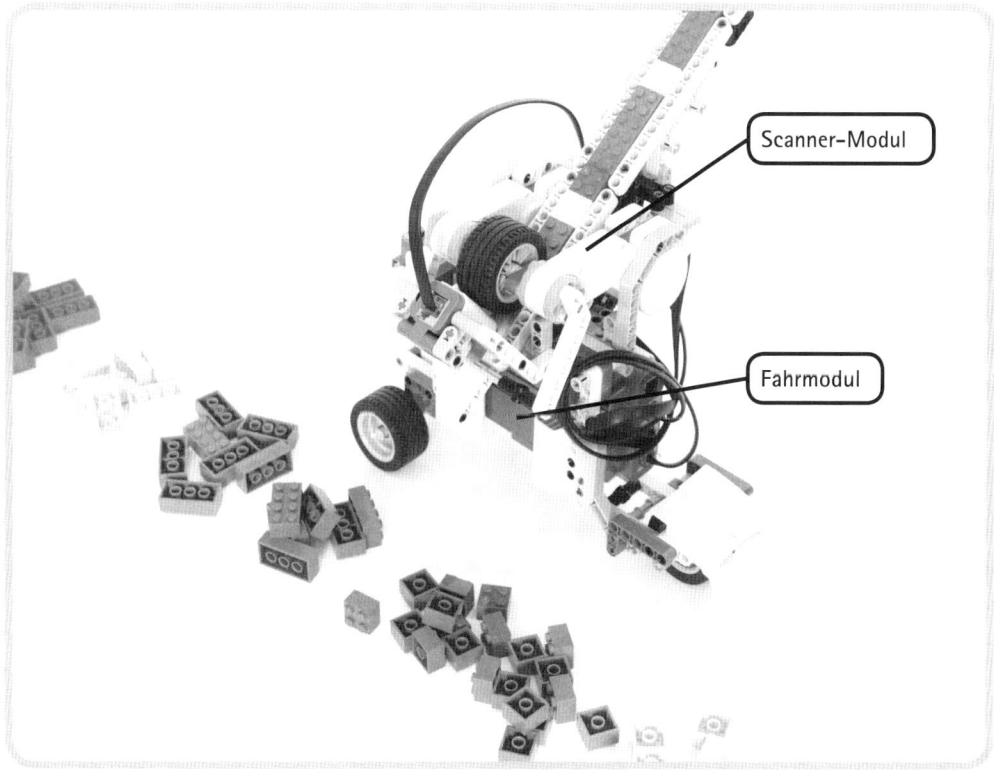

Abbildung 14-1: Der LEGO-Stein-Sortierer sortiert Steine nach Größe und Farbe.

Wie das Sortieren funktioniert

Der Sortierer besteht aus zwei Modulen, wie in Abbildung 14-1 gezeigt: dem *Scanner-Modul*, das die Größe und Farbe der Steine erkennt, und dem *Fahr-Modul*, das den Roboter auf den richtigen Behälter zubewegt, um den Stein darin abzulegen.

Das Fahr-Modul

Das Fahr-Modul steuert den Roboter zu unterschiedlichen Behältern, bevor er die Steine durch eine Bewegung des *Servomotors* wie in Abbildung 14-2 ablegt. Der Drehsensor des Motors gibt dem NXT Rückmeldung, wie der Roboter ausgerichtet ist.

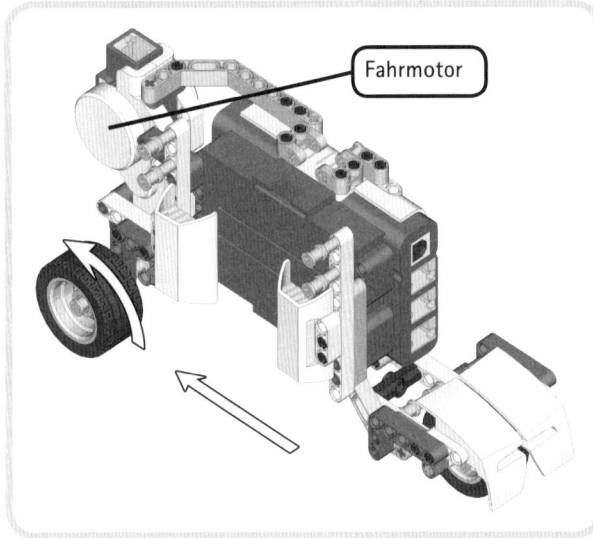

Abbildung 14-2: Das Motor bewegt den Roboter auf gerader Linie zwischen den verschiedenen Behältern vor und zurück. Die Pfeile zeigen, was passiert, wenn sich der Motor vorwärtsdreht.

Das Scanner-Modul

Das Scanner-Modul erkennt Größe und Farbe eines LEGO-Steins und legt ihn ab, wenn der Roboter den richtigen Behälter erreicht hat. Vor dem Sortieren werden die Steine in der *Schütte* gesammelt und vom *Sortierrad* am Herunterrutschen gehindert, wie in Abbildung 14-3 gezeigt wird. Wenn sich das Sortierrad dreht, rutscht ein Stein die Schütte herunter, bis er vom *Steinhalter* aufgehalten wird. Jetzt ermittelt der Farbsensor die Farbe des Steins, der Steinhalter fährt nach oben, und der Stein fällt aus dem Sortierer in den passenden Behälter.

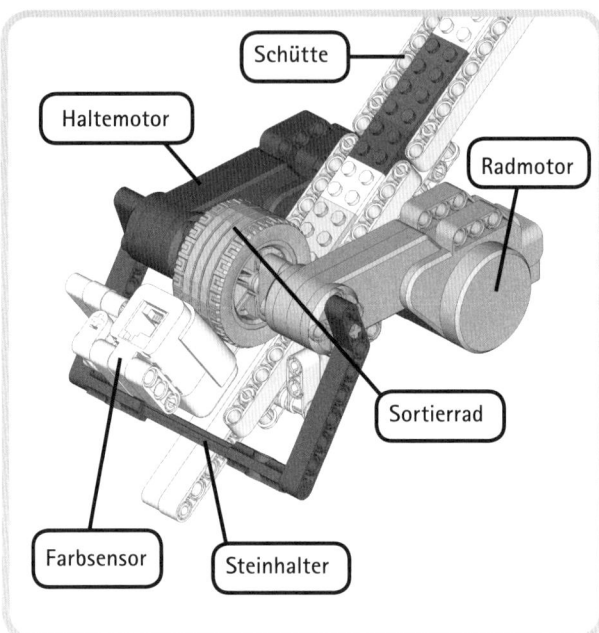

Abbildung 14-3: Das Scanner-Modul. Zur besseren Übersicht wurden einige Teile weggelassen.

Die Größe eines Steins ermitteln

Sie haben jetzt gelernt, wie der Sortierer die Farbe eines Steins erkennt, aber wie geht das mit der Größe? Das funktioniert, indem das Sortierrad misst, wie weit es sich drehen muss, damit ein Stein zum Farbsensor transportiert wird. Testläufe mit dem Sortierer haben gezeigt, dass sich der Radmotor (und damit das Sortierrad) um 46 Grad drehen muss, damit ein kleiner Stein (2x2 Noppen) zum Steinhalter transportiert wird. Ein großer Stein (2x4 Noppen) benötigt eine Drehung um 92 Grad, damit er am Sensor ankommt.

Um die Größe des Steins zu ermitteln, wird das Sortierrad zuerst um 46 Grad gedreht. Wenn Sie das machen und der Farbsensor einen Stein erkennt, wissen Sie, dass Sie einen kleinen Stein haben. Wenn nicht, ist es ein großer Stein. (Der Sensor weiß, dass er einen Stein sieht, wenn er keine weiße Schütte im Hintergrund erkennt.) Haben Sie einen großen Stein, dreht sich das Sortierrad um weitere 46 Grad, damit der Stein unter den Sensor gelangt, wie Abbildung 14-4 zeigt. Wenn der Sortierer weiß, um was für einen Stein es sich handelt, bewegt er sich zum richtigen Behälter. Dort wird der Steinhalter nach oben gefahren, so dass der Stein herausfällt.

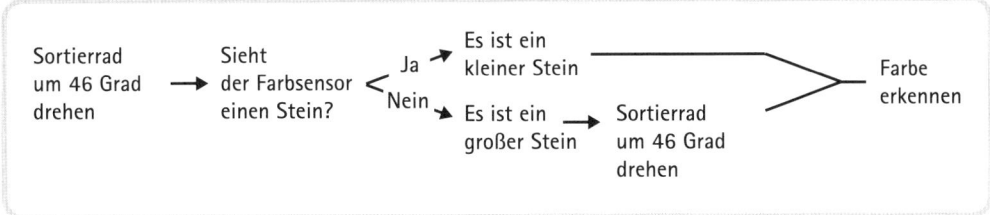

Abbildung 14-4: Die Größe und Farbe eines Steins erkennen

Den Sortierer aufbauen

Bevor Sie die Sortiermaschine bauen, stellen Sie die benötigten Bauteile aus Abbildung 14-5 zusammen. Wenn Sie alles zusammenhaben, bauen Sie den Roboter entsprechend der Anweisungen.

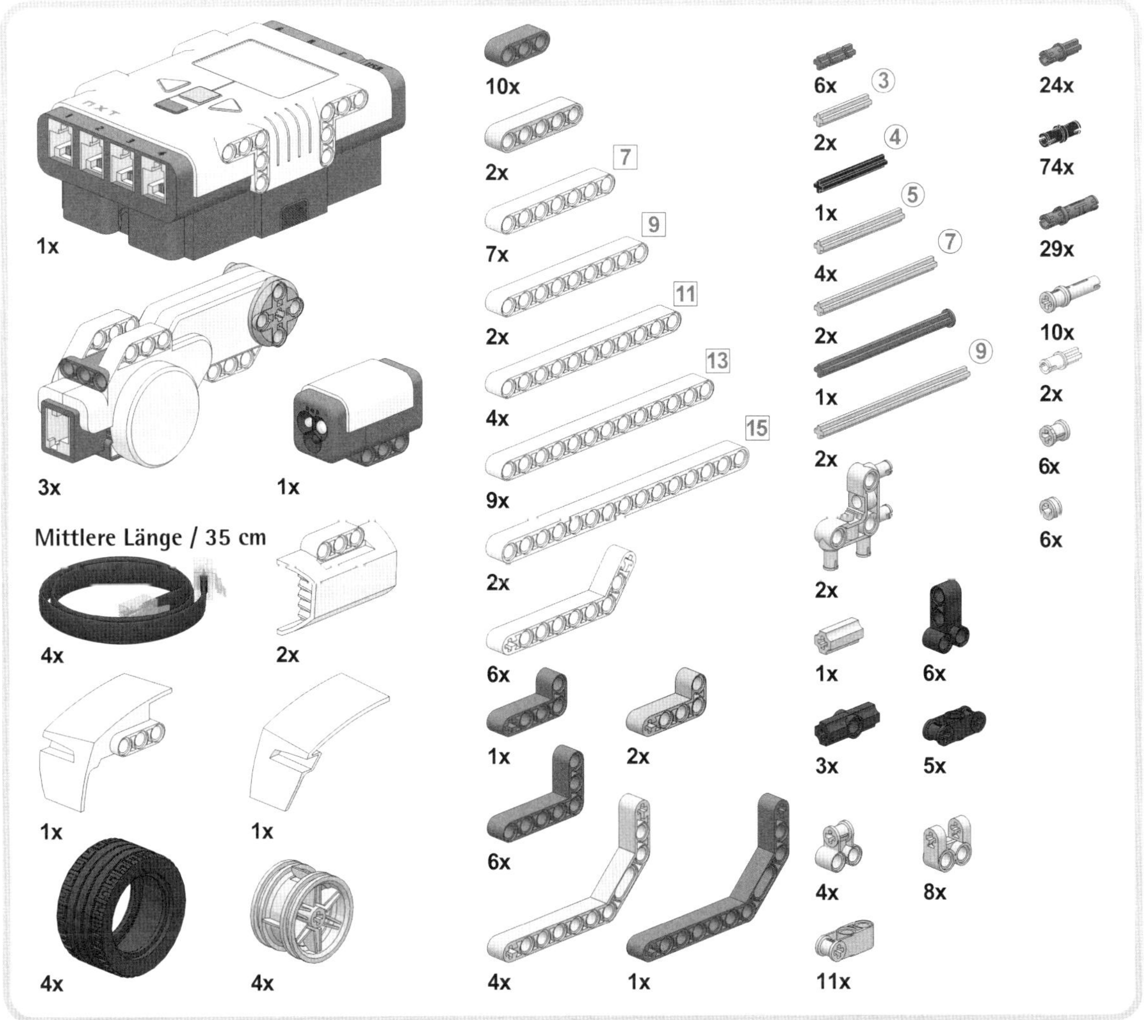

Abbildung 14-5: Die Bauteile für den LEGO-Stein-Sortierer

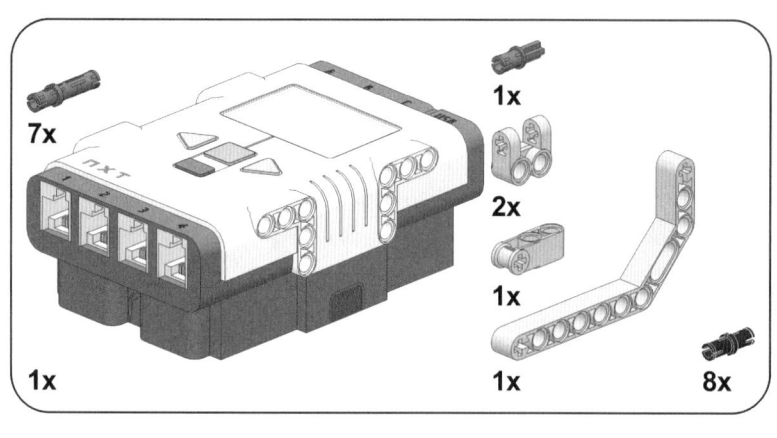

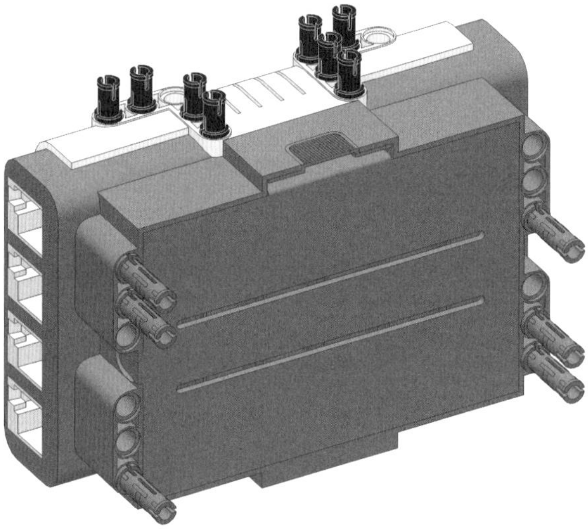

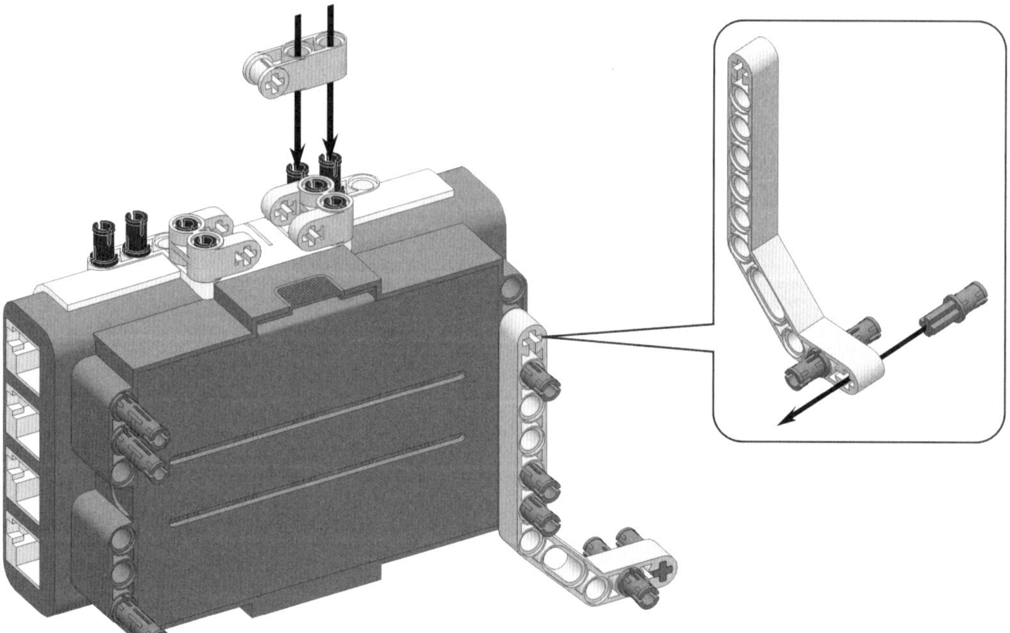

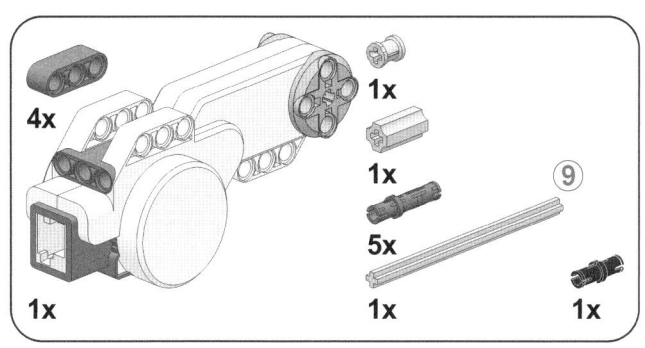

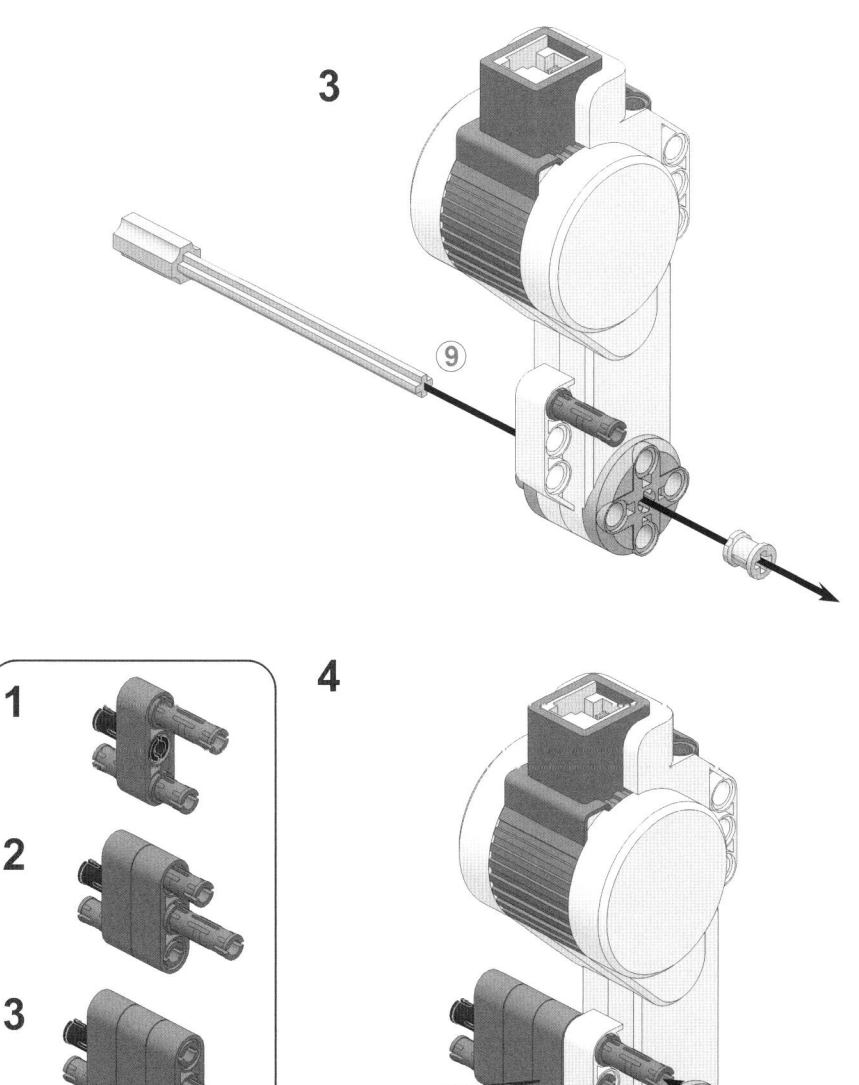

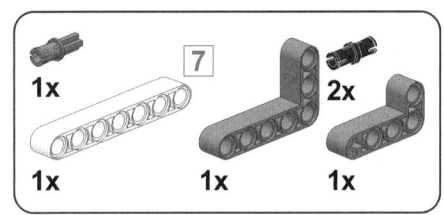

5

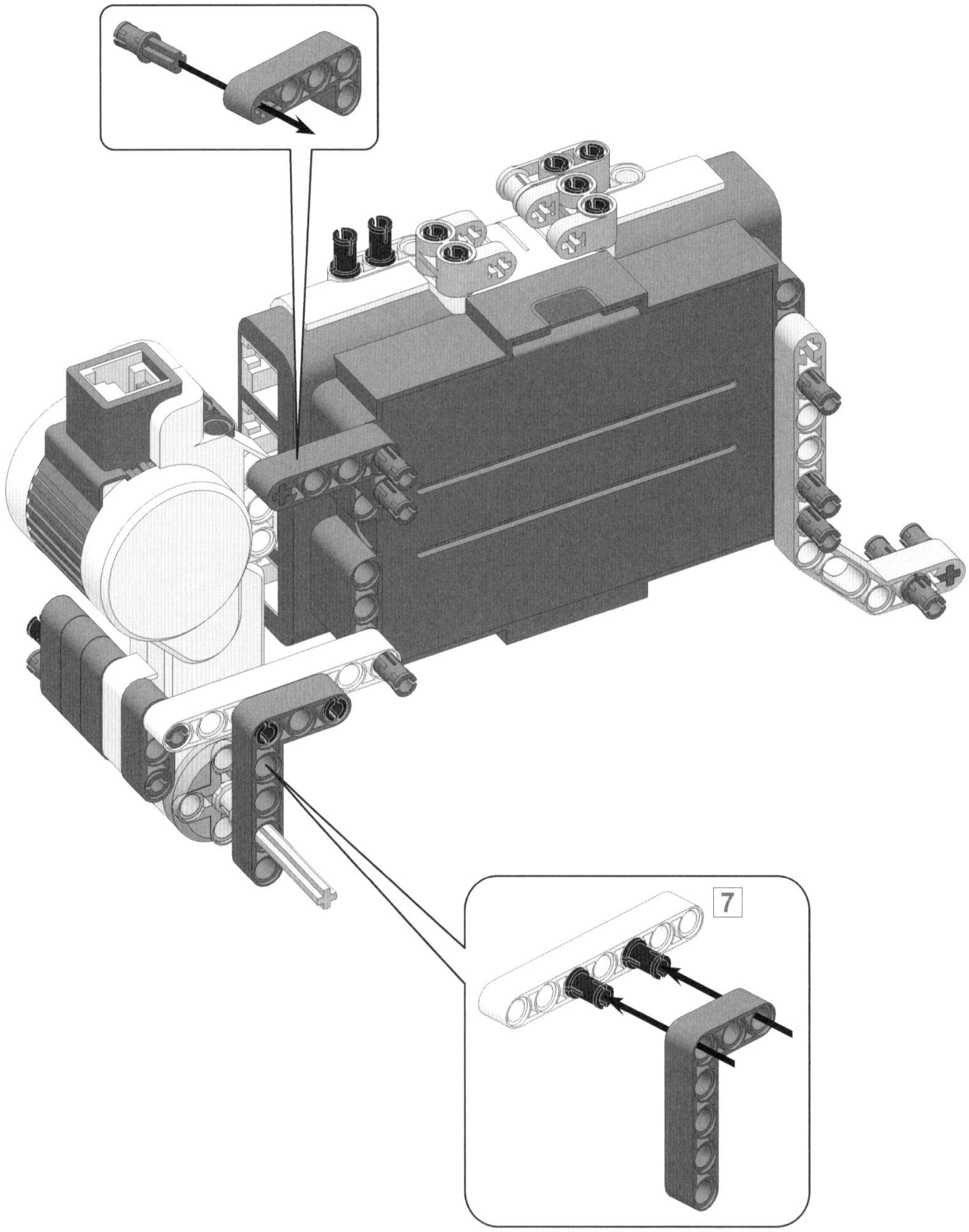

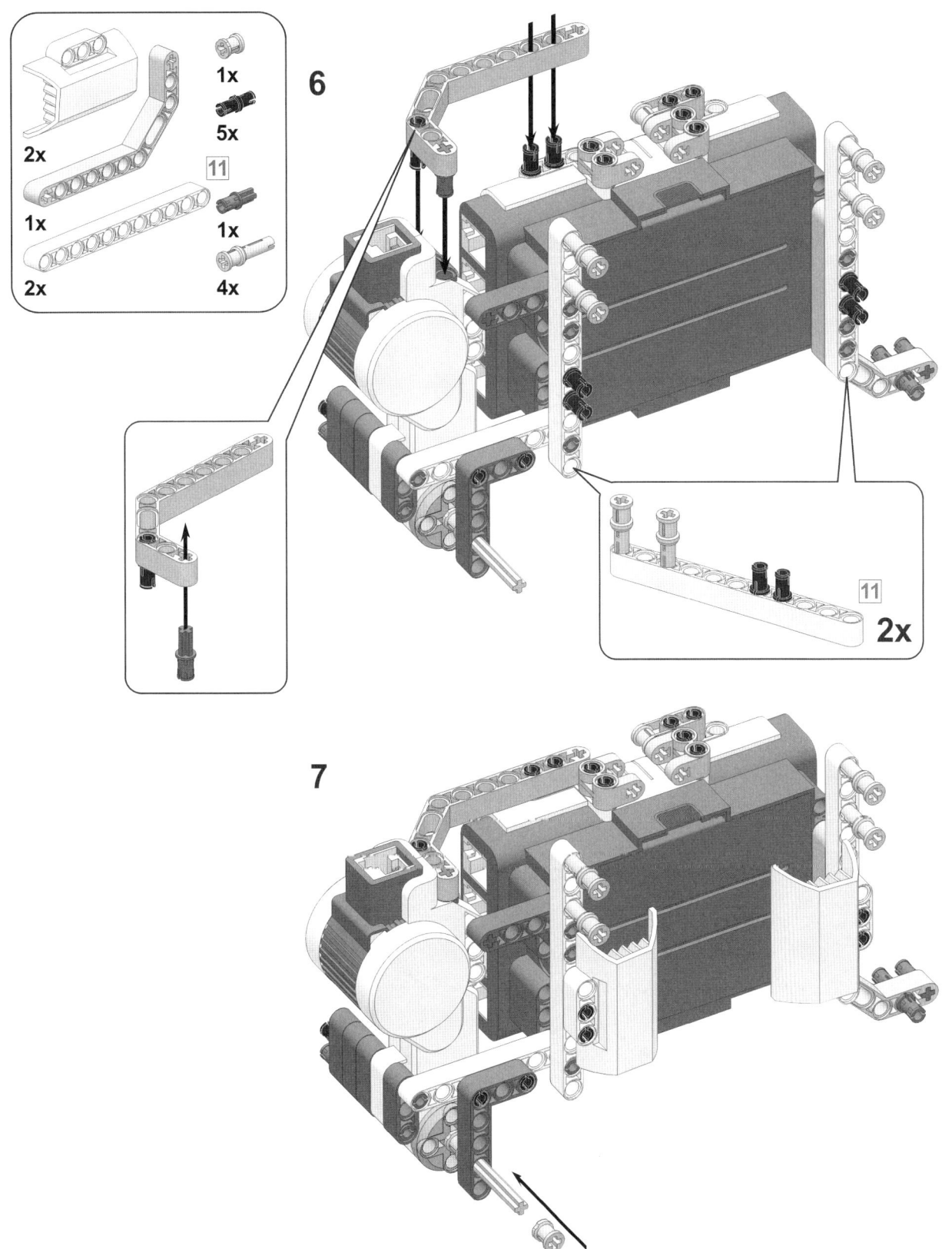

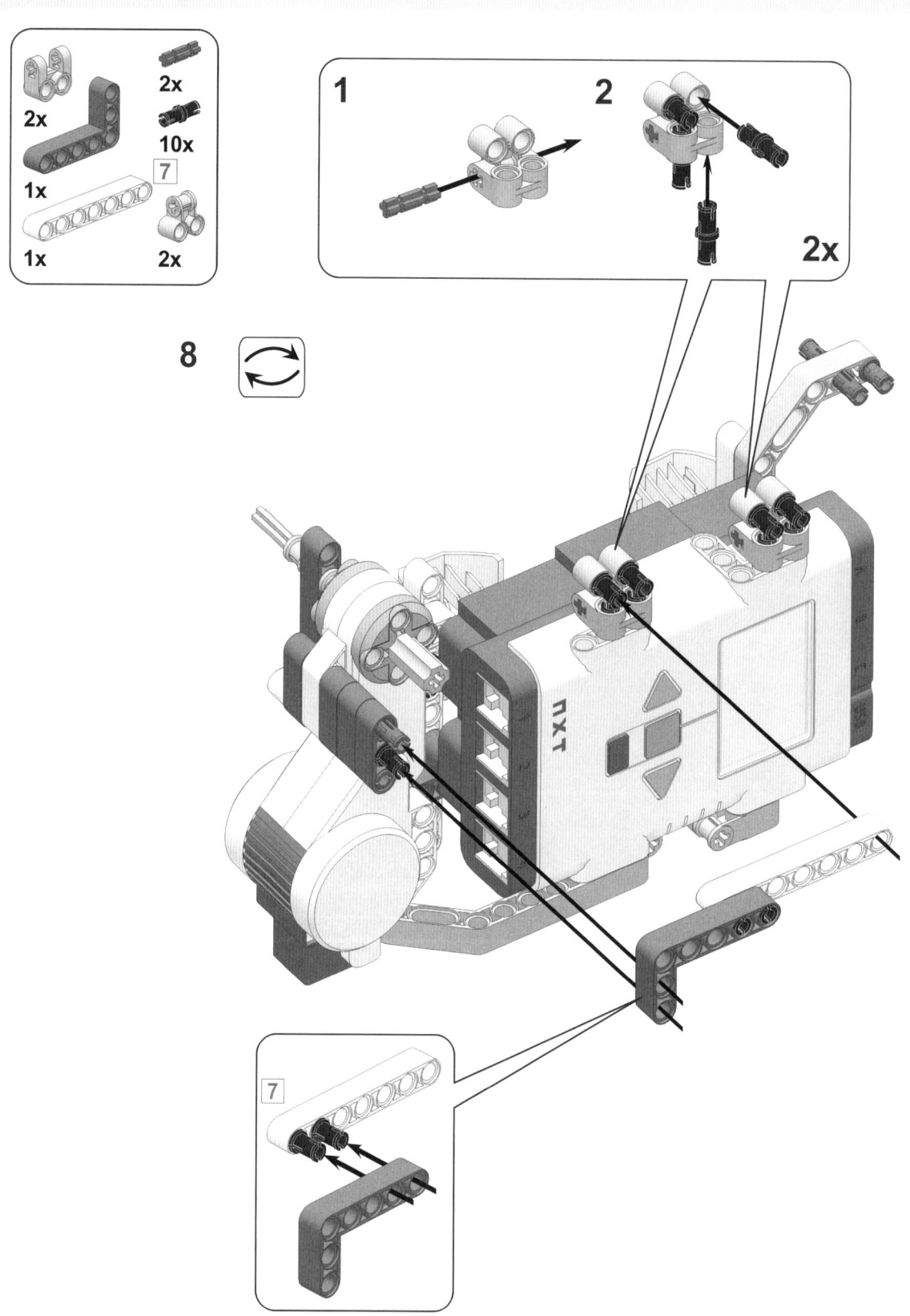

9

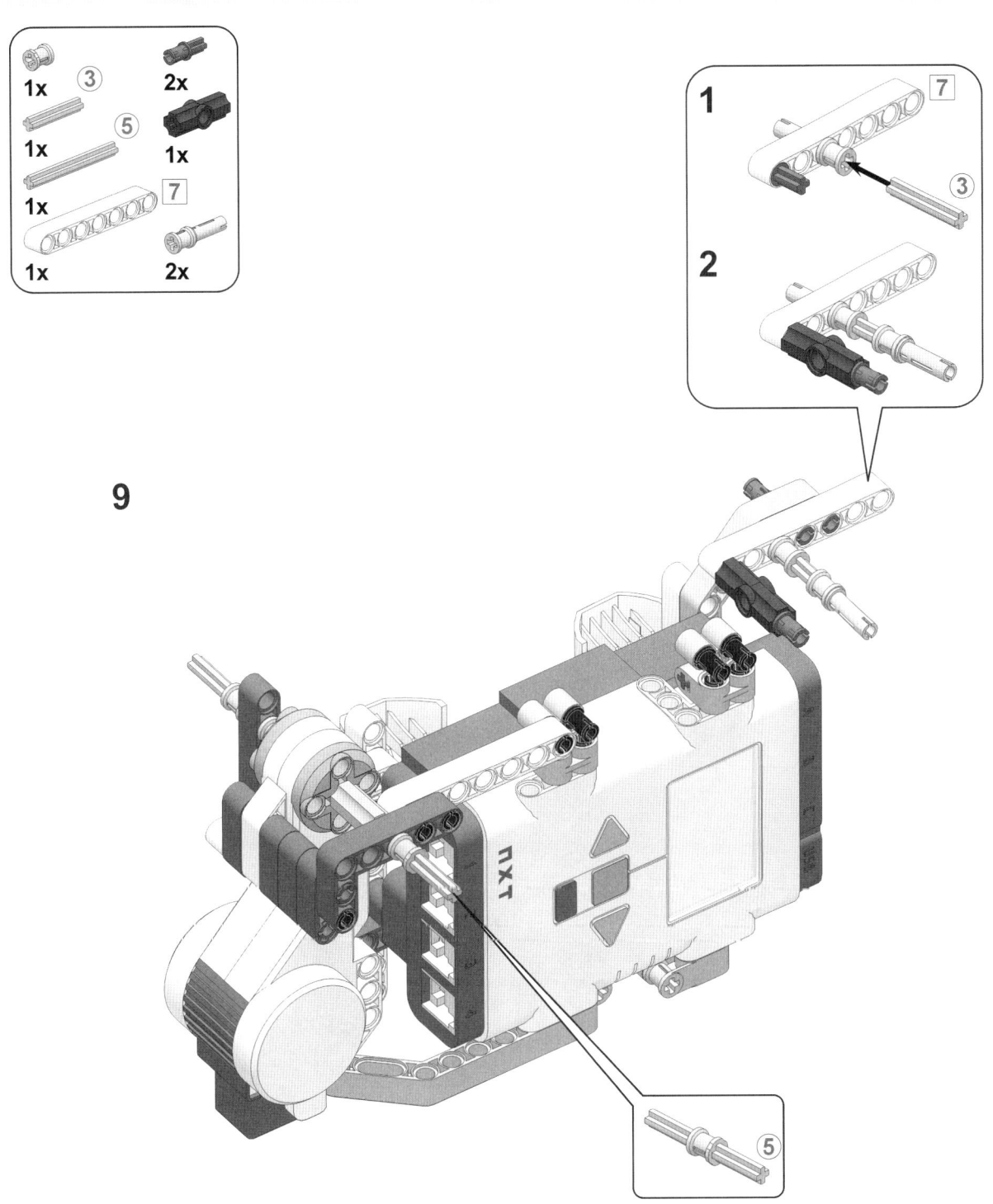

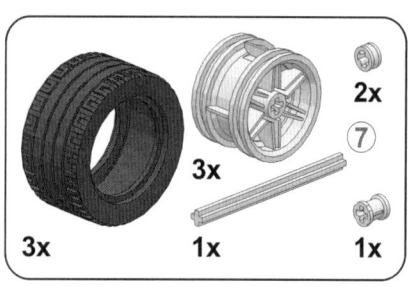

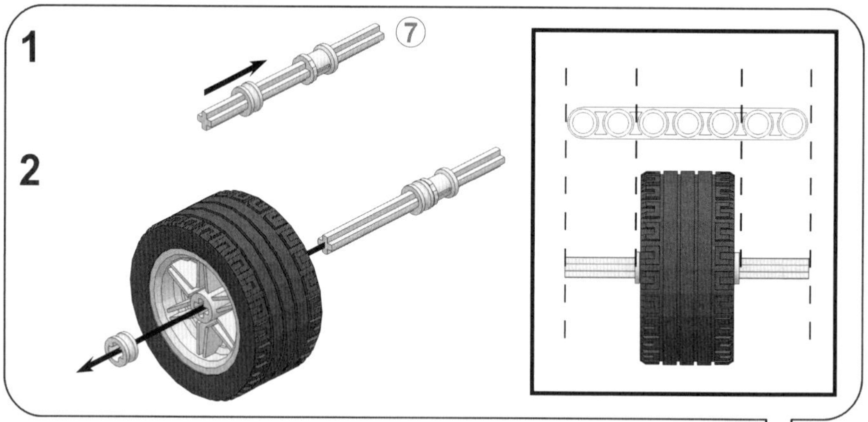

10

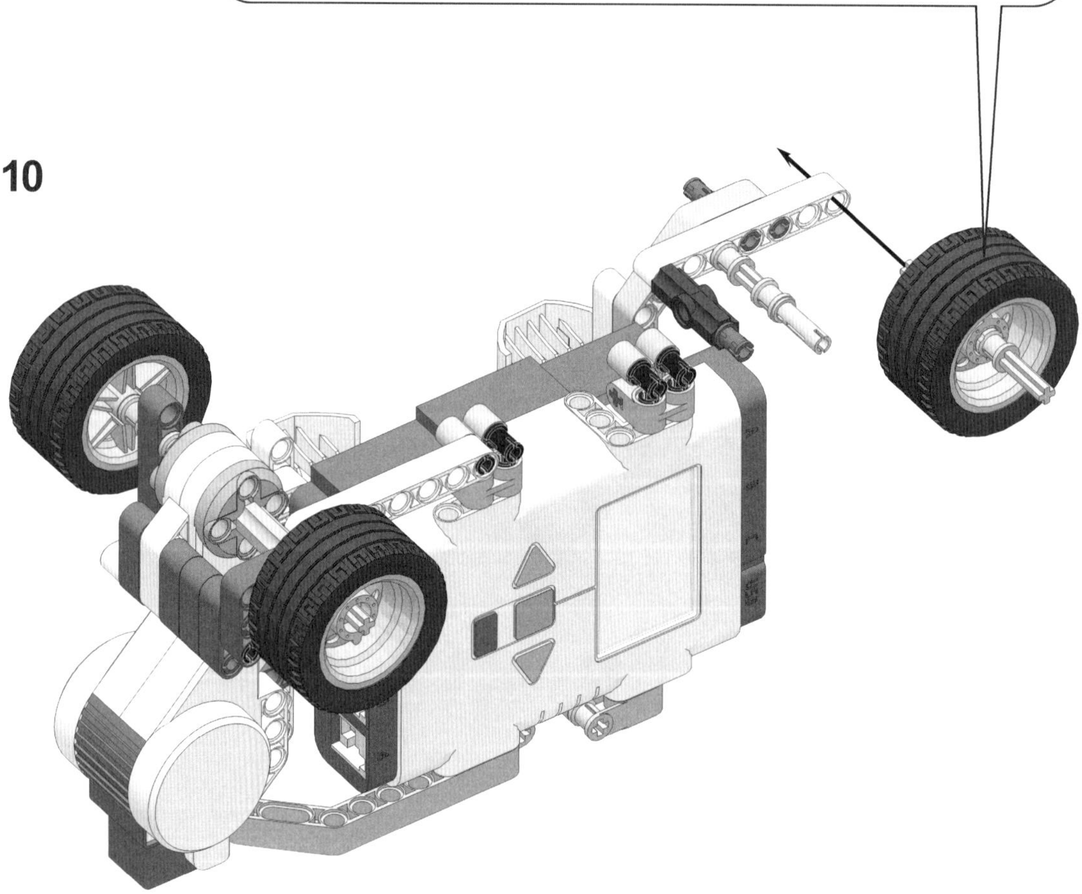

KAPITEL 14

11

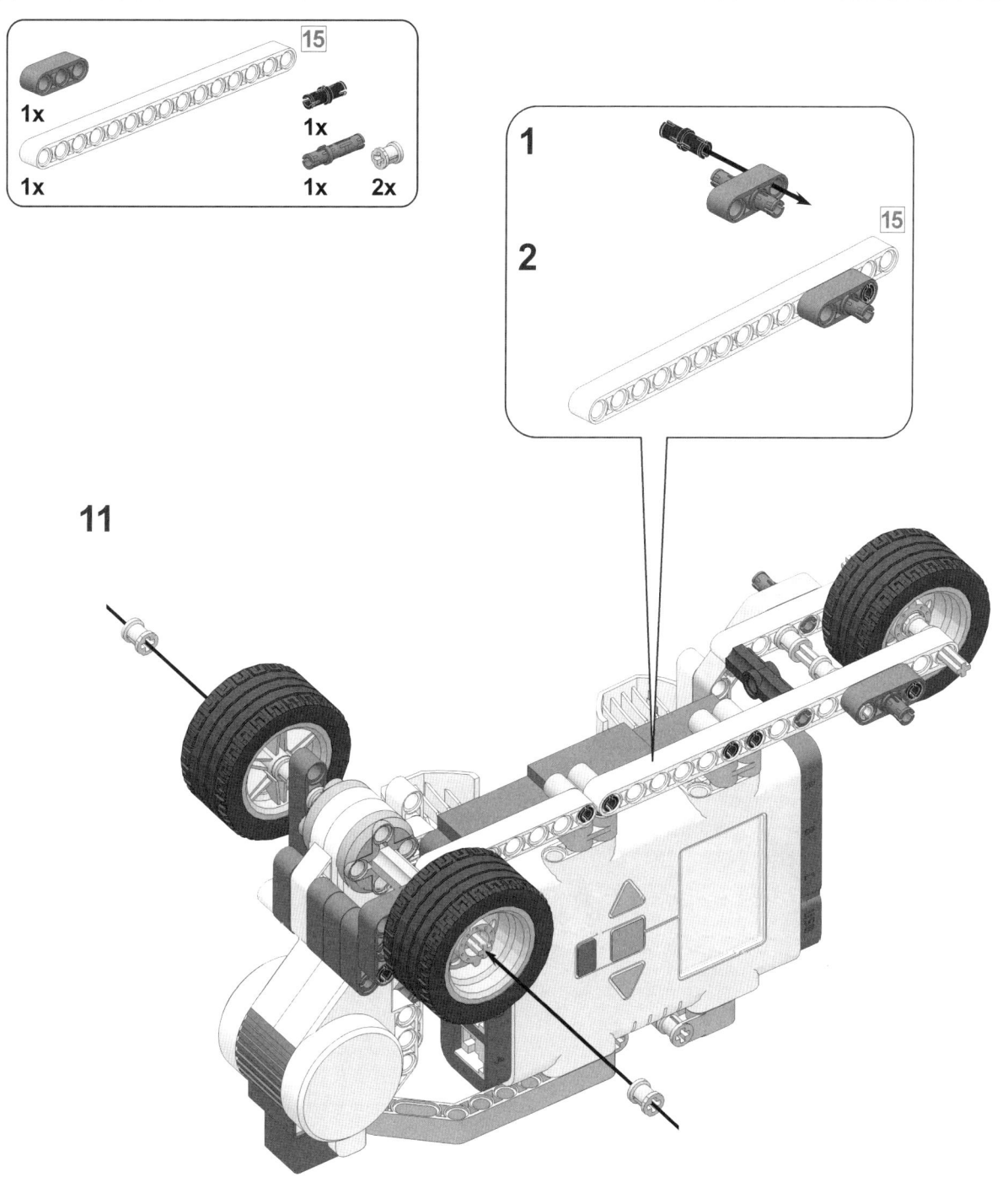

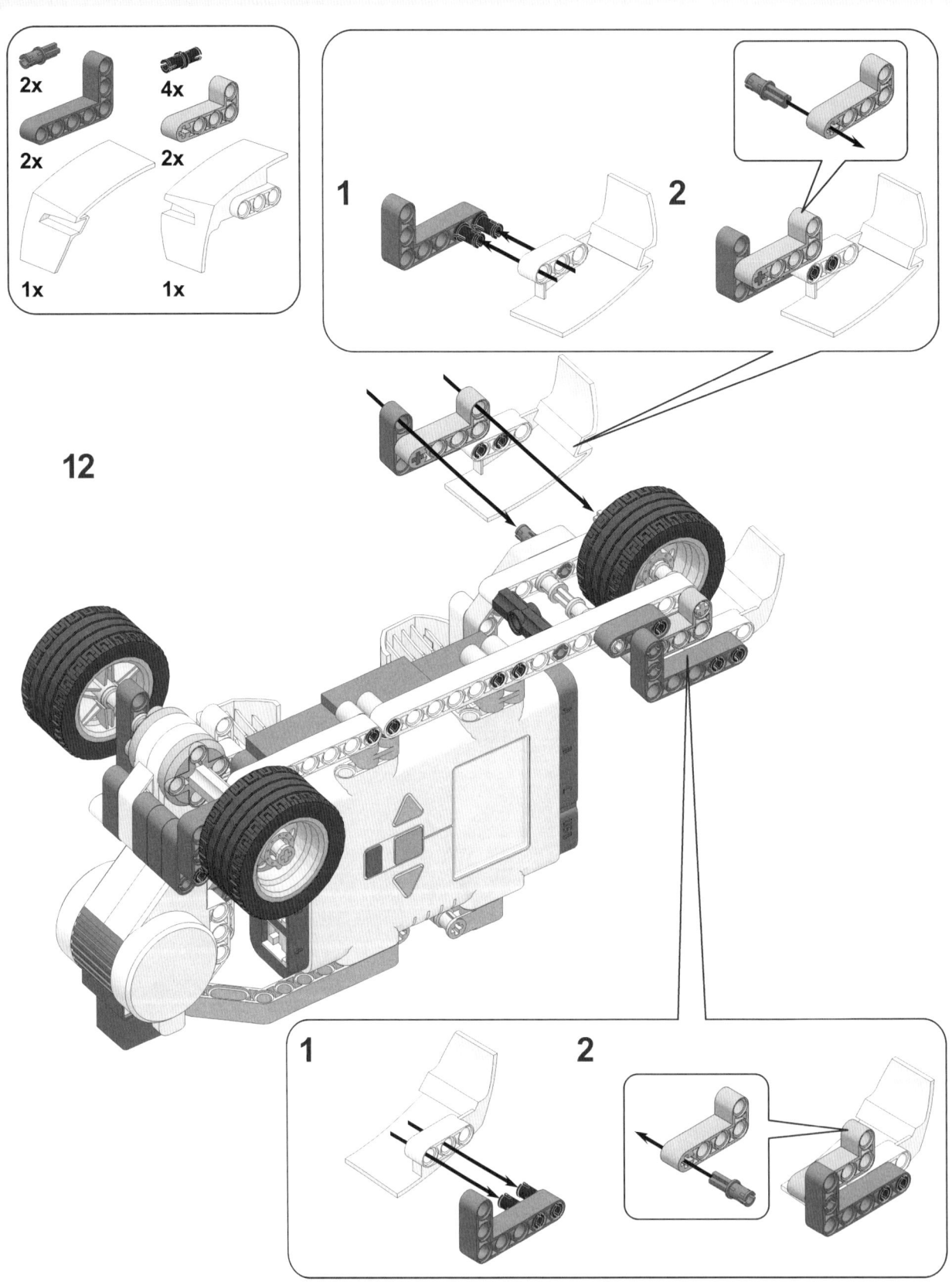

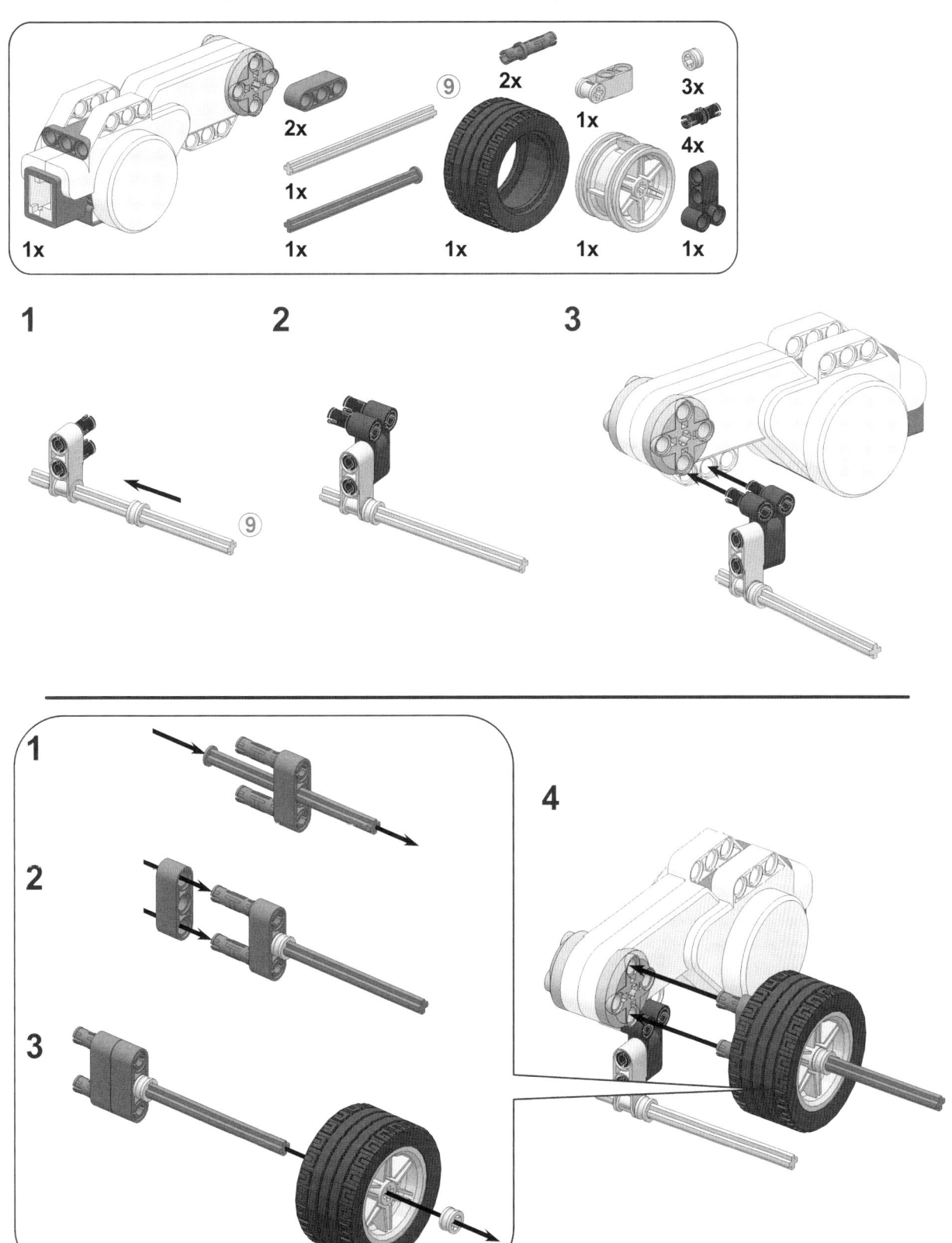

LEGO-STEIN-SORTIERER – NACH FARBE UND GRÖSSE SORTIEREN **249**

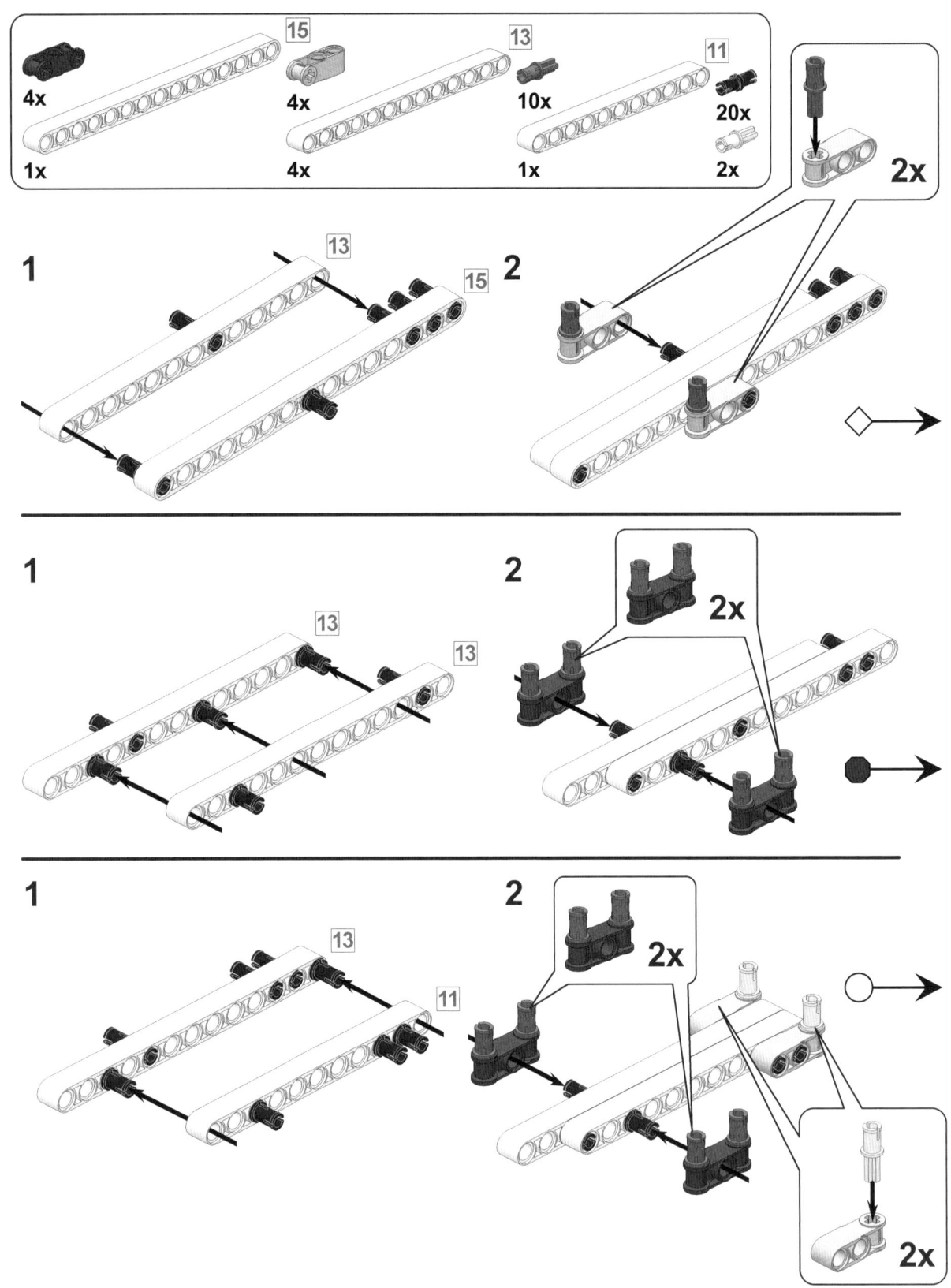

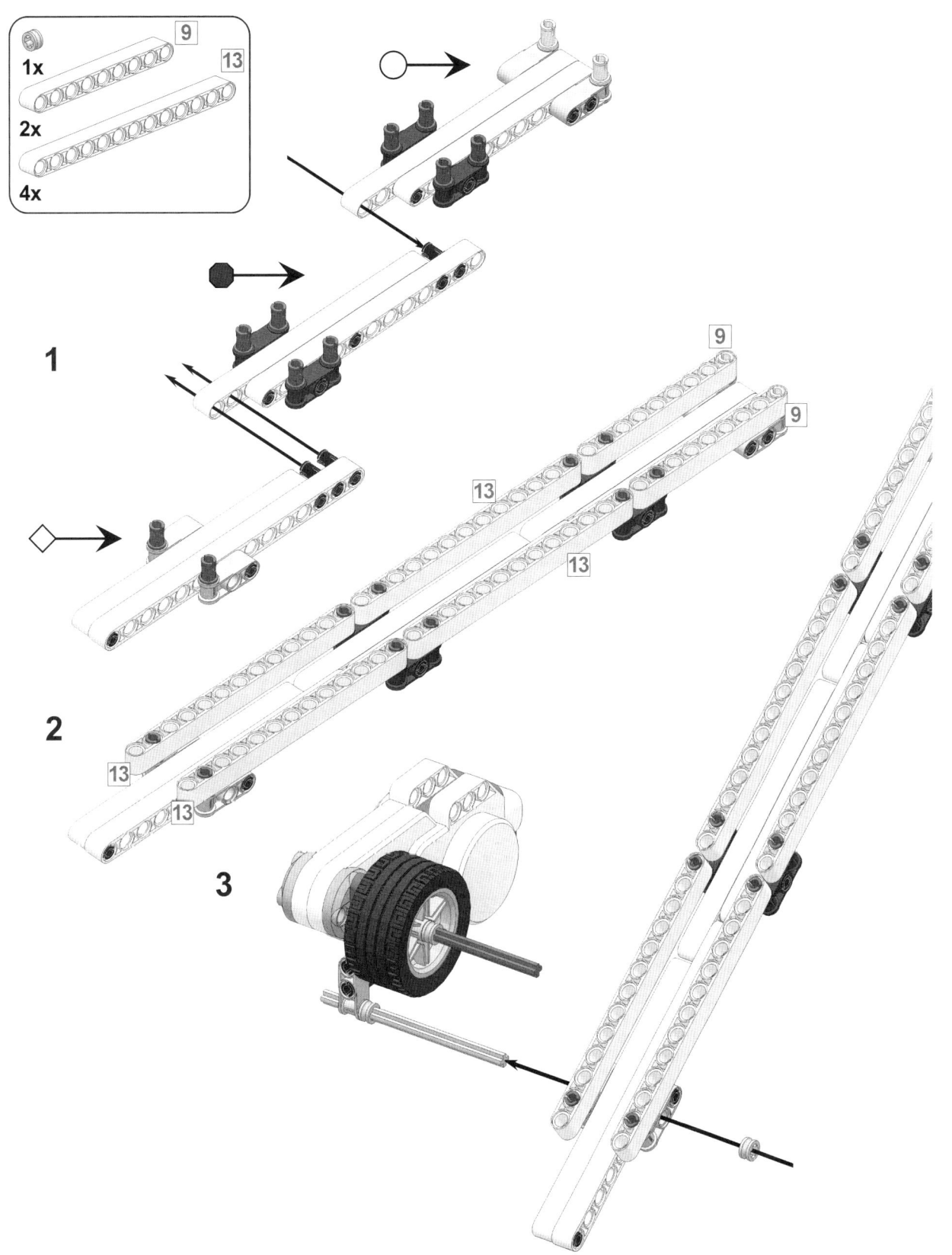

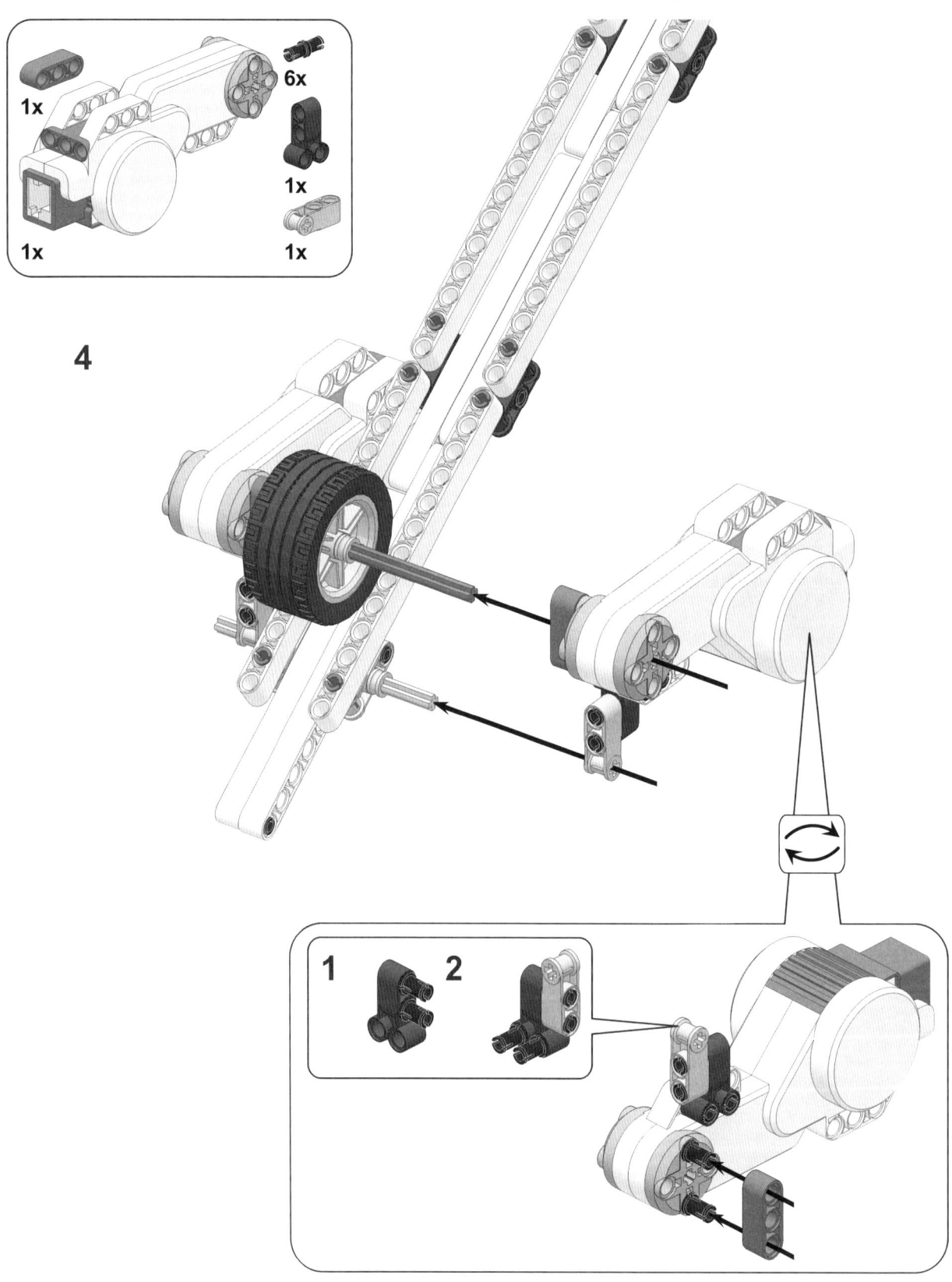

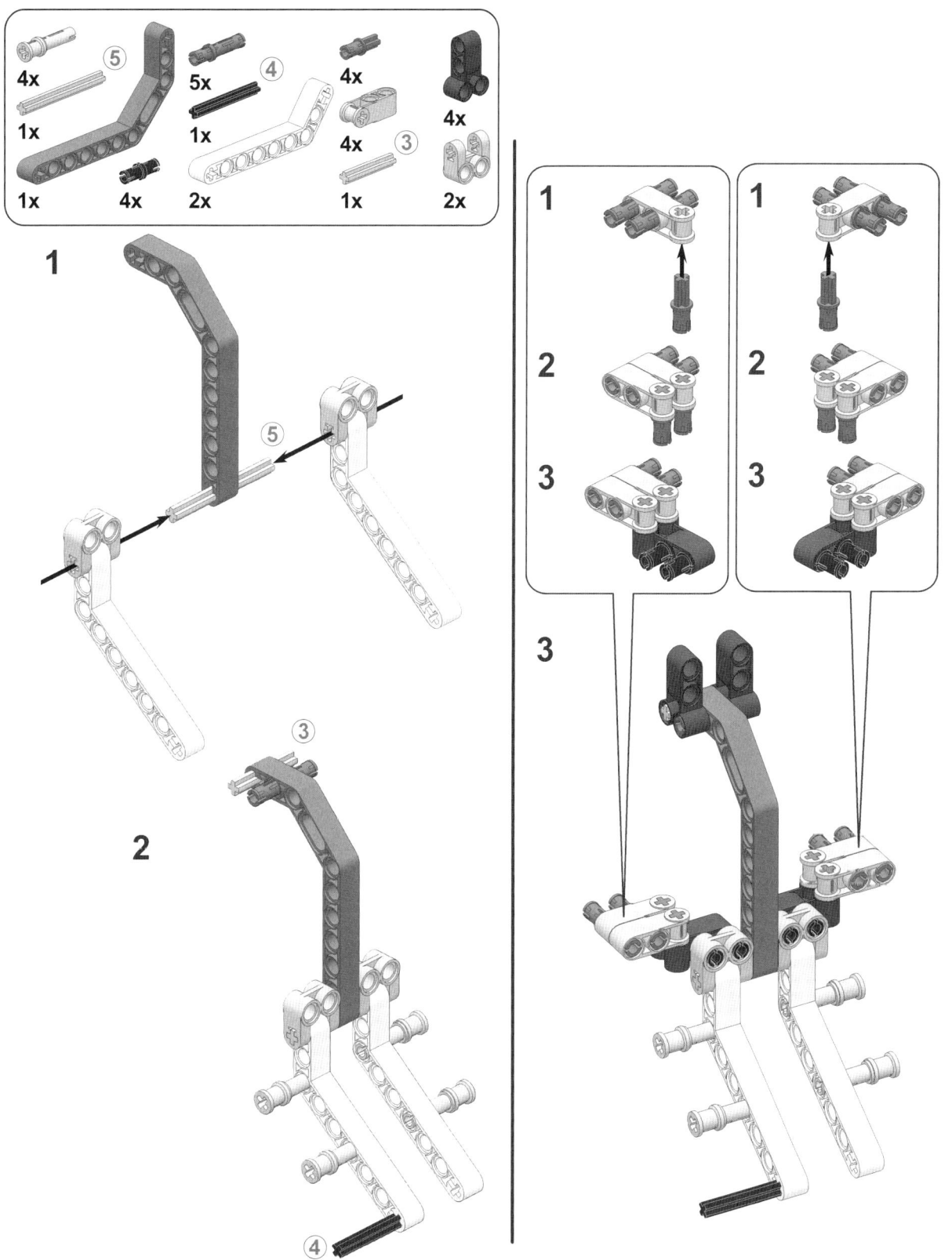

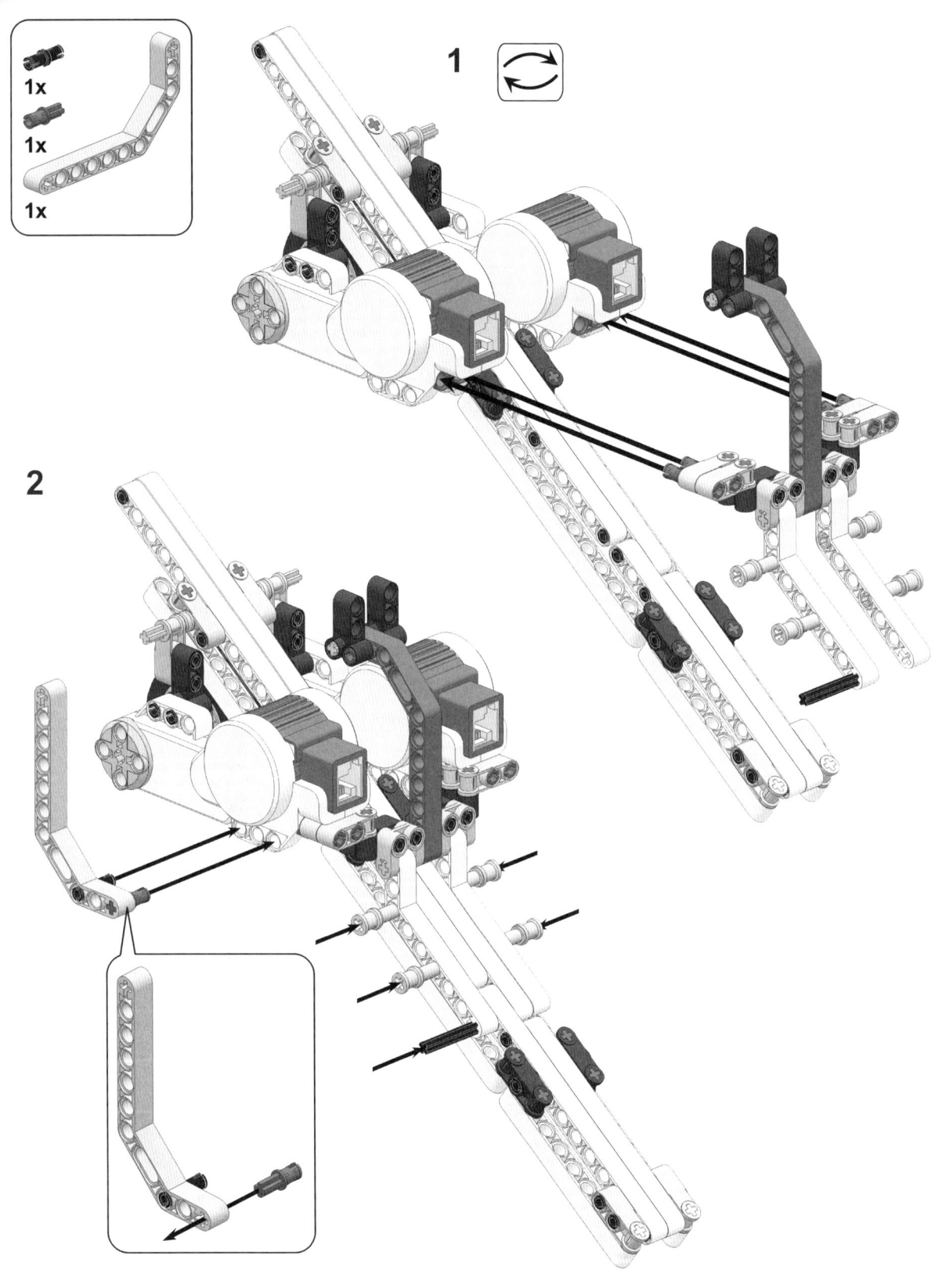

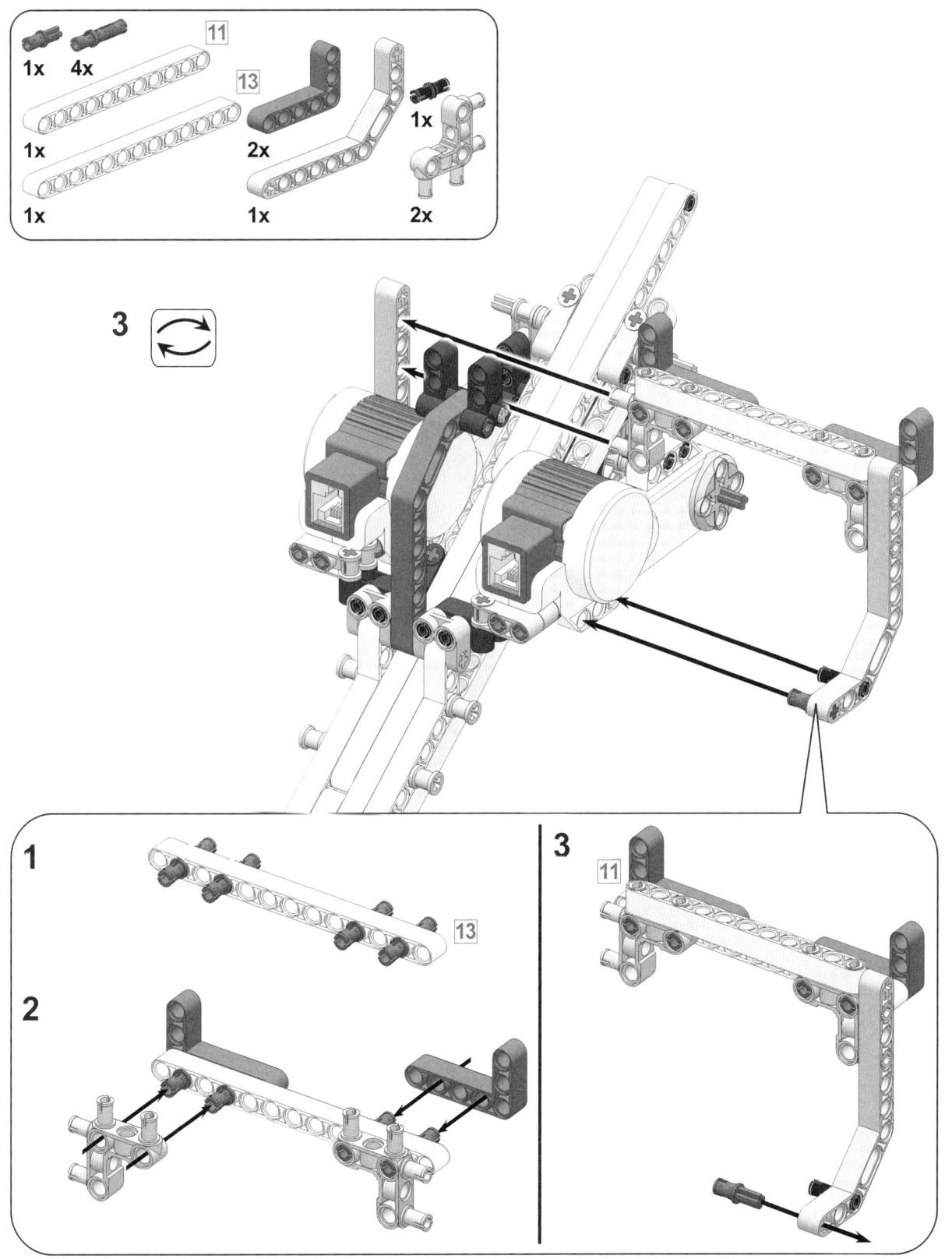

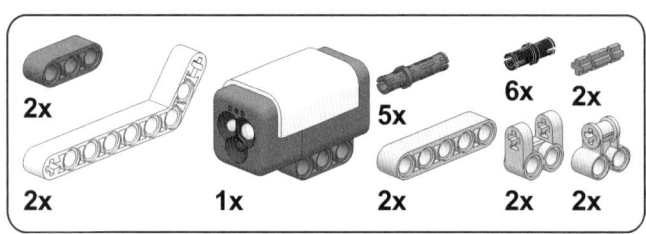

256 KAPITEL 14

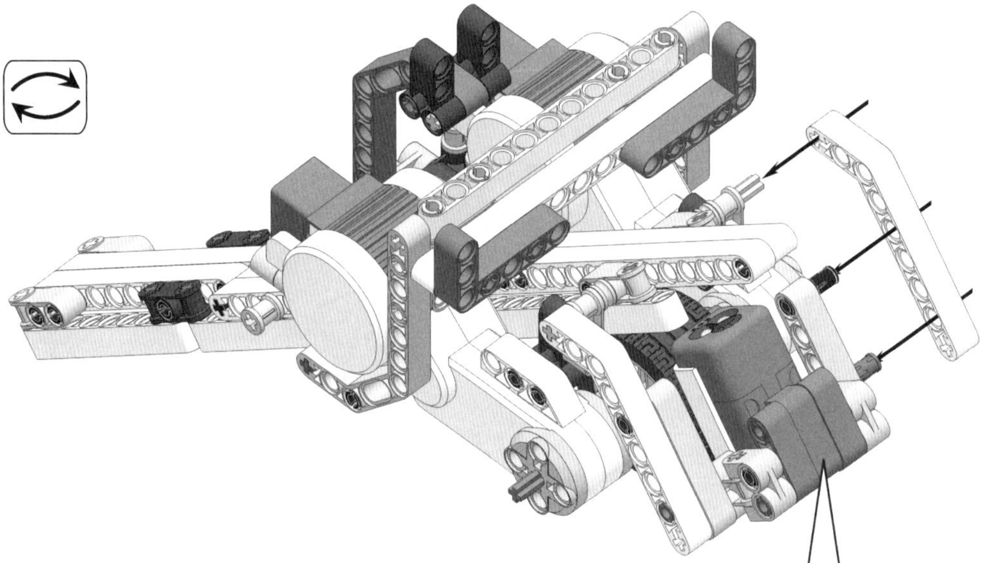

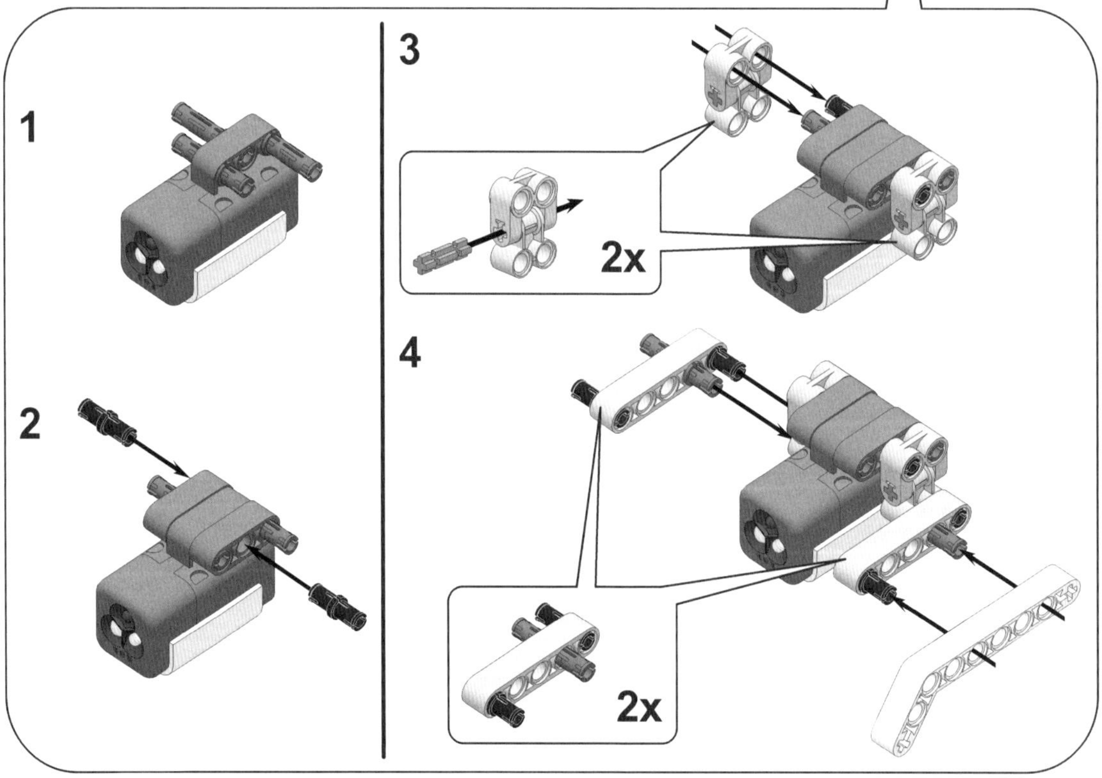

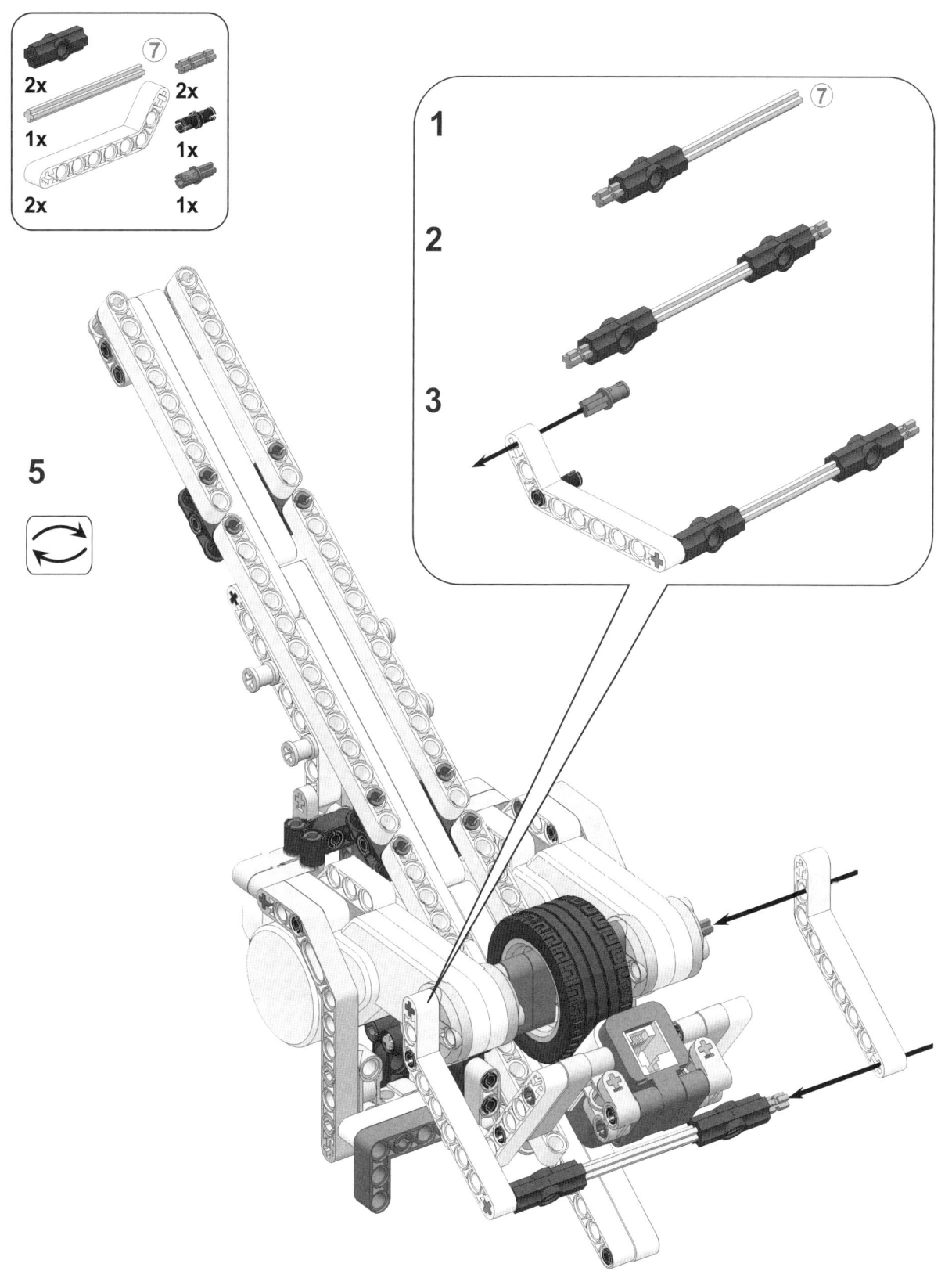

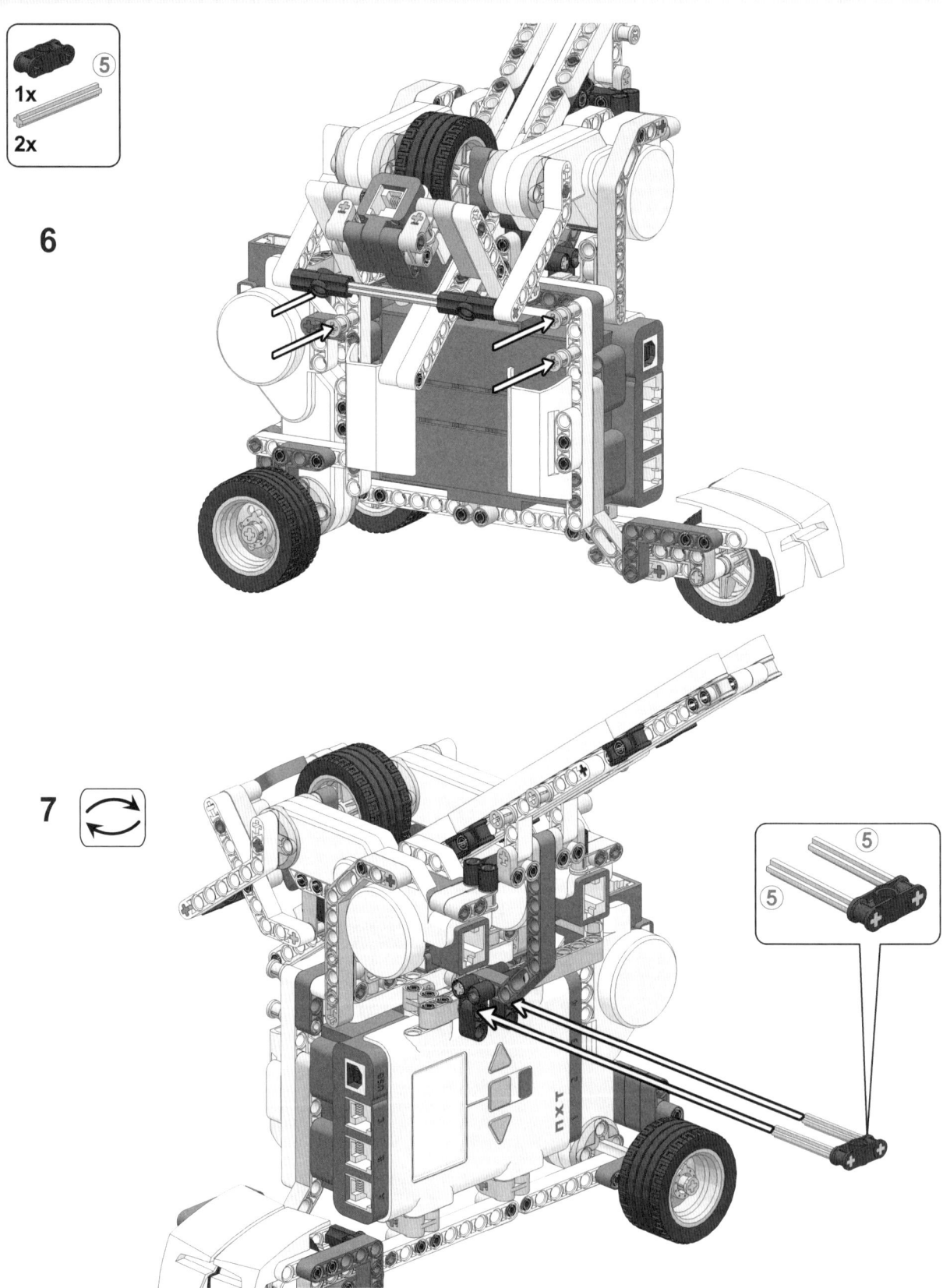

Die Kabel anschließen

Wenn Sie mit der Sortiermaschine fertig sind, wird es Zeit, die Kabel wie in Tabelle 14-1 gezeigt anzuschließen. Schließen Sie das Kabel des Farbsensors nicht zu fest an, sonst kommt der Farbsensor dem Sortierrad in die Quere.

Tabelle 14-1: Die Kabel für den LEGO-Stein-Sortierer

Von Motor/Sensor	An NXT-Port	Kabellänge
Sortierradmotor	Ausgabeport A	Mittel (35 cm)
Fahrmotor	Ausgabeport B	Mittel
Haltermotor	Ausgabeport C	Mittel
Farbsensor	Eingabeport 3	Mittel

Steine für den Sortierer auswählen

Ihr LEGO-Stein-Sortierer benötigt eine Handvoll normaler LEGO-Steine in unterschiedlichen Farben und in zwei Größen. Das Programm, das Sie erstellen, unterscheidet grüne, blaue, rote und gelbe Steine und die Größen 2x4 und 2x2 Noppen. Durch eine kleine Änderung kann es auch schwarze und weiße Steine sortieren. (Wenn Sie diese Steine nicht in einem anderen LEGO-Kasten haben, finden Sie auf der Begleitwebsite Tipps, wie Sie sie bekommen können.)

Behälter auswählen

Da der Sortierer Steine nach vier Farben und zwei Größen sortiert, benötigen Sie acht Behälter, um die Steine abzulegen. Basteln Sie Ihre eigenen Behälter aus Papier oder anderen LEGO-Steinen oder nehmen Sie fertige Behälter wie die kleinen Tassen in Abbildung 14-6.

Den Sortierer programmieren

Jetzt programmieren Sie den Roboter, damit er LEGO-Steine sortiert. Abbildung 14-7 zeigt eine Übersicht über das gesamte Sortierprogramm.

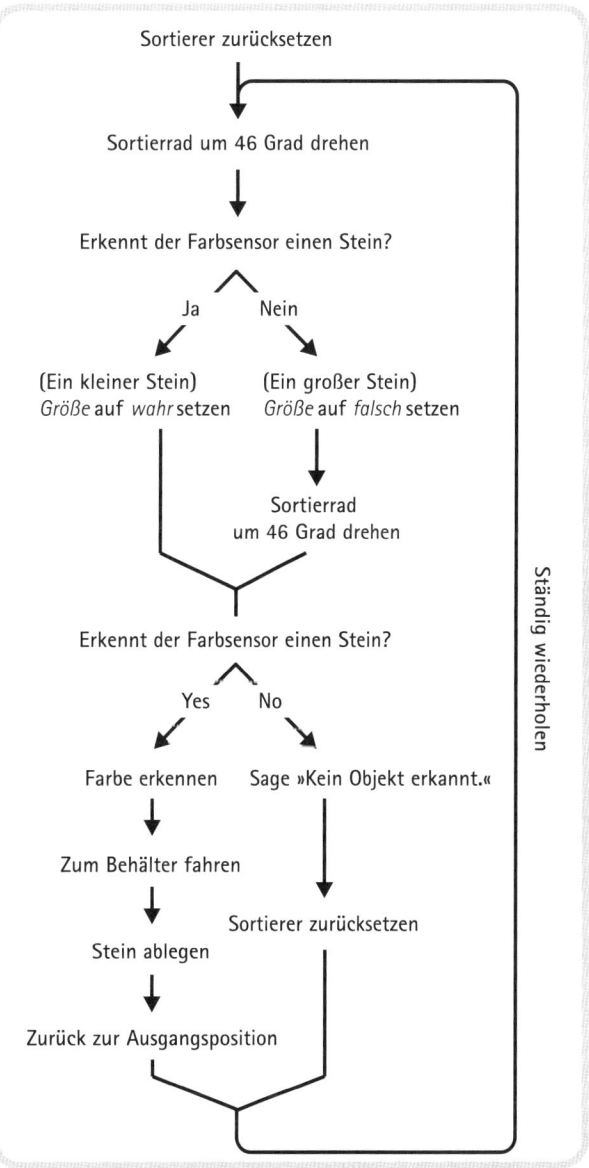

Abbildung 14-6: Ein Beispiel für die Behälter, in die die Maschine die Steine legen kann

Abbildung 14-7: Eine Übersicht über das Programm des LEGO-Stein-Sortierers

Die Übersicht stellt eine erweiterte Version des Programms aus Abbildung 14-4 dar. Zusätzlich zur Erkennung der Steingröße prüft dieses Programm außerdem, ob noch weitere Steine übrig sind. Wenn sich das Sortierrad zweimal um 46 Grad gedreht hat und der Sensor noch immer keinen Stein erkennt, gibt es keine zu prüfenden Steine mehr oder es ist ein Fehler aufgetreten (z.B. ein feststeckender Stein). In diesem Fall meldet der Sortierer »Kein Objekt gefunden!« und dreht das Sortierrad in die andere Richtung, so dass eventuell feststeckende Steine erneut geprüft werden können. Wenn kein Fehler auftritt und die Maschine die Größe und Farbe eines Steins erkennen kann, fährt sie zum jeweiligen Behälter, um den Stein abzulegen. Dann fährt sie zurück in die Startposition und sortiert den nächsten Stein.

Die Eigenen Blöcke erstellen

Sie erstellen für dieses Programm zwei Eigene Blöcke, nämlich **Wiederherstellen** und **Auswerfen**. Beide enthalten eine Auswahl von Programmierblöcken, die Sie im fertigen Programm zweimal einsetzen. Sie verwenden außerdem den Block **Nenne Farbe**, den Sie bereits vorher erstellt haben.

Eigener Block 1: Wiederherstellen

Der Block **Wiederherstellen** bereitet die Sortiermaschine vor, indem zuerst das Sortierrad in die Gegenrichtung der normalen Sortierrichtung gedreht wird, so dass möglicherweise feststeckende Steine zurück in die Schütte befördert werden. Er fährt den Steinhalter herunter, wenn er sich oben befindet, und legt den ersten Stein der Schütte direkt unter das Sortierrad, um ihn zu sortieren. Um das zu tun, konfigurieren Sie die Blöcke so wie in Abbildung 14-8 und wandeln sie dann in einen Eigenen Block namens **Wiederherstellen** um.

Eigener Block 2: Auswerfen

Dieser einfache Block fährt den Steinhalter nach oben, hält das Programm an, so dass der Stein in den Behälter rutschen kann, und fährt den Steinhalter wieder nach unten. Konfigurieren Sie die Blöcke so wie in Abbildung 14-9 und wandeln Sie sie dann in einen Eigenen Block namens **Auswerfen** um.

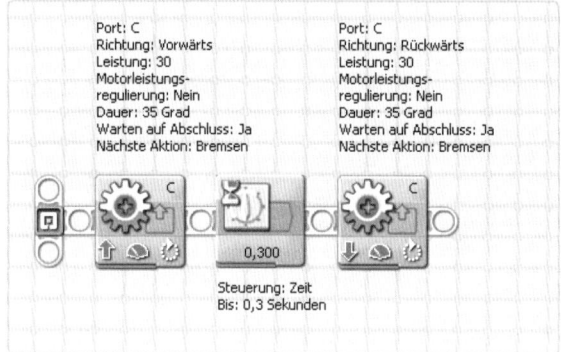

Abbildung 14-9: Die Konfiguration der Blöcke im Eigenen Block Auswerfen

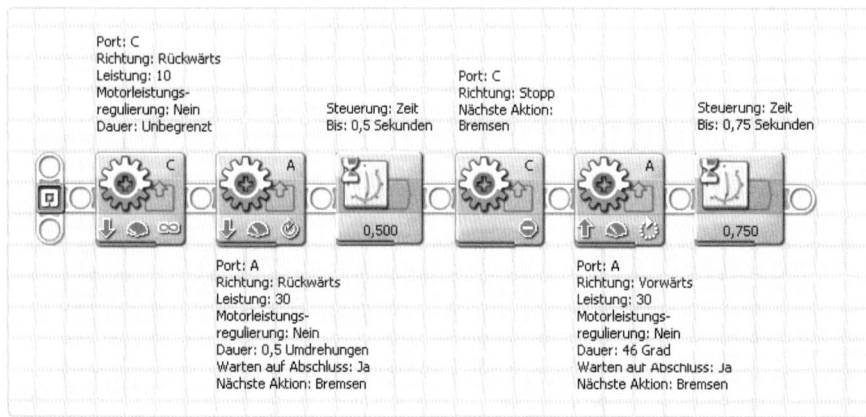

Abbildung 14-8: Die Konfiguration der Blöcke im Eigenen Block Wiederherstellen

Das Programm fertigstellen

Bevor Sie das Programm fertigstellen (siehe Übersicht in Abbildung 14-7), definieren Sie eine Logikvariable namens *Größe* und eine numerische Variable namens *Behälter*.

Schritt 1: Die Steingröße ermitteln

Das Programm beginnt mit dem Eigenen Block **Wiederherstellen**. Alle anderen Blöcke stellen Sie in einen Schleifenblock, der ständig abläuft, so dass der Roboter so lange Steine sortiert, bis Sie das Programm beenden. Sie erstellen zuerst die Blöcke, die die Steingröße bestimmen. Wenn ein kleiner Stein erkannt wird, sagt der Roboter »Positiv«, und die Variable *Größe* wird auf »wahr« gesetzt. Wenn ein großer Stein erkannt wird, sagt der Roboter »Negativ«, und *Größe* wird auf »falsch« gesetzt. Konfigurieren Sie diesen Programmteil wie in Abbildung 14-10.

Schritt 2: Prüfen, ob ein Stein zum Sortieren da ist

Als Nächstes richten Sie die Blöcke ein, die prüfen, ob ein Stein zum Sortieren da ist. (Der Roboter erkennt das daran, dass die Farbe unter dem Sensor nicht das Weiß der Schütte ist.) Wenn kein Stein da ist, sagt der Roboter »Kein Objekt erkannt«, und der Block **Wiederherstellen** wird ausgeführt.

Wie in Abbildung 14-10 gezeigt, dreht das Programm das Sortierrad erst um 46 Grad. Wenn der Roboter jetzt einen Stein erkennt, weiß er, dass es ein kleiner sein muss. Sieht er keinen Stein, ist es entweder ein großer oder die Schütte ist leer. Um das herauszufinden, dreht sich der Rad um weitere 46 Grad und die in diesem Schritt hinzugefügten Blöcke prüfen, ob jetzt ein Stein zum Sortieren da ist.

Es hört sich vielleicht komisch an, erst Blöcke zu konfigurieren, die die Steingröße ermitteln (Schritt 1), und dann erst zu prüfen, ob überhaupt ein Stein zum Sortieren da ist (Schritt 2), statt umgekehrt vorzugehen. Umgekehrt funktioniert es aber nicht: Wenn Sie zuerst prüfen, ob überhaupt Steine zum Prüfen da sind, wäre der Stein schon bis zum Steinhalter heruntergekommen, so dass die Größe nicht mehr ermittelt werden könnte.

Konfigurieren Sie diesen Programmteil wie in Abbildung 14-11.

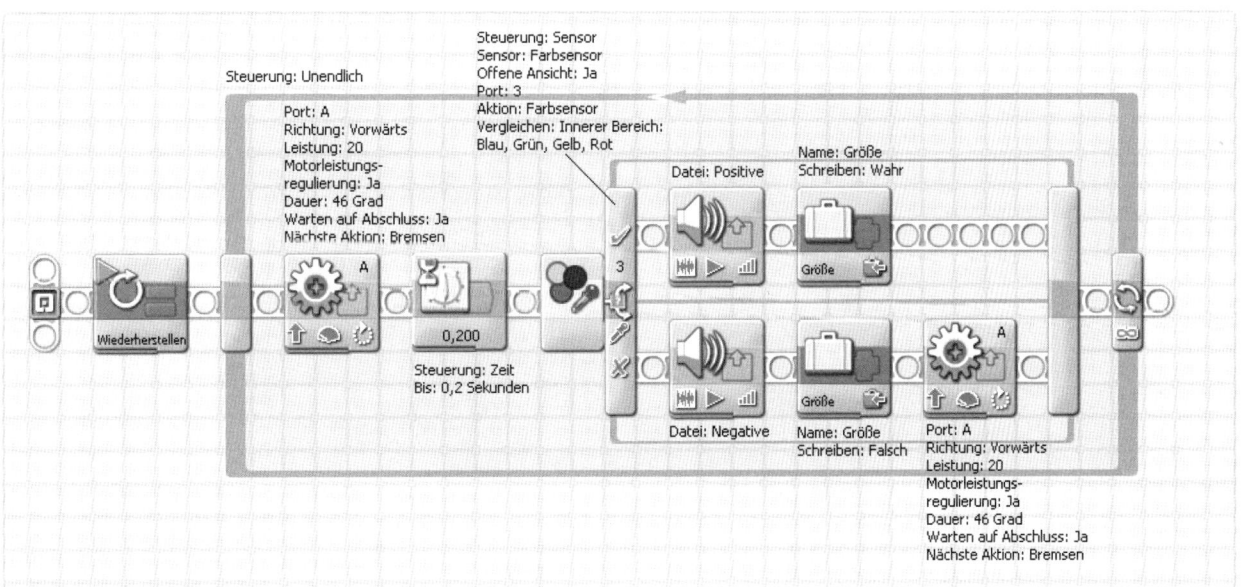

Abbildung 14-10: Sie erstellen zuerst die Blöcke, die die Steingröße bestimmen. Der hier gezeigte Warteblock gibt einem kleinen Stein etwas Zeit, um zum Farbsensor herunterzurutschen, bevor der Sensor mit seiner Arbeit beginnt.

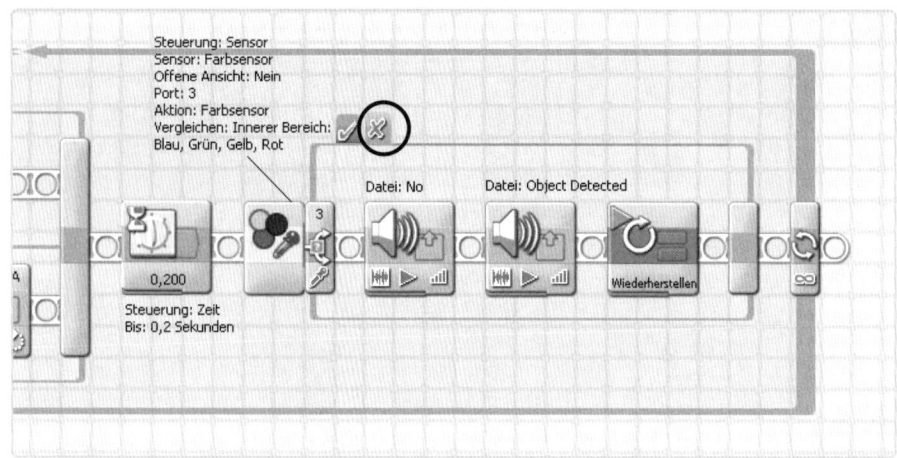

Abbildung 14-11: Die Konfiguration der Blöcke, die prüfen, ob ein Stein da ist, und der Blöcke, die ausgeführt werden, wenn kein Stein zum Sortieren mehr da ist

Schritt 3: Die Position eines Behälters berechnen

Jetzt konfigurieren Sie die Blöcke, die ausgeführt werden, wenn der Farbsensor einen Stein erkennt. Abbildung 14-1 (Seite 237) zeigt, wo die Steine bleiben, wenn Sie dieses Programm ausführen. Der Sortierer legt kleine Steine rechts und große Steine links von seiner Startposition ab (zwischen den großen und kleinen blauen Steinen).

Wenn z.B. große grüne Steine erkannt werden, bewegt sich der Fahrmotor eine bestimmte Anzahl Grad nach vorn, um den passenden Behälter zu erreichen. Er bewegt sich die gleiche Anzahl Grad, wenn er kleine grüne Blöcke ablegt, aber in die andere Richtung. Die Programmierblöcke in diesem Schritt berechnen die Anzahl Grad auf der Grundlage der erkannten Farbe und speichern die Anzahl in der Variable *Behälter*. Konfigurieren Sie diesen Block wie in Abbildung 14-12.

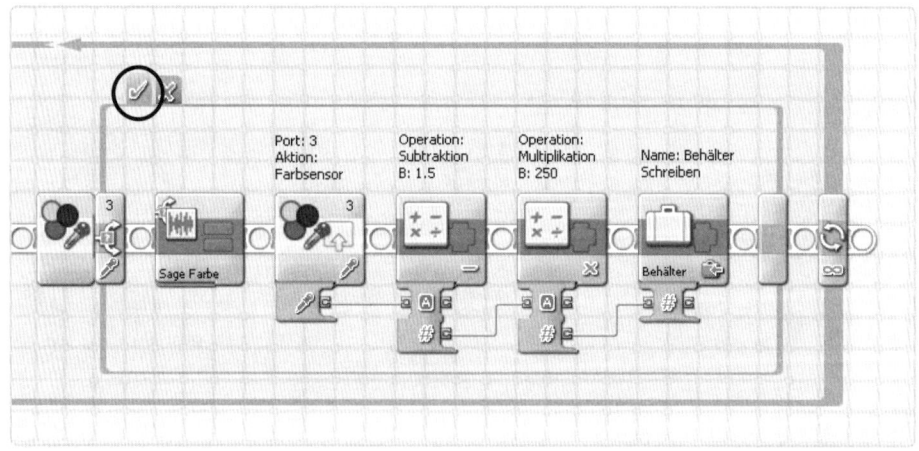

Abbildung 14-12: Die Konfiguration der Blöcke, die die richtige Behälterposition auf der Grundlage der ermittelten Farbe berechnen

Schritt 4: Einen Stein im richtigen Behälter ablegen

Wenn Sie wissen, um wie viele Grad sich der Sortierer bewegen muss, damit er den passenden Behälter erreicht, verwenden Sie diesen Wert zusammen mit der Variable für die Steingröße. Sie übertragen den Wert in *Größe* an einen Schaltblock, der die Blöcke im oberen Teil des Schalters ausführt, wenn die Variable *Größe* »wahr« ist (ein kleiner Stein), und die unteren Blöcke, wenn der Wert »falsch« ist (also ein großer Stein).

Die Blöcke im Schalter lassen den Roboter vorwärtsfahren (basierend auf dem Wert in der Variable *Behälter*), legen den Stein ab und bringen ihn wieder in die Startposition. Verwenden Sie in der Schleife einen Warteblock, so dass das Programm nach jedem sortierten Stein eine Pause einlegt. Konfigurieren Sie diesen Block wie in Abbildung 14-13 gezeigt.

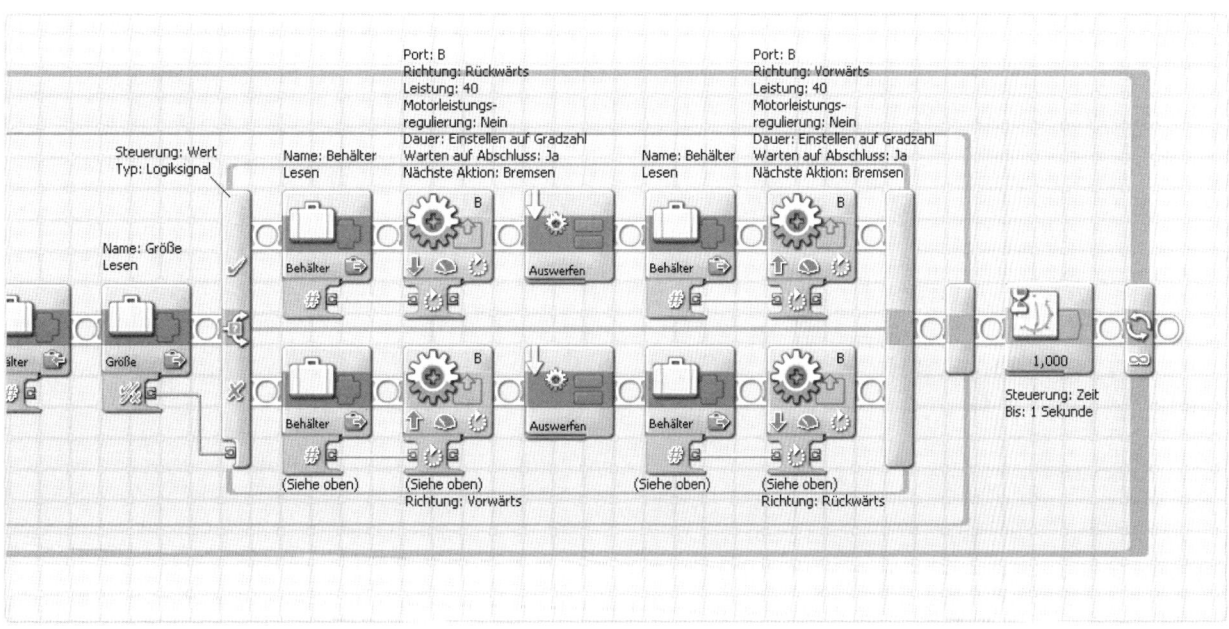

Abbildung 14-13: Die Konfiguration der Blöcke bewegt den Roboter zum rechten Behälter, lässt ihn den Stein ablegen und fährt ihn wieder in die Startposition.

Jetzt können wir alles testen, um sicherzustellen, dass es auch funktioniert. Legen Sie LEGO-Steine mit den Noppen nach oben in die Schütte, laden Sie dieses Programm in den Roboter, lassen Sie es laufen, und schon werden Ihre Steine sortiert.

Zum Erforschen und Ausprobieren

Nun haben Sie einen weiteren komplexen NXT-2.0-Roboter fertig gebaut. Gut gemacht! Natürlich sollten Sie den Roboter jetzt auch ein bisschen sortieren lassen. Noch spannender ist es aber, eigene Erfindungen an diese Maschine anzubauen. Die folgenden Entdeckungsaufgaben sollen Ihnen einige Anregungen dazu geben. Zeigen Sie Ihre Ideen und Entwicklungen auch anderen auf der Begleitwebsite!

ENTDECKUNGSAUFGABE 69: SORTIEREN IN HÖCHSTGESCHWINDIGKEIT!

Schwierigkeitsgrad: Leicht
Der LEGO-Stein-Sortierer funktioniert sehr zuverlässig, Sie können die Steine aber bestimmt schneller von Hand sortieren. Wandeln Sie das Programm so ab, dass es schwierig wird, beim Sortieren mit dem Roboter mitzuhalten.

ENTDECKUNGSAUFGABE 70: EIN VIERFACHSORTIERER!

Schwierigkeitsgrad: Mittel
Der Sortierer kann nur Steine in zwei Größen und vier Farben sortieren. Können Sie das Programm so ändern, dass es auch Steine in den Größen 2x3, 2x6 sowie schwarze und weiße Steine sortiert? Es kann sein, dass Sie die Schütte vergrößern müssen!

> **TIPP** Wenn der Roboter auch schwarze Steine sortieren soll, sehen Sie sich die Matheblöcke in Schritt 3 des fertigen Programms an. Wie funktioniert die Berechnung und wie müssen Sie die Einstellungen in den Matheblöcken verändern, damit auch schwarze Blöcke sortiert werden können?

ENTDECKUNGSAUFGABE 71: INTELLIGENTE SORTIERUNG!

Schwierigkeitsgrad: Für Tüftler
Das Programm, das Sie in diesem Kapitel geschrieben haben, bewegt den Roboter jedes Mal zurück an die Startposition, wenn ein Stein sortiert wurde. Sie können das verhindern, indem Sie den nächsten passenden Behälter direkt anfahren. Wie würden Sie dieses Verhalten programmieren?

BAUAUFGABE 14: EIN STEINWERFER!

Der Sortierer legt die Steine jetzt in verschiedenen Behältern ab. Wie wäre es mit ein bisschen mehr Action? Entfernen Sie das Fahr-Modul und erstellen Sie ein Modul zum Steinewerfen, so dass der Roboter Steine je nach Farbe und Größe verschieden schnell abschießt. Fangen Sie mit nur zwei Arten von Steinen an, z.B. kleinen grünen und roten. Sortieren Sie sie so, dass die grünen Steine näher beim Roboter landen und die roten weiter weg geworfen werden. Wenn Sie ein Wurfprogramm haben, das zuverlässig funktioniert, erweitern Sie es, um nach weiteren Steinarten zu unterscheiden.

15
KKK: Der kompakte Kaminkletterer

Viele NXT-Roboter bewegen sich auf Rädern, einige haben Beine und andere erledigen Aufgaben an Ort und Stelle. Der kompakte Kaminkletterer (KKK) aus diesem Kapitel ist etwas völlig Neues: Er bewegt sich senkrecht. Dieser Roboter kann zwischen zwei Wänden hochklettern, als würde er sich in einem Kamin befinden (siehe Abbildung 15-1). Wenn er oben ankommt, bewegt er sich wieder sicher nach unten.

HINWEIS Dies ist der letzte Roboter, den Sie bauen. Aber nicht, weil er der komplizierteste ist, sondern weil er so schwierig zu programmieren ist.

Achtung! Wenn bei diesem Roboter etwas schiefgeht, können LEGO-Teile beschädigt werden!

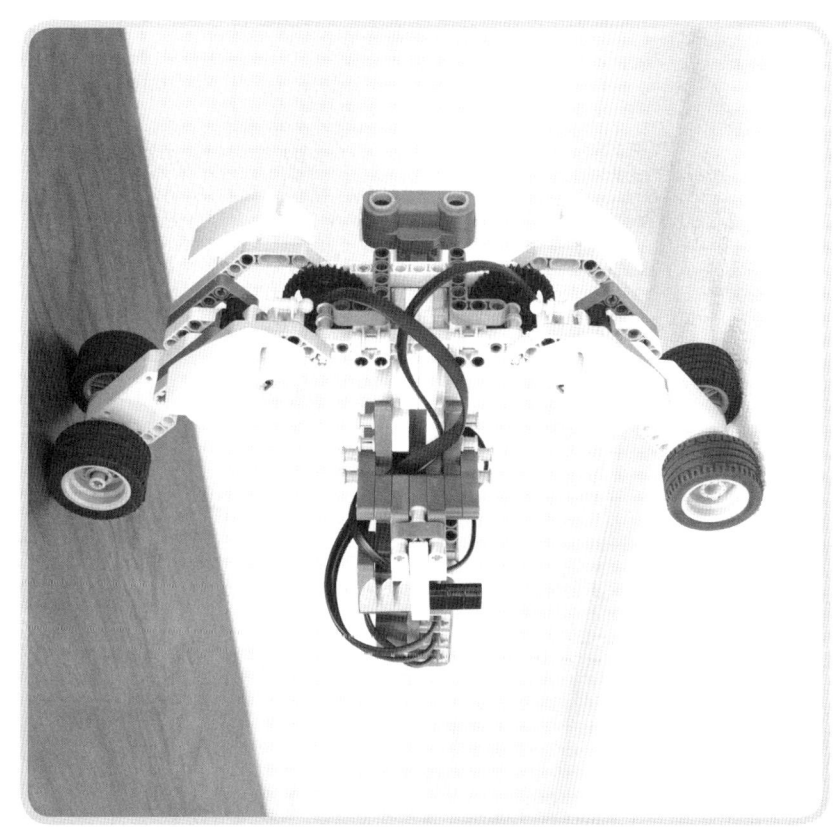

Abbildung 15-1: Der Kletterer bewegt sich senkrecht zwischen zwei festen Objekten, z.B. einem Bücherregal und einer Wand.

Wie das Klettern funktioniert

Der Kletterer besteht aus zwei Armen, die die Wände berühren, die er hochklettern soll. Er bewegt sich nach oben oder unten, indem er die Räder an diesen Armen dreht (siehe Abbildung 15-1). Diese Art zu klettern ist nicht sehr schwer und funktioniert recht gut. Ein einfach konstruierter Roboter wird aber irgendwann den Kontakt zu den Wänden verlieren und herunterfallen. Damit der Roboter nicht zu Boden stürzt, müssen Sie ihn in seinen Bewegungen in der X- und Y-Achse ausbalancieren, wie in Abbildung 15-2 gezeigt.

Die X-Achse ausbalancieren

Der Kletterer balanciert die X-Achse durch seine Konstruktion automatisch aus. Das Hauptgewicht des Roboters, der NXT und die Batterien, befindet sich unterhalb der Achse, so dass es sich wie das Pendel verhält, das in Abbildung 15-3 gezeigt wird. Wenn Sie versuchen, die gezeigte Achse mit Ihren Händen zu drehen, merken Sie, wie die Schwerkraft dagegenarbeitet. Wenn der Kletterer versucht, sich um die X-Achse zu drehen, passiert etwas Ähnliches: Die Schwerkraft wirkt dagegen und hält ihn aufrecht.

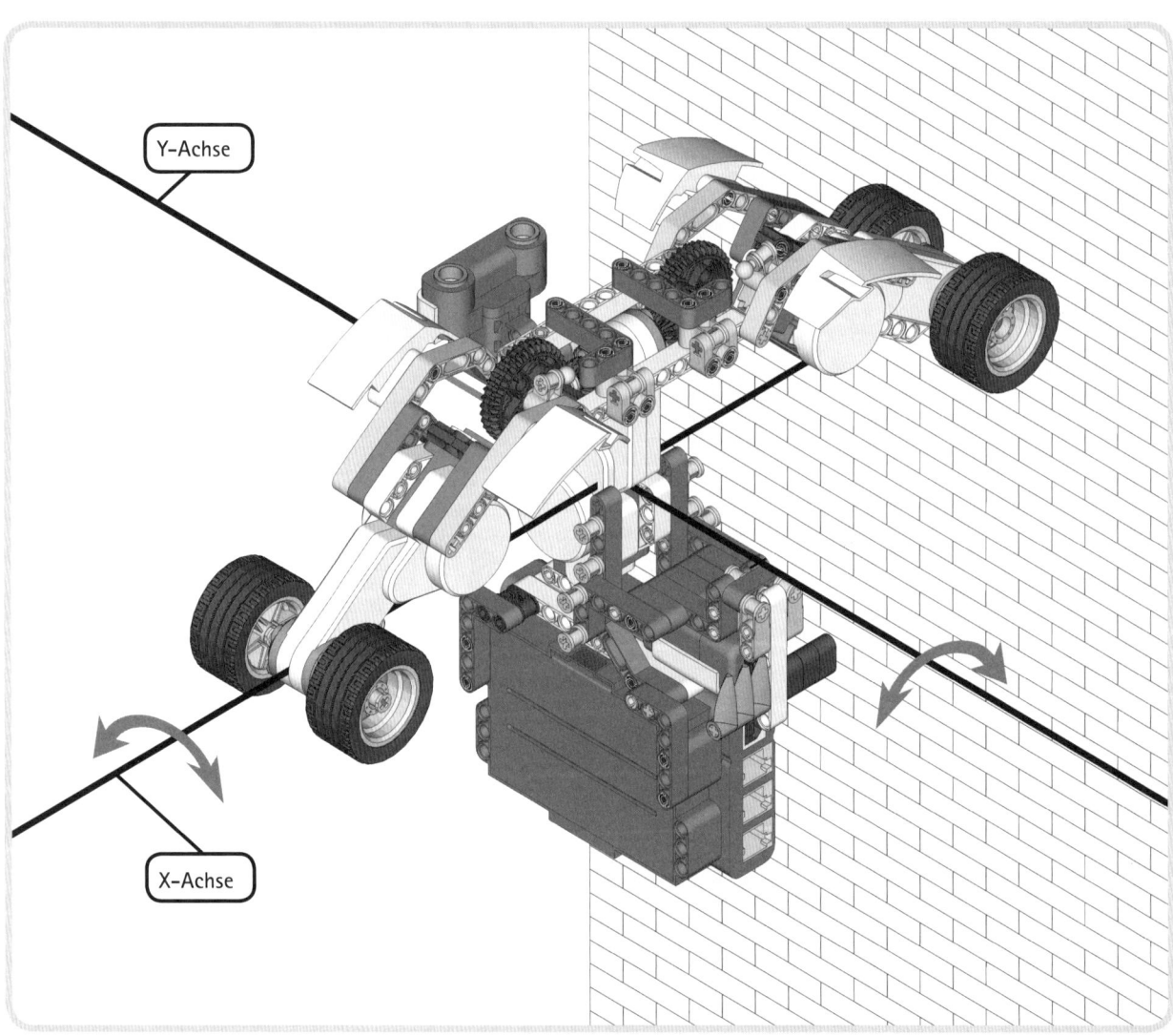

Abbildung 15-2: Damit der Kletterer gut klettert, müssen zwei Achsen ausbalanciert werden. (Zur besseren Darstellung haben wir eine Wand weggelassen.) Wird die Balance nicht gehalten, kommt der Roboter irgendwann in eine schiefe Lage, wie durch die grauen Pfeile gezeigt wird, und verliert den Kontakt zur Wand.

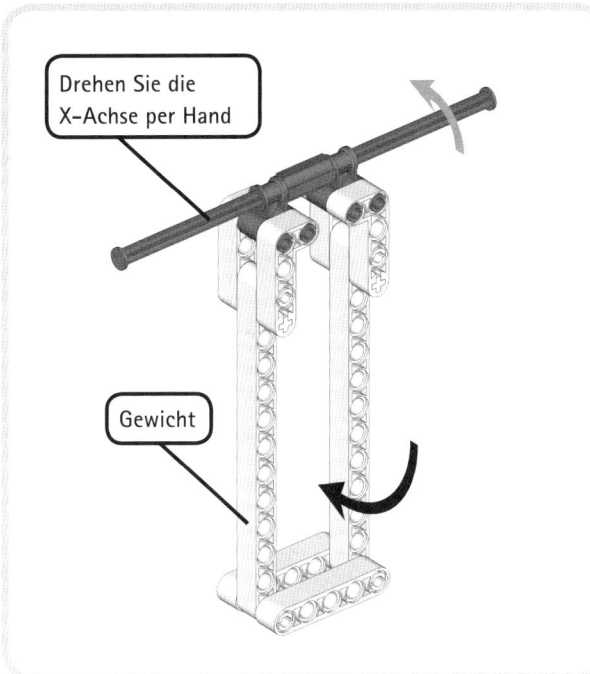

Die Y-Achse ausbalancieren

Der Roboter klettert, indem er die Räder (die Servomotoren) an beiden Armen gleichmäßig dreht d.h. als wenn er die Wand hochfahren würde. Während er klettert, können z.B. die Räder auf einer Seite etwas durchrutschen. Es kann auch sein, dass die Haftung auf einer Seite besser ist als auf der anderen. Wenn das passiert, klettert eine Seite des Roboters schneller hoch als die andere, so dass er sich um die Y-Achse dreht und in eine schiefe Lage kommt, wie Sie in Abbildung 15-4 sehen.

Balancefehler erkennen

Für uns Menschen ist es einfach zu erkennen, dass der Roboter auf der Y-Achse schief klettert. Mit dem Farbsensor als Balancesensor (Abbildung 15-4) kann es der Roboter aber auch. Der Sensor ist fest mit dem Roboter verbunden, das Pendel mit verschieden gefärbten Teilen vor ihm kann sich aber frei bewegen. Die Schwerkraft richtet es immer nach unten. Da sich der Sensor zusammen mit dem Roboter bewegt, das Pendel aber nicht, erkennt der Sensor je nach Lage des Kletterers verschiedene Farben.

Balancefehler ausgleichen

Der Roboter gleicht Balancefehler einfach dadurch aus, dass er den Servomotor auf der Seite kurz anhält, die höher liegt, so dass der tiefere Arm aufholen kann. Sieht der Roboter z.B. schwarz, halten die Räder auf der rechten Seite an, wie links in Abbildung 15-4 gezeigt. Wenn beide Arme wieder auf gleicher Höhe sind (und der Sensor weiß wahrnimmt), bewegen sie sich wieder mit gleicher Geschwindigkeit, so dass der Roboter weiter nach oben klettert (rechts in Abbildung 15-4). Dieselbe Steuerung wird verwendet, wenn der Roboter sich nach unten bewegt, nur dass nun das andere Rad anhält, wenn ein Balancefehler erkannt wird.

Abbildung 15-3: Eine vereinfachte Darstellung des Kletterers zeigt, wie die Balance um die X-Achse gehalten wird. Bauen Sie diese oder eine ähnliche Konstruktion mit den Teilen in Ihrem NXT-Kasten. Wenn Sie versuchen, die Achse (grauer Pfeil) zu drehen, versucht die Schwerkraft das Gewicht unter der Achse zu halten (schwarzer Pfeil).

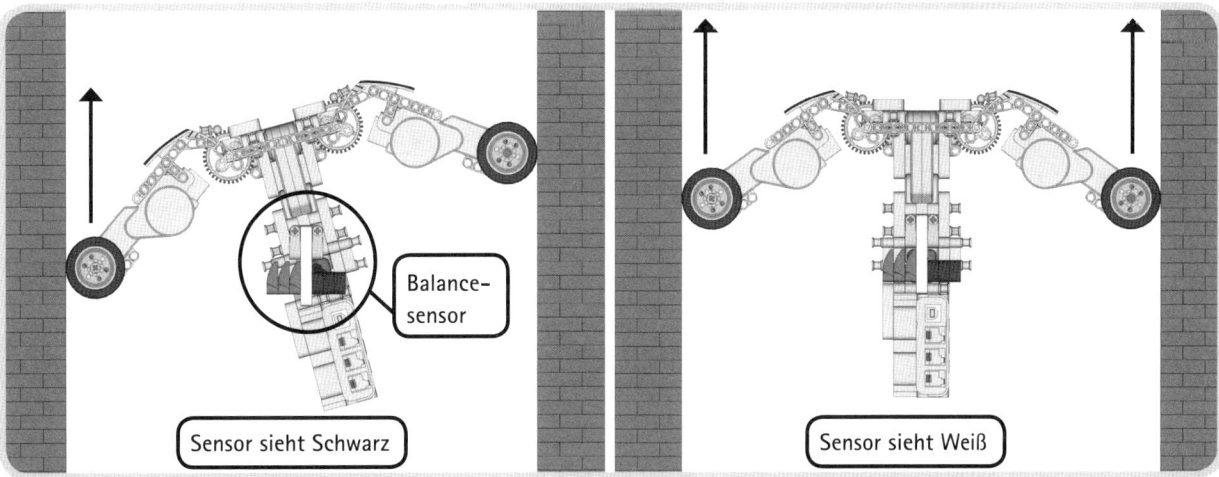

Abbildung 15-4: Einen Balancefehler in der Y-Achse erkennen und ausgleichen

Den Kletterer bauen

Bauen Sie den Roboter jetzt anhand der Anweisungen auf den folgenden Seiten. Zuerst suchen Sie die Teile zusammen, die Sie für den Roboter benötigen (siehe Abbildung 15-5).

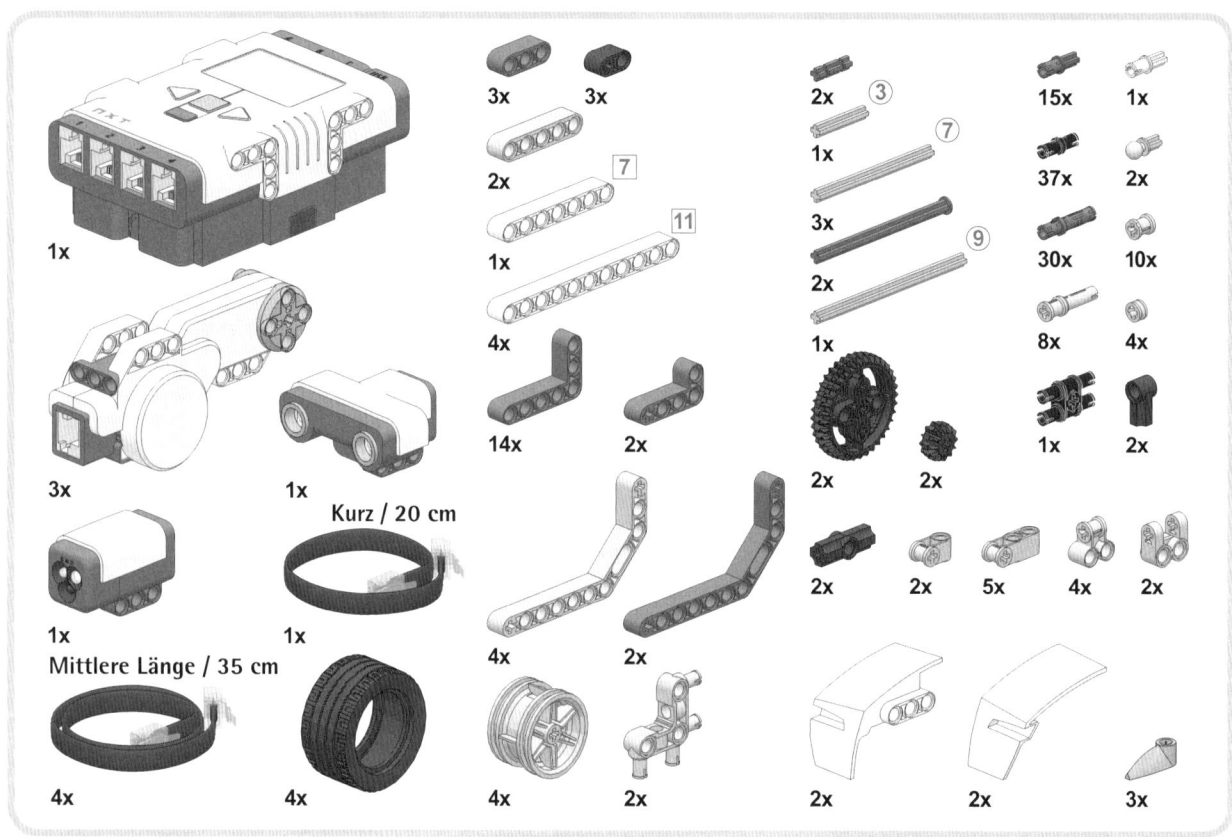

Abbildung 15-5: Die Teile für den Kletterer

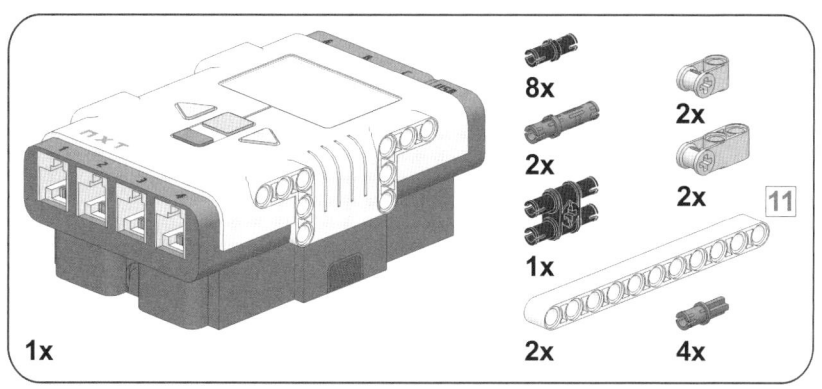

1

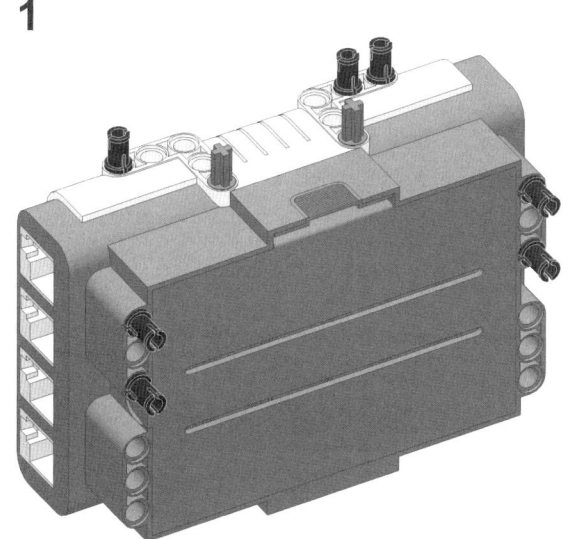

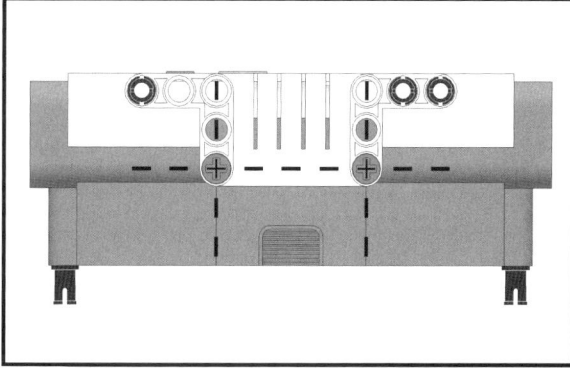

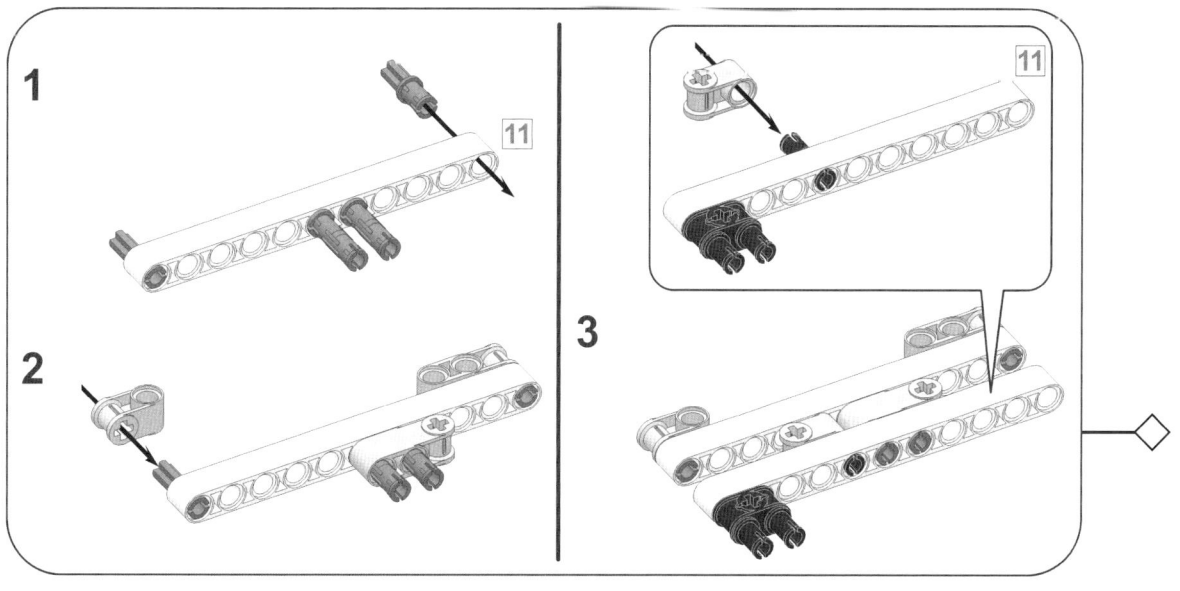

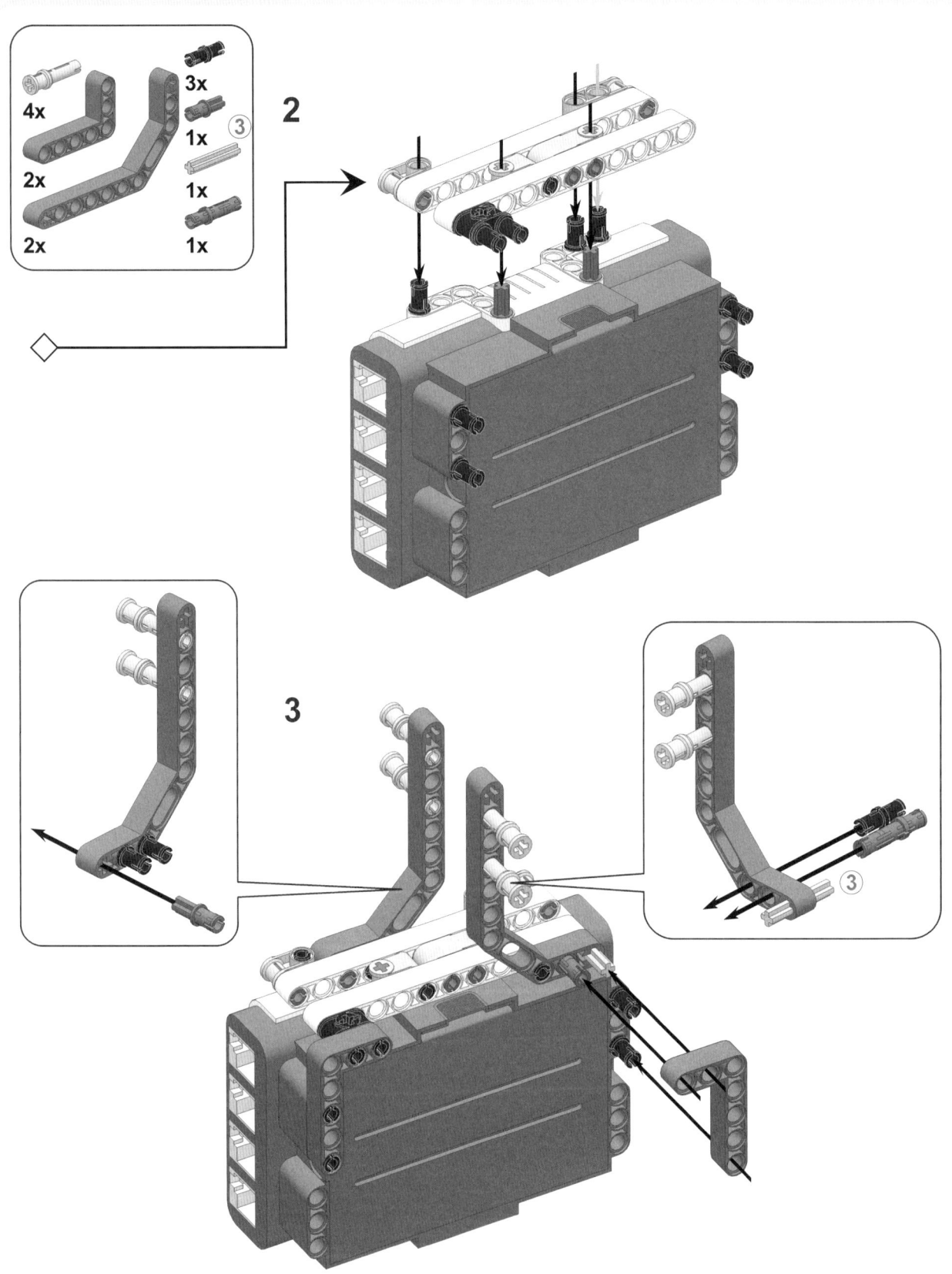

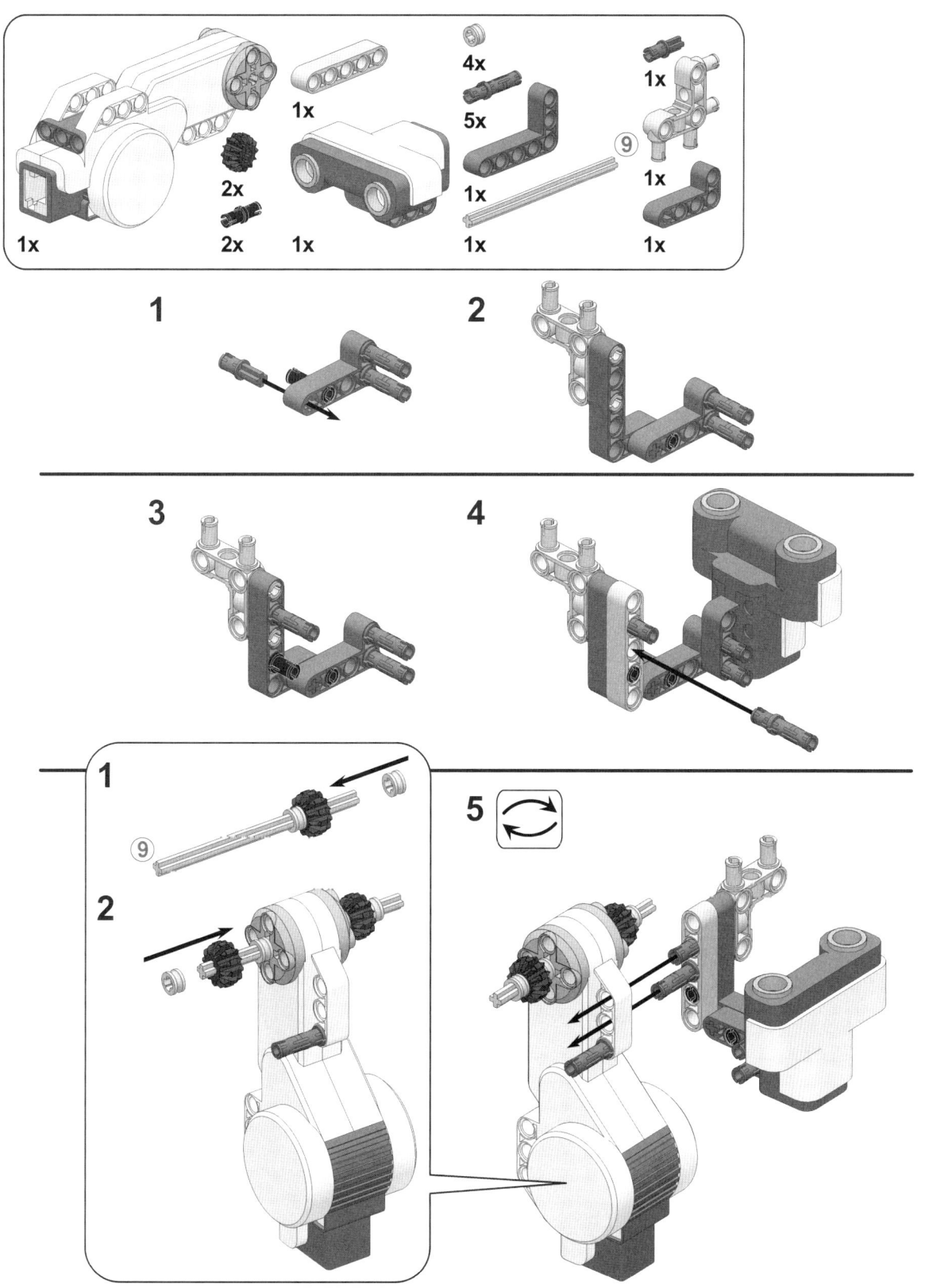

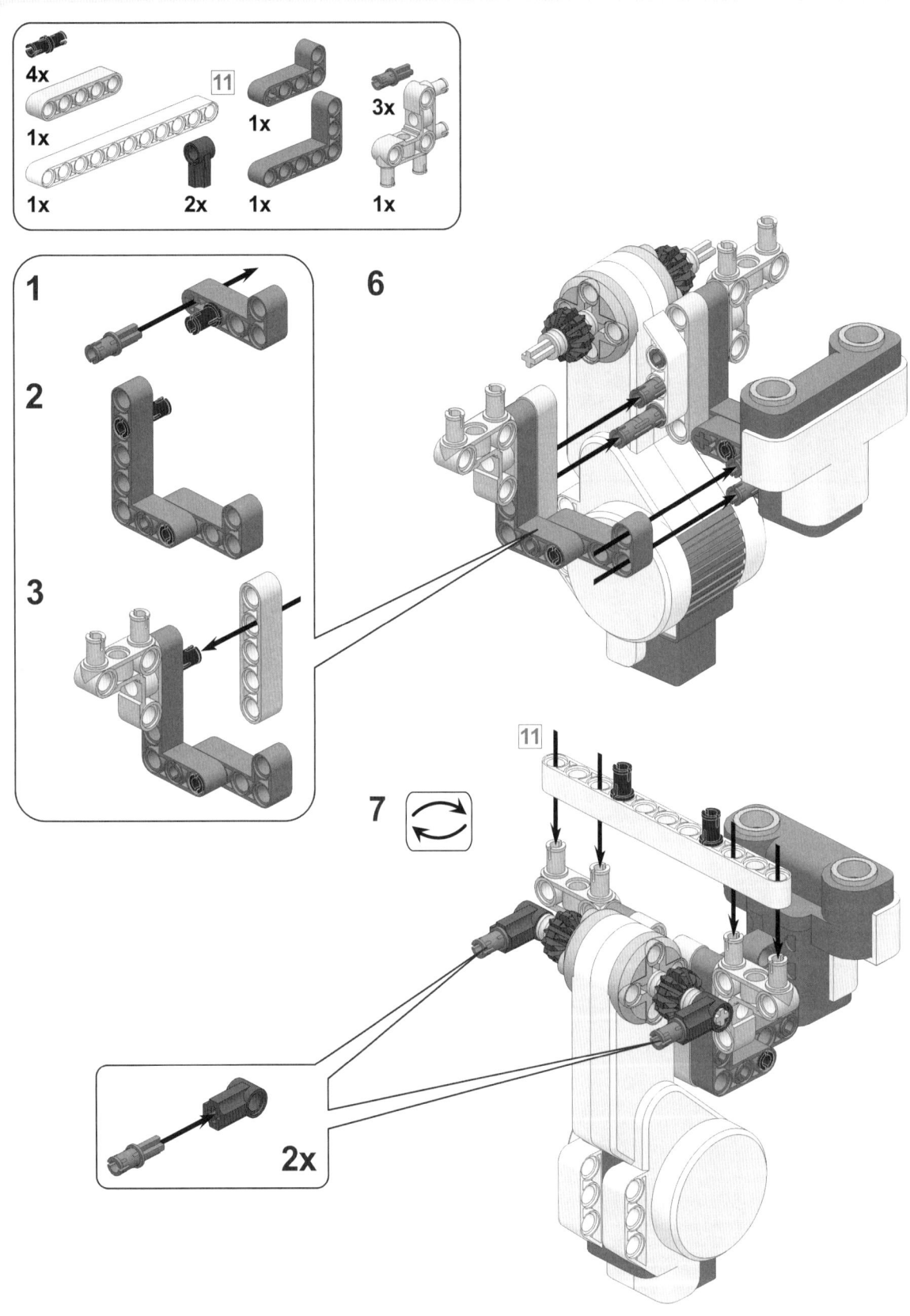

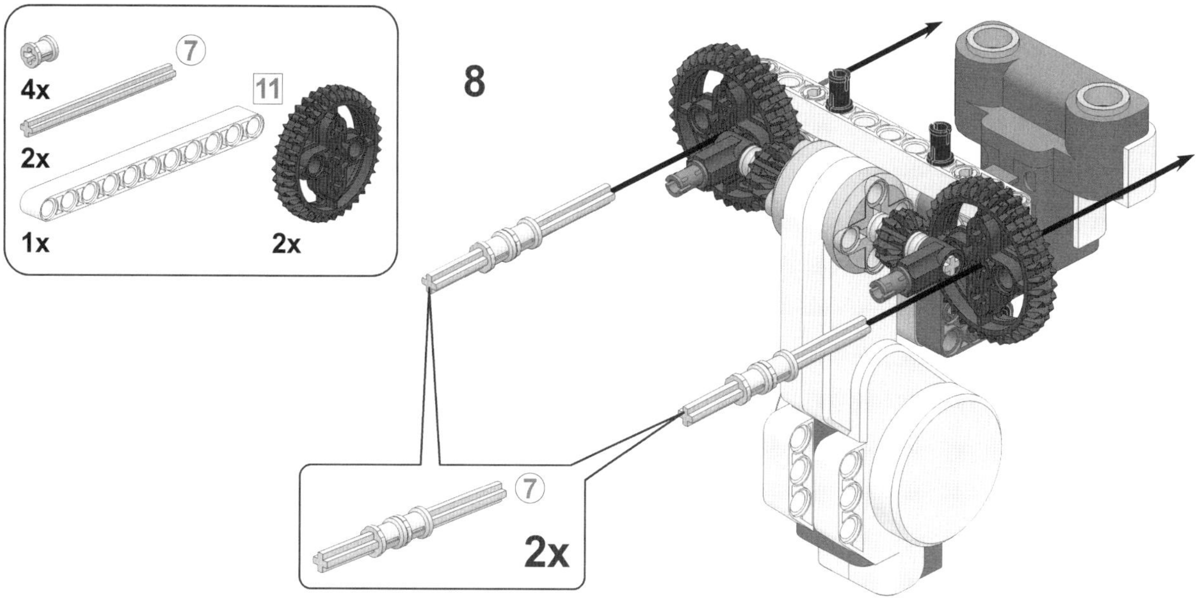

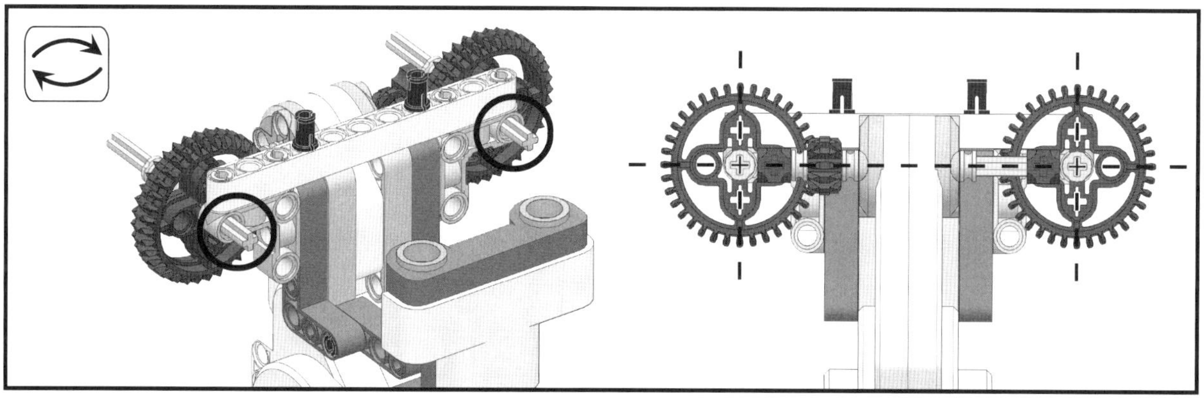

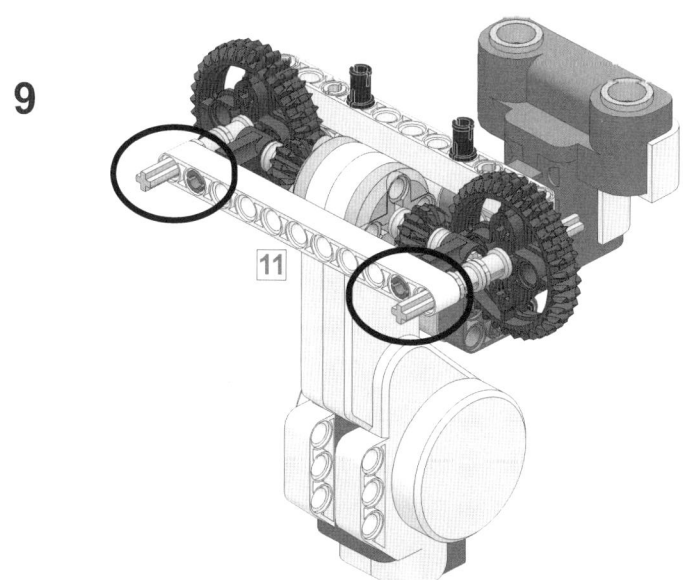

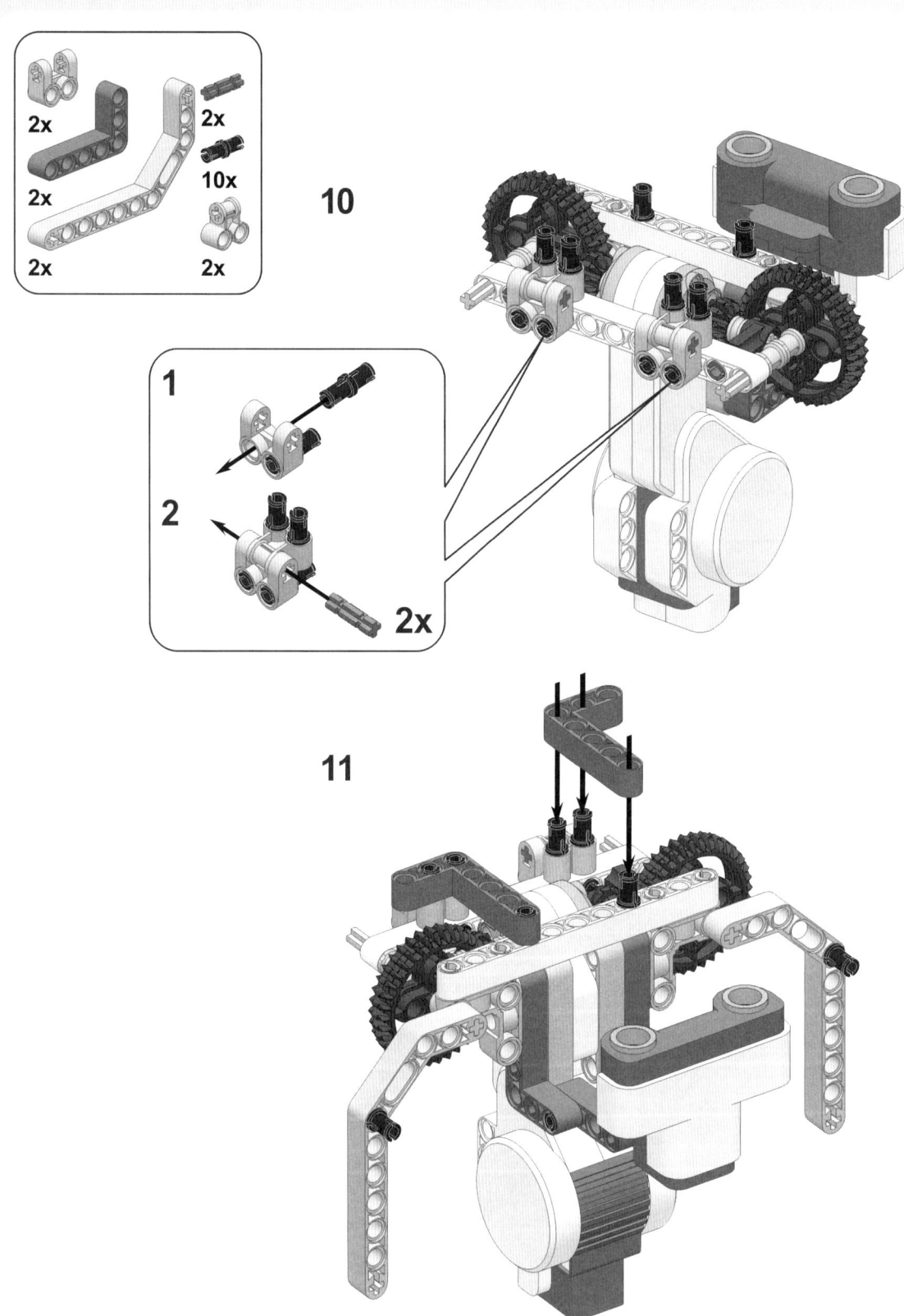

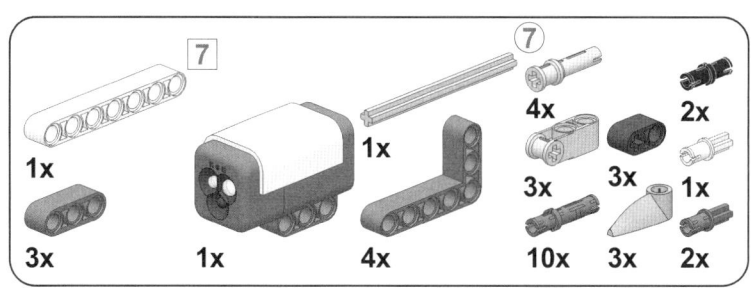
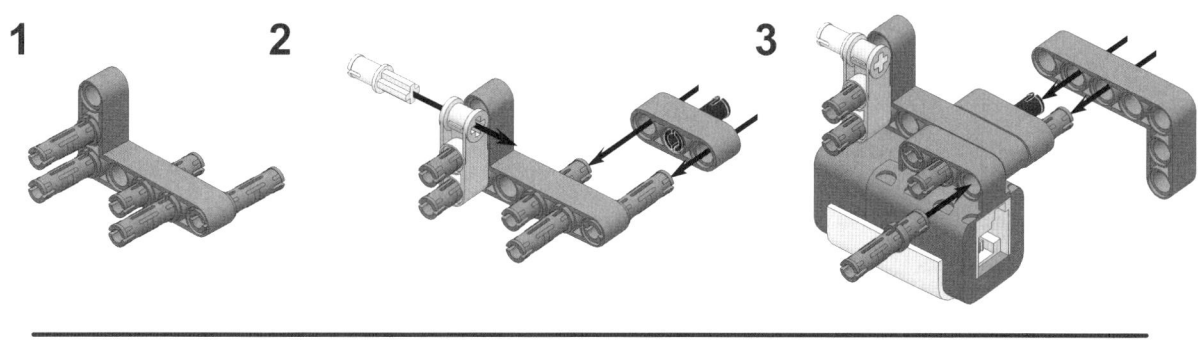
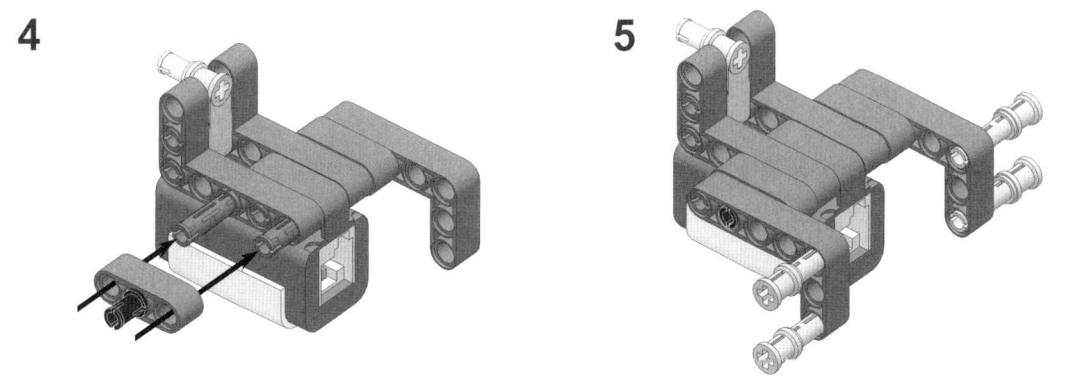
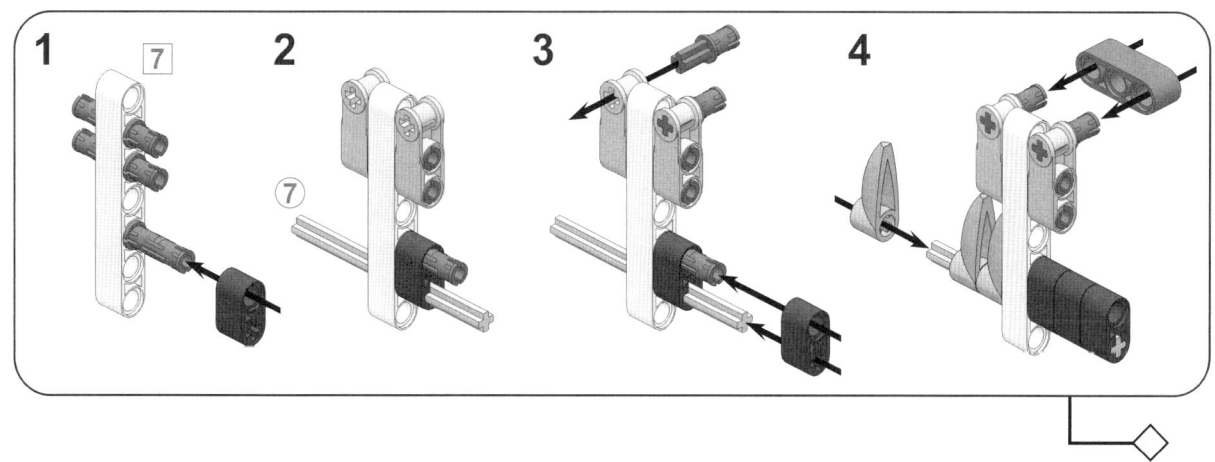

KKK: DER KOMPAKTE KAMINKLETTERER

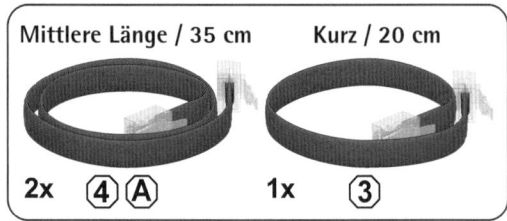
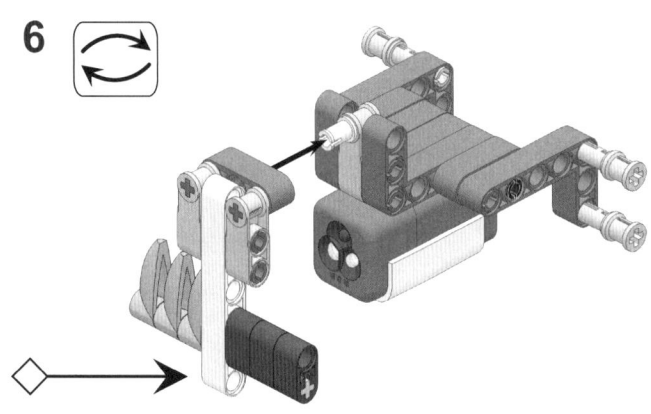

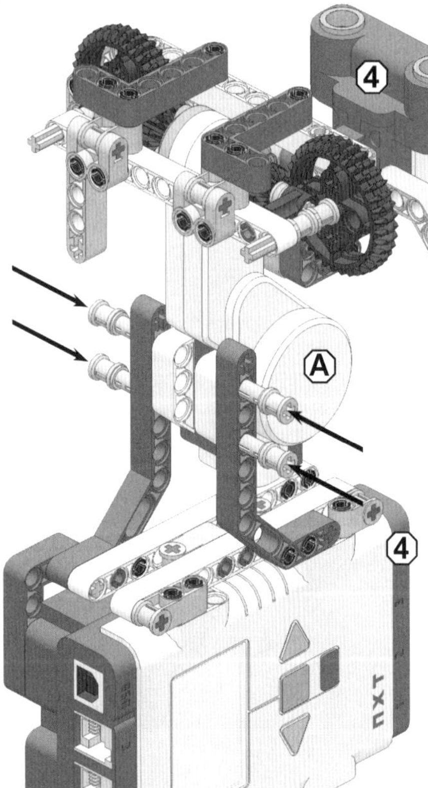

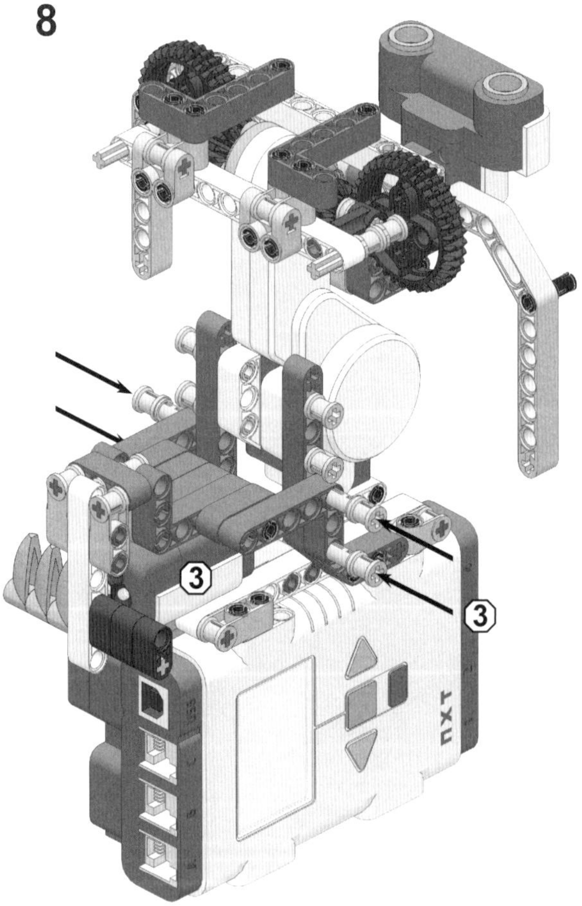

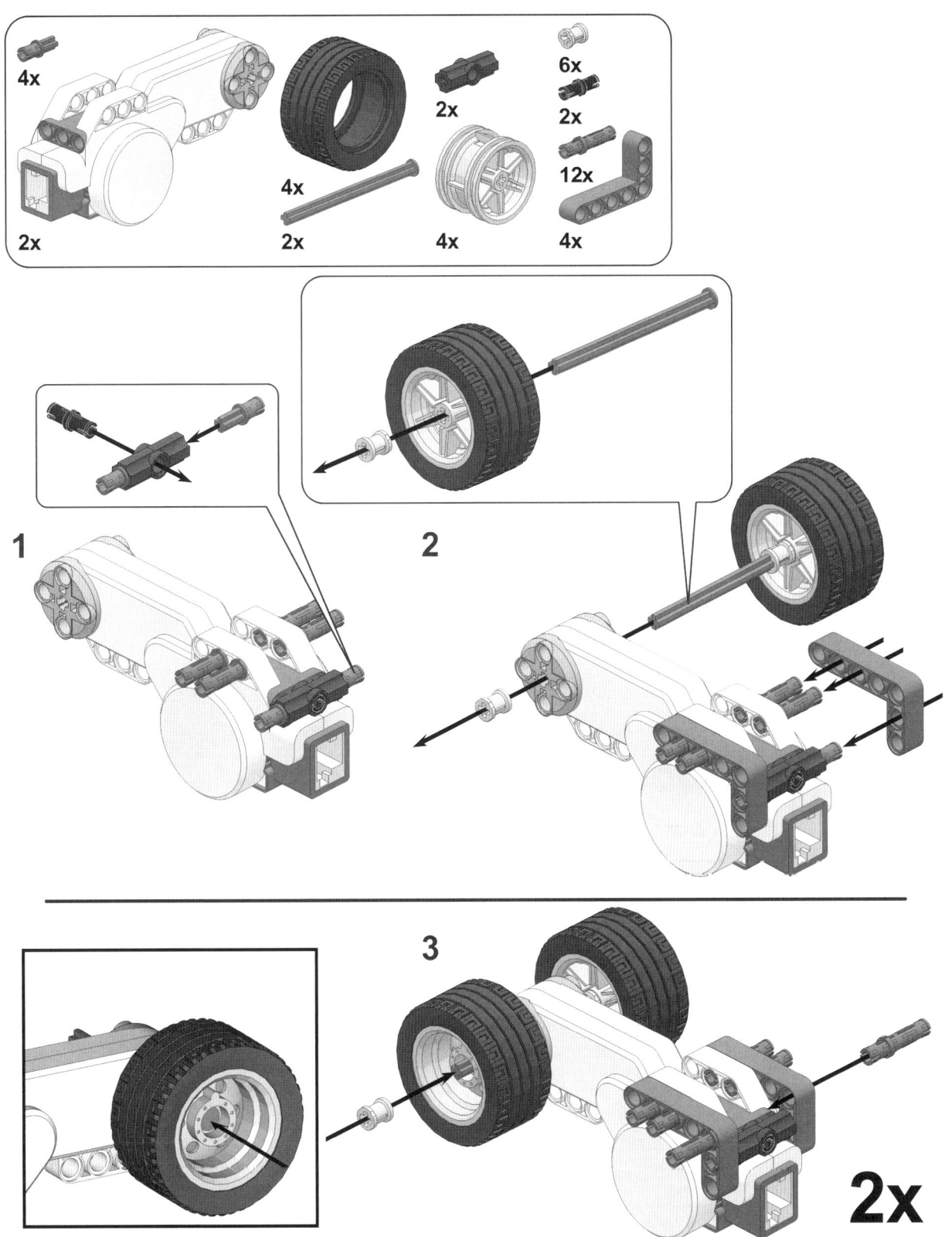

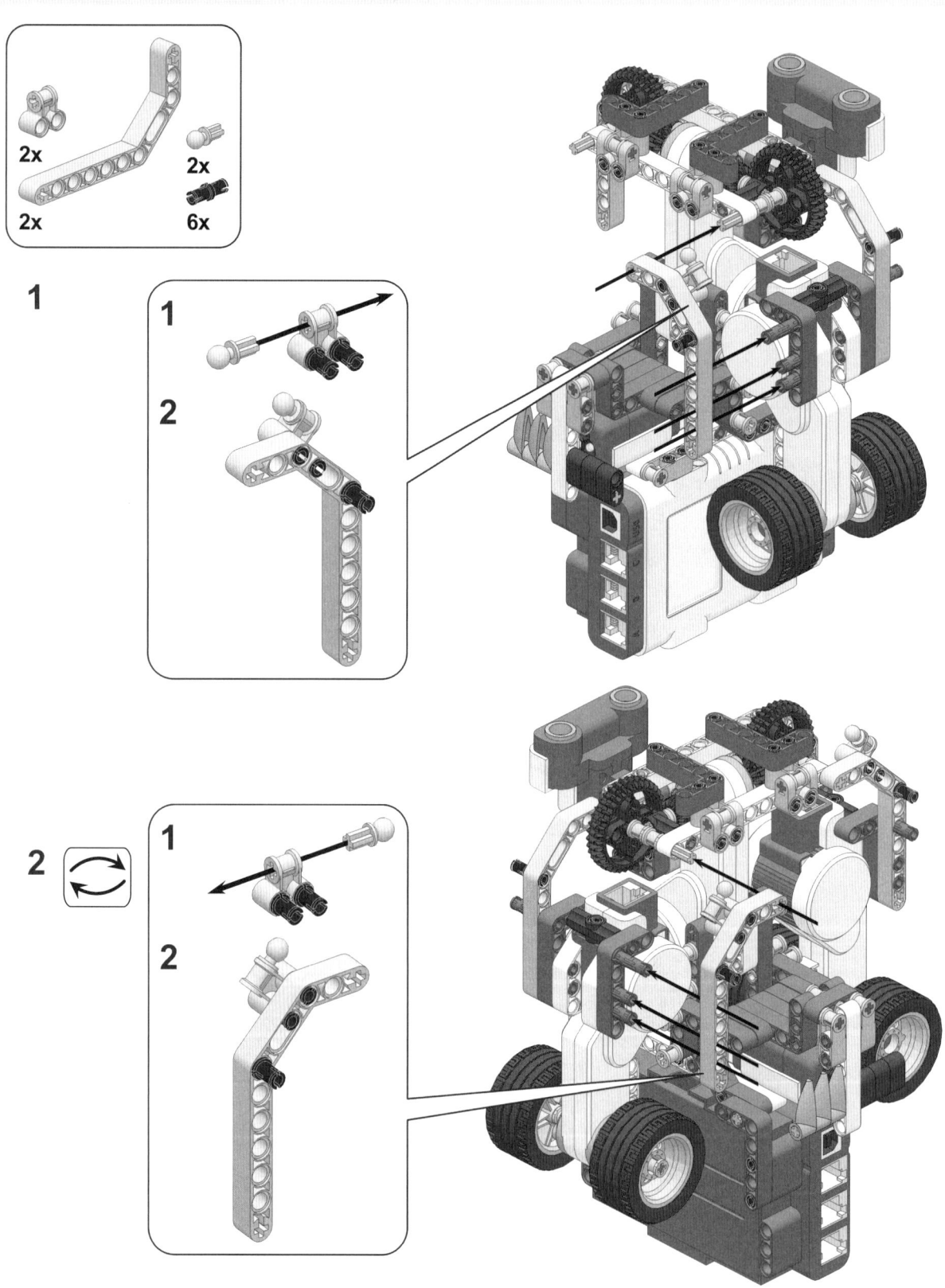

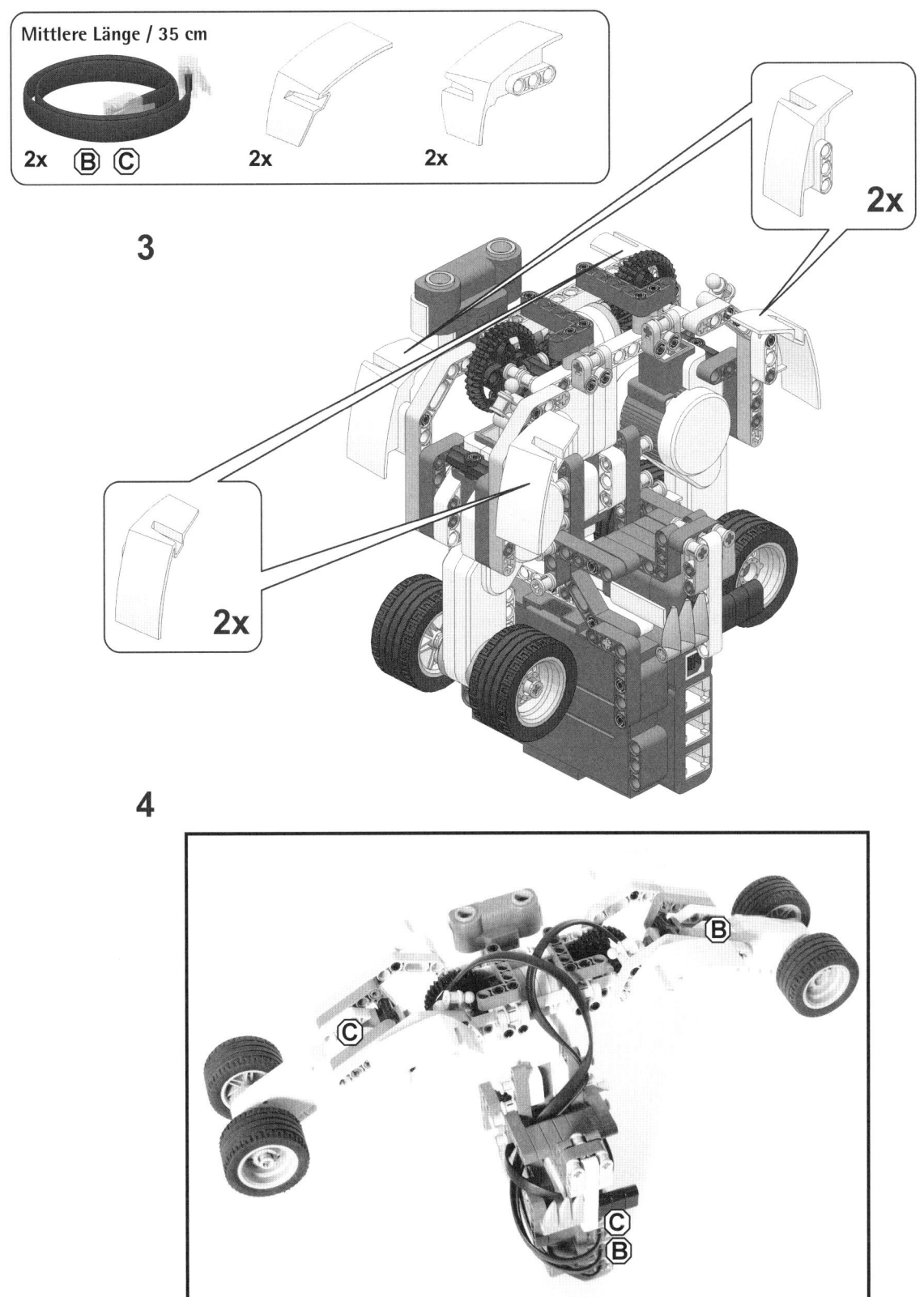

Den Kamin vorbereiten

Bevor der Roboter programmiert werden kann, müssen Sie einen passenden Kamin finden, den er hochklettern kann. Gut ist ein Spalt zwischen einer Wand und einem Bücherregal, wie in Abbildung 15-6 gezeigt. Was auch immer Sie verwenden, die Wände müssen folgende Eigenschaften haben:

* Sie müssen fest stehen, so dass sie sich nicht verschieben, während der Roboter klettert. Probieren Sie die Seitenwand eines Schreibtischs oder stabile Umzugskartons aus.
* Sie müssen genau parallel zueinander stehen.
* Sie müssen etwa 32 cm auseinanderliegen. Ein etwas schmalerer (30 cm) oder breiterer Spalt (35 cm) passt ebenfalls. Passen Sie die Breite an, indem Sie eine der beiden Wände verschieben.

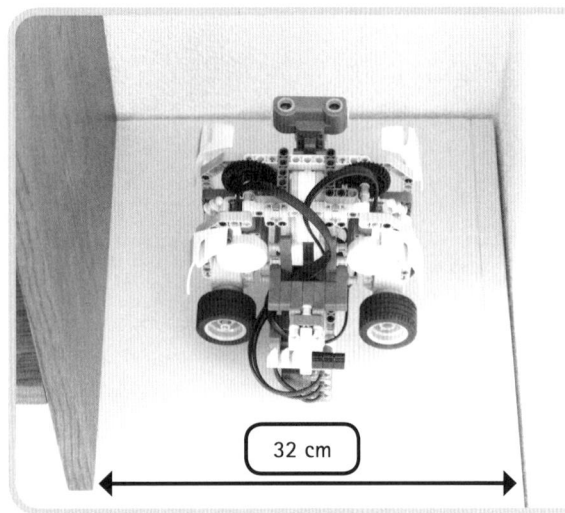

Abbildung 15-6: Ein Beispiel für einen Kamin, der sich für den Kletterer eignet.

Seien Sie vorsichtig, denn auch wenn Ihr Kamin genau die passenden Maße hat, kann der Roboter trotzdem herunterfallen. Wenn Sie die ersten Tests mit dem Roboter machen, sichern Sie ihn mit Ihren Händen, so dass Sie sofort eingreifen können, wenn er ins Rutschen gerät. Als zusätzliche Sicherheitsmaßnahme kann ein Kissen dienen, das Sie auf den Boden legen, sobald der Roboter etwas Höhe erreicht hat.

Das Programm, das Sie für diesen Roboter erstellen, bewegt den Kletterer nach oben, bis er die Decke wahrnimmt. Wenn eine oder beide Wände früher enden, kann der Roboter die Decke nicht erkennen. In diesem Fall halten Sie Ihre Hand vor den Sensor, so dass der Roboter weiß, dass es wieder nach unten geht. Sollten trotzdem Bausteine beschädigt werden: Wir haben Sie gewarnt.

Den Kletterer programmieren

Nachdem Sie den Kletterer fertig gebaut und einen passenden Kamin haben, können Sie mit der Programmierung beginnen. Ihr Kletterprogramm lässt den Roboter den Kamin in Richtung Decke klettern und wieder zurück zum Ausgangspunkt fahren. Der Abschnitt »Zum Erforschen und Ausprobieren« auf Seite 283 gibt Ihnen Anregungen zum Erweitern des Programms.

Schritt 1: Die Arme ausfahren

Zuerst schaltet das Programm die Servomotoren B und C ein. Dann werden die Arme ausgefahren, so dass sie die Kaminwände berühren, indem der Motor an Port A im Kletterer rückwärtsläuft. Während der Roboter klettert, lässt der NXT diesen Motor eingeschaltet, so dass die Räder gegen die Wände gedrückt werden und besseren Halt finden. Konfigurieren Sie die Blöcke so, dass sie die Aktionen aus Abbildung 15-7 ausführen.

HINWEIS Wenn in der Abbildung nicht anders angegeben, haben alle Motorblöcke im Kletterprogramm folgende Konfiguration: Motor: *ausgewählt*; Dauer: *unendlich*. Die Blöcke in Schritt 1 und 2 sind so eingestellt, dass der Motor rückwärtsläuft, und in Schritt 3 so, dass er vorwärtsdreht.

Schritt 2: Klettern und die Balance halten

Sie wissen, dass der Kletterer den Farbsensor nutzt, um die Balance auf der Y-Achse zu halten (siehe Abbildung 15-4). Beim Klettern fragt der Roboter diesen Sensor ständig ab und regelt die Servomotoren, um die Balance zu halten, bis der Ultraschallsensor die Decke erkennt (siehe Abbildung 15-8).

HINWEIS Wenn der Sensor etwas Rotes erkennt, handelt es sich um die orangefarbenen Teile des Pendels, das sich vor dem Sensor befindet.

Folgen Sie Abbildung 15-9, um aus diesem Diagramm die eigentlichen Programmierblöcke zu erstellen.

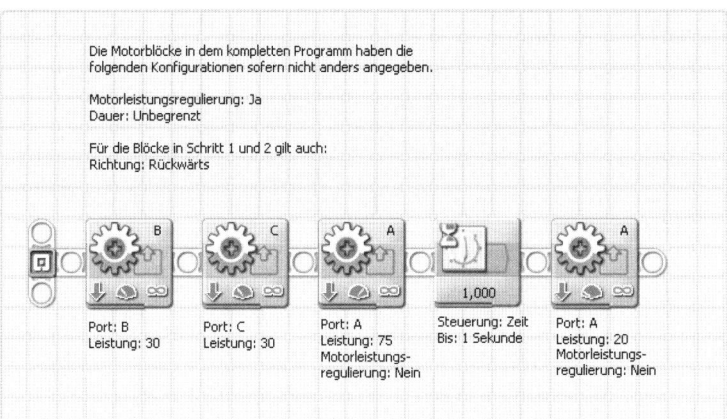

Abbildung 15-7: Die Konfiguration der Blöcke, die die Servomotoren anschalten und die Arme ausfahren

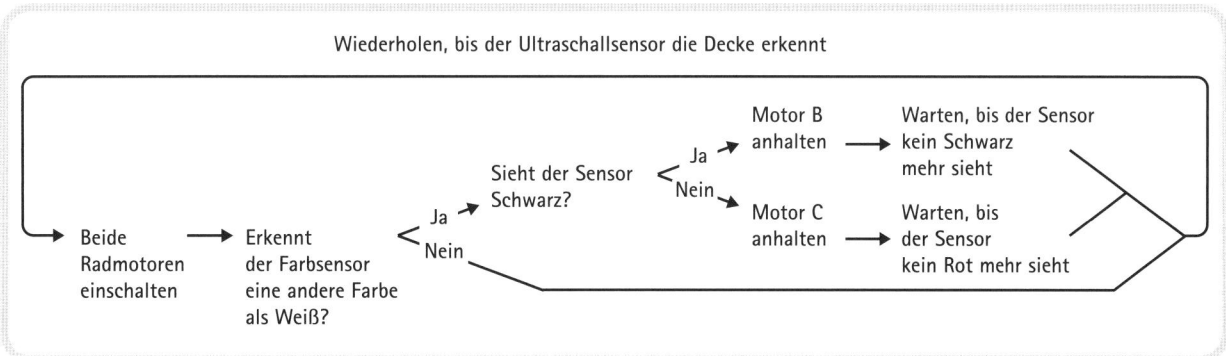

Abbildung 15-8: Eine Übersicht über die Steuerung, die den Roboter ausbalanciert. Erkennt der Sensor Weiß, ist der Roboter in Balance, und kein Servomotor muss angehalten werden.

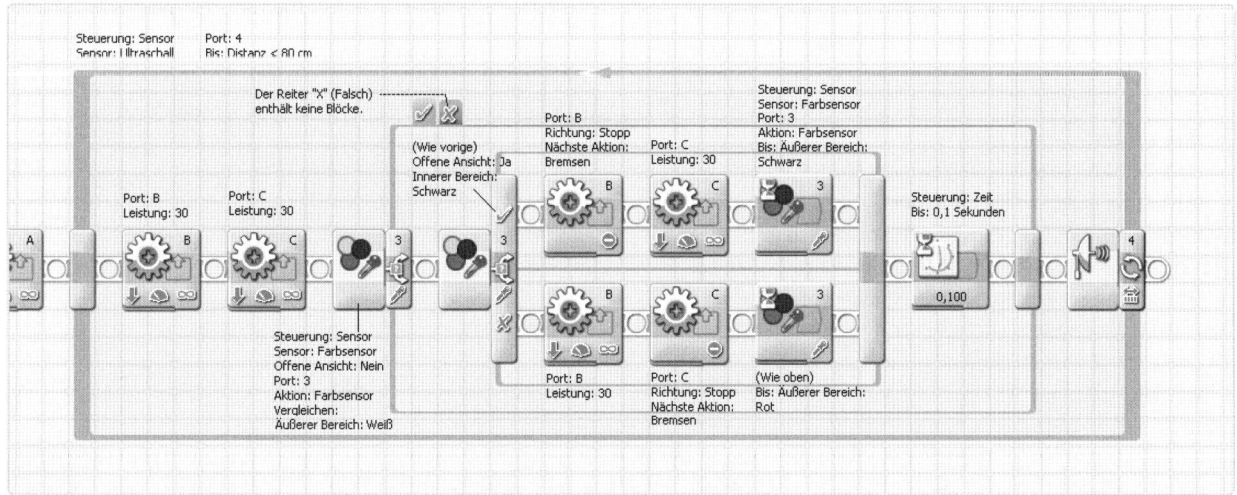

Abbildung 15-9: Die Konfiguration der Blöcke, die den Roboter beim Klettern in der Balance halten.

Schritt 3: Herunterklettern, Balance halten und anhalten

Oben angekommen, hält der Roboter an, spielt einen Ton ab und klettert wieder nach unten. Die Blöcke, die den Roboter nach unten steuern, entsprechen denen, die Sie zum Klettern verwendet haben, nur dass die Motorblöcke ihn nun in die andere Richtung bewegen. Deshalb können Sie die früheren Schleifenblöcke und ihren Inhalt einfach kopieren, sie in Abbildung 15-10 platzieren und dann die Einstellungen der jeweiligen Blöcke wie gezeigt anpassen.

Wenn Sie das Programm ausführen, sehen Sie, dass sich die Motoren beim Herunterklettern langsamer drehen und jeweils der andere Motor angehalten wird, wenn ein Balancefehler erkannt wird (mit anderen Worten: Schwarz stoppt jetzt Motor C). Der Schleifenblock wiederholt diese Blöcke, bis der Drehsensor von Motor C den Wert 0 meldet, was anzeigt, dass der Roboter wieder in seiner Ausgangsposition ist. Hier endet das Programm, und die Motoren halten an. Da der Motor an Port A die Arme nicht länger ausfährt, lassen sie die Wände jetzt los.

Fehlersuche beim Kletterer

Beim Ausführen dieses Programms müssen Sie besser aufpassen als bei den Programmen, die Sie bis jetzt erstellt haben. Bevor Sie es ausführen, stellen Sie sicher, dass sich der Roboter in der Mitte des Kamins befindet, sie wie in Abbildung 15-6 gezeigt. Wenn Sie das Programm zum ersten Mal starten, sichern Sie den Roboter mit Ihren Händen, während er hochklettert, damit er nicht herunterfällt. Wenn der Roboter aus anderen Gründen nicht funktioniert, lesen Sie die folgenden Tipps zur Fehlersuche oder holen Sie sich Hilfe von der Begleitwebsite.

* Ihr Kamin könnte unpassend sein. Lesen Sie die Hinweise in »Den Kamin vorbereiten« auf Seite 280.
* Wenn der Roboter instabil wird, weil er sich zu schnell oder zu langsam bewegt, müssen Sie die Leistung in den Motorblöcken anpassen, die die Servomotoren steuern. Versuchen Sie auch, das Programm mit neuen oder frisch geladenen Batterien laufen zu lassen.
* Bevor Sie das Programm starten, müssen beide Roboterarme genau zum Boden zeigen (Abbildung 15-6). Wenn nur ein Arm zum Boden zeigt, während der andere z.B. nach rechts deutet, schauen Sie sich die Schritte 8 und 9 der Bauanleitung auf Seite 273 an, um das Problem zu beheben. Sie können diesen Fehler auch beheben, indem Sie den betreffenden Arm mit etwas Kraft bewegen (bis Sie ein Klickgeräusch hören), aber machen Sie das nicht zu oft.

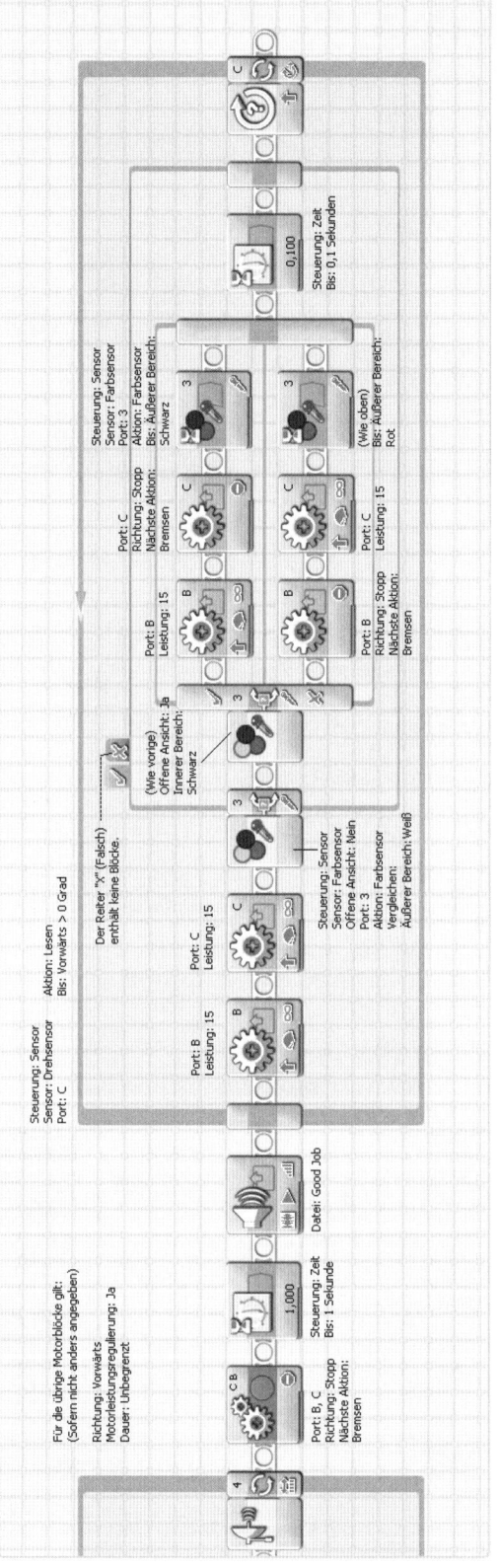

Abbildung 15-10: Die Konfiguration der Blöcke, die ausgeführt werden, wenn der Roboter die Decke erkennt. Der Roboter hält eine Sekunde lang an und klettert dann zurück zum Boden.

Zum Erforschen und Ausprobieren

Sie sind jetzt am Ende des Buchs angekommen. Herzlichen Glückwunsch! Ich hoffe, Sie hatten viel Spaß dabei, die Möglichkeiten des LEGO MINDSTORMS NXT 2.0-Kastens kennenzulernen und die Roboter in diesem Buch nachzubauen und zu programmieren. Der Spaß ist aber noch nicht zu Ende. Jetzt können Sie loslegen und Ihre eigenen Roboter bauen und sie anderen vorstellen. Ob Ihre Roboter nun fahren, schießen, gehen, greifen, sortieren oder klettern: Die Möglichkeiten von LEGO MINDSTORMS NXT sind unendlich!

Bevor Sie das Buch jedoch beiseite legen, machen Sie sich noch an die folgenden beiden Aufgaben, bei denen Sie den Kletterer wieder verwenden und Ihre Kenntnisse weiter vertiefen.

ENTDECKUNGSAUFGABE 72: HÖHENMESSER!

Schwierigkeitsgrad: Für Tüftler
Verwenden Sie das NXT-Display, um die Höhe des Kletterers anzuzeigen, während er sich bewegt. Jede Umdrehung des Servomotors bringt den Roboter um eine bestimmte Anzahl Zentimeter nach oben. Wie viele sind das genau, und wie berechnen Sie die Höhe (also die zurückgelegte Strecke)?

TIPP Verwenden Sie einen separaten Zweig, um sekündlich die Höhe neu zu berechnen und anzuzeigen.

BAUAUFGABE 15: EINE SEILBAHN!

Der Kletterer aus diesem Kapitel war eine ganz neuartige Sache. In dieser Aufgabe aber bauen Sie einen Roboter, der den Boden gar nicht mehr berührt! Befestigen Sie eine Schnur in Ihrem Zimmer, die stark genug ist, den NXT mit einigen Motoren zu halten. Können Sie einen Roboter konstruieren, der sich an der Schnur hängend durch die Luft bewegt?

TIPP **Bauen Sie zuerst einen Rahmen, an dem der NXT befestigt wird, so dass er sich frei an der Schnur bewegen kann, ohne herunterzufallen. Sie können z.B. einen Rahmen bauen, der oben Löcher für die Schnur hat, und daran einen Motor befestigen, der sich mit einem Rad über die Schnur bewegt. Wenn Sie den Motor einschalten, sollte sich der Roboter entlang der Schnur durch die Luft bewegen.**

Fehlersuche und Lösen von Verbindungsproblemen

Wenn Sie die Roboter in diesem Buch anhand der Anleitungen bauen und programmieren, sollten keine größeren Schwierigkeiten auftreten. Machmal kann es jedoch bei der Übertragung der Programme auf den NXT zu Problemen kommen. Stoßen Sie auf solche Schwierigkeiten, hilft Ihnen dieser Anhang dabei, Lösungen zu finden, damit Ihr Roboter wie gewünscht funktioniert.

HINWEIS Wenn Ihre Probleme nicht durch diesen Anhang gelöst werden, stellen Sie Ihre Fragen über die Begleitwebsite zu diesem Buch *(http://www.roboter.laurensvalk.com)*. Wenn Sie ein Programm auf den NXT laden können, Ihr Roboter jedoch nicht wie gewünscht funktioniert, könnte sich auch ein Fehler in das Programm eingeschlichen haben. In diesen Fällen können Sie ebenfalls über die Begleitwebsite Hilfe erhalten.

Mit dem NXT-Controller Programme auf den NXT herunterladen

Nachdem Sie ein Programm fertiggestellt haben, übertragen Sie es auf den NXT, indem Sie auf **Herunterladen** klicken oder indem Sie auf dem NXT-Controller **Herunterladen und starten** wählen, wie in Abbildung A-1 gezeigt. Damit die Übertragung funktioniert, muss Ihr Roboter über das USB-Kabel mit dem Computer verbunden sein. (Für Bluetooth-Übertragungen lesen Sie bitte »Den NXT über Bluetooth verbinden« auf Seite 289.)

Zusätzlich zu diesem Möglichkeiten können Sie auch **Auswahl herunterladen und starten** wählen, um nur bestimmte Blöcke auf den NXT zu übertragen. Wenn Ihr Programm beispielsweise aus zwei Klangblöcke und zwei Bewegungsblöcken besteht und Sie nur die Bewegungsblöcke auswählen, werden mit **Auswahl herunterladen und starten** nur die Bewegungsblöcke auf den NXT übertragen.

Um ein laufendes Programm anzuhalten, drücken Sie auf dem NXT **Stopp**.

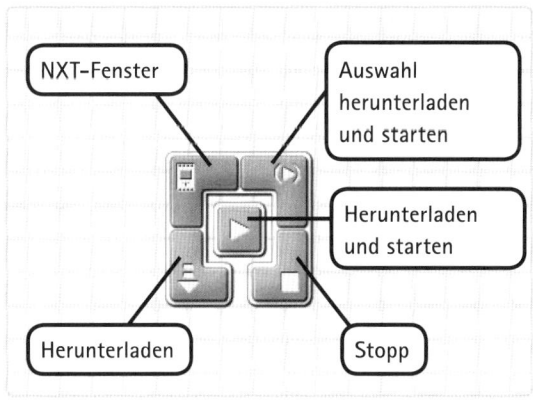

Abbildung A-1: Schaltflächen auf dem NXT-Controller unten rechts in der NXT-G-Software ermöglichen es Ihnen, Programme an einen verbundenen NXT-Roboter zu übertragen.

Das NXT-Fenster verwenden

Wenn Sie eine der NXT-Tasten wie im vorhergehenden Abschnitt besprochen einsetzen, sollte Ihr Computer versuchen, sich mit Ihrem Roboter zu verbinden, bevor er das Programm automatisch herunterlädt. Wenn Ihr Computer keine Verbindung herstellen kann, richten Sie sie manuell über das NXT-Fenster ein (Abbildung A-2). Um das Fenster zu öffnen, klicken Sie auf dem NXT-Controller auf **Werkzeuge ▶ Fernbedienung** und in dem sich öffnenden Fenster auf **Verbinden** (Abbildung A-1).

Um sich mit dem NXT über USB zu verbinden, wählen Sie **USB** aus der Liste (die Spalte **Status** sollte *Verfügbar* anzeigen) und klicken auf **Verbinden**. Um die Liste der verfügbaren NXTs zu aktualisieren, klicken Sie auf **Suchen**. Ist die Verbindung zu einem NXT hergestellt, sollte das NXT-Fenster die Restladung der Batterien anzeigen und in der Spalte Status *Verbunden* stehen.

Den Namen eines NXT ändern

Wenn der NXT mit dem Computer verbunden ist, können Sie ihn personalisieren, indem Sie seinen Namen ändern (der vorgegebene Name ist »NXT«), indem Sie das NXT-Fenster benutzen. Um das zu tun, geben Sie den Namen in das Feld »*Name*« oben rechts im Fenster ein und klicken zur Bestätigung auf den Pfeil rechts daneben. Der eingegebene Name sollte jetzt oben im NXT-Display angezeigt werden. Wenn Sie das nächste Mal mit dem NXT-Fenster eine Verbindung zum NXT herstellen, sollte in der Liste der NXT-Geräte der von Ihnen gewählte Name erscheinen.

Probleme bei der USB-Verbindung mit dem NXT

Wenn Sie den NXT nicht mit einer der unter »Das NXT-Fenster verwenden« beschriebenen Methoden verbinden können, führen Sie die folgenden Schritte aus und versuchen es dann erneut:

1. Stellen Sie sicher, dass der NXT eingeschaltet ist.
2. Stellen Sie sicher, dass der NXT über das USB-Kabel mit dem Computer verbunden ist (prüfen Sie beide Enden des Kabels). Die Verbindung ist hergestellt, wenn der NXT die Meldung *USB* oben links im Display anzeigt.

Hilft das noch immer nicht, tun Sie Folgendes:

1. Schalten Sie den NXT aus und wieder an.
2. Schließen Sie das Programm NXT-G und starten Sie es erneut.

Wenn das Problem immer noch nicht gelöst ist, wenden Sie sich mit einer genauen Beschreibung und den Symptomen an das Forum (*http://www.roboter.laurensvalk.com/*).

HINWEIS Wenn Sie Ihren Computer das erste Mal mit dem NXT verbinden, kann es sein, dass Sie dazu Administratorrechte benötigen. Wenn Sie auf dieses Problem stoßen, bitten Sie Ihren Administrator, sich einzuloggen, NXT-G zu starten und eine Verbindung mit dem Roboter herzustellen. Wenn Sie damit fertig sind, sollten Sie die Verbindung zum NXT auch mit Ihrem eigenen Benutzerkonto herstellen können. Dies gilt für den Anschluss über USB und über Bluetooth.

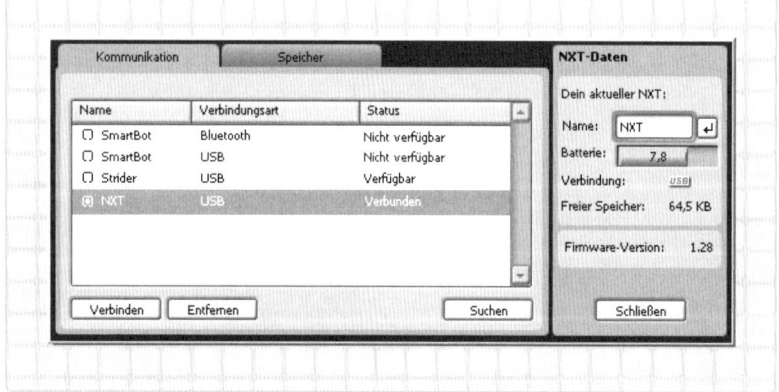

Abbildung A-2: Das NXT-Fenster zeigt die Geräte an, mit denen sich der Computer verbinden kann und solche, mit denen er bereits verbunden war. Die Spalte Verbindungsart gibt an, ob die Verbindung über USB oder Bluetooth hergestellt wird.

Probleme beim Herunterladen von Programmen auf den NXT

Wenn Sie keine Programme auf den NXT herunterladen können, kann das mehrere Gründe haben: Bevor Sie die möglichen Lösungen ausprobieren, prüfen Sie, ob Ihr Roboter mit dem Computer verbunden ist, indem Sie nachsehen, ob die Spalte **Status** im NXT-Fenster *Verbunden* anzeigt. Wenn nicht, haben Sie vermutlich einen Verbindungsfehler. Um ihn zu beheben, lesen Sie »Probleme bei der NXT-Verbindung mit USB« auf Seite 286.

Wenn Ihr Roboter physisch mit dem Computer verbunden ist und Sie bei der Übertragung des Programms auf den Roboter immer noch eine Fehlermeldung erhalten (wie in Abbildung A-3 gezeigt), lesen Sie die Meldung genau und folgen den Anweisungen in den nächsten Abschnitten.

NXT-Gerät ist nicht mehr angebunden.

Obwohl der NXT mit dem Computer verbunden war, wurde die Verbindung automatisch getrennt. Diese Fehlermeldung erscheint, wenn Sie versuchen, ein Programm herunterzuladen, nachdem das USB-Kabel entfernt wurde oder der NXT sich nach einer Phase längerer Inaktivität selbst abgeschaltet hat.

Lösung: Schalten Sie den NXT ein, schließen Sie das USB-Kabel an und versuchen Sie erneut, das Programm herunterzuladen.

Dem NXT-Gerät steht kein weiterer Speicher zur Verfügung.

Die Programme, die Sie auf den NXT herunterladen, werden im Speicher abgelegt. Wenn Sie ein Programm erstellen, das Klangdateien abspielt, werden diese Dateien ebenfalls auf den NXT übertragen. Der NXT verfügt nur über begrenzten Speicher, so dass der Speicher nach einigen Programm, insbesondere mit Klangdateien, erschöpft sein kann.

Lösung: Entfernen Sie die nicht mehr benötigten Dateien aus dem NXT-Speicher, wie in Abbildung A-4 gezeigt. Wenn Sie damit fertig sind, sollten Sie neue Programme auf den Roboter herunterladen können.

Weitere Informationen über die Verwaltung von Dateien im Speicher finden Sie in der NXT-G-Hilfe. Klicken Sie im Menü links auf der Hilfeseite auf **Dateien und Speicher auf dem NXT verwalten**.

Fehlermeldungen zu Datenleitungen

Wenn Sie ein Programm mit falschen Datenleitungen erstellen, wird es nicht auf den NXT heruntergeladen. Abhängig vom Fehler in Ihrem Programm sehen Sie eine der folgenden Fehlermeldungen.

* Eine Datenleitung ist mit einem Datenknoten falschen Typs verbunden (lesen Sie auch »Die defekte Datenleitung« auf Seite 166).
* Es ist mehr als eine Datenleitung mit dem Eingangsdatenknoten verbunden (siehe auch »Anschließen mehrerer Leitungen an einen Datenknoten« auf Seite 167).

Abbildung A-3: Ein Fehlermeldung, die erscheinen könnte, wenn Sie ein Programm auf den Roboter herunterladen

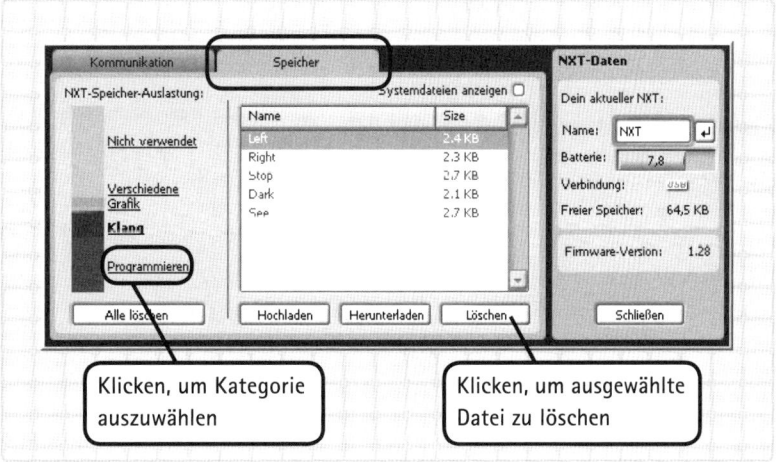

Abbildung A-4: Um Dateien aus dem NXT-Speicher zu entfernen, gehen Sie ins NXT-Fenster und öffnen Sie **Speicher**. *Es erscheint die Liste der momentan auf dem NXT gespeicherten Dateien, nach Kategorie sortiert. (Hier sehen Sie nur Klangdateien.) Um Dateien einer bestimmten Kategorie anzuzeigen, klicken Sie auf die Kategorie links (wie z.B. Programmieren). Wenn Sie die zu löschende Datei gefunden haben, klicken Sie auf die Schaltfläche* **Löschen**.

✳ Eine Datenleitung hat keine Datenquelle (siehe »Einstellungen mit Eingabe- und Ausgabe-Datenknoten« auf Seite 167).

Lösung: Lesen Sie den entsprechenden Abschnitt dieses Buchs, um falsch verbundene Datenleitungen zu korrigieren. Wenn es nicht ausreicht, eine einzelne Datenleitung zu korrigieren, löschen Sie mehrere oder alle Leitungen in Ihrem Programm und verbinden Sie sie erneut.

Eine für das Programm erforderliche Datei kann nicht heruntergeladen werden.

Dieser Fehler kann in Programmen auftreten, die selbsterstellte Klang- oder Bilddateien enthalten. Wenn die Software die Dateien nicht finden kann (weil Sie sie vermutlich verschoben haben), bekommen Sie diese Fehlermeldung.

Lösung: Erstellen Sie die Dateien mit dem Bild- oder Klangbearbeitungsprogramm (Menü **Werkzeuge**) neu.

Das Programm ist defekt. Möglicherweise sind erforderliche Dateien nicht vorhanden.

Sie erhalten diese Fehlermeldung, wenn Sie versuchen, ein Programm auf den NXT herunterzuladen, das einen Eigenen Block enthält, den die Software nicht finden kann, weil Sie ihn gelöscht oder verschoben haben.

Lösung: Erstellen Sie den Eigenen Block neu oder verschieben Sie ihn wieder nach *Eigene Dokumente\LEGO Creations\MINDSTORMS Projects\Profiles\Default\Blocks\MyBlocks*. Dann entfernen Sie den Eigenen Block aus dem Programm und wählen aus der Eigenen Palette einen neuen. Wenn das nicht hilft, erstellen Sie einen neuen Eigenen Block mit einem anderen Namen.

Die Datei wird momentan vom NXT-Gerät benutzt.

Dieser Fehler erscheint, wenn Sie versuchen, ein Programm mit der **Herunterladen**-Taste auf den NXT zu laden, während das Programm gerade ausgeführt wird.

Lösung: Verwenden Sie stattdessen die Taste **Herunterladen und starten** oder stoppen Sie das laufende Programm mit der **Stopp**-Taste, bevor Sie es auf den NXT herunterladen.

Programme mit Bluetooth auf den NXT herunterladen

Statt eines USB-Kabels können Sie Programm auch über einen Bluetooth-Dongle (gezeigt in Abbildung A5) herunterladen, den Sie an Ihren Computer anschließen. Das Programm wird dann drahtlos auf den NXT übertragen. Wenn Sie die Verbindung zwischen Ihrem Computer und dem NXT hergestellt haben, können Sie die Programme genauso übertragen wie mit einem USB-Kabel.

Abbildung A-5: Ein Beispiel für einen kompatiblen Bluetooth-Dongle.

Das Herunterladen von Programmen mittels Bluetooth ist wesentlich angenehmer, da Sie nicht bei jeder Übertragung Ihren Computer und den NXT mit einem USB-Kabel verbinden müssen.

Einen Bluetooth-Dongle auswählen

Es gibt viele kompatible Bluetooth-Dongles, und einige von ihnen kosten weniger als 10 Euro. Oft liegt es nicht am Dongle selbst, ob die Verbindung funktioniert, sondern am Zusammenspiel des Dongle-Treibers mit Ihrem Betriebssystem. In vielen Fällen können Sie den Dongle einfach an Ihren Computer anschließen, warten, bis die Treiber automatisch installiert worden sind, die NXT-G-Software starten und einfach den Anweisungen in nächsten Abschnitt folgen. Welche Treiber Sie benötigen, hängt von Ihrem Betriebssystem und vom Typ Ihres Bluetooth-Dongles ab. Besuchen Sie die Begleitwebsite. Dort finden Sie Empfehlungen für Bluetooth-Dongles.

Den NXT mittels Bluetooth verbinden

Führen Sie die folgenden Schritte durch, um erstmals eine Bluetooth-Verbindung zwischen Ihrem Computer und dem NXT einzurichten.

1. Schließen Sie einen kompatiblen Bluetooth-Dongle an einen freien USB-Anschluss Ihres Computers an. Abhängig von Ihrem Betriebssystem werden die Treiber meist automatisch gefunden und installiert. Es ist üblicherweise auch nicht erforderlich, die Zusatztreiber zu installieren, die Sie mit dem Dongle erhalten haben.

2. Aktivieren Sie Bluetooth auf dem NXT, indem Sie ihn einschalten und **Bluetooth ▶ On/Off ▶ On** wählen.

3. Gehen Sie in NXT-G in das NXT-Fenster und klicken Sie auf **Suchen**, um Ihren NXT über Bluetooth zu suchen. Die Suche kann bis zu 30 Sekunden dauern. Ist sie abgeschlossen, wird die Liste der NXT-Geräte um diejenigen ergänzt, die über Bluetooth gefunden wurden. Wenn Ihr NXT nicht angezeigt wird, klicken Sie erneut auf **Suchen**.

4. Wählen Sie den zu verbindenden NXT aus (in der Spalte *Verbindungsart* sollte *Bluetooth* stehen) und klicken Sie auf **Verbinden**.

5. Wenn Sie sich das erste Mal mit dem NXT verbinden, ist es möglich, dass die Software Sie auffordert, ein Kennwort einzugeben, um die Verbindung zu schützen. Ich rate Ihnen jedoch, das vorgegebene Kennwort (1234) zu verwenden, da dies einfacher ist, wenn Sie den Vorgang mehrmals wiederholen müssen (besonders, wenn Fehler auftreten). Klicken Sie auf **OK**, um das Kennwort zu bestätigen.

6. Wenn Sie in Schritt 5 ein Kennwort eingegeben haben, sollte der NXT jetzt einen Ton abspielen und Sie auffordern, das Kennwort einzugeben. Da Sie das vorgegebene Kennwort einsetzen, wählen Sie einfach das ✓ aus, indem Sie die orangefarbene **Eingabetaste** auf dem NXT drücken. Ihr Computer sollte jetzt automatisch zusätzliche Treiber installieren. Erscheinen keine Fehlermeldungen, sollte Ihr NXT nun über Bluetooth mit dem Computer verbunden sein, sodass Sie jetzt Programme herunterladen können.

Ob eine Bluetooth-Verbindung besteht, können Sie oben links auf dem NXT-Display erkennen. Dort wird bei einer Verbindung mit dem Computer <> angezeigt, und <, wenn keine Verbindung besteht. Wenn Sie nur einen NXT haben, können Sie diese Schritte überspringen, nachdem Sie sie einmal ausgeführt haben. Wenn Sie beim nächsten Start der Software versuchen, ein Programm auf dem NXT zu übertragen, sollte sie automatisch versuchen, sich mit dem zuletzt angeschlossenen NXT zu verbinden, in diesem Fall mit Ihrem NXT via Bluetooth.

Probleme bei der NXT-Verbindung mit Bluetooth

Wenn Sie die Bluetooth-Verbindung einmal eingerichtet haben, sollten Sie normalerweise keine Probleme beim Herunterladen mehr haben. Schlägt eine Übertragung fehl, obwohl die Bluetooth-Verbindung in Ordnung zu sein scheint, folgen Sie den Anweisungen unter »Probleme beim Herunterladen von Programmen auf den NXT« auf Seite 287.

In manchen Fällen ist es kompliziert, die Bluetooth-Verbindung selbst einzurichten. Solche Bluetooth-Probleme zu lösen, kann schwierig sein, da sie z.B. vom verwendeten Dongle und Betriebssystem anhängen. Anhand der folgenden Tipps können Sie Ihr Problem jedoch in einigen Fällen lösen:

✳ Stellen Sie sicher, dass Sie auf Ihrem Computer Administratorrechte haben.

✳ Starten Sie die NXT-G-Software und den NXT neu und versuchen Sie es noch einmal.

✳ Entfernen Sie im NXT-Fenster alle NXT-Geräte, die vorher mit dem Computer verbunden waren, indem Sie sie auswählen und auf Entfernen klicken. Klicken Sie dann auf **Suchen**. Wenn Sie Suche abgeschlossen ist, probieren Sie die Verbindung erneut.

Wenn Sie immer noch Probleme mit Bluetooth haben, stellen Sie Fragen im Forum auf der Begleitwebsite.

Fazit

Ich hoffe, dieser kleine Anhang hilft Ihnen beim Lösen von Problemen. Es sind hier natürlich nur einige der möglichen Probleme und Lösungen aufgelistet. Vielleicht haben Sie weitere Fragen zu einer Bau- oder Programmieranleitung in diesem Buch. Bitte stellen Sie alle Fragen auf der Begleitwebsite zu diesen Buch (*http://www.roboter.laurensvalk.com/*).

Index

Symbole

< (kleiner als), Werte vergleichen   175
= (gleich), Werte vergleichen   175
> (größer als), Werte vergleichen   175
1:1-Übersicht, Umschlaginnenseite
    Verwendung mit Achsen   8
    Verwendung mit Lochsteinen   8
180-Grad-Drehung auf der Stelle   35
90-Grad-Drehung
    mit dem Rotationssensor   83
    mit der Steuerung   35

A

Abbiegen
    Kurven   36
    sauber ausführen   35
Abfragen von Informationen   56
Achsen
    Bautipps   8
    einsetzen   18
    Länge bestimmen   8
Aktionsblöcke, mit der vollständigen Palette verwenden   105
Allgemeine Blöcke, mit der vollständigen Palette verwenden   105
Ansichts-Modus
    Drehsensor abfragen   83
    Farbsensor abfragen   78
Anzeigeblöcke   38
    Aktionsfeld   39
    Anzeige-Feld   39
    Bilder anzeigen   39
    Explorer-Display-Programm   40–41
    mit dem Krabbler verwenden   140
    testen   40–41
    Text anzeigen   39
    Typ-Feld   40
    Zeichnungen anzeigen   40
Arbeitsbereich
    Blöcke platzieren   26
    Schaltblöcke anzeigen   64
    verschieben   29

Arithmetische Operationen, Möglichkeiten   171
»Auf Wiedersehen« und »Hallo«, Programmieren des Roboters   59
Ausgabeport A, Anschluss von Motoren   19
Ausgabeport B, Anschluss von Motoren   19
Ausgabeport C, Anschluss von Motoren   19
Ausgabeports
    Einstellungen verwenden   167–168
    mit SmartBot verwenden   159, 167
Ausgabeports, Anschluss von Motoren   19
Auslösewert
    konfigurieren für Drehsensor   83
    mit Sensoren verwenden   58
Ausschneiden-Schaltfläche   28
Auswählen von Objekten   20
Auswerfen-Eigener-Block, für den Stein-Sortierer erstellen   260
Automation, Haus   85
Autonomer Modus
    Shot-Roller   87, 108

B

Batterien einsetzen   5–6
Bauteilliste finden   4
Bauteilliste für Explorer   8
Bedingungen, bei Schaltblöcken verwenden   62, 177
Begleitwebsite   xx
Begleitwebsite   xx
Behälter
    für den LEGO-Stein-Sortierer finden   259
    Position berechnen   262
    Steine ablegen   263
Berührung, Erkennung mittels Berührungssensor   68
Berührungserkennung mittels Berührungssensor   68
Berührungssensor links   73
Berührungssensorblock konfigurieren   162
Berührungssensoren   55
    abfragen mittels Warteblock   73
    Berührungssensor links   73
    Berührungssensor rechts   73

Betätigungsstatus abfragen   177
Discovery-Touch-Programm   73
    erkannte Vorgänge   68
    Kabel anschließen   73
    mit dem Krabbler verwenden   139–140
    programmieren   73
    Smart-Count-Programm   186–187
    Stoßfänger-Anbau   68–72
    Wände vermeiden   74–75
Bewegungsblock   32
    Dauer unbegrenzt   45–46
    Dauer-Einstellung   33
    Einstellungen   33
    Explorer-Unlimited-Programm   45
    Farbsensor   81
    Grad-Einstellung   33
    Konfigurationsbereich   33–34
    Konfigurationssymbole   35
    Leistung, Feld   33
    Lenkung-Regler   33
    Nächste Aktion, Feld   35
    Name und Bild, Einstellung   34
    Port-Einstellungen   33
    Richtungs-Feld   33
    Umdrehungen   33
    Unbegrenzt-Option   44–45, 81
Bilder anzeigen   39
Blöcke *siehe* Programmierblöcke
Bluetooth
    Fehlersuche bei Verbindungen   289
    NXT verbinden   289
    Programme auf den NXT herunterladen   27
Bluetooth-Dongle   288
Brick *siehe* NXT-Controller

C

Controller *siehe* NXT-Controller

D

Dateien aus dem NXT-Speicher entfernen   287
Datenblöcke
    Logikblock   175–176
    Matheblock   171–173

Vergleichsblock   175
Zufallsblock   174
Daten-Hubs   149
   Ausgabedatenknoten auf   167
   Eingabe- und Ausgabedatenknoten   159
   Eingabedatenknoten   167
   erstellen und eine Datenleitung anschließen   157
   öffnen für Blöcke im Programm Smart-Intro   157
   öffnen für Blöcke   158
   schließen   158
Datenknoten
   Hilfe verwenden   168–169
   Richtungs-Datenknoten   169
   unbenutzte ausblenden   169
Datenknoten, Ein- und Ausgabe   159
Datenleitungen   149
   Arten   163–166
   Blöcke und Konfigurationen   160
   erstellen und verbinden   157
   Fehlermeldungen   287–288
   Funktion   163
   löschen   160
   Programm »Smart-LogicWire«   164
   Schaltblöcke konfigurieren   178–179
   Schleifen beenden   180
   unterbrochene Datenleitung   166
   verbinden innerhalb von Schaltblöcken   180
   verbinden mit Blöcken   166–167
   verbinden mit Datenknoten   166–167
   verwalten   169
   zwischen Programmen   169–170
DemoV2-Programm   21
Discovery-Avoid-Programm   60
Discovery-Bumper-Programm   74–75
   siehe auch Stoßfänger-Anbau
Discovery-Button-Programm   82
Discovery-Circle-Programm   79
Discovery-Loop-Programm   61
Discovery-Repeat-Programm   65
Discovery-Roboter siehe auch Explorer-Roboter, Roboter
   Farbsensor anschließen   78
   mit Stoßfänger-Anbau   67
   verbessern   55
Discovery-Rotation-Programm   83–85
Discovery-Switch-Programm   62–64
Discovery-Touch-Programm   73–74
Discovery-Wait-Programm   58–59

Distanz
   mit Sensoren ermitteln   56
   mit Ultraschallsensor messen   66
Drehmotor
   Shot-Roller   87, 114–115
Drehsensor   84
Drehsensorblock konfigurieren   163
Drehsensoren
   abfragen im View-Modus   83
   Discovery-Rotation   83–85
   Programme erstellen   83–85
   Verhalten   83
   zurücksetzen   84–85
Dreieck, Fahren im Dreieck   48

E

Eigene Blöcke   48
   bearbeiten   50
   benennen   49
   erstellen   260
   für den Grabscher erstellen   231–234
   für den LEGO-Stein-Sortierer erstellen   49
   in Programmen verwenden   49–50
   in Schalt-Blöcken platzieren   138
   mit dem Krabbler verwenden   137–141
   Symbole ändern   50
   Symbole hinzufügen   49
Einfügen-Schaltfläche   28
Eingabeknoten
   Einstellungen verwenden   167–168
   mit SmartBot verwenden   159
Eingabeports
   für den Farbsensor auswählen   78
   mit Sensoren verwenden   56
Eingabetaste
   Menüeinträge auswählen   20
   NXT einschalten   23
Entscheidungen, für Roboter wiederholen   65
Exit-Taste
   letztes Menü aufrufen   20
   NXT ausschalten   20
   Programme abbrechen   21
Explorer-Display-Programm, Anzeigeblöcke   40–41
Explorer-Loop-Programm   47
Explorer-Move-Programm   32
Explorer-Parallel-Programm   50–51
Explorer-Roboter siehe auch Discovery-Roboter, Roboter

anzuschließende Kabel   19
bauen   9–18
Bauteilliste   8
beschleunigen   34
drehen   34–35
Fernbedienung   30
Geschwindigkeit regeln   30
im Quadrat fahren   46
Rückwärtsfahrt   32–33
Teile aussuchen   7
testen   21
Tipps für fixe und drehbare Verbindungsstifte   8
Vor- und Rückwärtsfahrt   48
Explorer-Sound-Programm   36
Explorer-Unlimited-Programm   45
Explorer-Wait-Programm   43–44

F

Fahr-Modul, für LEGO-Stein-Sortierer   238
Fahrspur   42
Farbe, Namen ansagen   80
Farbige Bälle, Farbe erkennen   85
Farbige Linie, innerhalb der Linie bleiben   79
Farblampenblock, beim Shot-Roller verwenden   105–106, 111
Farbsensor   55–56
   Anbau erstellen   76–78
   Äußerer-Bereich-Option   78
   Discovery-Roboter   78
   Funktion im Modus Lichtsensor   112
   im View-Modus abfragen   78
   Innerer-Bereich-Option   78
   LEGO-Stein-Sortierer   262
   Programm Discovery-Circle   79
   programmieren   78–79
   Roboter bauen, der einer Linie folgt   81
   Schwarz erkennen   81
   Shot-Roller   111
   Weiß erkennen   81
Farbsensorblock
   Erkannte Farbe, Datenknoten   162
   Konfiguration   162
Farbwert mit dem Matheblock multiplizieren   172
Feedback-Felder zum Abrufen von Sensordaten   142
Fehlermeldungen

Das NXT-Gerät hat keinen freien
 Speicher   287
Das Programm ist defekt . . fehlende Dateien,
 288
Datenleitungen   287–288
Die Datei ist momentan in Gebrauch   288
Fehlersuche   25
Kann die für das Programm benötigte Datei
 nicht herunterladen   288
NXT-Gerät ist nicht mehr verbunden   287
Fernbedienung   30
Ferngesteuerter Modus, Shot-Roller   87,
 113–114
Fixe Verbindungsstifte, Bau-Tipp
 Umschlaginnenseite, 8
Frequenz-Knoten   172

G

Gehe-links-Eigener-Block für den Krabbler
 erstellen   136
Gehe-rechts-Eigener-Block für den Krabbler
 erstellen   136
Gehe-Vorwärts-Eigener-Block für den Krabbler
 erstellen   135
Gelöst-Erkennung mittels
 Berührungssensor   68
Geraden Linien folgen   61
Gleich (=), Werte vergleichen   175
Grabscher-Roboterarm *siehe auch*
 Greifmechanismus
 bauen   201–230
 benötigte Bauteile   200
 Fehlersuche   235
 Funktion   231
 Greifen-Eigener-Block   232
 Greifer-Motor   197
 Greifmechanismus   198
 Hebemechanismus   198–199
 Loslassen-Eigener-Block   232
 Objekte greifen   234
 Objekt-finden-Eigener-Block   232–233
 Sage-Farbe-Eigener-Block   234
 Übersicht   231
 Zahnräder   198–199
 Zum-Objekt-Eigener-Block   234
Gradanzahl erkennen   35
Greifen-Eigener-Block, für Grabscher
 erstellen   232
Greifermotor, beim Grabscher verwenden   197

Greifmechanismus *siehe auch* Grabscher,
 Roboterarm
 Grabscher   198–199
 Lochsteine verwenden   198
Größer als (>), Werte vergleichen   175

H

»Hallo« und »Auf Wiedersehen«, Programmieren
 des Roboters   59
Hebemechanismus
 Grabscher   198–199
 Lochsteine   198
Herunterladen, Programme auf den NXT   285–
 288
Hilfe-Fenster   27
Hindernisse vermeiden   60

J

Ja/Nein-Ausgabeknoten, Steuerung   159

K

Kabel
 an Berührungssensor anschließen   73
 an den Explorer anschließen   19
 an den LEGO-Stein-Sortierer
  anschließen   259
 an den Shot-Roller anschließen   105
 anschließen   19
 Arten   4, 19
 kurz und lang   19
 verbinden   19
Kamin, vorbereiten für KKK   280
Katalognummern
 für Transformer   5
 für wiederaufladbare LEGO-Batterien   5
KKK (Kompakter Kaminkletterer)
 anhalten   282
 Arme ausfahren   280
 Balance der X-Achse   266–267
 Balance der Y-Achse   267
 Balance halten   282
 Balancefehler ausgleichen   267
 Balancefehler erkennen   267
 bauen   269–279
 benötigte Bauteile   268
 Deckenerkennung   282
 Fehlersuche   282
 Funktion   265

herunterklettern   282
Kamin vorbereiten   280
klettern und die Balance halten   280–281
Klettertechnik   266–267
Motorblöcke   280
Radmotoren   280–281
Steuertechnik   281
Warnung   265
Klangblock
 Aktionsfeld   36
 Dateifeld   36
 Funktion   172
 Funktionsfeld   36
 im Konfigurationsbereich   36
 im Smart-Intro-Programm   157
 in Schaltblöcken   84
 Konfigurationen   36
 Konfigurationsbereiche für Blöcke   37
 Lautstärke-Einstellung   36
 mit dem Krabbler verwenden   140
 Noten mit der Tastatur auswählen   37
 Programm erstellen   37–38
 Steuerungsfeld   36
 Warten-Feld   37
Klangdateien erstellen   36
Klänge abspielen   36, 61, 84
Klänge
 abbrechen   36
 Arten   36
 mit dem Mikrofon aufnehmen   36
 wiederholen   36
Klangbearbeitungsprogramm   37
Kleiner als (<), Werte vergleichen   175
Kleines Hilfe-Fenster   27–28
Klettertechnik   266–267
Kommentare in Programmen verwenden   29
Kommentarwerkzeug   29
Kompakter Kaminkletterer (KKK) *siehe* KKK
 (Kompakter Kaminkletterer)
Konfigurationsbereich   27–28
 anzeigen   27
 für den Bewegungsblock   33–34
 Zugriff auf die Boxen   45
Konfigurationssymbole   35
Konstanten
 definieren   188
 Eigene Blöcke   188–189
 Programm »Smart-Constant«   188–189
Konstantenblöcke   188
Kopieren-Schaltfläche   28

Krabbler
> Anzeigeblöcke   140
> auf drei Rädern   146
> bauen   122–133
> Beinpaare   134
> Erläuterung des Gehverfahrens   134
> Gehe-links-Eigener-Block   136
> Gehe-rechts-Eigener-Block   136
> Gehtechnik   134–135
> Klangblöcke   140
> Leistungseinstellung für Motorblöcke   137
> Motor-Baupläne   122, 135
> Eigener-Block »Gehe geradeaus«
> > erstellen   135
> Eigene Blöcke in interaktiven
> > Programmen   137–141
> NXT-Motoren   135
> Richtungseinstellung für Motorblöcke   137
> Sensorkabel anschließen   134
> Krabbler-Touch-Programm   137–138

Krabbler-Scared-Programm
> erstellen   144
> Schwellwerte einstellen   142–143
> Sensoren mit Feedback-Feldern
> > abfragen   142

Kreise anzeigen   40

L

Ladegerät, Katalognummer   5

LCD-Display
> Abmessungen   38–41
> Display einschalten   38–41

LEGO-Stein-Sortierer *siehe auch* Steine
> Auswerfen-Eigener-Block   260
> bauen   240–258
> Behälterposition berechnen   262
> benötigte Bauteile   239
> Fahr-Modul   238
> Funktion   237
> Kabel anschließen   259
> Scanner-Modul   238
> Servomotor   238
> Sortierverfahren   238
> Steine zum Sortieren prüfen   261
> Steingröße erkennen   238
> Steingröße ermitteln   261
> Übersicht   259–260
> Wiederherstellen-Eigener-Block   260

Leitungen *siehe* Datenleitungen

Lichtsensor, Hell und Dunkel ermitteln   143

Lichtsensormodus, beim Shot-Roller
> verwenden   111–112

Lichtsensorwert auswählen   162

Linien
> anzeigen   40
> folgen   81, 85

Liniendetektor, Farbsensor verwenden   79

Lochsteine
> Bautipps für den Explorer   8
> beim Greifmechanismus einsetzen   198
> beim Hebemechanismus einsetzen   198
> Länge bestimmen   8

Logikblock
> Logik-Operationen   176
> Nicht-Operation   176
> Smart-Logic-Programm   175–176

Logikdatenleitungen   163–164
> mit Vergleichsblock ausgeben   175
> vergleichen   175–176

Logikeinstellung bei Schleifenblöcken   180

Löschen
> Blöcke   26
> Dateien   287
> Datenleitungen   160
> Variablen   184

Loslassen-Eigener-Block, für Grabscher
> erstellen   232

M

Manty-Roboter, Gehtechnik   145

Matheblock
> Funktion   171–173
> Smart-Math-Programm   171–172
> Smart-Sound-Programm   172–173

Mechanikfunktionen testen   107

Menüs, zurückkehren   20

Motorblöcke
> Daten-Hub, Eingenschaften   168
> KKK (Kompakter Kaminkletterer)   280
> Shot-Roller   106–107, 118
> SmartBot   158

MotorControlTest-Programm   107

Motoren
> an Ausgabeports anschließen   19
> an den NXT anschließen   19
> an den Shot-Roller anschließen   105
> Bewegung steuern   32–35

Drehrichtung   83, 107, 135
> einschalten für das Programm Discovery-Bumper   75
> verwenden   4

Motorgehäuse drehen   18

Motorumdrehungen, Anzahl ermitteln   35

N

Nah-Variable, Verwendung beim
> Grabscher   232

Navigationsleiste   27–28

Nicht-Operation   176

Note, mit der Tastatur wählen   37

Numerische Datenleitung   163
> Smart-LogicWire hinzufügen   166–167
> verwenden   180

Numerische Variable, PressCount   186

NXT   4
> abschalten   20
> einschalten   20–23
> Fehlermeldung über abgebrochene
> > Verbindung   287
> heruntergeladene Programme finden   26
> Liste aktualisieren   286
> mittels Bluetooth für den Download
> > verbinden   27
> mittels Bluetooth verbinden   289
> Motoren anschließen   19
> Name ändern   286
> navigieren   19–21
> personalisieren   286
> Programme herunterladen   285–288
> Programme übertragen   26–27
> Speichermeldung   287

NXT-Baustein *siehe* NXT

NXT-Controller   26–27, 285

NXT-Display
> Messwerte des Ultraschallsensors
> > anzeigen   165
> NXT-Tasten   19
> Text darstellen   164

NXT-Fenster zum manuellen Verbinden   286

NXT-Geräte nach Verbindungen auflisten   286

NXT-G-Programmiersoftware
> installieren   5
> zugreifen   4

NXT-G-Softwarefenster   25

NXT-G-Startbildschirm   24

NXT-Kasten, Teileübersicht   4

NXT-Speicher, Dateien entfernen   287
NXT-Tasten
    Betätigungsstatus abfragen   82
    Discovery-Button-Programm   82
    NXT-Navigation   19-21

O

Objekt finden-Eigener-Block für Grabscher
    erstellen   232-233
Objekte
    erkennen   56
    greifen mit dem Grabscher   234
Oder-Operation, Ausgabewert   176
Offene Ansicht bei Schaltblöcken   64

P

Paletten öffnen   25
Paralleler Programmierbalken
    Explorer-Parallel-Programm   50-51
    in Programmen verwenden   50-51
Pfeiltaste links   82
Pfeiltasten, Tastendruck abfragen   188
Pieptöne erstellen   66
Planierschaufel   80
Ports *siehe* Eingabeports
Positionsvariable, beim Smart-Game
    verwenden   190
PressCount, numerische Variable   186
Programmablauf-Blöcke, verwenden mit der
    vollständigen Palette   105
Programme
    abbrechen   21-285
    ausführen   21
    Blöcke konfigurieren   45
    erstellen mit Programmierblöcken   31
    erstellen   23-25
    herunterladen auf den NXT   25, 285-288
    herunterladen ohne auszuführen   27
    Kommentare in   29
    manuell ausführen   26
    navigieren zu Teilen von   29
    navigieren zwischen   28
    pausieren mittels Warteblock   58-60
    schließen   28
    übertragen auf den NXT   26-27
    verändern   28-29
    verwalten   28
    zum Herunterladen auf den NXT finden   26
Programmierbalken mit
    Programmierblöcken   31

Programmierblöcke
    Anzeigeblock   38-41
    Arten   31
    auf dem Programmierbalken   31
    auswählen und ablegen   24
    auswählen   25
    bewegen und löschen   26
    Bewegungsblock   32-35
    Explorer-Unlimited-Programm   45
    im Arbeitsbereich ablegen   26
    Klangblock   36-38
    Konfiguration   45
    kopieren   29
    öffnen von Daten-Hubs   158
    Programme erstellen   31
    Sequenzen wiederholen   46-48
    verändern   28
    zu Schalt-Blöcken hinzufügen   64
Programmierpaletten   25
Punkte anzeigen   40
Punktevariable, Smart-Game   190
Punktzahl
    aktualisieren im Smart-Game-
        Programm   192
    anzeigen im Smart-Game-Programm   193

Q

Quadrat, Fahren im Quadrat   46

R

Radmotoren, beim KKK verwenden   280-281
Rechte Pfeiltaste   82
Rechter Berührungssensor   73-76
Richtungs-Datenknoten   169
Richtungssymbole finden   41
Richtungsvariable, Verwendung beim
    Grabscher   233
Robo-Center   27-30
Roboter *siehe auch* Discovery-Roboter,
    Explorer-Roboter
    Mechanikfunktionen testen   107
    sich wiederholende Entscheidungen   65
Rückgängig-Schaltfläche   29

S

Sage-Farbe-Eigener-Block erstellen   80
Scanner-Modul, beim LEGO-Stein-Sortierer
    verwenden   238
Schaltblöcke wiederholen   65

Schaltblöcke
    Bedingungen verwenden   62-65
    Blöcke hinzufügen   64
    Discovery-Repeat-Programm   65
    Discovery-Switch-Programm   62-64
    Eigene Blöcke platzieren   138
    Größe verringern   64
    im Arbeitsbereich anzeigen   64
    Klangblöcke   84
    Konfiguration mit Datenleitungen   178-179
    Konfiguration   62-63
    Linien folgen   81
    numerische Datenleitungen
        verwenden   180
    Offene Ansicht, Option   64
    Sensorabfrage   74
    Sensoren verwenden   62-65
    Shot-Roller   109, 116-117
    Smart-Game   191-192
    Smart-Switch-Programm   178-179
    Smart-Touch-Programm   177
    textuelle Datenleitungen verwenden   180
    Verhalten   65
    zurücksetzen   85
Schaltfläche herunterladen und
    ausführen   25-26
Schaltfläche herunterladen   27
Schießvorrichtung im Shot-Roller   88
Schleifen mit Datenleitungen beenden   180
Schleifenblock   46
    Discovery-Loop-Programm   61
    Einstellungen   47
    Explorer-Loop-Programm   47
    Konfigurationsbereich   46
    Logikeinstellung   180
    Programmierblöcke platzieren   46
    Schleifenblöcke   48
    Sensoren verwenden   60-61
    Shot-Roller   110-115
    Smart-Loop-Programm   180-181
Schleifenzähler, beim SmartBot
    verwenden   158
Schwellwerte für das Programm Krabbler-Scared
    einstellen   142-143
»Sehen«, Sensoren   56
Sensorblöcke
    Konfiguration   162
    mit der vollständigen Palette
        verwenden   105
    Sensoren abfragen   162
    Sensormessungen   166

Sensordaten, Entscheidungen auf Basis von 62
Sensoren
    abfragen mit Feedback-Feldern 142
    abfragen 56–57
    an den Shot-Roller anschließen 105
    Arten 55
    auslösen 58
    Berührung 55
    Drehung 83
    Farbe 55–56
    in Schaltblöcken verwenden 62–65
    in Schleifenblöcken verwenden 60–61
    Licht 111
    Ultraschall 55
    verwenden 4
    Warteblock 58–60
Sensorenmessung anzeigen 56
Sensorkabel an den Krabbler anschließen 134
Servomotor, für LEGO-Stein-Sortierer 238
Shot-Roller
    autonomer Modus 108
    bauen 88–104
    benötigte Bauteile 88
    Dreh-Motor 87, 114–115
    Einbruchsalarm auslösen 111
    Farblampenblock 105–106
    ferngesteuerter Modus 113–114
    Kabel anschließen 105
    Katapult bauen 119
    Lichtsensor-Modus 111
    Motorblöcke 106–107, 118
    MotorControlTest-Programm 107
    Schießvorrichtung 88
    Shot-Roller-Light-Programm 112–113
    Shot-Roller-Remote-Programm 114–118
    Steuerung: Motorleistung, Option 107
    Territorium verteidigen 112
    TestColorLamp-Programm 106
    Turm-Motor 87, 116
    vollständige Palette 105
Shot-Roller-Light-Programm 112–113
Shot-Roller-Remote-Programm 114–118
Smart-Accelerate-Programm 158–159
SmartBot
    bauen 150–155
    benötigte Bauteile 150
    Motordrehzahl erhöhen 158

Schleifenzähler verwenden 158
Smart-Intro-Programm 156
Smart-Compare-Programm 175
Smart-Constant-Programm 188–189
Smart-Count-Programm 186–187
Smart-Game-Programm
    aktuellen Punktestand anzeigen 193
    auf Tastendruck warten 191
    erweitern 193–194
    gedrückte Taste speichern 191
    Punktzahl aktualisieren 192
    Übersicht 190
    Variablen definieren 190
    Variablen Position und Button vergleichen 192
    wiederholen für 30 Sekunden 193
    zufälliges Ziel anzeigen 191
Smart-Intro-Programm
    Blöcke 156
    Klangblöcke 157
    öffnen von Daten-Hubs für Blöcke 157
    Übersicht 157
    Ultraschallsensorblock 157
Smart-Logic-Programm 175–176
Smart-LogicWire-Programm 164, 166–167
Smart-Loop-Programm 180–181
Smart-Math-Programm 171–173
Smart-Random-Programm 174
Smart-Sound-Programm 172–173
Smart-Switch-Programm 178–179
Smart-TextWire-Programm 165
Smart-Touch-Programm 177
Smart-Variable-Programm 185
Spiele *siehe* Smart-Game
Startbereich 26
Steine *siehe auch* LEGO-Stein-Sortierer
    Behälter ermitteln 259
    für den LEGO-Stein-Sortierer finden 259
    Größe ermitteln 261
    Größen und Farben ermitteln 238–239
    in Behälter ablegen 263
Steuerung: Motorleistung (Option), beim Shot-Roller verwenden 107
Stift anheben 42
Stoßfänger, mit Berührungssensoren gebaut 68–72 *siehe auch* Programm Discovery-Bumper

T

Tastenvariable, beim Smart-Game verwenden 190–191
TestColorLamp-Programm 106
Testunterlage 5
Text anzeigen 39
Textuelle Datenleitung 164
    Smart-TextWire-Programm 165
    verwenden 180
    Zahl-in-Text-Block 165
Textzeilen auf dem NXT-Display anzeigen 164–165
Turm-Motor
    Shot-Roller 87, 116

U

Übersetzung, Verwendung beim Grabscher 198–199
Ultraschallsensor 55–56
    Einstellung vergleichen 159
    im Smart-Intro-Programm 157
    mit Warteblock verwenden 58–59
    Wände vermeiden 60
Ultraschallsensor-Messwerte auf dem NXT-Display anzeigen 165
Unbegrenzt-Einstellung im Bewegungsblock
    verwenden 45
    Probleme 45
Unbegrenzt-Einstellung, Bewegungsblock 45–46
Und-Operation, Ausgabewert 176
Unterbrochene Datenleitung 166

V

Variablen
    Behälter für den LEGO-Stein-Sortierer 262
    definieren für das Programm Smart-Game 190
    definieren 183–184
    initialisieren 186–187
    löschen 184
    Nächste für Grabscher 232
    Position für SmartBot 190
    Richtung für Grabscher 233
    Smart-Count-Programm 186–187
    Smart-Variable-Programm 185
    Stand für SmartBot 190

Steingröße für den LEGO-Stein-
    Sortierer 261
Taste für den SmartBot 190
Werte ändern 186
Werte speichern 184
Variablenblock, Konfiguration 184
Verbindungen
    Bluetooth 289
    manuell einrichten 286
    NXT-Geräte anzeigen 286
    USB 286
Verbindungsstifte, Bau-Tipp 8
Vergleichen-Einstellung, mit dem
        Ultraschallsensor verwenden 159
Vergleichsblock
    Smart-Compare-Programm 175
    Smart-Game-Programm 191
Verschiebewerkzeug 29
View-Menü, Sensorwerte darstellen 56–57
Vollständige Palette, beim Shot-Roller
        einsetzen 105

W

Wände
    mit Berührungssensoren vermeiden 74–75
    mit Ultraschallsensor vermeiden 60–61
Warteblöcke 43
    auf der Programmierpalette 74
    Berührungssensor abfragen 73
    Discovery-Wait-Programm 58–59
    Einstellungen 43
    Explorer-Wait-Programm erstellen 43–44
    Konfigurationsbereich 58
    mit dem Farbsensor verwenden 79
    Sensoren verwenden 58–60
    Shot-Roller 109–111
Werkzeugleiste
    Kommentarwerkzeug 29
    Schaltflächen zur
        Programmänderung 28–29
    Schaltflächen zur Programmverwaltung 28
    Schaltflächen 28
    Verschiebewerkzeug 29
    Zeigewerkzeug 29

Wiederaufladbare LEGO-Batterien,
        Katalognummern 5
Wiederherstellen-Eigener-Block,
        für den Sortierer erstellen 260
Wiederherstellen-Schaltfläche 29
Wiederholen-Funktion den Klangblock 36

X

XOder-Operation, Ausgabewert 176

Z

Zahl-in-Text-Block 165
Zeichnungen anzeigen 40
Zeigewerkzeug 29
Zufallsblock
    Smart-Game-Programm 191
    Smart-Random-Programm 174
Zum-Objekt-Eigener-Block,
        für Grabscher erstellen 234
Zurücksetzen, im Schaltblock auswählen 85

Markus Stäuble

Programmieren für iPhone und iPad

Der Einstieg in die App-Entwicklung für das iOS 4

3., aktualisierte und erweiterte Auflage

Wollen Sie mehr aus Ihrem iPhone oder Ihrem iPad herausholen und es mit eigenen Programmen erweitern, oder wollen Sie gar professionell Applikationen entwickeln und verkaufen? Dann zeigt Ihnen Markus Stäuble den kompakten Einstieg in die Programmierung von iPhone, iPad und iPod touch.

Anhand von Beispielapplikationen lernen Sie, wie man attraktive Apps für das mobile Betriebssystem iOS 4 schreibt, u.a. für die Adressverwaltung, für Einkaufslisten und für RSS-Nachrichten.

3., aktualisierte und erweiterte Auflage
2011, 423 Seiten, Broschur
€ 33,90 (D)
ISBN 978-3-89864-689-5

»Eine gelungene Einführung in die iPhone-Programmierung. ... Es macht Spaß, den Ausführungen Stäubles zu folgen, und die eigenen iPhone-Beispiele sind nur noch wenige Mausklicks von der Veröffentlichung im App Store entfernt.«

heise developer zur 2. Auflage

 dpunkt.verlag

Ringstraße 19 · 69115 Heidelberg
fon 0 62 21/14 83 40
fax 0 62 21/14 83 99
e-mail hallo@dpunkt.de
http://www.dpunkt.de

Arno Becker · Marcus Pant

Android 2

Grundlagen und Programmierung

2., aktualisierte und erweiterte Auflage
Unter Mitarbeit von David Müller

Java-erfahrene Leser lernen in diesem Buch, hochwertige Software für die Android-Plattform zu entwickeln. Im ersten Teil des Buches lernt der Leser die grundlegenden Konzepte und Elemente von Android kennen. Im anschließenden Praxisteil kann er anhand eines durchgängigen Beispiels Schritt für Schritt die Entwicklung einer mobilen Anwendung nachvollziehen. Der dritte Teil bereitet Entwickler auf den professionellen und sicheren Einsatz von Android in der Praxis vor.

Die 2. Auflage wurde komplett auf die Android-Version 2 aktualisiert und um neue Themen erweitert.

2., aktualisierte und erweiterte Auflage
2010, 427 Seiten, Broschur
€ 39,90 (D)
ISBN 978-3-89864-677-2

»Das Buch verdient das Prädikat ›lesenswert‹: Es liefert einen gelungenen Einstieg und bietet zugleich viel Wissenswertes für Fortgeschrittene.«

Mobile Developer Android, 4/2010

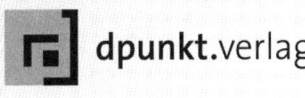

Ringstraße 19 · 69115 Heidelberg
fon 0 62 21/14 83 40
fax 0 62 21/14 83 99
e-mail hallo@dpunkt.de
http://www.dpunkt.de